土壤健康丛书

农业重大科学研究成果专著

农田土壤有机质提升理论与实践

徐明岗　张文菊　杨学云 等 著

U0230441

科学出版社
北 京

内 容 简 介

本书以 20 世纪 80 年代以来我国农田土壤肥料长期试验网络为基础，首先论述了不同施肥条件下土壤有机质的演变过程和影响因素，包括长期不同施肥条件下土壤有机碳组分变化及稳定性、农田外源有机物料碳的利用效率及其影响因素、农田土壤有机质演变的模型模拟、农田土壤有机质提升的增产协同效应及其潜力、土壤有机质提升与气候变化的关系等。接着通过 20 个典型案例介绍农田生态系统在不同施肥条件下土壤有机质的演变特征与提升技术。全书图文并茂，深入浅出，是作者团队 30 多年研究成果的系统总结，融创新性、实用性和知识性为一体。

本书可供土壤学、植物营养学、环境科学、生态学、农学相关专业的科技工作者和高校师生参考。

审图号：GS 京（2022）1415 号

图书在版编目（CIP）数据

农田土壤有机质提升理论与实践/徐明岗等著. —北京：科学出版社，2022.12

（土壤健康丛书）

ISBN 978-7-03-074169-1

Ⅰ. ①农…　Ⅱ. ①徐…　Ⅲ. ①耕作土壤–土壤有机质–研究　Ⅳ. ①S153.6

中国版本图书馆 CIP 数据核字（2022）第 235905 号

责任编辑：王海光 刘 晶 / 责任校对：郑金红
责任印制：吴兆东 / 封面设计：无极书装

科学出版社 出版
北京东黄城根北街 16 号
邮政编码：100717
http://www.sciencep.com

北京中科印刷有限公司印刷
科学出版社发行　各地新华书店经销
*
2022 年 12 月第 一 版　　开本：787×1092 1/16
2024 年 12 月第三次印刷　　印张：37 1/2
字数：889 000
定价：468.00 元

"土壤健康丛书"编委会

主　　编：张佳宝

副主编：沈仁芳　　曾希柏（常务）　　徐明岗

编　　委（按姓氏汉语拼音排序）：

陈同斌　　陈新平　　丁维新　　胡　锋

黄巧云　　李保国　　李芳柏　　沈仁芳

谭文峰　　田长彦　　韦革宏　　吴金水

武志杰　　徐建明　　徐明岗　　曾希柏

张　颖　　张佳宝　　张旭东　　赵方杰

《农田土壤有机质提升理论与实践》
著者名单

主 要 著 者：徐明岗　张文菊　杨学云

其他主要著者：蔡岸冬　丛日环　姜桂英　佟小刚

任凤铃　张旭博　王金洲　李　玲

樊廷录　石孝均　韩晓日　柳开楼

周宝库　刘树堂　周怀平　车宗贤

马俊永　王　飞　李　渝　李冬初

樊红柱　花可可　王西和　施林林

高　伟　吴会军

丛 书 序

　　土壤是农业的基础，是最基本的农业生产资料，也是农业可持续发展的必然条件。无论是过去、现在，还是将来，人类赖以生存的食物和纤维仍主要来自土壤，没有充足、肥沃的土壤资源作为支撑，人类很难养活自己。近年来，随着生物技术等高新技术不断进步，农作物新品种选育速度加快，农作物单产不断提高，但随之对土壤肥力的要求也越来越高，需要有充足的土壤养分和水分供应，能稳、匀、足、适地供应作物生长所需的水、肥、气、热。因此，要保证农作物产量不断提高，满足全球人口日益增长的对食物的需求，就必须有充足的土壤（耕地）资源和不断提高的耕地质量，这也是农业得以可持续发展的重要保障。

　　土壤是人类社会最宝贵的自然资源之一，与生态、环境、农业等很多领域息息相关，不同学科认识土壤的角度也会不同。例如，生态学家把土壤当作地球表层生物多样性最丰富、能量交换和物质循环（转化）最活跃的生命层，环境学家则把土壤当作是环境污染物的缓冲带和过滤器，工程专家则把土壤看作是承受高强度压力的基地或工程材料的来源，而农学家和土壤学家则把土壤看作是粮食、油料、纤维素、饲料等农产品及能源作物的生产基地。近年来，随着煤炭、石油等化石能源不断枯竭，利用绿色植物获取能源，将可能成为人类社会解决能源供应紧缺的重要途径，如通过玉米发酵生产乙醇、乙烷代替石油，利用秸秆发酵生产沼气代替天然气。世界各国已陆续将以生物质能源为代表的生物质经济放在了十分重要的位置，并且投入大量资金进行研究和开发，这为在不远的将来土壤作为人类能源生产基地提供了可能。

　　随着农业规模化、集约化、机械化的不断发展，我国农业逐步实现了由传统农业向现代农业的跨越，但同样也伴随着化肥农药等农业化学品的不合理施用、污染物不合理排放、废弃物资源化循环利用率低等诸多问题，导致我们赖以生存的土壤不断恶化，并由此引发气候变化和资源环境问题。我国是耕地资源十分紧缺的国家，耕地面积仅占世界耕地面积的 7.8%，而且适宜开垦的耕地后备资源十分有限，却要养活世界22%的人口，耕地资源的有限性已成为制约经济、社会可持续发展的重要因素，未来有限的耕地资源供应能力与人们对耕地总需求之间的矛盾将日趋尖锐。不仅如此，耕地资源利用与管理的不合理因素也导致了耕地肥力逐渐下降，耕地质量退化、水土流失、面源污染、重金属和有机污染物超标等问题呈不断加剧的态势。据环境保护部、国土资源部 2014 年共同发布的《全国土壤污染状况调查公报》，全国土壤中污染物总的点位超标率为 16.1%，其中轻微、轻度、中度和重度污染点位的比例分别为 11.2%、2.3%、1.5%和 1.1%；污染类型以无机型为主，有机型次之，复合型污染比重较小，无机污染物超标点位占全部超标点位的 82.8%。耕地的污染物超标似乎更严重，据统计，全国耕地中污染物的点位超标率为 19.4%，其中轻微、轻度、中度和重度污染点位比例分别为 13.7%、

2.8%、1.8%和 1.1%，主要污染物为镉、镍、铜、砷、汞、铅和多环芳烃。由此，土壤健康问题逐渐被提到了十分重要的位置。

随着土壤健康问题不断受到重视，人们越来越深刻地认识到：土壤健康不仅仅关系到土壤本身，或者农产品质量安全，也直接关系到人类的健康与安全，从某种程度上说，耕地健康是国民健康与国家安全的基石。因此，我们不仅需要能稳、匀、足、适地供应作物生长所需水分和养分且能够保持"地力常新"的高产稳产耕地，需要自身解毒功能强大、能有效减缓各种污染物和毒素危害且具有较强缓冲能力的耕地，同时更需要保水保肥能力强、能有效降低水土流失和农业面源污染且立地条件良好的耕地，以满足农产品优质高产、农业持续发展的需求。只有满足了这些要求的耕地，才能称得上是健康的耕地。党和政府长期以来高度重视农业发展，党的十九届五中全会提出"要保障国家粮食安全，提高农业质量效益和竞争力"。在 2020 年底召开的中央农村工作会议上，习近平总书记提出"要建设高标准农田，真正实现旱涝保收、高产稳产""以钉钉子精神推进农业面源污染防治，加强土壤污染、地下水超采、水土流失等治理和修复"。2020 年中央经济工作会议中，把"解决好种子和耕地问题"作为 2021 年的八项重点任务之一。因此，保持耕地土壤健康是农业发展的重中之重，是具有中国特色现代农业发展道路的关键，也是我国土壤学研究者面临的重要任务。

基于以上背景，为了推动我国土壤健康的研究和实践，中国土壤学会策划了"土壤健康丛书"，并由土壤肥力与肥料专业委员会组织实施，丛书的选题、内容及学术性等方面由学会邀请业内专家共同把关，确保丛书的科学性、创新性、前瞻性和引领性。丛书编委由土壤学领域国内知名专家组成，负责丛书的审稿等工作。

希望丛书的出版，能够对土壤健康研究与健康土壤构建起到一些指导作用，并推动我国土壤学研究的进一步发展。

张佳宝

中国工程院院士

2021 年 7 月

序 一

农业是绿色的产业。种地，不仅是传统农业的核心任务，也是现代农业的重中之重。而种子，特别是种植作物的种类和品种与耕地协同利用是种地的关键。耕地作为农作物高产优质的基础，永远是粮食安全和农业绿色可持续发展的基石。我国人多地少，农田复种指数是欧美的 2～3 倍，耕地高强度利用常常导致耕地退化。农业农村部发布的《2019 年全国耕地质量等级情况公报》显示，我国现有耕地呈现为"三大"、"三低"的特征。"三大"：一是中低产田（四至十等）比例大，占总面积的 2/3 以上；二是耕地质量退化面积大，土壤酸化、盐渍化、结构障碍和养分非均衡化等退化耕地约占总面积的 40%；三是污染耕地面积大，根据环境保护部与国土资源部 2014 年的公报，我国耕地污染点位超标率为 19.4%。"三低"：一是土壤有机质含量低，有机质含量小于 2% 的耕地占比 72%，仅为欧美同类土壤的 50% 左右；二是耕地基础地力低，小麦、玉米和水稻三大粮食作物的基础地力贡献率平均为 51%，比欧美国家低约 20 个百分点；三是补充耕地质量等级低，通常，补充耕地都是新开垦的生土或整理的半熟化土壤，质量等级更低。因此，强化耕地保护和质量提升，是我国社会经济和农业绿色可持续发展的长期战略选择。

碳是植物必需营养元素，是地球生态系统物质循环的核心要素。土壤有机碳（有机质）是耕地质量的关键指标，其循环利用决定着土壤的固碳潜力和生产能力，受到学术界和社会各界长期广泛的关注，一直是农业科学、地球科学和资源环境科学等多学科关注的热点问题。徐明岗研究员率领团队长期从事农业长期试验网络研究工作，在我国东北、华北、西北、西南、华中、华东、华南等不同农业生态类型区，建立 30 年以上的农田长期试验站点 50 多个，开展不同施肥、轮作和耕作条件下土壤肥力及生产力演变规律研究，积累了不同农田管理措施下土壤物理、化学、生物学性质演变，以及作物产量变化和气候变化等大量的、系统的数据，特别是不同施肥条件下土壤固碳速率与驱动因素、土壤有机碳组分及其稳定性变化、土壤矿化及其温度敏感性等数据资料，形成了比较完善、系统的农田土壤有机质提升理论、技术与研究方法，并组织撰写了专著《农田土壤有机质提升理论与实践》。

该书内容包括不同施肥条件下土壤总有机碳及其组分变化与稳定性，农田外源有机物料碳的转化特征、利用效率及其影响因素，农田土壤有机质演变与气候变化、模型模拟，农田土壤有机质的增产协同效应及其潜力，并通过 20 个典型案例介绍了农田生态系统不同施肥条件下土壤有机质演变特征与提升技术。该书图文并茂，深入浅出，具有很强的科学性、实用性和可读性。该书的出版将对我国农田有机质和耕地质量提升、对国家粮食安全和农业绿色发展起到积极的推动作用，为农田固碳减排、实现国家碳达峰和碳中和的目标做出贡献。

张福锁

中国工程院院士

2022 年 10 月 26 日

序 二

耕地是粮食生产的命根子，是粮食安全的基石。习近平总书记多次强调：粮食生产根本在耕地，必须牢牢守住耕地保护红线，像保护大熊猫一样保护耕地，让每一寸耕地都成为丰收的沃土。国家"十四五"规划中明确指出要深入实施"藏粮于地"战略，强化耕地保护和质量提升。

土壤有机质是耕地质量的核心，决定着土壤的物理、化学和生物性质，深刻影响耕地生产力和可持续利用。土壤有机质也是耕地固碳能力的重要指标。在全球关注气候变化及应对策略、在我国人多地少与粮食安全矛盾日益尖锐的形势下，探讨农田土壤有机质提升的原理与技术，对提升耕地质量、保障粮食安全、实现碳达峰与碳中和的"双碳"目标具有十分重要的意义。

我国土地辽阔，土壤和农田生态类型多样，土壤有机质变化及其对施肥、种植制度的响应有明显差异。土壤有机质变化是一个缓慢而复杂的生物地球化学过程，长期定位试验是揭示其变化规律、研发其提升技术最有效的手段。徐明岗研究员及其团队长期从事农田试验网络研究，在我国组织建立的农田试验网长达 30 年以上，积累了长期不同施肥条件下土壤基本理化特征、生物学性质、作物产量、气候变化等大量数据，开展了土壤有机质演变规律、影响与驱动因素的系统研究，形成了较为系统的农田土壤有机质提升理论、技术与方法，并撰写了《农田土壤有机质提升理论与实践》一书。

该书系统阐明了不同施肥条件下土壤总有机碳及其组分变化与稳定性，农田外源有机物料碳的转化特征、利用效率及其影响因素，农田土壤有机质演变与气候变化、模型模拟，农田土壤有机质的增产协同效应及其潜力等，并通过我国 20 个典型案例介绍了农田生态系统不同施肥条件下土壤有机质演变特征与提升技术，阐明农田土壤有机质提升与有机碳投入量、土壤性质与环境因素的关系，以及有机物料利用效率提升与管理技术等。全书图文并茂，深入浅出，具有较强的创新性、实用性和知识性。相信该书的出版将对我国农田有机质提升、农田固碳减排，以及国家粮食安全和生态安全起到积极的推动作用，为我国耕地质量保护和农业可持续发展做出重要贡献。

张佳宝
中国工程院院士
2022 年 10 月 28 日

前　言

　　土壤有机质是一个古老而神奇的话题！古老，是因为有了土壤有机质，才有了土壤肥力，才使土壤区别于母质和岩石；神奇，是因为土壤有机质很复杂，上百年乃至上千年中，人们一直在探索其结构与功能。土壤有机质是耕地质量的核心，决定着土壤的物理、化学和生物学性质，因而对于农业和人类文明而言，土壤有机质是实现粮食安全的基础与保障。我国大量研究表明，作物单产与土壤有机质含量密切相关。土壤有机质含量每提升 0.1%，在北方旱区可提高粮食作物生产能力 $0.3\sim0.5t/hm^2$，在南方稻区可提高 $0.4\sim0.6t/hm^2$；全国土壤有机质含量每提升 0.1%，粮食的稳产性可提高约 5%。

　　我国农田土壤有机质含量低，仅为欧洲同类土壤的 50% 左右，且区域差异大，是制约粮食高产稳产和农业可持续发展的瓶颈之一。与欧美等休闲土壤培肥的方式显著不同，我国农田生态类型多样，利用强度大，集约化程度高，特别是 20 世纪 80 年代以来，化肥普遍施用而有机肥施用量下降。在这个背景下，阐明我国主要农田土壤有机质的变化特征与区域差异，揭示土壤有机质提升的区域主控因子，明确有机质提升的关键技术，对确保国家粮食安全和生态安全具有十分重要的战略意义。

　　土壤有机质演变是一个缓慢而复杂的生物地球化学过程，长期定位试验是揭示其变化规律最有效的途径。20 世纪 80 年代以来，我国科研院所和农业高校陆续在不同农业生态区建立了 50 多个农田土壤肥料长期试验站点，积累了长期不同施肥条件下土壤基本理化特征、生物学性质、作物产量、气候变化等大量数据，为解析农田土壤有机质投入量和固存效率关系、土壤有机质及其组分变化、土壤有机质演变影响因素及化学、生物机制等奠定了良好基础。本书是这些长期试验网数据资料的系统总结和最新成果之一，是已经出版的《中国土壤肥力演变》（第一版、第二版）的更新和提升。

　　全书分为上、下两篇，上篇主要论述不同施肥条件下土壤有机质的演变过程、影响因素等基本原理，包括长期不同施肥条件下土壤有机碳组分变化及稳定性、农田外源有机物料碳的利用效率及其影响因素、农田土壤有机质演变的模型模拟、农田土壤有机质提升的增产协同效应及其潜力、土壤有机质提升与气候变化的关系等。下篇主要是通过 20 个典型案例介绍农田生态系统在不同施肥条件下土壤有机质的演变特征与提升技术。全书图文并茂，深入浅出，融创新性、知识性和实用性为一体。

　　本书是集体智慧的结晶。参加本书工作的土壤肥料长期试验相关人员近 300 人，团队在系统总结 500 多篇相关论文及各试验基地长期观测结果的基础上，经提炼并反复修改形成本书。除著者名单和下篇各章署名的撰写人员外，段英华、孙楠、程曼、邬磊、张淑香、李彦、黄亚萍、刘琳、石伟琦、田彦芳、朱平、胡诚、黄绍敏、刘思汝、王恒飞、王晋峰、高洪军、刘亚男、马海洋、石婷、汪吉东、张水清、张永春等参加了部分书稿的修改和审校。全书由徐明岗、张文菊、杨学云、蔡岸冬、柳开楼等审核修改，最后由徐明岗审核定稿。

本书在撰写过程中，得到许多领导、专家的指导和支持，尤其是土壤肥料学专家张福锁院士、张佳宝院士、沈其荣院士、周卫院士、朱永官院士、张旭东研究员、徐建明教授、窦森教授、曾希柏研究员等，以及"土壤健康丛书"各位编委；张福锁院士和张佳宝院士为本书作序，在此一并表示衷心感谢。本书的出版还要感谢国家科技基础资源调查专项"典型农区耕地质量演替数据整编与深加工"（2021FY100500）、公益性行业（农业）科研专项"粮食主产区土壤肥力演变与培肥技术研究与示范"（201203030）、山西省重点研发计划项目"山西耕地质量演变与提升关键技术研究"等的支持。感谢中国农业科学院创新工程项目、土壤培肥与改良创新团队、农业土壤质量数据中心及相关野外试验站全体成员的大力支持！感谢山西农业大学生态环境产业技术研究院同事的大力支持！

本书出版之际，恰恰是国际社会十分关注土壤固碳减排与气候变化，我国提出碳达峰、碳中和目标之时。希望本书能对我国双碳目标的实现起到积极的促进作用。

由于著者水平有限，且时间仓促，书中难免有不妥之处，敬请同行专家和读者批评指正！

徐明岗

2022 年 8 月 29 日

目　录

上篇　土壤有机质提升的基本原理

上　篇

土壤有机质提升的基本原理

第一章 农田土壤有机质的作用与功能

土壤有机质（SOM）是指存在于土壤中的一切含碳有机物，包括土壤中破碎的动植物残体，微小生命体及其分解、合成的各种有机物质，以及微小的异源有机物质（李学垣，2001）。经典土壤学将土壤有机质定义为土壤中的生命体及其死亡的生物质残留和腐殖质。土壤中的生命体及其死亡的生物质残留是非腐殖质，代表没有降解或者降解残留的植物源有机物质。腐殖质包括腐殖物质和非腐殖物质（利用和分解有机质留下的微生物源物质）（潘根兴等，2019）。腐殖物质是土壤腐殖质的主体，占土壤腐殖质总量的70%～80%，主要包括富啡酸、胡敏酸和胡敏素等。一般而言，土壤有机质占土壤固相组成不超过10%，但它是土壤的重要组成部分，对改善土壤理化性状、提供养分供应及改善生态环境发挥重要作用，是衡量土壤质量水平的一项重要指标。从元素组成来看，土壤有机质主要由 C、O、H、N 等元素组成，其中 C 含量平均占比 58%，因此土壤有机碳（SOC）作为表征土壤有机质特性的重要指标而备受关注。

在成土过程中，最早出现在母质中的有机体是微生物，因此微生物是土壤有机质的最早来源。随着成土过程的发展，过去的主流观点认为植物残体是土壤有机质的基本来源。因此，土壤有机质的化合物组成与植物残体的化学组成密切相关，土壤有机质中主要的化合物组成是类木质素和蛋白质，其次是半纤维素、纤维素及其乙醚和乙醇可溶性化合物（黄昌勇和徐建明，2010）。但近年来新的研究观点认为微生物残体是土壤有机质积累的主要驱动因素（渠晨晨等，2022），有研究表明，土壤微生物残体的有机碳储量可高达活体有机碳的 40 倍（Liang et al.，2011），采用氨基糖生物标志物方法测算出土壤微生物来源有机质占总有机质的 33%～62%（Angst et al.，2021；Liang et al.，2020），利用扫描电子显微镜在土壤颗粒表面原位观察到了大量微生物残体碳（Miltner et al.，2012），这些研究充分说明微生物残体是土壤有机质累积的主要驱动因素，土壤有机质来源仍存在一定的不确定性。

土壤有机质含量取决于有机物质（植物枯枝落叶、根茬、有机肥等）输入量与有机质分解之间的动态平衡。据估算，全球土壤有机碳储量可达 1500Pg（1m 深土层）和 2200Pg（2m 深土层），是陆地植被生物量碳储量和大气碳储量的数倍（潘根兴等，2019）。我国土壤有机碳库估值为 50～185Pg，约占全球土壤有机碳的 6%（龚子同等，2016）。全球农业利用土壤覆盖面积为 4961 万 km^2，其中耕地 1369 万 km^2，占全球陆地面积的 10.5%（潘根兴，2008）。全球农田土壤有机碳储量约 170Pg，超过全球陆地有机碳储量的 10%（郑聚锋和陈硕桐，2021）。近年来，我国农田土壤有机碳储量占全球农田碳库的 8.8%～17.6%（Ren et al.，2012），因此我国农田土壤有机质在全球陆地碳循环中发挥着重要的作用。

农田土壤有机质是形成土壤肥力的基础，是土壤养分的载体和来源。农田土壤有机质含量的高低决定着农业生产力，对维护国家粮食安全及重要农产品供给发挥重要作用，同时农田土壤有机质也是受人类活动影响最为强烈的土壤碳库。人为的农业管理与施肥措施对农田土壤碳库具有很大的调节作用，采用合理有效的农业管理措施，如增施有机肥、无机-有机肥配施、秸秆还田或采取高效集约的农作制度可以增加农田土壤有机碳的固定。高投入、高产出的经营方式是我国农业的长期发展趋势，保持农业土壤碳库的稳定增长不仅是减缓全球气候变化的需要，更是保障农业高产稳产和粮食安全的需要。我国是世界上平均土壤碳库含量较低的国家。据估算，1980～2000 年我国农田土壤0～20cm 土层有机碳固定增加速率为 15～20Tg/a（Huang and Sun, 2006），在 0～30cm 土层中增加速率为 16.6～27.8Tg/a（Sun et al., 2010）。另外，自 1980 年起，持续增加的有机碳含量也表明我国的农田土壤具有很大的固碳潜力。据估计，1980～2009 年，我国华北、西北、华南、西南和华东地区农田表层（0～30cm）土壤有机碳库共增加了418～1109Tg，但是东北地区降低了 15～89Tg，总净增加量为 730Tg（329～1095Tg），平均增加速率为 24.3Tg/a（11.0～36.5Tg/a）（Yu et al., 2012）。1980 年和 2000 年，我国农田土壤碳含量净增长分别占过去 30 年间总净增长的 20.3% 和 45.3%。近年来，我国大力推行和实施《到 2020 年化肥使用量零增长行动方案》，高度重视秸秆还田技术推广、大力推动有机肥施用、实施有机肥替代化肥行动等，耕地土壤有机质含量有所上升，且基本稳定在 24.9g/kg，这也为提高肥料利用率、减少不合理投入、保障粮食安全、促进农业可持续发展发挥了重要作用。

联合国政府间气候变化专门委员会（Intergovernmental Panel on Climate Change, IPCC）第四次评估报告指出：农业生产的 CO_2 近 90% 的减排份额可以通过土壤固碳减排实现，因此"千分之四全球土壤增碳计划"应运而生，即全球 2m 深土壤有机碳储量每年增加 4‰，就可以抵消当前全球矿物燃料的碳排放。由此可见，土壤有机质管理在调节气候变化和生态系统生产力方面具有重要作用。2020 年，我国政府提出要在 2030 年之前实现碳达峰、在 2060 年之前实现碳中和，毋庸置疑，土壤将发挥更大的潜在作用，特别是在增加碳固持、减少碳排放等方面的作用将尤为显著。

第一节　土壤有机质的肥力作用

一、土壤有机质的结构、存在状态及其对土壤物理性状的作用

一般根据土壤有机质在土壤中的分解难易程度和转化时间，将土壤有机质分为 3 个库：①不稳定土壤有机质（活性有机质），主要以微生物量有机质、可矿化有机质、可溶性有机质、碳水化合物为主，该库的特点是活性强、分解速率快、转化快；②稳定土壤有机质（缓性有机质），以颗粒有机质、碳水化合物和脂类为主，周转和分解速率慢于不稳定土壤有机质，是土壤固定有机碳的主要碳库；③极稳定土壤有机质（惰性有机质），以木质素、腐殖质、多酚为主，分解速率慢，转化周期长（何亚婷，2015）。

虽然早在 18 世纪 80 年代，Achard 就开始了有机质的分离研究（斯蒂文森，1994），但对有机质特性的广泛认识，则是在近代。最初，人们按照化合物的种类将其分为腐殖

质和非腐殖质,之后又将腐殖质按其酸溶或碱溶的特性区分为胡敏素、胡敏酸和富啡酸,然后再采取各种化学方法将其细分。20 世纪 70~80 年代,人们从有机质的分解转化方面,对有机质分组进行了更深入的研究,提出了活性有机质的概念。活性有机质即土壤有机质的活性部分,并不是一种单纯的化合物,是土壤有机质中具有相似特性及较高有效性的那部分有机质,在土壤中有效性较高,易被土壤微生物分解矿化,对植物养分供应有最直接作用。尽管活性有机质占总有机质的比例很小,但其是引起土壤有机碳库发生最初变化的主要组分,对土壤碳素的转化尤为重要,对调节土壤养分流有很大影响,对土壤管理措施响应明显,而且与土壤生产力密切相关。

采用物理分组方法分离土壤活性有机质是自 20 世纪 70 年代开始的。由于应用物理分组方法对有机质结构破坏程度极小,分离的有机碳组分能够反映原状有机质结构与功能,尤其能够反映有机质周转特征,所以这种方法在土壤有机碳的研究中受到更多的重视。常用的物理分组法包括颗粒大小分组法、颗粒相对密度分组法或这两种方法的结合。测定活性有机质一般多用相对密度分组法。依据土壤中碳组分的密度不同、粒径大小不同及团聚体稳定性不同,可分为密度分组、粒径分组和团聚体分组等。其中,密度分组是指主要通过不同密度的溶液(重液)将土壤中密度较低的游离态活性有机物质和密度较高的有机-无机复合体分离开来的过程(梁贻仓,2013)。悬浮液中的有机碳组分被称为轻组有机碳,轻组有机碳主要是"新碳"组分,主要是部分分解且未腐殖化的有机质,包括动植物的凋落物和排泄物、微生物残骸、真菌菌丝、孢子等,主要成分是单糖、多糖及半木质素等较易被微生物分解利用的底物,是土壤中的活性碳库。有报道指出,轻组碳分解速率是重组碳的 2~11 倍(Gregorich et al.,1994)。

一般而言,轻组有机物是能快速转化、具有相对高的碳/氮(C/N)、相对密度显著低于土壤矿物中未分解和半分解的动植物残体,它代表了中等分解速度的有机碳库,可作为土壤质量的灵敏的指示剂,特别是有机质质量的指示剂,主要是因为与总的有机质相比,它对管理措施的变化更为敏感。重组有机物主要是与土壤矿物紧密结合的土壤腐殖物质,转化较慢,C/N 较低,属于分解速度极慢的有机碳库。Dalal 和 Chan(2001)研究发现,轻组有机物含有 76%~96%的活性有机质,且轻组有机碳与土壤呼吸速率和微生物氮含量密切相关。因此,轻组碳基本体现了土壤活性有机质。沉淀的部分为重组有机质,是与矿物结合的有机碳,主要成分是腐殖质,分解程度较高,C/N 较低,是稳定的惰性碳库。

粒径分组和团聚体分组都是依据有机碳组分的颗粒大小来区分的,不同点在于,粒径分组使用物理或化学手段破坏了团聚体,得到的是稳定性更强的有机-无机复合体组分;团聚体分组通常不会对团聚体进行人为的机械破坏,而是采用水中筛分的方法获得水稳性团聚体。粒径分组通常情况下将土壤有机碳分为 5 个部分,分别为砂粒、粗粉粒、细粉粒、粗黏粒和细黏粒(窦森,2010),以 2000μm、53μm、5μm、2μm、0.2μm 为分界。有机质与砂粒结合较弱,通常不形成复合体,其结构与轻组有机质有较强的相似性,属于易分解的碳库。粉粒大小的颗粒有机碳富含植物来源的芳香族成分,而黏粒结合的有机碳主要是微生物代谢的产物(张丽敏等,2014),两者均能形成较为稳定的有机-无机复合体。5 个组分中,砂粒结合的有机碳分解程度最低、稳定性较弱;粉粒和黏粒分解程度依次增加，能够形成复合体，稳定性也相应有所增强；细粉粒和粗黏粒与有机碳的结合更为紧密，也较其他组分的稳定性更强。团聚体的形成受多种土壤生物化学过程的影响，对土壤有机碳的长期稳定具有重要意义。前人的大量研究表明，土壤团聚体是影响有机碳稳定性的重要因素。团聚体有机碳为微生物进行腐殖化过程提供了更多的底物，保证了水稳性团聚体的形成，对土壤质量和结构具有重要的意义。土壤有机质的主体是与矿物结合的有机-无机复合体，它与微团聚体和大团体的形成是土壤固碳的主要途径（李学垣，2001）。耕地类型、种植制度、施肥措施均可影响团聚体有机碳的分布，我们采用整合分析研究了不同耕地类型、种植制度及土壤质地条件下施肥对各粒径团聚体（>2000μm、250～2000μm、53～250μm、<53μm）有机碳含量的影响（陆太伟等，2018），与不施肥相比，施用有机肥和化肥均显著提升了土壤总有机碳及>2000μm、250～2000μm、53～250μm 粒径团聚体有机碳含量，有机肥对各级团聚体有机碳的提升幅度（39.7%～72.3%）是化肥（4.3%～15.8%）的 4.6～9.2 倍（$P<0.05$）。对于<53μm 团聚体有机碳而言，施用化肥无影响，但有机肥能显著提升其有机碳含量。施用有机肥有利于农田土壤团聚体有机碳的累积，尤其是大团聚体（>250μm），而不同条件下，尤其在旱地及质地较轻的砂土中，对土壤团聚体有机碳含量的累积更应该考虑有机肥的投入。

二、土壤有机质的化学组成及其对土壤化学性状的作用

在化学组成方面，从 18 世纪 80 年代开始，对有机碳的研究一直集中在腐殖质元素组成、官能团结构和性质等方面。一般将腐殖质分为两类：一类是与已知的有机化合物具有相同结构的单一物质即非腐殖质类物质，包括碳水化合物、碳氢化合物及含氮化合物，占腐殖质总量的 5%～15%；另一类是腐殖质类物质，根据颜色和酸碱溶解性一般被分为胡敏素、胡敏酸和富啡酸，占腐殖质总量的 85%～95%。由于腐殖化过程缓慢，且该过程对气候和植被条件的反应很迟钝，到 20 世纪 60 年代，对土壤腐殖质的研究逐渐淡化。随后，研究者提出了一种以土壤有机碳对高锰酸盐氧化作用的敏感性为基础的分组方法，即采用 3 种不同浓度的 $KMnO_4$（33mmol/L、167mmol/L、333mmol/L）测定土壤中活性有机碳，依次获得活性高、中、低三个级别的有机碳及不能被氧化的惰性有机碳。这种方法假设 $KMnO_4$ 在中性条件下对土壤碳的氧化作用与土壤微生物和土壤酶的作用类似；氧化过程中 $KMnO_4$ 的浓度下降越低，说明土壤有机成分活性越大（徐明岗等，2000）。土壤有机碳中能被 333mmol/L $KMnO_4$ 氧化的有机碳在种植作物时变化最大，因此将这部分有机碳称为活性有机碳，不能被氧化的称为非活性有机碳。非腐殖质物质和活性有机碳属于有机碳库中易被降解的组分，如单糖、纤维素、多肽、蛋白质等。腐殖质或惰性有机碳（如木质素、多酚等具有芳香环结构的木质素和烷基结构的碳）是在有机质矿化和腐殖化过程中，通过生物化学作用形成的复杂复合物质，不易降解，非常难以被微生物利用。这种有机碳复合体的难降解性是土壤稳定和截存有机碳的重要机制之一。现在的化学分组方法是基于土壤有机碳在各种提取剂中的溶解性、水解性和化学反应性进行的，提取剂包括水、稀酸和氧化剂的水溶液等。然而，这些方法通常只是

将有机碳大致分为活性和稳定性两个组分。

与人们对土壤有机碳含量水平的广泛关注不同，有关不同培肥措施对土壤有机碳化学结构的影响效应是近年来逐渐受到人们关注的研究领域，被认为是农田土壤固碳研究的新方向。早期对土壤有机质化学结构的研究，主要集中于不同培肥措施对土壤胡敏酸、富啡酸化学结构特征的影响（张晋京等，2009）。但是作为土壤有机质的稳定组分，腐殖物质对于土壤质量的指示作用具有一定的滞后性，因此，人们逐渐开始尝试采用各种物理分组和化学分组方法来分离有机碳的不同活性组分，用以研究不同有机碳组分对各种培肥措施的响应。然而，这些方法中涉及的物理破碎或化学酸碱提取过程在一定程度上会破坏土壤的原始结构和性质。因此，摆脱了样品溶解性问题且能最大限度保留土壤原始信息的固态 ^{13}C 核磁共振技术成为近年来土壤有机碳化学结构特征研究中主要的分析手段之一。核磁共振波谱技术（nuclear magnetic resonance spectroscopy，NMR）是基于化学位移理论发展起来的，主要用于测定物质的化学成分和分子结构，该技术起始于20 世纪 60 年代，且最早应用于土壤胡敏酸的化学结构测定，后来应用于富啡酸、腐殖物质等的结构测定。由于采用该技术测定的土壤有机质化学结构更接近于真实状态，因此其应用越来越广泛（李娜等，2019）。

固态 ^{13}C 核磁共振技术的主要优点是能对不同化学结构的相对数量进行非破坏性的评估，并且能定量检测出有机质降解和腐殖化过程中碳组分的相对变化，从而可以指示有机质的分解进程（Zech et al.，1997）。该方法将有机碳的化学结构分为烷基碳、烷氧碳、芳香碳和羧基碳 4 个功能区，烷氧碳是易分解的有机碳类型，而烷基碳是较难分解的有机碳结构。通过探测这些含碳化学官能团的定量分布，从而计算各种结构参数，提供有机质碳骨架结构变化最直接的重要信息。一般而言，土壤有机碳的烷氧碳含量最高，烷基碳和芳香碳含量次之，羧基碳含量最少。烷氧碳主要来源于半纤维素、纤维素、聚合和非聚合的碳水化合物或类乙醇物质，代表易被微生物代谢利用的碳水化合物，即易分解碳；烷基碳主要来源于植物生物聚合物（如角质、木栓质、蜡质）、微生物代谢产物的长链脂肪族化合物和甲基碳、脂类和多肽的侧链结构，是难以降解的、较稳定有机碳组分；芳香碳主要来源于木质素、软木质、多肽类或黑碳等带有苯环类的物质，也可能来源于微生物代谢产物或植物体经过高热产生的物质，它常和烷基碳一起，用来表征难被微生物利用的碳化合物，即难分解碳（李娜等，2019）。

不同施肥措施会对土壤有机碳的化学结构产生影响且这种影响效应并不一致。Wang 等（2012）发现 4 年的粪肥施用改变了我国南方黏壤土有机碳所有官能团碳含量的相对比例，并提高了表征有机碳分解程度的烷基碳/烷氧碳比值。同样的，郭素春等（2013）通过对我国潮土，以及 Kiem 等（2000）通过对德国、波兰和捷克 8 个农田长期试验的研究也发现，长期粪肥施用提高了烷氧碳含量，降低了芳香碳含量。Gregorich 等（2001）同样发现秸秆还田增加了加拿大西部黏壤土耕层土壤烷氧碳含量，降低了烷基碳含量，但对耕层下土壤的烷基碳/烷氧碳比值没有影响。我们以东北黑土、西北塿土、中部潮土和南方红壤四大典型农田土壤上的长期肥料试验为基础，研究了不同施肥措施对有机碳化学结构的影响及其与土壤固碳的关系（何亚婷，2015）。长期不同施肥均改变了土壤有机碳的化学结构。土壤有机碳化学结构官能团的碳含量大小顺序为：烷氧碳＞烷基碳＞芳香碳＞羰基碳。与初始土壤相比，22 年的不同施肥提高了土壤有机碳烷氧碳的含量（3.9%～7.3%），降低了芳香碳（3.4%～5.6%）和烷基碳（2.5%～5.3%）的含量。但是，有机碳化学结构官能团碳含量在各施肥处理之间没有显著差异。烷氧碳是固碳的主要官能团，各基团碳的固定转化效率主要受土壤因子的控制。有机碳化学结构官能团的碳含量与累积碳投入呈显著的线性正相关关系。在有机碳的四个官能团中，烷氧碳的碳转化效率最高（3.3%～8.4%）。与气候因子（18.60%）相比，土壤因子（26.79%）对有机碳化学结构官能团碳转化效率的贡献更大。其中，土壤 C/N、pH、黏粒含量是控制有机碳化学结构官能团碳转化的关键土壤因子。核磁共振技术也具有一定的局限性，即仅能得到土壤有机质化学基团种类和相对比例信息，很难深入研究其化学官能团之间的相互关系，势必影响对有机质稳定性和生态学功能的认知，需要联合其他技术一起来进行信息的解读（李娜等，2019）。

三、土壤有机质对土壤生物性状的作用

土壤有机质为土壤生物提供了丰富的碳源和能源，丰富的有机质形成了庞大的食物网。土壤生物几乎参与了所有重要的土壤生态过程（孙新等，2021），它们不仅参与岩石的风化和原始土壤的形成，而且能够直接参与碳、氮和磷等元素的生物循环。腐殖质的合成与分解及其生命活动产物等对土壤的生长发育、土壤肥力的形成和演变起主导作用，并且对高等植物营养的供应状况具有重要作用，同时也是净化土壤中有机污染物的主力军，在维护土壤健康、保障土壤可持续利用和调控生态安全等方面发挥着不可替代的重要作用。

土壤微生物在土壤生物中分布广、数量大且种类繁多，包括细菌、真菌、古菌、原生动物、藻类和病毒等，是土壤生物中最活跃的部分，它们参与了土壤中的各种生物化学反应过程，在土壤生态系统物质和能量循环中扮演着重要角色（吴金水等，2006）。土壤细菌个体微小，代谢强烈，分裂繁殖速度快，是土壤中数量最多的微生物，占微生物总量的70%～90%。土壤微生物通过产生多糖、糖蛋白和疏水剂等化合物来影响其他重要的土壤物理属性，如团聚体的形成和水的运动，并通过产生化合物来抑制其他微生物或植物，从而形成植物群落结构。丰富而稳定的土壤微生物多样性最有利于保持土壤肥力，防控土传病害、害虫及杂草有害生物，促进植物根系形成有益的共生关系，基本实现植物养分循环，最终促进农业增产和可持续生产，并保障农作物产品质量（徐明岗等，2017）。土壤微生物生物量碳对土壤有机碳的动态影响作用巨大：一方面，它们参与土壤碳、氮等元素的循环过程和土壤矿物质的矿化过程，对有机物质的分解和转化、养分的转化和供应起着重要的主导作用；另一方面，微生物体及其分泌物中的氮、磷、硫及其他营养元素是植物可直接利用的速效养分。

土壤微生物对有机碳的固存贡献主要表现在两个方面：一方面，微生物通过消耗自身能量再生或修复自身，表现为周转加快向土壤释放有机代谢物；另一方面，微生物生命体内形成稳定的、排斥性的或抗生素类物质，表现为生长变慢甚至死亡，产生难降解物质，从而增加土壤有机碳的积累。土壤微生物生物量碳对农业措施的反应很快，与土

壤其他碳库之间也有高度的相关性，因此可以将其作为一个指标来判断农业措施对土壤有机碳的影响。

农田土壤中，一些重要的微生物参数如微生物数量、微生物碳氮量、酶活性、细菌真菌数量比、多样性指数及群落结构等能够作为判断土壤肥力和健康状况的指标（王慧颖等，2018a）。我们采用整合分析方法（Meta-analysis），定量分析了施肥对土壤微生物量、群落结构及酶活性的影响（肖琼等，2018；任凤玲等，2018），结果表明，施肥显著提高了土壤微生物量、菌群丰度，以及与有机质分解转化相关酶的活性。在不同种植制度、土地利用类型及土壤 pH 下，施用有机物料对土壤微生物总量的提高幅度显著高于施用化肥，在一年一熟种植区、旱地及偏酸或偏碱性的土壤上配施有机物料，可显著提高土壤微生物活性，从而提升土壤肥力水平。与不施肥相比，施肥显著提高了土壤微生物磷脂脂肪酸（phospholipid fatty acid，PLFA）和微生物生物量碳、氮含量，提高幅度分别为 28.5%、30.9% 和 41.6%，且施用有机物料对各类微生物菌群 PLFA 含量的提高幅度显著高于施用化肥。施用（单施或配施）有机物料对土壤微生物总 PLFA 含量及微生物生物量碳、氮含量的提高幅度分别为 47.3%、50.4% 和 58.7%，相当于施用化肥的 2.8 倍、2.4 倍和 3.9 倍。同时，我们基于 35 年的长期定位施肥试验（王慧颖等，2018b），采用定量聚合酶链反应（polymerase chain reaction，PCR）和 Miseq 高通量测序技术，分析长期不施肥、单施化学氮肥、单施有机肥、有机肥和无机肥配施下黑土细菌及真菌的数量、群落结构和多样性的差异。单施化学氮肥对土壤细菌的数量没有显著影响，但使其群落多样性降低了 13.2%～48.5%。单施化学氮肥使真菌的数量增加了 24 倍，多样性降低了 4.6%～80.3%。与单施化学氮肥相比，化学氮肥和有机肥混合施用使细菌数量及多样性分别增加了 2 倍和 7.7%～46.6%；真菌的数量虽降低了 14.2%，但其多样性提高了 62%～237%。以上结果说明黑土细菌对有机肥的响应较强，而真菌对化肥更为敏感。长期施用化肥会刺激土壤中嗜酸细菌和真菌的生长，而有机肥和无机肥配施可提高土壤微生物群落多样性，刺激有益菌的生长。

四、土壤有机质的分解及养分释放功能

有机质进入土壤后，在微生物作用下进行复杂的转化过程，包括矿质化过程与腐殖化过程。土壤有机质的分解过程是土壤养分释放的过程。有机物质进入土壤后，在土壤微生物的作用下分解成 CO_2，例如，土壤中碳水化合物（主要包括土壤有机质中的碳水化合物，如纤维素、半纤维素、淀粉等糖类）的分解，是在微生物分泌的糖类水解酶的作用下，首先水解为单糖，生成的单糖由于环境条件和微生物种类不同，又可通过不同的途径分解，其最终产物也不同，如果在好气条件下，由好气性微生物分解，最终产物为水和 CO_2。同时，有机质中所含的氮、磷、硫等在一系列特定反应后，释放成为植物可利用的矿质养分，这一过程称为有机质的矿化过程（黄昌勇和徐建明，2010）。例如，土壤中的氮绝大部分以有机态存在，占全氮量的 92%～98%，但有机态氮不能被植物直接吸收利用，必须通过土壤微生物的矿化作用才能转化为可以被植物吸收利用的无机氮形态——铵态氮和硝态氮。土壤中的有机磷除一部分可被植物直接吸收利用外，大部分

需要经过微生物的作用进行矿化，转化为无机磷后才能被作物吸收。另外，土壤中各种有机化合物在微生物的作用下转变为组成和结构更复杂的、新的有机化合物，这个过程为腐殖化过程（黄昌勇和徐建明，2010）。土壤有机质的矿质化过程和腐殖化过程联系紧密，并且随着条件的变化而相互转化，因为矿化的中间产物是形成腐殖质的原料，腐殖化过程的产物再经矿化分解释放出养分。

第二节 土壤有机质的生产功能

一、作物的生长发育与土壤有机质

有机质含量是土壤肥力的重要指标。一般来说，0～20cm 土层含有机质 20%以上的土壤，称为有机土壤；0～20cm 土层含有机质 20%以下的土壤，称为矿质土壤，其土壤特性主要由所含矿物类型决定，农业土壤绝大部分为矿质土壤。有机土壤与矿质土壤最直观的差异是颜色，有机土壤颜色通常呈黑色，例如，东北地区土壤有机质含量高，呈黑色；矿质土壤通常呈现浅色或者其他颜色，具体的颜色是由土壤中所含的具体矿物质所决定的，例如，南方含铁高的土壤呈红色。有机质含量高的土壤，结构性好，有利于保肥保水，有利于作物扎根发芽；有机质含量低的土壤，结构性一般较差，漏肥漏水或比较黏重，不利于作物生长（徐明岗等，2015）。

土壤有机质在促进作物生长发育方面发挥了重要作用，主要体现在以下几个方面。①促进作物的生长发育。土壤有机质中的腐殖酸和不饱和脂肪酸可以增强作物呼吸作用，增加细胞膜的通透性，促进作物对营养元素的吸收。②改善土壤结构。有机质中的腐殖质是土壤团聚体的主要黏结剂：一方面，可以降低黏土的黏度，从而降低耕作抗性，提高耕作质量；另一方面，可以改善砂土团聚作用，提高砂土的团聚程度。③提高土壤保水保肥的能力。土壤有机质中的有机胶体具有很强的吸附能力，既可以增强土壤的保水保肥能力，又可以提高土壤的酸碱缓冲性能。④增加土壤温度。有机质是一种深色物质，一般呈棕色至深褐色，具有良好的吸收热量的性能，从而可以提升土壤温度，改善土壤热条件。⑤改善土壤养分。有机质中的腐殖质具有络合作用，腐殖酸能与磷、铁、铝离子形成络合物或螯合物，避免不溶性磷酸盐的沉淀，增加营养元素的生物有效性。

二、作物的生产能力（高产稳产性）与土壤有机质

土壤有机碳变化对作物产量的影响是因为土壤有机碳可以通过改变土壤物理、化学性质和生物功能，进一步改变农田生产力，如土壤有机碳可影响土壤结构、土壤孔隙度、水分渗透，提高土壤化学缓冲能力、生物活性和养分循环等过程。大量研究表明，土壤有机碳库与作物产量呈正相关，德国、美国、澳大利亚和我国均有相似的研究结果（Yan and Gong，2010）。亚洲的多个长期试验结果显示，增加土壤有机碳含量对提高作物产量有积极作用，同时能维持或提高农田土壤肥力（徐明岗等，2015）。

土壤有机碳对作物产量的影响会被其他影响因素掩盖，而且研究土壤有机碳库对产

量的影响存在很大的不确定性。首先，不同施肥措施不但可以提升有机碳含量，也同样改变了营养的供应，如有机肥。其次，在使用长期试验数据分析其中的关系时，观测数据易受到如季节变化、气候条件和管理措施（如作物品种变化）的影响。因此，很难量化土壤有机碳对作物产量的提升作用，或者两者间的关系仍存在较大的不确定性。就目前来看，多数量化土壤有机碳固存及其对作物产量的协同效应的研究主要通过以下两种方法。

1. 经验方程

有研究表明，土壤有机碳储量和作物产量及产量稳定性之间存在着线性关系（Lal，2006）或非线性指数关系（Zhang et al.，2016）。也有研究通过直线平台方程拟合发现，土壤有机碳对作物产量的贡献有明显的阈值（图 1-1），当土壤有机碳储量超出一定的临界值后，就不会再对作物产量的增加起到积极作用，也就是说，作物产量受品种、氮磷钾养分、气候、病虫害等影响，使得土壤有机碳不再是影响作物产量的主要因素。例如，旱地土壤有机碳含量超过 2%时，加拿大部分地区作物产量不再因为土壤有机碳含量的增加而增加（Krull et al.，2004）。然而，到目前为止，基于长期观测确定土壤有机碳储量和作物生产力的关系，并且通过量化土壤有机碳储量对作物产量影响的阈值的研究仍极其缺乏（Zhang et al.，2016）。

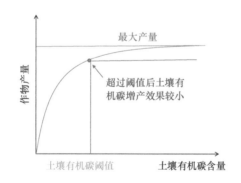

图 1-1 农田土壤固碳的增产协同效应与阈值概念图

2. 模型模拟

贺美等（2017）运用 DNDC（denitrification-decomposition）模型，对我国东北地区黑土土壤有机碳演变及其与作物产量之间的协同关系进行了量化研究。Ye 等（2008）运用区域模型及 Web 土地评价系统，评估了我国农田土壤有机碳含量对作物产量的影响，认为土壤有机碳的降低解释了 7%～64%的减产。

在确保粮食安全的大背景下，量化土壤有机碳库含量对作物产量的提升作用有着重要的生产实践意义。我们以 1980 年建立的全国农田肥料网和 1990 年建立的土壤肥力网的长期试验为基础，选取跨越不同气候带、土壤类型和轮作制度的多个有代表性和管理良好的长期试验数据进行分析，发现土壤有机碳对作物产量的提高作用有着明显的阈值（Zhang et al.，2016）。在我国北方地区，当施用有机肥或秸秆还田将土壤有机碳库（表层 0～20cm）提升至 22～46t/hm^2 时（东北地区为 44～46t/hm^2，西北地区为 26～28t/hm^2，华北地区为 22t/hm^2），其小麦和玉米产量相比施用化肥提升 13%～22%。在南方地区，当土壤有机碳库提升至约 35t/hm^2 后，该地区小麦和玉米产量才比施用化肥有显著提升。同时，研究估算了不同区域农田土壤有机碳每提升 1.0g/kg 时作物产量的增加幅度，具体而言，北方（东北、西北、华北）地区玉米增产约 0.99t/hm^2（0.66～1.22t/hm^2）、小麦增产约 0.96t/hm^2（0.58～0.95t/hm^2）；南方（华南、西南）地区玉米增产约 0.596t/hm^2、小麦增产约 0.19t/hm^2（0.17～0.21t/hm^2）、水稻增产约 0.35t/hm^2。若各区域土壤有机碳储量上升至对作物产量的最大阈值，相比 2009 年，各地区小麦产量（东北、华北、西北和南方地区分别为 3.8t/hm^2、3.7t/hm^2、4.7t/hm^2 和 3.1t/hm^2）和玉米产量（东北、华北、西北和南方地区分别为 5.3t/hm^2、6.2t/hm^2、5.3t/hm^2 和 4.4t/hm^2）（数据来自国家统计局），东北、华北、西北和南方地区小麦产量可分别增加 0.6t/hm^2、1.2t/hm^2、0.8t/hm^2 和 2.8t/hm^2，玉米产量分别增加 1.3t/hm^2、2.4t/hm^2、0.9t/hm^2 和 4.3t/hm^2，另外，在东北、华北、西北和南方地区，还分别需要 331tC/hm^2、74tC/hm^2、59tC/hm^2 和 286tC/hm^2 来填补目前表层土壤有机碳储量与其产量阈值之间的差距（张旭博，2016）。通过采用土壤 - 植物 - 大气连续体系统（soil-plant-atmosphere continuum system，SPACSYS）模型，研究结果表明，在未来气候变化情景下，我国北方一年两熟种植区，农田土壤有机碳库仍对小麦和玉米产量有明显的增产协同效应，即小麦产量的土壤有机碳影响阈值为 24.1～24.3t/hm^2，玉米产量的土壤有机碳影响阈值为 25.2～26.4t/hm^2；而在北方一年一熟地区，农田土壤有机碳库与小麦和玉米产量没有明显的相关性。

农田土壤有机碳作为土壤肥力的核心和农业可持续发展的基础，其周转过程由于受到农业管理措施尤其是施肥的影响而显得尤为复杂。深入理解我国农田土壤有机碳固定过程及其增产协同效应，可填补农田土壤有机碳固定相关研究的不足，是指导不同区域合理施肥、提升作物生产力、提高土壤肥力、减缓养分损失的关键，可为我国农田土壤肥力提升、实现农业可持续发展打下坚实的基础（徐明岗等，2017）。

第三节　土壤有机质的生态功能

一、土壤有机质与碳循环

土壤有机碳循环是有机碳进入土壤，并在土壤微生物（包括部分动物）参与下分解和转化形成的碳循环过程。进入土壤的有机碳主要包括植物和动植物残体，土壤中的有机碳包括土壤腐殖质、土壤微生物及其各级代谢产物的总和。土壤有机碳周转主要有三个基本构成要素：①土壤有机碳输入；②有机质各组分的分解和矿化；③有机碳各组分在分解过程中的相互转化。这三个要素的相互作用决定了土壤有机碳的积累水平。而植被、气候、地理因素和土壤本身的理化性状主要通过影响这些动力学过程来影响土壤有机碳含量。土壤微生物是推动土壤有机碳分解、转化的动力，其自身的周转也是土壤有机碳周转的重要方面。土壤有机碳周转过程动力学研究可以从深层次上揭示土壤有机碳的动态变化和积累机理。随着研究的不断深入和完善，从土壤有机碳周转动力学角度探讨有机质的积累和变化已成为有机质研究的新方向,并发展为计算机模拟模型(吴金水,1994)。

土壤有机碳水平是系统投入与支出动态平衡的体现,一般情况下,在土壤有机碳达到饱和之前,二者之间具有显著的正相关关系,土壤有机碳水平随着系统输入的增加而提高,且大部分研究结果表明二者之间的响应关系呈线性(Kundu et al.,2007;Six et al.,2002)。但土壤有机碳的增加并非一个永久的持续过程,在相对稳定的管理措施条件下,最后都会达到一个系统收入和输出的平衡(Six et al.,2002)。当土壤有机碳达到平衡后,系统投入量的增加对有机碳的含量并无影响,增加的系统碳投入并不会被土壤固定下来(Hutchinson et al.,2007)。农田土壤固碳潜力的估算也是基于该平衡基础上进行的,它反映了土壤有机碳现有水平与最终平衡之间的差距。

土壤的固碳潜力通常是根据现存土壤有机碳水平与同一地区自然植被下土壤有机碳的差距或长期定位试验监测土壤有机碳的动态变化和模型(如 CENTURY 4.0、RothC-26.3、DNDC)来模拟(West and Post,2002;Farage et al.,2007),或是利用生态景观结构单元结合地理信息系统(geographic information systems,GIS)技术等进行估算(Tan and Lal,2005)。估算与预测方法的差异体现在固碳潜力估算结果的不确定性上(Hutchinson et al.,2007)。大部分估算结果预测了未来 50~100 年间农田土壤的固碳速率(Farage et al.,2007)。Tan 和 Lal(2005)预测在现行的种植和管理方式下,全球农田土壤的固碳潜力平均为 $15.5t/hm^2$。据 Lal(2002)估算,我国农田土壤的固碳潜力约为 11Pg;现行种植制度下我国稻田耕层土壤的固碳潜力为 0.7Pg(Pan et al.,2003)。

通过分析我国主要农区的长期定位试验和监测试验数据,我们探讨了施肥对农田土壤有机碳平衡的影响(张文菊,2008),结果如下。①西北干旱地区,长期不施肥或单施化肥措施下土壤有机碳出现消耗。有机-无机肥配施或秸秆还田是遏制该地区土壤有机碳含量下降的重要措施。在东北地区,单施化肥可维持较高的土壤肥力,合理增施有机肥也能产生明显的固碳效应;在华北和华南主要农区,氮磷钾配施下作物不仅显著增产,还可在旱地及低肥力水稻土中产生明显的固碳效应,固碳速率为 0.07~$0.25t/(hm^2·a)$;尽管与单施化肥相比,有机-无机肥配施在大部分农作系统中无显著的增产效果,但可产生明显的固碳效应,固碳速率因有机肥施用量和品质差异而不同,范围为 0.2~$1.0t/(hm^2·a)$。②近 20 年来,我国主要农区在常规施肥方式下,土壤有机碳基本维持或呈上升趋势。其中,常规施肥方式下,东北和西南地区的单季种植系统基本能维持土壤有机碳不下降;双季种植在西北和华北的旱作土壤、华东和华南地区的低肥力水稻土壤上的固碳速率为 0.06~$0.80t/(hm^2·a)$。③所研究的旱地土壤有机碳没有达到饱和,仍具有一定的固碳潜力。与不施肥相比,平衡施肥对于旱作土壤有机碳的平衡值的调节幅度随着水热条件的改善而下降。相同气候区肥力较低的旱地土壤比肥力较高的稻田土壤具有更大的固碳潜力。④土壤的氮素水平是有机碳增加的重要限制因子之一。平衡施肥措施不仅提高了农田土壤有机碳的平衡点,而且加速了土壤有机碳的周转,缩短了有机碳达到平衡所需的时间。⑤维持农田土壤有机碳平衡的最低系统投入与水热条件、有机碳水平和土壤黏粒含量密切相关;相同气候条件下,有机碳水平较高、质地较轻的土壤,需要更多的系统投入才能维持土壤碳平衡。

IPCC 第五次评估报告指出,未来全球气候将继续变暖,预计到 21 世纪末,全球地表平均温度将增加 0.3～4.8℃。土壤有机碳储量对气候变化的响应主要有以下几个方面。①温度升高对土壤有机碳库有一定的负面作用。土壤有机碳库随温度的增长而降低，未来气温上升将极大地提高土壤有机碳的释放。但土壤有机碳的分解对气候变暖具有适应性，随着大气温度的持续上升，土壤呼吸对温度的敏感性逐渐降低，即土壤碳循环对气候变化的反馈是有限的。②土壤有机碳含量表现为随降水的增减而增减。③CO_2 浓度的升高提高了作物碳归还量，对土壤有机碳库有一定的提升作用。④气候变化对氮循环的影响也间接改变了土壤有机碳的分解。⑤气候变化带来的土壤侵蚀加剧，会导致土壤碳库大量流失。所以，气候变化对土壤有机碳库的影响是多方面的（图 1-2），在对未来土壤有机碳库的变化进行估算时，需要对多个过程进行综合考虑，量化多种因素的共同作用。

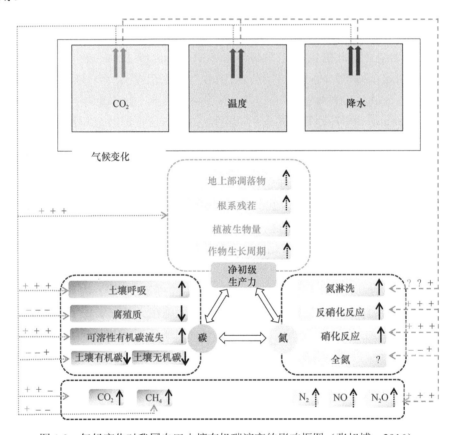

图 1-2　气候变化对我国农田土壤有机碳演变的影响框图（张旭博，2016）

图中实线箭头表示现有研究结果较为一致；虚线箭头表示现有研究有争议；问号表示现有结果还未明确；加号、减号分别表示正效应和负效应

二、有机质与温室气体排放

大气中的二氧化碳（CO_2）、氧化亚氮（N_2O）和甲烷（CH_4）等温室气体浓度的不断上升是引起全球气候变暖的直接原因，对温室效应的贡献率合计近 80%（Kiehl and Trenberth，1997）。其中，CO_2 对增强温室效应的贡献率最大，约占 60%，是最重要的

温室气体（IPCC，2000）；其次是 CH_4，温室效应潜能是 CO_2 的 21～23 倍，对温室效应的贡献率约占 15%。N_2O 增温效应是 CO_2 的 296～310 倍（IPCC，2007），对温室效应的贡献率约占 5%。农业排放主要来自施肥土壤 N_2O、反刍动物肠胃发酵 CH_4、水稻种植 CH_4，以及畜禽粪便管理中的 CH_4 和 N_2O（王斌等，2022）。缓解气候变暖需要大幅度降低全球的温室气体排放。

土壤是农业生产活动最基本的生产资料，由于人类生产活动的扰动，全球土壤有机碳在过去 100 年中一直呈下降趋势（陈庆强等，1998）。据估计，大气中每年有 5%～20% 的 CO_2、15%～30% 的 CH_4、80%～90% 的 N_2O 来源于土壤（Hansen and Lacis，1990），可见农田土壤是温室气体的重要排放源。由于农田土壤碳库是受到强烈的人为干扰且能在较短的时间尺度上被调节的碳库（FAO，2001），因此农田土壤有机碳储量及固碳能力是评估减缓气候变化和固碳减排潜力的重要依据。农田生态系统是重要的温室气体排放源，其温室气体排放量约占全球温室气体排放总量的 14%。土壤有机质含量影响土壤 N_2O 的排放，且研究表明土壤 N_2O 年均排放量与初始土壤有机碳含量呈显著正相关，说明有机质含量高的土壤，其 N_2O 排放量也高（续勇波和蔡祖聪，2008）。这主要是因为土壤有机碳的分解提供了大量的土壤氮素，为硝化、反硝化过程提供了大量底物。反硝化过程是消耗电子的异养呼吸过程，有机质矿化为反硝化过程提供电子（Ahn，2006）。有机碳含量高的土壤，其易矿化的有机碳含量也高，因而释放的电子也越多，从而越有利于反硝化过程的进行（Xu and Cai，2007）。另外，有机碳含量高的土壤，由于其微生物活性较强，消耗了土壤中的 O_2，形成厌氧环境，进而间接增强了微生物的反硝化作用，使 N_2O 排放增多（田亚男等，2015）。

基于长期定位试验点的观测数据，结合区域数据库及 ArcGIS，利用验证后的机理过程模型 SPACSYS 模拟 2010～2050 年华北平原 3 种施肥情景，即单施化肥情景、50% 化肥配施 50% 有机肥情景和 30% 化肥配施 70% 有机肥情景下，旱地土壤年均固碳速率、土壤 N_2O 年均排放量及年均净全球增温潜势的空间格局（王树会等，2022），结果如下。①3 种施肥情景长期施肥 40 年，华北平原旱地土壤年均固碳速率表现为西部较低、东部较高，较高的地区主要有山东省。土壤 N_2O 年均排放量表现为中部较高、北部和南部较低，较高的地区主要包括山东省部分地区和江苏省。②初始土壤有机碳含量、年均气温和土壤 pH 是影响土壤年均固碳速率的 3 个重要因子，共解释其变异的 24%。③与长期单施化肥情景相比，两种长期化肥配施有机肥情景均增加了华北平原旱地土壤年均固碳速率、降低了土壤 N_2O 年均排放量，其中土壤年均固碳速率分别增加了 79% 和 82%，土壤 N_2O 年均排放量分别降低了 21% 和 28%，年均净全球增温潜势分别降低了 26% 和 34%。因此，长期来看，相比传统的单施化肥模式，化肥配施有机肥有利于华北平原旱地土壤固碳、土壤 N_2O 减排和减缓温室效应。利用该模型进行预测（王树会等，2018），结果显示，到 2050 年，在当前施氮水平下，减氮 50% 会显著降低玉米产量（约 9%）；减氮 25% 与单施化肥处理相比，化肥配施有机肥处理和单施有机肥处理分别显著提高 SOC 年均储量约 31% 和 62%，提高 TN 年均储量约 18% 和 6%，而 CO_2 和 N_2O 年均排放量均没有显著增加。

近 30 年，国际社会不断加强和丰富控制气候变化的力度与途径，以期减少气候变化、极端气候对土壤碳循环的负面影响，同时也希望通过增加土壤固碳来减缓全球气候变化的脚步。到目前为止，我国依然面临着减缓全球气候变化和保障粮食安全的双重挑战。在积极应对和减缓气候变化、保持目前农业生产力的大趋势下，增加农田土壤固碳是一个很重要的途径。然而，我国农田土壤有机碳含量明显低于全球平均值，低于欧盟平均值的30%，可见土壤有机碳储量的差距是相当大的。该现状一方面反映了我国农田生态系统总体质量较低、应对和抵御气候变化的自然能力较弱，另一方面也说明我国农田土壤具有巨大的固碳减排潜力（Pan et al.，2010）。

农业既是主要的碳排放源，更是重要的碳固定汇，固碳减排潜力巨大。因此，现代农业不仅可以保障国家粮食及主要农产品的有效供给，而且可以且应该助力国家双碳目标。农业碳中和目标能否实现将主要取决于CH_4等非CO_2温室气体减排力度，以及农业综合固碳潜力的发挥。农业碳中和任重道远，必须固碳与减排兼顾，并以农业CH_4等非CO_2温室气体减排为优先（张卫建等，2021）。在保障粮食安全的同时实现农业双碳目标是一项系统工程，任务艰巨，需要农业固碳减排科技创新、农业碳监测与评价方法创建，以及农业部门间的协调机制和新政策创设等综合支撑。

三、土壤有机质与有机污染物降解

随着人类活动的加剧，特别是能源开发使用、农业生产扩大、城镇化发展等导致土壤有机污染问题愈加严重。我国自2019年1月1日起正式实施了《中华人民共和国土壤污染防治法》，为防治土壤污染、保障公众健康、推动土壤资源永续利用、推进生态文明建设、促进经济社会可持续发展提供了根本遵循。

有机污染物主要包括有机农药、酚类、氰化物、石油、合成洗涤剂、3,4-苯并芘，以及由城市污水、污泥及厩肥带来的有害微生物等（徐明岗等，2017）。这些有机污染物超过土壤的自净能力时，就会引起土壤的组成、结构和功能发生变化，微生物活动受到抑制，有害物质或其分解产物在土壤中逐渐积累，并且通过"土壤→植物→人体"或"土壤→水→人体"间接进入人体，危害人体健康。土壤污染会导致农作物减产和农产品品质降低、地下水和地表水污染、大气环境质量降低，并最终危害人体健康。

土壤pH、含水量、温度及有机质含量影响着土壤动植物的生长发育和新陈代谢，同时影响着土壤中微生物的活性，进而影响到有机污染物的降解。有机污染物在土壤中的吸附行为主要受土壤中有机质含量的影响，并且随着有机质的疏水性提高，吸附能力增强（陈虹，2009）。腐殖质是土壤的重要组成部分，其不仅具有多分散性、易聚合性和表面活性等特征，而且含有大量的活性官能团，如羧基、酚羟基和醌基等。土壤中的腐殖质也是土壤中吸附有机污染物最为活跃的部分（陈芳等，2017）。土壤中有机质含量对有机污染物的降解主要表现在：随着有机污染物与土壤接触时间的增加，有机污染物会发生老化现象，一般认为有机质的吸附作用是疏水性有机化合物老化存留在土壤中的主要机制，疏水性有机化合物能够与土壤中的有机质形成很强的氢键从而导致这部分有机质不易被解吸，进而难以被动植物吸收利用，降低了生物修复效率。同时，污染物进入土壤后，会改变土壤中的营养成分结构，影响土壤微生物和动物降解污染物的能力。例如，石油进入土壤后，改变了土壤中的 C、N 组成，微生物利用多余的 C 作为生长底物时会使可利用的 N、P 等无机养分流失，从而影响微生物的生长及对石油污染物的降解能力（吴敏等，2022）。另外，土壤中有机质来源不同，其结构和化学特征差异较大，因此对同一种污染物的吸附能力差异较大，例如，不同杀虫剂在土壤中的吸附能力差异高达 10 倍（陈虹，2009）。土壤有机质的极性和芳香碳含量也会影响其对有机污染物的吸附能力，例如，腐殖质和富啡酸中极性基团含量升高，可降低对有机污染物的分配作用。

四、土壤有机质与污染重金属活性

由于人类活动，微量金属元素在土壤中的含量增加、过量沉积，致使土壤中重金属含量明显高于背景值，并造成生态环境质量恶化的现象，统称为土壤重金属污染（徐明岗等，2017）。随着我国工业化、城镇化及农业高度集约化的快速发展，土壤重金属污染问题日益突出。2014 年《全国土壤污染状况调查公报》显示，我国土壤总的点位超标率为 16.1%，其中无机物污染最为突出，镉（Cd）、砷（As）、铜（Cu）等的超标率分别为 7.0%、2.7% 和 2.1%（生态环境部，自然资源部，2014）；另外，生态环境部对 30 万 hm^2 基本农田保护区土壤的调查发现，土壤中重金属超标率达到 12.1%，其中长江三角洲地区耕地土壤重金属 Cd、Cu 和 Pb 的超标率分别为 5.64%、2.73% 和 0.75%（段桂兰等，2020）。

我国多数被污染的土壤（特别是耕地）尚处于轻中度污染状态（段桂兰等，2020），发展轻中度污染耕地土壤修复技术，是保障农产品安全生产的重要课题。修复污染耕地土壤的措施主要包括：工程修复方法（如客土覆盖、表层剥离等）、农艺措施调控（如管理水分、合理施肥等）、钝化阻控技术和生物修复。在农艺措施中，施用有机物料如作物秸秆、畜禽粪便、生物质炭等对重金属和有机污染物污染的土壤具有一定解毒作用。例如，在锌污染的土壤中施入有机肥，能改变锌的缔合方式（即组成形态），有研究指出在不同锌污染水平上，随有机肥施用量的增加，锌有机络合（螯合）态的含量也逐渐增加，降低了植物对锌的吸收和毒性（蒋廷惠等，1993）。

土壤有机质含量可影响重金属有效性，因为土壤有机质具有大量的官能团、较高的阳离子交换容量（cation exchange capacity，CEC）和较大的土壤表面积，可通过表面配位、离子交换和表面沉淀三种方式增加土壤对重金属的吸附能力（胡宁静等，2010）。一方面，有机质可以作为螯合物与重金属形成有机配合物，提高植物对重金属的利用率，例如，徐明岗等（2004）研究表明，在土壤锌含量不高的情况下，土壤有机质含量高，土壤有效锌含量亦高，有利于作物对有效锌的吸收；另一方面，有机质通过与重金属离子的络合作用，降低重金属离子的生物有效性（Lim et al.，2013）。例如，在土壤有机质的作用下 Cr^{6+} 可转化为 Cr^{3+}，进而降低移动性（李晶晶和彭恩泽，2005）。也有研究表明，土壤中 Pb 的离子态和可交换态及 Cd 含量随着土壤有机质含量的增加而明显降低，进一步说明土壤有机质具有吸附和络合重金属离子的能力，增加有机质含量可使有机束缚态重金属含量增多，从而降低重金属的生物有效性（王兴佳等，2020；张会民等，2006）。

第四节 土壤有机质研究中亟须解决的关键问题

土壤有机质是耕地地力最重要的性状之一，是土壤质量和功能的核心。在保证粮食安全的前提下，提高农业碳汇、显著降低农业温室气体排放，使得助力碳中和目标的研究工作任重道远。随着更多新技术与新方法的创建、完善和发展，面对土壤系统的开放性、复杂性和多变性，对土壤有机质的研究必将越来越深入。为了更好地探究土壤有机质的周转，需在以下几个方面加强研究。

一、深层土壤有机质周转过程与固碳机制

目前对农田土壤有机质的研究主要集中在耕层土壤，涉及亚表层或更深层次土壤的研究相对较少。已有的研究表明，深层土壤的固碳机制可能不同于表层（Rumpel and Kögel-Knabner，2011）。深层土壤具有较低的碳饱和度，且具有更大的固碳潜力，有研究发现，在 1m 深非永久冻土矿物土壤中，目前的总碳储量为 899Pg。虽然这分别占表层和深层土壤碳的 66% 和 70%，但仅占矿物学容量的 42% 和 21%。农业管理下的地区和更深的土壤层显示出最大的矿物结合碳饱和度不足。除了少量根系外，土壤溶解性有机碳是深层土壤有机碳的来源。另外，深层土壤有机碳库的变化，同样会影响作物生长和养分运移，如根系延展、土壤物理性质、土壤氮素残留和供应水平等多个生态学过程，因此，应更加关注深层土壤有机质的周转过程与碳固存机制，进而更加系统和全面地研究土壤有机碳库。

二、植物残体和微生物残体转化过程及其分子机制

植物是土壤有机质的主要来源，Kononova 经典理论认为：植物残体在微生物的作用下，经过分解再合成为结构更复杂的腐殖物质。但是最新的研究结果显示，土壤腐殖物质还含有大量的微生物分子信息，说明微生物源与植物源有机质同等重要，植物残体与微生物残体转化共同决定土壤有机质的质量与数量。迄今为止，土壤有机质形成理论已经从趋同论，逐渐演变为植物残体物质组成决定论、微生物分解者决定论及微生物碳泵理论。土壤有机质形成及固碳的理论已具雏形，尤其是微生物碳泵理论方兴未艾，未来的研究应该是现代仪器分析技术与分子生物学技术紧密结合，进一步补充完善典型生态系统土壤有机质形成与固碳理论，重点是有机地结合植物生物标识分子与微生物生物标识分子分析技术和研究方法，研究农田草地等典型生态系统土壤微生物碳泵原理及特点，定量地辨识土壤植物源和微生物源有机质组分，掌握其形成过程及影响因素；尤其是农田生态系统，应从定量的角度，研究水肥管理、耕作栽培制度等主要农事活动对土壤有机质转化及固存的影响。另外，在微观尺度上，从微生物种群结构和功能层次，研究有机碳流通的界面过程，解析微生物过程与有机碳时空异质性的偶联关系及其互作机理，深入了解微生物代谢产物和残体的化学组成及其分配、

周转和稳定机制，更充分地认识不同微生物类群及其演替与土壤有机质累积及固存之间的密切联系和原理。

三、原位酶谱技术的应用

由于经典理论基于化学浸提的腐殖物质，不仅不能完全浸提土壤腐殖物质，而且在浸提过程中极有可能发生多种变化，尤其是官能团发生改变，这就意味着经典理论不可能真实地阐释土壤有机质组成成分及其特性，更不可能了解有机质转化过程和机理。近 20 年来，随着原位光谱显微观测、核磁共振分析、纳米二次离子质谱分析及热质联机分析等现代仪器分析技术的引进和应用，不仅能够原位观测植物残体的转化过程，而且可以跟踪并辨识植物残体有机物质的变化及其在土壤中的分布。土壤原位酶谱是土壤酶学的新型研究手段（刘玉槐等，2017）。原位酶谱技术最初应用于医学领域，用来检测组织切片表面的酶活分布，而后逐渐引入土壤酶学。该技术能够获得酶活空间分布的二维图像，是一种直观、快捷的酶活测定手段。原位酶谱技术在碳循环研究中越来越受到关注，不仅能应用于参与碳循环的 11 种酶（以木质素，即植物秸秆的主要成分为土壤有机碳输入的初始形态，其催化顺序依次为：木质素酶、多酚氧化酶→纤维素内切酶、淀粉酶、木聚糖酶、果胶酶→β-葡萄糖苷酶、α-葡萄糖苷酶、β-呋喃酶、β-半乳糖酶、多缩半乳糖酶，除木质素酶和多酚氧化酶外均为水解酶）的酶活性与空间分布，还可以通过与其他分析手段的耦合，如放射自显影技术等，克服对土壤碳循环相关酶的来源的分辨力与同功能酶作用区分的限制，更加深入地研究土壤有机质生物化学过程与机制。

四、高时空分辨率土壤有机质周转模型的优化

在土壤有机质周转模型模拟中需要考虑土壤微生物的影响，因为凋落物腐解不仅受外界因素的影响，同时还受到微生物降解的驱动，应将微生物群落、活性及多样性等因子作为参数进一步优化模型。现有模型仍然很难准确估计不同土壤碳库以及微生物群落对温度升高的响应，应进一步拓展模型的微生物代谢模块，以实现有机质周转过程的精准预测。在宏观尺度上，加强研究在多种因素综合作用下，尤其是气候变化情景下，植物、动物、微生物之间的相互作用及其内在和外在的关键控制因素，优化现有的碳循环机理模型，更加准确地测算典型生态系统的固碳能力及其扩容技术路径，更多借助高时空分辨率的过程模型与大量观测试验进行验证，综合考虑其过程模型与人地系统耦合模型，结合生态环境保护与社会人文过程，尤其是区域尺度土壤碳库扩源增容技术途径，将是未来国家与区域有机质领域的研究重点。

参 考 文 献

陈芳, 杨艳, 高辉, 等. 2017. 腐殖质吸附有机农药机理研究进展. 四川环境, 36(6): 141-149.

陈虹. 2009. 石油烃在土壤上的吸附行为及其对其他有机污染物吸附的影响. 大连: 大连理工大学博士

学位论文.

陈庆强, 沈承德, 易惟熙, 等. 1998. 土壤碳循环研究进展. 地球科学进展, (6): 46-54.

窦森. 2010. 土壤有机质. 北京: 科学出版社.

段桂兰, 崔慧灵, 杨雨萍, 等. 2020. 重金属污染土壤中生物间相互作用及其协同修复应用. 生态工程学报, 36(3): 455-470.

龚子同, 陈鸿昭, 张甘霖, 等. 2016. 寂静的土壤. 北京: 科学出版社.

郭素春, 郁红艳, 朱雪竹, 等. 2013. 长期施肥对潮土团聚体有机碳分子结构的影响. 土壤学报, 50(5): 922-930.

何亚婷. 2015. 长期施肥对我国农田土壤有机碳组分和化学结构的影响. 北京: 中国农业科学院博士后研究报告.

贺美, 王迎春, 王立刚, 等. 2017. 应用 DNDC 模型分析东北黑土有机碳演变规律及其与作物产量之间的协同关系. 植物营养与肥料学报, 23(1): 9-19.

胡宁静, 骆永明, 宋静. 2010. 长江三角洲地区典型土壤对镉的吸附及其与有机质、pH 和温度的关系. 土壤学报, 47(2): 246-252.

黄昌勇, 徐建明. 2010. 土壤学. 北京: 中国农业出版社.

蒋廷惠, 胡霭堂, 秦怀英. 1993. 土壤中锌的形态分布及其影响因素. 土壤学报, 30(3): 260-266.

李晶晶, 彭恩泽. 2005. 综述铬在土壤和植物中的赋存形式及迁移规律. 工业安全与环保, 31(3): 31-33.

李娜, 盛明, 尤孟阳, 等. 2019. 应用 ^{13}C 核磁共振技术研究土壤有机质化学结构进展. 土壤学报, 56(4): 796-812.

李学垣. 2001. 土壤化学. 北京: 高等教育出版社.

梁贻仓. 2013. 不同农田管理措施下土壤有机碳及其组分研究进展. 安徽农业科学, 421(24): 9964-9966.

刘玉槐, 魏晓梦, 祝贞科, 等. 2017. 土壤原位酶谱技术研究进展. 土壤通报, 48(5): 1268-1274.

陆太伟, 蔡岸冬, 徐明岗, 等. 2018. 施用有机肥提升不同土壤团聚体有机碳含量的差异性. 农业环境科学学报, 37(10): 2183-2193.

潘根兴. 2008. 中国土壤有机碳库及其演变与应对气候变化. 气候变化研究进展, 4(5): 282-289.

潘根兴, 丁元君, 陈硕桐, 等. 2019. 从土壤腐殖质分组到分子有机质组学认识土壤有机质本质. 地球科学进展, 34(5): 451-470.

渠晨晨, 任稳燕, 李秀秀, 等. 2022. 重新认识土壤有机质. 科学通报, 67(10): 913-923.

任凤玲, 张旭博, 孙楠, 等. 2018. 施用有机肥对中国农田土壤微生物量影响的整合分析. 中国农业科学, 51(1): 119-128.

生态环境部, 自然资源部. 2014. 全国土壤污染状况调查公报.

斯蒂文森 F J. 1994. 腐殖质化学. 夏荣基译. 北京: 北京农业大学出版社.

孙新, 李琪, 姚海凤, 等. 2021. 土壤动物与土壤健康. 土壤学报, 58(5): 1073-1083.

田亚男, 张水清, 林杉, 等. 2015. 外加碳氮对不同有机碳土壤 N_2O 和 CO_2 排放的影响. 农业环境科学学报, 34(12): 2410-2417.

王斌, 李玉娥, 蔡岸冬, 等. 2022. 碳中和视角下全球农业减排固碳政策措施及对中国的启示. 气候变化研究进展, 18(1): 110-118.

王慧颖, 徐明岗, 马想, 等. 2018a. 长期施肥下我国农田土壤微生物及氨氧化菌研究进展. 中国土壤与肥料, (2): 1-12.

王慧颖, 徐明岗, 周宝库, 等. 2018b. 黑土细菌及真菌群落对长期施肥响应的差异及其驱动因素. 中国农业科学, 51(5): 914-925.

王树会, 陶雯, 梁硕, 等. 2022. 长期施用有机肥情景下华北平原旱地土壤固碳及 N_2O 排放的空间格局. 中国农业科学, 55(6): 1159-1171.

王树会, 张旭博, 孙楠, 等. 2018. 2050 年农田土壤温室气体排放及碳氮储量变化 SPACSYS 模型预测.

植物营养与肥料学报, 24(6): 1550-1565.

王兴佳, 王冬艳, 余丹, 等. 2020. 吉林中部黑土区春秋两季土壤重金属元素转化研究. 东北师大学报 (自然科学版), 52(2): 130-136.

吴金水. 1994. 土壤有机质及其周转动力学. 见: 何电源. 中国南方土壤肥力与栽培植物施肥. 北京: 科学出版社.

吴金水, 林启美, 黄巧云, 等. 2006. 土壤微生物生物量测定方法及其应用. 北京: 气象出版社.

吴敏, 施柯廷, 陈全, 等. 2022. 有机污染土壤生物修复效果的限制因素及提升措施. 农业环境科学学报, 41(5): 14.

肖琼, 王齐齐, 邬磊, 等. 2018. 施肥对中国农田土壤微生物群落结构与酶活性影响的整合分析. 植物营养与肥料学报, 24(6): 1598-1609.

徐明岗, 刘保存, 陈守伦, 等. 2017. 土壤保护300问. 北京: 中国农业出版社.

徐明岗, 刘保存, 辛景树, 等. 2015. 健康土壤200问. 北京: 中国农业出版社.

徐明岗, 于荣, 王伯仁. 2000. 土壤活性有机质的研究进展. 土壤肥料, (6): 3-7.

徐明岗, 张青, 李菊梅. 2004. 土壤锌自然消减的研究进展. 生态环境, 13(2): 268-270.

徐明岗, 张旭博, 孙楠, 等. 2017. 农田土壤固碳与增产协同效应研究进展. 植物营养与肥料学报, 23(6): 1441-1449.

续勇波, 蔡祖聪. 2008. 亚热带土壤氮素反硝化过程中 N_2O 的排放和还原. 环境科学学报, 28(4): 731-737.

张会民, 吕家垅, 徐明岗, 等. 2006. 土壤镉吸附的研究进展. 中国土壤与肥料, (6): 8-12.

张晋京, 窦森, 朱平, 等. 2009. 长期施用有机肥对黑土胡敏素结构特征的影响——固态 ^{13}C 核磁共振研究. 中国农业科学, 42(6): 2223-2228.

张丽敏, 徐明岗, 娄翼来, 等. 2014. 土壤有机碳分组方法概述. 中国土壤与肥料, (4): 1-6.

张卫建, 严圣吉, 张俊, 等. 2021. 国家粮食安全与农业双碳目标的双赢策略. 中国农业科学, 54(18): 3892-3902.

张文菊. 2008. 长期施肥的农田土壤固碳与增产效应. 北京: 中国农业科学院博士后研究报告.

张旭博. 2016. 中国农田土壤有机碳演变及其增产协同效应. 北京: 中国农业科学院博士学位论文.

郑聚锋, 陈硕桐. 2021. 土壤有机质与土壤固碳. 科学, 73(6): 13-17.

Ahn Y H. 2006. Sustainable nitrogen elimination biotechnologies: a review. Process Biochemistry, 41(8): 1709-1721.

Angst G, Mueller K E, Nierop K G J, et al. 2021. Plant-or microbial-derived? A review on the molecular composition of stabilized soil organic matter. Soil Biology & Biochemistry, 156(1-3): 108189.

Dalal R C, Chan K Y, 2001. Soil organic matter in rainfed cropping systems of the Australian cereal belt. Australian Journal of Soil Research, 39: 435-464.

Farage P K, Ardo J, Olsson L, et al. 2007. The potential for soil carbon sequestration in three tropical dryland farming systems of Africa and Latin America: a modelling approach. Soil & Tillage Research, 94(2): 457-472.

Food and Agriculture Organization of the United Nations (FAO). 2001. Soil Carbon Sequestration for Improved Land Management (World Soil Resources Reports). Rome, Italy.

Gregorich E G, Drury C, Baldock J A. 2001. Changes in soil carbon under long-term maize in monoculture and legume-based rotation. Canadian Journal of Soil Science, 81: 21-31.

Gregorich E G, Monreal C M, Carter M R, et al. 1994. Towards a minimum data set to assess soil organic matter quality in agricultural soils. Canadian Journal of Soil Science, 74(4): 367-385.

Hansen J E, Lacis A A. 1990. Sun and dust versus greenhouse gases: an assessment of their relative roles in global climate hange. Nature, 346(6286): 713-719.

Huang Y, Sun W. 2006. Changes in topsoil organic carbon of croplands in mainland China over the last two decades. Chinese Science Bulletin, 51: 1785-1803.

Hutchinson J J, Campbell C A, Desjardins R L. 2007. Some perspectives on carbon sequestration in agriculture. Agricultural & Forest Meteorology, 142: 288-302.

IPCC. 2000. Special Report on Emissions Scenarios. Working Group III, Intergovernmental Panel on Climate Change. Cambridge: Cambridge University Press.

IPCC. 2007. Climate Change. The Physical Science Basis. Cambridge: Cambridge University Press.

Kiehl J T, Trenberth K E. 1997. Earth's annual global mean energy budget. Bulletin of the American Meteorological Society, 78(2): 197-208.

Kiem R, Knicker H, Korschens M, et al. 2000. Refractory organic carbon in C-depleted arable soils, as studied by ^{13}C NMR spectroscopy and carbohydrate analysis. Organic Geochemistry, 31(7): 655-668.

Krull E S, Skjemstad J O, Baldock J A. 2004. Functions of soil organic matter and the effect on soil properties. GRDC Report, Project CSO 00029.

Kundu S, Bhattacharyya R, Prakash V, et al. 2007. Carbon sequestration and relationship between carbon addition and storage under rainfed soybean–wheat rotation in a sandy loam soil of the Indian Himalayas. Soil & Tillage Research, 92(1-2): 87-95.

Lal R. 2002. Soil carbon sequestration in China through agricultural intensification, and restoration of degraded and deserted ecosystems. Land Degradation and Development, 13(6): 469-478.

Lal R. 2006. Enhancing crop yields in the developing countries through restoration of the soil organic carbon pool in agricultural lands. Land Degradation and Development, 17(2): 197-209.

Liang C, Cheng G, Wixon D L, et al. 2011. An absorbing markov chain approach to understanding the microbial role in soil carbon stabilization. Biogeochemistry, 106(3): 303-309.

Liang C, Kästner M, Joergensen R G. 2020. Microbial necromass on the rise: The growing focus on its role in soil organic matter development. Soil Biology & Biochemistry, 150: 108000.

Lim J E, Ahmad M, Sang S L, et al. 2013. Effects of lime-based waste materials on immobilization and phytoavailability of cadmium and lead in contaminated soil. Clean: Soil Air Water, 41(12): 1235-1241.

Miltner A, Bombach P, Schmidt-Brücken B, et al. 2012. SOM genesis: Microbial biomass as a significant source. Biogeochemistry, 111: 41-55.

Pan G X, Li L Q, Wu L S, et al. 2003. Storage and sequestration potential of topsoil organic carbon in China's paddy soils. Global Change Biology, 10(1): 79-92.

Pan G X, Xu X W, Smith P, et al. 2010. An increase in topsoil SOC stock of China's croplands between 1985 and 2006 revealed by soil monitoring. Agriculture Ecosystems and Environment, 136(1-2): 133-138.

Ren W, Tian H, Tao B, et al. 2012. China's crop productivity and soil carbon storage as influenced by multifactor global change. Global Change Biology, 18: 2945-2957.

Rumpel C, Kögel-Knabner I. 2011. Deep soil organic matter: a key but poorly understood component of terrestrial C cycle. Plant and Soil, 338(1-2): 143-158.

Six J, Conant R T, Paul E A, et al. 2002. Stabilization mechanisms of soil organic matter: Implications for C-saturation of soils. Plant Soil, 241: 155-176.

Sun W J, Huang Y, Zhang W, et al. 2010. Carbon sequestration and its potential in agricultural soils of China. Global Biogeochemical Cycles, 24(3): GB3001.

Tan Z, Lal R. 2005. Carbon sequestration potential estimates with changes in land use and tillage practice in Ohio, USA. Agriculture, Ecosystems and Environment, 111(1): 140-152.

Wang, Q J, Zhang L, Zhang, J C, et al. 2012. Effects of compost on the chemical composition of SOM in density and aggregate fractions from rice-wheat cropping systems as shown by solid-state ^{13}C NMR spectroscopy. Journal of Plant Nutrition and Soil Science, 175(6): 920-930.

West T O, Post W M. 2002. Soil organic carbon sequestration rates by tillage and crop rotation: a global data analysis. Soil Science Society of America Journal, 66: 1930-1946.

Xu Y B, Cai Z C. 2007. Denitrification characteristics of subtropical soils in China affected by soil parent material and land use. European Journal of Soil Science, 58(6): 1293-1303.

Yan X Y, Gong W. 2010. The role of chemical and organic fertilizers on yield, yield variability and carbon sequestration-results of a 19-year experiment. Plant and Soil, 331(1-2): 471-480.

Ye L, Tang H, Zhu J, et al. 2008. Spatial patterns and effects of soil organic carbon on grain productivity assessment in China. Soil Use and Management, 24(1): 80-91.

Yu Y Q, Huang Y, Zhang W. 2012. Modeling soil organic carbon change in croplands of China, 1980-2009. Global and Planetary Change, 82-83: 115-128.

Zech W, Guggenberger G, Zalba P, et al. 1997. Soil organic matter transformation in Argentinian Hapludolls. Journal of Plant Nutrition and Soil Science, 160(5): 563-571.

Zhang X B, Sun N, Wu L H, et al. 2016. Effects of enhancing soil organic carbon sequestration in the topsoil by fertilization on crop productivity and stability: Evidence from long-term experiments with wheat-maize cropping systems in China. Science of the Total Environment, 562: 247-259.

第二章 农田长期定位观测网络构建与联网研究

农田长期试验是提高农业科学与技术原始创新能力的基础，具有短期试验不可替代的作用，在生态系统演替、生态环境建设等的理论研究和科学实践方面具有不可估量的价值。

20 世纪 50 年代以后，农业在国民经济中的首要位置在很多国家得以确立。一批欧美国家开始高度重视本国农业科技发展，以增产增效为核心目标的集约化、机械化现代农业技术体系得以迅速发展。农田系统的时间变化、空间分异和长期性所导致的复杂性，要求人们在认识农田生态系统变化特征与过程机制时必须依靠多尺度、长期的联网观测与过程研究，科学观测实验站也逐渐由"单一孤立"走向"组网协同"。在不同的时间和空间尺度上，采用跨尺度的研究方法揭示全球变化背景下农田生态系统的演变规律、全球变化对农田生态系统的影响与反馈机制，制定科学的农田系统管理策略与措施。

第一节 农田长期试验及其发展

一、农田长期试验概况

在全球气候变化和人口增加的双重压力下，人地矛盾日渐突出。深入理解土壤和农业生态系统如何响应土地利用、施肥管理及气候变化等环境因素，对提升农田土壤肥力和生产能力具有重要意义。由于土壤和农业生态系统自身具有缓冲性，它们对人类活动和气候变化的响应及演变是一个缓慢而长期的过程。长期试验可以提供相当长一段时间内不断变化状况的详细信息，因此，长期的田间试验在理解植物、土壤、气候和管理的复杂相互作用及其对全球碳循环的影响方面起着至关重要的作用。

在国外很早就开展了农业系统的长期定位试验研究。英国学者于 1843 年在英国洛桑（Rothomsted）试验站 Broadbalk 试验地开始了世界上第一个肥料长期定位试验。随后，美国、芬兰、挪威、丹麦、德国、法国、波兰、荷兰、奥地利、比利时、苏联、日本等国相继设置了肥料长期定位试验。这些试验研究不仅为化肥工业的兴起和农业中化学肥料的应用开创了新局面，而且为从较长时间尺度综合考量不同肥料种类及施用量的单项效应、交互效应和累积效应奠定了基础，对世界农业的发展起到了积极推动作用。这些长期试验的研究结果对世界化肥工业的发展、科学施肥制度的建立、农业生态和环境保护、农业生产的跨域式发展均起到重要作用。

目前，全世界农田系统观测网络还在不断建立和扩大，其中，保持下来且超过 120 年的农田系统观测试验大约有 21 个：英国 5 个，分别为洛桑试验站 Broadbalk 小麦连作肥料试验（1843 年）、Hoosfield 大麦连作肥料试验（1852 年）、Hoosfield 苜蓿连作肥料试验（1854 年）、Park Grass 黑麦草肥料试验（1856 年）和 Exhaustion Land 耗竭试验（1856

年）；丹麦 3 个，分别为 Borris 的施肥和轮作试验（1874 年）、Askov 的 Lermarken 施肥试验（1894 年）、Askov 的 Sandmarken 施肥和轮作试验（1894 年）；法国 2 个，即 Gringon 的肥料试验（1875 年和 1900 年）；德国 2 个，分别为 Halle 的黑麦试验（1878 年）、Gottingen 的 E-Field 轮作施肥试验（1873 年）；乌克兰 2 个，均为 Poltava 长期种植黑麦试验（1884 年和 1894 年）；美国 7 个，分别为伊利诺伊大学 Morrrow plots 轮作和施肥试验（1876 年）和 Morrow 磷矿石粉肥效试验（1876 年）、密苏里大学 Sanborn 施肥和轮作试验（1888 年）、俄克拉何马州立大学长期种植冬小麦试验（1892 年）、Fargo（N. Dakota）农业试验站施肥和长期种植春小麦试验（1892 年）、Fargo（N. Dakota）农业试验站施肥和长期种植亚麻试验（1892 年）、亚拉巴马州大学农业试验站施肥和长期种植棉花试验（1896 年）等。随着长期定位试验价值被不断认可和挖掘，越来越多的国家和地区开展了不同施肥、耕作、轮作长期监测试验，形成了全球尺度的网络化长期观测网。目前，全球 50 年以上现存的典型农田长期试验约 51 个（表 2-1），主要集中在欧洲、亚洲和北美洲等地。

表 2-1　全球 50 年以上典型农田长期试验

洲	国家	试验站所属机构或地点	起始年份	施肥/耕作/轮作试验	主要成效
北美洲	美国	伊利诺伊大学	1876	Morrow plots 轮作和施肥试验	探究种植制度和施肥措施对土壤理化性状及产量的影响
			1876	Morrow 磷矿石粉肥效试验	研究磷矿石粉对土壤和产量的影响
		俄克拉何马州立大学	1892	长期种植冬小麦试验	研究不同施肥对小麦产量和土壤肥力的影响
		Fargo（N. Dakota）农业试验站	1892	施肥和长期种植春小麦试验	研究施肥对小麦产量的影响
			1892	施肥和长期种植亚麻试验	研究施肥对亚麻种植的影响
		密苏里大学	1888	Sanborn 施肥和轮作试验	研究施肥与轮作的土壤肥力演变问题
		亚拉巴马州大学农业试验站	1896	施肥和长期种植棉花试验	发展了很多棉田氮素管理技术
欧洲	英国	洛桑（Rothamsted）试验站	1843	Broadblk 小麦连作肥料试验	监测施肥和连作对冬小麦产量及土壤肥力的影响
			1852	Hoosfield 大麦连作肥料试验	监测施肥和连作对大麦产量的影响
			1854	Hoosfield 苜蓿连作肥料试验	检验施肥和连作对苜蓿产量的影响
			1856	Park Grass 黑麦草肥料试验	探寻施肥对干草产量的作用
			1856	Exhaustion Land 耗竭试验	探寻长期施化肥、有机肥的残效
			1949	Highfield 和 Foster 草田轮作	草田轮作的可持续性
			1956	Reference plots 轮作施肥试验	轮作和施肥对土壤及作物产量影响
			1956	Great Field 深松施肥试验	深松和施肥对土壤及产量的影响
	芬兰	Hetoensuo 试验站	1905	磷钾肥试验	磷钾肥对作物产量的长期作用效果
	荷兰	Geert Veenhuizenhoeve 试验站	1918	马铃薯肥料试验	施肥对马铃薯产量影响
	瑞典	瑞典南部站点	1956	6 种种植制度试验	不同种植模式对土壤的影响
		斯堪的纳维亚研究所	1958	轮作肥料试验	确定肥料对土壤、粮食和蔬菜的作用
		瑞典中心站点	1963	肥料试验	研究施肥对产量的影响
		瑞典农业科学大学	1956	矿质氮和有机改良	不同氮源对产量和 SOM 的影响
	挪威	Moysted 试验站	1922	土壤肥力和轮作试验	施肥和轮作对产量及土壤肥力的影响
		Voll 试验站	1917	土壤肥力和轮作试验	施肥和轮作对产量及土壤肥力的影响
		挪威农业大学	1938	土壤肥力和轮作试验	施肥和轮作对产量及土壤肥力的影响

续表

洲	国家	试验站所属机构或地点	起始年份	施肥/耕作/轮作试验	主要成效
欧洲	丹麦	Borris	1874	施肥和轮作试验	施肥和轮作对产量及土壤肥力的影响
		奥胡斯大学 Askov 试验站	1894	Sandmarken（砂质壤）试验点	不同用量的有机-无机肥料配施和轮作制度对产量的影响
			1894	Lermarken（壤土）试验点	
	波兰	华沙农业大学	1921	Skierniewice 大田作物轮作长期试验	研究作物轮作的静态系统中石灰、氮、磷、钾和农家肥的作用
	捷克	Cernikovice 试验站	1966	草甸施肥试验	研究植被物种组成变化
		Ruzyně 试验站	1955	肥料和轮作试验	研究不同施肥对轮作作物的影响
		Pohorelice 试验站	1957	长期肥料试验	长期施肥对作物和土壤的影响
	德国	德国马丁路德·Halle 维腾贝格大学	1878	Enternal Rye 黑麦试验	研究不同矿质和有机肥料施用对产量和土壤的影响
		Gottingen 农业研究所	1873	E-Field 轮作施肥试验	施肥和轮作对作物产量的影响
		Limburgerhof 农业研究站	1938	化肥试验	化肥对作物产量及产品品质的影响
		Weishenstepham 实验站	1913	钾肥试验	钾肥对作物及土壤养分的影响
	比利时	Gomboux	1909	连作及轮作下的肥料试验	施肥和连作轮作对作物产量及土壤肥力的影响
	奥地利	维也纳农业大学 Grossenzerdorf 试验场	1906	轮作-肥料试验	施肥和轮作对作物产量的长期效应
	波兰	华沙农业大学 Skierniwice 试验场	1921	轮作-肥料试验	施肥和轮作对作物产量的长期效应
	法国	Grignon 国立农业研究所	1875	小麦-甜菜肥料试验	施肥和轮作对小麦、甜菜产量的影响
			1900	小麦连作肥料试验	施肥和连作对小麦产量的影响
	意大利	帕多瓦大学实验农场	1964	施肥	施肥对土壤和作物产量的长期效应
		帕多瓦大学	1962	轮作试验	研究轮作生态系统可持续性与碳循环
		意大利都灵大学	1964	施肥试验	氮效率和高肥料种植制度的施肥影响
	乌克兰	Poltava	1884	长期种植黑麦试验	黑麦种植的长期效应
			1894		
大洋洲	澳大利亚	Waite 农业实验站	1925	长期轮作试验	轮作生态系统可持续性
亚洲	日本	Konosu 中央农业试验站	1926	水稻连作肥料试验	施肥和连作对水稻产量的影响
	印度	中央黄麻研究所	1971	施肥	施肥对土壤和作物产量的长期效应
		比尔萨农业大学	1971	大豆-小麦轮作长期试验	土壤质量、作物产量的可持续性
		印度农业研究所	1971	长期施肥试验研究	施肥对作物产量及土壤的影响
		印度农业研究所	1971	玉米-小麦-豇豆长期施肥试验	施肥和轮作对作物产量及土壤肥力的影响

二、联网观测的意义与价值

全球变化在多个层面上通过影响生物地球化学循环和生态水文学及生物多样性而影响着生态过程，并在地球上的大多数地区显现出来。小尺度试验证明了全球变化对当地系统具有特定影响，但是在模拟区域到全球范围内的复杂生态过程时，小尺度试验用途有限。因此，需要在各种生境类型之间进行长期观测，以提高在大时空尺度上预测生态变化的能力。当前获取大尺度生态信息的重要平台是区域/全球尺度的网络化生态系统长期观测。这些联网观测和联网实验的目的是探索大尺度的生态环境问题，其根本目标之一是揭示单个站点无法回答的科学问题，它们的建立促进了生态系统整合研究和宏观生态学的发展（于贵瑞等，2018）。通过对主要类型陆地生态系统的长期观测，系统研究生态系统对生态环境影响的物理、化学和生物学过程，定量分析不同时空尺度上生态过程演变、转换与耦合机制，不仅可以揭示不同时期生态系统和环境要素的变化规律及其动因，以及不同区域生态系统对全球变化的作用及响应，而且对全球性资源保护与生态环境建设具有重大意义。

生态学研究的全球联网观测起步较早，最为典型的早期观测网络包括苏联的地理实验研究网络（Geographical Network，Geonet）、美国长期生态学研究网络（U.S. Long Term Ecological Research Network，US-LTER）、英国的环境变化网络（Environmental Change Network，ECN）。1993 年在美国成立的国际长期生态系统研究网络（International Long-Term Ecological Research Network，ILTER）涵盖 34 个成员网络和 800 个站点（表 2-2），分布在中东欧、中南美、东亚及太平洋、北美、南非及西欧 6 个区域。在该网络中，中国生态系统研究网络（Chinese Ecological Research Network，CERN）、US-LTER、ECN 处于领先地位。该观测网旨在通过加强全世界长期生态研究工作者之间的信息交流，建立全球长期生态研究站的指南和长期生态研究合作项目，解决尺度转换、取样和方法标准化等问题，发展长期生态研究方面的公众教育，以长期生态研究的成果去影响决策，为自然资源的可持续利用、改善生存环境及社会经济的可持续发展做出积极贡献。2005 年成立的全球生物多样性观测网络（Group on Earth Observations Biodiversity Observation Network，GEO BON）涵盖 73 个国家和 46 个组织，是在全球和国家层面开展研究的全球生物多样性观测系统，通过结合卫星观测测量生态系统过程、关键生物种群发展趋势和生物多样性遗传基础，旨在指导数据收集、使数据标准化和交换信息。2007 年，NASA 成立的国际通量研究网络（FLUXNET）涵盖 742 个站点，53 个国家或地区参与其中，囊括了从热带到寒带的各种植被区，为全球陆地生态系统碳水循环、碳收支时空格局，以及生态系统水、碳过程的研究提供了全球范围的实测数据。2006 年成立的国际关键带研究网络（Critical Zone Exploration Network，CZEN），覆盖全球 247 个站点，地球关键带是陆地生态系统中土壤圈及其与大气圈、生物圈、水圈、岩石圈物质迁移和能量交换的交汇区域，也是维系地球生态系统功能和人类生存的关键区域。CZEN 致力于探索形成和改变地球关键带的物理、化学和生物过程。这些全球观测网络的不断建立，从不同的层面对全球陆地生态系统生物与环境、物质循环和能量流动过程以及全球变化对陆地生态系统的影响进行跟踪观测，各个观测系统之间既相互独立，又相互联系，为全球变化与陆地生态系统间的相互反馈机制研究提供了广阔的研究平台。

全球农田长期定位试验的联网研究在土壤、植物、施肥等多个方面取得了举世瞩目的成就。多位学者通过全球不同地域的联网研究，明确了不同施肥情景下土壤有机碳长期演变规律。例如，通过分析全球范围内的 104 个长期定位试验站数据，发现施用矿物质氮的地块有利于有机质的累积；通过分析欧洲长期试验数据也发现了类似的结果。这些经典长期定位试验的联合观测构成了一张记载人类农业生产及田间管理方式变迁的网络。这些网络记载了肥料的产生与更替、作物品种的繁育、轮作与休耕的内在价值等重大发展历程，并形成了诸多理论成果。

表 2-2 全球及国家尺度联网观测网络

名称	分布	时间	国家/组织	观测对象	研究内容	主要成果/目标
国际长期生态系统研究网络（ILTER）	全球，800个站点	1993	美国	生态系统、地球系统、环境系统、社会生态系统、水文地质生态系统等	建立全球长期生态研究站的指南、长期生态研究合作项目，解决尺度转换、取样和方法标准化等问题	为全球变化监测和研究及自然资源管理做出积极的贡献
全球生物多样性观测网络（GEO BON）	全球，456个站点	2005	美国	生物多样性	结合卫星观测测量生态系统过程、关键生物种群发展趋势和生物多样性遗传基础	提供获取数据、服务、分析工具和建模的功能
国际通量研究网络（FLUXNET）	全球，742个站点	2007	美国/NASA	区域的碳、水和能量交换，土地覆盖类型、气候、植物、土壤	量化碳收支在空间和时间上的变异，以及地球上主要植被碳、氮、水、能量交换对气候变化和人类干扰的响应	为全球陆地生态系统碳水循环、生态系统水、碳过程等研究提供全球范围的实测数据
国际关键带研究网络（CZEN）	全球，247个站点	2006	美国	地球关键带	探索形成和改变地球关键带的物理、化学和生物过程	以环境变量隔离和对比不同梯度（时间、岩性、人为扰动等）环境作用的方式来获取和整合有关数据
澳大利亚生态系统观测研究网络（TERN）	全澳大利亚，625个站点	2009	澳大利亚	陆基生态系统	通过生物多样性、碳与水、土地与地形，解答未来复杂的环境问题，实现国家尺度的生态系统可持续管理	为澳大利亚陆基生态系统生物多样性的变化提供标准化和综合性的衡量标准
"霓虹计划"美国国家生态观测网（NEON）	全美，82个站点	2011	美国	从区域到大陆尺度的生态环境	从区域到大陆尺度的重要生态环境问题，观察生物和生态学现象	建立大陆尺度生态系统观测研究平台，实现大陆尺度生态环境变化的预测
专项生态系统试验网络（Nutrient Net）	全球，130多个草原实验站点	2010	美国	草本为主	比较世界各地系统之间的环境-生产力-多样性关系	建立全球尺度草原生态系统多样性化平台，收集植物物种多样性和生态系统稳定性、物种入侵等演变过程
专项生态系统试验网络（Drought Net）	全球，107个站点	2015	美国	陆地生态系统	全球陆地生态系统对干旱敏感性的差异	有效地预测陆地生态系统对干旱的响应，确定不同生态系统类型对干旱敏感性的响应机制

第二节 我国农田长期试验网络组建

我国耕地面积刚性减少、人口快速增加，导致粮食供需矛盾日益突出，因此，提高耕地质量是保障粮食安全的国家战略。由于土壤肥力的演变是一个缓慢而长期的过程，农业长期监测试验在揭示农业生产与环境演变规律和作用机理、协调农业生产与自然和谐发展方面具有重要的功能。我国近三四十年来农田高度集约化的利用方式引起的系列土壤肥力演化和生态环境问题，均可以通过长期试验的联网研究来针对性地回答。

20世纪50年代以前，我国农地施用有机肥料非常普遍，直至1957年，中国耕地平均化肥施用量每亩①不足1kg，农民对化肥作用的认知严重不足。20世纪50年代末，在一些海外留学归国学者的积极倡导下，先后开展了一大批肥料和轮作长期试验，其中最具影响力的是1957年建立的全国化肥试验网，以及1958～1962年国家先后组织的全国

---

① 1亩≈666.67m²

氮磷钾化肥肥效协作试验、氮肥深施技术和南方钾肥肥效协作试验网。1978 年改革开放以后，在林葆、林继雄、李家康等前辈科学家的组织下，全国化肥试验网开展了第三次全国肥料试验。截至 1980 年，中国农业科学院土壤肥料研究所先后在全国 23 个省（自治区、直辖市）设置了 101 个肥料定位试验，初步形成了全国肥料长期定位试验网络。这些长期监测系统回答了区域土壤肥料效应及其合理配比问题，极大地促进了我国化肥高效施用技术及化肥工业的发展。20 世纪 80 年代末，由国家计划委员会（现国家发展和改革委员会）立项、中国农业科学院土壤肥料研究所主持，在全国九大主要农区建立了"国家土壤肥力与肥料效益长期监测基地网"，覆盖了我国主要土壤类型和农作制度，组成全国性土壤肥力监测网络。

　　由于土壤有机质是水热驱动下系统输入与输出平衡的结果，其演化规律只能借助于区域尺度下农田土壤肥力长期监测体系的联网研究来揭示。在国家"十二五"期间，依托农业公益性行业（农业）科研专项"粮食主产区土壤肥力演变与培肥技术研究与示范"，中国农业科学院联合省级农业科学院、中国科学院及部分高等院校等全国数十家相关单位，在原土壤肥效长期定位试验网和土壤肥力长期试验网的基础上，吸纳了全国 41 个长期试验站（基地）的 48 个土壤肥力长期定位试验，组建形成了农田土壤肥力长期试验网络（图 2-1，表 2-3）。

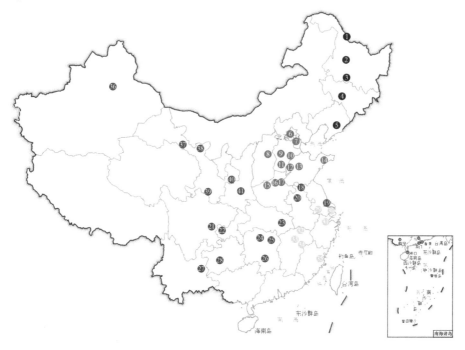

图 2-1　我国农田土壤肥力长期试验网络

　　"农田土壤肥力长期试验网络"涵盖了我国东北地区、华北地区、南方丘陵区、长江下游水田区和西北地区五大典型区域（表 2-3）。其中，东北地区 6 个长期试验点，土壤类型包括暗棕壤、黑土和棕壤，种植制度以玉米连作、小麦-大豆轮作等为主；华北地区 12 个长期试验，土壤类型包括潮土、褐土、褐潮土、棕壤和黄土，种植制度以"小麦-玉米"等一年两熟制为主；南方丘陵地区 12 个长期试验点，土壤类型包括潮土、砂姜黑土、紫色土、红壤、黄壤、水稻土，种植制度包括"小麦-玉米"、"水稻-小麦"和"水稻-水稻"等；长江下游水田区 11 个长期试验点，土壤类型主要为水稻土，种植制度为"双季稻"；西北地区 7 个长期试验点，土壤类型包括灰漠土、灌漠土、黑垆土、黄绵土、黄土，种植制度以"玉米"、"小麦-休闲"或"玉米-小麦"为主。绝大部分长期试验起始于 1978～1992 年，至今持续时间均超过 30 年。试验处理以不施肥、单施氮肥、氮磷肥、氮磷钾配合施肥、氮磷钾+（粪肥）有机肥、氮磷钾+秸秆还田等为主，部分试验涉及耕作、轮作和撂荒等处理（表 2-4）。

表 2-3　我国典型农田长期定位试验点基本信息

	序号	地点	土壤类型	种植制度	试验名称	开始年份	气候
东北地区	1	黑龙江黑河	暗棕壤	一年一熟：小麦-大豆轮作	暗棕壤土壤肥力长期定位试验	1979	寒温带半湿润大陆性季风气候
	2	黑龙江海伦	黑土	一年一熟：玉米-大豆轮作	有机物料对黑土有机质动态影响长期试验	1990	中温带半湿润大陆性季风气候
	3	黑龙江哈尔滨	黑土	一年一熟：小麦-玉米轮作	黑土肥力长期定位监测试验	1979	中温带半湿润大陆性季风气候
	4	吉林公主岭	黑土	一年一熟：玉米连作	黑土有机-无机定位培肥试验	1980	中温带半湿润大陆性季风气候
	5	吉林公主岭	黑土	一年一熟：玉米连作	黑土土壤肥力演变和肥料效益监测	1987	中温带半湿润大陆性季风气候
	6	辽宁沈阳	棕壤	一年一熟：玉米连作	棕壤肥料效应长期试验	1979	中温带湿润大陆性季风气候
华北地区	7	北京昌平	褐潮土	一年两熟：小麦-玉米	褐潮土肥力演变和肥料效益监测	1990	暖温带半湿润大陆性季风气候
	8	天津武清	潮土	一年两熟：小麦-玉米	潮土肥力长期定位试验研究	1979	暖温带半湿润大陆性季风气候
	9	山西寿阳	褐土	一年一熟：春玉米连作	有机肥和无机肥配合长期试验	1991	暖温带半湿润大陆性季风气候
	10	河北辛集	潮土	一年两熟：小麦-玉米	冬小麦-夏玉米轮作下钾素循环试验	1992	暖温带半湿润大陆性季风气候
	11	河北衡水	潮土	一年两熟：小麦-玉米轮作	有机无机肥料配合长期定位试验	1981	暖温带半湿润大陆性季风气候
	12	河北曲周	潮土	一年两熟：小麦-玉米轮作	潮土肥力长期定位试验	2007	暖温带半湿润大陆性季风气候
	13	山东禹城	潮土	一年两熟：小麦-玉米轮作	土壤培肥与地力提升技术长期试验	1986	暖温带半湿润大陆性季风气候
	14	山东济南	棕壤、潮土、褐土	一年两熟：小麦-玉米轮作	山东省三大土类化肥与有机肥配施长期试验	1982	暖温带半湿润大陆性季风气候
	15	山东莱阳	潮土	一年两熟：小麦-玉米轮作	施肥对土壤环境及肥力演变的影响长期试验	1978	暖温带半湿润大陆性季风气候
	16	河南洛阳	黄土	一年两熟：小麦-玉米轮作	耕作与水肥管理的长期定位试验	1998	暖温带半湿润大陆性季风气候
	17	河南郑州	壤质潮土	一年两熟：小麦-玉米轮作	潮土土壤肥力与肥料效益长期试验	1990	暖温带半湿润大陆性季风气候
	18	河南封丘	潮土	一年两熟：小麦-玉米轮作	外源养分投入对农田生态系统影响长期试验	1989	暖温带半湿润大陆性季风气候

续表

	序号	地点	土壤类型	种植制度	试验名称	开始年份	气候
南方丘陵区	19	江苏徐州	潮土	一年两熟:小麦-玉米轮作	黄潮土肥力演变与施肥效应长期试验	1980	暖温带大陆性季风气候
	20	江苏沿江	潮土	三年六熟:大麦/棉花-小麦/水稻-蚕豆/玉米轮作	长期施肥土壤肥力演变肥料效益评价	1979	亚热带湿润季风气候
	21	安徽蒙城	砂姜黑土	一年两熟:小麦-玉米轮作	不同有机肥物料培肥改土长期试验	1982	暖温带半湿润大陆性季风气候
	22	四川遂宁	紫色土	一年两熟:水稻-小麦轮作	石灰性紫色土肥料长期试验	1981	亚热带湿润季风气候
	23	重庆北碚	紫色土	一年两熟:水稻-小麦轮作	紫色土肥力与肥料效益监测试验	1991	亚热带湿润季风气候
	24	湖北武汉	黄棕壤	一年两熟:小麦-水稻轮作	黄棕壤小麦-水稻轮作长期肥料试验	1981	亚热带湿润季风气候
	25	湖南桃源	红壤	一年两熟:稻/麦-稻轮作	红壤性水稻土施肥制度长期试验	1990	亚热带湿润季风气候
	26	湖南望城	水稻土	一年两熟:双季稻	长期红壤水稻土肥力演变长期试验	1981	亚热带湿润季风气候
	27	湖南祁阳	水稻土	一年两熟:双季稻	水稻丰产因子长期试验	1982	亚热带湿润季风气候
	28	湖南祁阳	红壤	一年两熟:小麦-玉米轮作	红壤肥力演变和肥料效益监测长期试验	1990	亚热带湿润季风气候
	29	云南曲靖	红壤	一年一熟:玉米连作	高原红壤旱地施肥长期试验	1978	亚热带湿润季风气候
	30	贵州贵阳	黄壤	一年两熟:小麦-玉米轮作	黄壤旱地肥力与肥效长期监测试验	1992	亚热带湿润季风气候
长江下游水田区	31	江苏苏州	黄泥土	一年两熟:水稻-小麦轮作	化肥和有机肥长期定位试验	1980	亚热带湿润季风气候
	32	江苏常熟	乌栅土	一年两熟:水稻-小麦轮作	秸秆还田对土壤肥力和生产力影响长期试验	1990	亚热带湿润季风气候
	33	浙江杭州	水稻土	一年三熟:麦-稻-稻	水稻土不同施肥制长期试验	1990	亚热带湿润季风气候
	34	江西南昌	红壤	一年两熟:早稻-晚稻	稻田施肥效应和土壤肥力监测长期试验	1983	亚热带湿润季风气候
	35	江西进贤	水稻土	一年两熟:早稻-晚稻	红壤性水稻土化肥长期试验	1981	亚热带湿润季风气候
	36	江西进贤	水稻土	一年两熟:早稻-晚稻	红壤性水稻土有机肥长期试验	1981	亚热带湿润季风气候
	37	江西进贤	红壤	一年两熟:玉米-玉米	红壤旱地化肥有机肥长期试验	1986	亚热带湿润季风气候
	38	江西鹰潭	红壤	一年一熟:花生-绿肥轮作	红壤有机肥旱地长期试验	1989	亚热带湿润季风气候
	39	江西鹰潭	水稻土	一年两熟:水稻-水稻	水稻土有机碳积累及肥力演变长期试验	1990	亚热带湿润季风气候
	40	福建福州	黄泥田	一年两熟:水稻-水稻	肥料配施对水稻产量和土壤肥力影响长期试验	1983	亚热带湿润季风气候
	41	福建福州	水稻土	一年一熟:水稻	长期施肥土壤肥力演变试验	1987	亚热带湿润季风气候

续表

	序号	地点	土壤类型	种植制度	试验名称	开始年份	气候
西北地区	42	新疆乌鲁木齐	灰漠土	一年一熟：玉米-小麦轮作	灰漠土肥力与肥料效益长期试验	1990	中温带大陆性干旱气候
	43	甘肃张掖	灌漠土	一年一熟：小麦-玉米轮作	长期施肥作物产量及土壤肥力演变长期试验	1982	暖温带大陆性干旱气候
	44	甘肃武威	灌漠土	一年一熟：小麦-玉米间作	绿洲灌漠土高产农田培肥长期试验	1988	温带大陆性干旱气候
	45	甘肃天水	黄绵土	一年两熟：小麦-油菜轮作	黄绵土肥力演变长期试验	1981	暖温带半湿润半干旱气候
	46	甘肃平凉	黑垆土	一年一熟：玉米-小麦轮作	黑垆土肥力监测长期试验	1979	暖温带半湿润大陆性季风气候
	47	陕西杨凌	黄土	一年两熟：小麦-玉米轮作	黄土肥力与肥料效益监测-灌溉地长期试验	1990	暖温带半湿润大陆性季风气候
	48	陕西杨凌	黄土	一年一熟：冬小麦-夏休闲	黄土肥力与肥料效益监测-旱地长期试验	1990	暖温带半湿润大陆性季风气候

表 2-4 我国典型农田长期定位试验点施肥处理及年施肥量

处理类型	处理简称	处理简介	肥料用量范围/［kg/(hm²·a)］			有机肥用量/［t/(hm²·a)］（鲜重）	秸秆还田量/［t/(hm²·a)］（鲜重）
			N	P₂O₅	K₂O		
对照	CK	空白对照	—	—	—	—	—
	Fallow	撂荒（绝对对照）	—	—	—	—	—
化肥处理	N	单施氮肥	7～300	—	—	—	—
	P	单施磷肥	—	3～150	—	—	—
	NP	氮磷配施	90～450	60～300	—	—	—
	NK	氮钾配施	7～300	—	3～239	—	—
	PK	磷钾配施	—	3～150	3～239	—	—
	NPK	氮磷钾配施	120～826	60～526	60～300	—	—
有机肥处理	M	单施有机肥	—	—	—	14～122	—
	NM	氮配施有机肥	120～276	—	—	14～60	—
	NPM	氮磷配施有机肥	90～300	30～300	—	14～75	—
	NKM	氮钾配施粪肥	150～300	—	75～180	75～103	—
	PKM	磷钾配施粪肥	—	75～120	75～180	75～103	—
	NPKM	氮磷钾配施粪肥	85～529	75～265	19～265	13～60	—
秸秆还田	NPS	氮磷配施秸秆	180～450	120～300	—	—	2～60
	NPKS	氮磷钾配施秸秆	152～450	83～188	12～300	—	5～8

注：有机肥（鲜重）一般含水率 65% 左右；秸秆（鲜重）一般含水率 30% 左右。

我国农田长期定位试验网络涵盖了我国典型农区，跨越从北向南的"寒温带-中温带-暖温带-北亚热带-南亚热带"和自西向东的"干旱-半干旱-半湿润-湿润"各个主要农业气候带，年均气温跨越近 17℃（1.5～18.3℃），年均降水量相差 1518mm（131～1653mm），形成了显著的水分和热量梯度差异，为土壤有机质的研究提供了大尺度的网络平台。与国际长期定位试验相比，欧洲属于中温带地区，气候单一：而美国更多以休闲和轮作为主，缺乏高度的集约化管理，多以历史时间长为优势；我国的长期定位试验网络具有气候多样性和管理的高度集约化特征，可为研究人为强烈干预下土壤有机质长期变化过程提供独特的研究平台。

第三节　农田土壤有机质演变联网研究

一、土壤有机质平衡理论与关键参数

农田土壤有机质的水平是系统输入和输出两过程动态平衡的体现。这个平衡不仅受气候、植物、土壤属性、地形等自然因素影响，也受土地利用方式、耕种管理措施等人为因素的影响，且各种因素之间存在相互作用，多种影响因子共同决定着土壤有机质在空间上的分布与再分布格局，以及有机质的形成、分解转化方向和速率等。农田系统的有机物输入量与土壤有机质分解量相当时，有机质基本维持平衡；当系统有机物输入增加或分解速率下降时，平衡被打破，有机质在各种因素作用下重新达到新的平衡。人们往往根据土壤有机质的净增加量来表征土壤的固碳效应，评价土壤的"碳源"或"碳汇"效应。目前，农田系统土壤有机质平衡的研究方法主要是基于过程的模型方法，如 CENTURY 模型、DNDC 模型、APSIM 模型、EPIC 模型，而基于实际测量的碳库和碳通量变化方法，多是通过未受干扰的自然生态系统生产力（natural ecosystem productivity，NEP）来判断生态系统是大气碳源还是碳汇。

土壤有机质平衡目标是根据地块或区域尺度的施肥和轮作措施对土壤有机质的影响进行评估，并根据评估结果导出土壤有机质储量的变化趋势和投入有机物料能产生的效应，最终制定有机质提升的技术方案、施肥及有机物料和秸秆还田管理对策，在保证农田持续获得高产和稳产的同时，避免或尽量减少因土壤有机物质矿化导致的土壤有机质的损失，从而提升土壤有机质水平。与土壤有机质化学测试方法相比，利用长期试验观测数据建立的土壤有机质平衡算法，能够为农民提供一种简捷方法，对农田有机质平衡状况进行评价，并对农民现行农作措施提出针对性建议，满足增产、土壤培肥和环境保护多重目标。近几十年，德国公益性科研院所陆续开展了 100 个左右长期定位田间试验（10 年以上），短期的定位试验也已经达到了数百个。这些试验网络的建立和维持为探究有机质平衡算法奠定了科学基础（张维理等，2020）。

由于我国气候、土壤和农业生产条件与美国等发达国家相比差别较大，需要根据我国各主要农区定位试验，提取相应的参数。在我国，应用这一方法的关键是需要制定出主要作物和肥料的有机质碳当量值及评价指标。为了确定供农民使用的方法所需要的技术参数，目前我国采取长期定位试验与模拟试验和主要农区农田定位观测联网的研究方式，同时借鉴德国提取参数的方法，通过不断的试验、校验、改进，逐步完善农田有机质平衡和提升理论。目前，基于全国的长期试验网络，首次提出了有机物料的长期利用效率，实现了有机质提升的量化表征（图 2-2），阐明了有机物投入量与有机质提升量之间的响应关系，这个响应关系的斜率即为有机物料的长期利用效率。该响应关系一方面

确定了维持土壤有机质不下降的维持投入量，另一方面量化了提升一定幅度的有机质每年需要投入的有机物的量，可以为区域或田块尺度有机质的定量提升提供技术参数。

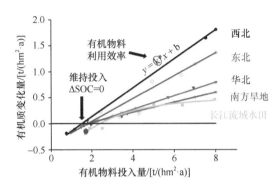

图 2-2　土壤有机质变化量与有机物料投入量的关系

二、土壤有机质演变的水热驱动特征

由于土壤有机质的分解转化过程是微生物介导的生物地球化学过程，因此，气候条件对土壤有机质的演变具有显著的驱动作用。而另一方面，气候因子也决定着各个地区的植被种类分布、光合物质生成量，即决定着系统的有机物输入数据和质量。气候因素中，温度和降水量是土壤有机碳固持及分解的两个最主要的预测因子（Hou et al.，2016；Jiang et al.，2018）。在不同区域上，气候、母质等自然条件对农田土壤有机质水平的影响往往超过农艺管理措施的影响。适宜的温度和土壤湿度会导致有机质分解速率增高，从而导致有机质积累速率降低。通常情况下，土壤有机质含量往往会随着年均气温的下降而增加，低的温度有利于有机质的积累。在降水量相同时，温度和有机质含量呈负相关，降水量和温度共同决定着土壤有机质的地带性分布。我们对农田长期试验联网研究结果表明，北方旱地有机物料的长期转化利用效率随年有效积温和年降水量的升高而降低（图 2-3）；温度和降水量可以不同程度地影响土壤性质和黏粒含量，进而影响农田土壤有机碳库（图 2-4），即土壤水分含量的变化通过影响土壤的通气性，进而影响微生物

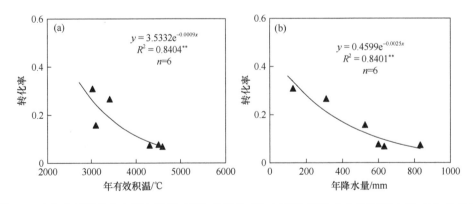

图 2-3　有机物料转化为土壤有机质（碳）的转化率与年有效积温（a）和年降水量（b）的关系
（Zhang et al.，2010）

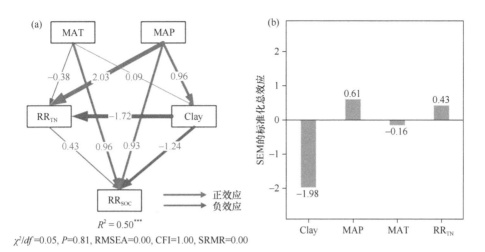

图 2-4　土壤有机碳固持影响因素的结构方程模型（SEM）分析（Zhou et al.，2022）
（a）土壤性质、土壤质地和气候对土壤有机碳的 SEM 分析；（b）农田间不同因子 SEM 分析的标准化总效应。MAT，mean annual temperature，年均气温（℃）；MAP，mean annual precipitation，年降水量（mm）；RR_{TN}，response ratio of total nitrogen，全氮响应比；Clay，黏粒含量；RR_{SOC}，response ratio of SOC，土壤有机碳响应比

对土壤有机质的利用和固持。在干旱和半干旱地区，土壤有机净碳转化效率显著高于湿润地带。高鲁鹏等（2004）利用 CENTURY 模型模拟了自然状态下的东北耕层黑土有机碳在 48 年间的变化，得出当气温升高 2℃时，降水量不变、减少或增加 20%，都能导致土壤有机碳含量下降。

三、土壤固有属性对有机质平衡的控制作用

土壤内在的矿物属性对有机质的平衡具有显著影响。其中，土壤质地、矿物类型及土壤酸度等内在属性对土壤有机质的平衡起着至关重要的控制作用。土壤质地中的黏粉粒、黏粒含量与土壤有机质关系密切。一般认为，土壤矿物颗粒与有机质通过物理作用、化学键作用形成的有机-无机复合体具有较强稳定性，被视为是固碳容量的控制因子。我们对农田长期试验联网研究发现，土壤因子和气候分别解释了土壤有机质化学结构变异的 26.79% 和 18.6%（图 2-5）。多点位大样本的统计结果显示，土壤矿物结合态有机碳占比受土壤黏粉粒含量的控制，与黏粉粒含量呈显著的正相关关系（图 2-6）。长期试验联网研究还发现，在碳输入的情况下，黏粒含量越高，土壤固碳能力越强，即黏粒含量与有机质（碳）固存之间存在正相关关系（图 2-7），土壤有机碳含量呈现出水田>旱地，东北黑土区>华北>西北。另外，矿物类型对于有机质（碳）的固持容量也存在差异，如 2:1 型矿物较 1:1 型矿物有更高的比表面积和阳离子交换量，故其对土壤有机质的吸附强度较高，提高了土壤中有机质（碳）的稳定性。因此，不同土壤类型的矿物结合态有机碳占总有机碳的比例也存在显著差异。其中，黑土中矿物结合态有机碳的比例最高，中值为 87.4%，其次是水稻土（76.7%）和红壤（74.0%），而灰漠土最低（62.5%）。相关分析表明，土壤有机碳水平相对较高的黑土、水稻土和棕壤，矿物结合态有机碳分配比例随着土壤有机碳含量的增加而显著降低（$P<0.05$）。

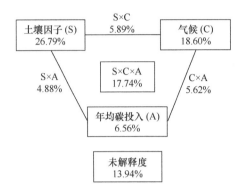

图 2-5　基于 CCA 变异分区分析显示中国小麦-玉米种植下施肥 22 年后（1990～2012 年）不同土壤和
气候因子对土壤有机碳化学组成的相对贡献（He et al.，2018）

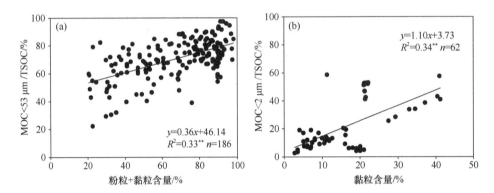

图 2-6　土壤矿物颗粒结合有机碳与黏粉粒含量的关系（Cai et al.，2016）

MOC，mineral-associated organic carbon，矿物结合态有机碳

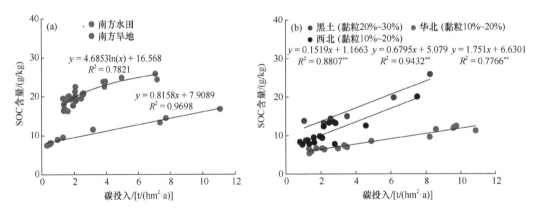

图 2-7　土壤质地对农田土壤碳投入与有机碳含量关系的影响

　　此外，土壤中铁铝氧化物、钙等的含量也对土壤有机质的容量和稳定性起着重要的作用。一方面，铁氧化物、钙镁离子可作为胶结剂促进土壤微团聚体的形成，从而形成大团聚体，促进对有机质的物理保护（Lars et al.，2020）；另一方面，铁氧化物可通过吸附和共沉淀作用与土壤有机质结合形成复合体，降低有机质的生物有效性，提高有机质的稳定性，促进有机碳在土壤中的累积（Yang et al.，2017）。此外，铁是土壤中重要

的电子受体或供体，在厌氧条件下，铁氧化物易被微生物作为电子受体利用而还原产生Fe（II），铁还原的微生物代谢过程不仅直接耦合有机碳矿化，还导致与其结合的有机碳被释放到溶液中，提高微生物可利用性；铁还原过程产生的Fe（II）可以在氧气或硝酸盐的存在下被非生物氧化，或通过铁氧化细菌的新陈代谢作用被氧化；Fe（II）氧化可通过类芬顿反应产生活性氧，进一步促进有机碳的分解（Yu and Kuzyakov，2021）。

　　土壤有机质的稳定机制是其在土壤中长期存在的根本原因，矿物结合态碳是土壤有机碳固持的重要机制之一，对土壤有机质（碳）的固存容量起决定作用。根据大样本统计，矿物结合态碳占总有机碳的78%。我们通过长期试验联网研究发现，矿物结合态有机碳（MOC，<53μm或<20μm）由于稳定性高、周转慢，其颗粒固碳饱和容量与矿物颗粒的含量（质地）、比表面积、矿物类型等密切相关。根据矿物颗粒最大固碳容量，Stewart等（2007）提出了"碳饱和亏缺率"的概念，即矿物结合态有机碳饱和容量与现有矿物结合碳含量之间的差值，也称为土壤物理化学固碳潜力，其大小决定着土壤净固碳效率（net carbon sequestration efficiency，CSE，单位外源碳投入量转化为土壤有机碳的量），通过投入碳的CSE对碳饱和亏缺率的响应关系，可以验证土壤是否有碳饱和迹象。总之，深入了解土壤矿物结合态有机碳含量、分配比例的区域差异特征及驱动因子，对于深刻认识土壤碳库现状、固碳潜力及其未来有机碳管理均具有重要意义。

四、有机质提升的外源输入驱动作用

　　长期重复性的外源有机物输入对有机质的提升具有直接效应。外源有机物的输入是通过增加农田系统有机物输入、改变原有平衡来促进土壤有机质的积累。施用有机物料是集约化农田生产中应用较为广泛且快速提升土壤有机碳的重要方式。我们在长期定位试验中发现，当增加农田系统每年的有机物料输入后，土壤有机质通常会呈现出增长趋势，但增长速率会逐渐降低（图2-8）。根据Six等（2002）的碳饱和理论，土壤对有机质（碳）的固持不是随碳投入的增加而无限度增加，而是存在一个最大的保持容量，即饱和水平。当有机碳含量接近或达到饱和水平时，增加外源碳的投入将不再增加土壤有机碳库。这个饱和水平属于一个理论值，主要受控于气候和土壤的质地等因素。已有研究发现，气候条件、不同管理措施、土壤初始有机碳水平、外界碳投入水平和土壤自身

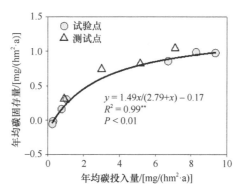

图 2-8　农田有机碳固存与碳投入的关系（Cai et al.，2016）

的理化特征都会在不同程度上影响土壤碳饱和程度（Stewart et al., 2008），进而影响到对投入碳的继续固持。高度团聚化或有机碳含量很高的土壤，一般容易出现碳饱和现象，但是农作系统中土壤受到耕作扰动后，由于其较高的 SOC 分解速率，一般不会达到其绝对的碳饱和水平。

第四节　土壤有机质质量研究方法

土壤有机质由于其来源的差异（植物源、微生物源和动物源有机残留物）及其与土壤矿物的相互作用，导致了其化学成分的复杂性和多样性。基于氧化法或燃烧法评估有机质含量已经不能满足对于有机质循环过程的了解，有机质质量的研究因此应运而生。

土壤有机质的质量是评价土壤肥力的重要指标，也是用来反映土壤有机质对管理措施或环境变化响应敏感程度的评价指标。在以往研究中，活性有机质和有机质氧化稳定性是反映有机质质量的重要指标，与土壤肥力的作用密切相关，在评价土壤有机质品质和肥力状况方面有着重要的意义。早期活性有机质的研究主要采用化学分组方法，通常基于土壤有机质在各种提取剂中的溶解性、氧化性差异，将有机质分为活性和稳定性两种组分。经典化学分组方法是基于腐殖物质在碱、酸溶液中溶解度不同，将其分成胡敏酸、富啡酸和胡敏素。其中，胡敏酸和富啡酸是腐殖酸的主要组成部分，但是由于其腐殖化过程缓慢，长达几十年至上千年不等，因此不少学者认为用土壤腐殖质变化特征来反映农作措施的影响具有延滞性，对指导农业生产的可参考性相对较低。因此，腐殖质分组方法在 20 世纪 80 年代后逐渐被其他方法替代。基于我国农田长期试验及相关进展，土壤有机质质量指标主要有活性有机质含量、有机质矿化特征、有机质结构特征及有机质热特征。

一、活性有机质含量

活性有机质是土壤有机质的活性部分，能够被异养微生物利用作为能源及碳源，是对管理措施响应最为敏感的有机质组分（徐明岗等，2000）。目前广泛用来表征土壤有机质质量的活性有机质包括可溶性有机质、易氧化有机质、颗粒有机质、微生物生物量碳等（娄翼来，2012）。这些活性有机质组分主要由小分子的碳水化合物、蛋白质、长链脂肪族化合物或半腐解状态的植物残体组成，一般来说，土壤活性有机质占土壤总有机质比例少且是变化的，转化速度比较快，转化周期为几周或几个月，与土壤有效养分、土壤的物理性状、耕作措施等具有更密切、更直接的关系，对农艺措施和其他土壤生态系统扰动的变化具有灵敏的指示作用。

我们在黑土、灰漠土和红壤等长期定位试验中发现，长期不施肥或只施氮肥常常导致活性有机碳所占比例下降，有机-无机肥配施能提高活性有机碳所占比例，尤其是红壤提高了 7.5 个百分点，且效果优于秸秆还田和化肥配施。活性有机质作为土壤有机质的质量指标，与作物的产量有着更显著的正相关关系（Tong et al., 2014；Xu et al., 2016）。与全量有机质相比，活性有机质由于变化敏感，已成为土壤质量及土壤管理的重要评价指标之一。

二、土壤有机质的矿化特征

土壤有机质的矿化速率是衡量土壤有机质腐解和微生物活性的重要指标。土壤中最重要的生物化学过程就是有机碳的矿化，矿化过程中释放的养分和能量，能够满足作物的生长发育，而且有机质矿化作用的减弱也有利于有机质的积累及储存（李忠佩等，2004）。研究发现，长期施用有机肥和化肥均能显著提高土壤有机质含量、土壤有机碳矿化速率及其累积矿化量，且不同粒径组分的有机质矿化在很大程度上由土壤有机质质量（如木质素含量和C/N）和稳定性（固有性质，如质地和矿物学特性）决定。例如，砂粒组分对有机分子的亲和性较弱，而有机分子可与土壤黏粒通过配位及键桥作用紧密包裹，形成空间保护作用，限制微生物对黏粒组分的分解。我们通过长期定位试验发现，土壤有机碳矿化量在不同组分间呈现 53μm＞250～2000μm＞53～250μm 的变化特征；在＜53μm 组分中，与不施肥的对照相比，高量有机肥处理使有机碳的矿化量显著提高了 7.0 倍（Cai et al.，2016）。长期有机肥培肥可提高土壤团聚体有机碳矿化量，而且250～2000μm 和＜53μm 粒级中土壤有机碳矿化量与有机碳储量呈极显著相关，特别是＜53μm 粒级团聚体有机碳矿化量提升受施肥影响最为明显，说明＜53μm 粒级团聚体对全土有机碳矿化贡献最高（图 2-9）（邵兴芳，2014）。与不施肥相比，长期高量有机肥配施化肥使＜53μm 组分中有机碳矿化比例增加了 6.4 倍。

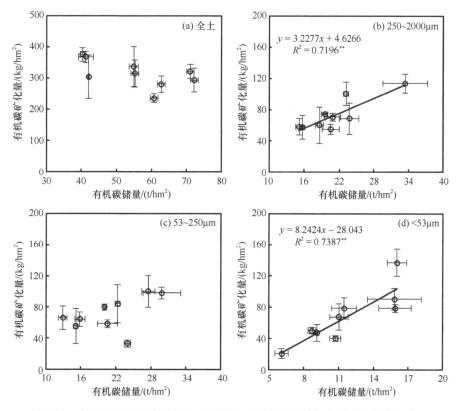

图 2-9　长期不同施肥下土壤及各团聚体有机碳矿化量与有机碳储量的关系

三、土壤有机质的结构特征

土壤有机质结构与有机质质量和功能之间关系密切。热裂解-气相色谱/质谱联用光谱（Py-GC/MS）、红外光谱（FTIR）、^{13}C 自旋核磁共振（CPMAS^{13}C-NMR）及同位素示踪等技术的发展为人们探究土壤有机质的结构特征创造了更为有效的手段。^{13}C 自旋核磁共振波谱技术可以基于含碳原子的官能团，定量和定性分析土壤有机质中烷基碳、烷氧碳、芳香碳和羧基碳组分的化学结构，分为固态和液态 ^{13}C 核磁共振。其原理是依据自旋的原子或原子核在外加恒定磁场的作用下以一定的频率运动，能够吸收与其具有共振频率电磁波所产生的辐射能现象。傅里叶红外光谱是通过测量分子的光吸收从而得到分子结构信息的一种检测方法。红外光谱分析技术因为具有快速、无损和准确的检测特点，能够在短时间内分析大量土样、实现土壤参数的实时在线测量，因此被认为比传统化学检测法更加适应精准农业的发展要求。土壤有机质的光谱测量是指利用土壤自有的光谱特征，通过土壤有机质对特定光谱波段所表现的反射率变化来实现有机质含量估测。热裂解-气相色谱/质谱联用技术（Py-GC/MS）主要是通过高温热裂解将有机质大分子结构上键能较弱的部分断裂成小分子，使之成为可溶的有机质或色谱可分离的物质，然后运用质谱在分子水平上进行化合物的鉴定，是一种所需样品含量少、测量灵敏迅速、易操作、易重现的技术，通常可以用来检测土壤中木质素来源的化合物、芳香化合物、多糖类化合物、脂肪族化合物、含氮化合物及固醇类物质。Py-GC/MS 技术通过对 SOM 化学成分的解析，可提供 SOM 的"指纹图谱"，实现对 SOM 的定性分析，同时，通过测定热裂解产生的各种化学分子的相对丰度，可实现对 SOM 化学成分的定量分析。

我们研究发现，长期不同施肥改变了土壤有机碳的化学结构（何亚婷，2015），与初始土壤相比，碳投入的增加提高了土壤有机碳烷氧碳的含量（3.9%～7.3%），降低了芳香碳（3.4%～5.6%）和烷基碳（2.5%～5.3%）的含量（图 2-10），并且这些有机碳化学结构官能团碳转化主要受土壤 C/N、pH、黏粒含量等土壤因子的控制。不同培肥下土壤溶解性有机物中，结构相对复杂的芳香化合物所占的比例明显不同，其高低顺序表现为 NPK 配施秸秆＞NPK 配施有机肥＞NPK＞CK（高忠霞等，2010）。玉米秸秆还田导致土壤中腐殖酸的羧基含量减少，芳香碳的含量下降，腐殖酸的氧化程度降低，芳香度显著下降，腐殖酸的分子结构向更为简单化的方向发展（吴景贵等，2005）。目前，关于不同施肥下土壤有机质结构特征的变化开展了大量的研究，但由于区域环境、土壤属性及施肥方式的不同，导致所得的结果有所差异。

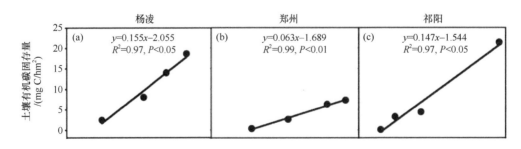

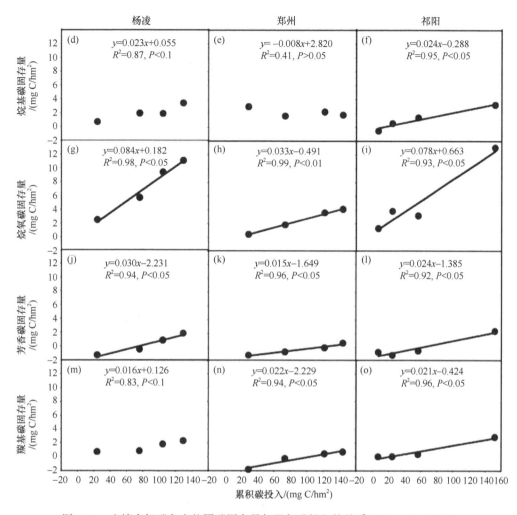

图 2-10　土壤有机碳各官能团碳固存量与累积碳投入的关系（He et al.，2018）

四、土壤有机质的热特征

土壤有机质稳定性是指其抵抗矿化或分解，以及受到一定干扰后恢复到原有水平的能力，稳定性的高低直接影响着碳的固定和存储能力。国际热分析协会（International Confederation for Thermal Analysis，ICTA）定义"热分析"为"在程序设定的温度下，监测样品的物理或化学性质在时间变化下随温度变化的规律的一种技术"。热分析技术主要有热重分析法（thermogravimetry analysis，TG）和差示扫描量热法（differential scanning calorimetry，DSC）两种，TG 是指在程序控制温度下，监测随温度变化，土壤质量的变化及其相互关系的方法，实际属于灼烧法。DSC 是在程序控制温度下，测量输入到物质和参比物的功率差（如以热的形式）与温度的关系的一种技术。热分析技术不需要预处理土样且能保持土样的完整连续性，实验简单，获取结果快捷；与传统方法相比较，其使用温度控制程序在较宽温度范围内得到样品的反应数据，能够增加获取的信息量，得到丰富的数据。

　　土壤有机质可根据其对热氧化的抗性分为三类：不稳定有机质（200～380℃）、难降解有机质（380～475℃）、高难度降解有机质（475～650℃）。其中，不稳定有机质主要包含碳水化合物和其他脂肪族化合物，难降解有机质主要包括木质素和多酚类，高难度降解有机质主要包括炭黑和其他形式的有机质。袁卓慧（2020）研究发现，砂粒组分结合土壤中不稳定有机质的相对含量最多，其热稳定性较低，而黏粒组分结合土壤有机质的量最多，但结合不稳定有机质的含量相对最少，热稳定性最高。从外源输入有机质的角度来说，是因为与砂粒组分结合的土壤有机质大都是分解程度较低的植物残体，而与黏粒组分结合的土壤有机质大都是分解程度高的腐殖质；从颗粒组分的特征来说，砂粒为原生矿物，无黏结性，而黏粒为次生矿物，黏结性强，能够固存更多的土壤有机质。目前，热分析技术通常与固态 ^{13}C 核磁共振波谱技术联合应用，将热分析指标与固态 ^{13}CNMR 技术得到的官能团建立相关性联系，有助于从宏观和微观、定性和定量的角度充分分析土壤有机质热稳定特征，进而说明土壤有机质质量特征。

参 考 文 献

高鲁鹏, 梁文举, 姜勇, 等. 2004. 利用 century 模型研究东北黑土有机碳的动态变化Ⅰ. 自然状态下土壤有机碳的积累. 应用生态学报, 15(5): 772-776.

高忠霞, 周建斌, 王祥, 等. 2010. 不同培肥处理对土壤溶解性有机碳含量及特性的影响. 土壤学报, 47(1): 115-121.

何亚婷. 2015. 长期施肥下我国农田土壤有机碳组分和结构特征. 北京: 中国农业科学院博士后研究报告.

李忠佩, 张桃林, 陈碧云. 2004. 可溶性有机碳的含量动态及其与土壤有机碳矿化的关系. 土壤学报, 41(4): 544-552.

娄翼来. 2012. 典型农田土壤有机碳组分对有机培肥的响应特征. 北京: 中国农业科学院博士后研究报告.

邵兴芳. 2014. 长期有机培肥模式下黑土团聚体碳氮积累与矿化特征. 武汉: 武汉理工大学硕士学位论文.

吴景贵, 王明辉, 姜亦梅, 等. 2005. 玉米秸秆还田后土壤胡敏酸变化的谱学研究. 中国农业科学, 38(7): 1394-1400.

徐明岗, 于荣, 王伯仁. 2000. 土壤活性有机质的研究进展. 土壤肥料, (6): 3-7.

于贵瑞, 何洪林, 周玉科. 2018. 大数据背景下的生态系统观测与研究. 中国科学院院刊, 33(8): 832-837.

袁卓慧. 2020. 长期免耕对土壤有机质不同组分热稳定性的影响. 北京: 中国地质大学硕士学位论文.

张璐, 张文菊, 徐明岗, 等. 2009. 长期施肥对中国 3 种典型农田土壤活性有机碳库变化的影响. 中国农业科学, 42(5): 1646-1655.

张维理, Kolbe H, 张认连, 等. 2020. 农田土壤有机碳管理与有机质平衡算法. 中国农业科学, 53(2): 332-345.

Cai A D, Feng W T, Zhang W J, et al. 2016. Climate, soil texture, and soil types affect the contributions of fine-fraction-stabilized carbon to total soil organic carbon in different land uses across China. Journal of Environmental Management, 172: 2-9.

Cai A D, Xu H, Shao X F, et al. 2016. Carbon and nitrogen mineralization in relation to soil particle-size fractions after 32 years of chemical and manure application in a continuous maize cropping system. PLoS ONE, 11(3): 1-14.

He Y T, He X H, Xu M G, et al. 2018. Long-term fertilization increases soil organic carbon and alters its chemical composition in three wheat-maize cropping sites across central and south China. Soil & Tillage Research, 177: 79-87.

Hou R X, Ouyang Z, Maxim D, et al. 2016. Lasting effect of soil warming on organic matter decomposition depends on tillage practices. Soil Biology & Biochemistry, 95: 243-249.

Jiang G, Zhang W, Xu M, et al. 2018. Manure and mineral fertilizer effects on crop yield and soil carbon sequestration: A meta-analysis and modeling across China. Global Biogeochemical Cycles, 32: 1659-1672.

Krausea L, Klumpp E, Nofz I, et al. 2020. Colloidal iron and organic carbon control soil aggregate formation and stability in arable Luvisols. Geoderma, 374: 114421.

Six J, Conant R T, Paul E A, et al. 2002. Stabilization mechanisms of soil organic matter: Implications for C-saturation of soils. Plant and Soil, 241: 155-176.

Stewart C E, Paustian K, Conant R T, et al. 2007. Soil carbon saturation: concept, evidence and evaluation. Biogeochemistry, 86(1): 19-31.

Stewart C E, Paustian K, Conant R T, et al. 2008. Soil carbon saturation: evaluation and corroboration by long-term incubations. Soil Biology & Biochemistry, 40(7): 1741-1750.

Tong X G, Xu M G, Wang X J, et al. 2014. Long-term fertilization effects on organic carbon fractions in a red soil of China. Catena, 113: 251-259.

Xu X R, Zhang W J, Xu M G, et al. 2016. Characteristics of differently stabilised soil organic carbon fractions in relation to long-term fertilisation in Brown Earth of Northeast China. Science of the Total Environment, 572: 1101-1110.

Yang J J, Liu J, Hu Y F, et al. 2017. Molecular-level understanding of malic acid retention mechanisms in ternary kaolinite-Fe(III)-malic acid systems: The importance of Fe speciation. Chemical Geology, 464: 69-75.

Yu G H, Kuzyakov Y. 2021. Fenton chemistry and reactive oxygen species in soil: Abiotic mechanisms of biotic processes, controls and consequences for carbon and nutrient cycling. Earth-Science Reviews, 214: 103525.

Zhang W J, Wang X J, Xu M G, et al. 2010. Soil organic carbon dynamics under long-term fertilizations in arable land of northern China. Biogeosciences, 7(2): 409-425.

Zhou W, Wen S L, Zhang Y L, et al. 2022. Long-term fertilization enhances soil carbon stability by increasing the ratio of passive carbon: evidence from four typical croplands. Plant and Soil. https://doi.org./10.1007/S11104-022-05488-0.

第三章 长期不同施肥下我国农田土壤总有机质的演变规律与影响因素

土壤有机质是一系列存在于土壤中的组成和结构不均一、主要成分为碳和氮的有机化合物。其成分中既有化学结构单一、存在时间只有几分钟的单糖或多糖，也有结构复杂、存在时间可达几百到几千年的腐殖质类物质；既包括主要成分为纤维素、半纤维素的正在腐解的植物残体，也包括与土壤矿质颗粒和团聚体结合的植物残体降解产物、根系分泌物和菌丝体（武天云等，2004）。土壤有机质（SOM）中所含有的碳称为土壤有机碳（SOC），是土壤有机质的一种化学量度。土壤有机碳平均占土壤有机质的58%，因此土壤有机碳换算为土壤有机质的转换系数为1.724。总之，土壤有机质是以碳元素为核心架构的有机化合物，与土壤有机碳在概念和内涵范围上有区别，但在组成的本质上是一致的，既可以用土壤有机碳数量衡量土壤有机质含量，也可以基于有机化合物的组成结构、功能和性质分析土壤有机质的质量。

土壤有机质作为土壤的关键组成部分，通过对土壤结构发育和生物地球化学过程的双重控制，来启动和调节各种土壤过程，保障土壤提供生物量生产、能源生产、生物多样性保持、水分蓄持及固碳减排等多种生态系统服务功能。但土壤有机质在土壤中的变化是一个漫长的过程，因此，通过长期肥料定位试验研究土壤有机碳的变化及管理措施的影响不仅具有重要的实践价值，而且对于更新农田土壤固碳学理论具有更重要的科学意义。掌握不同农业措施下土壤有机碳储量和动态变化，可以揭示农田土壤有机碳在不同农业措施影响下的变化特征和累积效应，明确人为干预下土壤有机碳固定的主导因素和主要途径，从而为农田土壤质量的改善和生产力的提高提供科学依据（佟小刚，2008）。

20世纪70年代以来，我国逐步在全国范围内不同农业生态区域设置了40多个长期施肥定位试验，形成了农田土壤肥料长期试验网（详见第二章）。这里选择其中有代表性的17个长期定位试验（表3-1）的系统资料，分析东北、华北、西北和南方不同区域单一化肥、化肥配施、有机-无机肥配施、秸秆还田配施化肥等长期不同施肥模式下，土壤有机碳库的时序演变规律、地域差异特征及其影响因素。

表 3-1 我国典型农田 17 个长期试验点的基本信息和种植施肥制度

气候区	样点地	样地年限	年均气温/℃	年降水量/mm	种植制度	氮肥施用量/(kg N/hm²)			
						N/NP/NPK	NPM/NPKM	hNPKM	NPS/NPKS
东北中温带半湿润地区	哈尔滨	1980~2006年	3.5	533	麦-玉轮作	150	150	—	—
	公主岭1	1990~2009年	4.5	525	玉米连作	165	50	74	112
	公主岭2	1979~2010年	4.5	525	玉米连作	150	150	150	—
	沈阳	1979~2012年	7.7	547	玉米连作	120	120	180	—

续表

气候区	样点地	样地年限	年均气温/℃	年降水量/mm	种植制度	氮肥施用量/(kg N/hm²)			
						N/NP/NPK	NPM/NPKM	hNPKM	NPS/NPKS
华北温带半湿润地区	北京昌平	1991～2008 年	11.0	600	麦-玉轮作	150	150	150	150
	天津	1979～2010 年	11.6	607	小麦	165	50	74	165
					玉米轮作	210	105	—	210
	禹城	1986～2010 年	13.4	560	麦-玉轮作	187.5	187.5	187.5	—
	郑州	1990～2010 年	14.3	632	麦-玉轮作	165	50	74	165
						165	50	74	165
西北中温带干旱半干旱地区	徐州	1980～2012 年	14.5	832	麦-玉轮作	150	150	—	—
	乌鲁木齐	1990～2012 年	7.7	310	麦-麦-玉轮作	242	85	152	217
	张掖	1990～2012 年	7.0	127	麦-麦-麦-玉轮作	150	150	—	—
						300	300	—	—
	平凉	1978～2012 年	8.0	540	麦-玉轮作	90	90	—	—
	杨凌	1990～2012 年	13.8	525	麦-玉轮作	165	50	248	165
						188	56	188	188
南方亚热带湿润季风区	遂宁	1981～2011 年	17.4	930	麦-稻轮作	120	120	—	—
	重庆	1991～2012 年	18.3	1136	麦-稻轮作	150	150	225	150
	祁阳	1990～2012 年	18.0	1255	麦-玉轮作	300	90	136	300
	进贤	1981～2007 年	17.5	1581	玉米连作	60	60	—	—

注：表中 N、NP、NPK 分别代表单施氮肥、氮磷配施、氮磷钾平衡配施；NPKM、hNPKM 分别表示常量和高量有机肥配施氮磷钾化肥；NPS 及 NPKS 分别代表秸秆还田配施氮磷肥和氮磷钾肥。后同。

第一节　长期不同施肥下农田土壤总有机碳的演变规律

一、长期不同施肥下农田土壤总有机碳含量的差异特征

哈尔滨厚层黑土、甘肃黑垆土施肥 30a 以及公主岭中层黑土、新疆灰漠土、郑州潮土、祁阳红壤施肥 19a，耕层 0～20cm 土壤总有机碳含量见图 3-1。长期有机肥配施氮磷钾化肥（NPKM 和 hNPKM）下，红壤、中层黑土、灰漠土及潮土总有机碳含量相比不施肥分别提高了 66.6%～81.3%、61.8%～62.5%、97.9%～148.2%和 65.5%～91.5%，并且在灰漠土、潮土和红壤上氮磷钾化肥配施高量有机肥（hNPKM）比配施常量有机肥（NPKM）表现出更显著的土壤总有机碳增加效应。同样，有机肥配施化肥（NPKM 及 NPM）28a 后，厚层黑土和黑垆土总有机碳含量相比不施肥增幅达 17.5%～32.6%，相对前 4 种土壤碳增幅偏低。所有土壤有机肥配施化肥比仅施用化肥（N、NP、NPK）更能显著提升土壤总有机碳含量，其中以灰漠土提升幅度最高，高达 103.7%，以厚层黑土增幅最低，仅为 12.2%。一方面说明有机肥与化肥配施对增加土壤总有机碳和改善土壤肥力作用显著，这与有机肥直接向土壤投入有机碳源密切相关；另一方面，从不同土壤总有机碳响应有机肥施用的变化幅度可以看出，土壤总有机碳含量本底最高的厚层黑土总有机碳增加幅度最低，反而总有机碳本底较低的灰漠土总有机碳增加幅度最高，也在一定程度说明土壤总有

机碳本底（不施肥土壤）含量对施肥提升后土壤总有机碳的提升空间有影响，即本底总有机碳含量低的土壤碳库对施肥响应更加敏感（佟小刚，2008）。

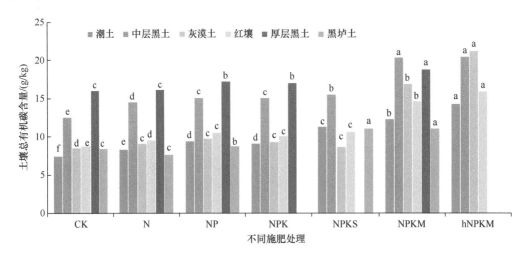

图 3-1　长期不同施肥下我国典型农田耕层（0～20cm）土壤总有机碳含量（2008 年）

不同小写字母表示同一土壤不同施肥之间在 5%水平下差异显著。所有土壤样品均采自 2008 年，其中黑垆土、厚层黑土长期试验始于 1980 年，潮土、中层黑土、灰漠土、红壤长期试验始于 1990 年。黑垆土试验处理为 NPS 和 NPM，分别相当于图中 NPKS 和 NPKM 处理。CK 代表不施肥

　　长期秸秆还田配施化肥（NPKS 和 NPS）相比不施肥，仅灰漠土总有机碳含量未显著增加，红壤、中层黑土、潮土及黑垆土总有机碳含量分别显著增加 21.9%、23.1%、51.2%及 31.5%，说明潮土总有机碳较其他土壤对秸秆还田措施响应更敏感。尽管秸秆还田与化肥配施提升土壤有机碳含量增幅较小，显著低于施用有机肥，但鉴于秸秆数量大、还田技术成熟，因此通过秸秆还田提升我国农田土壤有机碳库和土壤肥力仍具有很大的潜力。

　　长期施用化肥（N、NP 和 NPK）对土壤有机碳影响较小。与不施肥相比，氮磷钾平衡施用和氮磷配施使得所有土壤总有机碳含量均显著提高，增幅从最低的黑垆土（4.5%）到最高的潮土（25.1%）。单施氮肥仅使红壤、中层黑土、潮土及灰漠土总有机碳含量显著增加（增幅达 6.0%～15.8%），对厚层黑土和黑垆土总有机碳含量并无显著影响。施用化肥可以通过增加作物有机残体的输入而提升有机碳含量，但同时化肥提供的无机养分亦有利于土壤微生物的生长利用，从而加快土壤有机质的分解，使得化肥施用下土壤有机碳累积的速度较慢。

二、长期不同施肥下农田土壤有机碳含量的演变特征

　　长期不同施肥下农田土壤总有机碳含量表现出明显的演变规律（图 3-2）。

　　有机肥与化肥配施（NPKM 和 hNPKM）下，所有土壤总有机碳含量都表现出持续提升的趋势，增幅显著高于其他施肥措施（图 3-2）。随着施肥年限的延长，高量有机肥与化肥配施比常量施用下土壤总有机碳含量提升更显著。与试验初始相比，施肥 20～23 年后高量有机肥与化肥配施使得郑州潮土、祁阳红壤、新疆灰漠土、公主岭黑土总有机碳含

量提升 1.16～1.38 倍；常量有机肥与化肥配施则使土壤总有机碳含量提高了 62%～119%，说明持续的有机肥投入能够促进土壤固碳，是增加农田土壤碳汇的重要施肥模式。

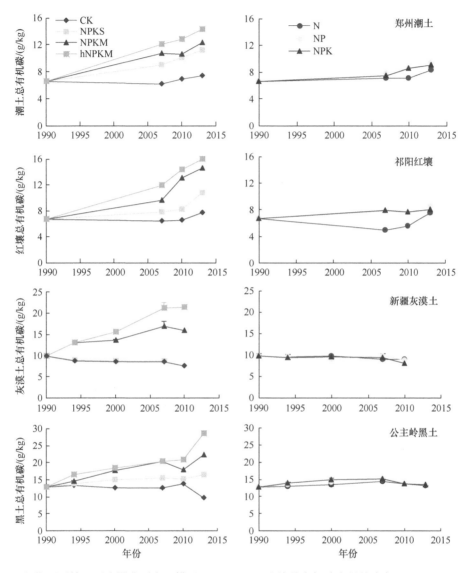

图 3-2　长期不同施肥下我国典型农田耕层（0～20cm）土壤总有机碳含量的演变（1990～2015 年）

秸秆还田配施氮磷钾化肥通过持续返还秸秆及作物残体碳源，亦使土壤总有机碳呈增加趋势（图 3-2），但增幅明显低于有机肥配施化肥。除新疆灰漠土在长期秸秆还田配施氮磷钾肥过程中，土壤总有机碳含量基本与不施肥下接近且整个过程中总有机碳含量基本持平外，郑州潮土、祁阳红壤、公主岭黑土在秸秆还田配施氮磷钾化肥下的总有机碳含量均表现为增加，并且这种趋势随施肥年限延长变得更明显。与试验初始相比，施肥 20～23 年后秸秆还田配施氮磷钾化肥使得郑州潮土、祁阳红壤、公主岭黑土总有机碳含量提升 28.1%～70.5%。因此，长期秸秆还田对促进农田土壤固碳仍有较大的潜力。施用化肥（NPK、NP 和 N）总体上对提升农田土壤有机碳累积的效应较低。在新疆灰漠土施用化肥 20 年后，土壤有机碳含量下降了 8.6%～18.9%；公主岭黑土和祁阳红壤施用化肥只能维持土壤有机碳含量，特别是单施氮肥还使土壤有机碳在施肥前期缓慢下降，这与化学氮肥导致红壤酸化密切相关。施用化肥后，土壤有机碳含量仅在郑州潮土上呈增加趋势，到施肥 23 年后，土壤有机碳比施肥初始增加 26.2%～43.5%。可见，化肥需要与有机肥或秸秆配施，才能起到持续良好的土壤固碳和肥力提升的效应。

三、长期不同施肥下农田土壤有机碳密度变化速率

土壤有机碳密度代表了单位面积一定深度土层的碳储量，单位为 t/hm^2 或 mg/hm^2。有机碳密度考虑到了土壤物理性质的变化与差异，相对土壤总有机碳含量，更能准确反映施肥对土壤碳库容量的影响。通过换算各地区不同年份长期施肥模式下土壤碳密度，并结合与施肥年限的线性回归关系，得到各地区 0～20cm 农田土壤有机碳密度在不同施肥下的变化速率（表 3-2）。长期不施肥下，北京昌平、禹城、杨凌试验点土壤有机碳密度的增长速率为 0.18～0.29t/(hm^2·a)；哈尔滨、沈阳、乌鲁木齐、郑州、张掖土壤有机碳密度以 0.13～0.29t/(hm^2·a) 的速率下降；剩余 9 个试验点，包括所有南方的试验点，不施肥只能维持土壤有机碳密度在一定水平。

表 3-2 长期不同施肥下我国典型农田耕层（0～20cm）有机碳密度变化速率

[单位：t/(hm^2·a)]

区域	样点	CK	NP	NPK	NPM	NPKM	hNPKM	NPKS
东北	哈尔滨	−0.13*	−0.10	−0.04	−0.03	−0.08	0.11	N/A
	公主岭1	−0.09	0.09	0.21	N/A	0.90**	0.83**	0.18*
	公主岭2	−0.08	−0.14	−0.04	0.32**	0.41**	0.68**	N/A
	沈阳	−0.18**	N/A	−0.015	N/A	0.23**	0.30**	N/A
华北	北京昌平	0.29*	0.36**	0.22	N/A	0.48**	0.72**	0.42**
	天津	0.15	0.27**	0.26**	N/A	0.61**	0.94**	0.25**
	禹城	0.29**	N/A	0.41**	N/A	1.08**	N/A	N/A
	郑州	−0.12*	0.15*	0.12*	N/A	0.42**	0.70**	0.25*
	徐州	0.002	0.12**	0.08**	0.39**	0.35**	N/A	N/A
西北	乌鲁木齐	−0.18**	−0.04	−0.15	N/A	0.75**	1.38**	0.02
	张掖	−0.29*	−0.08	−0.16	0.24**	0.18*	N/A	N/A
	平凉	0.04	0.14*	N/A	0.50**	N/A	N/A	N/A
	杨凌	0.18**	0.42**	0.46**	N/A	1.09**	1.29**	0.62**
南方	遂宁	0.01	−0.06	0.02	0.01	N/A	N/A	N/A
	重庆	−0.23	0.09	0.05	N/A	0.43*	0.65**	0.37*
	祁阳	−0.06	0.12	0.17	N/A	0.70**	0.78**	0.22**
	进贤	−0.08	−0.05	−0.08	N/A	0.20	N/A	N/A

注：N/A 代表无有效数据；*和**分别表示线性拟合达到 5%和 1%显著水平。表中演变速率为有机碳密度与施肥年限的线性回归关系的斜率，各试验点研究起始年限见表 3-1。

不同施肥模式下土壤有机碳密度变化速率以有机肥与化肥配施最高（表 3-2）。有机肥与化肥配施（NPKM、hNKPM）仅在哈尔滨和进贤试验点上未呈现显著增加，在其他

试验点上土壤有机碳密度变化速率均为显著正增长。其中，常量有机肥配施氮磷钾化肥以华北禹城和西北杨凌试验点土壤有机碳密度变化速率最高，平均为 1.085t/(hm²·a)，以东北沈阳和西北张掖土壤有机碳密度变化速率最低，平均仅为 0.205t/(hm²·a)。高量有机肥配施氮磷钾化肥下土壤有机碳密度变化速率以西北乌鲁木齐和杨凌试验点最高，平均达到 1.335t/(hm²·a)，以东北沈阳试验点最低，仅为 0.30t/(hm²·a)。据估算，有机肥施入后全球土壤耕层 0～20cm 的土壤有机碳储量以 0.24～0.46t/(hm²·a) 的速率增加（Gattinger et al.，2012）。我国农田土壤有机碳库的变化范围更加广泛。在过去 20 年中，东北地区的土壤有机碳库增长速率与其相近 [平均 0.49t/(hm²·a)]，但是在西北、华北和南方地区土壤有机碳库均比 Gattinger 等（2012）的结果高 [西北、华北和南方地区平均增速分别为 0.94t/(hm²·a)、0.66t/(hm²·a)、0.55t/(hm²·a)]。这可能是由于这些地区土壤有机碳库初始水平较低，因此仍有很大的固碳潜力。

秸秆还田配施氮磷钾化肥下，除乌鲁木齐试验点土壤有机碳密度维持不变外，其余试验点的土壤有机碳密度以 0.18～0.62t/(hm²·a) 的速率增加，其中以杨凌试验点最高，南方祁阳和东北公主岭最低。相对地，氮磷钾平衡配施和氮磷配施下，仅在华北的天津、禹城、郑州、徐州 4 个试验点以及西北的杨凌 1 个试验点土壤有机碳密度速度为正增长，增速最大的为杨凌试验点，总体平均为 0.44t/(hm²·a)。其余在东北和南方的试验点土壤有机碳密度变化速率均未达到显著水平，即未随施肥年限发生显著变化。

四、长期施肥下农田土壤总有机碳密度演变的区域差异

农田土壤有机碳库是实现粮食增产的重要地力基础之一。长期施肥可增加返田生物量，有机肥直接投入和秸秆还田都表现出显著提升土壤有机碳效应，但在不同区域，土壤有机碳库响应施肥变化存在显著差异。为更好地对比分析不同区域土壤有机碳密度对长期施肥响应的演变特征，按施肥年限大致分为 0～15a 和 16～26a 两个施肥阶段（表 3-3）。对比试验初始（CK0），东北、西北、华北、南方地区 4 个区域长期不施肥均不能增加有机碳密度；到施肥 16～26a，在东北与南方地区，不施肥土壤有机碳密度分别显著下降了 8.0% 和 16.1%，这说明不施肥下土壤有机碳矿化大于腐质化，土壤有机碳是"入不敷出"的慢损失状态。

表 3-3 我国不同区域农田长期不同施肥下耕层（0～20cm）平均有机碳密度

施肥处理	施肥年限/a	平均有机碳密度/(t/hm²)			
		东北	西北	华北	南方
CK0	0	32.7d	20.0d	19.8e	23.6d
CK	0～15	31.3de	19.5d	19.1e	20.6e
	16～26	30.1e	18.5d	18.0e	19.8e
N	0～15	30.8e	22.1c	20.0e	17.9f
	16～26	33.2cd	22.4c	23.8c	22.8d
NP	0～15	33.1cd	20.5d	21.3d	21.8e
	16～26	32.8d	21.3c	22cd	22.1ed

续表

施肥处理	施肥年限/a	平均有机碳密度/(t/hm²)			
		东北	西北	华北	南方
NPK	0～15	33.9c	21.6c	21.7d	24.2cd
	16～26	33.8c	22.4c	22.4cd	24.8c
NPM	0～15	36.8b	25.1b	27b	27.5b
	16～26	42.9a	35.2a	30.1a	33.6a
NPKM	0～15	37.4b	25.3b	27.3b	27.8b
	16～26	43.8a	35.8a	30.8a	34.2a
hNPKM	0～15	38.5b	25.7b	27.6b	28.4b
	16～26	44.3a	36.2a	31.2a	34.7a
NPKS	0～15	32.8d	21.3c	22.7cd	22.8d
	16～26	34.3c	26.5b	26.6b	25.1c

注：CK0 和 CK 分别代表试验点初始土壤状态和不施肥的对照。不同小写字母表示同一地区不同施肥处理间土壤有机碳密度差异显著（$P<0.05$）。

东北和南方土壤有机碳对于施用化肥（N、NP、NPK）具有相似的响应特征，即对比试验初始，单施氮肥和氮磷配施均不能促进土壤有机碳密度的提升，特别是单施氮肥 0～15a 还会使东北和南方地区土壤有机碳密度分别显著下降 5.8% 和 24.2%，到施氮肥 16～26a 才趋于与试验初始持平。相对地，单施氮肥（N）和氮磷配施（NP）均能显著增加华北和西北地区的土壤有机碳密度，到施肥 16～26a 土壤有机碳密度增加 6.5%～20.2%。对于氮磷钾配施（NPK），在 4 个地区均能显著增加土壤有机碳密度，到施肥 16～26a，土壤有机碳密度增幅东北与南方地区接近，平均为 4.2%，西北与华北地区增幅接近，平均为 12.6%。可见，施用化肥在西北和华北地区仍能促进土壤固碳，但在东北和南方地区施用化肥促进土壤碳汇的作用有限。

秸秆还田配施氮磷钾化肥（NPKS）0～15a，仅使西北和华北地区土壤有机碳密度比初始时分别提升 6.5% 和 14.6%。到秸秆还田配施氮磷钾化肥 16～26a，4 个地区土壤有机碳库均有显著提升，其中以东北与南方地区增幅较低，平均为 5.6%；西北与华北地区增幅较高，平均达 33.4%。可见，秸秆还田在西北和华北地区比东北和南方地区有更好的土壤固碳效应。

有机肥与化肥配施（NPM、NPKM、hNPKM）土壤有机碳密度的变化在 4 个地区表现出明显的规律（表 3-3），即所有地区均能持续显著提升土壤有机碳密度，并且高量有机肥配施氮磷钾化肥比常量有机肥配施化肥土壤有更显著的固碳效应。但是，不同地区土壤有机碳密度增幅差异显著。与试验初始相比，3 种配施有机肥模式到施用 0～15a 时，土壤有机碳密度平均增幅在西北和华北地区为 26.8% 和 37.9%，在东北和南方地区增幅平均仅为 14.9% 和 18.2%。到配施有机肥 16～26a，地区间差异更加明显，即土壤有机碳密度增幅最高的是西北地区，达到 78.7%，其次为华北地区 55.1%，再次是南方地区 44.8%，增幅最少的东北地区为 33.5%。以上分析说明，有机肥配施化肥的增碳效应明显强于单施化肥和秸秆还田，是农田土壤的重要固碳措施，且在西北和华北地区比在东北和南方地区更能促进土壤固碳。

第二节　长期不同施肥下农田土壤总有机碳的剖面分布及储量变化

土壤有机碳库是陆地生态系统最大的碳库，小幅度变化会对全球气候产生巨大影响。我国幅员辽阔，地貌多样，施肥、耕作和种植等农田管理方式较为复杂，因而不同典型农田土壤有机碳的分布和变化情况不一，总体含量不高，且有很大提升空间（徐明岗等，2015）。在农田生态系统中，随着生育期推后，深层土壤有机质中养分对作物产量的提高和维持具有关键作用（杨丽雯和张永清，2011）；同时深层土壤具有更大空间、更少扰动和较低有机碳含量，从而具有更大碳氮固定潜力（Jobbagy and Jackson，2000）。因此，更好地理解土壤剖面有机质变化特征，不仅可以通过合理施肥、优化管理措施等提高土壤养分利用率和实现土壤养分间的平衡循环，也可以通过土壤固定更多碳氮以减缓全球气候变化。

一、长期不同施肥下农田土壤有机碳含量剖面分布特征

无论何种施肥下，农田土壤有机碳含量在剖面的分布均呈现随深度增加而降低的趋势。旱地土壤有机碳含量在 0～60cm 土层随深度增加呈现大幅度降低，60cm 以下缓慢降低（图 3-3）。其中，0～20cm 土层有机碳平均含量最高（为 13.7g/kg），其次为 20～40cm 土层（8.6g/kg），80～100cm 土层最低（3.8g/kg）；0～40cm 土层有机碳平均含量显著高于 40cm 以下各层。

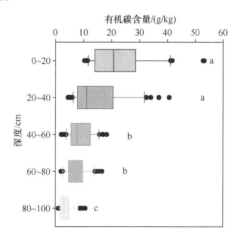

图 3-3　我国典型旱地农田土壤 0～100cm 剖面有机碳含量（2013～2014 年）

数据来源于 2013 年杨凌、公主岭、祁阳、武威、郑州、徐州、蒙城、贵阳和进贤，以及 2014 年沿江、莱阳、黑河、武川和哈尔滨等长期试验农田各施肥处理。不同小写字母表示不同土层有机碳含量差异显著（$P<0.05$）。下同

农田表层 0～20cm 碳库占 0～100cm 土体碳库的 32%～41%（图 3-4），表层 0～20cm 以下碳库占 0～100cm 土体的 60% 以上。其中，长期施用有机肥（NPKM 和 M）的表层土壤碳库占 0～100cm 土体的百分比最高（平均值为 41%），显著高于其他施肥模式。主要是因为在 NPKM 和 M 施肥下，大量外源有机肥碳直接输入表层土壤，导致表层碳库所占比例显著提高。

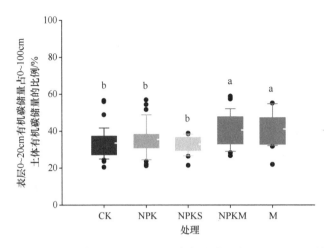

图3-4 长期不同施肥下我国典型农田0～20cm土层有机碳储量占0～100cm土体有机碳储量的比例

（2013～2014年）

黄色虚线表示各处理平均值，不同小写字母表示不同处理表层有机碳储量占0～100cm土体比例差异显著（$P<0.05$）

二、长期不同施肥下剖面有机碳储量分布变化

相对于不施肥，施用化肥仅显著提升表层0～20cm碳库（年均增加0.6%），但未显著影响20～100cm剖面土壤碳库（图3-5）。化肥配施有机肥和秸秆不仅增加表层0～20cm碳库（年均分别增加1.7%和3.2%），也显著提升0～100cm土体有机碳储量（年均分别增加1.4%和1.6%）。其中，化肥配施有机肥下表层0～20cm碳库的提升效果，是化肥配施秸秆还田的1.9倍；施用有机肥或秸秆（M、NPKM和NPKS），20～100cm剖面碳库提升效果显著优于施用化肥。有机物料添加增加了土壤微生物活性、多样性和酶活性，加速了土壤碳和氮库转化，释放更多的养分，通过促进作物生长增加作物残体归还及土壤团聚体稳定性等，有利于土壤碳氮固定（徐虎等，2016）。总之，有机肥添加可显著提升0～100cm土体碳库库容，是旱地农田肥力恢复和培肥的优良管理措施。

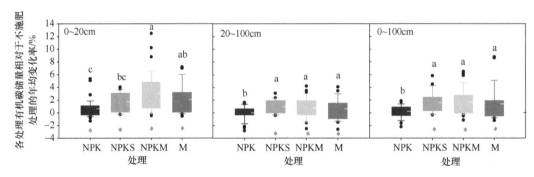

图3-5 不同施肥下农田0～20cm、20～100cm及0～100cm土层碳储量相对于不施肥的年均变化速率

黑色虚线表示变化量为零的线，黄色虚线表示各处理平均值。红色星号表示有机碳储量显著变化。不同小写字母表示施肥

处理之间差异显著（$P<0.05$）

耕层土壤（0～20cm）有机碳变化与0～100cm土体有机碳变化间呈线性正相关关系（图3-6），不同施肥模式下0～20cm碳库变化1个单位，可导致0～100cm土体有机

碳库量变化 0.32～0.40 个单位。表层与 100cm 深土壤有机碳库的线性正相关性，说明长期施肥后，农田表层土壤碳储量增加同时也会引起深层土壤碳储量协同提升，显示出更大的有机碳固持潜力。因此，在评价土壤固碳对管理措施响应时，不仅要考虑表层有机碳累积，也要关注深层碳库变化，否则会低估农田土壤固碳效应（徐虎等，2021）。

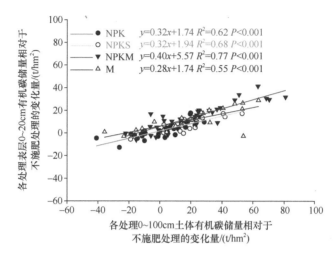

图 3-6 长期不同施肥下农田土壤有机碳储量在 0～20cm 与 0～100cm 变化量之间关系

三、土壤剖面有机碳储量变化对种植制度和水热条件的响应

1. 土壤有机碳储量变化对种植制度的响应

氮磷钾化肥配施秸秆或有机肥均能显著增加一年一熟和一年两熟地区 0～100cm 土体碳库（图 3-7），其中秸秆还田分别增加 18.6t/hm² 和 7.4t/hm²，配施有机肥分别增加 21.1t/hm² 和 18.1t/hm²。施用化肥（NPKM-M 和 NPK-CK）没有显著提升两种种植制度下 0～100cm 土体碳库。配施秸秆对一年一熟地区 0～100cm 土体碳库提升效果是一年两熟地区的 2.5 倍，而配施有机肥在两种种植制度间无显著差异。这可能是因为一年一熟地区温度较低，还田秸秆转化为有机质效率更高。

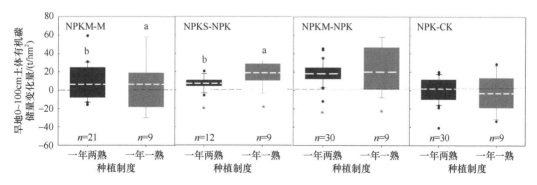

图 3-7 不同种植制度下旱地不同施肥 0～100cm 土体有机碳储量的变化量

黑色虚线表示变化量为零的线，黄色虚线表示各处理平均值，红色星号表示有机碳储量显著变化，NPKM-M 表示 NPKM 相对于 M 的变化量，其他类推。不同小写字母表示同一层次不同种植制度间差异显著（$P<0.05$）。n 表示样本量。下同

2. 土壤有机碳储量变化对水热条件的响应

在 NPK 化肥施用的基础上（图 3-8），配施有机肥使得中温带、暖温带和亚热带 0～100cm 深土壤碳库平均分别提升 20.1t/hm²、18.3t/hm² 和 13.2t/hm²。秸秆还田仅使中温带和暖温带 0～100cm 碳库平均提升 14.3t/hm²，对亚热带无显著影响。因此，在中温带和暖温带，配施秸秆更有利于旱地农田固碳。在施用有机肥的基础上，配施化肥（NPKM-M）能显著提升亚热带 0～100cm 土体碳库 15.3t/hm²。施用 NPK 化肥与秸秆还田对中温带 0～100cm 土体碳库提升效果显著优于亚热带，二者相差达 5.3 倍。在施用有机肥的基础上，配施化肥（NPKM-M）提升亚热带 0～100cm 碳库显著优于温带，可能是因为化肥添加可较大幅度提升亚热带作物产量，通过增加生物归还促进土壤碳素累积。然而，在施用化肥的基础上，配施有机肥对 0～100cm 土体碳库提升效果在不同温度条件下无显著差异。可见，配施有机肥是各种温度条件下农田固碳的最优措施，秸秆还田在中温带和暖温带较优。

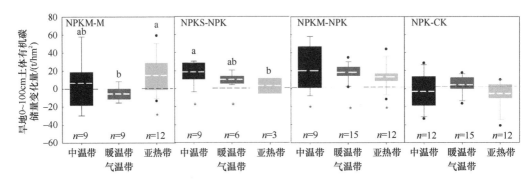

图 3-8　不同温度条件下我国旱地农田不同施肥 0～100cm 土体有机碳储量的变化量

在 NPK 基础上（图 3-9），施用有机肥可显著提升半湿润和湿润地区 0～100cm 碳库，分别为 20.4t/hm² 和 12.6t/hm²；秸秆还田平均仅提升半湿润地区碳库 15.2t/hm²。可见，在半湿润和湿润地区，水分充足条件下施用有机肥可以最大限度地提升作物生物量，促进有机碳累积；而半湿润地区适宜的水热条件更有利于秸秆腐解和转化成土壤有机质。在施用有机肥基础上，配施化肥（NPKM-M）使得干旱和湿润地区 0～100cm 土体碳库分别显著降低了 15.5t/hm² 和 19.5t/hm²。然而，有机肥、秸秆和化肥对有机碳的

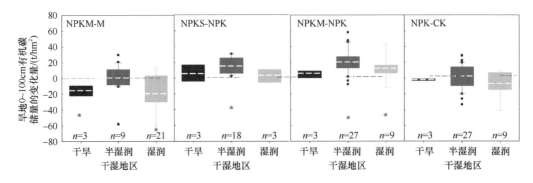

图 3-9　不同干湿度条件下我国旱地农田不同施肥 0～100cm 土体有机碳储量的变化量

提升效果在干旱、半湿润和湿润地区间均无显著差异。综上，在额外配施秸秆和配施有机肥时应因地制宜，相对而言，温带及半湿润地区配施秸秆或有机肥的固碳效应较强。

第三节 农田土壤有机碳演变的影响因素

农田土壤有机碳的变化是多种因素综合作用的结果，但主要原因可以分为三类：农业管理措施、土壤属性、气候特征。首先，土壤有机碳库增加的直接原因可归为秸秆还田、有机肥施用、化肥投入增加等农业措施，它们直接决定了投入土壤的碳量。其次，土壤属性，如酸碱度、养分元素含量等通过影响微生物碳利用能力，从而影响土壤有机质的转化与累积过程；同时，更重要的是组成土壤质地的矿物颗粒不仅自身具有结合吸附碳的作用，还可以通过有机质黏结形成土壤团聚结构，起到物理保护有机碳的重要作用（佟小刚，2008）。最后，气候主要通过区域温度和降水量影响作物的生长、改变植物残体向土壤的归还量、影响有机碳分解和转化率、调控土壤有机碳矿化等，在土壤有机碳固定中发挥作用（Lal，2002）。

一、有机碳投入的影响

土壤有机碳水平与农作系统碳投入密切相关，碳投入量高于土壤碳排放量才能提升土壤碳库。根据生态气候区不同，可将 17 个长期试验站点分为 4 个地区，计算每个区域不同施肥下通过生物量残体、秸秆还田，以及有机肥投入农田的有机碳量（图 3-10）。东北地区土壤肥力相对较高，长期不施肥单季种植下的根茬归还量平均约为 1t/(hm²·a)；西北地区则在 0.51～0.81t/(hm²·a)范围变化；双季种植的徐州和郑州点不施肥下的根

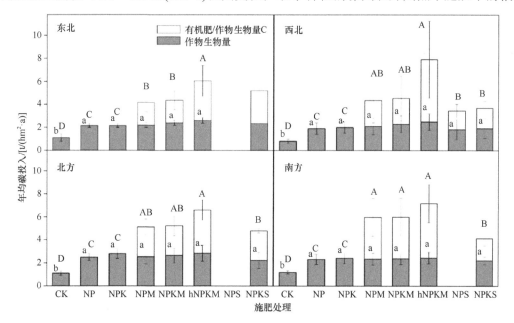

图 3-10 我国不同区域农田不同施肥下的年均有机碳投入量

不同大写和小写字母分别表示总碳和作物碳投入的显著差异性（$P<0.05$）

茬归还量分别平均为 1.33t/(hm²·a)和 1.44t/(hm²·a);亚热带祁阳点由于基础地力低,不施肥下根茬归还量平均仅为 0.32t/(hm²·a)。施入化肥尤其是氮、磷肥后,作物产量有所增加,根茬归还量相应提高。所有试验点氮磷钾化肥配施后的根茬归还量比不施肥均提高了 2 倍以上。单季种植的东北地区试验点单施化肥和氮磷钾化肥配施下根茬归还量提高至 1.95~2.55t/(hm²·a);西北半干旱地区的乌鲁木齐和张掖点则提高至 1.24~2.08t/(hm²·a),平凉点地力较低,氮磷化肥配施后根茬归还量平均为 1.07t/(hm²·a)。双季种植下的徐州和郑州点 NPK 配施的根茬归还量约为 3.5t/(hm²·a);祁阳点氮磷钾化肥配施的归还量平均为 1.31t/(hm²·a),相当于该点不施肥处理的 4 倍以上,但仅相当于徐州和郑州点相同施肥处理的 1/3 左右。

有机肥的施用和秸秆还田直接增加了外源有机碳的投入量,从而增加了整个系统的碳投入,因此系统碳收支出现盈余,土壤产生明显的固碳效应。哈尔滨点由于有机肥投入较低,有机肥和氮磷钾配施有机肥下系统碳投入量仍不到 2t/(hm²·a)。公主岭点化肥配以秸秆还田后的系统投入可达 3.5t/(hm²·a),施用有机肥可达 6~8t/(hm²·a),土壤有机碳显著增加。西北地区乌鲁木齐点有机肥主要为羊粪,有机-无机肥配施的系统投入达 4.17.0t/(hm²·a),土壤有机碳显著上升。张掖的有机肥主要以土杂粪为主,有机肥及有机-无机肥配施的碳投入在 2.1~2.8t/(hm²·a)范围内。双季种植系统中,有机肥或有机-无机肥配施的碳投入在 7.1~11.0t/(hm²·a)范围内。这说明不同种植系统碳投入不足是土壤有机碳下降的主要原因。

总体上,农田土壤有机碳库变化速率和年均碳投入之间呈显著的线性相关关系(图 3-11),不同点位的斜率范围从 0.073 到 0.163。不同地区之间的碳固持速率存在

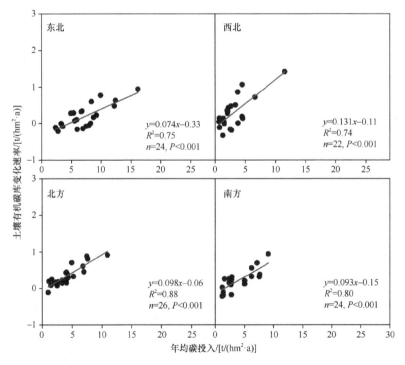

图 3-11　不同区域农田土壤有机碳库变化速率和年均碳投入的关系(2008 年)

显著差异（$P<0.05$），西北地区（13.1%）的固碳速率明显高于其他地区。华北地区和南方地区固碳速率接近，分别为 9.8%和 9.3%。

二、土壤属性的影响

土壤性质对土壤有机碳转化和累积的影响是复杂的。一方面，土壤理化和生物性质对土壤有机碳矿化分解、质量变化、周转效率等会产生综合影响。例如，土壤本身的有机碳含量、其他营养元素含量等，都会影响土壤有机碳的周转过程。不同生态区土壤有机碳与全氮、速效氮、速效磷、速效钾都有显著相关性，说明良好养分状况与土壤有机碳是协同增长的（表 3-4）。土壤总有机碳与养分元素关系在不同生态区存在一些差异。例如，南方红壤和甘肃黑垆土有机碳主要与速效氮和速效磷呈显著正相关；哈尔滨黑土有机碳与全氮、速效氮、速效磷密切相关；郑州潮土和新疆灰漠土有机碳则与全氮、速效氮、速效磷、速效钾均显著相关，有机碳库与土壤肥力表现出良好的互促关系。我们发现，土壤 pH 能够显著影响土壤微生物活性，特别是在南方红壤上，长期施肥可导致酸化，过低的 pH 不仅降低作物产量、减少了碳投入量，也降低了土壤微生物活性，从而减少有机碳分解，导致其土壤有机碳含量的变化异于其他地区。

表 3-4 我国农田土壤总有机碳与大量养分元素的皮尔逊相关系数（2008 年）

地区和土壤	全氮	速效氮	速效磷	速效钾
南方红壤	0.716	0.959**	0.958**	0.636
哈尔滨黑土	0.927*	0.984**	0.958*	0.873
郑州潮土	0.911**	0.766*	0.938**	0.961**
甘肃黑垆土	0.783	0.839*	0.813*	0.720
新疆灰漠土	0.992**	0.851*	0.958**	0.978**

*和**分别代表指标间相关系数达到 0.05 和 0.01 显著水平。

另一方面，土壤物理性质直接影响土壤的结构、通气透水性，进而影响土壤的温度和湿度，是影响土壤有机碳分解的一个重要因素。土壤矿物颗粒（砂粒、粉粒、黏粒及其团聚形成的土壤结构）是土壤固持、吸附有机碳的重要场所。多数研究表明，黏粒含量越高，土壤的固碳能力越强，土壤有机碳越不易被分解（Hassink，1997）。我们的研究结果表明，土壤基本性质尤其是黏粒含量对固碳具有重要影响（图 3-12）。长期施肥下土壤总有机碳含量与粗黏粒、细黏粒、细粉粒的百分含量均达到了显著的线性正相关关系，说明高黏粒和细粉粒含量有利于土壤固持有机碳，这对于质地黏重的南方红壤，将有利于提升土壤固碳的潜力。高黏粒含量意味着土壤颗粒具有巨大的表面积，可以通过配位体交换、氢键及疏水键等作用吸附有机碳。相反地，土壤有机碳含量与砂粒呈现显著的线性负相关关系，说明砂粒含量过高不利于土壤固碳。土壤砂粒不能直接吸附有机碳，其主要存在于砂粒间，基本是处于新鲜的植物残体和半分解的有机物质，本身周转和变化快。因此，土壤粗颗粒较多且使得土壤孔隙较大，会促进有机碳矿化。西北干旱地区新疆灰漠土、甘肃黑垆土和郑州潮土质地较轻，土壤颗粒以粉粒和砂粒为主，黏粒含量相对较低，会一定程度上减弱土壤固定有机碳的能力。

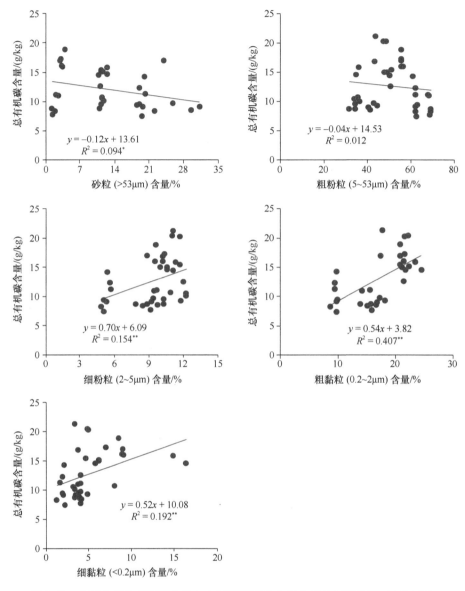

图 3-12 农田土壤总有机碳含量与土壤颗粒百分含量之间的回归关系（2008 年）

数据来源于哈尔滨黑土、郑州潮土、公主岭黑土、甘肃黑垆土、新疆灰漠土以及祁阳红壤长期施肥试验点。不同粒径土壤颗粒采用离心法获得（佟小刚，2008）。*和**分别代表回归关系达到显著相关（$P < 0.05$）和极显著相关（$P < 0.01$）

三、气候的影响

气候因素是有机碳周转和固定的主要驱动因子。首先，气候条件可影响作物的生长发育，进而改变来自作物根系、秸秆和残茬的碳投入量。其次，气候条件可改变土壤水热条件，影响土壤微生物种群的数量和多样性，进而改变土壤中有机物料的分解速率和有机碳的矿化速率。因此，不同生态区长期施肥下土壤总有机碳含量与温度和降水量呈现显著响应关系（图 3-13 和图 3-14）。

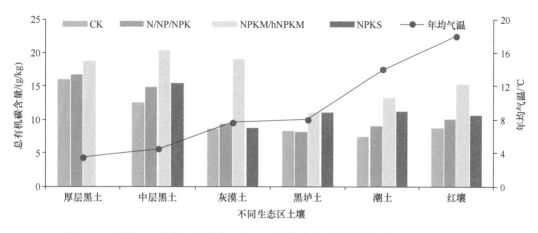

图 3-13　长期不同施肥下我国典型农田土壤总有机碳含量与年均气温（2008 年）

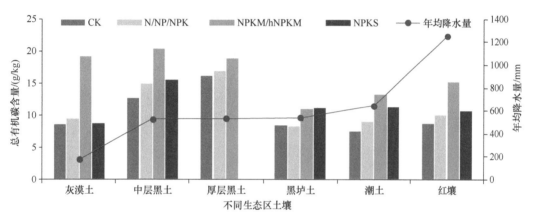

图 3-14　长期不同施肥下我国典型农田土壤总有机碳含量与年均降水量（2008 年）

　　所有施肥模式土壤总有机碳含量随着年均气温升高呈现下降的趋势，即高温不利于有机碳的累积，而是更利于有机碳的矿化排放。这也使得东北中温带地区黑土在不同施肥模式下总有机碳含量显著高于南方亚热带地区的红壤。同样，随着从北向南年降水量逐渐升高，除了新疆灰漠土，不同施肥模式下土壤总有机碳含量也有降低趋势。典型的南方亚热带湿润区红壤，伴随高温高湿的气候条件，使得有机肥、秸秆、作物残体等外源碳可能相对北方半湿润中温带地区更易分解，导致有机碳累积相对较慢。中部地区的潮土相对处于华北温带半湿润环境，有利于投入碳的转化和累积。特殊的西北中温带干旱半干旱地区，灰漠土在中温低湿环境下也不利于土壤有机碳的转化，特别是年降水量仅为 175mm，显著影响了土壤微生物分解和转化有机物的活性，因此投入的有机肥料或是根系残茬分解缓慢。这也进一步说明温度和降水量对土壤碳库影响有显著交互作用，即温带半湿润环境可能是碳固持与排放平衡的较优气候条件。

第四节　长期不同施肥下农田土壤有机质的矿化特征

　　土壤有机质（碳）的矿化是陆地生态系统中重要的生物化学过程，与土壤中养分的释放、维持及土壤质量的保持关系密切。因此，土壤有机碳经微生物分解作用矿化释放 CO_2 的数量及强度可以反映土壤质量状况，评价环境因素或农业措施对其产生的影响。作为最重要的农业措施，长期施肥及配施化肥不仅能显著提高土壤有机质及其活性组分含量，而且可以显著改变土壤物理、化学及生物学性状（佟小刚，2008），这必然会对土壤有机质矿化产生显著的影响。我们以 2012 年公主岭黑土长期施肥下的耕层（0～20cm）土壤为例，采取室内培养的方法，探究了不同施肥下土壤有机质的矿化特征。

一、长期施肥下土壤有机质的矿化特征

1. 土壤总有机碳矿化与碳排放的动态特征

不同温度下土壤总有机碳矿化速率差异明显（图 3-15～图 3-17）。有机碳矿化即 CO_2 排放速率大小顺序为 35℃＞25℃＞15℃，与初始值相比，35℃的培养温度使有机碳的矿化速率迅速提高到了较高的水平。可见，温度对土壤 CO_2 排放速率影响较大。在同一温度下，以不施有机肥土壤 CO_2 排放速率为最小。有机肥的施用使土壤 CO_2 排放速率提高了 2～3 倍，其中以中量有机肥配合施用氮肥（$M_{30}N$）和高量有机肥配合施用氮磷钾化肥（$M_{60}NPK$）的效果最为明显。总体上，高量有机肥施用 CO_2 排放速率高于中量有机肥。

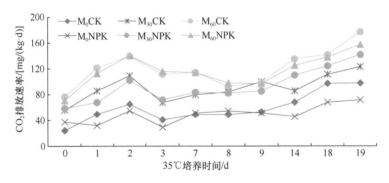

图 3-15　不同施肥下吉林黑土在 35℃培养下的 CO_2 排放速率（2012 年）

M_0、M_{30} 和 M_{60} 分别为有机肥年施用量 0t/hm²、30t/hm² 和 60t/hm²；CK、NPK 分别为不施用化肥和施用氮磷钾肥。下同

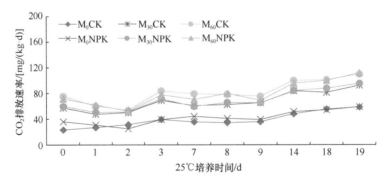

图 3-16　不同施肥下吉林黑土在 25℃培养下的 CO_2 排放速率（2012 年）

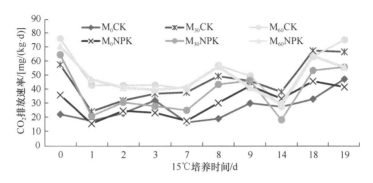

图 3-17　不同施肥下吉林黑土在 15℃ 培养下的 CO_2 排放速率（2012 年）

2. 土壤总有机碳的累积矿化量及对温度的敏感性

在培养的 20 天时间内，黑土有机碳矿化量随着培养时间的延长呈直线增长趋势（图 3-18）。不同温度下，土壤有机碳的累积矿化量差异较大。在 15℃ 下，有机碳累积矿化量变化范围为 541.5～1013.1mg/kg；在 25℃ 下，有机肥施用有机碳累积矿化量比不施有机肥平均增加了 77%，有机肥施用显著提高了有机碳的累积矿化量。在 35℃ 下，不施有机肥的有机碳累积矿化量，较 25℃ 和 15℃ 分别提高了 36% 和 91%，同时有机肥施用的有机碳累积矿化量也显著增加，较 25℃ 和 15℃ 培养下分别提高了 45% 和 139%。

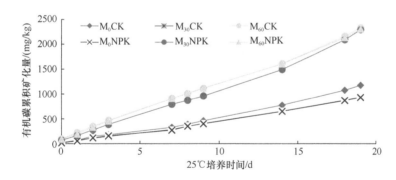

图 3-18　不同施肥下公主岭黑土在 25℃ 下的有机碳累积矿化量（2012 年）

表观上来看，有机肥施用矿化量较大，并且对温度的响应也较不施有机肥敏感，但不同施肥模式有机碳含量不同，单纯依靠排放总量不能准确地衡量有机肥对有机碳的稳定性作用，因此采用单位有机碳生成的 CO_2 矿化速率来评价更为适宜。与 CO_2 的排放总量不同，土壤有机碳矿化速率在同一温度下差异较小（表 3-5），M_{60}NPK 与 CK 的碳矿比速率在同一温度下无显著差异，即有机肥施用并没有显著加快土壤有机碳的损失，因此长期施用有机肥有利于提高土壤碳库的累积。

温度敏感性参数（temperature sensitivity，Q_{10}）是表征土壤碳矿化对温度变化响应的有效参数。不同土壤类型，Q_{10} 的值差异较大。例如，森林土壤的 Q_{10} 值为 1.8～2.5（Smith，2003）；草原土壤的 Q_{10} 值为 1.4～13.0（陈全胜等，2003）；我国南方典型水稻土的 Q_{10} 值为 1.0～1.8。我们研究发现，黑土的 Q_{10} 值为 1.3～1.8，与南方水稻土相近，但低于森林和草原土壤，黑土农田土壤碳库矿化对温度的敏感度处于相对较低的水平（仪明媛，2011）。

表 3-5　不同温度下公主岭黑土有机碳矿化速率及温度敏感性参数 Q_{10}（2012 年）

施肥处理	平均矿化速率/［mg/(kg·d)］			Q_{10}（15℃）	Q_{10}（25℃）
	35℃	25℃	15℃		
CK	4.2ab	2.7bcd	1.8a	1.44	1.59
N	3.8bc	2.7bc	1.8a	1.53	1.39
NP	3.5cd	2.7bc	2.0a	1.31	1.30
NPK	3.2d	2.7bc	2.0a	1.39	1.17
M_{60}CK	4.2ab	2.8bc	1.7a	1.58	1.51
M_{60}N	3.1d	2.1e	1.3a	1.69	1.45
M_{60}NP	3.3cd	2.3de	1.3a	1.73	1.46
M_{60}NPK	3.9bc	2.6bcd	1.6a	1.69	1.48

注：同列数字后不同小写字母表示处理间差异显著（$P<0.05$）。下同。

二、长期不同施肥下土壤团聚体有机质的矿化特征

1. 土壤团聚体有机碳矿化量

长期有机培肥显著提高了黑土团聚体有机碳矿化量（表 3-6）。土壤各粒级团聚体的有机碳矿化量基本一致。施肥可以显著提高 250～2000μm 粒级团聚体有机碳矿化量。与不施肥相比，单施有机肥可以使其提高 43.9%～45.8%，有机肥配施化肥 N 或 NPK 可以使其提高 60.7%～112.7%。同样，施肥也可以显著增加土壤<53μm 粒级团聚体有机碳矿化量，其中高量有机肥配施化肥 N 可以使其增加 1.8 倍，高量有机肥配施化肥 NPK 可以使其增加 2.4 倍。长期有机肥施用下土壤团聚体的矿化量以<53μm 粒级团聚体最高，表明小粒级的团聚体比大粒级的团聚体含有更高比例的可矿化有机碳（邵兴芳，2014）。

表 3-6　公主岭黑土团聚体有机碳矿化量（2012 年）

施肥处理	团聚体有机碳矿化量/（mg/kg）		
	250～2000μm	53～250μm	<53μm
CK	63.1b	81.5abc	47.0e
N	69.0a	70.0bcd	80.3cde
NPK	69.0a	59.2cd	73.5cde
M_{30}CK	92.0a	89.3abc	120.0abc
M_{30}N	118.5a	70.5bcd	102.8bcd
M_{30}NPK	101.4a	31.3d	62.3de
M_{60}CK	90.8a	107.6ab	111.2bc
M_{60}N	121.3a	118.5a	130.9ab
M_{60}NPK	134.2a	111.0ab	161.1a

2. 土壤团聚体有机碳矿化率

长期施肥对黑土 250～2000μm 粒级团聚体碳矿化率无明显影响（表 3-7），其变化范围为 0.28%～0.43%。长期施肥提高了<53μm 粒级土壤团聚体有机碳矿化率，且<53μm 粒级土壤团聚体有机碳矿化率显著高于 250～2000μm 和 53～250μm 粒级。单施常量有机肥和高量有机肥可以使<53μm 粒级团聚体有机碳矿化率分别增加 1.1 倍和 1.5 倍。

表 3-7　公主岭黑土团聚体有机碳的矿化率（2012 年）

施肥处理	团聚体有机碳矿化率/%		
	250～2000μm	53～250μm	<53μm
CK	0.38a	0.52a	0.34d
N	0.39a	0.40a	0.58bcd
NPK	0.36a	0.37ab	0.52bcd
$M_{30}CK$	0.33a	0.38ab	0.70ab
$M_{30}N$	0.43a	0.29ab	0.61abc
$M_{30}NPK$	0.34a	0.14b	0.38cd
$M_{60}CK$	0.28a	0.37ab	0.50bcd
$M_{60}N$	0.34a	0.40a	0.57bcd
$M_{60}NPK$	0.28a	0.34ab	0.85a

土壤有机碳的积累提高了土壤有机碳矿化量。由图 3-19 可以看出，土壤不同团聚体有机碳矿化量与有机碳储量存在显著正相关性，其中 250～2000μm 和<53μm 粒级中土壤有机碳矿化量与有机碳储量极显著相关。<53μm 粒级中土壤碳矿化增加速率最高，土壤有机碳储量每增加 1t/hm²，其有机碳矿化量增加 8.2kg/hm²。

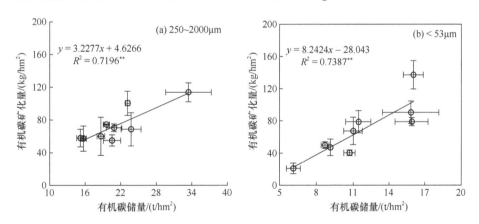

图 3-19　长期施肥下黑土团聚体有机碳矿化量与其有机碳储量的关系
**表示线性拟合达到 1%显著水平

参 考 文 献

陈全胜, 李凌浩, 韩兴国, 等. 2003. 水热条件对锡林河流域典型草原退化群落土壤呼吸的影响. 植物生态学报, 27(2): 202-209.

邵兴芳. 2014. 长期有机培肥模式下黑土团聚体碳氮积累及矿化特征. 武汉: 武汉理工大学硕士学位论文.

佟小刚. 2008. 长期施肥下我国典型农田土壤有机碳库变化特征. 北京: 中国农业科学院博士学位论文.

武天云, Jeff J S, 李凤民, 等. 2004. 土壤有机质概念和分组技术研究进展. 应用生态学报, 15(4): 717-722

徐虎, 蔡岸冬, 周怀平, 等. 2021. 长期秸秆还田显著降低褐土底层有机碳储量. 植物营养与肥料学报, 27(5): 768-776.

徐虎, 申华平, 张文菊, 等. 2016. 长期不同管理措施下红壤剖面碳、氮储量变化特征. 中国土壤与肥料, (4): 24- 31.

徐明岗, 张文菊, 黄绍敏, 等. 2015. 中国土壤肥力演变(第二版). 北京: 中国农业科学技术出版社.

杨丽雯, 张永清. 2011. 4 种旱作谷类作物根系发育规律的研究. 中国农业科学, 44(11): 2244-2251.

仪明媛. 2011. 长期施肥下黑土碳库变化及土壤有机碳矿化特征. 南昌: 江西农业大学硕士学位论文.

Gattinger A, Muller A, Haeni M, et al. 2012. Enhanced top soil carbon stocks under organic farming. Proceedings of National Academy of Science of the United States of America, 109: 18226-18231.

Hassink J. 1997. The capacity of soils to preserve organic C and N by their association with clay and silt particles. Plant and Soil, 191: 77-87.

Jobbagy E G, Jackson R B. 2000. The vertical distribution of soil organic carbon and its relation toclimate and vegetation. Journal of Applied Ecology, 10: 423-436.

Lal R. 2002. Soil carbon dynamics in cropland and rangeland. Environmental Pollution, 116: 353-362.

Smith V R. 2003. Soil respiration and its determinants on a sub-Antarctic island. Soil Biology & Biochemistry, 35: 77-91.

第四章　长期不同施肥下农田土壤有机碳的组分及稳定性

　　土壤有机质（碳）的成分中既有化学结构单一、存在时间只有几分钟的单糖或多糖，也有结构复杂、存在时间可达几百到几千年的腐殖质类物质；既包括主要成分为纤维素和半纤维素、正在腐解的植物残体，也包括与土壤矿质颗粒和团聚体结合的植物及动物残体降解产物、根系分泌物和菌丝体。土壤有机碳按分解性的不同，可大致分为活性有机碳和稳定性有机碳，稳定性有机碳再按其稳定机制的不同又可分为物理保护有机碳、化学保护有机碳和生物化学保护有机碳组分。不同组分的有机碳不仅蓄定能力不同，而且土壤生态服务功能亦有明显差异。因此，系统深入地研究土壤各组分有机碳，对于全面认识农田土壤碳循环、科学评价农田固碳功能及其综合肥力效应具有重要意义。

第一节　土壤有机碳分组技术

　　土壤有机碳（SOC）具有较高的异质性。不同 SOC 组分，其组成、周转时间、结合方式等不同，导致 SOC 稳定机制也存在较大的差异（Post and Kwon，2000）。与总SOC 相比，不同 SOC 组分具有更高的生物活性以及对外界环境和管理措施的敏感性。土壤有机碳微量的变化可能会导致某一种 SOC 组分显著变化。因此，不同的 SOC 组分通常被用作总有机碳变化的指示物质。明确不同条件下 SOC 组分的变化特征，对于深入了解碳动态及循环过程，解释其内在的保护机制尤为重要（Stewart et al.，2008；Six et al.，2002）。

　　科学有效的 SOC 分组方法是获取理想 SOC 组分的重要途径。SOC 分组研究开始于18 世纪 80 年代，最开始主要是有关腐殖质的研究，如其组成要素、结构和性能等。早期研究主要采用化学分组方法，通常是基于 SOC 在各种提取剂中的溶解性、氧化性不同，把 SOC 分为活性和稳定性两个组分。相比之下，物理分组方法因破坏性小而成为近些年来研究 SOC 组分的主流（窦森，2011）。其中，Six 等（2000，2002）提出的团聚体-密度联合分组方法，把有机碳分为游离活性有机碳、物理保护有机碳和矿物结合态有机碳组分，且分离效果较好，被广泛应用。然而，该方法分离的矿物结合态有机碳组分仍存在较高的异质性，其中隐含了化学保护和生物化学保护有机碳组分。鉴于此，Stewart 等（2008）对前人的研究方法进行了改进，提出了物理-化学联合分组方法，该方法综合了其他分组方法的优点，在原理上将各 SOC 与其稳定机制联系起来，成功地分离出物理、化学和生物化学保护等各种保护机制的有机碳组分。当前，SOC 的分组方法主要有物理分组方法、化学分组方法、生物分组方法及物理-化学联合分组方法。

一、土壤有机碳物理分组方法

土壤有机碳的物理分组方法主要基于土壤的密度或土壤颗粒的差异。目前，SOC物理分组方法主要包括粒径分组、密度分组和团聚体分组等（钱栋，2018）。SOC物理分组方法对土壤原始结构的毁坏性相对较小，可以最大限度地保持原土的状态，因而被广泛应用。

土壤有机碳密度分组的原理是：选用具有特定密度的某种溶剂来区分SOC密度较低的游离物质，以及SOC密度较高的有机-无机复合体（梁贻仓，2013）。大多数研究将$2.0g/cm^3$作为区分不同密度有机碳的临界值，其中，低于该数值的一般称为轻组有机碳，高于该数值的称为重组有机碳。轻组有机碳的组成主要为不同分解时期的动植物残体、菌体、糖类和木质素等物质。轻组有机碳具备较高的C/N，分解转化较快；重组有机碳组分主要为有机物质与土壤矿物质紧密连接形成的有机-无机矿物复合体，该组分以C/N低、比重大、转化速度慢、分解程度相对较高等为主要特征。

土壤有机碳粒径分组的基础是，土壤有机碳与不同大小土壤颗粒结合，导致SOC的结构和功能不同。根据粒级大小不同将其分为以下几类：黏粒（<2μm）、粉粒（2～20μm）、砂粒（20～2000μm），通常砂粒（20～2000μm）可以再细分为粗粉粒（20～50μm）、细砂粒（50～250μm）和砂粒（250～2000μm）（窦森，2011）。不同大小颗粒结合的有机碳组分，在理化性质和比表面积等方面存在较大的差异，其包含的碳含量和对固碳的保护机制也存在显著的差异（佟小刚，2008）。因此，不同颗粒大小的有机碳对外界不同因素（如管理措施、气候等因素）的反应机制也存在较大差异。大多数学者把与砂粒、粗粉和细黏土壤颗粒连接的SOC称为易分解的活性有机碳，而与黏土颗粒连接的SOC则是一种惰性有机碳组分。该分组方法虽然操作简单，但是较大颗粒中结合的活性有机碳易于受到外界环境的影响（佟小刚，2008）。

自从Tisdall和Oades（1982）提出土壤团聚化影响碳周转的概念模型后，团聚体中有机碳得到了广泛重视。土壤中的团聚体以250μm为界分作大团聚体（>250μm）和微团聚体（<250μm），进一步细分为>2000μm、250～2000μm、53～250μm和<53μm的4类团聚体。大团聚体是由多糖、作物根系和微生物菌丝体黏结了许多微团聚体后形成的集合体，而微团聚体主要由有机-无机复合体组成（武天云等，2004）。其测定方法大致如下：称取过5mm筛的风干土样，放在2mm筛上，再放入30个直径为4mm的玻璃珠，其下是0.25mm筛、0.053mm筛，置于团聚体分离器中，通过恒定的水流分离20min，把留在水中的（<53μm）溶液离心，然后把留在筛上的土样分别置于铝盒中，于60℃烘干至恒重，即得不同粒级的团聚体。

二、土壤有机碳化学分组方法

20世纪60年代以前，国内外学者对SOC的研究主要集中在腐殖质类物质上，根据腐殖质类物质在酸、碱溶液中溶解度的不同划分为胡敏酸、胡敏素和富啡酸3种组分。其中，胡敏酸是碱可溶、水和酸不溶，富啡酸是水、酸、碱都可溶，胡敏素则是水、酸、碱都不溶。胡敏酸和富啡酸是腐殖质的主要组成部分，由于其腐殖化过程缓慢，短则几十年，长则上千年，且在全球范围内腐殖质的结构和功能没有明显差异，说明用土壤腐殖质的变化特征来反映一些农业措施具有一定的滞后性和无价值性，因此腐殖质分组方法在 20 世纪 80 年代后逐渐淡出历史舞台。

目前，SOC 的化学分组方法主要是根据化学溶剂的不同提取出溶解性有机碳、酸水解有机碳和易氧化有机碳等。溶解性有机碳通常指土壤溶液或其渗出物经各种提取物淋洗后，能透过 0.4～0.6μm 滤膜的土壤浸出液中包含的有机碳含量（张树萌，2019）。根据萃取液的不同，将其划分为广义有机碳和狭义有机碳。一般来说，狭义概念上的溶解性有机碳组分一般是指能够透过 0.4～0.6μm 孔隙滤膜的有机碳土壤溶液；而广义概念上的溶解性有机碳组分一般为经过主要萃取剂（如水、盐溶液等）能破坏矿物颗粒表面的吸附平衡过程，矿物颗粒表面吸附的有机碳会有一部分释放，通过 0.4～0.6μm 孔径的滤膜获得的有机碳，广义过程比狭义过程获得的有机碳含量更高（张树萌，2019）。可溶解的 SOC 主要为酸类、糖类、酚类等物质，以及植物渗透液、土壤微生物和动物分泌物、根的分泌液等。土壤微生物通常能快速分解和利用可溶性有机碳，因其生物活性大，该部分有机碳也是矿化的主要来源。

酸水解作用用于从 SOC 混合溶液中提取糖类、氨基酸和碳水化合物类等物质。根据萃取剂的种类不同，水解有机碳分为两类不同的提取方法，即硫酸水解法和盐酸水解法。土壤溶液通过酸水解过程获得的物质一般可以划分为两部分：活性有机碳和惰性有机碳。其中，活性有机碳主要由碳水化合物成分构成（张丽敏，2015），这部分有机碳的生物有效性比较高，易于分解和矿化，也易于被作物生长所吸收利用，因此它是土壤的重要组成部分。

一般将土壤活性有机碳作为评价有机碳活性和生物可利用性的重要指标，其数值能够在一定程度上反映出土壤的质量水平。Lefroy 等（1993）和 Blair 等（1995）把能被 333mmol/L 的 $KMnO_4$ 氧化的有机碳称为活性有机碳，并利用碳库管理指数和活性指数计算出碳管理指数。该方法虽然操作便捷、适用于大样本的测量，但对所需要的仪器要求较高，价格昂贵，且整个实验中需要保证仪器的高度清洁性。另外，SOC 在提取过程中容易受到氧化剂的作用，造成土壤结构的破坏。

三、土壤有机碳生物分组方法

通过对 SOC 进行生物学方法分组得到的物质大多是已矿化后的有机物的微生物和被矿化的有机残渣；另一种方法是通过土壤中的微生物对有机碳的反应基质分解量来估算该有机物可被微生物利用的有机碳量。

土壤微生物生物量碳通常是指土壤中活的和死的微生物总量，包括细菌、真菌、藻类和小动物中碳的含量。微生物生物量碳是活性有机碳中最活跃的部分，它能密切参与物质循环，如碳、氮、磷、钾等营养物质的循环运输（钱栋，2018）。另外，土壤微生物还是养分的储存库，它能在土壤养分相对匮乏时释放出部分营养物质供植物吸收利用，提高养分的有效性，在土壤、植物和生物体的整个物质循环中发挥巨大作用。微生物生物量碳虽然含量很小，只有总有机碳的 1%～4%，但对外界因素的变化非常敏感，转化率也很快。外部环境的变化，如气候变化、耕作管理措施、土壤湿度的变化等，都会对微生物生物量碳产生重大影响。陆地生态系统微生物生物量碳与总 SOC 的比值通常保持在一定水平，相对稳定。但是外界的环境变化能够显著影响该比例，因此该比例可以作为监测有机碳动态变化的一个相对较好的指标。土壤微生物生物量碳测定的方法主要有显微镜检查法、三磷酸腺苷分析法、氯仿熏蒸法、基质诱导呼吸法和磷脂脂肪酸法。其中，氯仿熏蒸法是目前应用最多的方法（Jenkinson and Powlson，1976）。

　　土壤有机碳的矿化过程是土壤中的有机物质通过微生物和酶的作用将其氧化分解为 CO_2、水和能量的过程。矿化过程中微生物呼吸释放 CO_2，其分解者主要是各种真菌、细菌和土壤动物。通常可以通过测定 CO_2 累积排放量来计算土壤中的有效生物可利用碳含量，这一过程可以反映微生物的活性。潜在可矿化碳又称生物可降解碳，测定方法是在密封可抽气的容器内培育保持田间湿度的土壤，培育过程中微生物分解有机碳释放的 CO_2 可利用滴定法、远红外分析仪、电导或气相色谱测定，从而计算可矿化碳量。另外，也可以将微生物呼吸释放 CO_2 视为基础呼吸，计算专性呼吸率 qCO_2（每单位微生物量产生的 CO_2 量）。但是由于矿化过程要测定 CO_2 的浓度，需要严格控制容器的气密性，对土壤温度和水分的要求也较高，操作不当时容易对实验研究结果产生较大的影响。

四、土壤有机碳团聚体-密度联合分组方法（Six 分组方法）

　　Tisdall 和 Oades（1982）提出了土壤团聚体形成模型，认为黏粒–多价金属离子–腐殖质结合在一起可形成直径为 $53～250\mu m$ 的微团聚体结构。微团聚体在作物根系、微生物菌丝体黏结和多糖的作用下形成直径大于 $250\mu m$ 的大团聚体。Tisdall 和 Oades（1980）还发现大团聚体中的有机碳含量高于微团聚体中的有机碳含量，大团聚体中起黏结作用的植物根系和菌丝体被称为颗粒有机碳（particulate organic carbon，POC）。Six 等（2000）提出了更新的 POC 在团聚体中的存在动力学概念模型，他把原来的 POC 称为 Inter-microaggregate POC，即存在于大团聚体内部但不存在于微团聚体内部的有机碳，而把大团聚体中存在于微团聚体内部的 POC 称为 iPOC（intra-microaggregate POC）。该模型很好地揭示了土壤团聚体和团聚体有机碳转化的动力学过程，认为有机残渣（动植物残体等）是团聚体形成的核心碎片，它们为微生物活动提供了碳源，使得微生物产生胶黏物质，导致大团聚体（$250～2000\mu m$）的形成（Golchin et al.，1994）。大团聚体中有机碳形成团聚体内部粗颗粒有机碳（coarse POC，cPOC），继续分解和分裂形成细颗粒有机碳（fine POC，ffPOC）。由于 POC 分解个体减小和 iPOC 的形成晚于 POC，iPOC 的浓度随大团聚体的老化而增加，由此，大量老化大团聚体显示的大团聚体的缓慢转化与大团聚体内部 iPOC/POC，可以相应地作为评价大团聚体转化的指标。iPOC 与 POC 可以通过湿筛法和比重法分离。Six 等（2000）提出的概念性模型和测试方法更真实地反映了一部分有机碳在土壤中的转化过程和固定过程，而且更注重有机残体的固定过程和对土壤结构的改善（图 4-1）。近年来，Six 等（2000，2002）提出的团聚体-密度联合分组方法，较好地分离了游离活性有机碳、物理保护有机碳和矿物结合态有机碳组分，已被广泛应用。

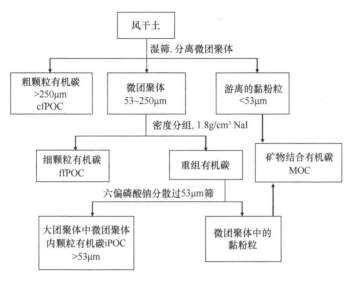

图 4-1 土壤有机碳团聚体-密度联合分组概念图（改编自 Six et al.，2000；Sleutel et al.，2006）

cfPOC：大团聚体间粗自由颗粒有机碳（未受保护的有机碳）；ffPOC：微团聚体间细自由颗粒有机碳（未受保护的有机碳）；iPOC：微团聚体内颗粒有机碳（物理保护性有机碳）；MOC：矿物结合态有机碳（与黏粉粒结合，受化学或者生物化学保护性有机碳）

五、土壤有机碳物理-化学联合分组方法（Stewart 分组方法）

Stewart 等（2008）在 Six 等（2000，2002）物理-化学分组的基础上提出了 SOC 物理-生物化学联合分组方法（图 4-2）。该方法将土壤有机碳分成四个组分：游离活性有

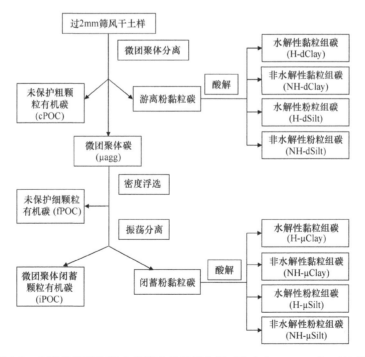

图 4-2 土壤有机碳物理-化学联合分组概念图（改自 Stewart et al.，2008）

机碳库（cPOC、fPOC）、物理保护有机碳库（iPOC）、化学保护有机碳库（H-dSilt、H-dClay、H-μSilt、H-μClay）和生物化学保护有机碳库（NH-dSilt、NH-dClay、NH-μSilt、NH-μClay）。SOC 的物理保护，也叫空间不可接近性，是指由于土壤团聚体的闭蓄、包裹等导致的有机碳底物与分解者和酶的隔离；化学保护，也叫分子交互作用，是指高价铁铝氧化物和黏土矿物通过配位体置换、高价阳离子键桥、范德华力和络合作用等导致有机碳的生物有效性下降；生物化学保护，也叫选择性保存，是指有机碳自身化学组成的抗降解性（刘满强等，2007）。这种分组方法综合考虑了 SOC 的多种稳定机制，分组更细致，能明显地表征出 SOC 的响应特征，具有可操作性，因此已成为 SOC 分组的最佳选择。

第二节　长期不同施肥下土壤有机碳组分演变特征

大量研究表明，在适当的农田管理措施下，农田土壤可通过提高 SOC 固定从而减少 CO_2 排放，进而为减缓气候变化做出贡献。不同的有机碳组分，具有不同的物理和化学性质、分解速率和周转时间。单个 SOC 组分（如颗粒有机碳）通常具有较快的转化速度和较高的生物可利用性，往往比总 SOC 对外界管理措施、气候变化等响应更敏感。不同的 SOC 组分需要与总 SOC 分开进行探究，可以更好地了解和预测不同管理措施对 SOC 稳定性及碳固定的影响。施肥是影响农业土壤碳循环最重要和最广泛的管理措施之一。施肥通过直接影响有机物料投入量，或者间接影响作物生长和残茬的投入量，对 SOC 变化产生重大影响。优化施肥措施，可以通过改变碳输入和输出之间的平衡来调节农田 SOC 变化，从而增加碳固存和提高土壤肥力。

一、不同施肥下农田土壤有机碳组分分布特征

土壤有机碳组分对不同施肥管理的响应存在差异。不同施肥下碳投入量存在较大差异，碳输入量是土壤固碳的主要驱动力，外源碳在各个 SOC 组分中的分布不同（Stewart et al.，2008）。我们采用 Six 等（2000）的 SOC 分组方法，系统分析我国 52 个试验点不同气候条件、耕作制度和施肥下 SOC 及其组分的分布特征（任凤玲，2021）。总的来说，相比不施肥（CK），施肥能够显著影响 SOC 及其组分。施用有机肥后，SOC、cfPOC（大团聚体间粗自由颗粒有机碳）、ffPOC（微团聚体间细自由颗粒有机碳）、iPOC（微团聚体内颗粒有机碳）和 MOC（矿物结合态有机碳）的碳储量显著高于其他施肥（图 4-3）。相比不施肥，化肥-有机肥配施（CFM）的 SOC 含量的提高幅度为 50%，其主要原因有以下两个方面：第一，有机肥和秸秆本身是碳的直接来源，所含有的有机碳化合物包括所有有机碳组分；第二，有机物料改善了土壤物理环境，所含有的养分能够满足作物生长所需养分，导致更多的作物残茬碳输入。

SOC 组分对有机肥和秸秆的响应存在较大差异。化肥（CF）、单施有机肥（M）和化肥-秸秆配施（CFS）下，SOC 含量提高幅度分别为 8%、23% 和 21%。化肥-有机肥配施（CFM）下，cfPOC（115%）、iPOC（121%）和 MOC（26%）提高幅度最高。此外，化肥-有机肥配施和化肥-秸秆配施下 ffPOC 含量提高幅度分别为 85% 和 112%。与不施

肥相比，仅施化肥下，cfPOC（23%）、ffPOC（27%）和 iPOC（16%）显著提高，但 MOC 没有提高（图4-4）。化肥-秸秆配施下，ffPOC 的增加幅度最大，这表明 ffPOC 主要来源于作物残茬以及微生物和微型动物生物量。与秸秆相比，有机肥通常代表更高质

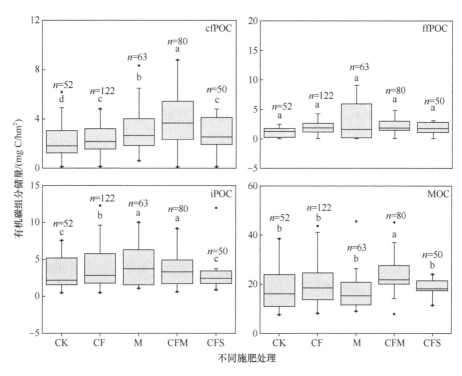

图 4-3　长期（＞10 年）不同施肥下 SOC 组分 cfPOC（a）、ffPOC（b）、iPOC（c）和 MOC（d）储量

CK：不施用肥料处理；CF：仅施用化学肥料处理，其包括单独施用化学氮肥或配合施用磷和/或钾肥处理；M：仅施用有机肥处理；CFM：化学肥料配合施用有机肥处理；CFS：化学肥料配合施用秸秆处理；cfPOC：大团聚体间粗自由颗粒有机碳（未受保护的有机碳）；ffPOC：微团聚体间细自由颗粒有机碳（未受保护的有机碳）；iPOC：微团聚体内颗粒有机碳（物理保护性有机碳）；MOC：矿物结合态有机碳（与黏粉粒结合，受化学或者生物化学保护性有机碳）。不同的小写字母表示不同施肥处理下有机碳组分中位数差异显著（$P<0.05$）

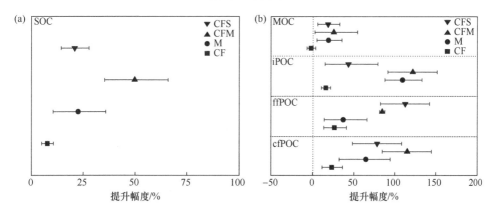

图 4-4　长期（＞10 年）不同施肥相比不施肥处理（CK）对 SOC（a）及其组分（b）的提升幅度

CF：仅施用化学肥料处理，其包括单独施用化学氮肥或配合施用磷和/或钾肥处理；M：仅施用有机肥处理；CFM：化学肥料配合施用有机肥处理；CFS：化学肥料配合施用秸秆处理。点和误差线分别代表增加的百分数及其 95%的置信区间，如果 95%的置信区间没有跨越零线，表示处理与对照存在显著差异

量的有机资源，具有更高的养分含量和碳投入量。此外，有机肥中含有多种有机碳化合物，从有机残留物到腐殖质，包括所有 SOC 组分。研究发现，施用有机肥能够促进大团聚体中微团聚体的形成，并促进更稳定的 iPOC 在新形成的微团聚体中积累（Six et al.，2004）。外源碳投入到土壤微团聚体中可能有利于 SOC 固定，这主要因为，相比大团聚体，微团聚体表现出更高的稳定性和更低的周转率（Huang et al.，2010）。cfPOC、MOC 和 iPOC 在化肥-有机肥配施下的增加幅度大于化肥-秸秆配施下的增加幅度。因此，化肥-有机肥配施在增加 SOC 方面作用更大，是提高土壤碳固定的高效且经济的优良方案。

二、不同农田土壤有机碳组分对施肥响应的时空特征

1. 不同农田土壤有机碳组分对施肥的空间响应

农田 SOC 的变化不仅受耕作措施、作物残体管理方式、施肥制度、轮作方式等农业措施的影响，气候因素也通过影响植物的生长、改变植物残体向土壤的归还量及影响 SOC 分解和转化率，进而改变 SOC 的变化。气候因素中，温度和降水量对 SOC 影响最为强烈，它们主要影响 SOC 累积和转化的微生物作用过程。水热梯度变化研究发现，东北地区黑土 SOC 储量与年均气温和降水量呈显著负相关关系，说明低温、低湿条件利于 SOC 的积累。气候因素在较大区域上影响 SOC 含量，并在不同类型气候带间决定着 SOC 变化和分布特征。

相比不施肥，亚热带季风气候区（STM）施肥之后 cfPOC（120%~182%）、ffPOC（163%~196%）、iPOC（214%~237%）和 MOC（67%~94%）的提高幅度高于温带大陆性气候区（NTC）和温带季风气候区（NTM）（图 4-5）。在温带大陆性气候区，SOC 组分在化肥-秸秆配施处理下没有显著变化。亚热带季风气候区（STM）年均气温（MAT）和年降水量（MAP）相对较高，SOC 组分整体呈现增加的趋势。一般较高的年均气温（MAT）和年均降水量（MAP）条件可以创造有利于作物生长的环境，提高净初级生产力（NPP），从而增加外源碳输入量，有利于 SOC 的形成。尽管较高的 MAT 和 MAP 加速了 SOC 的分解，但过量的外源碳输入转化为 SOC，并抵消了土壤呼吸增强造成的碳损失。温带季风气候区，SOC 含量增幅较小，可能是由于低温下植物残茬和肥料的分解受到抑制，或土壤中真菌菌丝和孢子活性降低所致。温带大陆性气候区是我国典型的半干旱地区，MAP 较低（范围为 127~632mm），90%以上的农田依赖于降水，因此该地区 SOC 含量的增加可能是土壤水分含量较低、有机质分解较少的结果（姜桂英，2013）。在水分含量受限制的环境中，细颗粒组分中的 SOC 含量明显较低，可能是由于该条件下 NPP 和碳输入量较小（Chan，2001）。然而，由于土壤化学性质对 SOC 变化的影响占主导地位，气候对 SOC 响应的预测能力较弱。气候因素可能通过影响土壤化学性质和碳输入量，以及土壤碳库大小和组成，对 SOC 变化产生间接影响（Doetterl et al.，2015）。之前有关影响农田 SOC 储量变化的研究也表明，相比其他因素，气候因素的贡献率相对较小，这可能是由于农业管理措施的作用降低了气候对 SOC 变化的影响。

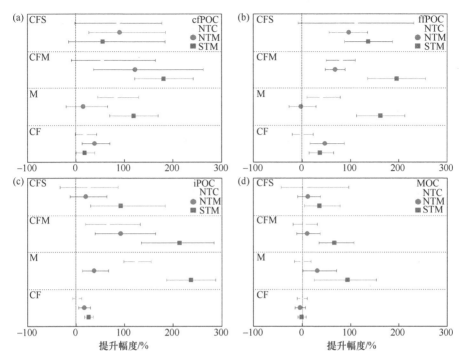

图 4-5　相比不施肥处理（CK），长期（>10 年）不同施肥在不同气候区对有机碳组分 cfPOC（a）、ffPOC（b）、iPOC（c）和 MOC（d）的提升幅度

CF：仅施用化学肥料处理，其包括单独施用化学氮肥或配合施用磷和/或钾肥处理；M：仅施用有机肥处理；CFM：化学肥料配合施用有机肥处理；CFS：化学肥料配合施用秸秆处理。STM：亚热带季风气候区；NTM：温带季风气候区；NTC：温带大陆性气候区；cfPOC：大团聚体间粗自由颗粒有机碳（未受保护的有机碳）；ffPOC：微团聚体间细自由颗粒有机碳（未受保护的有机碳）；iPOC：微团聚体内颗粒有机碳（物理保护性有机碳）；MOC：矿物结合态有机碳（与黏粉粒结合，受化学或者生物化学保护性有机碳）。点和误差线分别代表增加的百分数及其 95% 的置信区间，如果 95% 的置信区间没有跨越零线，表示处理与对照存在显著差异

　　为了进一步明确不同有机碳组分与水热条件（MAT 和 MAP）之间的关系，我们从北到南选取了我国典型农田 5 个长期试验点——哈尔滨（厚层黑土）、公主岭（中层黑土）、乌鲁木齐（灰漠土）、郑州（潮土）和祁阳（红壤）进行比较。研究发现，年降水量和年均气温对土壤中自由颗粒有机碳（cfPOC 和 ffPOC）占总有机碳的比例呈现叠加的协同效应（佟小刚，2008）。除灰漠土较特殊外，土壤自由颗粒有机碳在总有机碳中的比例随年降水量和年均气温的升高呈缓慢增加的变化特征（图 4-6），说明高温、高湿的气候条件可以促进土壤中活性的自由颗粒有机碳的增加，同时改善了 SOC 的性质。这是因为自由颗粒有机碳的组成主要包括新鲜的有机碳残体和半分解状态的有机质，因此施肥一方面直接增加了自由颗粒有机碳；另一方面，高温、高湿条件加强了微生物对投入有机物料和根系残茬的分解及转化活性，从而促进与自由颗粒有机碳组成相近的有机碳含量增加。由于灰漠土农区处于较干旱气候条件下，微生物活性低，农业措施投入的有机肥料和根系残茬成为自由颗粒有机碳的直接来源，且它们分解缓慢，因此自由颗粒有机碳含量增加较多。矿物结合态有机碳属于土壤碳库中的惰性有机碳库，对气候因素的响应较为稳定。土壤矿物结合态有机碳呈现出随年均气温升高而加快的变化特征，二者的线性回归相关系数 r 为 0.866，达到极显著相关水平（图 4-7；佟小刚，2008）。

年均气温较高的红壤和潮土与年均气温较低的中层黑土和厚层黑土地区相比，前两者平均矿物结合态有机碳相对变化速率是后两者的 1.7 倍，说明高温有利于促进矿物结合态有机碳的周转和增加，而低温条件下虽然矿物结合态有机碳相对变化速率低，但说明其对维持土壤矿物结合态有机碳有重要作用。总体来说，我国农田不同区域的水热条件交互影响着 SOC 组分的空间变化特征，高温、高湿气候条件利于土壤各有机碳组分的转化和积累，而低温、低湿气候条件利于土壤各有机碳组分的维持。

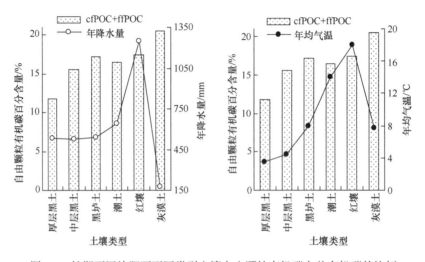

图 4-6　长期不同施肥下不同类型土壤自由颗粒有机碳占总有机碳的比例

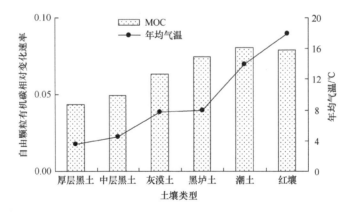

图 4-7　长期不同施肥下不同类型土壤矿物结合态有机碳相对变化速率

2. 不同农田土壤有机碳组分对施肥的时间响应

一般而言，SOC 的含量随着外源有机碳输入量的增加而增加，但不同施肥条件下随时间变化特征有一定差异。图 4-8 和图 4-9 表明典型的黑土和灰漠土在 17 年连续长期施用不同肥料条件下，各有机碳组分库随施肥时间延长而变化的特征基本一致：长期不施肥下土壤不同有机碳组分库基本不随时间发生显著变化，说明不施肥下 SOC 库的分解和固定（作物光合固定大气中 CO_2）基本维持平衡，从而使 SOC 库保持稳定；长期施用化肥并不利于 SOC 及其组分的积累（佟小刚，2008）。长期秸秆还田（NPKS）和撂荒（CK0）对 SOC 及组分具有一定维持或是增加的作用，细自由颗粒有机碳呈现随施肥时间延长而显著增加的变化趋势。长期有机-无机肥配施（NPKM 和 1.5NPKM）对 SOC 及组分库影响最大，各有机碳组分均呈现随施肥时间延长而显著增加的变化特征，且基本上年均增加速率都显著高于其他施肥处理，因此不同 SOC 组分时间序列上的变化特征进一步证明有机-无机肥配施是增加 SOC 和提高土壤肥力的最有效施肥方式。

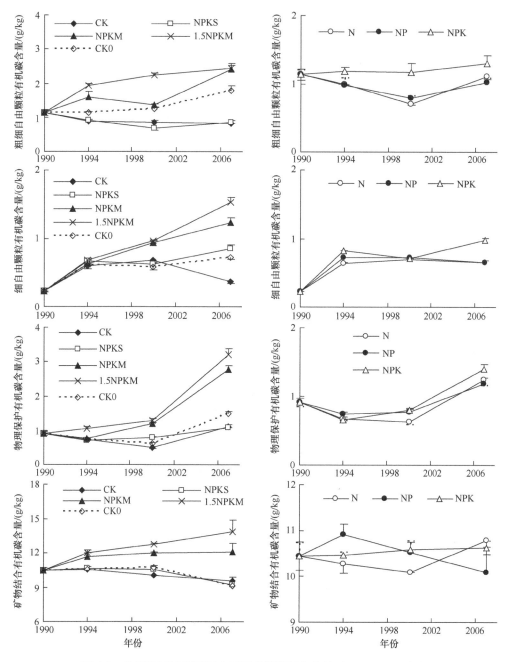

图 4-8 长期不同施肥下黑土不同有机碳组分含量（1990～2007 年）

数据单位为 g/kg，表示每千克土壤中有机碳的克数，下同

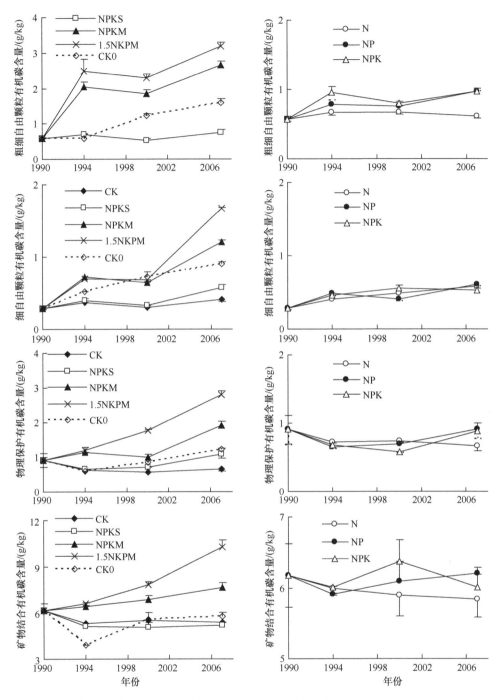

图 4-9　长期不同施肥下灰漠土不同有机碳组分含量（1990～2007 年）

第三节　长期不同施肥下农田土壤有机碳固存与稳定机制

　　土壤有机碳的稳定机制决定着土壤固定和储存有机碳的能力（刘满强等，2007）。土壤中有机碳的循环过程及积累机制主要有三个方面：①SOC 的难降解性，即 SOC 本身具有难降解性，或通过土壤中一系列生物化学过程形成结构、形态更为复杂的化学抗性化合物，从而减少微生物对其的分解利用；②土壤无机矿物对有机碳的化学固定，即通过与土壤矿物间的化学或物理化学作用，形成有机-无机复合体，提高 SOC 的稳定性；③团聚体对 SOC 的物理保护，即通过形成团聚体结构对有机碳形成物理隔离，从而减少其矿化分解（Six et al.，2000，2002）。

一、不同稳定性有机碳组分对有机质形成的贡献

不同大小颗粒表面化学性质不同，其结合的有机碳的量、组成、化学性质、抗分解能力等也存在本质区别。这些不同大小颗粒结合态有机碳不同特性的综合作用，使各级土壤颗粒结合的有机碳对耕作和施肥等农业措施的响应不同。通过对比不同 SOC 组分在总 SOC 中的分布比例，可以阐明不同施肥下 SOC 的质量变化趋势，明确不同施肥措施对有机碳的改变主要表现在何种有机碳组分。我们选择 4 个大于 20 年的长期试验点的不同施肥处理[哈尔滨、郑州、徐州和祁阳 4 个站点的不施肥（CK）、单施化肥（NPK）、化肥-有机肥配施（NPKHM、NPKCM、NPKPM）三种典型施肥处理]，通过 Stewart 等（2008）物理-化学联合分组方法分出不同的有机碳组分库，探讨长期施肥下我国农田不同稳定性有机碳组分对有机质形成的贡献。结果表明，相比 NPK 和 CK，NPKM 处理下 cPOC 含量显著提高（图 4-10 和图 4-11）（任凤玲，2021）。对于大多数试验点而言，cPOC

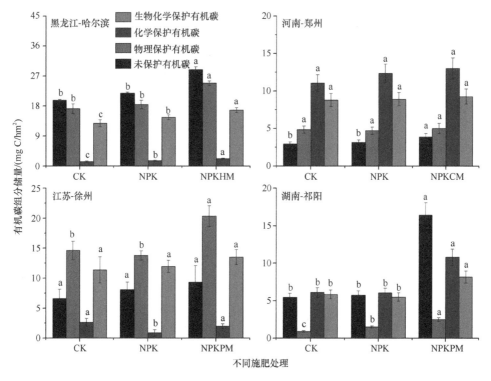

图 4-10 典型长期试验点不同施肥下 0～20cm 土层不同稳定性土壤有机碳组分储量

CK：不施肥处理；NPK：无机化学氮肥（N）、磷（P）和钾肥（K）配施处理；NPKM：NPK 配施有机肥处理。小写字母代表同一试验点上不同处理间有机碳储量差异显著（$P<0.05$）

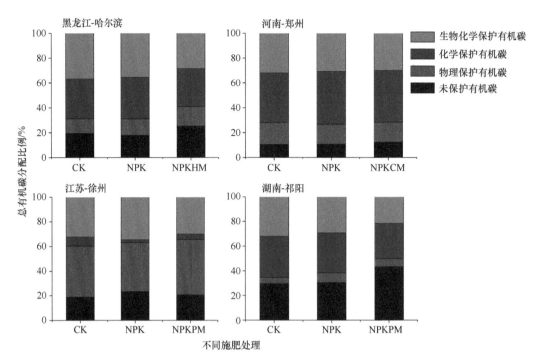

图 4-11　典型长期试验点不同施肥下 0～20cm 土层有机碳组分储量占总有机碳储量的比例

CK：不施肥处理；NPK：无机化学氮肥（N）、磷（P）和钾肥（K）配施处理；NPKM：NPK 配施有机肥处理

是表层 SOC 存在的主要形式。长期不同施肥下 fPOC 组分几乎没有变化，可能是因为 fPOC 是不稳定的 SOC 组分，其周转速度很快，在农业管理中很容易分解。NPKM 对农作物生长量的提高导致的碳投入量要明显高于 SOC 的分解量，从而导致土壤植物残茬碳的净积累和 iPOC 含量的增加（何亚婷，2015）。iPOC 含量的增加也可能是由于长期施用有机肥之后土壤微团聚体的数量增加，降低了碳的周转速率。由于良好的物理保护作用，iPOC 占总 SOC 比例提高。这表明来自根际沉积的碳可能会进入颗粒有机碳中。与 CK 和 NPK 相比，NPKM 下 SOC 及其组分显著增加，尤其是未保护和物理保护的有机碳组分提高幅度最高。相比 CK，施用化肥之后 cPOC 和 iPOC 提高幅度最大；施用有机肥之后，物理保护有机碳组分提高幅度最大。NPKM 施肥主要提高了粗颗粒有机碳组分和微团聚体内颗粒有机碳组分。

二、土壤有机碳组分储量与外源碳投入量之间的关系

系统的碳投入是影响 SOC 及组分的最直接因素。一般来说，在 SOC 没有达到饱和之前，SOC 水平会随着碳投入的增加而提高。长期不同施肥下，SOC 大小、稳定性和保护机制均存在差异。不同施肥与外源碳投入量、作物产量和总生物量相关。通常 NPKM 处理下 SOC 和大部分 SOC 组分储量显著高于 NPK 和 CK（图 4-11）。长期施用有机肥料不仅可以直接输入一部分包含 SOC 组分的 OC 系列化合物，而且可以显著增加根系生物量，从而将更多的碳返回土壤。然而，外源碳输入后在不同 SOC 组分中分布不同，外源碳会有一部分直接进入 SOC 组分中，以及在不同 SOC 组分之间进行碳转移。各个

SOC 组分与累积碳投入量之间的斜率可用于确定哪些 SOC 组分具有更高的碳固定效率。碳投入量与 cPOC 和 H-μSilt 之间存在显著的正线性相关关系，其中 cPOC 的斜率更大，这表明长期施肥后 cPOC 的含量尚未达到饱和状态（图 4-12）。生物化学保护有机碳组分和累积碳投入量之间呈对数函数关系，表明这些 SOC 组分中的碳含量已经达到饱和。但是未保护的有机碳组分（fPOC）和化学保护的有机碳组分（H-μSilt 除外）随累积碳输入量增加而降低，尽管两者之间的关系并不显著。其他人的研究也发现，fPOC 并不会随着外源累积碳输入量增加而增加（Six et al.，2002）。造成这种现象可能的原因是：未保护的有机碳组分的 SOC 饱和行为取决于碳投入量与 SOC 组分分解之间的平衡，而未保护的有机碳组分的饱和与不饱和状态可能是由于多种因素（如土壤和气候等）引起的温度、湿度和底物的生物可利用性等决定的（Stewart et al.，2008）。此外，fPOC 与外源累积碳输入量两者之间的负相关性可能由于外源碳输入的激发效应、微生物活性的增加导致 fPOC 的消耗增加。微团聚体外的轻组有机碳（LF）含量较低，而 SOC 与 fPOC 之间的负相关关系可能表明了轻组有机碳进入到团聚体结构中，或在较高的 SOC 浓度下与团聚体中的矿物相结合。

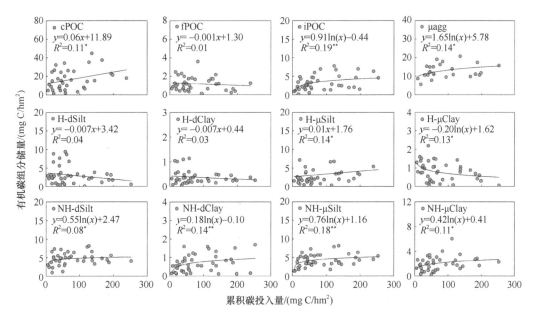

图 4-12　典型农田累积外源碳输入量与土壤有机碳组分储量之间的关系（2018 年）

cPOC：非保护粗颗粒有机碳；μagg：微团聚体碳；fPOC：未保护细颗粒有机碳；iPOC：微团聚体内颗粒有机碳；NH-μSilt：非水解性粉粒组碳；H-μSilt：水解性粉粒组碳；NH-μClay：非水解性黏粒组碳；H-μClay：水解性黏粒组碳；NH-dSilt：非水解性粉粒组碳；H-dSilt：水解性粉粒组碳；NH-dClay：非水解性黏粒组碳；H-dClay：水解性黏粒组碳。*代表相关性达到显著水平（$P<0.05$），**代表相关性达到极显著水平（$P<0.01$）

三、土壤有机碳组分与土壤黏粒和粉粒含量之间的关系

土壤粉粒和黏粒含量一般用来表征土壤质地，也可以作为表面积和反应性的替代物（Six et al.，2002；Hassink，1997），直接和间接地影响 SOC 固定。不同土壤质地的黏粒

和粉粒主要影响了不可水解 SOC 的总量。因此，生物化学保护有机碳库组分的大小受土壤质地影响较大。土壤粉粒和黏粒含量与 cPOC、H-dSilt 和 H-μClay 之间存在显著的正线性相关关系，而与 NH-dClay 和 NH-μClay 组分存在负相关关系（$P<0.01$；图 4-13）。结果表明，土壤粉粒和黏粒对 SOC 具有保护能力，但也说明了黏粒结合态的有机碳具有明显的碳饱和行为（Six et al.，2002）。对于大多数试验点，与生化和化学保护有关的粉粒结合态的有机碳储量要比黏粒结合态的有机碳储量更大。另外，粉粒结合态的有机碳要比黏粒结合态的有机碳稳定性更高。这种差异可能与各个 SOC 组分对水解的敏感性不同，以及黏粒结合态的有机碳中含有较高的木质素和较低的碳水化合物浓度有关。粉粒结合态的有机碳比黏粒结合态的有机碳更耐酸水解，粉粒结合态的有机碳是最稳定的碳组分。但是，砂粒含量较高的土壤通常可能更接近其碳饱和度水平，具有较低的有机碳保护能力；当等量的外源碳输入时，其细颗粒级有机碳组分相比黏粒有机碳组分能够固定更多的碳（Plante et al.，2006）。长期施用有机肥增加了化学和生物化学保护有机碳组分，从而证实了施用有机肥之后会导致稳定有机碳组分的增加。有机肥含有许多脂肪族、多糖和芳香族化合物，也是土壤微生物和植物根系产生胞外多糖的能量和养分来源。它们能够促进团聚体的形成和产生，对絮凝黏粒有利于 SOC 形成有机矿物复合物（Sleutel et al.，2006）。由于不同 SOC 组分理化性质及其固碳机制不同，因此土壤粉粒和黏粒含量对其的影响也不同。化学和生物化学保护有机碳组分主要受土壤的黏粉粒含量的影响。

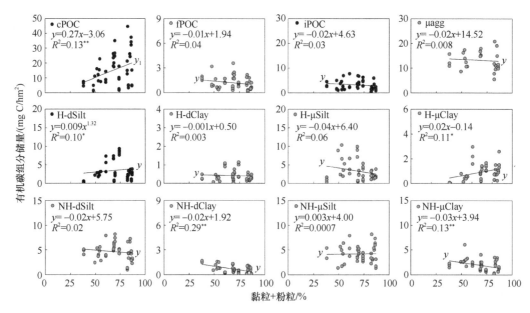

图 4-13　典型农田长期施肥下土壤黏粒和粉粒含量与土壤有机碳组分储量之间的相关性（2013～2018 年）

cPOC：非保护粗颗粒有机碳；μagg：微团聚体碳；fPOC：未保护细颗粒有机碳；iPOC：微团聚体内颗粒有机碳；NH-μSilt：非水解性粉粒组碳；H-μSilt：水解性粉粒组碳；NH-μClay：非水解性黏粒组碳；H-μClay：水解性黏粒组碳；NH-dSilt：非水解性粉粒组碳；H-dSilt：水解性粉粒组碳；NH-dClay：非水解性黏粒组碳；H-dClay：水解性黏粒组碳。*代表相关性达到显著水平（$P<0.05$），**代表相关性达到极显著水平（$P<0.01$）

四、影响不同土壤有机碳组分稳定性的化学结构机制

土壤有机碳化学结构，因其自身降解性的不同，往往可以表征 SOC 稳定性。与人们对 SOC 数量水平的广泛关注不同，不同培肥措施对 SOC 化学结构的影响效应是近年来逐渐受到人们关注的研究领域，被认为是农田土壤固碳研究的新方向。固态 ^{13}C 核磁共振技术解决了样品溶解性问题且能最大限度保留土壤原始信息，因而成为近年来 SOC 化学结构特征研究中主要的分析手段之一。固态 ^{13}C 核磁共振技术的主要优点就是能对不同化学结构的相对数量进行非破坏性的评估，并且能定量检测出有机质降解和腐殖化过程中碳组分的相对变化，从而可以指示有机质的分解进程。该方法将 SOC 的化学结构分为烷基碳、烷氧碳、芳香碳和羧基碳四个功能区。烷氧碳是易分解的有机碳类型，而烷基碳是较难分解的有机碳结构。通过探测这些含碳化学官能团的定量分布，从而计算各种结构参数，提供有机质碳骨架结构变化的重要信息。

农田 SOC 化学结构各官能团碳含量的差异可能是由于土壤类型、耕作制度的差异，或者是由于有机碳含量的差异。从杨凌、郑州和祁阳 3 个大于 20 年的长期试验点发现，SOC 化学结构以烷氧碳为主（表 4-1，46.2%～57.6%），且不同施肥下各官能团的碳含量大小顺序为烷氧碳＞烷基碳＞芳香碳＞羧基碳（何亚婷，2015）。施肥 22 年的土壤与初始土壤相比，不同施肥均增加了烷氧碳的含量，而降低了芳香碳和烷基碳的含量。烷氧碳主要代表新鲜植物多糖成分，最容易分解。因此，施肥 22 年后烷氧碳含量的提高主要是由于有机肥、秸秆的添加，以及施肥促进了作物生长，导致归还到土壤的作物体和根茬的增加所致。芳香碳主要来源于木质素或单宁，烷基碳主要来源于植物源的生物聚合物或是土壤微生物的代谢产物，这两种组分都代表稳定有机碳的难分解组分。芳香碳和烷基碳含量的下降在一定程度上说明 SOC 的分解程度降低，因为不同施肥处理均增加了新鲜有机物质的投入。

烷氧碳/烷基碳的比值一直以来被看成是有机碳分解程度或腐殖化的指标。该值越大，说明土壤碳的分解越彻底。在杨凌和祁阳站点，与对照相比，22 年不同施肥下烷氧碳/烷基碳比值的降低，说明 SOC 在过去 22 年的分解程度降低，而郑州点 SOC 在过去 22 年分解程度提高。施肥可以降低有机碳的分解，从而固定更多的碳在农田土壤，提高了土壤肥力。虽然有机碳各官能团碳含量与初始土壤相比显著不同，但是不同施肥下各官能团碳含量无显著差异。不同肥料类型对 SOC 化学结构的影响无差异的原因可能在于土壤微生物量的分解与无机土壤颗粒之间的相互作用，因为添加的不同基质微生物分解的最终产物是相似的。总的来说，与初始土壤相比，22 年的不同施肥提高了土壤烷氧碳的含量，降低了芳香碳和烷基碳的含量。但是，SOC 化学结构官能团碳含量在各施肥处理之间没有显著差异。

五、农田土壤有机碳及其碳组分对施肥响应的主要影响因素

不同时空条件下 SOC 对施用有机肥的响应差异很大，这导致难以用常规方法评估施用有机肥对我国农田 SOC 变化的贡献。施用有机肥对 SOC 及其组分含量变化的程度

表 4-1 不同施肥下典型农田土壤有机碳化学结构官能团碳含量

(%)

地点	处理	烷基碳		烷氧碳			芳香碳			羧基碳			烷基碳/烷氧碳
		0~45 ppm CH₃/CH₂	45~60 ppm OCH₃/NCH	60~95 ppm O-alkyl	95~110 ppm Alkyl O-C-O	合计	110~145 ppm 芳香族化合物	145~160 ppm 芳香 C-O	合计	160~190 ppm COO/NCO	190~220 ppm 酮醛	合计	
杨凌	Initial	25.8±1.1	13.7±0.3	30.6±0.8	5.6±0.3	50.0	10.1±0.8	3.2±0.3	13.2	9.4±0.7	1.7±0.7	11.0	0.52
	CK	25.4±1.9	18.6±0.6	28.6±1.5	7.4±0.6	54.6	7.1±1.5	ND±0.6	7.1	10.6±1.3	3.2±1.3	13.7	0.46
	NPK	24.7±1.2	13.8±0.4	35.4±0.9	6.1±0.4	55.2	7.3±0.9	1.4±0.4	8.7	9.8±0.8	1.6±0.8	11.4	0.45
	NPKM	21.8±1.2	16.6±0.4	29.4±0.9	7.9±0.4	53.9	9.9±0.9	2.4±0.4	12.3	10.0±0.8	2.1±0.8	12.1	0.40
	NPKS	20.3±1.7	16.3±0.5	32.5±1.3	7.6±0.5	56.3	8.6±1.3	2.3±0.5	11.0	10.2±1.1	2.1±1.1	12.3	0.36
郑州	Initial	19.3±1.8	10.4±0.6	27.1±1.4	4.8±0.6	42.3	20.9±1.4	4.0±0.6	24.9	10.4±1.2	3.0±1.2	13.5	0.46
	CK	29.8±2.5	18.1±0.8	21.8±1.9	6.3±0.8	46.2	17.8±1.9	1.5±0.8	19.3	4.6±1.6	0.2±1.6	4.8	0.65
	NPK	24.5±2.1	11.1±0.7	29.0±1.6	5.8±0.7	45.8	16.4±1.6	2.6±0.7	19.0	8.9±1.4	1.8±1.4	10.7	0.53
	NPKM	23.3±2.2	11.7±0.7	29.6±1.7	4.9±0.7	46.2	14.7±1.7	3.9±0.7	18.6	10.3±1.5	1.6±1.5	11.9	0.50
	NPKS	20.7±1.8	11.9±0.6	28.5±1.4	6.0±0.6	46.4	16.5±1.4	4.1±0.6	20.5	11.0±1.2	1.4±1.2	12.4	0.45
祁阳	Initial	26.5±1.7	11.0±0.5	30.9±1.3	5.3±0.5	47.2	15.3±1.3	2.0±0.5	17.3	8.2±1.1	0.9±1.1	9.1	0.51
	CK	23.4±1.8	10.6±0.6	35.8±1.4	7.5±0.6	53.9	11.6±1.4	2.0±0.6	13.6	7.9±1.2	1.2±1.2	9.1	0.43
	NPK	25.0±1.8	10.8±0.6	39.9±1.4	6.9±0.6	57.6	8.4±1.4	1.2±0.6	9.6	6.9±1.2	0.9±1.2	7.8	0.43
	NPKM	20.4±1.1	10.8±0.3	36.1±0.8	7.5±0.3	54.4	10.8±0.8	3.2±0.3	14.0	8.8±0.7	2.5±0.7	11.3	0.37
	NPKS	27.3±0.8	10.0±0.2	34.6±0.6	7.2±0.2	51.9	9.8±0.6	2.1±0.2	11.9	6.9±0.5	2.0±0.5	8.9	0.53
杨凌	CK-Initial	-0.3	4.9	-2	1.8		-3	-3.2		1.2	1.5		-0.06
	NPK-Initial	-1.1	0.1	4.8	0.5		-2.8	-1.8		0.4	-0.1		-0.07
	NPKM-Initial	-3.9	2.9	-1.2	2.3		-0.2	-0.8		0.6	0.4		-0.12
	NPKS-Initial	-5.5	2.6	1.9	2		-1.5	-0.9		0.8	0.4		-0.16
郑州	CK-Initial	10.5	7.7	-5.3	1.5		-3.1	-2.5		-5.8	-2.8		0.19
	NPK-Initial	5.2	0.7	1.9	1		-4.5	-1.4		-1.5	-1.2		0.07
	NPKM-Initial	4.0	1.3	2.5	0.1		-6.2	-0.1		-0.1	-1.4		0.04
	NPKS-Initial	1.3	1.5	1.4	1.2		-4.4	0.1		0.6	-1.6		-0.01
祁阳	CK-Initial	-3.1	-0.4	4.9	2.2		-3.7	0		-0.3	0.3		-0.08
	NPK-Initial	-1.5	-0.2	9	1.6		-6.9	-0.8		-1.3	0		-0.08
	NPKM-Initial	-6.1	-0.2	5.2	2.2		-4.5	1.2		0.6	1.6		-0.14
	NPKS-Initial	0.8	-1	3.7	1.9		-5.5	0.1		-1.3	1.1		0.02

注：Initial 为初始值；CK-Initial 为不施肥的对照处理与初始值之差，NPK-Initial 为 NPK 施肥处理与初始值之差，余此类推。

主要受外界土壤性质、气候类型、外源碳和氮输入量、土地利用方式和试验持续时间等的影响。我们利用增强回归树方法（BRT）对这些影响因素进行定量分析，另外采用方差分解分析（VPA）方法量化了管理措施、土壤因子、碳组分和气候对 SOC 变化的贡献及其相互作用（任凤玲，2021）。研究共选取了 17 个影响因素；管理措施，包括试验期间的总碳输入、试验持续时间；气候变量，包括年均气温（MAT）和年降水量（MAP）；0～20cm 的土壤理化性质，包括土壤孔隙度（porosity）、田间持水量（water capacity）、容重（BD）、粉粒（silt）和黏粒（clay）含量、全氮（TN）、速效磷（AP）、速效钾（AK）、pH、阳离子交换量（CEC）、土壤起始 SOC 含量、土壤微生物生物量碳（SMBC）和土壤微生物生物量氮（SMBN）。结果表明，在所选的 17 个变量中，土壤化学性质和物理性质分别解释了 35% 和 27% 的施肥之后 cfPOC 组分变异（表 4-2）。同样，相比其他因素，土壤化学性质（31%～43%）和土壤物理性质（28%～39%）对 ffPOC、iPOC、MOC 组分变异解释率更高。另外，外源碳投入量对 cfPOC 和 iPOC 组分变异的解释率较高，而对 ffPOC 和 MOC 组分变异的解释率较低。

表 4-2　长期施肥下土壤性质、气候和碳输入对土壤有机碳组分变化的解释率及相关性

分类	指标	有机碳组分的解释率/%				相关性			
		cfPOC	ffPOC	iPOC	MOC	cfPOC	ffPOC	iPOC	MOC
气候	MAT	4.71	4.64	7.74	2.95	−0.12	−0.01	0.22^{**}	0.12
	MAP	6.02	8.19	6.15	3.47	$−0.16^{*}$	−0.005	0.06	0.06
	合计	10.73	12.83	13.89	6.42				
管理措施	碳投入量	8.99	1.32	10.24	6.69	0.45^{**}	0.32^{**}	0.49^{**}	0.26^{**}
	试验持续时间	6.43	6.46	3.93	2.41	$−0.31^{**}$	$−0.24^{**}$	$−0.01^{*}$	$−0.17^{**}$
	合计	15.42	7.78	14.17	9.10				
土壤物理性质	BD	3.82	0.84	4.14	6.65	−0.03	−0.13	−0.02	−0.04
	粉粒	7.09	9.23	3.92	2.86	0.08	$−0.23^{**}$	−0.007	−0.04
	黏粒	6.07	5.29	4.93	3.02	0.05	0.30^{**}	0.08	0.21^{**}
	土壤孔隙度	3.93	9.08	4.43	8.03	$−0.18^{*}$	0.05	−0.08	0.03
	田间持水量	6.47	14.67	10.70	8.32	0.27^{*}	0.52^{**}	0.32^{**}	0.33^{**}
	合计	27.38	39.11	28.11	28.88				
土壤化学性质	SOC	6.20	18.25	6.99	8.57	0.14	0.20^{**}	0.09	0.07
	TN	5.08	2.40	5.83	7.26	−0.03	0.04	0.14	0.03
	AP	7.48	3.91	4.98	6.37	0.32^{**}	0.40^{**}	0.34^{**}	0.39^{**}
	AK	4.12	1.80	3.50	6.76	0.18^{*}	0.18^{**}	0.28^{**}	0.16^{**}
	pH	4.44	1.78	2.74	6.99	0.12	−0.08	0.06	−0.07
	CEC	7.34	9.78	7.13	6.94	−0.08	0.009	−0.03	−0.14
	合计	34.65	37.92	31.17	42.91				
土壤生物性质	SMBC	5.23	0.96	6.15	6.46	−0.05	−0.12	0.09	−0.11
	SMBN	6.58	1.40	6.29	6.23	0.35^{**}	0.05	0.29^{**}	0.10
	合计	11.81	2.36	12.44	12.69				

*代表相关性达到显著水平（$P<0.05$），**代表相关性达到极显著水平（$P<0.01$）。

BRT 模型解释了 SOC 变异的 78%。在所选的变量中，碳投入量、cfPOC、iPOC、土壤起始 SOC 含量和 MOC(每个因子贡献率＞15%)是影响 SOC 变化的主要变量(图 4-14)。这四个变量能解释 SOC 变异的 40%。此外，SOC 组分（27%）也是解释 SOC 变异的重要因素。土壤物理、化学和生物性质对 SOC 变化相对贡献分别为 12%、29% 和 8%。气候通过影响外界碳投入，以及土壤性质和 SOC 组分的变化进而影响总 SOC 变化（图 4-15）。在所有处理中，碳氮输入量、SOC 组分、AP、AK 和土壤持水能力与 SOC 变化之间存在显著的正相关关系。而土壤起始 SOC 含量、土壤孔隙度、试验持续时间和 SOC 变化之间存在显著的负相关关系（表 4-3）。

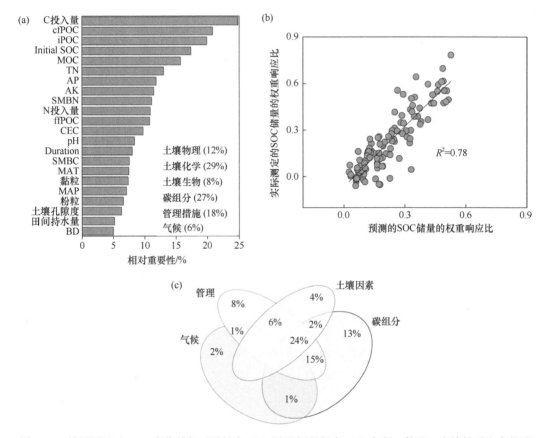

图 4-14　外界因子对 SOC 变化的相对贡献率（a）以及解释程度（b）气候、管理、土壤性质和有机碳组分因素对 SOC 变化的贡献及相互作用（c）

表 4-3　长期施肥下土壤性质、气候和碳输入与土壤有机碳变化的相关性

分类	因素	相关系数	显著性
气候	MAT	0.05	
	MAP	−0.08	
管理措施	碳投入量	0.62	**
	氮投入量	0.38	**
	试验持续时间	−0.13	

续表

分类	因素	相关系数	显著性
土壤物理性质	BD	−0.05	
	粉粒	0.04	
	黏粒	0.02	
	土壤孔隙度	−0.19	*
	田间持水量	0.27	**
土壤化学性质	SOC	−0.29	**
	TN	0.16	*
	AP	0.41	**
	AK	0.43	**
	pH	0.18	
	CEC	0.09	
土壤生物性质	SMBC	0.05	
	SMBN	0.38	**
有机碳组分	cfPOC	0.70	**
	ffPOC	0.44	**
	iPOC	0.64	**
	MOC	0.33	**

*代表相关性达到显著水平（$P<0.05$），**代表相关性达到极显著水平（$P<0.01$）。

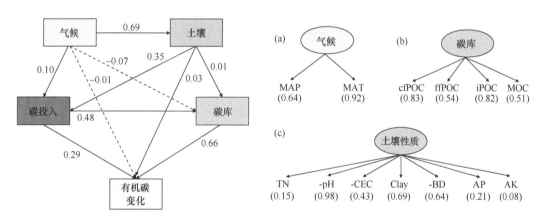

图 4-15　气候因子通过碳投入量、不同碳组分和土壤属性来影响总有机碳的变化

　　相比化肥，有机物料施用，尤其是化肥-有机肥配施下 SOC 组分显著提高，进而影响总 SOC 的变化。不同的 SOC 组分分解速率不同。增加 SOC 组分固定被认为是增加总 SOC 固定和减少 CO_2 排放的重要途径，同时也是提高养分利用率、促进土壤团聚体形成和提高土壤缓冲能力的重要基础（Hoyle et al.，2016）。研究表明，cfPOC、iPOC 和 MOC 是 SOC 的重要固碳组分。ffPOC 对 SOC 变化的相对贡献率较小，可能是因为 ffPOC 是一种不稳定的有机碳组分，在农业实践管理中及外界环境变化时容易遭到破坏

分解（Blair et al.，1995）。由于 ffPOC 与微团聚体之间的桥联（即团聚体间）有关，因此 ffPOC 也易受耕作的影响。尽管 cfPOC 在 SOC 固定中起着重要作用，但一些研究表明，这部分 SOC 分解速率高且非常不稳定，很容易损失掉（Vos et al.，2018）。这表明 SOC 组分的微小变化即可以对 CO_2 排放产生重要影响，因此增加稳定性 SOC 组分的固定是减少 CO_2 排放的关键。

由于微团聚体稳定性较高，其微团聚体内 SOC 周转速率相对较低，因此 iPOC 在 SOC 固定中也起着重要作用。研究表明，iPOC 是施肥对 SOC 影响的主要指示指标。与 cfPOC、ffPOC 和 iPOC 相比，MOC 的生物可利用性较低。一般 MOC 周转时间约为 10～100 年，因此该 SOC 组分在 SOC 固定和稳定中起着重要作用。MOC 含量与土壤黏粒颗粒大小有关，这些土壤黏粒颗粒提供了大的比表面积和许多反应位点，SOC 可通过配体交换和多价阳离子桥被吸附。因此，更多的碳以 MOC 的形式固定或减少 MOC 的分解，从而有利于增加 SOC 固定并降低碳排放。此外，cfPOC、ffPOC、iPOC 和 MOC 与外源碳投入量之间呈显著的线性关系，表明这些 SOC 组分有较大固碳潜力，可以继续固定碳，充当碳汇（Feng et al.，2014）。

土壤物理性质通过影响 SOC 周转的微环境，进而影响 SOC 的累积速率。SOC 分解速率不仅取决于 SOC 组分的大小，而且取决于与微生物的接触程度。物理保护可以形成一道屏障，降低分解者和土壤胞外酶对有机基质的接触性、阻碍氧气和水分的进出，从而基本上阻碍了团聚体中 SOC 与外界的接触（Plaza et al.，2013）。SOC 及其组分的固定与田间持水量呈正相关关系，土壤含水量是控制 SOC 分解的主要因素。田间持水量通过其对土壤水分有效性和通气状态的影响来控制微生物对 SOC 的分解。土壤含水量越高，土壤动物的活动性越强，这可能会促进中间 SOC 组分的形成，如土壤团聚体和有机矿物的结合增加了 SOC 的稳定性（Wiesmeier et al.，2014）。

土壤质地（由土壤黏粒含量表示）和容重通常被用作比表面积和反应性的替代物，其通过直接和间接作用影响碳固定。因为黏粒含量较高的土壤具有更大的比表面积来吸附 SOC，从而通过与黏土矿物的结合来稳定 SOC，这可能会增加团聚体的聚集和稳定性。此外，黏粒含量越高的土壤，质地越黏重、负电荷越多、阳离子交换量越大，这可能导致添加的有机物质分解缓慢。当土壤田间持水量和黏粒含量较大时，土壤含水量较高，导致供氧期缩短，从而阻碍微生物分解有机质的进程。土壤黏粒含量较高时可以促进稳定的 SOC 有机-无机复合物形成（Six et al.，2002）。土壤容重是土壤压实的重要土壤物理指标，不仅影响土壤-空气-水相互作用、微生物活性、养分吸收、水分和温度保持，而且影响养分有效性，间接影响土壤质量、生产力及 SOC 周转。

土壤全氮含量被确定为 SOC 变化的重要影响因素（两者具有显著的正相关），这与其他研究结果一致（Duete et al.，2008；Chen et al.，2013）。SOC 组分与累积氮输入量之间存在显著的关系。一般来说，土壤碳和氮循环密切相关，氮素是生态系统功能的关键因素，经常被用作土壤肥力的指标，即农田中植物需求和土壤养分供应之间的平衡。土壤氮通常是作物生长和地下碳转化的限制因素，需要它来支持碳固存（Duete et al.，2008）。我们对农田长期试验网的研究结果表明，所有 SOC 组分与速效磷和速效钾含量显著相关（表 4-3）。速效磷和速效钾也可能限制作物生产及其他地上、地下生态系统过程的营养元素，尤其是在肥力较低的土壤中。

土壤起始 SOC 含量是驱动 SOC 变化的重要因素，SOC 变化与起始 SOC 含量之间呈负相关关系，表明起始 SOC 含量较低的土壤具有较大的固碳潜力和固碳效率。此外，SOC 含量较低的土壤可能没有足够的底物来维持微生物生命活动，导致与 SOC 含量较高的土壤相比，其条件不利于 SOC 矿化。土壤有机碳的周转和固定受土壤 pH 的影响。SOC 在低 pH 的土壤中可以保持相对稳定，因为土壤 pH 可以通过改变其溶解度或微生物生长、活性和群落来影响 SOC 的分解。土壤 pH 与 SOC 含量呈负相关关系，但是 ffPOC 和 MOC 与土壤 pH 呈正相关关系。酸性土壤降低可溶解的 SOC 含量，并改变 SOC 和矿物的相互作用，这些共同导致 SOC 的变化（Liang et al.，2016）。因此，需要进一步研究土壤 pH 对土壤生物和化学性质的影响，以及由此共同引起的 SOC 组分的变化。

气候条件［年均气温（MAT）和年降水量（MAP）］是 SOC 及其组分变化的重要驱动因素。气候变化不仅能够影响土壤中碳输入的数量和质量以及 SOC 分解，还能够影响微生物分解和转化过程。此外，气候因素也可能通过对土壤化学性质的影响从而间接影响 SOC。中国农田土壤不同试验点之间 MAP 和 MAT 差异很大（变化范围：MAT 为 $-1.5\sim19.5$℃，MAP 为 $127\sim1975$mm），不同地区 SOC 对施肥的响应不同。亚热带季风气候地区 SOC 组分整体呈现增加的趋势（MAT 和 MAP 相对较高）。一般较高的 MAT 和 MAP 条件可以创造有利于作物生长的环境，提高净初级生产力（NPP），从而增加外源碳输入量，有利于 SOC 的形成。尽管较高的 MAT 和 MAP 加速了 SOC 的分解，但过量的外源碳输入转化为 SOC 并抵消了土壤呼吸增强造成的碳损失。温带季风气候地区 SOC 含量增幅较小，可能是由于低温下植物残茬和肥料的分解受到抑制，或土壤中真菌菌丝和孢子活性降低所致。温带大陆地区是我国典型的半干旱地区，MAP 较低（范围为 $127\sim632$mm），90%以上的农田依赖于降水，因此该地区 SOC 含量的增加可能是土壤水分含量较低、有机质分解较少的结果（Jiang et al.，2017）。在水分含量受限的环境中，细颗粒组分中的 SOC 含量明显较低，可能是由于该条件下 NPP 和碳输入量较小。然而，由于土壤化学性质对 SOC 变化的影响占主导地位，气候对 SOC 响应的预测能力较弱。气候因素可能通过其对土壤化学性质和碳输入量、土壤碳库大小和组成的影响，对 SOC 变化产生间接影响。相比其他因素，气候因素的贡献率相对较小，这可能是由于农业管理措施的作用，降低了气候对 SOC 变化的影响。

SOC 的变化速率与试验持续时间之间存在负相关关系。施肥可提高 SOC 含量，但试验时间相对较短可能导致 SOC 含量增加幅度不大，这是因为施用肥料尤其是施用有机肥和秸秆等，有机物料的腐解和养分释放过程需要一定的时间。施用有机物料通过提高土壤碳和氮的供应，创造良好的通气条件和有利的土壤环境来影响 SOC（Ellmer et al.，2000），长期施用有机物料有助于 SOC 固定。然而，随着有机物料的不断输入，SOC 含量不断增加达到稳态或饱和水平，即使向土壤中输入过多的碳，SOC 储量也无法进一步增加（Stewart et al.，2008）。

第四节　农田土壤活性有机碳库演变及其应用

大部分 SOC 组分概念库都以 SOC 动力学变化为基础，即根据有机碳转化的速率、周转时间及 SOC 分解难易等特性为依据分组，由此研究者一般将 SOC 分为活性有机碳库、慢性有机碳库及惰性有机碳库（McGill，1996）。近年来，越来越多的研究者发现，在 SOC 组成中，有一部分 SOC 对外界环境变化响应非常敏感，与土壤的养分供应和作物生长密切相关，这部分组分被称为活性有机碳。活性有机碳是 SOC 的活性部分，它是指土壤中有效性较高、易被土壤微生物分解矿化、对植物养分供应有最直接作用的那部分有机碳，能够稳定地作为能源及碳源被异养微生物利用。在众多的土壤活性有机碳研究方法中，较经典的方法是以 SOC 的组分对不同浓度（33mmol/L、167mmol/L、333mmol/L）高锰酸盐氧化作用的敏感性为基础进行分组。在这 3 种浓度获得的土壤有机碳的 4 个级别中，能被 333mmol/L $KMnO_4$ 氧化的有机碳组分在种植作物时变化最为敏感。与总 SOC 相比，由于变化敏感的活性有机碳与土壤有效养分、土壤物理性状、耕作措施等具有更密切的关系，因而已经成为土壤质量及土壤管理评价指标之一（Jenkinson and Powlson，1976）。Lefroy 等（1993）进一步研究发现，SOC 中能被 333mmol/L $KMnO_4$ 氧化的有机碳在种植作物时变化最大，因此将这部分有机碳称为活性有机碳，不能被氧化的则称为非活性有机碳，并首次提出土壤碳库管理指数（carbon pool management index，CMI）。CMI 不仅可以有效评价活性有机碳，还可以作为 SOC 质量变化的重要依据，用来反映农作措施使土壤质量下降或更新的程度（Whitbread et al.，1998）。

一、长期不同施肥下的活性有机碳库演变与碳库管理指数

土壤活性有机碳的成分主要是多糖和纤维素类物质，土壤惰性有机碳的成分则主要是木质素等难分解物质。尽管 SOC 只占土壤总重量的很小一部分，但它在土壤肥力、环境保护、农业可持续发展等方面均起着极其重要的作用，其含量水平在很大程度上受到施肥的影响。我们的研究结果（图 4-16）表明，在我国不同气候区，由于气候条件和土壤类型的不同，相同施肥对土壤活性有机碳组分的影响存在差异（张璐等，2009）。同一土壤上活性有机碳含量均为有机-无机肥配施＞秸秆还田＞施化肥＞不施肥。有机-无机肥配施，补充了外源有机碳，不仅提高了总 SOC，对活性有机碳的水平也具有明显的提升作用。长期不施肥、施化肥或秸秆还田条件下，黑土的活性有机碳最高，其次是红壤，灰漠土最低；而有机-无机肥配施下，活性有机碳含量为黑土＞灰漠土＞红壤。这说明活性有机碳含量与 SOC 含量密切相关。长期不施肥，不断地消耗 SOC，这对 SOC 的平衡起决定作用。同处中温带的东北公主岭和西北乌鲁木齐试验点，气候寒冷，每年适宜于土壤微生物活动的时间相对于南方地区更短，有利于土壤有机碳的保持，但西北地处干旱地区，蒸发强度大，土壤有机碳矿化强烈。另外，西北灰漠土的黏粒含量较低，土壤矿物对有机碳的物理性保护减弱，因此，长期不施肥或仅施化肥条件下根茬归还量不足以维持 SOC 的矿化损失，土壤总有机碳和活性有机碳含量及比例均显著降低。而东北土壤肥力相对较高，相同施肥措施下根茬的归还量较大，不施肥或施化肥

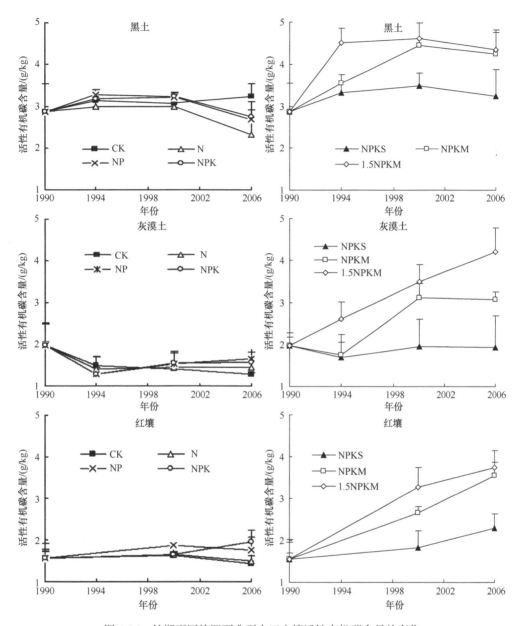

图 4-16 长期不同施肥下典型农田土壤活性有机碳含量的变化

条件下 SOC 能基本维持平衡；长期施用化肥尽管没有降低 SOC 的数量，但导致了土壤活性有机碳比例的下降，即 SOC 质量的下降。南方红壤地处亚热带地区，水热条件充足，SOC 的周转较快，但红壤质地黏重，土壤矿物对 SOC 的物理性保护作用强，尽管其基础地力低、根茬的归还量小，长期不施肥或施化肥下 SOC 也基本能维持平衡，但活性有机碳所占比例下降。部分原因可能是氮磷钾化肥配施下作物产量提高，SOC 的数量显著增加。长期有机-无机肥配施下，西北干旱地区热量高、光照强，土壤在充足的养分条件下增产潜力大，因此有机-无机肥配施能明显提高灰漠土的总有机碳和活性有机碳含量。亚热带地区，温、光、热资源丰富，干湿季节明显，植物生长量大，生物积累快, 土壤微生物活动旺盛, 更有利于红壤有机碳数量和质量的提高。这一结果也说明对于肥力较低的红壤, 施用化肥也能有效提高土壤活性碳的含量和比例, 有机-无机肥配施的效果更为显著。

长期不同施肥改变了土壤活性有机碳占总有机碳的比例。施用化肥主要提高土壤非活性有机碳, 不利于提高 SOC 质量; 秸秆还田的土壤活性有机碳占总 SOC 的比例低于有机-无机肥配施的土壤, 而高于不施肥和施化肥的土壤, 表明长期施用有机肥会促进 SOC 的转化, 转变成易被作物吸收利用的活性有机碳 (图 4-17)。

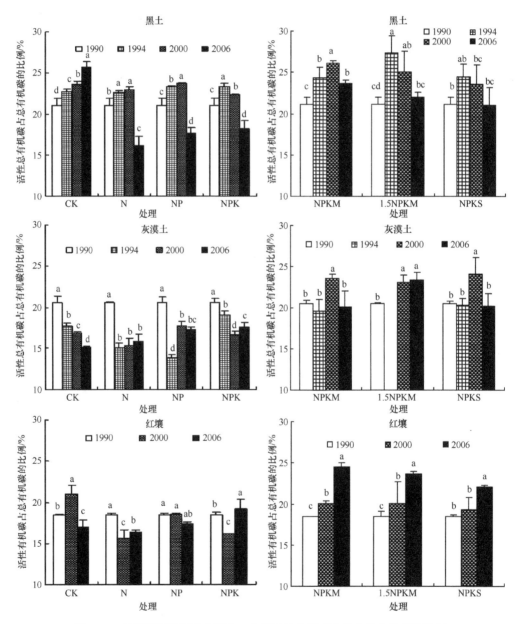

图 4-17 长期不同施肥下典型农田土壤活性有机碳含量占总有机碳的比例

图中小写字母表示同一处理不同年份间 5% 水平上差异显著 ($P < 0.05$)

根据活性有机碳变化计算得出的碳库管理指数（CMI）可以反映农作措施使土壤质量下降或更新的程度（Blair et al., 1995; 徐明岗等, 2006）。CMI 上升，表明施肥耕作对土壤有培肥作用，土壤性能向良性发展; CMI 下降，则表明施肥耕作使土壤肥力下降，土壤性能向不良方向发展，其管理和施肥不科学。由表 4-4 可以看出，长期单施有机肥和有机-无机肥配施 17 年后，中层黑土、灰漠土及红壤中 CMI 均有显著上升，长期施用化肥，个别土壤有机质含量虽然有所增加，但总的趋势是土壤活性有机质和 CMI 明显降低（佟小刚, 2008）。这说明长期施用化肥加速了土壤活性有机质的分解和土壤肥力的降低。施用有机肥或有机-无机肥配施不仅能培肥土壤，而且能有效改善 SOC 性质，提高土壤对作物养分供给能力、增加作物产量，是一种较优的施肥方式。

表 4-4　长期不同施肥下典型农田土壤的碳库管理指数

土壤	处理	CMI	土壤	处理	CMI	土壤	处理	CMI
黑土		100c	灰漠土		100d	红壤		100d
	CK	102.5c		CK	64.1e		CK	114.8d
	N	80.4e		N	110.6d		N	80.6e
	NP	91.4d		NP	125.8d		NP	93.5e
	NPK	88.4de		NPK	98.5d		NPK	129.2d
	NPKS	173.3a		NPKS	171.0c		NPKS	192.1c
	NPKM	156.4b		NPKM	235.5b		NPKM	285.9b
	1.5NPKM	163.5ab		1.5NPKM	351.3a		1.5NPKM	306.3a
							M	282.7b

注: CMI 为碳库管理指数。

二、活性有机碳库的意义和应用

1. 土壤活性有机碳对施肥措施的响应

土壤活性有机碳是土壤有机质中具有较高生物活性的物质，对外界干扰反应敏感，能够在土壤总有机碳变化之前反映土壤碳含量微小的变化，因而成为评价土壤管理的一个重要指标（Yang et al., 2012）。在农田土壤中，活性有机碳库对施肥等土壤管理的响应较快，能反映土壤碳库质量的变化（Xu et al., 2011）。其中很大部分活性有机碳库来源主要为腐解的动植物残体，其周转迅速，是植物养分的重要来源，能在一定程度上代表土壤中活性有机碳库（Feller and Beare, 1997）。土壤可氧化的有机碳主要包括活性腐殖质碳和多糖碳组分，其数量在土壤总有机碳中占比达 5%～30%（Blair et al., 1995），可以反映土壤管理措施对土壤有机质的影响。总之，SOC 具有复杂的组成，仅仅测定单一的活性碳组分难以充分反映管理措施影响下土壤总有机碳库质量的变化（Chaudhary et al., 2017），同步测定多个活性有机碳组分可以更好地评估土壤管理对土壤固碳及碳库活性的影响（Six et al., 2002）。由此可见，土壤活性有机碳对施肥措施有积极的响应，调节土壤养分含量也对活性有机碳有较大的影响，因此土壤活性有机碳与土壤内在的生产力高度相关。长期试验可以更有效地监测管理措施影响下土壤碳库的动态变化，为农田土壤碳库质量评级和科学施肥提供理论依据。

2. 土壤活性有机碳调节土壤养分流

土壤活性有机碳对调节土壤养分流有较大影响，与土壤内在的生产力高度相关。土壤生物量碳、易氧化碳、可矿化碳和土壤碳素有效率与土壤有机质、全氮、全磷、全钾、碱解氮、速效氮、速效磷、速效钾、pH 呈显著或极显著相关（柳敏等，2006）。尤其磷酸盐在土壤中较容易被固定，吸持活性较低，难于迁移，是限制磷肥施用效果的主要原因。王艮梅和周立祥（2003）发现在施用过有机物料（有机肥、有机废弃物如污泥等）和渍水的土壤上，明显存在磷酸盐的活化和淋滤现象，这与猪粪在降解过程中产生大量的低分子质量活性有机质密切相关。同时，土壤活性有机碳对调节阳离子淋洗、矿物风化、土壤微生物活动、酸性阴离子的吸附-解吸，以及其他土壤化学、物理和生物学过程具有重要意义，它是联系陆地和水域生态系统元素地球化学循环的重要环境化学物质（柳敏等，2006）。

3. 土壤活性有机碳对温室气体排放的影响

土壤活性有机碳是微生物生长的速效基质，其含量高低直接影响土壤微生物的活性，从而影响温室气体的排放（柳敏等，2006）。产甲烷菌需要额外的活性碳源来激活。例如，土壤甲烷细菌、甲氧化菌、氨化细菌、硝化和反硝化细菌的产生直接影响 CO_2、CH_4 和 NO_2 的产生及排放。土壤活性有机碳的含量与 CH_4 产生量显著相关，增加淹水土壤活性有机碳含量可以增加 CH_4 生成量。CH_4 排放量和易矿化碳呈明显的线性关系。在一定的秸秆施用范围内，CH_4 排放量随稻秆含量的增加而增加。也有研究发现当种植水稻施用尿素时，CH_4 和 NO_2 排放量增加，其原因在于尿素的施用促进了水稻植株的生长，使植株渗出更多的根分泌物，活性有机碳增多，CH_4 细菌和 NO_2 产生的相关细菌的活性提高，同时也提供了更多的甲烷基质，故 CH_4 和 NO_2 排放量增加。

参 考 文 献

窦森. 2011. 土壤有机质: 土壤有机质的分组. 北京: 科学出版社.

何亚婷. 2015. 长期施肥下我国农田土壤有机碳组分和结构特征. 北京: 中国农业科学院博士后研究报告.

姜桂英. 2013. 中国农田长期不同施肥的固碳潜力及预测. 北京: 中国农业科学院博士学位论文.

梁贻仓. 2013. 不同农田管理措施下土壤有机碳及其组分研究进展. 安徽农业科学, 24(24): 9964-9966.

刘满强, 陈小云, 郭菊花, 等. 2007. 土壤生物对土壤有机碳稳定性的影响. 地球科学进展, 22(2): 152-158.

柳敏, 宇万太, 姜子绍, 等. 2006. 土壤活性有机碳. 生态学杂志, 25(11): 1412-1417.

钱栋. 2018. 施肥对土壤有机碳组分的研究进展. 江西化工, 5: 17-20.

任凤玲. 2021. 不同施肥下我国典型农田土壤有机碳固定特征及驱动因素. 北京: 中国农业科学院博士学位论文.

佟小刚. 2008. 长期施肥下我国典型农田土壤有机碳库变化特征. 北京: 中国农业科学院博士学位论文.

王艮梅, 周立祥. 2003. 陆地生态系统中水溶性有机物动态及环境学意义. 应用生态学报, 14(11):

2019-2025.

武天云, Jeff J S, 李凤民, 等. 2004. 土壤有机质概念和分组技术研究进展. 应用生态学报, 15(4): 717-722.

徐明岗, 于荣, 王伯仁. 2006. 长期不同施肥下红壤活性有机质与碳库管理指数变化. 土壤学报, 43(5): 723-729.

张丽敏. 2015. 长期施肥我国典型农田土壤有机碳组分对碳投入的响应特征. 贵阳: 贵州大学硕士学位论文.

张璐, 张文菊, 徐明岗, 等. 2009. 长期施肥对中国3种典型农田土壤活性有机碳库变化的影响. 中国农业科学, 42(5): 1646-1655.

张树萌. 2019. 宁南山区不同封育年限草地有机碳及其周转更新特征. 杨凌: 西北农林科技大学硕士学术论文.

Blair G J, Lefroy R D, Lisle L. 1995. Soil carbon fractions based on their degree of oxidation, and the development of a carbon management index for agricultural systems. Australian Journal of Agricultural Research, 46(7): 1459-1466.

Chan K Y. 2001. Soil particulate organic carbon under different land use and management. Soil Use and Management, 17(4): 217-221.

Chaudhary S, Dheri G S, Brar B S. 2017. Long-term effects of NPK fertilizers and organic manures on carbon stabilization and management index under rice-wheat cropping system. Soil & Tillage Research, 166: 59-66.

Chen S, Huang Y, Zou J, et al. 2013. Mean residence time of global topsoil organic carbon depends on temperature, precipitation and soil nitrogen. Global and Planetary Change, 100: 99-108.

Doetterl S, Stevens A, Six J, et al. 2015. Soil carbon storage controlled by interactions between geochemistry and climate. Nature Geoscience, 8(10): 780-783.

Duete R R C, Muraoka T, Silva E C, et al. 2008. Nitrogen fertilization management and nitrogen (^{15}N) utilization by corn crop in Red Latosol. Revista Brasileira de Ciência do Solo, 32: 161-171.

Ellmer F, Peschke H, Köhn W, et al. 2000. Tillage and fertilizing effects on sandy soils. Review and selected results of long-term experiments at Humboldt-University Berlin. Journal of Plant Nutrition and Soil Science, 163(3): 267-272.

Feller C, Beare M H. 1997. Physical control of soil organic matter dynamics in the tropics. Geoderma, 79(1-4): 69-116.

Feng W, Xu M, Fan M, et al. 2014. Testing for soil carbon saturation behavior in agricultural soils receiving long-term manure amendments. Canadian Journal of Soil Science, 94(3): 281-294.

Golchin A, Oades J M, Skjemstad J O, et al. 1994. Soil structure and carbon cycling. Soil Research, 32(5): 1043-1068.

Hassink J. 1997. The capacity of soils to preserve organic C and N by their association with clay and silt particles. Plant and Soil, 191(1): 77-87.

Hoyle F C, O'Leary R A, Murphy D V. 2016. Spatially governed climate factors dominate management in determining the quantity and distribution of soil organic carbon in dryland agricultural systems. Scientific Reports, 6(1): 1-12.

Huang S, Peng X, Huang Q, et al. 2010. Soil aggregation and organic carbon fractions affected by long-term fertilization in a red soil of subtropical China. Geoderma, 154(3-4): 364-369.

Jenkinson D S, Powlson D S. 1976. The effects of biocidal treatments on metabolism in soil-V: A method for measuring soil biomass. Soil Biology & Biochemistry, 8(3): 209-213.

Jiang M, Wang X, Liu S Y, et al. 2017. Variation of soil aggregation and intra-aggregate carbon by long-term fertilization with aggregate formation in a grey desert soil. Catena, 149: 437-445.

Lefroy R D B, Blair G J, Strong W M. 1993. Changes in soil organic matter with cropping as measured by organic carbon fractions and ^{13}C natural isotope abundance. Plant and Soil, 155(1): 399-402.

Liang F, Li J, Yang X, et al. 2016. Three-decade long fertilization-induced soil organic carbon sequestration depends on edaphic characteristics in six typical croplands. Scientific Reports, 6(1): 1-12.

McGill W B. 1996. Review and classification of ten soil organic matter (SOM) models. Evaluation of Soil Organic Matter Models, 38: 111-132.

Plante A F, Conant R T, Stewart C E, et al. 2006. Impact of soil texture on the distribution of soil organic matter in physical and chemical fractions. Soil Science Society of America Journal, 70(1): 287-296.

Plaza C, Courtier-Murias D, Fernández J M, et al. 2013. Physical, chemical, and biochemical mechanisms of soil organic matter stabilization under conservation tillage systems: a central role for microbes and microbial by-products in C sequestration. Soil Biology & Biochemistry, 57: 124-134.

Post W M, Kwon K C. 2000. Soil carbon sequestration and land-use change: processes and potential. Global Ghange Biology, 6(3): 317-327.

Six J, Bossuyt H, Degryze S, et al. 2004. A history of research on the link between (micro) aggregates, soil biota, and soil organic matter dynamics. Soil and Tillage Research, 79(1): 7-31.

Six J, Callewaert P, Lenders S, et al. 2002. Measuring and understanding carbon storage in afforested soils by physical fractionation. Soil Science Society of America Journal, 66(6): 1981-1987.

Six J, Elliott E T, Paustian K. 2000. Soil macroaggregate turnover and microaggregate formation: a mechanism for C sequestration under no-tillage agriculture. Soil Biology & Biochemistry, 32(14): 2099-2103.

Sleutel S, De Neve S, Németh T, et al. 2006. Effect of manure and fertilizer application on the distribution of organic carbon in different soil fractions in long-term field experiments. European Journal of Agronomy, 25(3): 280-288.

Stewart C E, Paustian K, Conant R T, et al. 2008. Soil carbon saturation: evaluation and corroboration by long-term incubations. Soil Biology & Biochemistry, 40(7): 1741-1750.

Tisdall J M, Oades J M. 1980. The effect of crop rotation on aggregation in a red-brown earth. Soil Research, 18(4): 423-433.

Tisdall J M, Oades J M. 1982. Organic matter and water-stable aggregates in soils. Journal of Soil Science, 33(2): 141-163.

Vos C, Jaconi A, Jacobs A, et al. 2018. Hot regions of labile and stable soil organic carbon in Germany–Spatial variability and driving factors. Soil, 4(2): 153-167.

Whitbread A M, Lefroy R D B, Blair G J. 1998. A survey of the impact of cropping on soil physical and chemical properties in north-western New South Wales. Soil Research, 36(4): 669-682.

Wiesmeier M, Hübner R, Spörlein P, et al. 2014. Carbon sequestration potential of soils in southeast Germany derived from stable soil organic carbon saturation. Global Change Biology, 20(2): 653-665.

Xu M G, Lou Y L, Sun X L, et al. 2011. Soil organic carbon active fractions as early indicators for total carbon change under straw incorporation. Biology and Fertility of Soils, 47(7): 745-752.

Yang X Y, Ren W D, Sun B H, et al. 2012. Effects of contrasting soil management regimes on total and labile soil organic carbon fractions in a loess soil in China. Geoderma, 177: 49-56.

第五章 农田外源有机物料碳的利用效率及其影响因素

外源有机物料中的碳在土壤有机碳的形成及气候变化调控方面扮演着重要的角色。全球环境变化，包括大气二氧化碳浓度升高及土壤肥力下降等，将对陆地生态系统的生产力及其分配格局产生至关重要的影响。据统计，人类排放的二氧化碳从1960年的2.4Pg增加到2008年的8.7Pg，而同期陆地生态系统植被吸收了其中约30%的二氧化碳排放量。全球陆地生态系统中，植被通过光合作用每年可以产生122Pg的有机碳，其中，接近一半的有机碳以有机物料的形式输入到土壤中，这个过程是全球生物化学循环的重要一环。外源有机物料的腐解不仅控制着土壤有机碳和能量的循环，而且还影响大气二氧化碳浓度及植被的生长，且不同生态系统外源有机物料的腐解对外界环境的响应并不一致（Cai et al.，2021）。因此，为了准确预测未来陆地生态系统的循环过程，必须准确了解外源有机物料腐解的动力学过程。

相对于自然生态系统，农田生态系统下土壤有机碳含量较低，被认为是主要的碳汇，因此，提升农田土壤有机碳含量有利于缓解全球气候变暖（Cai et al，2022；Wiesmeier et al.，2014）。土壤有机碳固定的强度取决于外源有机物料碳的输入和土壤本身的固碳能力。在全球农田生态系统下，外源有机物料（如秸秆和有机肥）的输入已被证明是提升土壤有机碳的主要农业措施之一，但各地区提升的幅度存在明显差异，这些差异主要是由碳周转效率造成的，即外源有机物料碳的利用效率（单位外源有机物料碳转化成土壤有机碳的量）（Zhang et al，2012；蔡岸冬，2016）。在不同时空尺度上，外源有机物料碳的利用效率是由生物和非生物因子共同驱动的一个参数，而在生物地球化学模型中通常被假设为一个固定常数。通过全球或者区域数据量化外源有机物料碳的利用效率的空间分布，能够提高模型预测土壤有机碳变化的能力。因此，研究其中主要的外源有机物料腐解特征、影响因素及与土壤有机碳之间的内在关系，并系统评价长期外源有机物料输入下土壤固碳能力，进而制定和调整相应的措施，对于提高土壤肥力形成的能力、揭示有机物料腐解在土壤有机碳循环过程中的作用、促进陆地生态系统持续发展等具有重要的理论及实践意义。

第一节 外源有机物料的数量和利用

外源有机物料是农业生产中的主要产物之一，也是主要的农业废弃物，其含有丰富的纤维素、半纤维素、木质素、蛋白质和糖类等有机能源物质，同时含有大量元素（氮、磷、钾）和中微量元素。在农业生产过程中，外源有机物料是一种重要的生物质资源，外源有机物料还田作为一种保护性耕作措施，通过增加土壤有机碳的直接输入实现固碳，维持土壤有机质平衡，促进土壤养分循环，还可以培肥土壤、降低土壤容重、改善土壤结构、增加土壤速效养分量、促进作物增产。同时，外源有机物料还田与化肥配施可以减少氮、磷、钾化肥用量。

一、外源有机物料种类、数量及其分布

外源有机物料主要是指来源于植物和（或）动物，经过发酵腐熟的含碳有机物料，其功能是改善土壤肥力、提供植物营养和提高作物品质。外源有机物料包括：农业废弃物，如秸秆、豆粕、棉粕、果蔬残余等；畜禽粪尿，如鸡粪、牛羊马粪、兔粪、鸟粪等；沼液和残渣；海洋养殖业废弃物；泥炭；工业废弃物，如酒糟、醋糟、木薯渣、糖渣、糠醛渣、味精废液等；生活垃圾，如餐厨垃圾等。对于农业生态系统而言，外源有机物料主要包括秸秆类和畜禽粪尿类有机物料。

1. 农作物秸秆

我国秸秆总产量总体呈不断增长趋势，1990 年我国秸秆总产量不到 7 亿 t，到 2000 年总产量达 7.5 亿 t，2012 年总产量为 8.6 亿 t（王舒娟和蔡荣，2014）。秸秆数量仍以水稻、小麦和玉米三大粮食作物最多，分别占到总量的 29.0%、19.9%和 37.5%，其他作物秸秆资源量仅占 13.6%（宋大利等，2018）。我国 31 个省份的秸秆及其养分资源分布差异较大。华北和长江中下游地区秸秆总量较多，分别占全国总量的 26.4%和 26.2%。秸秆数量前三的省份是河南、黑龙江和山东，分别占全国秸秆总量的 10.7%、10.0%和 7.9%。秸秆养分资源总量最高的为黑龙江，其次为河南和山东，分别占全国秸秆养分资源总量的 10.3%、9.5%和 6.8%。从各地的秸秆数量看，大于 3000 万 t 的省份有 11 个，2000 万～3000 万 t 的省份有 2 个，1000 万～2000 万 t 的省份有 9 个，100 万～1000 万 t 的省份有 7 个，低于 100 万 t 的省份仅有 2 个。

农作物秸秆是农业生产中主要的产物之一，也是主要的农业废弃物，其含有丰富的大量元素（氮、磷、钾）及中微量元素，对其进行肥料化、能源化和饲料化等一系列资源化利用，在促进农业的可持续发展和维护生态平衡方面具有重要作用。2015 年，我国主要农作物秸秆 N、P_2O_5、K_2O 养分资源总量分别达到 625.6 万 t、197.9 万 t、1159.5 万 t。从秸秆养分资源量来看，水稻、小麦和玉米秸秆养分量分别占总养分量的 33.1%、14.5%和 34.2%，其他作物以油菜秸秆养分数量最高，占 7.6%。秸秆养分总量中，钾养分数量最高，其次为氮和磷，分别占总养分量的 58.5%（K_2O）、31.5%（N）和 10.0%（P_2O_5）。作物秸秆养分数量中，以玉米氮和磷养分数量最高，分别占单质养分总量的 37.4%（N）和 41.5%（P_2O_5）；钾养分数量以水稻最高，占 36.9%（K_2O）（宋大利等，2018）。

2. 畜禽粪尿

畜禽粪尿作为重要的有机肥，种类多、数量大。目前，我国每年各种畜禽粪尿数量

约为 35 亿 t 左右（侯胜鹏，2017）。从不同地区畜禽粪尿数量及其养分资源分布来看，我国 31 个省份的粪尿数量及其养分资源分布各地区差异较大（表 5-1）。西南和华北地区粪尿数量及养分资源量最多，粪尿数量分别占全国总量的 22.3% 和 27.2%，养分资源量分别占全国总量的 21.3% 和 21.9%。畜禽粪尿数量和粪尿养分总量前三的省份分别是四川、河南和山东，其畜禽粪尿数量分别占粪尿总量的 8.9%、8.2% 和 6.5%，粪尿养分总量占养分资源总量的 8.5%、8.0% 和 7.1%。从各省份的畜禽粪尿数量看，大于 2 亿 t 的省份有 3 个，1 亿~2 亿 t 的省份有 11 个，0.5 亿~1 亿 t 的省份有 8 个，0.1 亿~0.5 亿 t 的省份有 7 个，低于 0.1 亿 t 的省份仅有 2 个。

畜禽粪尿中含有大量的有机物和氮、磷等营养元素，对其进行肥料化、能源化和饲料化等一系列资源化利用，在促进农业的可持续发展和维护生态平衡方面具有重要作用。2015 年，我国主要畜禽粪尿养分资源总量为 3833.0 万 t，其中 N、P_2O_5 和 K_2O 养分资源量分别为 1478.1 万 t、901.0 万 t 和 1453.9 万 t（表 5-1）。粪尿总养分量以猪最大；其次为肉牛和羊，分别占总量的 28.2%、22.8% 和 15.0%；家禽第四，其养分量占 14.0%；其他畜禽粪尿总养分量占 20.0%。粪尿单质养分资源量以猪的氮和磷养分数量最高，分别占单质养分总量的 28.0%（N）和 39.3%（P_2O_5）；钾养分数量以肉牛最高，占单质养分总量的 28.7%（K_2O）（侯胜鹏，2017）。

表 5-1   2015 年我国不同地区畜禽粪尿资源分布（侯胜鹏，2017）

区域	省/市	粪尿资源量		粪尿养分资源量/($\times 10^4$ t)				排名
		粪尿数量/($\times 10^8$ t)	占比/%	N	P_2O_5	K_2O	合计	
华北	北京	0.099	0.3	4.6	3.2	4.2	12	30
	天津	0.129	0.4	5.7	4.1	5.4	15.2	29
	河北	1.522	4.8	70.8	44.2	68.1	183	7
	河南	2.588	8.2	117.2	72	116.3	305.5	2
	山东	2.056	6.5	103.8	71.2	97.1	272.1	3
	山西	0.403	1.3	21.2	11.8	19.5	52.5	25
	内蒙古	1.785	5.7	100.7	46.6	96.4	243.8	4
	小计	8.582	27.2	424	253.1	407	1084.1	I
东北	辽宁	1.213	3.8	58.1	39.3	57	154.3	10
	吉林	0.933	3	42.2	25.1	44.2	111.5	17
	黑龙江	1.192	3.8	53.3	28.8	54.8	136.8	12
	小计	3.338	10.6	153.5	93.3	155.9	402.7	V
长江中下游	上海	0.052	0.2	2.2	1.6	1.9	5.8	31
	江苏	0.716	2.3	34.3	28.4	29	91.6	20
	浙江	0.269	0.9	11.6	9.4	9.6	30.6	26
	安徽	0.874	2.8	42	31.3	38	111.3	18
	湖北	1.287	4.1	55.3	37.9	53.1	146.2	11
	湖南	1.697	5.4	70.3	47.8	66.7	184.8	6
	江西	0.973	3.1	41.2	28.9	40.4	110.5	19
	小计	5.867	18.6	256.8	185.3	238.7	680.8	IV

区域	省/市	粪尿资源量		粪尿养分资源量/($\times 10^4$ t)				排名
		粪尿数量/($\times 10^8$ t)	占比/%	N	P_2O_5	K_2O	合计	
东南	福建	0.488	1.5	23.1	18.6	20.9	62.6	23
	广东	1.101	3.5	49.3	37.9	47	134.3	13
	广西	1.404	4.4	62	40.9	64.1	167.1	9
	海南	0.238	0.8	10.7	7.1	10.8	28.6	28
	小计	3.231	10.2	145	104.5	143	392.5	VI
西南	重庆	0.603	1.9	26.1	18.4	24.5	69	22
	四川	2.813	8.9	125	76	125.7	326.6	1
	贵州	1.052	3.3	44.8	23.6	49.4	117.8	14
	云南	1.662	5.3	72	41.1	74.6	187.8	5
	西藏	0.908	2.9	45	18.1	50.2	113.4	16
	小计	7.037	22.3	312.9	177.3	324.5	814.6	II
西北	陕西	0.484	1.5	22.6	13	21.2	56.8	24
	宁夏	0.226	0.7	12.1	5.4	12.1	29.5	27
	甘肃	0.908	2.9	46.2	22.4	47.4	116	15
	青海	0.685	2.2	35.2	14.7	37.6	87.5	21
	新疆	1.226	3.9	69.7	32.2	66.8	168.6	8
	小计	3.529	11.2	185.8	87.7	185.1	458.4	III
全国	总计	31.585	100	1478.1	901.0	1453.9	3833.0	

二、外源有机物料的管理方式

近年来，由于国家对农作物秸秆利用的补贴及政策的引导，秸秆综合利用成效显著。秸秆资源主要以工业原料、畜牧饲料、造肥还田和农村生活能源等方式被利用，其中秸秆作为肥料利用量为 3.9 亿 t，占可收集资源量的 43.2%；作为饲料利用量 1.7亿 t，占可收集资源量的 18.8%；作为基料利用量为 0.4 亿 t，占可收集资源量的 4.0%；作为燃料利用量为 1.0 亿 t，占可收集资源量的 11.4%；作为原料利用量为 0.2 亿 t，占可收集资源量的 2.7%。虽然我国农作物秸秆综合利用率在提高，但秸秆养分资源可利用空间依然很大。秸秆还田是秸秆资源化利用的重要方式之一，目前仍需要加大开发秸秆快速分解新技术，将秸秆养分资源充分利用是实现化肥施用零增长和维持粮食稳产增产的潜在重要措施之一。以直接还田和过腹还田两种还田方式计，2008 年全国秸秆还田总量为 4.4 亿 t，占当年秸秆资源总量的 54.6%（杨帆等，2010），其中秸秆直接还田量 2.5 亿 t，占还田总量的 57.9%；过腹还田量 1.8 亿 t，占还田总量的 42.1%。对于作物类型而言，水稻、小麦、玉米三大粮食作物的还田量分别占秸秆还田总量的24.4%、20.6%和 31.9%；直接还田和过腹还田的水稻秸秆分别占其还田总量的 69.3%和 30.7%，小麦秸秆分别占其还田总量的 80.6%和 19.4%，玉米秸秆分别占其还田总量的 46.1%和 53.9%。

目前主要是通过堆肥化还田及饲料化对畜禽粪尿进行处理，利用沼气工程将畜禽粪便能源化，或是直接对畜禽养殖总量进行控制以减少排放的畜禽粪尿对环境的污染。粪尿储藏过程中 P、K 养分损失比例都在 40%以上，大于堆肥和沼气过程中 P、K 养分损失比例；此外，粪尿堆肥过程中 N 养分损失比例大于沼气过程（贾伟等，2014）。因此，需要通过完善的畜禽粪尿回田技术来解决此问题。规模化养殖场对畜禽粪尿的处理方式主要包括传统堆沤方式、工厂化处理和沼气发酵处理，其中用传统堆沤方式处理的养殖场占养殖场总数的 37.8%，粪尿处理量占总量的 49.9%；工厂化处理的养殖场占养殖场总数的 6.45%，粪尿处理量占总量的 8.73%；沼气发酵处理的养殖场占养殖场总数的 17.8%，粪尿处理量占总量的 13.7%。商品有机肥企业的产品主要是有机肥，其次是有机-无机复混肥和生物有机肥，2008 年商品有机肥的实际生产量为 2488 万 t，其中有机肥生产量 1115 万 t，有机-无机复混肥用量 920 万 t，合计占生产能力的 46.9%，生物有机肥用量 345 万 t。农家肥主要是以农户散养的畜禽粪尿、人粪尿、垫圈材料和草木灰等为原料进行堆沤后制成的堆肥、沤肥、厩肥和土杂肥，目前农家肥利用总量为 15.2 亿 t，其中堆肥、沤肥、厩肥合计用量为 11.9 亿 t，堆肥、沤肥、厩肥、土杂肥和沼肥的利用量分别占各自资源总量的 75.2%、77.9%、82.4%、68.2%和 40.8%，表明农家肥尤其是沼肥被利用的程度仍不高，农民即使做了堆肥、沤肥，也不一定用到地里，农民对施用农家肥的积极性有待进一步提高。

第二节 外源有机物料碳转化利用效率的研究方法

土壤对输入外源有机物料的响应与气候、土壤性质、轮作制度、耕作方式及有机物料类型和性质等密切相关，因此外源有机物料的腐解与转化利用成为研究的热点，其特征也是生产实践中备受关注的参数。人们通过不同的试验方法，对还田外源有机物料的腐解特征及其养分释放规律、影响腐解的因素等进行研究，这对于高效利用秸秆和有机肥资源、科学管理养分都具有重要意义（Cai et al，2018；马想等，2019）。目前，外源有机物料腐解的研究方法可以分为田间试验和室内培养试验，其中田间试验的方法包括非示踪法（包括尼龙网袋法和砂滤管法）和长期定位试验法；室内培养实验的方法包括同位素示踪法和模拟培养法，此外还有数学模型法等。其中，对于短期腐解试验，利用非示踪法、同位素示踪法和模拟培养法等进行研究；对于长期腐解试验，利用长期定位试验和土壤有机碳模型等进行研究。

一、外源有机物料转化利用的田间试验方法

1. 砂滤管法

1964 年，蔡道基曾利用砂滤管法对稻草等有机物料的腐解速率进行测定。1980 年，林心雄等通过试验验证了砂滤管法的测试条件，并以非标记植物残体为供试材料，采用此方法对其分解速率进行研究，发现在旱地条件下，该法的水热条件与田间实际情况接近，还能够避免植物根系等对试验结果造成的误差，适宜于测定不同土壤条件下植物残

体的腐解速率（林心雄等，1980）。但该方法的缺点是对砂滤管内外的水分移动有一定的阻滞作用。

2. 尼龙网袋法

尼龙网袋法目前已广泛应用于农田、森林和草地生态系统中，以观测有机物的腐解速率和养分释放规律（李然等，2021；李玲，2018；Zhang et al.，2008）。该方法是将有机物料粉碎后和土壤混合均匀，即称取 200g 土样（烘干重），按照土：有机物料质量为 100：4.5（以碳含量计，*m/m*）的比率添加上述有机物料，然后置于 20cm×15cm（长×宽，38μm 孔径）的尼龙网袋中，封口后填埋于试验土壤中（填埋深度约 10cm），以只添加土壤作为对照（图 5-1）。尼龙网袋填埋后，浇水使地表湿润但不形成积水（约为田间持水量的 70%），其他时间的水分管理与周边农田保持一致。该方法操作简便，网袋内水分状况更接近田间实际情况，对土壤水分运移的影响较小，比较适合研究干旱、半干旱地区作物秸秆的腐解，且适用于多点位原位观测的联网研究；缺点是网袋内的部分秸秆与网袋外的土壤不能紧密接触，一些土壤动物不能进入网袋内部，这可能导致测定结果的准确度有所降低。

图 5-1 尼龙网袋法有机物料腐解田间试验布置图

3. 长期定位试验法

土壤有机碳的动态变化主要取决于有机碳的输入和输出，而农田土壤有机碳的输入主要来源于根茬、秸秆和有机肥。一般而言，土壤有机碳储量随着外源碳输入量的增加而增加。目前，多数农田土壤有机碳模型采用一阶动力学方程模拟土壤有机碳的形成、分解过程，因此，模型假设外源碳输入量与土壤有机碳储量存在直线关系，即土壤有机碳储量随着外源碳的输入量增加而不断增加，并没有出现稳定状态（图 5-2a）。但是，随着施肥年限的延长，长期定量有机肥施用下土壤有机碳储量不再随累积外源碳输入量的增加而增加，即土壤有机碳储量出现稳定状态，而当外源碳输入速率发生改变时，土壤有机碳储量的平衡状态也会随之发生改变，直到新稳定状态出现（图 5-2b）。

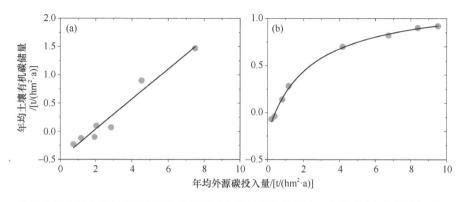

图 5-2　我国典型农田土壤有机碳储量与外源碳投入量的直线关系（a，乌鲁木齐）和指数关系（b，祁阳）

近年来，一些研究者尝试以长期试验的相关数据资料为基础，通过线性或非线性模型分析的方法来获取外源有机物料碳投入的转化效率（Zhang et al.，2010；Zhang et al.，2015；Cai et al.，2018）。线性关系表明，土壤有机碳能固定特定比例的外源有机碳，即稳定的转化效率（直线斜率）；而指数关系表明，随着外源有机碳的投入，土壤固定的碳量会越来越少，即转化效率逐渐降低（曲线斜率）。以线性关系为例，从图 5-3 中我们可以得到，该试验点外源有机物料碳投入的转化效率为 14.2%（直线斜率），维持土壤有机碳不变所需最小外源碳投入量为 2.08（0.295/0.142），同时也能获得定量提升土壤有机碳所需外源有机物料碳的投入量（指数关系同理）。

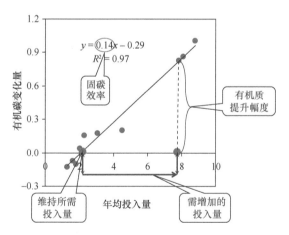

图 5-3　土壤有机碳与外源碳投入量关系解析

关于外源有机物料转化效率的计算方法主要有两种。其一，根据现有年份和起始年份土壤有机碳含量的差值与外源有机物料碳投入的百分比计算。该法的缺点是，当土壤有机碳趋向于平衡状态时，计算出的外源有机物料累积转化效率并不能反映真实情况，因为当土壤有机碳趋向于平衡状态（指数关系），再利用现有年份土壤有机碳含量与起始年份土壤有机碳含量差值这一方法计算，会低估外源有机物料累积转化效率；大部分研究都是通过不同处理下外源有机物料累积利用效率来求出该地区外源碳投入下的外源有机物料累积转化效率。其二，根据不同处理之间土壤有机碳含量的差值与外源有机碳投入量之间的关系来计算外源有机物料累积转化效率,这种计算方法不仅能反映出不同外源有机物料投入下的外源有机物料累积转化效率,而且还能计算出土壤固碳效率随时间的变化特征(蔡岸冬,2016)。

农田生态系统下外源有机碳投入(C_{input})主要来自作物残茬($C_{residues}$)、秸秆还田(C_{straw})及有机肥(C_{manure}),其有机碳投入量的估算如下(蔡岸冬,2016;Zhang et al.,2010;Jiang et al.,2014):

$$C_{input}=C_{residues}+C_{straw}+C_{manure} \tag{5-1}$$

小麦根茬碳投入:

$$C_{input}(t\,C/hm^2) = [(Y_{grain} + Y_{straw}) \times (30\%/70\%) \times 75.3\% + Y_{straw} \times R_s)] \times (1-14\%) \times 0.399 \tag{5-2}$$

式中,Y_{grain} 为小麦籽粒产量(kg/hm²);Y_{straw} 为小麦秸秆产量(kg/hm²);30%为小麦光合作用进入地下部分的碳的比例,70%为相应的地上部分的比例;根据文献中计算,小麦根系生物量平均75.3%分布在0~20cm土层;根据长期试验站观测结果,对照处理留茬所占秸秆生物量的比例(R_s)为18.3%,施肥处理下作物留茬占秸秆生物量的比例为13.1%;根据《中国有机肥料养分志》中数据,小麦地上部分风干样平均含水量为14%,平均烘干基有机碳含量为0.399t/t。

玉米根茬碳投入:

$$C_{input}(t\,C/hm^2) = [(Y_{grain} + Y_{straw}) \times (26\%/74\%) \times 85.1\% + Y_{straw} \times 3\%)] \times (1-14\%) \times 0.444 \tag{5-3}$$

式中,Y_{grain} 为玉米籽粒产量(kg/hm²);Y_{straw} 是玉米秸秆产量(kg/hm²);玉米光合作用所产生的生物量26%进入地下部分,74%为相应的地上部分的比例;综合文献得出玉米根系生物量平均85.1%分布在表层土壤;玉米留茬平均占其秸秆生物量的3%;根据《中国有机肥料养分志》中数据,玉米地上部分生物量风干样平均含水量为14%,其烘干基的平均有机碳含量为0.444t/t。

水稻根茬碳投入:

$$C_{input}(t\,C/hm^2) = [(Y_{grain} + Y_{straw}) \times 30\% + Y_{straw} \times 5.6\%] \times (1-14\%) \times 0.418 \tag{5-4}$$

式中,Y_{grain} 为水稻籽粒产量(kg/hm²);Y_{straw} 是水稻秸秆产量(kg/hm²);水稻留茬平均占其秸秆生物量的5.6%;根据《中国有机肥料养分志》中数据,水稻地上部分生物量风干样平均含水量为14%,其烘干基的平均有机碳含量为0.418t/t。

作物(小麦、玉米和水稻)秸秆碳投入:

$$C_{input}(t\,C/hm^2) = Y_{straw} \times (1-14\%) \times 0.399 \tag{5-5}$$

式中,Y_{straw} 是作物秸秆产量(kg/hm²);作物地上部分风干样平均含水量为14%;小麦、玉米和水稻的平均烘干基有机碳含量分别为0.399t/t、0.444t/t和0.418t/t。

有机肥碳投入:

$$C_{input}(g\,C/hm^2) = C_m \times (1-W) \times Weight \tag{5-6}$$

式中,C_m 是实测有机肥的有机碳含量(g/kg);W 为有机肥含水量(%);Weight为施用有机肥的鲜基重(kg/hm²)。

针对土壤有机碳变化量,首先,土壤有机碳储量采用公式:

$$SOC_{stock}（t/hm^2）= SOC_{content}×BD×H×10 \qquad (5-7)$$

式中，SOC_{stock} 和 $SOC_{content}$ 分别代土壤有机碳储量（t/hm^2）和有机碳含量（g/kg）；BD 表示土壤容重，g/cm^3；H 为土层深度，m；10 为转化系数。

土壤有机碳储量的变化量（ΔSOC_{stock}）可以通过两种计算方式获得：第一，根据试验结束时（SOC_0）和开始时（SOC_{0-T}）的土壤有机碳储量差值（公式 5-8）；第二，根据施肥处理（SOC_t）和对照处理（SOC_c）下土壤有机碳储量差值（公式 5-9）。

$$\Delta SOC_{stock}（t/hm^2）= SOC_0 - SOC_{0-T} \qquad (5-8)$$

$$\Delta SOC_{stock}（t/hm^2）= SOC_t - SOC_c \qquad (5-9)$$

这种基于长期试验分析方法获取的投入碳转化效率与腐殖化系数反映的单次碳投入短期腐解不同，它反映的是长期逐年碳投入的累积腐解过程，是一种累积碳投入的转化效率。显然，依据长期定位试验获得的土壤固碳效率反映了有机物料的田间真实状况，且能代表研究点位的长期平均气候条件，适用于区域对比研究。目前，中国科学院、中国农科院及地方院校布设的农田长期（＞10 年）定位试验已达上百个，有效整合和挖掘这些长期试验数据，将对农田碳循环研究，以及我国农业和生态可持续发展具有重要的指导作用（徐明岗等，2015）。

二、外源有机物料转化利用的室内培养实验

1. 同位素示踪法

碳同位素技术是研究有机物料腐解和周转的重要手段，其主要包括自然丰度法和同位素标记法。该方法首先要用碳、氮、磷等元素的同位素标记秸秆（或有机肥），并将被标记的作物秸秆作为供试材料，使其在自然条件下发生腐解。利用同位素示踪技术可以将有机物料的含碳量从土壤总碳库中区分出来，这样就能比较准确地得出有机物料的真实腐解情况。目前，该技术已广泛应用到土壤碳循环研究当中，能反映不同管理措施和土地利用方式下土壤碳库组分、新碳累积和老碳分解的长期变化（Fujisaki et al.，2015）。

2. 模拟培养法

这种方法是在实验室进行的，假设一些影响秸秆等有机物料腐解的因素固定不变，模拟有机物质在土壤中的真实分解过程。1972 年，Stanford 和 Smith 创立了生物好气培养法（Stanford and Smith，1972），此方法的原理是在好气条件下，土壤中的有机碳最终矿化为二氧化碳释放出来，通过测定不同时期二氧化碳释放量，计算得出不同时期土壤有机质的分解速率。可供采用的培养方法有三种：密闭培养法、间歇培养法和连续通气培养法。模拟培养法能根据研究人员的需要人为设置外在条件，以探索其内在的机理及驱动因素，但是，其结果很难反映田间真实情况。

三、外源有机物料转化利用效率的模型模拟法

外源有机物料转化是在微生物参与下进行的，过程十分复杂，不可能对所有条件进

行野外试验。运用数学建模和计算模型模拟的方法，综合现有离散的观测资料，不仅可量化外源有机物料的转化过程及关键因子，而且可在时间和空间尺度上进行合理地外推。外源有机物料循环模型可基本分为两类：基于过程的外源有机物料模型和基于生物体的外源有机物料模型。总体上，过程模型将外源有机物料划分为不同的概念库，且各库的分解均符合一级动力学；另外，各库具有不同的分解速率，且分解过程受到气候因子（温度、水分）和土壤理化性质（黏粒含量、矿物组分、pH、通气状况、阳离子交换量等）的调控（王金洲，2015）。从 20 世纪 70 年代开始，外源有机物料转化为土壤有机碳模拟模型成为土壤学研究的重要领域。目前，除了洛桑 RothC 和美国 CENTURY 模型外，在全世界具有一定影响的模型还包括 DNDC、CANDY、DAISY、NCSOIL、SOMM、ITE、Q-SOIL、VVV、SCNC、ICBM 和 ECOSYS 等（王金洲，2015）。

过去人们通常以单位有机物料碳在土壤中腐解一年后所剩余的量（腐殖化系数）来表征有机物料的转化效率，这种方法不仅由于人为模拟操作改变了有机物料的田间真实状况从而带来误差，而且其时间尺度短（通常为 1 年）。近年来，一些研究者尝试以长期试验的相关数据资料为基础，来获取外源碳输入下的土壤固碳效率，其反映的是长期逐年碳输入的累积腐解过程，是一种累积碳输入的转化效率（蔡岸冬，2019）。不同方法由于本身的限制，各有其优缺点，但是它们都能在一定程度上反映土壤对外源有机碳固定的能力。各种方法的优缺点综述于表 5-2。

表 5-2   有机物料腐解方法的优缺点

方法	优点	缺点
砂滤管法	能够避免植物根系等对试验结果造成的误差	水分和土壤动物阻滞
尼龙网袋法	对土壤水分运移的影响较小	土壤动物阻滞
同位素示踪法	区分有机物料的碳和土壤碳，能反映不同碳库	成本高，难以操作
模拟培养法	模拟不同条件下有机物料的分解	难以反映大田的真实情况
定位试验法	反映了有机物料田间累积的真实状况	耗时耗力
模型模拟法	可量化关键因子、在时间和空间尺度上进行外推	均未考虑激发效应

第三节   外源有机物料腐质化系数及其积温方程

外源有机物料中有机碳的转化效率一直是相关科学研究和生产实践中备受关注的参数，人们通常以腐殖化系数来表征有机物料的转化效率，即投入到土壤中的有机碳经过一年后转化成土壤有机碳的数量占其总投入量的百分比（Cai et al.，2018）。腐殖化系数受到气候、有机物料种类和土壤性质的显著影响（李玲，2018；马想等，2019；李然等，2021）。基于有机物料的物理及化学异质性，许多经验动力学方程被提出用于预测有机物料分解的过程，由于不同有机物料分解试验起始时间并不一致，而季节性和高频温度变化性影响有机物料分解，因此，很难预测有机物料腐解的整个过程。为了更好地评估和预测有机物料对土壤肥力的贡献，加强有机物料在农田土壤中的分解动力学研究尤为重要。

一、我国农田有机物料的腐殖化系数

基于单点试验，我国科研工作者在农田土壤有机物料腐解方面已开展了大量的方法探讨和试验研究，发现南方红壤区常见外源有机物料腐殖化系数大致为 0.15～0.54（马想等，2019）；四川红壤上绿肥、小麦秸秆、饼肥、粪肥的腐殖化系数分别为 0.52、0.28、0.35 和 0.46；江西红壤中稻草、紫云英、牛粪及肥田萝卜 4 种有机肥的平均腐殖化系数，旱地为 0.20，水田腐解慢，其数值为 0.31；山西复垦耕地中秸秆的腐殖化系数为 0.47～0.51，在土壤间和物料间变异都较小，粪肥的腐殖化系数为 0.47～0.74，在物料间变异较大，堆肥、沼渣、生物炭的腐殖化系数为 0.87～0.92，在土壤间和物料间变异都较小（李然，2019；陈兵等，2020）。

采用 Meta 分析方法，对我国农田有机物料腐解的 56 篇文献和 82 个点位试验的数据进行分析表明（王金洲，2015），农田主要有机物料腐殖化系数的变化范围为 0.10～0.75，平均为 0.34（图 5-4）。对于不同物料类型而言，腐殖化系数以绿肥类最低，平均 0.27±0.01，有机肥类最高，达 0.41±0.01；不同类型有机物料从小到大依次为绿肥＜秸秆＜根茬≈有机肥（图 5-4a）。如此分布规律，主要与物料性质和物料腐解程度有关。绿肥类（干基）氮素含量可达 20～35g/kg，木质素含量较低，为 80～150g/kg；而秸秆（除大豆秸秆外）和根茬类氮素含量仅为 6～10g/kg，木质素含量略高，为 100～210g/kg（林心雄等，1980）。故绿肥类木质素与氮素比值明显低于根茬和秸秆。对于不同区域而言，

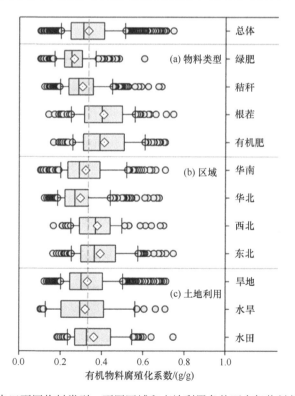

图 5-4 我国农田不同物料类型、不同区域和土地利用条件下有机物料的腐殖化系数

西北和东北地区腐殖化系数的变异系数比较接近，为 0.29～0.31，略低于华南和华北地区（0.36～0.38）。腐殖化系数平均值在区域间差异显著，且由低到高依次呈华北≈华南＜西北≈东北（图 5-4b）。如此分布规律，与这些区域的热量梯度基本一致。例如，华北和华南地区的年均气温（分别为 13.2℃和 18.0℃）显著高于东北和西北地区（分别为 6.5℃和 7.2℃）。对于不同土地利用方式而言，腐殖化系数差异显著（图 5-4c）。其中，旱地与水旱轮作的平均值比较接近，为 0.32～0.33，但均显著低于水田（0.36）。这主要是因为水旱轮作虽然存在一定时期的淹水环境，但季节性干湿交替一方面会引起土壤团聚体破碎，从而降低了土壤对有机物料的物理和化学保护；另一方面，会激发微生物对新碳和老碳的矿化，最终导致水旱轮作的腐殖化系数与旱地相当，甚至低于旱地。

　　即使同一物料类型，腐殖化系数也因其来源作物不同而存在较大的差异（表 5-3）。例如，在根茬类，玉米和小麦之间腐殖化系数无显著差异（0.36 与 0.38），但二者均显著低于水稻（0.49）。对于同一作物，其根茬的腐殖化系数均明显高于秸秆，例如，玉米、小麦和水稻根茬的腐殖化系数分别为其秸秆的 1.26 倍、1.24 倍和 1.56 倍。但无论根茬还是秸秆，腐殖化系数在区域间的变异性均以玉米最大（变异系数为 25.6%～34.3%），小麦次之（19.0%～20.5%），而水稻最小（11.8%～15.5%）。另外，在有机肥类，牛粪（0.42）与猪粪、厩肥的腐殖化系数均无显著差异，但猪粪（0.37）显著低于厩肥（0.48）。有机肥类腐殖化系数在区域间的变异系数仅为 3.5%～13.8%，明显低于小麦和玉米等作物根茬和秸秆。

表 5-3　我国不同区域下主要有机物料的腐殖化系数

物料种类	区域				平均	变异系数/%
	华南	华北	西北	东北		
绿肥	0.27±0.01	0.21±0.01	0.33±0.02	0.27±0.01	0.27±0.01 e	17.2
玉米秸秆	0.26±0.03	0.22±0.01	0.37±0.07	0.39±0.02	0.29±0.01 de	25.6
小麦秸秆	0.36±0.02	0.26±0.01	0.33±0.02	0.44±0.03	0.31±0.01 cd	20.5
水稻秸秆	0.29±0.01	0.29±0.02		0.38±0.03	0.31±0.01 cd	15.5
玉米根茬		0.27±0.04	0.33±0.03	0.51±0.05	0.36±0.03 bcd	34.3
小麦根茬	0.45±0.04	0.35±0.02	0.36±0.04	0.51±0.02	0.38±0.02 ab	19.0
水稻根茬	0.49±0.03	0.44±0.03		0.56±0.09	0.49±0.02 a	11.8
猪粪	0.36±0.04	0.36±0.03	0.38±0.05	0.38±0.02	0.37±0.02 bc	3.5
牛粪	0.49±0.04	0.38±0.05	0.45±0.04	0.41±0.03	0.42±0.02 ab	10.8
厩肥		0.50±0.02	0.45±0.05		0.48±0.03 a	13.8
平均	0.32±0.01	0.29±0.01	0.37±0.01	0.39±0.01		12.9
变异系数/%	25.2	28.7	13.5	21.9	21.2	

　　注：不同小写字母表示在 0.05 水平差异显著。

　　全国范围而言，秸秆和有机肥腐殖化系数平均为 0.31（图 5-5a）和 0.41（图 5-5b），表现为明显的空间异质性。温度和干燥指数分别是秸秆和根茬腐解过程中最主要的单一影响因子，但二者对腐殖化系数变异性的解释率分别仅为 15% 和 13%。若温度和干燥指数相结合，二者对秸秆和根茬腐殖化系数变异性的共同解释率可分别提高到 36% 和

21%。总体上，秸秆和根茬的腐殖化系数随温度的升高而降低，随干燥指数的增加而增大。而物料化学性质中，碳氮比和碳含量分别与气候因子一起对秸秆和根茬的腐殖化系数有显著影响。与秸秆和根茬不同，绿肥类腐殖化系数与各气候因子均无显著的相关性，仅与物料性质中的木质素和碳氮比呈现显著的相关性。但该指标仅可解释其变异性的5%。有机肥与主要气候因子和物料性质均无显著关系，表明已腐解或半腐解状态的有机肥，其腐殖化系数可能更多地受到土壤理化性质和生物学过程的影响（王金洲，2015）。

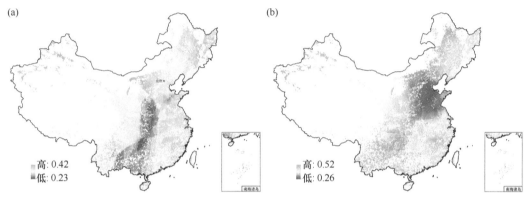

图 5-5　我国农田中秸秆（a）和有机肥（b）的腐殖化系数分布图

二、农田有机物料腐解的积温方程

精确了解有机物料在土壤中分解的动态变化，对于改善土壤物理、化学和生物化学属性，提高模型预测的准确性，缓解气候变暖，以及保护陆地生态系统的多样性至关重要。其中，试验年限是准确预测有机物料腐解过程的重要因素之一，对于大田试验及大数据而言，由于不同研究者的起始时间并不一致，而季节性及高频的温度变化性都显著影响秸秆碳残留率，很难通过试验年限预测有机物料腐解的过程及比较各参数之间的差异（图 5-6a）。温度是影响有机物料腐解的主要外在因素之一（Cai et al.，2018），因此，通过热力学温度代替日历学时间能将不同数据归一化，并且减少季节性温度变化的效应，同时其结果在各个区域条件下均具有比较价值（图 5-6b）。

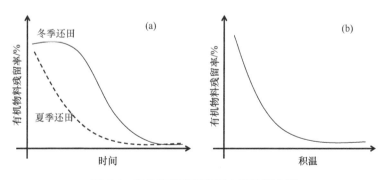

图 5-6　有机物料腐解积温方程的概念图

（a）有机物料腐解的时间过程；（b）有机物料腐解的积温过程与方程

　　基于此理论,对全国 1642 个秸秆腐解的试验点位和时间及其对应的累积温度数据进行分析(Cai et al.,2018),结果表明,小麦、玉米、水稻、大豆、油菜和其他作物秸秆腐解的动态学过程均显著遵循三库动力学方程(图 5-7)。不同秸秆碳残留方程均显示在秸秆分解前期碳损失速率较快,随着热力学时间的增加而减缓。其中,过渡性碳库的大小(平均为 45%)显著高于活跃性碳库(平均 37%)和惰性碳库(平均 19%);惰性碳库的分解率最低,为每年 0.01(玉米)到 0.09(油菜),而周转时间最长(1/k),为 12 年(油菜)到 70 年(玉米)。活跃性碳库和过渡性碳库的平均分解速率分别为每年 15.95 和 1.02。经过 1 和 10 热力学年后,秸秆碳在土壤中只残留了原先的 34.92%

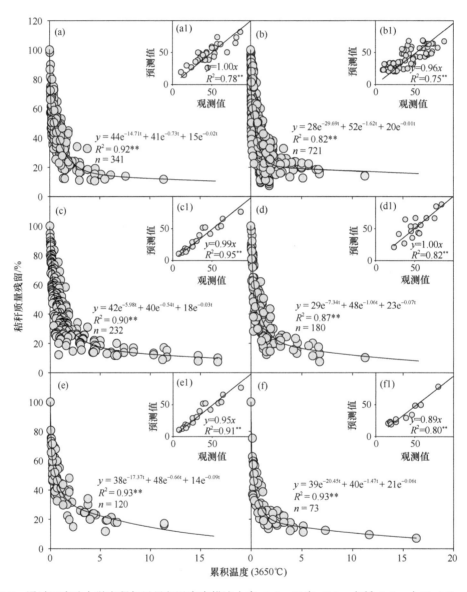

图 5-7　通过三库动力学方程与日累积温度来描述小麦(a)、玉米(b)、水稻(c)、大豆(d)、油菜(e)和其他(f)秸秆的腐解过程

和 11.97%。活跃性碳库的大小随着木质素/氮和木质素/磷比值的增加而显著增加,过渡性碳库的大小随着木质素/磷比值的增加而降低,木质素/氮比值与惰性碳库的大小呈负相关。

积温决定着不同秸秆类型之间的碳残留量(表 5-4)。1 日历学年后,中温带地区,秸秆碳残留率明显高于暖温带和亚热带地区。不同秸秆类型也导致碳残留率的差异,中温带地区水稻秸秆碳残留率最高(41.13%),亚热带地区玉米秸秆碳残留率最低(22.05%),表明相同的秸秆类型在 1 日历年内腐殖化系数并不是恒定的。1 热力学年(积温为 3656℃)后,相同的秸秆碳残留率是固定值,其中,水稻秸秆碳残留率(40.28%)最高,其次是大豆、油菜、小麦、玉米、其他秸秆类型,在排除温度影响这个因素外,秸秆本身性质决定了秸秆碳残留率的大小。

表 5-4　1 日历学年和 1 热力学年后不同气候带下 6 种作物秸秆的腐殖化系数　(%)

秸秆类型	1 日历学年			1 热力学年
	中温带	暖温带	亚热带	
小麦	36.01	31.68	26.75	34.71
玉米	31.42	28.73	22.05	30.87
水稻	41.13	35.03	32.00	40.28
大豆	38.84	34.61	24.47	37.95
油菜	38.74	35.03	30.51	37.77
其他	28.69	23.93	23.51	27.99

注: 1 热力学年指≥10℃的有效积温为 3650℃。

三、我国农田有机物料腐殖积温方程的应用

通过三库动力学方程及驱动因子预测在 1 日历年后,当前秸秆碳残留浓度约为 145.63g/kg,并且秸秆碳残留浓度存在很强的空间异质性(Cai et al.,2018)。在我国华北地区秸秆碳残留的浓度最大(165.86g/kg),华南地区最低(126.91g/kg)(图 5-8a)。根据我国秸秆施用量及利用方式,1 日历年内,秸秆碳残留量从大到小依次为玉米、水稻、小麦、油菜、大豆、其他秸秆,其碳残留总量为 27.63Tg,这一数值略低于其他人的报道(Lu,2014)。在 1 日历年后,玉米、水稻和小麦的秸秆碳残量占全部秸秆碳残量的 83%,这是因为玉米、水稻和小麦是我国的主要农作物,其秸秆产量占比较大(Gao et al.,2009)。我国秸秆对全球秸秆碳的贡献率约为 15%。我国秸秆碳残留量显著高于欧洲和美国,秸秆碳残留量约为燃料释放二氧化碳的 1.35%(2.18Pg)。IPCC(2014)的报告预测到 21 世纪末全球地表温度将上升 2℃(RCP6.0),这种增加可能是由于陆地生态系统中额外释放温室气体对气候变暖响应造成,在这种气候变暖条件下,1 日历年后,秸秆碳释放量约为 1.78Tg(图 5-8c)。不同秸秆类型的这一数值也不相同,平均秸秆碳浓度多释放了 10.55g/kg,其中我国北方为 13.25g/kg,南方为 7.25g/kg。总之,在此背景下,我国秸秆碳的释放量将增加 1.78Tg,占秸秆碳残留量的 6%。

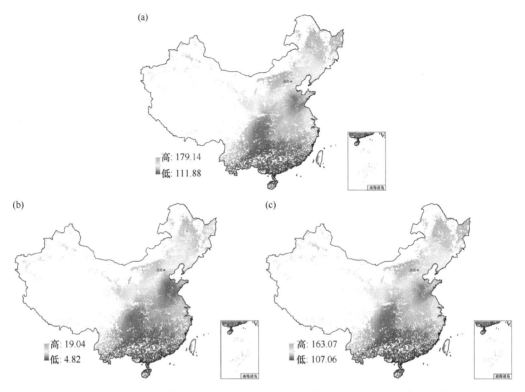

图 5-8   目前我国秸秆碳残留浓度（a，g/kg）、基于 RCP 6.0 条件下未来温度升高 2℃秸秆碳残留浓度（b，g/kg）和秸秆碳释放的浓度（c，g/kg）

第四节   外源有机物料周转特征及长期利用效率

外源有机物料是连接土壤有机碳和大气二氧化碳的主要物质，影响着全球碳循环及气候变化。外源有机物料可以通过改善土壤理化性质和生物学性质来增加土壤有机质含量，提高土壤肥力，进一步影响植被的生长（Cai et al.，2020）。然而，要发挥外源有机物料的功效，就要充分了解有机物料在土壤中的周转状况。

一、外源有机物料周转过程

外源有机物料腐解可以分为三个阶段：首先，喜糖霉菌和一些无芽孢的细菌分解外源有机物料中的水溶性糖和淀粉；然后，纤维素、蛋白质等一些相对难分解的有机物料的组分开始进行分解，在这一阶段中主要的分解者是芽孢细菌、纤维素分解菌；最后，对难分解的部分进一步降解，降解过程中依靠某些真菌或放线菌进行分解。评价外源有机物料腐解的主要指标是外源有机物料腐解速率。在土壤中，外源有机物料腐解速率表现为先快后慢（李然等，2021），因为在外源有机物料腐解的前期，外源有机物料中含有较多易被微生物分解并利用的物质，因而刺激微生物的活动，使微生物总量增加、活性增强，从而使外源有机物料腐解速率迅速上升；随着时间的推移，外源有机物料中易分解的有机物质会逐渐被消耗，并降低微生物的活性，致使外源有机物料的周转速率逐渐变慢（李玲，2018）。外源有机物料的长期和短期周转在不同地区、不同腐解环境或不同物料种类等情况下，通常第一年分解速率最大，第二年次之，第三年更低，随后，残留碳量在各年进一步分解，但其难度越来越大（Cai et al.，2018）。

二、外源有机物料转化的动力学过程

外源有机物料的周转是一个生物介导的生物地球化学过程，控制生态系统的碳循环和养分有效性。在外源有机物料腐解过程中，微生物通过对不同有机物料的化学物质的响应从而改变了不同碳库分解的速率。因此，基于外源有机物料本身属性、微生物活性和外界因子驱动的外源有机物料生物化学性质的变化而提出不同的周转概念模型。这些碳库是目前大多数生物地球化学模型的概念基础。每个碳库用一个质量平衡方程来描述，碳库之间的连接代表了碳库之间的周转，碳库之间的周转可以用不同的数学方法来描述。在线性模型中，每个碳库被认为是混合均匀的物质，其周转速率被基质控制，因此每单位时间分解外源有机物料的比例是恒定的，即动力学衰变常数。由于受外源有机物料的化学性质和气候条件的影响，动力学衰变常数因外源有机物料类型及试验点位的不同而不同。此外，在时间尺度上忽略季节性和高频温度的变化性，每个碳库的衰变常数在时间上是相同的。

根据已有的知识，有机物料腐解动力学原理包括单库模型、双库模型及多库模型（单行、并行和反馈）。由于有机物料本身的化学和物理异质性，其衰变速率应随腐解时间的延长而变化（非均匀分布），并不是固定值（均匀混合）。不同动力学方程的选择取决于研究的目标，对于短期有机物料腐解试验而言，通常首选简单的模型。外源有机物料衰变速率与化学、气候、生态和土壤因子有关，但也依赖于模型结构的选择。无论是生物地球化学碳库的选择，还是衰变速率与环境因素之间的函数关系，到目前为止还没有形成共识。

系统地阐述不同碳库的衰变速率模式具有重要意义。下面简单介绍几种常见的方法。①单库动力学模型：最早是根据土壤有机氮矿化而提出（Campdell，1978）。单库碳一级动力学模型：$C_t = C_0 e^{-kt}$，其中，C_t 为有机碳未分解量，C_0 为易分解有机碳含量，k 为一级动力学分解常数。②双库动力学模型：有机碳分解的动力学模型，该模型能模拟 100 年内土壤有机碳的变化（洛桑试验站），并将植物碳按分解快慢分成两部分，提出了有机碳分解的双库动力学模型：$C_m = C_a e^{-ka*t} + C_b e^{-kb*t}$ 或者 $C_m = C_a e^{-ka*t} + C_b$。③多组动力学模型：描述有机质在土壤中或在地表的分解，对微生物的生长、土壤水分、温度及干湿交替的影响进行了校正，可以很好地拟合土壤有机质在一个生长季到长期时间的变化情况。④无组分模型：根据其分解过程，Nicolardot 等（2001）给出了秸秆在土壤中分解和平衡的公式：$C_{RO} = C_R + C_B + C_H + C$，其中，$C_{RO}$ 为加入的外源有机物料的数量，C_R 为外源有机物料残余量，C_B 为微生物生物量，C_H 为新形成腐殖质量，C 为分解释放的 CO_2-C。⑤热力学模型：温度是影响有机物料和土壤有机碳分解的主要外在因素之一，Cai 等（2015）提出用热力学温度代替日历时间来描述有机物料腐解过程。简而言之，热力学温度是试验开始至结束时每天平均温度的和，因此，1 热力学年相当于累积温度

3652.5℃（Cai et al.，2018）。Cai 等（2018）证实三库动力学方程和热力学温度代替日历学时间能较好地描述秸秆碳残留率的动态变化。

三、有机物料长期利用效率的时空变化

长期定位施肥试验是获得农田土壤对有机物料长期利用效率（土壤固碳效率）必不可少的重要平台。基于印度西孟加拉邦大学农场小麦-水稻轮作制度，单个或多个试验点位不同形式外源有机物料碳输入下土壤固碳效率为 14.0%；在输入动物有机肥的情况下，英国 7 个不同试验点位平均土壤固碳效率为 23.0%；在连续秸秆还田 18 年后，丹麦土壤固碳效率为 14.0%，以绵羊粪便形式输入下的土壤固碳效率为 30.0%，而直接作物残茬输入下的土壤固碳效率为 19.0%，粪肥输入下的土壤固碳效率为 48.0%，远高于秸秆还田条件下（Thomsen and Christensen，2010）；加拿大一个长达 30 年的试验站，玉米残茬输入下土壤固碳效率为 6.0%（Campbell et al.，1991）。连续 18 年长期施肥条件下，我国北方旱地公主岭、乌鲁木齐、张掖、昌平、郑州和徐州的土壤固碳效率分别为 15.8%、26.7%、31.0%、7.7%、6.9%和 7.4%（Zhang et al.，2010）。由此可见，土壤固碳效率存在明显的时空异质性。

从时间角度，我国 25 个长期定位施肥试验点位，秸秆和有机肥施用下土壤固碳效率与试验年限均符合负指数相关关系（图 5-9），说明随着土壤有机碳含量的增加，土壤

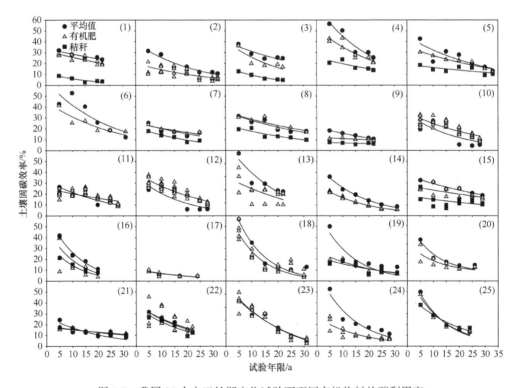

图 5-9　我国 25 个农田长期定位试验下不同有机物料的碳利用率

1～25 分别代表公主岭、沈阳、乌鲁木齐、杨凌、平凉、天水、武威、武清、郑州、济南潮土、济南褐土、济南综壤、德州、徐州、蒙城、北培、遂宁、武昌、望城、进贤旱地、进贤水田、祁阳旱地、祁阳水田、南昌和闽侯

固碳能力在不断下降，这一结果还证实了土壤有机碳能接近平衡或饱和的状态（Jiang et al.，2018），即达到一个新的、相对较高的平衡状态。整体而言，土壤固碳效率和试验年限呈现显著的负指数关系（$y=44.56e^{-0.0470x}$），土壤固碳效率的理论最大值约为44.6%，变化速率为0.0470，连续施肥30年后，土壤固碳效率仅为10.9%，比起始时的土壤固定效率（44.6%）下降了约4倍（蔡岸冬，2016）。而不同气候区域下的土壤固碳效率也存在着显著差异，其中，中温带土壤固碳效率显著高于亚热带；秸秆的土壤固碳效率略低于有机肥，表明有机肥质量的重要性（蔡岸冬，2016）。

从空间角度，秸秆和有机肥施用下土壤固碳效率存在明显的空间异质性，整体而言，在施肥第5年、10年、15年和20年后，有机肥的平均固碳效率分别为28%、23%、20%和15%，秸秆的固碳效率分别为18%、16%、13%和10%（图5-10）。

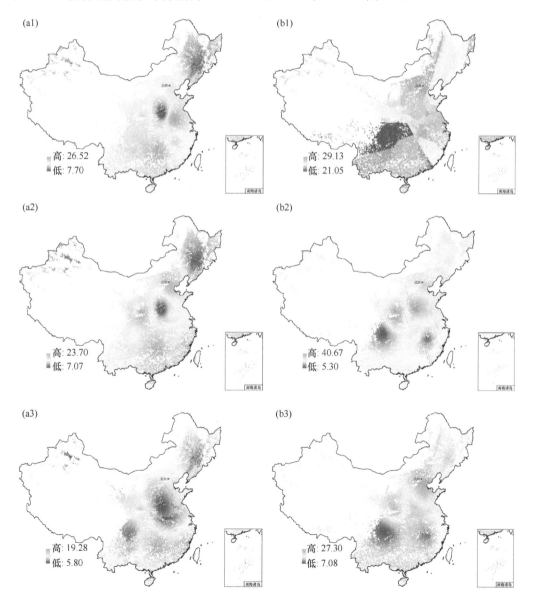

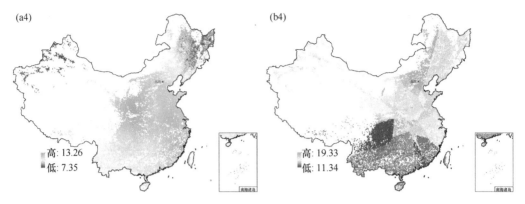

图 5-10 我国农田施用有机肥（a）和秸秆（b）下土壤固碳效率（%）的时空分布

1～4 分别代表在第 5 年、第 10 年、第 15 年、第 20 年

连续施肥 20 年后，不同条件下土壤有机碳的固定效率存在显著差异（图 5-11），对于不同气候带而言，土壤有机碳固定效率表现为：中温带地区（25.5%）显著高于亚热带地区（14.1%），而暖温带地区土壤固碳效率为 16.6%。不同利用类型下土壤固碳效率并没有明显的差异，但是旱地的变化范围明显高于水田和水旱轮作；不同土壤质地中，壤土的土壤固碳效率（25.7%）显著高于砂土和黏土，后两者并没有显著差异，其均值分别为 10.1% 和 15.6%。

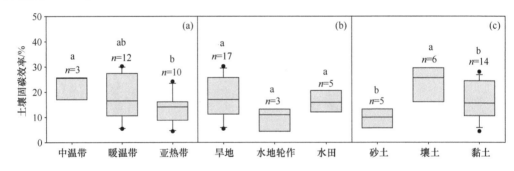

图 5-11 连续 20 年施肥后不同条件下土壤的固碳效率

不同小写字母代表在 0.05 水平差异显著

第五节 外源有机物料周转的驱动因素

有机物料腐解与气候、土壤性质、耕作管理，以及有机物料类型和性质密切相关。有机物料属性决定着土壤微生物种类和数量，继而影响有机物料腐解，管理措施则是通过影响植被残茬输入到土壤中的数量及质量、土壤扰动来影响土壤有机碳的平衡，而气候条件（温度、降水）通过调节其他因素来影响有机物料的周转。从宏观尺度上来看，影响有机物料腐解的主要因素为气候、有机物料质量和土壤属性等。

一、气候因子

气候因子对有机物料腐解起着重要作用：一方面，气候通过影响土壤肥力进而影响输入到土壤中的有机物料质量；另一方面，土壤微生物是其分解和转化的主要驱动因素，微生物利用有机物料中的养分来维持其生命活动，而降水量和温度等条件的变化会影响土壤微生物活性及群落结构，从而对有机物料腐解产生重要影响（Cai et al.，2021）。

影响有机物料腐解的气候因子主要包括年均气温、年降水量和年土壤水分蒸散量。各个气候因子在有机物料分解过程中发挥的作用存在显著差异。全球尺度上植物根系的分解研究表明，年降水量是首要气候因子，年均气温和年土壤水分蒸散量次之（Silver and Miya，2001）。土壤水分和温度会影响微生物组成及活性，从而影响有机物料的腐解速率。土壤水分含量在田间持水量为 60%～75% 时最适合有机物料的腐解，低于 30% 或高于 80% 都会对腐解形成抑制，这可能与水分条件有关，水分含量过低和过高导致土壤中形成了好气和嫌气条件，从而导致微生物组成不同，进而影响腐解速率。土壤温度则可以通过影响微生物的活性及分解酶的活性来影响腐解速率，一般南方红壤上积温高，腐解速率明显快于东北黑土上的腐解速率，当温度在 30～40℃ 范围内，温度不会影响微生物的分解速率，分解达到最佳水平，10℃ 时分解速率较慢，低于 5℃ 时腐解基本停滞。温度和水分的结合是控制有机物料分解速率最重要的气候指标，如果土壤湿度足够高，有机物料质量在一个温暖的环境下损失量将会增加。我国不同地区植被有机物料分解研究表明，年均气温和年降水量是重要的气候因子（图 5-12），基于 1378 对有机物料分解点位实验的数据表明，有机物料周转时间随着年均气温和年降水量的增加而逐渐减少，其中，有机物料的温度敏感性为 1.84（Cai et al.，2020）。气候因素可以通过调控有机物料质量和土壤属性来影响有机物料的周转时间（图 5-13），年均气温通过降低木质

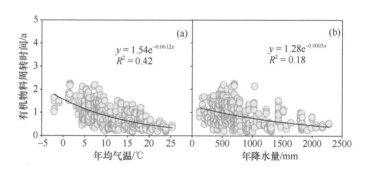

图 5-12　农田凋落物周转时间与年均气温（a）和年降水量（b）的关系

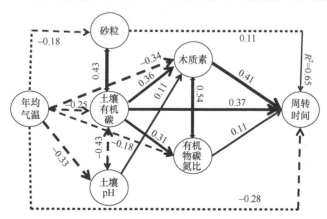

图 5-13　结构方程分析气候因子通过调控有机物料质量和土壤属性来影响有机物料的周转时间

素、凋落物 C∶N、土壤 pH、砂粒含量和土壤有机碳对有机物料周转时间产生间接的、负向的影响,同时,年均气温对有机物料周转时间有直接的、负向的影响。

二、有机物料质量

全球范围内,虽然有机物料质量在解释有机物料腐解速率方面仅处于次要地位,但是气候主要通过控制有机物料质量来间接地影响有机物料腐解速率。已有大量研究表明,有机物料腐解速率受有机物料质量的影响,包括有机物料氮浓度、C/N、P 浓度、C/P、木质素浓度、木质素与养分比值,因为许多热带地区的 P 供应量小于 N。如果剔除凋落物木质素含量这一因子的效应,有机物料腐解与年均气温、年降水量、土壤砂粒含量、土壤 pH 和试验持续时间关系将会变弱(表 5-5),相反,即使移除其他变量,木质素与有机物料腐解也有着高度相关性,这些结果强调了有机物料本身属性对其腐解影响的重要性(Cai et al.,2021)。

表 5-5   有机物料腐解与外界因子之间的偏相关系数

因子	腐殖化系数	均温	降水量	砂粒	土壤 pH	有机物氮	木质素	试验年限
均温	0.33	1.00	0.23	0.05	0.14	0.04	0.03	0.07
降水量	−0.42	−0.23	1.00	−0.13	−0.14	−0.20	−0.11	−0.09
砂粒	−0.25	−0.21	−0.24	1.00	−0.35	−0.24	−0.02	−0.19
土壤 pH	0.42	0.20	0.07	0.19	1.00	0.30	0.14	0.21
有机物氮	0.21	0.06	0.11	0.07	0.14	1.00	0.18	0.16
木质素	−0.63	−0.59	−0.57	−0.58	−0.61	−0.60	1.00	−0.59
试验年限	−0.11	−0.10	−0.12	−0.05	−0.17	−0.03	0.06	1.00

注:均温、降雨量和试验年限的样本量为 121,其 0.05 水平下的偏相关系数 r 值为 0.03、0.01 水平下 r 值为 0.05;砂粒、土壤 pH、有机氮和木质素的样本量为 40,其 0.05 水平下 r 值为 0.09,0.01 水平下 r 值为 0.15。

在新鲜有机物料中,由于缺乏大量营养元素从而限制了其分解率。从不同的有机物料分解研究中得到不同的极限值,这些极限值随着有机物料类型的不同而不同,其中有机物料质量残留率与初始有机物料中 N、Mn、Ca 浓度呈线性相关,而这三种营养物质与木质素降解和木质素降解微生物群落具有因果关系。微生物在初始分解过程中获得氮源以满足自身分解的需要,在含氮量较高的有机物料降解后期,氮浓度与木质素质量损失率之间存在明显的负相关关系。有机物料质量对有机物料分解速率的影响取决于有机物料是否能有效地为微生物群落分解提供包括 N、P、木质素、纤维素在内的营养物质和能量。酚类物质与次生代谢物共同作用可以减缓有机物料的分解,而单宁不仅影响菌丝胞外酶复合物,还可能影响菌丝内的结构蛋白或酶蛋白,从而直接抑制微生物的生长和活性。木质纤维素指数可以作为有机物料各种化合物分解的指标(图 5-14),有机物料活跃性碳库的大小随着木质素/氮和木质素/磷比值的增加而显著增加,过渡性碳库的大小随着木质素/磷比值的增加而降低,木质素/氮比值与惰性碳库的大小呈负相关(Cai et al.,2018)。

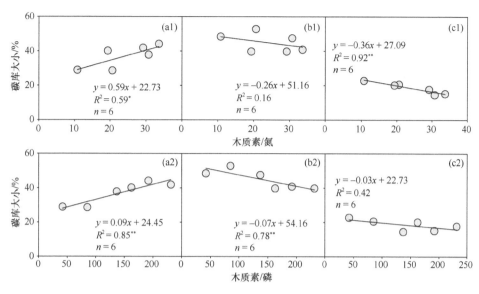

图 5-14　有机物料活跃性碳库（a）、过渡性碳库（b）和惰性碳库（c）大小与有机物料木质素/氮比值
（a1～c1）和木质素/磷比值（a2～c2）的关系

*表示在 0.05 水平显著相关，**表示在 0.01 水平显著相关

三、土壤属性

土壤养分对有机物料分解速率的影响已受到广泛关注，许多研究人员通过设置土壤养分有效性梯度来证明其对有机物料周转的影响。例如，有机物料在分解初期往往会使有机物料本身养分（尤其是氮和磷）发生富集，表明新鲜有机物料中营养物质不足以满足分解者自身的生长（Hobbie and Vitousek，2000）。在不同土壤养分有效性下进行落叶诱导变异的试验表明，相对于高土壤养分条件，有机物料在养分最贫瘠的土壤上的分解率较高。因此，土壤养分也是影响有机物料腐解的主要因素（图 5-15）。

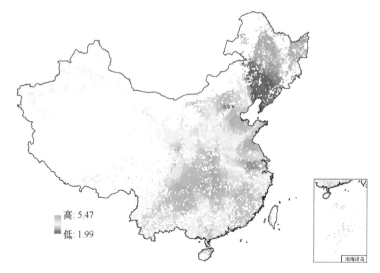

图 5-15　通过温度和土壤属性精准预测农田土壤有机物料腐解速率的空间分布 $[10^{-4}/(℃·d)]$

然而在某些生态系统中，间接证据表明养分确实限制了有机物料的分解，并通过养分添加实验来直接评估养分的限制性（Hobbie and Vitousek，2000）。通过施肥添加养分有时会加快有机物料降解，有时并没有影响，有时甚至可能降低其周转（Berg and Matzner，1997）。添加营养物对有机物料分解的不同影响可以从以下几个方面进行解释：首先，在某些点位上营养物质可能不是限制有机物料分解的主导因素，而其他因素可能占主导地位；其次，氮添加可以通过抑制木质素分解酶的合成或促进其他难降解化合物的形成来抑制木质素的分解。当木质素在有机物料中占较大比重时，添加氮实际上抑制了有机物料的整体分解，氮素对不稳定组分分解的积极作用可能被对木质素分解的消极作用所抵消（Hobbie and Vitousek，2000）。增加营养物质使大多数物种固定氮和磷的能力降低，并能更快地从有机物料中释放氮和磷，因此对于大多数物种来说，增加营养物质导致了更高的氮和磷循环速率。为了进一步了解养分富集的区域碳循环，有必要开展土壤养分动态对有机物料分解影响的试验（Li et al.，2011）。增加养分的供给不一定能使有机物料分解速率加快，但能促进养分的释放。养分供应速率和养分循环速率之间的这种正反馈，通过增加有机物料产量来响应养分供应的增加而得到加强。

四、农田管理措施

施肥是农作措施中影响土壤有机碳库的最重要因素，其不仅影响有机碳的含量，还改变有机碳的组成。总体来说，长期施肥能够改变有机物分解，主要原因有两个方面：一是施肥可改善土壤中的速效养分状况，促进作物根系和地上部的生长，从而增加进入土壤的根系分泌物和有机残体数量；二是影响土壤微生物的数量和活性，进而影响土壤有机质的生物降解过程（梁丰，2018）。

施用氮肥调节有机物料还田后的腐解速率及养分供应是常见的调控措施，化肥的配施增加了土壤对养分的供应，既可满足作物生长对养分的需求，又可以调控微生物生长的化学计量比，但氮肥配施对有机物料分解速率的影响的结论并不一致。氮肥在植物残体分解的前期有促进作用，但在分解后期却表现出抑制效果。对木质素及其他难分解物质含量较低的植物残体而言，高水平的外源氮添加能够促进分解，而高木质素含量的残体分解速率降低。木质素含量低于12%时，添加氮或磷可促进有机物料分解；当木质素含量高于16%时，施氮反而会抑制有机物料的分解。氮肥添加对秸秆腐解速率的影响可能与其对各有机化合物分解酶活性的刺激效应有关，氮肥可以增强碳水化合物水解酶活性，抑制木质素裂解酶活性（Grandy et al.，2013），因此在前期可能提高腐解速率，在后期减缓腐解速率。

作物轮作通过影响作物根系或残体归还的数量和质量，影响土壤有机碳的矿化和固定过程以及土壤活跃有机碳的数量，作物根系和微生物残体主要影响土壤水溶性有机碳和微生物碳的变化。选择具有较高生物量和 C/N 的植物种与作物轮作，辅之以秸秆还田措施，可以增加根系及其残体的数量、改变残体的化学质量，影响其矿化固定，从而降低传统种植制度对土壤有机碳的衰减效应。我国红壤区不同轮作制度下土壤有机碳变化的研究结果表明，常规耕作下土壤有机碳含量小于 7g/kg，而在林粮轮作下土壤有机碳含量为 9～11g/kg，达到红壤的中高肥力水平。农林复合，不仅增加了归还量，而且缓解了水土流失现象。就作物残留物的管理方式而言，焚烧秸秆不仅直接释放碳，还加快土壤有机碳的分解损失；而秸秆还田则可以缓解土壤有机碳的下降，使土壤中的颗粒有机碳含量上升 30%。土壤有效碳库对农田管理措施的变化比总有机碳库有更大敏感性，而且土壤有效碳库在调节土壤碳素和养分流向方面有重要作用，与土壤潜在生产力关系密切。

五、综合环境影响效应及多因素分析

不同环境因素对土壤有机碳累积有着不同的作用，但这些因素并不能单独起作用，农田土壤有机碳是源还是汇，是由多种因素综合作用的结果。基于我国 25 个长期定位施肥试验，建立相应的数据库，以数据的整合分析为手段，通过方差分解法综合分析了气候、土壤属性、管理措施、试验年限对农田土壤总有机碳固定效率的影响（图 5-16）。试验年限、气候和其他属性（土壤属性、管理措施）等因素对土壤有机碳固定效率的解释率可以达到 73.4%，其中，试验年限这一因素的解释率达 42.2%，超过其他因素之和，而气候和其他属性分别仅可以解释 13.9% 和 30.4%。其他变量的交互作用所占的贡献率比较低。

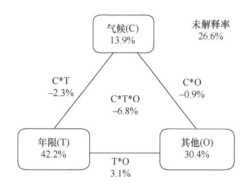

图 5-16　试验年限、气候因素和其他属性对土壤固碳效率的贡献程度

尽管数据来源变异很大（不同土壤类型、气候、土地利用类型等），我们发现，试验的持续年限是土壤固碳效率变化的主要驱动因素，其次为其他属性（土壤属性、管理措施），最后为气候因素，但不同区域的影响因素并不完全一致。温度和降水量是影响土壤有机碳固持和分解的主要气候因素；施肥是农田管理措施中影响土壤有机碳的主要因素，不仅可以改变有机碳的含量，还可以影响有机碳的组成。具体原因包括：施肥可提高土壤中有效养分含量，促进根系生长，增加根系分泌物和脱落物的数量；施肥可以影响土壤微生物的种类、数量和活性，进而影响土壤有机碳的生物降解。土壤理化特性对土壤有机碳含量起着本质的作用，而研究最多的是土壤质地（黏粉粒含量）与土壤有机碳的关系（Zhang et al.，2010）。一般认为，与砂粒和粉粒较多的土壤相比，较高的黏粒含量土壤具有较高的土壤有机碳固定效率。其原因在于黏粒对土壤有机碳的化学保护作用主要通过与有机碳结合形成有机-无机复合体。从不同区域上看，长期（20 年）施

肥下，土壤 C/N 变化率及土壤有效磷的含量与土壤有机碳固定效率存在显著的相关关系，其原因可能是碳、氮、磷是微生物组成的主要元素，它们之间一定的比例有利于微生物生长，进而有利于外源碳的固定；东北、西北和南方旱地地区，土壤有机碳固定效率随着初始有机碳含量的增加而呈现线性降低的趋势；除了南方旱地地区，初始土壤C/N 对土壤有机碳固定效率也有明显影响；在北方地区，土壤质地中粉粒含量是影响土壤有机碳固定效率的关键因素，从而表明不同区域土壤有机碳固定效率的驱动因素并不完全一致（蔡岸冬，2016）。

参 考 文 献

蔡岸冬. 2016. 我国典型农田土壤固碳效率特征及影响因素. 北京: 中国农业科学院硕士学位论文.

蔡岸冬. 2019. 我国典型陆地生态系统凋落物腐解的时空特征及驱动因素. 北京: 中国农业科学院博士学位论文.

陈兵, 王小利, 徐明岗, 等. 2020. 煤矿复垦区不同有机物料的分解特征. 植物营养与肥料学报, 26(6): 1126-1134.

侯胜鹏. 2017. 中国主要有机养分资源利用潜力研究. 北京: 中国农业科学院博士学位论文.

贾伟, 李宇虹, 陈清, 等. 2014. 京郊畜禽粪肥资源现状及其替代化肥潜力分析. 农业工程学报, 30(8): 156-167.

李玲. 2018. 典型农田土壤中有机物料分解特性及影响因素. 北京: 中国农业科学院博士后研究报告.

李然. 2019. 山西煤矿区不同复垦年限土壤上有机物料的腐解特征. 荆州: 长江大学硕士学位论文.

李然, 徐明岗, 邬磊, 等. 2021. 煤矿区复垦土壤中秸秆和生物炭的分解特征. 植物营养与肥料学报, 27(7): 1129-1140.

梁丰. 2018. 我国典型农田土壤固碳效率的时空差异特征及驱动因素. 北京: 中国农业科学院博士后研究报告.

林心雄, 程励励, 施书莲, 等. 1980. 绿肥和藁秆等在苏南地区土壤中的分解特征. 土壤学报, 4: 319-327.

马想, 徐明岗, 赵惠丽, 等. 2019. 我国典型农田土壤中有机物料腐解特征及驱动因子. 中国农业科学, 52(9): 1564-1573.

宋大利, 侯胜鹏, 王秀斌, 等. 2018. 中国秸秆养分资源数量及替代化肥潜力. 植物营养与肥料学报, 24(1): 1-21.

王金洲. 2015. 秸秆还田的土壤有机碳周转特征. 中国农业文摘-农业工程, 28(5): 79.

王舒娟, 蔡荣. 2014. 农户秸秆资源处置行为的经济学分析. 中国人口·资源与环境, 24(8): 162-167.

徐明岗, 张文菊, 黄绍敏, 等. 2015. 中国土壤肥力演变(第二版). 北京: 中国农业科学技术出版社.

杨帆, 李荣, 崔勇, 等. 2010. 我国有机肥料资源利用现状与发展建议. 中国土壤与肥料, 4: 77-82.

Berg B, Matzner E. 1997. Effect of N deposition on decomposition of plant litter and soil organic matter in forest systems. Environmental Review, 5(1): 1-25.

Cai A D, Chang N J, Zhang W J, et al. 2020. The spatial patterns of litter turnover time in Chinese terrestrial ecosystems. European Journal of Soil Science, 71(5): 856-867.

Cai A D, Liang G P, Yang W, et al. 2021. Patterns and driving factors of litter decomposition across Chinese terrestrial ecosystems. Journal of Cleaner Production, 278: 123964.

Cai A D, Liang G P, Zhang X B, et al. 2018. Long-term straw decomposition in agro-ecosystems described by a unified three-exponentiation equation with thermal time. Science of the Total Environment, 636(1): 699-708.

Cai A D, Xu H, Duan Y H, et al. 2022. Changes in mineral-associated carbon and nitrogen by long-term fertilization and sequestration potential with various cropping across China dry croplands. Soil and

Tillage Research, 205: 104725.

Cai Z J, Wang B R, Xu M G, et al. 2015. Intensified soil acidification from chemical N fertilization and prevention by manure in an 18-year field experiment in the red soil of southern China. Journal of Soils and Sediments, 15(2): 260-270.

Campbell C, Zentner R, Bowren K, et al. 1991. Effect of crop rotations and fertilization on soil organic matter and some biochemical properties of a thick black chernozem. Canadian Journal of Soil Science, 71(3): 377-387.

Campdell C A. 1978. Soil organic carbon nitrogen and fertility. Developments in Soil Science, 8: 172-271.

Fujisaki K, Perrin A S, Desjardins T, et al. 2015. From forest to cropland and pasture systems: a critical review of soil organic carbon stocks changes in Amazonia. Global Change Biology, 21(7): 2773-2786.

Gao L W, Ma L, Zhang W F, et al. 2009. Estimation of nutrient resource quantity of crop straw and its utilization situation in China. Transactions of the Chinese Society of Agricultural Engineering, 25(7): 173-179.

Grandy A S, Salam D S, Wickings K, et al. 2013. Soil respiration and litter decomposition responses to nitrogen fertilization rate in no-till corn systems. Agriculture, Ecosystems & Environment, 179: 35-40.

Hobbie S E, Vitousek P M. 2000. Nutrient limitation of decomposition in Hawaiian forests. Ecology, 81(7): 1867-1877.

IPCC. 2014. Climate Change: Synthesis Report. In: Pachauri R K. Meyer L A. Contribution of Working Groups I, II and III to the Fifth Assessment Report of the Intergovernmental Panel on Climate Change. Geneva, Switzerland.

Jiang G Y, Xu M G, He X H, et al. 2014. Soil organic carbon sequestration in upland soils of northern China under variable fertilizer management and climate change scenarios. Global Biogeochemical Cycles, 28(3): 319-333.

Jiang G Y Zhang W J, Xu M G, et al. 2018. Manure and mineral fertilizer effects on crop yield and soil carbon sequestration: a meta-analysis and modeling across china. Global Biogeochemical Cycles, 32(11): 1659-1672.

Li L J, Zeng D H, Yu Z Y, et al. 2011. Impact of litter quality and soil nutrient availability on leaf decomposition rate in semi-arid grassland of Northeast China. Journal of Arid Environments, 75(9): 787-792.

Lu F. 2014. How can straw incorporation management impact on soil carbon storage? A meta-analysis. Mitigation and Adaptation Strategies for Global Change, 20(8): 1545-1568.

Nicolardot B, Recous S, Mary B. 2001. Simulation of C and N mineralisation during crop residue decomposition: A simple dynamic model based on the C: N ratio of the residues. Plant and Soil, 228(1): 83-103.

Silver W, Miya R. 2001. Global patterns in root decomposition: Comparisons of climate and litter quality effects. Oecologia, 129(3): 407-419.

Stanford G, Smith S J. 1972. Nitrogen mineralization potentials of soils. Soil Science Society of America Journal, 36(3): 465-472.

Thomsen I K, Christensen B T. 2010. Carbon sequestration in soils with annual inputs of maize biomass and maize-derived animal manure: Evidence from ^{13}C abundance. Soil Biology & Biochemistry, 42(9): 1643-1646.

Wiesmeier M, Hübner R, Spörlein P, et al. 2014. Carbon sequestration potential of soils in southeast Germany derived from stable soil organic carbon saturation. Global Change Biology, 20(2): 653-665.

Zhang D Q, Hui D F, Luo Y Q, et al. 2008. Rates of litter decomposition in terrestrial ecosystems: global patterns and controlling factors. Journal of Plant Ecology, 1(2): 85-93.

Zhang W J, Liu K L, Wang J Z, et al. 2015. Relative contribution of maize and external manure amendment to soil carbon sequestration in a long-term intensive maize cropping system. Scientific Reports, 5: 10791.

Zhang W J, Wang X J, Xu M G, et al. 2010. Soil organic carbon dynamics under long-term fertilizations in arable land of northern China. Biogeosciences Discussions, 7(2): 409-425.

Zhang W J, Xu, M G, Wang X J, et al. 2012. Effects of organic amendments on soil carbon sequestration in paddy fields of subtropical China. Journal of Soils and Sediments, 12(4): 457-470.

第六章 秸秆还田的有机碳周转特征及利用

我国是农业大国,作物类型因区域、气候等因素差异较大,秸秆种类亦呈现多样性。根据农作物用途和植物学系统分类,可将秸秆分为三大作物类:①粮食作物,包括谷类作物如水稻、小麦、玉米等,豆科作物如大豆、豌豆、绿豆等,薯类作物如甘薯、马铃薯等;②经济作物,包括纤维作物如棉花、红麻、黄麻等,油料作物如油菜、花生、芝麻等,糖料作物如甘蔗、甜菜等,其他作物如烟草、茶叶、薄荷等;③绿肥及饲料作物,如紫云英、苜蓿等。农业生产中产生的主要秸秆为水稻、小麦、玉米、大豆、马铃薯、花生、油菜、棉花等作物的茎秆。秸秆本身具有氮、磷、钾、粗蛋白、纤维素、木质素等中微量元素和有机质,决定了秸秆可以进行肥料化、饲料化、基料化、燃料化、原料化利用,俗称"五化"。2019 年,农业农村部发布了《农业农村部办公厅关于全面做好秸秆综合利用工作的通知》,指出了开展秸秆综合利用工作是提升耕地质量、改善农业农村环境、实现农业高质量发展和绿色发展的重要举措。这些文件都在积极推动我国秸秆资源综合再利用,减少资源浪费和环境污染。

第一节 秸秆还田的重要性

一、我国秸秆资源量及分布

1. 秸秆资源构成与分布

近 20 年我国主要农作物秸秆量呈现增长趋势(图 6-1)。2010 年主要农作物秸秆资源量达到 6.78 亿 t,较 2000 年增长 1.54 亿 t,增幅 29.3%。其中,玉米秸秆资源量增长 1.02 亿 t,占秸秆资源增长总量的 66.2%。2015 年主要农作物秸秆资源量增至 8.12 亿 t,较 2010 年增长 1.34 亿 t,其中玉米秸秆增加量占比 66.6%。2015~2019 年,秸秆资源量稳定保持在 8.0 亿 t。2019 年三大粮食作物(玉米、水稻、小麦)秸秆资源量达到 6.70 亿 t,占比 83.1%。

从 2019 年我国不同区域主要农作物秸秆资源量分布来看(表 6-1),华北地区和长江中下游地区秸秆资源量最为丰富,分别达到 2.127 亿 t 和 1.941 亿 t,占全国主要农作物秸秆资源量的 26.28%和 23.98%;其次是东北地区,秸秆资源量 1.635 亿 t,占比 20.2%;西南和西北地区秸秆资源量秸秆资源量为 1.021~1.022 亿 t,占比 12.61%~12.63%;而东南地区秸秆资源量最低(0.350 亿 t),占比 4.32%。从秸秆养分资源量来看,全国主要农作物秸秆 N、P_2O_5、K_2O 养分资源总量分别达到 706.68 万 t、223.78 万 t、1299.78 万 t,总养分资源量为 2230.24 万 t。其中,华北地区和长江中下游地区秸秆总养分资源量分别达到 511.27 万 t 和 569.78 万 t,分别占全国秸秆总养分资源量的 22.9%和 25.5%。

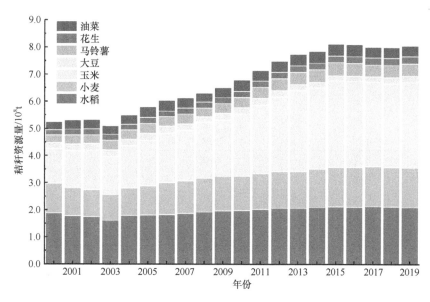

图 6-1　2000～2019 年我国主要农作物秸秆资源量时序变化

从全国各省份秸秆资源量来看（表 6-1），秸秆资源量超过 5000 万 t 的省份包括黑龙江、河南和山东；秸秆资源量 3000 万～5000 万 t 的省份包括四川、安徽、吉林、河北、内蒙古、江苏、湖北和湖南；秸秆资源量 1000 万～3000 万 t 的省份包括辽宁、江西、云南、新疆、甘肃、贵州、陕西、山西、广西、广东、重庆；秸秆资源量 100 万～1000 万的省份有福建、宁夏、天津、青海、海南和上海；秸秆资源量低于 100 万 t 的省份为北京、西藏。

表 6-1　2019 年全国不同区域主要农作物秸秆产生量及秸秆养分资源量

区域	省（自治区、直辖市）	秸秆产生量 /10⁸ t	占比 /%	秸秆养分资源量/×10⁴ t			
				N	P₂O₅	K₂O	总量
东北	辽宁	0.293	3.62	26.60	8.87	44.08	79.55
	吉林	0.462	5.70	41.43	13.99	67.63	123.05
	黑龙江	0.881	10.88	82.73	26.85	138.50	248.08
	小计	1.635	20.20	150.76	49.71	250.21	450.68
华北	北京	0.003	0.04	0.26	0.09	0.43	0.78
	天津	0.025	0.31	2.02	0.60	3.33	5.95
	河北	0.449	5.54	36.96	11.28	59.29	107.53
	河南	0.848	10.48	70.28	20.24	115.60	206.12
	山东	0.647	7.99	53.54	15.72	83.27	152.53
	山西	0.155	1.92	13.16	4.35	20.85	38.36
	小计	2.127	26.28	176.22	52.28	282.77	511.27
长江中下游	上海	0.010	0.12	0.82	0.27	1.91	3.00
	江苏	0.408	5.04	32.13	10.10	70.18	112.41
	浙江	0.069	0.85	6.11	1.92	13.71	21.74
	安徽	0.475	5.87	39.05	11.85	76.57	127.47

续表

区域	省（自治区、直辖市）	秸秆产生量/×10⁸ t	占比/%	秸秆养分资源量/×10⁴ t			
				N	P₂O₅	K₂O	总量
长江中下游	湖北	0.368	4.54	31.06	10.25	69.60	110.91
	湖南	0.367	4.53	31.20	10.50	74.62	116.32
	江西	0.245	3.03	21.21	6.90	49.82	77.93
	小计	1.941	23.98	161.58	51.79	356.41	569.78
东南	福建	0.051	0.63	4.93	1.50	10.12	16.55
	广东	0.138	1.71	13.20	3.97	26.41	43.58
	广西	0.147	1.81	13.14	4.23	27.10	44.47
	海南	0.014	0.17	1.32	0.41	2.80	4.53
	小计	0.350	4.32	32.59	10.11	66.43	109.13
西南	重庆	0.129	1.59	12.43	3.99	25.10	41.52
	四川	0.487	6.02	44.20	14.12	91.19	149.51
	贵州	0.165	2.04	16.37	5.20	33.25	54.82
	云南	0.235	2.91	21.83	7.16	41.75	70.74
	西藏	0.004	0.05	0.24	0.08	0.64	0.96
	小计	1.021	12.61	95.07	30.55	191.93	317.55
西北	内蒙古	0.444	5.49	40.88	13.67	64.03	118.58
	陕西	0.161	1.99	13.32	4.22	24.09	41.63
	宁夏	0.047	0.58	4.23	1.41	7.40	13.04
	甘肃	0.166	2.05	15.80	4.91	27.36	48.07
	青海	0.023	0.28	2.16	0.68	4.74	7.58
	新疆	0.181	2.24	14.07	4.45	24.41	42.93
	小计	1.022	12.63	90.46	29.34	152.03	271.83
合计		8.094	100.00	706.68	223.78	1299.78	2230.24

从省级行政区层面分析，我国粮食生产逐步向核心主产区集中，13个主产区粮食作物秸秆资源量占全国粮食作物秸秆资源量的78.4%，秸秆养分资源占全国秸秆养分资源总量的76.1%。2017年13个产区粮食产量占全国的比例达到78.0%，三大粮食作物之外的秸秆占比虽然不高，但也表现出明显的区域富集性，例如，67.7%的棉花秸秆集中分布在新疆，华北和长江中下游地区如山东、河北、湖北等地也是棉花秸秆较富集区域。华北地区是花生秸秆主要富集区，其中河南、山东、河北三省占全国花生秸秆的51.9%。黑龙江的豆类作物秸秆占全国豆类秸秆总量的38.3%。长江中下游和西南地区是油菜秸秆富集区，其中以湖北、湖南、四川最为集中，占全国油菜秸秆资源总量的48.2%（丛宏斌等，2019）。

2. 三大粮食作物秸秆资源空间分布

玉米、水稻、小麦三大粮食作物秸秆占比大，是中国秸秆资源综合利用的重点。三大粮食作物秸秆的区域富集性均非常明显，但却表现出不同的空间分布特征。玉米秸秆资源空间分布主要在东北和华北地区富集，东北和华北地区的玉米秸秆占全国玉米秸秆资源总量的 68.1%，其中，黑龙江、吉林、山东、河北、河南 5 省资源最为集中。水稻秸秆资源分布在以黑龙江为中心的东北地区和以湖南、江西为中心的江南地区（包括长江中下游、西南和东南），黑龙江、湖南、江西三省合计占全国水稻秸秆资源总量的 37.0%。小麦秸秆资源则主要分布在华北地区，华北地区占全国小麦秸秆资源总量的 59.3%（丛宏斌等，2019）。

二、我国秸秆资源利用现状

以前秸秆的利用受到收集方式、利用技术和运输成本的限制，焚烧、废弃成为主要处理方式，这不仅导致环境污染，还带来严重资源浪费。因此，近年来我国一直加快推进秸秆综合利用，开展"5+1"处理模式进行秸秆垃圾资源的利用，加上秸秆无害化处理，共同构成了我国现有的秸秆利用模式。

目前我国秸秆最常用的利用方式为肥料化利用，秸秆肥料化利用约占整体利用规模的 60%～70%。随着我国秸秆综合利用的技术水平不断进步，我国秸秆资源综合利用率呈增加趋势，表现为秸秆新能源开发利用量、饲用量、工业加工利用量和食用菌养殖利用量增加，而秸秆废弃和焚烧量、直接燃料用量均减少。另外，秸秆过腹还田、秸秆沼肥还田和秸秆过腹沼肥还田作为绿色种养循环模式，已在规模化农场中得到逐步推广。

秸秆生化腐熟还田是将粉碎后的秸秆与定量的生物菌剂和适量的氮肥混合，洒水后堆压，秸秆中的高分子粗纤维被高温沤制后产生的纤维素酶分解为小分子的糖醇等，有害的寄生虫卵、病原菌和杂草种子等被高温杀灭，进而产生有机熟肥。目前，全国秸秆综合利用率已达到 86% 以上。在国家相关政策的不断支持下，我国秸秆综合利用行业也稳步发展，未来随着政策支持力度的加大及秸秆处理技术的进步，我国秸秆综合利用行业将迎来进一步的发展。

三、秸秆还田提升土壤地力的作用

1. 秸秆还田改善土壤物理性质

秸秆还田一方面可改善土壤的通气状况，降低土壤容重、坚实度，协调土壤水、肥、气、热等生态条件，为作物生长创造良好的土壤环境；另一方面还有利于提高土壤总孔隙度，增加土壤毛管孔隙度和非毛管孔隙度。相关研究发现，秸秆还田后土壤容重较上年同期降低 10.9%，土壤孔隙度较上年同期提高 9.3%（李世忠等，2017）；秸秆还田方式对土壤孔隙结构也会产生一定的影响，粉碎翻压或整秆覆盖还田均可增加土壤孔隙度，且随还田年限的增加，耕层土壤的总孔隙度也呈上升趋势。秸秆还田条件下不同耕作方式对土壤容重的影响程度不同，翻耕方式比免耕更能降低土壤容重。秸秆还田后可产生大量腐殖酸，促进团粒体的形成，从而形成水稳性较高的土壤团粒结构（冀保毅，2013），进而改善土壤的结构状况。秸秆还田方式对土壤团聚体稳定性也存在一定影响，秸秆覆盖还田更有利于增强土壤团聚体的稳定性。秸秆还田结合耕作还可影响土壤结构和养分周转，二者驱动着土壤的更新周转和团聚体分布（田慎重等，2017），其对于培肥土壤、改善土壤环境质量起着不可估量的作用。

秸秆还田可阻断土壤水分的毛细作用，提高土壤的保水性能，同时改善表层土壤的入渗能力，减少表层水分的蒸发散失。而对土壤温度的影响主要表现在秸秆还田对不同时期土壤的增温和降温效应上。短期秸秆还田可加强土壤对光辐射的吸收和转化，具有增温效应，且随还田量的增加，其增温效果更加明显，主要体现在0～5cm 土层，但长期秸秆还田的土壤增温效应则主要表现在0～15cm 土层（王丽君，2012）。秸秆还田后也可使作物全生育期土壤温度呈下降趋势，其下降幅度对表层土壤温度影响最为显著，而在越冬期温度较低的情况下，秸秆还田较常规处理表现为增温，在返青期气温初始回升时开始表现出降温效应（王月宁等，2019）。

2. 秸秆还田改善土壤化学性质

秸秆还田经微生物分解会产生大量的腐殖质，对土壤矿质元素的积累贡献明显，对土壤碳含量的增加效益显著（Cong et al.，2012）。土壤有机质含量随秸秆还田量的增加而提高。不同秸秆还田方式对土壤有机质积累的影响也不同，秸秆覆盖还田更有利于表层土壤有机质的积累，秸秆深埋还田可促进亚表层土壤有机质含量的增加。秸秆还田措施对土壤养分固持和活化有较大的促进作用（丛日环等，2019）。连续秸秆还田可显著提高20～40cm 土层中硝态氮和铵态氮的含量，进而减少氮肥施用量（秦都林等，2017）。作物秸秆中有70%～80%来自作物吸收所储存的钾，其钾素是水溶性钾，主要以钾离子的形式存在，极易溶于水而释放出来。大量研究表明，秸秆直接还田后，秸秆钾的释放率高于磷和氮（戴志刚等，2010；黄晶等，2016）。张磊等（2017）的研究表明，不同供钾能力土壤上，秸秆全量还田可替代25%～100%化学钾肥用量。

3. 秸秆还田提升土壤生物性质

土壤微生物群落在秸秆分解过程中起关键作用。秸秆还田可显著增加耕层土壤中细菌、霉菌、放线菌、解磷解钾菌、硝化细菌和反硝化细菌等的数量，改善土壤微生物的群落结构和功能多样性（崔新卫等，2014）。在秸秆分解的初始阶段，作物秸秆的施入极大地刺激了富营养型细菌，如 β-变形菌门（β-Proteobacteria）、γ-变形菌门（γ-Proteobacteria）、放线菌门（Actinobacteria）、拟杆菌门（Bacteroidetes）、厚壁菌门（Firmicutes）、真菌被孢菌门（Mortierellaceae）和镰刀菌门（Fusarium）；在分解后期，酸杆菌门（Acidobacteria）、绿弯菌门（Chloroflexi）和芽单胞菌门（Gemmatimonadetes）等寡营养型细菌的生长有所增强。作物秸秆腐解后会产生大量的有机物，极大增加了土壤微生物量及碳、氮含量，从而显著改善土壤环境质量，为下茬作物储备土壤碳、氮库以增加肥料利用率，同时有利于土壤有机质的分解和转化，提高土壤的供肥水平。秸秆作为外源碳介入农田土壤后，土壤微生物可利用碳源的增加改善其生存环境，从而提高土壤酶的活性，使土壤微生物状况得以改善。土壤酶活性的增强，极大促进了土壤中各种物质的周转，特别是腐殖质的合成与分解，对土壤培肥效果显著。

第二节　秸秆还田与土壤有机碳周转

一、长期秸秆还田对土壤碳库的提升作用及潜力

1. 秸秆还田的碳投入

从全国四个区域的 17 个长期定位试验年均碳投入来看（图 6-2），不同地区长期单施化肥（NP、NPK）时，作物投入的碳（即根茬碳）约为不施肥（CK）的两倍。秸秆还田带入土壤的碳输入量则要显著高于单施化肥。因此，不同施肥下的总碳投入：秸秆还田的最高，不施肥的最低。

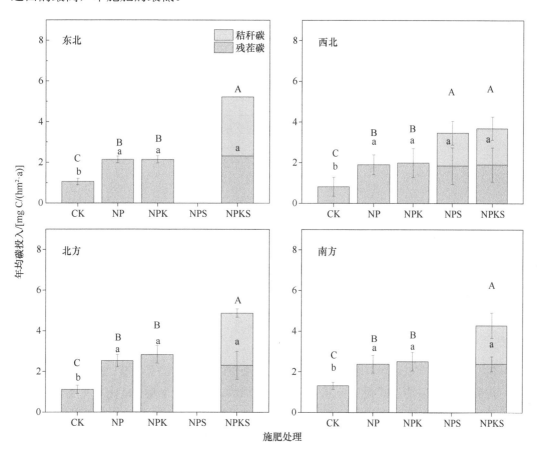

图 6-2　不同区域长期施肥条件下的年均碳投入（张旭博，2016）

不同大写和小写字母分别表示总碳投入和作物碳投入的显著性差异分析（$P < 0.01$）。CK，不施肥；NP，单施氮磷肥；
NPK，单施氮磷钾肥；NPS，施用氮磷肥配合秸秆还田；NPKS，施用氮磷钾肥配合秸秆还田

2. 秸秆还田提高土壤碳储量

基于农田长期试验网络，我们观测了不同施肥下土壤有机碳库变化速率（表 6-2）（张旭博，2016）。除了昌平、禹城、杨凌试验点之外，不施肥的土壤有机碳储量随着时

间没有显著变化（9 个点）或显著降低（5 个点）。施用化肥 20～30 年后，土壤有机碳库显著增加的有 5 个试验点，没有变化的有 10 个试验点中只有 1 个点是显著降低的。长期施用化肥配合秸秆还田条件下，超过 80%的试验点表现出土壤有机碳库以 0.18～0.62t/(hm^2·a)的速率增加（$P<0.05$）。此外，相比长期不施肥，不同区域长期施用化肥配合秸秆还田后，土壤有机碳库大约增加 12.8%～37.9%。

表 6-2　不同区域不同施肥下土壤有机碳库变化速率　　［单位：t/(hm^2·a)］

区域	试验点	不施肥	施用化肥	施用化肥配合秸秆还田
东北	哈尔滨	−0.13*	−0.04	N/A
	公主岭	−0.09	0.21	0.18*
	沈阳	−0.18**	−0.015	N/A
华北	昌平	0.29*	0.22	0.42**
	天津	0.15	0.26**	0.25**
	禹城	0.29**	0.41**	N/A
	郑州	−0.12*	0.12*	0.25*
	徐州	0.002	0.08**	N/A
西北	乌鲁木齐	−0.18**	−0.15*	0.02
	张掖	−0.29*	−0.16	N/A
	平凉	0.04	N/A	N/A
	杨凌	0.18**	0.46**	0.62**
	遂宁	0.01	0.02	N/A
南方	重庆	−0.23	0.05	0.37*
	祁阳	−0.06	0.17	0.22**
	进贤	−0.08	−0.08	N/A

*和**分别表示 $P<0.05$ 和 $P<0.01$ 水平土壤有机碳动态与试验年限显著线性相关。N/A 表示无数据。

3. 秸秆还田的固碳效率

进入土壤的有机物料（秸秆和根茬）只有少量转化为土壤有机碳（SOC）而长期固存，其余均以 CO_2 的形式损失掉或以可溶性有机物进入深层土壤。量化有机物料的长期固碳效率，即物料有机碳进入 SOC 的比例，是指导有机物料管理和土壤 SOC 定量提升的关键步骤。

在 10～30 年的时间段内（平均为 18 年），秸秆有机碳的固碳效率变幅在−8.3%至56.6%之间，平均为(9.5±1.1)%（图 6-3）。玉米秸秆固碳效率的变幅高于小麦和水稻秸秆。在最初的 20 年，秸秆还田下的 SOC 相对增加率往往随着时间的延长而增大。但在更长的时间尺度，SOC 的相对增加率并无明显的上升或下降趋势（图 6-4），表明秸秆还田SOC 在最初 10～20 年已快速达到有机碳输入与输出平衡。因此，秸秆还田是短期内快速提升 SOC 的有效措施，但从长时间尺度看，秸秆还田的固碳效果有限。秸秆还田为土壤输入了大量的活性态有机碳，提高了土壤活性态组分的含量，如微生物生物量碳、颗粒有机碳和轻组有机碳，同时也会促进土壤原有 SOC 的分解（如激发效应）。一旦停止秸秆还田，SOC 库可能会在数年内降低至秸秆还田前的水平甚至更低。

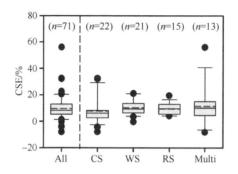

图 6-3　我国不同类型作物秸秆还田后的净固碳效率（CSE）（王金洲，2015）

All，所有秸秆；CS，玉米秸秆；WS，小麦秸秆；RS，水稻秸秆；Multi，小麦和水稻秸秆或小麦和玉米秸秆

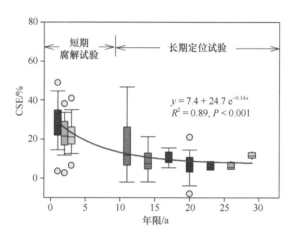

图 6-4　秸秆短期腐解残留率和长期净固碳效率（CSE）的关系（王金洲，2015）

二、长期秸秆还田下土壤有机碳新老组分变化及其矿化

1. 秸秆还田下土壤有机碳新老组分变化

土壤有机质成分复杂，且分解难易程度各异。按照其研究方法（放射性同位素 ^{14}C 或稳定同位素 ^{13}C）和周转时间的不同，可分为稳定态碳库（stable pool）和活性碳库（active pool），或老碳（old C）和新碳（young C）。随着时间的延长，源自秸秆的 SOC（新碳）占总 SOC 的比例越来越高，但最高不超过 40%。新碳的年分解速率远高于老碳。老碳占初始 SOC 的比例随时间的延长呈指数下降，年分解速率较低，半分解期约为新碳的 12 倍。然而，土壤中新碳的比例和周转速率受到施肥和秸秆管理的显著影响（图 6-5）。在不施肥的情况下，秸秆还田仅将新碳的比例从不还田的 12.3%（图 6-5a）提高至 15.9%（图 6-5b），源自秸秆的新碳占 SOC 总量的 3.5%；而化肥配合秸秆还田显著提高了新碳的比例，从不还田时的 15.1%（图 6-5c）提高到 31.5%（图 6-5d）。

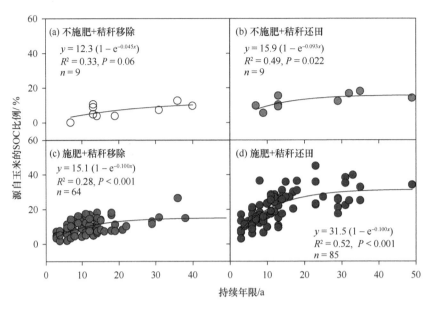

图 6-5 不同施肥和秸秆还田情景下的土壤新有机碳比例变化（王金洲，2015）
（a）不施肥且秸秆不还田；（b）不施肥但秸秆还田；（c）施肥但秸秆移除；（d）施肥且秸秆还田

与新碳类似，老碳的比例和周转速率也受到施肥和秸秆管理的显著影响。化肥配合秸秆还田的老碳分解速率是单施化肥的 1.74 倍，表明化肥施用可能抑制了老碳的分解；而秸秆还田加速了老碳的分解。化肥配合秸秆还田与单施化肥的玉米根茬对 SOC 的贡献基本一致，即 15.1%；而玉米秸秆对 SOC 的贡献为 19.6%，其中 10%为 SOC 总量的相对变化，9.6%填补了激发效应引起的碳库损失（图 6-6）。

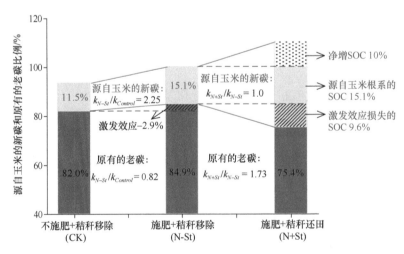

图 6-6 施肥和秸秆还田下土壤新有机碳库和老有机碳库比例及其周转速率（王金洲，2015）
CK，对照；N-St，仅添加氮肥；N+St，添加氮肥和秸秆还田

土壤微生物量代表了土壤中微生物的数量，并用于检测土壤功能的短期变化（Nautiyal et al.，2010）。有机物料的质量，如碳源有效性、C/N 影响微生物量（Chen et al.，2015）。碳为微生物提供了能源，因此有机物料添加后可刺激微生物数量的快速增加

（Heijboer et al.，2016），与对照相比，添加有机物料后土壤微生物生物量碳（MBC）含量明显升高。有机物料的 C/N 通常用来作为有机物料分解的指示指标，且 C/N 低的有机物料能为微生物提供更充分的养分。因此，有机物料分解 1 个月，添加有机肥处理与作物残体（秸秆、根）相比，土壤 MBC 和微生物生物量氮（MBN）含量明显升高。但是有机物料分解 12 个月，具有较高 C/N 的作物残体（秸秆、根）处理下土壤 MBC 和 MBN 明显高于添加有机肥处理。一般而言，有机物料的施用伴随着土壤对氮的固定（Heijboer et al.，2016）。而且，随着试验的进行，土壤有效性碳、氮含量逐渐降低。

2. 秸秆还田下土壤有机碳矿化

土壤有机碳总矿化速率会随着时间延长呈逐渐下降趋势（图 6-7）。秸秆还田的土壤总矿化速率均显著增加，且表现出明显的阶段性特征：前期（1～14d），土壤总矿化速率总体上变化幅度较大，且在第 3 天达到最大值后开始迅速下降，初期土壤总矿化速率总体处于不稳定状态，可能是因为秸秆添加引起了土壤状态的改变，微生物尚未适应这一状态；中期（14～65d），土壤总矿化速率处于缓慢下降并趋于平稳的阶段；末期（65～180d），土壤总矿化速率的变化幅度较小并已基本达到稳定状态。

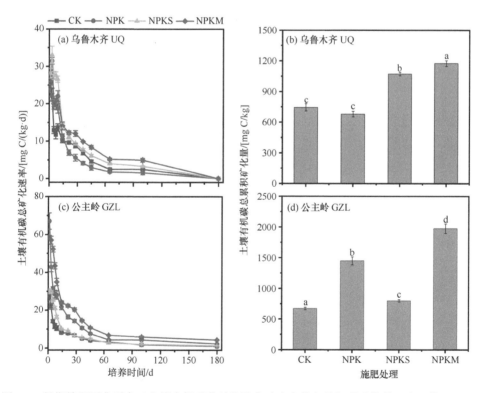

图 6-7　长期施肥下典型农田土壤有机碳总矿化速率动态变化和累积碳矿化量（李亚林，2021）

CK，不施肥；NPK，施用化肥；NPKS，施用化肥配合秸秆还田；NPKM，施用化肥配施有机肥。下同

外源秸秆添加土壤后，总 CO_2 排放来源于两部分：原土壤碳（SOM-derived CO_2）和秸秆碳（straw-derived CO_2），通过同位素示踪技术，可以区分来源于原土壤碳和秸秆碳的矿化速率以及累积排放量。秸秆添加显著刺激了 SOC 的矿化，且其矿化速率随着

培养时间的推移逐渐降低并趋于平稳（图 6-8）。各施肥条件下秸秆碳矿化速率在第 1 天达到峰值后迅速下降，第 28 天来源于秸秆碳的矿化速率仅占第 1 天的 6.0%～22.9%；随后逐渐降低至平稳，到第 65 天时其矿化速率已基本趋于 0（图 6-9）。综合来看，在初期 CO_2 的来源主要为外源秸秆碳，随着培养时间的延长，CO_2 主要来源于土壤有机质分解。添加秸秆显著提高了原土壤碳累积矿化量 34.6%～46.6%。

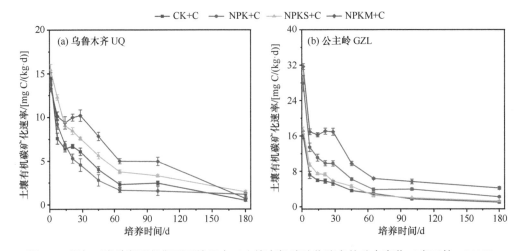

图 6-8　添加玉米秸秆后长期不同施肥农田土壤有机碳矿化速率的动态变化（李亚林，2021）
CK+C，不施肥+标记 [13]C 秸秆；NPK+C，施用化肥+标记 [13]C 秸秆；NPKS+C，施用化肥配合秸秆还田+标记 [13]C 秸秆；NPKM+C，施用化肥配施有机肥+标记 [13]C 秸秆

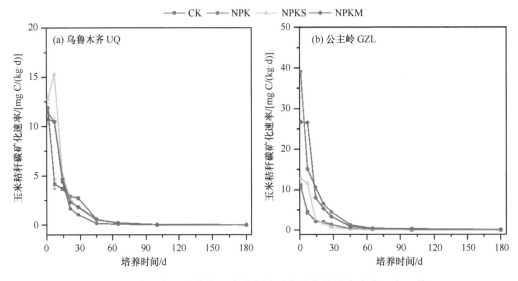

图 6-9　长期不同施肥农田土壤中玉米秸秆碳矿化速率的动态变化（李亚林，2021）

三、长期秸秆还田的土壤温室气体排放特征

农业是温室气体的重要排放源之一。农业排放的 CH_4 和 N_2O 分别占全球人为 CH_4 和 N_2O 排放总量的 50% 和 60%（IPCC，2014）。秸秆还田一方面可以通过增加土壤有机

碳的直接输入成为碳汇，有利于温室气体减排；另一方面，秸秆还田也受到轮作制度、还田量和还田方式的影响，进而促进 CO_2、CH_4 和 N_2O 的排放（Song et al.，2016）。

秸秆添加后土壤 CO_2 释放速率最高，随着还田时间延长而不断降低，前期释放速率快速降低，20 天后达到较为稳定的水平（图 6-10）。其原因为秸秆组分有易分解组分和难分解组分。加入秸秆后，微生物活性提高并快速分解秸秆中易分解组分（如糖类、淀粉、脂肪等）。随着培养时间的增加，易分解的组分消耗完毕，剩下难分解的组分（如糖类、淀粉、脂肪等），因而表现出分解变缓的趋势。添加不同用量秸秆均能显著提高土壤中 CO_2 的累积释放量。其中，添加玉米秸秆的有机碳矿化量最高，而添加猪粪的碳表观矿化率与对照没有显著差异性。主要原因是秸秆的可溶性碳含量高于猪粪，加入玉米秸秆的土壤微生物可利用的直接碳源较多，导致土壤有机碳矿化量较高。

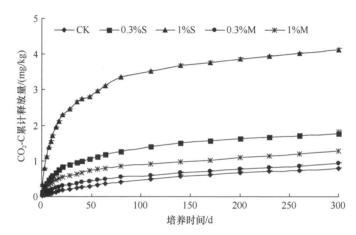

图 6-10 添加等碳量秸秆和猪粪下红壤 CO_2-C 累计释放量（张敬业，2012）

CK，对照；0.3%S，添加 0.3%（土壤干重）的玉米秸秆；1%S，添加 1%（土壤干重）的玉米秸秆；0.3%M，添加与 0.3% 玉米秸秆等碳的猪粪（^{15}N 标记）；1%M，添加与 1% 玉米秸秆等碳的猪粪（^{15}N 标记）

第三节　秸秆腐解过程的微生物学机制

一、土壤微生物生物量碳和微生物生物量氮的变化及影响因素

土壤微生物是有机物料分解的主要驱动力，土壤 MBC 和 MBN 是土壤的活性组分，用来反映微生物数量和土壤肥力水平。

在潮土、黑土和红壤上的腐解试验中，有机物料分解 1 个月，土壤类型和有机物料类型是影响土壤微生物生物量碳和微生物生物量氮的主要因子（表 6-3）（李玲，2018）。土壤类型对 MBC、MBN 的方差解释率分别为 6.9% 和 9.3%，有机物料类型对 MBC、MBN 的方差解释率分别为 43.6% 和 50.9%。潮土和黑土的 MBC 和 MBN 明显高于红壤。有机物料腐解 12 个月（表 6-3），有机物料属性仍显著影响 MBC 和 MBN（$P<0.05$），方差解释率分别为 45.3% 和 29.5%（$P<0.05$）。三个土壤添加秸秆后明显提高了 MBC，与有机物料腐解 1 个月相比，有机物料腐解 12 个月，三个土壤的 MBC 降低 21.5%～28.7%，MBN 提高 62.9%～143.7%（图 6-11）。

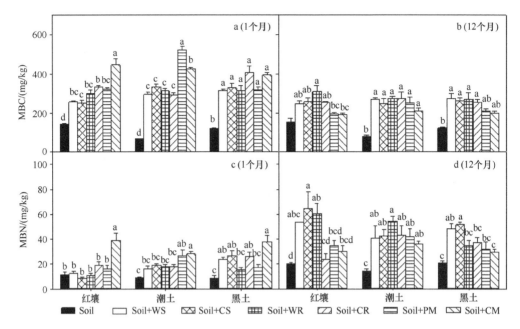

图 6-11　不同土壤添加不同有机物料下的土壤微生物生物量碳（MBC）在有机物料腐解 1 个月（a）、12 个月（b）的变化及土壤微生物生物量氮（MBN）在有机物料腐解 1 个月（c）、12 个月（d）的变化

Soil，对照；Soil+WS，添加小麦秸秆；Soil+CS，添加玉米秸秆；Soil+WR，添加小麦根茬；Soil+MR，添加玉米根茬；Soil+PM，添加猪粪；Soil+CM，添加牛粪。下同

表 6-3　土壤和有机物料对土壤微生物量和功能多样性指数的方差分析

参数	方差分析	df	%SS	F	P	%SS	F	P
			腐解 1 个月			腐解 12 个月		
微生物生物量碳	土壤类型	2	6.9	9.9	<0.05	1.4	0.6	0.561
	有机物料类型	5	43.6	25.2	<0.05	45.3	7.5	<0.05
	土壤类型×有机物料类型	10	37.1	12.2	<0.05	9.7	0.8	0.630
	残差	36	12.5			43.6		
微生物生物量氮	土壤类型	2	9.3	8.1	<0.05	3.0	1.5	0.245
	有机物料类型	5	50.9	17.9	<0.05	29.5	5.7	<0.05
	土壤类型×有机物料类型	10	19.3	3.4	<0.05	30.2	2.9	<0.05
	残差	36	20.5			37.4		
平均颜色变化率	土壤类型	2	24.8	181.3	<0.05	80.0	1226.0	<0.05
	有机物料类型	5	38.4	112.2	<0.05	5.4	111.9	<0.05
	土壤类型×有机物料类型	10	34.3	50.0	<0.05	13.3	60.1	<0.05
	残差	36	2.5			1.2		
Shannon 指数	土壤类型	2	74.4	380.6	<0.05	65.7	178.5	<0.05
	有机物料类型	5	13.7	28.1	<0.05	11.1	12.1	<0.05
	土壤类型×有机物料类型	10	8.4	8.6	<0.05	16.6	9.0	<0.05
	残差	36	3.5			6.6		
Simpson 指数	土壤类型	2	45.3	74.1	<0.05	61.8	122.8	<0.05
	有机物料类型	5	22.7	14.7	<0.05	10.1	8.0	<0.05
	土壤类型×有机物料类型	10	21.3	6.9	<0.05	19.1	7.6	<0.05
	残差	36	10.7			9.0		
McIntosh 指数	土壤类型	2	34.2	250.1	<0.05	82.8	1348.5	<0.05
	有机物料类型	5	40.3	118.1	<0.05	5.5	35.8	<0.05
	土壤类型×有机物料类型	10	23.1	33.8	<0.05	10.6	34.6	<0.05
	残差	36	2.5			1.1		

二、土壤微生物功能多样性的变化及影响因素

土壤微生物功能多样性与土壤微生物群落结构和生物多样性密切相关。有机物料分解 1 个月，土壤类型和有机物料类型均明显影响土壤微生物功能多样性（$P<0.05$）（图 6-12）。有机物料类型对 AWCD 和 McIntosh 指数的方差解释率分别为 38.4% 和 40.3%，土壤类型对 Shannon 和 Simpson 指数的方差解释率分别为 74.4% 和 45.3%。与对照相比，红壤和黑土添加有机物料提高了土壤微生物功能多样性，而潮土只是在小麦秸秆和玉米秸秆添加下提高了微生物功能多样性。

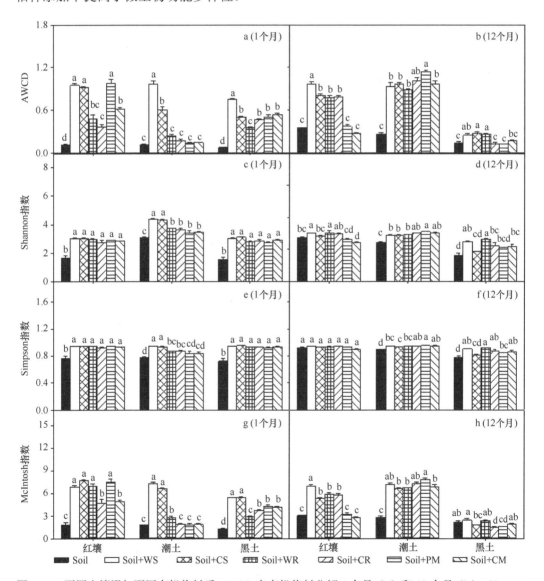

图 6-12　不同土壤添加不同有机物料后 AWCD 在有机物料分解 1 个月（a）和 12 个月（b）、Shannon（H'）在有机物料分解 1 个月（c）和 12 个月（d）、Simpson（D）在有机物料分解 1 个月（e）和 12 个月（f）、McIntosh（U）在有机物料分解 1 个月（g）和 12 个月（h）的变化

有机物料腐解 12 个月，土壤类型和有机物料类型均明显影响土壤微生物功能多样性（$P<0.05$）（表 6-4），土壤类型对微生物功能多样性指标的解释率为 61.8%～82.8%。与对照相比，红壤和黑土上小麦秸秆及小麦根茬的添加明显提高了 AWCD、Shannon 和 McIntosh 指数，而潮土上有机物料的添加均提高了土壤微生物功能多样性指数（图 6-12 b，d，f，h）。

表 6-4　三种典型土壤微生物对碳源利用与第一主成分 PC1 的相关系数（李玲，2018）

类型	底物名称	红壤	潮土	黑土	红壤	潮土	黑土
		腐解 1 个月			腐解 12 个月		
糖类	β-甲基-D-糖苷	0.880	0.880		0.949	0.915	
	D-半乳糖酸内酯	0.736	0.847	0.764	0.668	0.945	0.735
	D-木糖						
	D-半乳糖醛酸	0.888	0.912	0.608	0.966	0.949	
	γ-内酯						
	i-赤藓糖醇			0.693	0.630		
	D-甘露醇	0.824	0.932	0.833	0.883	0.931	
	N-乙酰-D-氨基葡萄糖	0.864	0.885	0.680	0.945	0.929	
	D-氨基葡萄糖酸						0.783
	D-纤维二糖	0.911	0.735				
	α-D-葡萄糖-1-磷酸	0.877	0.897		0.953	0.812	
	α-D-乳糖	0.782	0.900		0.809	0.864	
氨基酸	D，L-α-甘氨酸	0.767	0.849			0.803	
	L-精氨酸			0.602			
	L-天冬酰胺	0.837	0.934		0.686	0.939	
	L-苯基丙氨酸	0.724	0.713			0.741	0.711
	L-丝氨酸	0.871	0.906		0.946	0.882	
	L-苏氨酸					0.766	0.733
	甘氨酰-L-谷氨酸	0.740	0.899		0.918	0.752	
羧酸	丙酮酸甲酯						
	γ-羟基丁酸		0.750	0.946			
	衣康酸						
	α-酮丁酸						
	D-苹果酸			0.714			0.686
多聚物	吐温 40		0.617				
	吐温 80			0.703			0.687
	α-环糊精						
	糖原	0.681					
胺	苯乙胺						
	腐胺		0.853		0.729	0.771	

注：$r>0.6$，$P<0.05$。

三、土壤微生物群落的碳源利用模式变化

采用主成分分析法比较了不同有机物料添加对三种土壤 C 源利用模式的影响。有机物料分解 1 个月，采用方差分析主成分 1（PC1）轴上的差异，红壤和黑土在有机物料添加下土壤微生物的碳源利用方式与对照相比具有显著差异，而潮土上只有小麦秸秆和玉米秸秆与对照有显著差异（图 6-13 a～c）。有机物料分解 12 个月，红壤上小麦秸秆、

玉米秸秆、小麦根、玉米根添加的碳源利用模式与对照相比具有显著差异（$P<0.05$）。潮土中添加有机物料的微生物碳源利用与对照显著不同。黑土中小麦秸秆、玉米秸秆、小麦根、玉米根和猪粪添加下土壤微生物碳源利用与对照具有显著差异（图 6-13 d～f）。

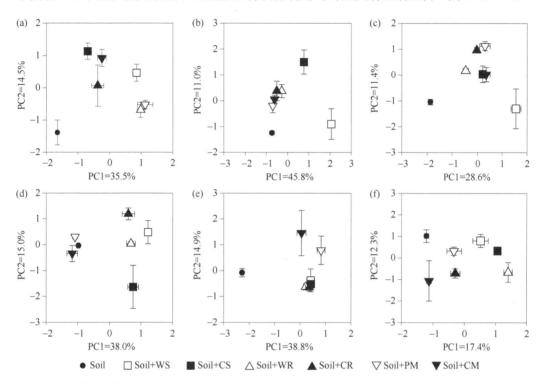

图 6-13　红壤有机物料分解 1 个（a）月和 12 个月（d）、潮土有机物料分解 1 个（b）月和 12 个月（e）、黑土有机物料分解 1 个（c）月和 12 个月（f）的土壤微生物群落碳源利用的主成分分析（李玲，2018）

对碳源和 PC1 进行相关分析，提取相关系数 $r>0.6$（$P<0.05$）的碳源（表 6-4）。有机物料分解 1 个月，红壤上微生物主要利用的碳源种类为糖类、氨基酸和多聚物；潮土上微生物主要利用的碳源种类为糖类、氨基酸、羧酸、多聚物和胺类物质；黑土上微生物主要利用糖类、羧酸、氨基酸和多聚物。有机物料分解 12 个月，三种土壤微生物对碳源的利用方式均发生了改变。红壤和潮土中土壤微生物主要利用糖类、氨基酸和胺类，黑土中土壤微生物主要利用糖类、氨基酸、羧酸和多聚物。

四、微生物学特性与有机物料质量和土壤属性的关系

有机物料腐解 1 个月和 12 个月，有机物料的 C/N 及 N 含量明显影响微生物生物量碳和微生物生物量氮，土壤黏粒含量明显影响有机物料腐解 1 个月时的微生物生物量碳（表 6-5）。有机物料分解 1 个月，土壤黏粒含量显著影响平均颜色变化率（AWCD）和 McIntosh 指数，pH 显著影响 Simpson 指数，土壤全氮显著影响 Shannon 指数（$p<0.05$）。有机物料的木质素含量显著影响 Shannon 指数和 Simpson 指数。有机物料分解 12 个月，土壤有机碳和有机物料 C/N 显著影响 AWCD、Shannon 指数和 Simpson 指数，土壤黏粒

含量显著影响 Shannon 指数和 Simpson 指数。

表 6-5 有机物料属性和土壤属性与微生物特性的逐步回归分析（$P<0.05$）（李玲，2018）

回归方程	R^2
腐解 1 个月	
MBC = 467.895 − 1.526×C/N − 1.347×黏粒	0.38
MBN = 13.087 + 67.799×OTN	0.44
AWCD = 0.267 + 0.010×黏粒	0.24
Shannon 指数（H'）= 5.038 − 2.801×STN + 0.127×SOC − 0.200×木质素	0.78
Simpson 指数（D）= 1.057 − 0.018×pH − 0.021×木质素	0.48
McIntosh 指数（U）= 3.300 + 0.078×黏粒 − 5.653×OTN	0.36
腐解 12 个月	
MBC = 154.602 + 3.788×C/N	0.43
MBN = 21.122 + 0.870×C/N	0.22
AWCD = 1.105 − 0.081×SOC + 0.010×C/N	0.84
Shannon 指数（H'）= 2.921 − 0.077×SOC + 0.014×C/N + 0.006×黏粒	0.73
Simpson 指数（D）= 0.938 − 0.007×SOC + 0.001×C/N + 0.001×黏粒	0.68
McIntosh 指数（U）= 7.769 − 0.524×SOC + 0.073×C/N	0.86

　　注：MBC，微生物生物量碳；MBN，微生物生物量氮；AWCD，平均颜色变化率；SOC，土壤有机碳；STN，土壤全氮；OTN，全氮。

第四节　秸秆还田碳周转模型模拟与影响因素

一、秸秆还田碳周转模型模拟

　　DayCent/Century 模型应用广泛，且其 SOC 模块已被众多全球系统模型所采用。该模型同其他过程模型（DNDC、RothC 等）一样，均将 SOC 划分为多个概念库，且各库的腐解均符合一级动力学。该模型已在全球进行了广泛的验证，总体上可较好地模拟 SOC 的长期变化趋势。然而，各库之间虽有物质迁移和转化，但并无交互作用，亦无法体现秸秆还田对原有 SOC 周转的激发效应。当存在大量秸秆还田时，模型可能无法捕捉 SOC 的真实动态，需进一步考虑点位特征状况，如秸秆还田量、养分盈余量和土壤矿物饱和亏缺度等的影响。

　　对此，我们采用中国北方 5 个旱地长期定位试验（乌鲁木齐、平凉、杨凌、郑州、公主岭）秸秆还田和不还田 SOC 动态数据，进行了模型参数化和验证。其中，模型模拟效果选用均方根差（root mean square error，RMSE）、相对误差（relative error，RE）和模拟效率（modeling efficiency，EF）进行检验。

$$\text{RMSE} = \frac{100}{\overline{O}}\sqrt{\sum_{i=1}^{n}\left(P_i - O_i\right)^2 / n} \tag{6-1}$$

$$\text{RE} = \frac{100}{n}\sum_{i=1}^{n}\left(O_i - P_i\right)/O_i \tag{6-2}$$

$$EF = \frac{\sum_{i=1}^{n}\left(O_i - \overline{O}\right)^2 - \sum_{i=1}^{n}\left(P_i - O_i\right)^2}{\sum_{i=1}^{n}\left(O_i - \overline{O}\right)^2} \tag{6-3}$$

式中，O_i 为实测值；P_i 为模拟值；$\overline{O}$ 为实测值的平均值；n 为实测值和模拟值数据对的个数。RMSE 变化范围为（0，$+\infty$），RE 变化范围为（$-\infty$，$+\infty$），EF 变化范围为（$-\infty$，1）。在模拟效果达到最佳时，RMSE 和 RE 均趋近于 0，EF 趋近于 1。在实际应用过程中，如果 RMSE<10%、−5%<RE<5% 或 EF≥0.5，均代表模拟效果很好；若 10%<RMSE<20%、5%<RE<10% 或 −0.5≤EF<0.5，表明模型模拟基本可行；若 RMSE>20%、RE>10% 或 EF<−0.5，则表示模拟效果差。

由图 6-14 可看出，DayCent 模型较好地模拟了各点位不施肥、施用化肥和施用化肥配合秸秆还田的 SOC 动态变化特征。在默认参数调节下，仅在平凉、杨凌和郑州较好地捕捉了秸秆还田下的 SOC 动态，且检验结果达到模拟可行或模拟很好的水平；而在公主岭和乌鲁木齐点，DayCent 模型明显高估了秸秆还田下的 SOC 含量和增加速率。

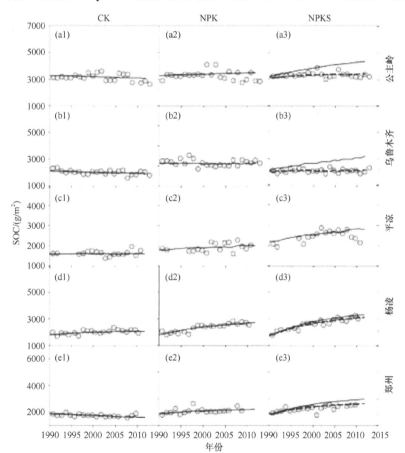

图 6-14　长期不同施肥和秸秆还田下土壤有机碳的 DayCent 模型模拟值和实测值比较（王金洲，2015）
实心圆圈为实测值；实线为模型默认参数的模拟值；虚线为引入点位因子参数后的模拟值。CK，对照；NPK，施用化肥；NPKS，施用化肥配合秸秆还田

对此，我们引入了点位特征因子（site）这一修正系数，并采用逆向模拟的方法，获取最佳的修正系数（范围为 1.0～2.5）。最终，模型较好地捕捉了各点位秸秆还田的 SOC 动态（图 6-14），并进一步发现秸秆还田量是最主要的解释因子，且对点位特征因子变性的解释率高达 70%。对东北黑土（公主岭）的分析发现，土壤全氮变化速率与氮素盈余量呈显著正相关，而全氮与 SOC 密切相关，意味着氮素盈余量不足可能是限制秸秆还田下 SOC 固存的另一重要原因。因此，点位特征因子可以看成是秸秆还田的激发效应和其他点位特征共同作用的结果。

二、影响还田秸秆有机碳周转的因素

1. 气候因素

气候因素是影响土壤有机碳周转和固定的主要驱动因子。首先，气候条件可影响作物的生长发育，进而改变来自作物根系、秸秆和残茬的碳投入量。其次，气候条件可改变土壤水热条件，影响土壤微生物种群的数量和多样性，进而改变土壤中有机物料的分解速率和 SOC 的矿化速率。也就是说，气候条件在一定程度上制约了土壤碳输入和输出，从而决定了 SOC 含量或储量（Cong et al.，2014）。

基于不同有机物料腐解田间试验研究，当土壤积温＜3000℃时为快速分解阶段（图 6-15 a，b），当土壤积温＞3000℃时为慢速分解阶段（图 6-15 c、d）。在两个分解阶段中，有机物料碳残留与土壤积温均呈极显著的线性负相关关系（$P<0.01$），相关系数为 0.44～0.90，且以分解快速阶段相关系数较大。由回归方程可以明显看出，在快速分解阶段，积温每增加 1000℃，玉米秸秆和小麦秸秆残留率分别减少 21.8%和 22.2%；而在慢速分解阶段，积温每增加 1000℃，玉米秸秆和小麦秸秆的残留率仅分别减少 0.99%和 1.09%。

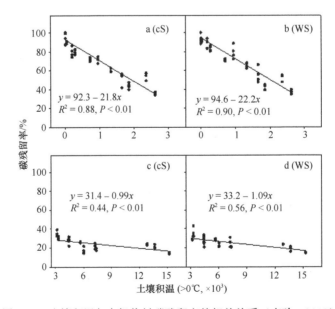

图 6-15　土壤积温与有机物料碳残留率的相关关系（李玲，2018）

a、b 为快速分解阶段，c、d 为慢速分解阶段，cS，玉米秸秆；WS，小麦秸秆采用双组分指数衰减模型分析同一种有机物料在不同区域的分解，其回归系数为 0.96～0.97（图 6-16），均达到极显著水平（$P<0.01$）。玉米秸秆和小麦秸秆的分解速率明显快于牛粪和猪粪，前者的分解速率约为后者的 2 倍。

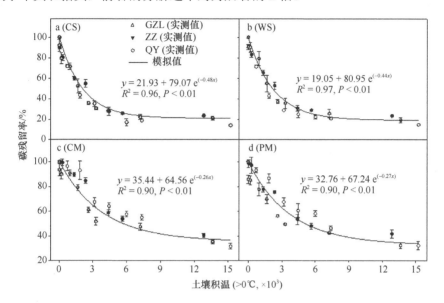

图 6-16　公主岭 GZL、郑州 ZZ 和祁阳 QY 三个试验点上有机物料碳腐解残留率与土壤积温的拟合曲线（李玲，2018）

CS，玉米秸秆；WS，小麦秸秆；CM，牛粪；PM，猪粪

2. 土壤性质

土壤物理化学性质也是影响土壤有机碳转化的重要因素。土壤为生活在其中的动物、微生物提供了生存环境，并直接影响到土壤生物的种群多样性和数量，进而影响有机物料的分解和转化过程（Zhao et al.，2014）。同时，土壤本身的理化性质也决定了土壤的最大固碳潜力，能够限制外源碳投入（如有机肥、作物残茬等）所引起的土壤有机碳增加的程度。土壤物理性质直接影响土壤的结构、通气透水性，进而影响土壤的温度和湿度，是影响土壤有机碳分解的一个重要因素。土壤的化学性质，如土壤本身的有机碳含量水平及其他营养元素含量水平等，都会影响土壤有机碳的周转过程。在土壤有机碳含量水平很高的土壤中，土地利用方式决定了土壤有机碳含量的变化形式。例如，我国东北黑土，其土壤起始有机碳含量远远高于其他土壤，但是自农业活动以来，土壤有机碳含量急剧降低，这是因为作物碳投入不足以维持土壤有机碳的消耗速度而造成的，且在土壤碳氮比高的土壤上，土壤有机碳不易被固定。

3. 施肥

施肥是常见的农业管理措施，也是调控秸秆腐解的有效手段。通常，增加养分供应，如施用化肥或氮沉降，均可促进有机物料的分解。然而，分解速率对外源养分（尤其是氮素）的响应可能取决于物料的化学性质。木质素含量较低（<12%）的情况下，添加氮或磷会促进有机物料的分解；而木质素含量较高（16%～26%）的情况下，施氮则会

抑制有机物料的分解。Knorr 等（2005）对草地、森林和苔原等生态系统的综述研究表明，当施氮量为周围环境氮沉降量的 2～20 倍时，有机物料的分解速率将受到抑制；而当施氮量超过氮沉降量的 20 倍时，则促进有机物料的分解。另外，当氮沉降量为 5～10kg/(hm^2·a)或有机物料的品质较低（木质素含量高）时，施氮会抑制有机物料的分解；而当氮沉降量<5kg/(hm^2·a)或有机物料品质较高（木质素含量较低）时，施氮同样会促进有机物料的分解。农业生产过程中，为获得作物高产、稳产，提高作物残茬还田量和土壤有效氮含量，施用氮肥和有机肥十分必要。农田土壤有机碳含量与作物残留物还田量呈线性相关，提高氮肥施用量可增加作物残留物的还田量并提高土壤表层有机碳含量（孟祥萍，2021）。大量研究表明，提高有效态氮素可增加有机肥或作物残茬等有机物料的腐殖化比例。

目前，大量证据表明提高氮素有效性促进了有机物料腐殖化的比例而非其分解率，其表现是：生物学途径和化学反应的共同作用促进了腐殖质的形成。其中，生物学途径包括抑制木质素分解酶类（lignolytic enzyme）和提高微生物的碳源利用率；化学反应主要包括络合和聚合等。Kirkby 等（2013）研究证实，在相同碳投入的情况下，增加氮、磷、硫等有效养分的投入，促进了秸秆向稳定态有机碳库的转化。我们在黑土上的研究结果表明，计量添加氮、磷、硫养分可以缓解微生物同化秸秆碳的氮和磷养分限制，诱导主要微生物分类单元生长和胞外酶活性增强，提高微生物代谢效率，从而促进秸秆碳转化为土壤新碳（武红亮，2021）。

参 考 文 献

丛宏斌, 姚宗路, 赵立欣, 等. 2019. 中国农作物秸秆资源分布及其产业体系与利用路径. 农业工程学报, 35(22): 132-140.

丛日环, 张丽, 鲁艳红, 等. 2019. 添加不同外源氮对长期秸秆还田土壤中氮素转化的影响. 植物营养与肥料学报, 25(7): 1107-1114.

崔新卫, 张杨珠, 吴金水, 等. 2014. 秸秆还田对土壤质量与作物生长的影响研究进展. 土壤通报, 45(06): 1527-1532.

戴志刚, 鲁剑巍, 李小坤, 等. 2010. 不同作物还田秸秆的养分释放特征试验. 农业工程学报, 26(06): 272-276.

黄晶, 高菊生, 张杨珠, 等. 2016. 紫云英还田后不同施肥下的腐解及土壤供钾特征. 中国土壤与肥料, (1): 83-88.

冀保毅. 2013. 深耕与秸秆还田的土壤改良效果及其作物增产效应研究. 郑州: 河南农业大学博士学位论文.

李玲. 2018. 典型农田土壤中有机物料分解特性及影响因素. 北京: 中国农业科学院博士后研究报告.

李世忠, 冯海东, 解倩, 等. 2017. 宁夏引黄灌区土壤物理性状对玉米秸秆还田的响应. 农业科学研究, 38(02): 19-22.

李亚林. 2021. 长期不同施肥下土壤剖面有机碳周转特征及其驱动因素. 北京: 中国农业科学院硕士学位论文.

孟祥萍. 2021. 麦玉两熟制下氮肥与秸秆还田的农田碳氮固持和温室气体减排效应研究. 杨凌: 西北农林科技大学博士学位论文.

秦都林, 王双磊, 刘艳慧, 等. 2017. 滨海盐碱地棉花秸秆还田对土壤理化性质及棉花产量的影响. 作物学报, 443(07): 1030-1042.

田慎重, 王瑜, 张玉凤, 等. 2017. 旋耕转深松和秸秆还田增加农田土壤团聚体碳库. 农业工程学报, 33(24): 133-140.

武红亮, 2021. 秸秆和养分综合管理下黑土的固碳效应及机制. 北京: 中国农业大学博士学位论文.

王金洲. 2015. 秸秆还田的土壤有机碳周转特征. 北京: 中国农业大学博士学位论文.

王丽君. 2012. 黄土高原半干旱丘陵区不同耕作管理措施对旱地农田土壤温度的影响. 兰州: 兰州大学硕士学位论文.

王月宁, 冯朋博, 侯贤清, 等. 2019. 秸秆还田的土壤环境效应及研究进展. 北方园艺, (17): 140-144.

张敬业. 2012. 长期施肥对红壤不同来源有机碳组分及周转的影响. 北京: 中国农业科学院硕士学位论文.

张磊, 张维乐, 鲁剑巍, 等. 2017. 秸秆还田条件下不同供钾能力土壤水稻、油菜、小麦钾肥减量研究. 中国农业科学, 50(19): 3745-3756.

张旭博. 2016. 中国农田土壤有机碳演变及其增产协同效应. 北京: 中国农业科学院博士学位论文.

Chen X L, Wang D, Chen X, et al. 2015. Soil microbial functional diversity and biomass as affected by different thinning intensities in a Chinese fir plantation. Applied Soil Ecology, 92: 35-44.

Cong R H, Wang X J, Xu M G, et al. 2014. Evaluation of the CENTURY model using long-term fertilization trials under corn-wheat cropping systems in the typical croplands of China. PLoS ONE, 9(4): e95142.

Cong R H, Xu M G, Wang X J, et al. 2012. An analysis of soil carbon dynamics in long-term soil fertility trials in China. Nutrient Cycling in Agroecosystem, 93(2): 201-213.

Heijboer A, ten Berge H F M, de Ruiter P C, et al. 2016. Plant biomass, soil microbial community structure and nitrogen cycling under different organic amendment regimes; a ^{15}N tracer-based approach. Applied Soil Ecology, 107: 251-260.

IPCC. 2014. Climate Change: Synthesis Report. In: Pachauri R K, Meyer L A. Contribution of Working Groups I, II and III to the Fifth Assessment Report of the Intergovernmental Panel on Climate Change. Geneva, Switzerland.

Kirkby C A, Richardson A E, Wade L J, et al. 2013. Carbon-nutrient stoichiometry to increase soil carbon sequestration. Soil Biology & Biochemistry, 60: 77-86.

Knorr W, Prentice I C, House J I, et al. 2005. Long-term sensitivity of soil carbon turnover to warming. Nature, 433: 298-301.

Nautiyal C, Chauhan P, Bhatia C R. 2010. Changes in soil physico-chemical properties and microbial functional diversity due to 14 years of conversion of grassland to organic agriculture in semi-arid agroecosystem. Soil & Tillage Research, 109: 55-60.

Song G B, Song J, Zhang S S. 2016. Modelling the policies of optimal straw use for maximum mitigation of climate change in China from a system perspective. Renewable and Sustainable Energy Reviews, 55: 789-810.

Zhao H, Sun B, Jiang L, et al. 2014. How can straw incorporation management impact on soil carbon storage? A meta-analysis. Mitigation and Adaptation Strategies for Global Change, 20: 1545-1568.

第七章　农田土壤有机质演变的模型模拟

　　土壤有机质（碳）演变是一个缓慢的过程，所以长期定位试验是研究土壤有机碳演变的重要方法之一。但由于影响土壤有机碳周转的因素很多，如气候因素、土壤性质、人为管理措施等，仅仅通过长期定位试验很难覆盖所有的影响因子。随着计算机技术的应用和发展，土壤有机碳周转过程模型逐渐成为土壤有机碳演变研究的一种新型的重要研究手段。模型的应用不仅能模拟再现出历史土壤有机碳动态变化，而且能通过模拟手段对未来的变化趋势和情景进行预测；不仅能在站点范围实现，而且能够在区域尺度、国家尺度甚至全球尺度上进行模拟和预测，从而在全球碳转化利用方面提供理论指导。

　　早期的土壤有机碳模拟大部分属于只对土壤有机碳库的输入、输出进行研究的黑箱统计或经验模型。这类模型具有操作简单、输入参数少的优点，且通过其积分式及田间长期试验的测定数据，可以求得土壤有机碳总分解速率（k）；其缺陷在于不同环境中的土壤有机碳模拟需要根据其环境特点调整分解速率。目前世界上比较著名的模型有DNDC（Li et al.，1994）、CENTURY（Parton et al.，1988）、Agro-C（Huang et al.，2009）、SPACSYS（Wu et al.，2007）、RothC（Jenkinson and Coleman，1999）模型等（表7-1）。本章主要简单介绍世界上主流的几个土壤有机碳周转模型及其在我国农田土壤有机碳演变模拟中的应用。

表 7-1　土壤有机碳主要生物地球化学模型及其优缺点

模型名称	优点	缺点
DNDC（Denitrification and Decomposition）	模拟时间尺度长；对农业领域碳氮循环过程模拟经验丰富且效果较好；模块考虑参数详细，能够较好地描述、预测农业生态系统碳氮循环的源、库、流及反馈机制；适用性强，能够在各种生态系统开展模拟评估（谢海宽等，2017；张超，2021）	输入参数较多且代码不公开，模型矫正困难；模拟精度受输入参数准确程度影响较大；模拟结果及其模拟尺度受环境整体条件影响大（谢海宽等，2017；张超，2021）
CENTURY	能够较好地预测地上净初级生产力的变化；操作方便，输入参数易获取和修改、模型开源化（丛日环，2012）；能够很好地模拟草原、农作物和森林生态系统碳和氮动态（丛日环，2012；张钊，2016）	模拟主要基于点区域，以"均一性"来看区域模拟能力欠缺；忽略诸多影响模型准确性的因素（如降水）；不能反映土壤碳饱和增长的实际情况，对有机碳含量较高的土壤模拟效果较差（王金洲，2015）
Agro-C	模型参数简单，易于获取，能较好地模拟农田有机碳动态变化；能很好地模拟水稻、小麦、玉米棉花的植被净初级生产力（NPP）（Huang et al.，2009）	不能很好地模拟大豆和油菜的NPP，有机碳模拟受系统影响较大，模拟结果因不同气象条件、作物碳投入等因素存在一定偏差（Huang et al.，2009）
SPACSYS（Soil-Plant-Atmosphere Continuum System）	能较好地预测地上部作物生长，可以模拟土壤–植物–微生物之间的碳氮循环过程，具有详细的植物生长发育模块和根系模块，已广泛用于估计作物产量、土壤有机碳和全氮储量、土壤氮淋溶、作物的资源利用率和气候变化对作物生长的影响（张旭博，2016）	模型参数较多，参数获取和修改较困难，对单施有机肥全氮储量模拟偏低（王树会等，2018）

续表

模型名称	优点	缺点
CASA (Carnegie-Ames-Stanford Approach)	所需参数少且误差小，模拟充分考虑环境因子，适用于区域 NPP 的动态估算（原一荃等，2022）；估算结果能够很好地表现未干扰天然植被的发育和演变过程（张黎明，2009）	模型反演在遥感影像选择上存在局限；模型参数中未考虑人类活动，忽略人类活动对植被的影响（原一荃等，2022；张黎明，2009）
EPIC (Erosion-Productivity Impact Calculator)	可模拟氮、磷等土壤营养元素变化来反映养分利用和损失情况；能够对不同管理措施下土壤水分动态、生物量累积及作物生长过程进行模拟；在农业旱灾风险模糊评估方法中置信水平高（王宪志，2021；方兴义等，2020）	模块参考少，田间管理类型缺乏，与现实管理条件存在偏差；研究尺度小，以均一的小区域为主；对极端气候事件敏感性差（王宪志，2021；方兴义等，2020）
Biome-BGC (Biome BioGeoChemical Cycles model, BGC)	不考虑各种扰动情况下对植被 NPP 估算效果较好（梅晓丹等，2021）；能够很好地模拟不同植被类型的碳氮水的循环过程；自身具有普适性（刘丽慧等，2021）	基于站点模拟对区域环境差异考虑不足；参数和模块不足，对植物种类复杂的生态系统模拟效果不理想（刘丽慧等，2021）
Roth C (Rothamsted Carbon model)	参数简单且易获取；一定条件下模拟效果较好；能够模拟不同管理条件下各腐解阶段的有机碳残留率；可以很好地应用于陆地生态系统碳循环的相关研究（姜桂英，2013）	结构过于简单；只有地下部土壤中有机碳变化模块，没有植物生长模块；与 CENTURY 模型类似，不能反映土壤碳饱和增长的实际情况，对有机碳含量较高的土壤模拟效果较差（姜桂英，2013；王金洲，2015；王金洲，2011）

第一节 土壤有机碳周转模型

土壤有机碳周转模型中，RothC 模型相对 CENTURY 模型和 SPACSYS 模型参数较少，且容易获得，适用范围较广，适宜模拟和预测大尺度上的有机碳周转变化。CENTURY 模型和 SPACSYS 模型参数较多，某些参数不易获得，在模型的验证和修改方面难度较大，不容易在大尺度上应用，但可以回答机理上的一些科学问题。本书著者团队基于我国典型农田长期定位试验站点数据对这三个模型进行了验证，并结合气候变化模型进行了不同情景预测。

一、RothC 模型概况

1. RothC 模型简介

RothC 模型（Rothamsted Carbon 模型）是 Jenkinson 和 Rayner（1977）以英国洛桑长期定位试验站的数据为基础开发的土壤有机碳周转计算机模拟模型，主要用于农田土壤有机碳的转化模拟，随后，模型模拟的范围扩展至不同气候条件的草地、林地，以及不同土壤类型有机质的模拟。该模型主要用于模拟非淹水土壤表层有机碳变化，其主要考虑土壤类型、温度、湿度和植物覆盖等因素对有机碳转化的影响（图7-1）。模型以月为时间步长，有机碳分为新输入的有机碳库和土壤有机碳库两部分。其中，新输入的有机碳库包括两个组分：①易分解组分（decomposable plant material，DPM）；②难分解组分（resistant plant material，RPM）。土壤有机碳库包括三个组分：①微生物生物量（microbial biomass，BIO）；②腐殖化有机质（humified organic matter，HUM）；③惰性有机质（inert organic matter，IOM）。土壤黏粒含量决定有机碳在 CO_2 和 BIO+HUM 之间的分配比例，而 BIO 和 HUM 则会进一步分解为更多的 CO_2、BIO 和 HUM，以此循环。其中，除惰性有机碳库外，易分解库、难分解库、微生物生物量库和腐殖化有机碳库四个碳库为活性有机碳库，其分解过程遵循一级动力学方程，它们的分解速率由土壤温度、湿度和植物覆盖情况来调节。惰性有机碳库为不分解碳库，其含量根据 Falloon 等（1998）关于惰性有机碳库的方程 IOM=0.049×$SOC^{1.139}$（SOC 为初始有机碳含量 t/hm^2）来确定。根据一级动力学方程，如果除惰性碳库外的其他四个活性碳库的总量为 $Y\,t/hm^2$，则在月末 Y 将下降至 $Y×e^{-abckt}$。其中，a 为月平均温度；b 为月平均湿度；c 为月土壤覆盖情况；k 为各个活性碳库的分解速率（其中 DPM 的分解速率为 10.0，RPM 的分解速率为 0.3，BIO 的分解速率为 0.66，HUM 的分解速率为 0.02）；t 为 1/12，即每个月的年降解速率。模型的输入参数包括月平均温度、月降水量、月蒸腾蒸散量、土壤黏粒含量、耕作深度、月平均植物残体碳投入量或/和有机肥碳投入量，以及土壤覆盖情况（植物生长期视为土壤被覆盖，收获期视为土壤未覆盖）。RothC26.3 是目前常用的版本，其设置了两种模块：一种是正向模拟，即已知碳投入量来模拟有机质的变化；另一种是逆向模拟，即已知有机质的含量来逆向计算碳投入量。

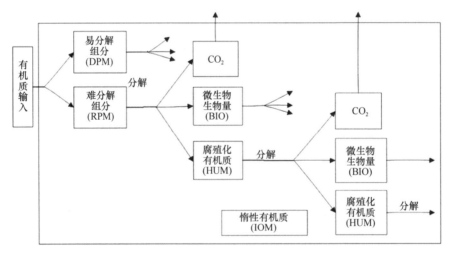

图 7-1 RothC 模型的结构示意图

有机质输入包括植物残茬碳投入和有机物料碳投入

另外，RothC 模型是以研究非淹水土壤有机碳周转而发展的，在世界各地的应用也只限于非淹水土地使用类型。日本学者 Shirato 和 Yokozawa（2005）通过简单的参数修改，即额外添加了一个调节有机碳分解速率的参数，将水田的水分时段分为淹水期和非淹水期，在这两个时段将有机碳分解速率分别降低至原来的 0.2 倍和 0.6 倍。修改后的模型 RothC26.3_p 能很好地模拟出日本一年一季水稻田或者水旱轮作土壤有机碳的动态变化。

2. RothC 模型应用现状

经过几十年的完善和发展，目前的 RothC26.3 模型可以很好地预测世界许多地区的农田表层（通常为 0~20cm）土壤有机碳含量的长期变化。Smith 等（1997）根据欧洲 7 个长期定位试验站的 12 个数据库的数据，利用 9 个典型土壤有机碳周转模型 RothC、CANDY、DNDC、CENTURY、DAISY、NCSOIL、SOMM、ITE 和 Verberne，模拟了草地、农田和林地三种土壤利用类型不同施肥措施下的土壤有机碳周转变化，结果表明 RothC、CANDY、DNDC、CENTURY、DAISY 和 NCSOIL 模型模拟值和实测值的拟合度较 SOMM、ITE、Verberne 模型要好，而且前 6 个模型模拟结果之间的差异不显著（$P<0.05$）。Skjemstad 等（2004）发现在亚热带半干旱地区的偏黏性农田土壤上，RothC 模型能很好地模拟出土壤有机碳的变化，如果调节模型难分解组分（RPM）分解速率由默认的 0.3/a 降低到 0.15/a，模型模拟值和实测值的拟合度能得到进一步改善，无须调节其他参数。然而在奥地利潘诺尼亚气候区不同轮作农田种植制度下，RothC 高估了土壤有机碳含量，Rampazzo 等（2010）将模型腐殖化有机质库（HUM）的分解速率由默认的 0.02/a 降低为 0.009/a，模型模拟效果得到很大改善，将难分解组分（RPM）的分解速率由 0.3/a 修改为 0.6/a，可以进一步提高模拟结果的准确性。Liu 等（2009）通过澳大利亚 Wagga Wagga 附近的不同耕作和轮作措施下的长期定位试验对 RothC 模型进行了验证，发现模型在作物留茬焚烧的情况下能很好地模拟免耕和传统耕作下土壤有机碳的变化，但是在作物留茬情况下则会高估土壤有机碳含量，并通过反转模型发现当作物留茬≤26%时，土壤有机碳模型模拟值和实测值的拟合度较好，这可能是由于作物残茬在转化为土壤有机碳前就已经通过其他方式分解损失。Liu 等（2011）进一步在澳大利亚的牧场对 RothC 模型进行验证，发现不管是否使用石灰，RothC 通过调节牧草的根冠比，都能很好地模拟常年牧场土壤有机碳含量变化，但对年际牧场土壤有机碳含量的模拟变化改善不大，说明 RothC 模型更适用于常年牧场土壤有机碳含量的模拟。RothC 模型也适用于阿根廷温带传统耕作方式、不同轮作下软土土壤有机碳的模拟（Studdert et al.，2011）。在亚洲热带地区（泰国），RothC 模型则显示出其对季节性干旱气候水分方面调节的缺陷，需要调整水分模拟参数（Wu et al.，1999）。RothC 模型除了可以用于农田和草地土壤有机碳变化外，通过调整模型 DPM/RPM 比值还可用于农林复合土壤有机碳的模拟（Kaonga and Coleman，2008）。Shirato 和 Yokozawa（2005）通过 RothC 模型参数的修改，使其能较好地应用于日本水稻土有机碳的变化预测。

在中国，Guo 等（2007）验证了 RothC 模型可用于东北黑土、华北潮土和西北栗钙土有机碳的周转模拟。王金洲（2011）验证了 RothC 模型在东北黑土（公主岭）和华北潮土（郑州）的应用，表明在不施肥、单施化肥和化肥配施有机肥措施下 RothC 均能很好地模拟，但是在化肥配合秸秆还田情况下（NPKS）高估了土壤有机碳含量。通过调整 DPM/RPM 比值能很好地改善 NPKS 措施下的模拟情况，而东北站点则通过反转模型得出了 24%的秸秆还田情况下模拟效果最好。

二、CENTURY 模型概况

CENTURY 模型是当前应用最广泛的土壤有机质周转模型之一，是基于多组分碳库的过程模型。将每次加入的新鲜有机物料作为一个单独的库，该库连续分解，且分解过程中考虑了 C 和 N 在土壤食物链中不同营养级之间的转化（Ogle et al.，2007；Falloon and Smith，2002；Parton et al.，1988）。在此，我们对 CENTURT 模型的运行环境、模型结构和模型应用等进行介绍。

1. CENTURY 模型发展历史

CENTURY 模型由 Parton 等（1988）开发。它是一个通用的生态系统模型，可以模拟森林、草地、农田等不同土壤/植物生态系统中 C、N、P 和 S 的动态。模拟时间尺度可以为数年、上百年甚至上千年。该模型包括植物生产力、水分运移和氮素淋洗等多个子模块，这些模块共同决定着土壤-植物系统中养分的循环过程。CENTURY 最初开发于草地生态系统，后来逐步拓展至农田、森林、热带稀树大草原等生态系统（Carter et al.，1993；Parton et al.，1988；Parton and Rasmussen，1994；Kirschbaum and Paul，2002）。该模型以月为时间步长，输入气象参数包括月平均最高气温和最低气温、月降水量等（Parton and Rasmussen，1994）。模型结构中，草地和农田系统的植物生产力子模型不同于森林系统，但三者均与一个通用的土壤有机质子模型和养分循环子模型相链接（Parton and Rasmussen，1994）。有机质子模型中，将有机碳分为有机物料和土壤有机质两部分。其中，有机物料再分为代谢库和结构库，土壤有机质则细分为活性碳库、慢性碳库和惰性碳库。各碳库均有各自潜在的最大分解速率。土壤活性碳库中有机碳经微生物分解，一部分以 CO_2 的形式释放至大气，另一部分进入土壤慢性碳库和惰性碳库。有机碳分解转化产物进入各碳库的比例受到土壤质地的调控。同样，慢性碳库和惰性碳库有机碳的周转也受到土壤质地的调控。

随着时间发展，CENTURY 系列的 SOC 模型（DayCent、ForCent 和 PhotoCent）也有较大的改进，具备了模拟草地、农田和森林系统温室气体动态的功能。例如，DayCent 能够在日步长的时间尺度上模拟土壤 CH_4、N_2、N_2O 和氮氧化物气体排放，以及植物生产力、土壤 N、NO_3-N 淋洗和 SOC 动态，并可在区域乃至全球尺度上模拟温室气体排放的动态。Cheng 等（2013）发展了 DayCent 模型的甲烷排放子模块，并利用约 350 个大田试验数据对改进后的模型进行评价分析，利用模型手段预测了不同施肥、耕作、有机肥和秸秆管理情景下的温室气体减排潜力。

2. CENTURY 模型的土壤有机质子模型

图 7-2 为 CENTURY 模型的土壤有机质子模块流程图。从图中可以看出，外源新鲜有机物料根据其木质素/N（lignin/N）的比例，将其分为结构库和代谢库。其中，结构库（主要包括木质素、纤维素和半纤维素等）分解速率为 0.011/d；代谢库分解速率为 0.03/d。结构库中有机碳的分解速率也受到木质素含量的调控。通常，木质素含量越高，分解速率越低。原因是木质素常与纤维素、半纤维素紧密结合，且对纤维素和半纤维素具有保护作用（Parton and Rasmussen，1994）。另外，随着植物组分中木质素含量的增加，纤维素含量相对稳定，半纤维素则降至作物组分的某一比例，而半纤维素的分解速率远大于纤维素（Tian et al.，1992）。地表凋落物经分解转化后，其产物主要进入地表微生物碳库。进入土壤的凋落物和根系分解转化后则进入土壤活性碳库，该库包括微生

物及其代谢产物（Paul and Clark，1996）。土壤慢性库分解速率介于活性碳库和惰性碳库之间（周转时间≥10 年），且植物的木质素组分直接进入该库。惰性碳库受到土壤物理和化学保护，周转时间相对较长（≥500 年）。

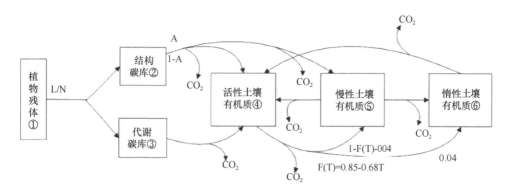

图 7-2　CENTURY 模型中的土壤有机质子模块流程图（张凤等，2019）

图 7-2 中箭头表示有机碳的转化过程，代表微生物生长效率的指标。各库有机碳分解均符合一级动力学方程，周转时间分别为：结构碳库 3 年、代谢碳库 0.5 年、活性碳库 1.5 年、慢性碳库 25 年、惰性碳库 1000 年（Parton and Rasmussen，1994）。各碳库的实际周转时间受到系数 DECO 的修正。DECO 是土壤水分系数和温度系数的乘积。其中，水分系数是一个降水量与土壤储水量的函数，温度系数则是月平均表层土壤温度的函数。活性碳库的周转速率同时还是土壤质地的函数（砂质土壤分解速度较快）。活性碳库有机碳经分解转化后进入慢性库的比例受到黏粒+粉粒含量的调控（Parton and Rasmussen，1994）。

3. CENTURY 模型的输入和输出文件

CENTURY 模型输入文件主要包括作物信息、站点概况和气象信息等，详见表 7-2。

表 7-2　运行 CENTURY 模型所需输入文件

输入文件	描述
Site.100	点位基础信息，如温度、降水量、土壤质地及土壤有机质初始水平等
Crop.100	作物信息，如每月地上部生物潜力值、根系碳分布比例，以及地上、地下部的碳与其他元素的比值等
Cult.100	耕作信息，包括不翻耕、条耕等，以及除草剂的使用
Fert.100	化肥施用量
Omad.100	有机肥中碳和各元素的投入量
Irri.100	灌溉强度
Harv.100	地上部收获比例
Graz.100	放牧强度
Fire.100	秸秆等残茬是否焚烧
Fix.100	有机质分解修正系数

CENTURY 模型以月为时间步长，驱动因子主要包括：月平均最高气温（℃，地面

2m 高度）、月平均最低气温（℃，地面 2m 高度）、月降水量（cm）、土壤质地（砂粒、粉粒和黏粒含量）、枯落物的养分和木质素含量、大气氮沉降和人为施氮量。

CENTURY 模型的输出值包括各月份不同碳库的 SOC 含量（0～20cm）、净初级生产力、作物籽粒和秸秆中的养分水平、蒸发量和土壤含水量、氮素矿化量和氨挥发量等。

4. CENTURY 模型的应用现状

目前 CENTURY 模型已经被广泛用于不同管理条件下的长期定位试验站 SOC 变化模拟（Kelly et al.，1997；Falloon and Smith，2002；Bhattacharyya et al.，2010）。随着 CENTURY 模型的发展，该模型已经能够成功地用于模拟施肥、灌溉、病虫害控制、耕作等不同情景的管理措施下，生态系统中碳、氮、磷、硫、水分运移等变化特征（Cerri et al.，2007）。同时也有学者使用 CENTURY 模型模拟陆地植被 NPP 对气候变化的敏感性（张存厚等，2014），以及草原地上生物量、有机碳、全氮变化等的验证和模拟（李秋月，2015）。

三、SPACSYS 模型概况

1. SPACSYS 模型简介

SPACSYS 模型是一个多维的、点位尺度、由气候驱动的模拟植物、土壤和微生物生物量碳和氮动态循环，且随时间变化的模型（图 7-3）。它的新颖之处是：对植物的生长和发育以及根系的模拟非常全面且详细，此外还包括将土壤中的 C、N 循环与植物、土壤水分和热量传输途径联系起来的子模型；模拟 C 和 N 在地上和地下部的固定，以及各个库之间的转化。SPACSYS 对土壤 C 和 N 过程的描述类似于许多现有的模型（Wu and McGechan，1998），但此模型对根系的养分循环有更多的细节描述。模型中，水、热和土壤氮组分被看成是二维子模型，因为水组分包含水横向径流等，这会驱动硝酸盐和热量的传递。另外，土壤碳循环为一维的模块。土层状态变量值来自根系，由不同层次、不同根段来决定。从整个模型基本结构的轮廓和组分的详细描述方面来看，SPACSYS 与现有模式具有显著的不同。

一般来说，植物活体被分成四个部分：叶、茎、籽粒和根。死掉的部分被认为是地上部残体或地下部残体。简单来说，植物通过叶片的光合作用来固定大气中的 CO_2。随后被固定的碳由叶片转移到根和茎。此外，根部吸收的氮被分配到了叶片、茎和根。在繁殖期，叶片和茎中的碳和氮又将转移到籽粒中去。

SPACSYS 模型植物生长模块考虑的主要过程包括植物发育、同化作用、呼吸作用和光合产物的分配，以及植物对氮的吸收。根据不同生长发育阶段所需的热量估计植物发育的阶段，用累积温度和阈值温度来控制。整个植物生命周期定义为三个连续周期：从播种到植物发芽；从植物发芽（或营养期结束）到抽穗；从抽穗到成熟。Wu 和 McGechan（1998）计算出不同时期有关光合作用的产物分配与发育指数的关系。在 SPACSYS 模型中，有相应函数解释了植物第二个生命周期期间，光周期效应对植物的物候发展的影响（函数是统一的），并提出一个指数表达式：

$$f(d) = 1 - e^{k_p(D_l - p_c)} \tag{7-1}$$

式中，D_l 是一天的日照时数；k_p 是营养阶段光周期反应控制参数，对短日照植物有积极影响，对长日照植物有消极影响；p_c 是短日照植物的临界光周期或低于临界光周期长日照植物不能生殖生长。

日冠层净光合作用考虑到了温度、水供求平衡和叶片氮浓度对光合作用的影响。水响应函数的平衡，表示为实际的蒸腾速率与潜在的蒸腾速率的比率。氮响应函数，用于表示植物叶片氮浓度对植物生长率的影响。另外，根接受光合作用的产物的比例最高，其次是叶片，然后是茎。根据植物的生长发育阶段来进行光合作用产物在根、叶、茎和种子中的分配。当植物处于生殖生长阶段，叶片和茎干物质将转移到籽粒中。植物氮需求量与日冠层净光合速率成正比，通过根区氮浓度和生长发育指数来控制。植物不同部分的氮需求在整个植物生长发育阶段不同。

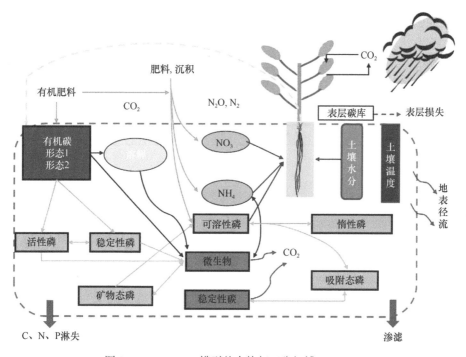

图 7-3　SPACSYS 模型基本构架（张旭博，2016）

SPACSYS 模型中土壤有机碳和氮库分为四个子库：新鲜有机质、腐殖质、可溶解有机质和微生物生物量。该模型还考虑肥料或泥浆含有可溶性的有机组成部分，当施入有机肥和泥浆的时候，会增加表层土的可溶性有机质量。新鲜的有机质包括地上和地下衰老的植物残体以及植物收割后的残留物，与有机肥的有机部分混在一起。腐殖质库包含新鲜有机质和可溶性有机质。从目前植物和外部输入方面来看，新鲜有机质分为凋落物中的新鲜有机质和有机肥中的新鲜有机质。最表层土中的新鲜有机质和可溶性有机质可能会因为地表径流而损失。新鲜的凋落物、可溶性有机质和腐殖质库会受到地上凋落物和地下部根的补充。

  SPACSYS 模型相比其他模型，在模拟耕地和草地生态系统中植物生长和发育、水分、能量和氮循环时，主要在各个库的过程和数量模拟方面有优势（表 7-3）。相比其他模型，SPACSYS 将植物地上和地下部生长联系起来（包括营养生长阶段），也将植物-大气-土壤中的氮和碳循环，以及水和热运动作为一个连续统一体。它还使用 3D 根结构模拟氮和水吸收，以及根衰老对有机质库的贡献，用于探索地下和地上资源之间的转化。其他类似模型都对地面植物的生长和发育进行了相对详细的描述。然而，根系的良好模拟对模型在模拟营养运移和吸收、水分运动、地上和地下植物生长及养分的循环方面也至关重要。SOIL-SOILN、DAISY 和 DNDC 模型没有考虑详细的根结构，只是用根长、根密度来表示根在土壤剖面的分布。在 EPIC 模型中，依据根在根际的分布状况可以估计各个土层中水分的利用。HYBRID v3.0 只定义健康的根作为一个整体，没有考虑到根系的分布。3DMIPS 利用根的横向扩展、根表面积、根深度的差异来说明根结构的作用，但其未追踪根的独立行为。SPACSYS 模型运用根的物理分布、长度、表面积、生物量、出现的时间来表现根的整体结构，使根整个结构重现可视化。另外，其他模型运用不同的名称来定义快循环、慢循环和活跃有机质库，模拟不同库之间的分解和转化过程。SPACSYS 模型中额外增加的碳氮库，即可溶性有机碳（DOC）和可溶性有机氮（DON）库能够反映可溶性有机质（DOM）对碳、氮循环的作用。

表 7-3 SPACSYS 模型与其他模型在植物生长、水和碳、氮循环过程模拟中的比较

项目	SPACSYS	DAISY	SOIL-SOILN	HYBRID	3DMIS	DNDC	EPIC
库数量							
植物库	8	8	8	8	4	8	2
OM 库（C&N）	24	12	10	16	6	9	10
无机氮库	3	2	3	1	—	7	2
水分库	4	3	4	2	1	2	1
主要模拟过程解释							
分解	√	√	√	√	√	√	√
DOC 运移	√	—	—	—	—	—	—
挥发	—	—	—	—	—	√	√
矿化-固定	√	√	√	√	—	—	√
硝化	√	√	√	—	—	√	√
反硝化	√	√	√	—	—	√	√
NO_3^- 淋失	√	√	√	√	—	—	√
NH_4^+ 淋失	—	√	—	—	—	—	—
NO_3^- 地表损失	√	—	√	—	—	—	—
土壤热量传导	√	√	√	—	√	√	√
光合作用	√	√	—	√	—	√	√
呼吸作用	√	√	—	√	—	√	—
物候	√	√	√	—	—	√	√
分区	√	√	—	√	√	√	—
易位	√	—	—	—	√	√	—

项目	SPACSYS	DAISY	SOIL-SOILN	HYBRID	3DMIS	DNDC	EPIC
根系构型	√	—	—	—	√	—	—
水分吸收	√	√	√	—	√	√	√
氮素吸收	√	√	√	√	√	√	√
氮素固定	√	—	—	—	—	—	√
渗透	√	√	√	—	√	√	√
水体流动	√	√	√	—	√	√	√
蒸腾蒸散量	√	√	√	√	√	√	√
施肥	√	√	√	—	—	√	√
灌溉	√	√	√	—	—	√	√
耕作	√	√	√	—	—	√	√
播种	√	√	√	—	—	√	√
收获/刈割	√	√	√	—	—	√	√

注："√"表示对应模型包括此项目;"—"表示对应模型无相应项目。

2. SPACSYS 模型的应用现状

SPACSYS 模型已被广泛用于估计作物产量、SOC、全氮储量、土壤氮淋溶、作物的资源利用率和气候变化对作物生长的影响（Zhang et al.，2016；Wu et al.，1999；Wu et al.，2015a）。张旭博（2016）基于中国旱地典型农田土壤验证了 SPACSYS 模型，发现该模型适用于中国农田土壤有机碳、全氮储量及作物产量和温室气体排放的模拟与预测。王树会等（2018）利用 SPACSYS 模型在河南封丘长期定位站点进行验证和预测，发现该模型可以模拟中国华北平原典型农田冬小麦-夏玉米轮作体系的农作物产量、SOC 和全氮储量，以及土壤 CO_2 和 N_2O 的排放情况，但是模型低估了单施有机肥处理的全氮储量。王树会等（2022）也进一步利用该模型结合 ArcGIS 模拟了华北平原旱地土壤固碳及 N_2O 排放的空间格局。Wu 等（2015b）利用 SPACSYS 模型模拟了环境变化对草地系统的影响，并模拟了苏格兰草原上 0～10cm 土壤水分、刈割生物量、氮素储量和 N_2O 排放，对 N_2O 排放模块进行了修改优化。

第二节　RothC 模型在我国农田土壤有机碳演变中的应用

我国地域广阔，从北到南横跨寒温带、中温带、亚热带和热带多个气候带，气候多样，不同的气候条件决定了不同的种植制度、水分管理和土壤类型等的巨大差异，这些因素直接影响土壤有机碳的周转。从水分管理制度上，我们将我国典型的农田种植分为旱地、水旱轮作和水田（双季稻）三种管理制度。我国耕地面积为 12 786.19 万 hm^2，其中旱地 9646.99 万 hm^2（包含水浇地 3211.48 万 hm^2），占 75.45%；水田 3139.20 万 hm^2，占 24.55%。本节将对原始模型（RothC26.3）、Shirato 和 Yokozawa（2005）修改后的模型（RothC26.3_p）分别在不同的水分管理条件下进行验证模拟及情景预测。

一、RothC 模型在我国旱地农田上的验证

旱地是我国耕地的主要组成部分,主要分布在我国北方,其土壤有机质的周转直接影响我国农田土壤培肥及固碳减排措施的选择和实施效果。我们基于我国旱地典型农田长期定位施肥试验,使用 RothC26.3 模型在这些不同气候区、土壤类型、种植制度以及不同农田管理措施下进行验证。

1. 农田长期试验点概况

选取代表我国典型旱地农田土壤和气候条件分布的 16 个站点:东北地区主要土壤类型黑土(黑河、哈尔滨和公主岭);西北地区主要土壤类型灰漠土(乌鲁木齐)、灌漠土(张掖)、黑垆土(平凉)、塿土(杨凌);华北平原主要土壤类型褐潮土(昌平)、砂姜黑土(蒙城)、棕壤(济南)、潮土(武清、辛集、德州、郑州和徐州);华南地区主要土壤类型红壤(祁阳)。这 16 个站点从北到南呈温度梯度分布,从年均气温最低的黑河站点(−1.5℃)到年均气温最高的祁阳站点(18.1℃);从西到东基本呈水分梯度分布,年降水量从张掖站点的 127mm 到祁阳站点的 1445mm。年蒸发量/年降水量的比值从张掖站点的最高值(18)到徐州和祁阳站点的最低值(1)(表 7-4)。其中,黑河、哈尔滨、公主岭、乌鲁木齐、张掖和平凉站点为一年一熟种植制度,黑河、哈尔滨和公主岭站点为玉米连作,乌鲁木齐和张掖站点为两季小麦一季玉米三年一个轮作周期,平凉站点为

表 7-4　典型旱地农田长期定位站点及区域基本情况

区域	土壤种类	站点	起始时间	气候区	年均气温/℃	年降水量/mm	年蒸发量/mm	种植制度	容重/(g/cm³)	黏粒含量/%
东北	暗棕壤	黑河	1980	MT-SH	−1.5	510	650	1	nd	33.3
	黑土	哈尔滨	1980	MT-SH	3.5	533	nd	1	nd	30.1
	黑土	公主岭	1990	MT-SH	4.5	525	1400	1	1.19	29.3
西北	灰漠土	乌鲁木齐	1990	MT-SA	7.7	310	2570	1	1.25	20.4
	灌漠土	张掖	1990	MT-A	7.0	127	2345	1	1.20	16.3
	黑垆土	平凉	1978	MT-A	8.0	540	1384	1	1.30	33.6
	塿土	杨凌	1990	WT-SH	13.8	525	993	2	1.35	21.0
华北	褐潮土	昌平	1991	WT-SH	11	600	2301	2	1.58	10.2
	潮土	武清	1979	MT-SH	11.6	607	1736	2	1.28	30.7
	砂姜黑土	蒙城	1982	MT-SH	16.5	872	1026	2	1.45	27.1
	棕壤	济南	1982	MT-SH	14.8	693	444	2	nd	9.2
	潮土	辛集	1992	MT-SH	12.5	447	1211	2	1.23	18.8
	潮土	德州	1987	MT-SH	13.4	570	2095	2	nd	17.7
	潮土	郑州	1990	WT-SH	14.3	632	1450	2	1.55	10.1
	潮土	徐州	1980	WT-SH	14.5	832	995	2	1.25	12.1
华南	红壤	祁阳	1990	ST-HM	18.1	1445	1470	2	nd	43.9

注:①气候区:MT-SH = mild temperate, semi-humid zone,温带半湿润区;MT-A = mild temperate, arid zone,温带干旱区;MT-SA = mild temperate, semi- arid zone,温带半干旱区;WT-SH = warm temperate, semi–humid zone,暖温带半湿润区;ST-HM = sub-tropical, humid monsoon zone,亚热带湿润季风区。②种植制度:数字为每年种植作物的熟制,1 为一年一熟,2 为一年两熟。③nd: no data,没有数据。

两季玉米四季小麦六年一个轮作周期。昌平、武清、辛集、蒙城、德州、郑州、杨凌、徐州和祁阳站点为冬小麦-夏玉米一年两熟种植制度。

这些长期试验点的土壤性质和施肥等农田管理详见本书第二章及文献（姜桂英，2013）。在这些长期施肥定位站点中，总共有 6 种不同的施肥模式：①不施肥对照（CK）；②单施氮肥（N）；③施用氮磷肥（NP）或氮磷钾肥（NPK）；④单施有机肥（M）；⑤无机肥料配施有机肥（NM、NPM、NPKM、hNPKM）；⑥无机肥料配合秸秆还田（NPS、NPKS）。其中，公主岭、乌鲁木齐、昌平、郑州和杨凌点为等氮量施肥，即施无机肥料的氮肥施用量与无机肥料配施有机肥或者秸秆还田模式中的氮素施用量是相等的。在无机肥料配施有机肥模式下，无机态氮占总施氮量的 30%，有机态氮（即来自于有机肥的氮）占总施氮量的 70%。其他站点的氮肥施用不是等氮量的，即在无机肥料配施有机肥或者配合秸秆还田的模式下，无机态氮的施用量与其他单施无机态氮肥的量相等，不考虑有机肥或者秸秆还田中的有机态氮含量。

2. 模型输入参数

RothC 模型是以月为时间步长，主要输入参数有三大部分。

（1）气候参数：月均气温（℃），月降水量（mm）和灌溉量（mm），月蒸腾蒸散量（mm）。其中，月均气温和月降水量来自于中国气象局网站，月蒸腾蒸散量根据彭曼公式计算得出。

（2）土壤性质：土壤黏粒含量（<0.002mm，%），起始土壤有机碳含量（t/hm^2），耕作深度（cm）。

（3）管理措施：月植物残茬碳投入量（t/hm^2），月有机肥碳投入量（t/hm^2），土壤覆盖情况。

3. 模拟前平衡值的确定及试验开始后的模拟

运行模型前，需要定义模型中 5 个 SOC 库［快速分解库（DPM）、慢分解库（RPM）、微生物库（BIO）、腐殖质库（HUM）、惰性库（IOM）］中的起始值。但是通常各试验点只有总 SOC 值，而这五个有机碳库的分配是未知的。根据 Jenkinson 和 Coleman（1999）描述，如果假设 SOC 含量已经达到平衡，RothC 模型则可以根据输入的 SOC 含量反推出达到这个 SOC 含量水平所需的碳投入及相应 5 个有机碳库的比例。RothC 模型需要运行 1 万年以达到稳定的平衡状态。因此，我们要使 RothC 模型反运行 1 万年以计算在特定 SOC 含量下 5 个有机碳库的分配。因为不同时间添加碳投入对 SOC 年分布的计算误差可以忽略，这里我们是在作物收获后的那个月份将碳投入进去。按照模型中设定的典型农田作物和杂草的 DPM/RPM 比值（1.44），气候数据使用试验期内平均值作物平衡模拟的气候参数输入值。

起始 SOC 含量及其 5 个有机碳库含量确定后，从试验起始年份开始，采用每个处理的碳投入实际测定数据模拟到 2010 年。与起始平衡模拟时一致，碳投入只在作物收获时的那个月份投入。气候数据从起始年份起使用实测的月均气温、月降水量（有灌溉的站点加上灌溉）和月蒸腾蒸散量。

4. 模型评价指标

采用均方根误差（root mean square error，RMSE）、平均误差（mean different，Md）、相关系数（r）、决定系数（R^2）来评价模型的适用性（Smith et al.，1997）。均方根误差用来表征模拟值和实测值的误差大小。RMSE 值越小，说明模拟值与实测值之间的差异越小，当 RMSE 值为零时最好。平均误差表征模型的偏差，正值代表模拟值低估了实测值；反之，则代表模拟值高估了实测值。相关系数（r）表征模拟值与实测值在趋势和形状上的拟合度，当模拟值和实测值没有明显趋势时，相关系数（r）只能评价模拟值和实测值的相似程度（Smith et al.，1997）。预测效率（forecasting efficiency，EF）值越接近 1，说明模拟值和实测值越接近。决定系数（$0<R^2<1$）可以检验模拟值相对于实测值的偏离程度。这里我们假设 RMSE$<$15%，$R^2>$0.60，Md 值在 t 检验时不显著，此时认为模型适宜使用。

$$\text{RMSE} = \frac{100}{\overline{O}} \sqrt{\frac{\sum_{i=1}^{n}(S_i - O_i)^2}{n}} \tag{7-2}$$

$$\text{EF} = \frac{\sum_{i=1}^{n}\left(O_i - \overline{O}\right)^2 - \sum_{i=1}^{n}\left(S_i - O_i\right)^2}{\sum_{i=1}^{n}\left(O_i - \overline{O}\right)^2} \tag{7-3}$$

$$\text{Md} = \frac{\sum_{i=1}^{n}\left(O_i - S_i\right)^2}{n} \tag{7-4}$$

$$r = \frac{\sum_{i=1}^{n}(O_i - \overline{O})(S_i - \overline{S})}{\sqrt{\sum_{i=1}^{n}(O_i - \overline{O})^2}\sqrt{\sum_{i=1}^{n}(S_i - \overline{S})^2}} \tag{7-5}$$

式（7-2）～式（7-5）中，S_i 是指模拟值；O_i 是指实测值，

5. 模型模拟结果

除公主岭和乌鲁木齐站点的氮磷钾配合秸秆还田外，RothC 模型的模拟值和各站点的实测值拟合程度较好（图 7-4～图 7-6）。在一年一熟站点中，哈尔滨站点不施肥处理的有机碳储量随时间呈缓慢下降趋势，氮磷钾、氮磷钾配施有机肥和单施有机肥的有机

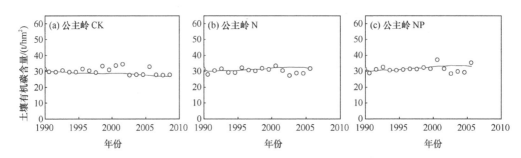

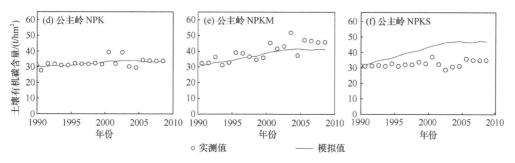

图 7-4　RothC26.3 模型在公主岭站点的验证

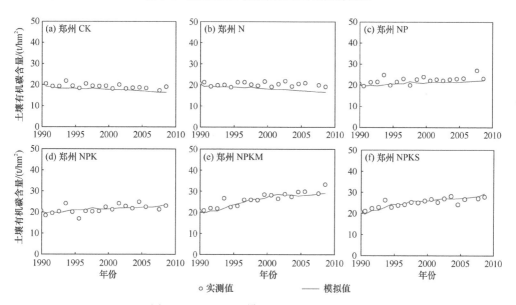

图 7-5　RothC26.3 模型在郑州站点的验证

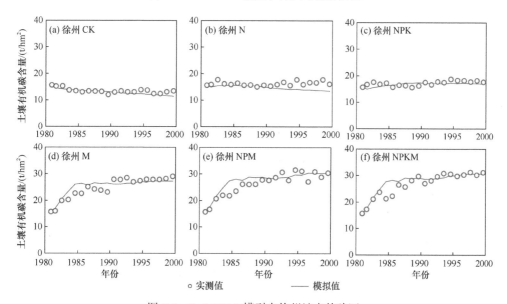

图 7-6　RothC26.3 模型在徐州站点的验证

碳储量呈平衡或略有上升的趋势。黑河站点相应处理的趋势跟哈尔滨站点类似，不施肥处理的有机碳含量呈下降趋势，而氮磷钾、氮磷钾配施有机肥和氮磷钾配合秸秆还田的有机碳储量基本维持平衡。这两个站点的初始有机碳含量较高，分别为 42.28t/hm^2 和 58.80t/hm^2。要维持其较高的起始值，需碳投入量较大，而目前的外源碳投入只能维持起始碳储量水平。在公主岭和乌鲁木齐站点，不施肥处理的有机碳含量呈缓慢下降趋势，氮磷钾处理则基本维持平衡，氮磷钾配施有机肥的有机碳含量呈明显上升趋势，但氮磷钾配合秸秆还田的有机碳含量基本与氮磷钾处理类似，并没有因秸秆还田呈现明显的增加趋势，这两个站点 RothC 模型均高估了有机碳含量，可能与这两个站点的秸秆还田方式及相应的气候条件有关，我们在后面将对这两个站点的 NPKS 处理高估情况进行修改和进一步验证。张掖站点的不施肥处理随时间呈明显下降趋势；氮磷钾处理有机碳储量基本维持平衡，氮磷钾配施有机肥处理和有机肥处理的有机碳储量呈逐渐上升的趋势；平凉站点不施肥处理有机碳储量基本维持平衡，氮磷处理、氮磷配施有机肥处理和氮磷配合秸秆还田处理均随时间明显上升。

在一年两熟站点中，昌平、杨凌和济南站点的不施肥处理的有机碳储量并未像其他站点一样持续下降或维持平衡，而是呈缓慢上升趋势，可能与这些站点中大气氮沉降所提供的氮素在一定程度上促进了不施肥处理的作物生物量，进而提高了其残茬的碳投入有关。另外，也可能与这四个站点的起始有机碳储量水平较低有关，昌平起始有机碳储量为 22.44t/hm^2，杨凌 19.98t/hm^2，济南 10.78t/hm^2，相对其他站点较低；同时，这三个站点的氮磷钾处理、氮磷钾配施有机肥处理和氮磷钾配合秸秆还田处理的有机碳储量均呈上升趋势，其中氮磷钾配施有机肥处理的上升趋势更明显，说明有机肥或秸秆还田能明显提升土壤有机碳储量。郑州、蒙城、衡水、辛集和祁阳站点的不施肥处理的有机碳储量呈下降趋势，氮磷钾处理维持平衡或略有上升，氮磷钾配施有机肥、单施有机肥、氮磷钾配合秸秆还田和氮磷配合秸秆还田处理的有机碳储量呈明显上升趋势，其中有机肥施用处理的提升更明显。

由 15 个站点土壤有机碳实测值和模拟值的相关关系可以看出，R^2 值范围在 0.25～0.93。总体来看，RothC26.3 模型可以模拟中国北方旱地土壤有机碳在不同施肥措施下的动态变化。其中，乌鲁木齐、郑州、杨凌、徐州、蒙城、德州、公主岭和张掖 8 个站点的 R^2 值大于 0.69（图 7-7）。

除了各站点总体模拟值和实测值的相关性比较，我们就评价模型的适用性还做了其他的统计分析。表 7-5 列出了不同站点不同处理下的 RMSE、r^2 和 Md 值。RMSE 值的大小指示模拟值与实测值之间的偏差程度。在公主岭，NPKS 处理的 RMSE 为 26.86%，其他处理的 RMSE 值为 5.73%～13.67%。这说明 RothC 模型高估了 NPKS 处理的土壤有机碳（SOC）含量。乌鲁木齐 CK 和 N 处理的 RMSE 值在 7.14%～10.10%，而 NPKM、hNPKM、NPKS 处理的 RMSE 值均大于 15%（15.01%～30.37%）。这显示了 RothC 模型在乌鲁木齐的 3 个化肥配施有机物料处理中模拟值与实测值的偏差较大。平凉 M 和 NPM 处理的 RMSE 值也大于 15%，张掖、昌平、郑州和徐州 4 个站点所有处理的 RMSE 值均小于 15%，表示 RothC 模型能够模拟这 4 个站点的所有处理，模拟值和实测值之间的偏差较小。

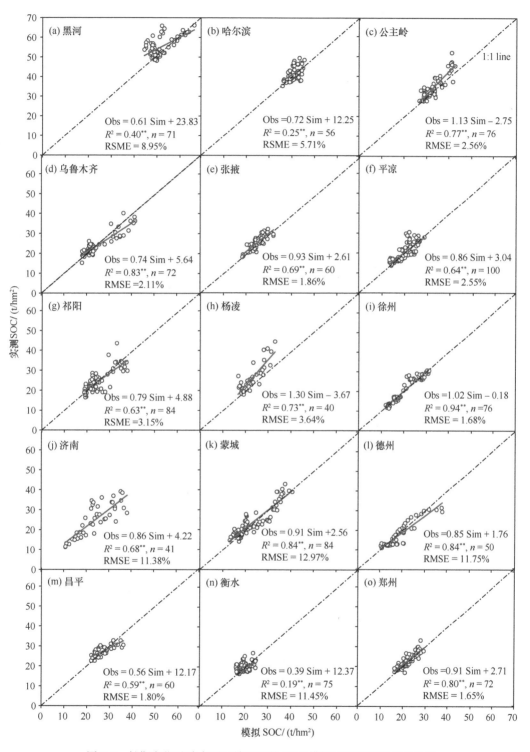

图 7-7 长期定位试验点不同施肥下的 SOC 模拟值和实测值相关关系

Obs：实测值；Sim：模拟值；R^2：模拟值和实测值相关性的决定系数；RMSE：均方根误差；所有站点决定系数 R^2 均符合
$P < 0.001$

表 7-5　不同旱地站点实测值与模拟值拟合度检验

站点	处理	统计指标						
		r	RMSE /%	Md /(t/hm²)	Md 的 t 检验	t-值（2.5% 临界值-双尾）	t 检验差异是否显著	n
公主岭	CK	0.33	8.78	1.77	3.71	2.1	Y	20
	N	0.99	7.26	−0.82	−2.11	2.1	N	17
	NP	0.45	5.73	0.03	0.06	2.1	N	17
	NPK	0.52	6.07	0.12	0.25	2.1	N	20
	NPKM	0.84	9.02	1.55	2.07	2.1	N	20
	hNPKM	0.72	13.67	2.62	2.09	2.1	N	20
	NPKS	0.67	26.86	−7.62	−6.99	2.1	N	20
乌鲁木齐	CK	0.96	7.14	0.56	1.96	2.1	N	19
	N	0.95	10.1	1.36	3.72	2.1	Y	19
	NP	0.94	9.14	0.72	1.76	2.1	N	19
	NPK	0.95	7.76	0.26	0.71	2.1	N	19
	NPKM	0.81	15.01	−2.95	−3.57	2.06	N	19
	hNPKM	0.9	25.83	−7.73	−5.74	2.06	N	19
	NPKS	−0.07	30.37	−5.58	−6.86	2.06	N	19
张掖	CK	0.68	8.92	1.23	2.69	2.1	Y	16
	N	0.44	8.70	1.05	2.17	2.1	Y	16
	NP	0.4	7.85	0.75	1.61	2.1	N	16
	NPK	0.46	7.45	0.53	1.14	2.1	N	17
	M	0.7	7.66	1.3	2.86	2.1	Y	17
	NM	0.68	9.87	1.86	3.18	2.1	Y	16
	NPM	0.64	5.75	0.07	0.15	2.1	N	16
	NPKM	0.69	5.80	−0.09	−0.2	2.1	N	17
平凉	CK	0.26	8.01	0.63	3.15	2.06	Y	26
	N	0.35	10.42	0.87	2.95	2.06	Y	26
	NP	0.61	10.30	−0.07	−0.19	2.06	N	26
	M	0.67	17.16	1.44	2.24	2.06	Y	26
	NPM	0.68	18.11	1.54	2.2	2.06	Y	26
	NPS	0.84	11.11	−0.8	−1.75	2.06	N	26
昌平	CK	0.75	5.79	0.47	1.31	2.06	N	15
	N	0.77	5.83	0.68	1.97	2.06	N	15
	NP	0.75	10.01	2.12	5.33	2.06	Y	15
	NPK	0.52	9.38	1.18	2.14	2.06	Y	15
	NPKM	0.91	7.60	−0.57	−1.07	2.06	N	15
	hNPKM	0.91	8.07	−0.33	−0.53	2.06	N	15
	NPKS	0.81	8.15	1.11	2.17	2.06	Y	15

续表

站点	处理	统计指标						
		r	RMSE /%	Md /(t/hm²)	Md 的 t 检验	t-值（2.5% 临界值-双尾）	t 检验差异 是否显著	n
郑州	CK	0.62	8.09	1.29	6.5	2.06	Y	19
	N	0.11	11.05	1.84	6.31	2.06	Y	19
	NP	0.42	9.24	1.36	3.75	2.06	Y	19
	NPK	0.49	7.92	−0.1	−0.25	2.06	N	19
	NPKM	0.88	6.88	0.73	1.9	2.06	N	19
	hNPKM	0.88	8.39	0.61	1.11	2.06	N	19
	NPKS	0.85	5.52	−0.15	−0.47	2.06	N	19
杨凌	CK	−0.65	16.08	2.1	3.37	2.1	Y	11
	N	−0.22	16.76	2.5	3.97	2.1	Y	11
	NP	0.82	12.55	1.94	3.65	2.1	Y	12
	NPK	0.89	8.70	0.66	1.33	2.1	N	11
	NPKM	0.93	14.2	2.65	3.13	2.1	Y	13
	hNPKM	0.91	17.22	3.49	2.89	2.1	Y	13
	NPKS	0.85	11.49	0.57	0.74	2.1	N	13
徐州	CK	0.69	6.65	0.44	2.51	2.06	Y	20
	N	−0.33	12.00	1.48	5.29	2.06	Y	20
	NP	−0.04	8.08	0.51	1.84	2.06	N	20
	NPK	0.27	6.08	0.36	1.6	2.06	N	20
	M	0.88	7.90	−0.47	−1.09	2.06	N	20
	NM	0.89	9.30	−1.42	−3.2	2.06	N	20
	NPM	0.9	8.69	−1.13	−2.49	2.06	N	20
	NPKM	0.9	8.40	−0.9	−1.91	2.06	N	20

注：RMSE，root mean square error，均方根误差；Md：mean different，平均误差；r：correlation coefficiency，相关系数；Y：Md 值 t 检验显著；N：Md 值 t 检验不显著；n：样本数。

6. 土壤有机碳投入量的敏感性分析

在 RothC 模型中，碳投入是决定模拟结果的重要因素，然而 RothC 模型只有土壤有机碳周转模块，没有作物生长模块，碳投入的多少是根据文献的经验公式进行估算得来的，这在一定程度上造成模型低估或高估土壤有机碳储量。在上述的公主岭和乌鲁木齐站点 NPKS 处理中，模型高估了土壤有机碳储量，根据实际生产情况，我们对其碳投入进行了敏感性分析（图 7-8、表 7-6）。

RothC 模型高估了乌鲁木齐和公主岭两个站点的氮磷钾配合秸秆处理土壤有机碳含量。其中公主岭站点的氮磷钾配合秸秆还田是直接切成 20cm 左右小段覆盖在土壤表面，可以推测在此站点，秸秆还田处理的秸秆在未转化为土壤有机碳前已经被分解。

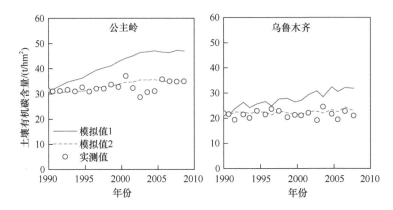

图 7-8　公主岭和乌鲁木齐站点氮磷钾配合秸秆还田下秸秆碳投入敏感性分析

模拟值 1 是还田秸秆所有碳投入 80%时的情景（公主岭和乌鲁木齐站点的平均耕作深度为 25cm，而取样深度为 20cm，所以我们假设有 20/25=80%的秸秆碳投入进入土壤 20cm 土层）；模拟值 2 指秸秆碳投入是模拟值 1 情景的 12%

表 7-6　公主岭和乌鲁木齐站点有机物料碳投入的敏感性分析检验

站点	处理	统计指标						
		r	RMSE /%	Md /(t/hm²)	Md 的 t 检验	t-值（2.5% 临界值-双尾）	t 检验差异 是否显著	n
公主岭	NPKS	0.67	26.86	−7.62	−6.99	2.1	N	20
	NPKS-12%	0.67	4.61	−0.17	−0.47	2.1	N	20
乌鲁木齐	NPKM	0.81	15.01	−2.95	−3.57	2.06	N	19
	hNPKM	0.9	25.83	−7.73	−5.74	2.06	N	19
	NPKS	−0.07	30.37	−5.58	−6.86	2.06	N	19
	NPKM-56%	0.8	10.2	0.41	0.56	2.06	N	19
	hNPKM-56%	0.89	12.58	−2.28	−2.36	2.06	N	19
	NPKS-12%	−0.06	8.46	−0.82	−2.11	2.06	N	19

注：RMSE: root mean square error，均方根误差；Md: mean different，平均误差；r: correlation coefficiency，相关系数；N: Md 值 t 检验不显著；n: 样本数。

Liu 等（2009）在澳大利亚农田留茬处理下验证 RothC 模型也发现模型高估了土壤有机碳含量，他通过反转模型得出，当秸秆还田量≤26%时，模型模拟值和实测值之间的拟合度得到很大改善。鉴于其方法，我们设定了一个秸秆还田系数 f_{st}，设 f_{st} 从 0.0～1.0，变化单位 Δf_{st} = 0.01，通过反转模型来计算 f_{st} 值。这样我们在氮磷钾配合秸秆还田处理就有 101 次的模拟值。根据每次模拟值和实测值的均方根误差 RMSE 来评价模型的最佳拟合度。

乌鲁木齐站点秸秆还田是粉碎翻压到土壤中，按公主岭站点的方法计算了相应的 RMSE 值，但发现只有在 f_{st}=0.12 时，其 RMSE 值才最小。可以推测，在乌鲁木齐站点，秸秆分解情况还应考虑其他因素。首先，土壤中微生物分解的最佳 C/N 值在 15 左右。小麦秸秆 C/N 值为 51/1，玉米 C/N 值为 67/1，这样的高 C/N 值需要使用化肥氮素来调节，以便于微生物分解秸秆。然而在此站点氮磷钾处理的氮肥施用量为 242kg/hm², 氮磷钾配合秸秆还田处理的氮素施用量仅为 217kg/hm²。这样氮素的缺乏会导致秸秆通过 CO_2 形式损失于大气中。其次，小麦秸秆还田时间为 7 月底至 8 月上旬，此时乌鲁木齐站点的气温较高且降水较少，导致秸秆很难转化为土壤有机碳。再次，刘骅等（2007）的研究表明，NPKS 处理相对秸秆不还田处理，其土壤动物和微生物群落均很丰富，特别是疣跳虫科和等节跳虫科土壤动物的种群很大，而且土壤微生物种群和活性以及土壤酶（脲酶和蔗糖酶）活性均高于其他处理。这些土壤动物和微生物优势加速了秸秆分解。最后，郑德明等（2004）的研究表明，新疆农田土壤有机碳含量难于提高的两个原因主要是有机物料腐殖化系数低（18%～27%）和土壤有机碳矿化率高（5%～6%）。其中，新疆农田主要以小麦、玉米和稻草三种秸秆还田的年腐解率平均为 71.8%，而羊厩肥、猪厩肥和牛厩肥三种厩肥的年腐解率为 43.2%。这可能也是造成乌鲁木齐站点氮磷钾配合秸秆还田和氮磷钾处理土壤有机碳差异不显著的原因之一。

二、RothC 模型在我国水旱轮作农田上的验证

水旱轮作系统是我国农业生产的主要系统之一，主要分布在长江流域的江苏、浙江、湖北、安徽、四川、重庆等省（直辖市）。水旱轮作类型繁多，其中以水稻-小麦轮作种植的面积最大。我们在湖北武昌、重庆北碚、四川遂宁的 3 个水稻-小麦水旱轮作站点对 RothC 模型进行验证。各站点主要特征列于表 7-7。这 3 个站点年均气温浮动较小，从 17.0℃（武昌）到 18.3℃（重庆）；年降水量从遂宁的 950mm 到武昌的 1500mm。初始土壤有机碳含量变幅较大，从 9.22g/kg（遂宁）到 15.91g/kg（武昌）。土壤质地由壤质土（黏粒含量 20.4%～22.5%）到黏质土（黏粒含量 45.8%，武昌）。水旱轮作种植制度是 5～8 月种植水稻，11 月到次年 4 月为冬小麦种植期。所选 3 个站点的施肥处理如下：不施肥对照（CK），单施氮肥（N），氮磷配施（NP），氮钾配施（NK），磷钾配施（PK），氮磷钾配施（NPK），氮磷钾配施有机肥（NPKM）、氮磷钾配合秸秆还田（NPKS）。

表 7-7 水旱轮作站点基本信息

站点	起始年份	年均气温/℃	年降水量/mm	年蒸发量/mm	初始有机碳含量/(g/kg)	黏粒含量/%
重庆	1990	18.3	1106	990	14.04	26.2
遂宁	1981	17.4	950	1125	9.22	20.5
武昌	1981	17.0	1300	1500	15.91	45.8

与在旱地站点利用原始 RothC26.3 模型调试起始平衡值相似，在水旱轮作站点，除 9 月和 10 月外，全年有植被覆盖，且设 5 月到 8 月的水稻种植期间为淹水期，其余月份为非淹水期。有机碳投入和旱地相同，均为作物收获时的那个月份。其他参数输入与旱地站点一致。

图 7-9（以遂宁为代表）展示了 RothC26.3_p 模型在南方水旱轮作站点的验证情况。从图中我们可以看出，RothC26.3_p 模型在水旱轮作站点不同施肥措施下，土壤有机碳模拟值和实测值的趋势基本一致。在重庆站点，有机碳储量的起始值为 38.74t/hm^2，不施肥对照（CK）处理的有机碳储量呈下降趋势；单施氮肥、氮磷配施、氮钾配施、磷钾配施和氮磷钾配施处理的有机碳储量基本维持平衡；施用有机肥或秸秆还田的处理（NPKS、NPKM 和 hNPKM）的有机碳储量则明显上升，特别是氮磷钾配施高量有机肥处理的有机碳储量由起始的 38.74t/hm^2 上升到了 2006 年的 40.76t/hm^2。在遂宁站点，不施肥处理和单施氮肥处理的有机碳储量随时间逐渐下降；但在氮磷配施和氮磷钾配施处理有机碳储量表现上升趋势，在增施有机肥的处理中，有机碳储量上升更明显，特别是氮磷配施有机肥和氮磷钾配施有机肥处理由起始的 22.68t/hm^2，上升到了 2006 年的 32.94t/hm^2。武昌站点的有机碳储量在不施肥处理和单施氮肥处理中并没有表现出明显的下降，但在有机肥施用的处理中则均表现为明显的上升趋势。整体上，不施肥对照在水旱轮作站点中呈现下降或维持平衡的状态，氮磷钾配施处理呈现维持平衡或略有上升，但施用有机肥或秸秆还田处理则明显提升了有机碳储量，说明有机肥或秸秆还田是提升有机碳处理量的有效措施（图 7-9）。

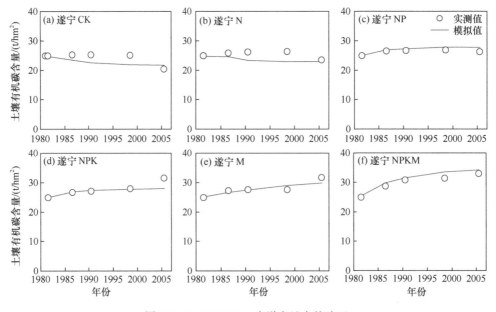

图 7-9 RothC 26.3_p 在遂宁站点的验证

RMSE 值在重庆站点的所有处理中均小于 10%，但在武昌站点的不施肥对照处理略大于 10%（表 7-8），这表明模拟值和实测值的偏差相对较小。Md 值（t/hm^2）在三个站点均为正数，即模型在水旱轮作站点低估了实测值，但是平均误差只在两个站点的 NPK 处理下显著。总之，RothC26.3_p 模型在水旱轮作点可以适用。实测值和模拟值的 1∶1 线显示，重庆站点的 R^2 值为 0.62，遂宁为 0.77，武昌为 0.44（图 7-10）。总体上统计分析显示，RothC 模型可以用于我国水旱轮作地区的土壤有机碳储量变化。

表 7-8　水旱轮作三个站点实测值与模拟值拟合度检验

站点	处理	统计指标						
		r	RMSE /%	Md /(t/hm²)	Md 的 t 检验	t-值 （2.5%临界值-双尾）	t 检验差异 是否显著	n
重庆	CK	0.42	7.79	0.27	0.30	2.31	N	10
	N	−0.12	10.66	3.30	3.97	2.31	Y	10
	NP	−0.61	12.78	3.27	2.54	2.31	Y	10
	NK	−0.72	13.72	4.62	4.44	2.31	Y	10
	PK	−0.42	12.79	3.34	2.80	2.31	Y	10
	NPK	−0.66	8.45	2.08	2.45	2.31	Y	10
	NPKM	0.57	7.28	0.94	1.06	2.31	N	10
	NPKS	0.89	5.92	1.18	1.56	2.31	N	10
遂宁	CK	0.49	7.94	1.08	1.57	2.78	N	6
	N	0.00	7.52	1.37	2.52	2.78	N	6
	NP	0.94	3.17	−0.61	−2.12	2.78	N	6
	NPK	0.84	5.41	0.52	0.86	2.78	N	6
	M	0.91	3.62	0.15	0.35	2.78	N	6
	NM	0.91	6.45	−1.24	−2.09	2.78	N	6
	NPM	0.99	7.08	−1.63	−2.88	2.78	N	6
	NPKM	0.99	4.13	−0.98	−2.76	2.78	N	6
武昌	CK	0.08	10.00	1.59	1.63	2.20	N	12
	N	0.14	7.00	1.45	2.05	2.20	N	12
	NP	−0.63	11.00	1.77	1.54	2.20	N	12
	NPK	−0.40	15.00	3.85	2.84	2.20	Y	12
	M	0.59	11.00	1.95	1.40	2.20	N	12
	NM	0.61	10.00	0.97	0.72	2.23	N	11
	NPM	0.47	12.00	0.52	0.32	2.23	N	11
	NPKM	0.67	13.00	0.89	0.54	2.20	N	12
	hNPKM	0.87	10.00	1.34	0.88	2.31	N	9

　　注：RMSE：root mean square error，均方根误差；Md：mean different，平均误差；r：correlation coefficiency，相关系数；Y：Md 值 t-检验显著；N：Md 值 t-检验不显著；n：样本数。

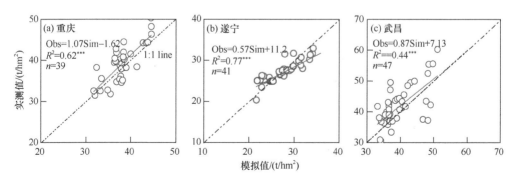

图 7-10　水旱轮作三个站点 SOC 实测值和模拟值之间的相关关系

Obs：实测值；Sim：模拟值；所有站点决定系数 R^2 均符合 $P < 0.001$

三、RothC 模型在我国双季稻农田上的验证

在我国南方农田，除水旱轮作系统外，水田-双季稻农田系统是另外一种主要农田系统。这种生态系统中，相对于水旱轮作系统，土壤处于淹水条件下的时间更长（两季水稻生长期均处于淹水状态）。这与日本学者 Shirato 和 Yokozawa（2005）通过对 RothC 26.3 添加额外的一个调节有机碳分解速率的参数而对模型进行修改验证的条件（一年一季水稻或水旱轮作）相似但又有所不同。这种修改后的 RothC 模型能否在水田-双季稻的农田生态系统中应用，尚需进一步验证。

在湖南望城、江西南昌和江西进贤的 3 个双季稻站点进行验证。各站点主要特征列于表 7-9 中。各站点年均气温浮动较小，从望城的 17.3℃到进贤和南昌的 17.5℃；平均年降水量从望城的 1350mm 到南昌的 1600mm。初始土壤有机碳含量变幅较大，从南昌的 14.85g/kg 到望城的 20.59g/kg。土壤质地由南昌的壤质土（黏粒含量 21.8%）到望城的黏质土（黏粒含量 36.4%）。

表 7-9 双季稻站点基本信息

站点	起始年份	年均气温/℃	年降水量/mm	年蒸发量/mm	初始有机碳含量/(g/kg)	黏粒含量/%
望城	1981	17.3	1350	1483	20.59	36.4
进贤	1981	17.5	1581	1606	16.22	24.8
南昌	1983	17.5	1600	1800	14.85	21.8

早稻-晚稻种植制度是我国南方典型的种植制度，望城、南昌和进贤 3 个站点代表双季稻种植区，早稻从 4 月底开始抛秧，7 月上旬收获；晚稻 7 月中下旬开始种植，11 月上旬收获。水稻种子一般先在育秧床上育秧 30 天后，再转移到站点的各个处理中。

各站点的施肥处理如下：不施肥对照（CK），单施氮肥（N），氮磷配施（NP），氮钾配施（NK），磷钾配施（PK），氮磷钾配施（NPK），氮钾配施有机肥（猪粪）（NKM）、氮磷钾配施有机肥（猪粪）（NPKM），氮磷钾配合秸秆还田（NPKS）。在进贤站点有以下不同有机物料配施的处理：单施绿肥（紫云英，G），两倍绿肥（2G），绿肥配施有机肥（猪粪）（GM），绿肥配合秸秆还田（GS），绿肥配施有机肥和秸秆还田（GMS）。在南昌点有氮磷钾肥和有机肥不同比例配施处理：NPKM3/7、NPKM5/5 和 NPKM7/3，其无机氮素和有机氮素配施比例分别为 3：7、5：5、7：3（表 7-10）。

表 7-10 双季稻长期定位站点有机肥性质及其碳投入 [单位：t/(hm²·a)]

站点	有机肥性质		施肥量（烘干重）		碳投入	
	来源	C/N	NKM/NPKM	hNPKM	NKM/NPKM	hNPKM
望城	猪粪	31/1	3.45	—	1.69	—
南昌	猪粪+绿肥	26/1-13/1	5.00	8.33	1.76	2.94
进贤	猪粪+绿肥+秸秆	26/1-13/1-48/1	3.38	19.58	1.36	5.44

注：在 NKM/NPKM 一列中，望城点为 NKM，南昌点为 NPKM5/5（无机氮：有机氮=5：5），进贤点为 G（绿肥）。

修改后模型所需输入参数和原始模型的参数基本相似,与在旱地点利用原始 RothC 26.3 模型调试起始平衡值相似,双季稻站点设早稻生长期(4~6 月)以及晚稻生长期(8~10 月)为淹水期,其他月份为非淹水期。有机碳投入和旱地相同,均为作物收获时的那个月份。起始平衡调试后开始进行每个站点的各个处理的土壤有机碳模型模拟。在此各个处理的碳投入均使用每年的实际测定数据,从试验起始年份模拟至 2010 年。

(一)模型模拟结果

图 7-11(以进贤为代表)展示了 RothC26.3_p 模型在双季稻站点的验证情况。RothC26.3_p 模型在望城、南昌和进贤三个站点模拟值和实测值在不施肥对照和单施化肥处理上拟合度较好。以进贤点为例(图 7-11),不施肥处理的有机碳含量基本维持平衡,NPK 处理的有机碳含量随时间而增加;施用有机物料处理(G、2G、GS、GM 和 GMS)的实测值和模拟值有机碳含量均呈明显增加趋势,但模拟值明显高于实测值,且实测值和模拟值之间的差别随着碳投入的增加而增加。总的来说,在这三个双季稻站点中,不施肥和单施化肥处理的实测值与模拟值拟合度较好,但在施用有机物料的处理中,模型模拟值高估了有机碳含量(图 7-12)。通过比对碳投入,我们发现在碳投入小于 2.6t/(hm²·a)时,模型的模拟值能很好地拟合实测值;碳投入大于 2.6t/(hm²·a)时,模型会高估双季稻土壤有机碳含量。

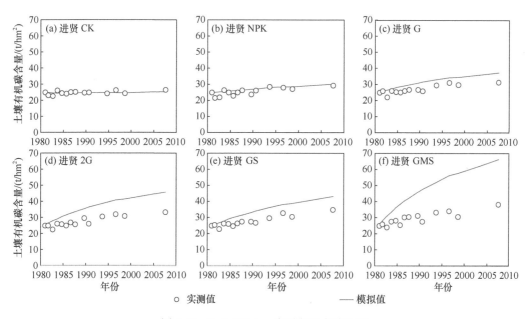

图 7-11 RothC26.3_p 在进贤站点的验证

统计指标显示,在望城和进贤站点的不施肥对照和单施化肥处理中,模拟值和实测值的均方根误差都小于 10%,在南昌站点稍大,但仍小于 20%(表 7-11)。均方根误差在施用有机肥或者秸秆还田处理中相对较大。望城站点氮钾肥配施有机肥处理(NKM)和氮磷钾配施秸秆(NPKS)处理,南昌站点的 NPKM5/5 和 NPKM7/3 处理,进贤站点的 G、GS、2G、GM 和 GMS 处理,均方根误差都大于 20%。除望城的不施肥对照处理,其他站点的处理平均误差 Md 值均为负值，Md 值的负值越小，说明模型对实测值越高估，特别是在有机肥和秸秆还田结合的处理模型越高估。总之，RothC26.3_p 模型在双季稻的不施肥或单施化肥的处理可以适用，但在施用有机物料（有机肥或秸秆处理）的处理中，还需要进一步修改。

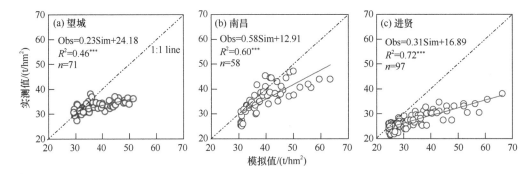

图 7-12　双季稻三个站点实测值和模拟值相关关系

Obs：实测值；Sim：模拟值；所有站点决定系数 R^2 均符合 $P<0.001$

表 7-11　双季稻三个站点实测值与模拟值拟合度检验

站点	处理	统计指标						
		r	RMSE /%	Md /(t/hm²)	Md 的 t 检验	t-值（2.5%临界值-双尾）	t 检验差异是否显著	n
望城	CK	0.05	5.31	0.51	1.34	2.11	N	18
	NP	0.56	5.52	−0.83	−2.23	2.11	N	18
	NK	−0.03	5.63	−0.30	−0.69	2.12	N	17
	PK	0.07	4.38	−0.36	−1.06	2.12	N	17
	NPK	0.52	6.06	−1.21	−3.22	2.11	Y	18
	NKM	0.73	29.25	−8.63	−7.46	2.11	Y	18
	NPS	0.49	18.97	−5.26	−6.11	2.11	Y	18
	NPKS	0.48	20.45	−5.64	−5.82	2.11	Y	18
南昌	CK	0.36	16.00	−3.82	−5.58	2.23	Y	11
	NPK	−0.28	9.00	−1.58	−2.14	2.20	N	12
	NPKM7/3	0.41	12.00	−1.91	−1.48	2.20	N	12
	NPKM5/5	0.65	20.00	−5.69	−3.72	2.20	Y	12
	NPKM3/7	0.53	21.00	−4.78	−2.11	2.20	N	12
进贤	CK	0.29	4.00	−0.05	−0.16	2.16	N	14
	NPK	0.80	8.00	−1.34	−3.38	2.16	Y	14
	G	0.87	14.00	−3.32	−6.57	2.16	Y	14
	2G	0.90	27.00	−6.61	−6.96	2.16	Y	14
	GS	0.92	19.00	−4.65	−6.50	2.16	Y	14
	GM	0.88	46.00	−11.47	−5.78	2.16	Y	14
	GSM	0.88	55.00	−13.59	−5.78	2.16	Y	14

　　注：RMSE：root mean square error，均方根误差；Md：mean different，平均误差；r：correlation coefficiency，相关系数；Y：Md 值 t-检验显著；N：Md 值 t-检验不显著；n：样本数。

（二）碳投入数量和质量敏感性分析

RothC 模型的碳投入是根据测定数据估算而来，特别是有机物料的碳投入，碳投入的质量和数量均直接影响其模拟输出值。在双季稻农田上，特别是进贤站点上，除了碳投入的数量和质量因素外，还存在碳饱和现象。在此，分别从碳投入的质量和数量上进行了相关不确定性分析。

1. 碳投入质量的不确定性

模拟结果显示，在双季稻站点，模拟值和实测值的拟合度因施肥处理的不同而不同。双季稻站点，在不施肥对照和单施用化肥的处理中，模拟值和实测值的拟合度比较好，这些处理中外界碳投入主要来自作物的地下部分（如根系、根系分泌物等）。在化肥配合秸秆还田或者绿肥的处理中，外源碳投入主要来自整个地上部分生物量。Balesdent 和 Balabane（1996）发现玉米秸秆和叶片的分解速率是地下部分的 1.56 倍。作物秸秆配施绿肥的分解速率同样也会因 C/N 的增加而上升。另外，Ayanaba 和 Jenkinson（1990）报道他们用 RothC 模型模拟热带（尼日利亚）和温带（英国）地区 ^{14}C 标记黑麦草和玉米叶片，发现在 DPM/RPM 为 3.35（DPM=77%，RPM=23%）时，模拟的拟合度比较好。高 DPM/RPM 比值加快了植株残体的分解速率。

碳投入的质量会影响模拟结果，但我们没有测定不同碳投入的质量，所以我们不能直接说是模型自身高估了 SOC 的含量。因此，我们改变模型默认的 DPM/RPM（1.44 改为 3.35）来界定是否由于碳投入的质量而影响了模拟结果。我们用默认的 1.44 来调节起始平衡，试验开始后改为 3.35。和模型默认的 DPM/RPM=1.44 时的模拟结果相比，我们看到，当我们调节 DPM/RPM 时，模拟的结果相对下降（图 7-13）。所有处理的 RMSE 值都相对下降。望城站点的 NPKS 处理的 RMSE 值从 22.76%下降到 14.78%。进贤站点的 GS 和 2G 处理的 RMSE 值分别从 19.41%下降到 10.36%、从 27.31%下降到 16.73%。但是进贤站点的绿肥配施有机肥和秸秆处理（GMS）的 RMSE 值虽然有所下降，但仍然很高（46.46%，即模拟值仍然比实测值很高），表明模拟值和实测值的偏差仍然大。这些结果表明，在来自地上部分的碳投入很高的处理中，通过调节 DPM/RPM 从 1.44 到 3.35，可以一定程度上改变模拟值和实测值的拟合度（如水稻秸秆和绿肥），但是在来自猪粪的高碳投入的处理中并不能通过调节 DPM/RPM 来调节模拟的拟合度（如进贤站点的 GMS 处理）。

2. 碳投入量的不确定性

SOC 变化对碳投入量比较敏感。因为来自有机肥的碳投入是我们根据有机肥的碳含量和其水分含量估算的，但有机肥的碳含量和水分含量并不是每年的测定值，其值是不确定的，因此，也可能造成模型结果的偏差，而此模型的高估偏差并不能直接归因于模型本身。我们假设通过将来自猪粪的碳投入（望城站点的 NKM 处理，南昌站点的 NPKM5/5、NPKM3/7 处理，进贤站点的 GMS 处理）减半来测定模型对碳投入的敏感性，结果发现模型模拟值有很大改观（图 7-13）。各相应处理的 RMSE 值也降低很多。望城站点的 NKM 处理的 RMSE 值从 28.00%降低到 13.00%，南昌站点的 NPKM5/5 处理的

RMSE 值从 20.36%降低到 9.19%，进贤站点的 GMS 处理的 RMSE 值从 54.73%降低到 23.08%。相应的 Md 值则有明显增加，即望城站点的 NKM 处理的 Md 值从-8.14t/hm^2 增加到-3.63t/hm^2，南昌站点的 NPKM5/5 处理的 Md 值由-5.6t/hm^2 增加到-1.12t/hm^2，进贤站点的 GMS 处理的 Md 值由-13.59t/hm^2 增加到-5.59t/hm^2。虽然 Md 值偏差仍然显著。检验结果说明，虽然碳投入量对模拟结果有很大影响，但是模型对实测值的高估仍然不能单单从碳投入的不确定性来解释。

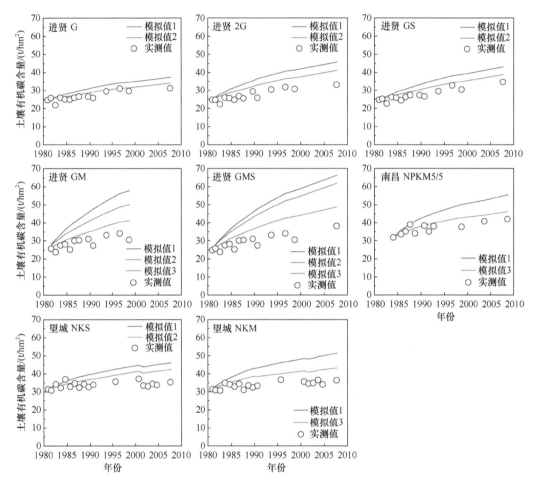

图 7-13　双季稻三个站点（望城、进贤和南昌）碳投入的敏感性分析检验

模拟值 1：原始估算碳投入量；模拟值 2：将模型默认的 DPM：RPM=1.44 改变为 DPM：RPM=3.35；模拟值 3：原始估算碳投入量减少一半的情景

（三）土壤有机碳（SOC）变化对碳投入的响应

在南昌、望城和进贤三个双季稻站点，各个处理的实测 SOC 值变化并不是随着碳投入变化而得出相应量的变化。虽然碳投入增加很大，但实测 SOC 值年变化率却很小。我们分析，在碳投入小于 2.6t/(hm^2·a)的处理中，模型模拟值与实测值的拟合度很好，可能是由于在低碳投入的情况下，碳投入和 SOC 变化量呈一定比例增加。双季稻站点碳投入和 SOC 变化的关系说明，在这些站点 SOC 可能已经接近饱和点（Six et al., 2002）。

但是，在高碳投入水平时，模型模拟结果因不同水分管理而不同。在水旱轮作站点的重庆和武昌，SOC 显示没有达到饱和水平，因为模拟值和实测值的 SOC 年变化率均与碳投入水平呈线性关系（图 7-14）。

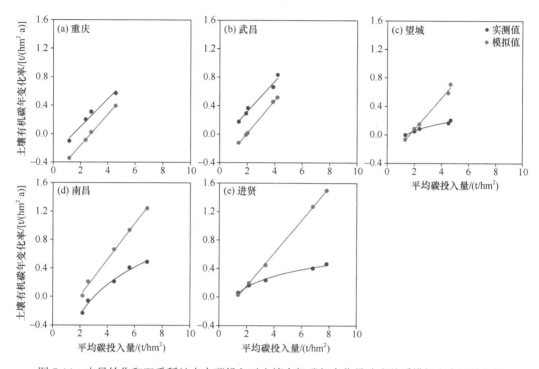

图 7-14　水旱轮作和双季稻站点中碳投入对土壤有机碳年变化量响应关系模拟和实测的比较

土壤黏粒含量决定 SOC 水平的饱和程度的观点已经得到广泛的认同（Six et al.，2002）。土壤有机碳的饱和水平随着土壤黏粒含量的增加而增加。但是在本研究中，双季稻站点土壤黏粒含量与水旱轮作站点的黏粒含量差异并不显著（$P<0.05$），武昌站点的黏粒含量相对较高，而重庆站点的黏粒含量相对较低。因此，我们很难用黏粒含量的水平差异来解释双季稻站点和水旱轮作站点土壤有机碳饱和水平不同的情况。

水旱轮作站点和双季稻站点的土壤母质来源有所不同。Zhou 等（2009）研究发现本研究中的望城、南昌和进贤双季稻站点的土壤母质来自于第四纪红土母质，这种母质富含铁铝氧化物，在保护土壤有机碳分解方面起着重要作用。富铁铝氧化物的土壤预示着有高 SOC 积累的潜力和高 SOC 饱和度（Sahrawat，2004）。在双季稻站点中，土壤含有大量铁铝氧化物，但是它们的 SOC 饱和水平相对于水旱轮作站点却并不高。从这一点看来，RothC26.3_p 模型对双季稻站点土壤有机碳的高估也不能用土壤母质和铁铝氧化物含量的不同来解释。

水旱轮作站点和双季稻站点的土壤水分管理也存在很大差异。在水旱轮作站点，土壤只有在水稻生长季节的 4 个月里处于淹水状态，而双季稻站点土壤淹水期长达 6 个月。此外，双季稻站点和水旱轮作站点土壤干湿交替的频率也不同。虽然双季稻站点土壤有机碳随外界碳投入增加的响应机理还不十分清楚，但是水分管理条件应该是一个影响外界碳投入对土壤有机碳转化率的重要原因。在双季稻站点，土壤淹水期较长，而且干湿交替频率也较大，土壤处于淹水期的时间相对水旱轮作站点较长，土壤有机碳在淹水条件下的分解速率应该较低，那么土壤有机碳的累积量应该较大。然而，观测数据则呈现相反的结果。这可能是由于在双季稻站点的土壤中活性有机碳的比例相对较高，这部分有机碳更容易分解，从而降低了整体有机碳的积累。另一方面，双季稻站点频繁的干湿交替也加速了土壤有机碳的分解（Miller et al.，2005）。因此，可以推测在双季稻站点，高活性有机碳含量加上高分解速率，使其即使在高碳投入的情况下土壤有机碳也很难积累。

在双季稻站点，实测 SOC 值与 RothC26.3_p 模拟值拟合度没有水旱轮作好。适合于日本单季稻和水旱轮作种植制度下土壤有机碳模拟的 RothC26.3_p 并不适用于中国双季稻站点高碳投入下土壤有机碳的模拟，在这种情况下，我们需要对模型进行进一步的改进。

（四）RothC 26.3_p 模型的改进及其应用

由于水稻土中干湿交替循环较复杂，而 RothC 模型设置是以每月为时间步长，很难充分表达水分变化情况。此外，根据我们之前的研究发现，当以作物根茬为主要碳投入时，RothC 模型在水稻土 SOC 模拟中表现良好（Jiang et al.，2013）。因此，我们使用模型反转来探索每个站点的 NPK 处理，以参数化 RothC 模型获得湿度 b 的速率修改参数。对于水稻土，引入参数 p 来表示碳投入对稻田土壤 SOC 周转的影响，从而有助于检验碳饱和度的假设（Stewart et al.，2007；Zhang et al.，2012；Jiang et al.，2013）。

SOC 库中在特定月份分解的碳量计算如下：

$$C_t = C_o e^{-abcpkt} \tag{7-6}$$

式中，C_t 是时间 t 的 SOC 含量；C_o 是当前时间步长开始时的 SOC 含量；k 是分解速率；a、b 和 c 分别是温度、湿度和覆盖的速率修改参数；新参数 p 表示碳投入的效应。

利用进贤站点的数据，采用模型反转对 p 进行校正。首先，将所有处理的年碳投入除以 NPK 处理的年碳投入，对模型碳投入进行归一化。然后，将 p 和归一化碳投入间建立关系（图 7-15）。我们用望城、南昌和白沙站点的数据对修改的模型进行了验证。

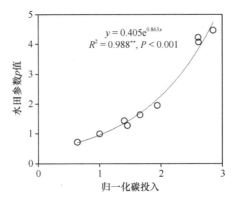

图 7-15　进贤站点各处理归一化碳投入与新参数 p 之间的拟合关系

通过模型反转，我们得到望城、南昌、进贤和白沙站点的 p 值分别为 0.75、0.72、0.53、0.31。图 7-15 显示新增加的参数 p 与归一化年碳投入呈显著指数相关。我们通过此拟合公式计算得到望城和白沙站点的 p 值，而南昌的 p 值设定为 1。

以望城站点为例（图 7-16），我们比较了 RothC26.3_p 和修改后 RothC 模型（RothC26.3_p_m）在 4 个站点模拟值与实测值的吻合度。RothC26.3_p 模型在高碳投入处理中的 RMSE 为 16.9%～53.5%，EF 范围为−14.71～−1.05。修改后模型（RothC26.3_p_m）模拟值与实测值统计分析显示，望城和南昌站点的 RMSE 分别由原来的 21.0%～33.5% 下降到 3.9%～5.4%、由 8.9%～24.5% 下降到 7.8%～14.5%；进贤和白沙站点高于 5t/hm^2 碳投入处理的 RMSE 分别由 26.2%～42.5% 下降到 8.4%～11.8%、由 15.6%～17.9% 下降到 5.6%～14.6%。EF 值则分别由−8.25～−4.24 上升到 0.65～0.85（望城）、由−4.93～−0.02 上升到−1.00～0.01（南昌），由−8.96～−2.89 上升到 0.20～0.30（进贤），由−5.00～0.67 上升到 0.18～0.91（白沙）。决定系数 R^2 范围为 0.25～0.77（$P<0.001$）（图 7-17、图 7-18）。

综上，修改后的 RothC 模型 RothC26.3_p_m 可以应用于高有机碳投入下的双季稻水稻土有机碳周转模拟。

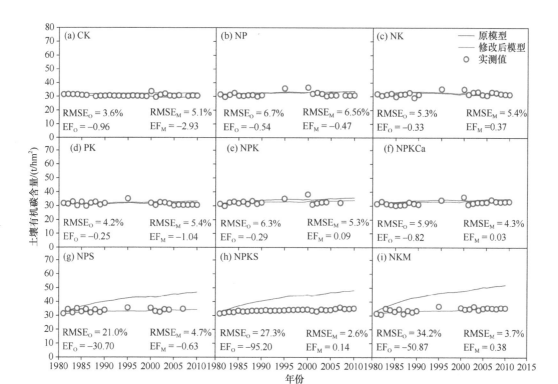

图 7-16　望城站点实测值与原模型（红线）和修改后模型（绿线）模拟值比较

RMSE$_O$：模型修改前实测值与模拟值的均方根误差；EF$_O$：模型修改前实测值与模拟值的模型效率；RMSE$_M$：模型修改后实测值与模拟值的均方根误差；EF$_M$：模型修改后实测值与模拟值的模型效率

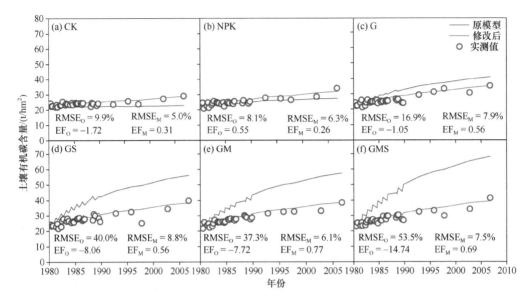

图 7-17 进贤站点实测值与原模型（红线）和修改后模型（绿线）模拟值比较

RMSEo：模型修改前实测值与模拟值的均方根误差；EFo：模型修改前实测值与模拟值的模型效率；RMSE$_M$：模型修改后实测值与模拟值的均方根误差；EF$_M$：模型修改后实测值与模拟值的模型效率

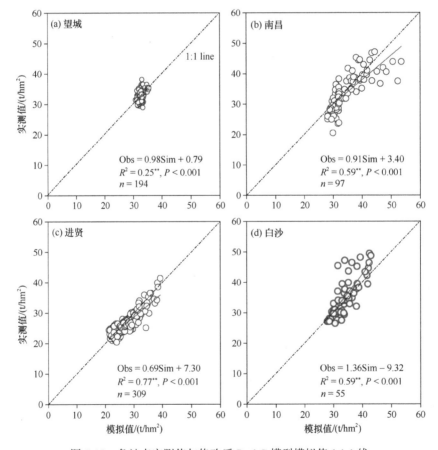

图 7-18 各站点实测值与修改后 RothC 模型模拟值 1∶1 线

四、RothC 模型预测土壤固碳潜力

通过上述验证，RothC26.3 模型可以用在我国旱地农田有机质周转的模拟，改进的 RothC26.3_p 适用于水旱轮作和低碳投入的双季稻农田土壤有机质的模拟。因此，我们用验证后的模型对我国旱地、水旱轮作和双季稻农田设置了不同情景进行预测。

（一）不同预测情景

1. 固碳潜力预测

土壤有机碳平衡值预测分以下步骤：①用实际碳投入和气候参数模拟试验期间的土壤有机碳变化；②2010～3000 年，采用试验期间的平均碳投入和气候参数；③模拟出来的土壤有机碳数据用后一年减去前一年，年际间变化小于 0.01t/hm^2 时的土壤有机碳水平定义为平衡值，适宜值定义为平衡值的 90%。在管理措施和气候条件等模型输入参数不变的前提下，固碳潜力这里定义为土壤有机碳达到平衡点时的土壤有机碳含量与试验初始土壤有机碳含量的差值，即在保持现有管理措施不变的情景下，距土壤有机碳含量达到平衡时还有多大的固碳空间。

$$固碳潜力 = 平衡点 - 初始 SOC \tag{7-7}$$

2. 不同有机肥施用情景预测

基于验证后的模型，选取全国典型农田长期定位试验点 18 个，包括旱地站点和水旱轮作站点。旱地站点包括：一年一熟站点，东北地区的黑河、哈尔滨、公主岭，西北地区的乌鲁木齐、平凉、张掖；一年两熟站点，华北地区的昌平、武清、德州、济南、蒙城、郑州、徐州，西北地区的杨凌，华南地区的祁阳；水旱轮作站点包括北碚、遂宁、武昌和苏州。在这些站点上进行进一步的预测。

设置作物产量和气候变化相交互的情景。气候变化情景设置 2 个：①设定气候没有变化：从试验开始到 2010 年，各站点气象参数用实测值，2011～2099 年气象参数用试验期间的平均值；②气候变化情景：从试验开始到 2010 年，各站点气象参数用实测值，2011～2099 年气象参数使用气候变化模型（在 RCP4.5 情景下的 Hadley Center Global Environmental Model2-Earth System）。作物产量情景：选 3 个典型处理，即不施肥对照（CK）、单施化肥（NP/NPK）、化肥配施有机肥（NPM/NPKM）。在 CK 和 NP/NPK 处理下，从试验开始到 2010 年，作物残茬碳投入根据实际测定的生物量估算；在 2011～2099年，设置两种情景：①试验起始到 2010 年平均值；②在①基础上按照每年 1%速度增加的值。在 NPM/NPKM 处理下，作物残茬碳投入估算同 CK 处理，两个情景下的有机肥碳投入均一样。

（二）不同农田系统固碳潜力预测

1. 旱地农田系统

在西北地区，乌鲁木齐站点单施化肥处理 [不施肥对照 CK，单施氮肥处理（N），

氮磷配施处理(NP)和氮磷钾配施(NPK)]土壤有机碳平衡点时的水平(9.8～20.5t/hm^2，即 3.9～8.2g/kg)均低于起始土壤有机碳水平（22.0t/hm^2，即 8.8g/kg)，其相应的固碳潜力为负值（–12.2～–1.5t/hm^2)，说明土壤处于持续消耗有机碳的状态，为净碳源。在化肥配施有机肥的处理中，土壤有机碳的平衡值显著高于其他处理（61.1～103.5t/hm^2，即 23.4～41.4g/kg)，其相应的固碳潜力为 39.1～81.5t/hm^2。但化肥配合秸秆还田处理的平衡值水平与 NPK 水平差异不显著（$P<0.05$)，虽然土壤有机碳含量略大于初始水平，但基本是维持初始水平。如模型验证部分所述，模型模拟时，此施肥措施下经参数调节使得秸秆碳投入较少，同样，此站点的气候和土壤性质也决定了其平衡值的高低。而氮磷钾配合秸秆还田处理和氮磷钾配施处理下实测土壤有机碳对比发现，两个措施下的土壤有机碳水平很接近，差异不显著，即在此站点秸秆还田措施对土壤有机碳水平的提高贡献并不显著。秸秆碳投入在转化成土壤有机碳的过程中有一大部分已经通过其他方式分解进入空气中，从而导致其固碳潜力与 NPK 措施下差异不显著（表 7-12)。

表 7-12　不同站点不同施肥下土壤有机碳平衡值　　　（单位：t/hm^2)

站点	初始 SOC	处理							
		CK	N	NP	NPK	NPKM	hNPKM	NPKS	
乌鲁木齐	22.0	9.8	14.4	19.9	20.5	61.1	103.5	22.7	
公主岭	31.5	28.5	54.0	63.4	66.2	98.2	118.9	74.2	
张掖	25.6	10.9	14.6	20.4	23.6	29.3	34.1	35.2	36.1
平凉	13.6	20.0	40.8	40.8	52.1	62.9	86.0		
杨凌	18.8	11.8	14.3	28.7	30.6	59.2	72.4	48.9	
昌平	22.6	30.3	33.0	29.5	34.1	52.9	60.5	44.1	
郑州	20.7	11.3	12.2	15.5	23.7	36.6	45.2	37.9	
徐州	15.7	8.1	12.9	16.0	18.9	37.1	43.0	43.2	43.9

　　注：乌鲁木齐、公主岭、昌平、郑州和杨凌站点的处理跟表中所列处理一致；张掖和徐州站点的处理数据是按 CK、N、NP、NPK、M、NM、NPM、NPKM 的顺序；平凉站点处理数据是按 CK、N、NP、M、NPM、NPKS。

　　张掖站点，不施肥对照和单施化肥措施下［10.9～23.6t/(hm^2·a)，即 4.55～9.81g/kg］的土壤有机碳平衡点均低于试验初始水平，施用有机肥措施下［29.3～36.1t/(hm^2·a)，即 12.20～15.05g/kg］的土壤有机碳平衡点水平高于初始水平土壤有机碳的平衡值水平。在不施肥对照和单施化肥措施土壤，固碳潜力为负值，土壤为净碳源。增施用有机肥后，土壤有机碳水平有所提高，其对应的固碳潜力为 3.0～10.1t/hm^2。平凉站点各处理土壤有机碳平衡点水平为 20.0～86.0t/hm^2，均高于起始水平，说明在这个站点所有处理都是处于固碳状态，即使在不施肥情况下，其固碳潜力为 6.4～56.4t/hm^2。西北地区一年两熟站点，杨凌站点的不施肥对照和单施氮肥处理的平衡点水平低于其起始值，为碳源，其他处理的固碳潜力为 9.9～30.1t/hm^2。

　　公主岭站点代表东北黑土区，此站点土壤有机碳平衡值除不施肥对照低于起始值，其他处理在 54.0～118.9t/hm^2，相应的固碳潜力在 22.5～87.4t/hm^2。

华北地区，昌平站点的所有处理土壤有机碳平衡值水平均高于起始值，其固碳潜力在 7.7～38.0t/hm^2。此站点土壤有机碳在不施肥处理下也是呈增加趋势，这跟北京地区的氮沉降有关（张颖等，2006），此外，此站点的杂草生长也相对旺盛，在模拟时每个处理考虑了杂草的投入。因此，按照现在的碳投入水平，土壤有机碳呈累积的状态。郑州站点，在不施肥、单施氮肥和氮磷配施处理中，土壤为碳源。氮磷钾配施处理中，有 3.0t/hm^2 的固碳潜力。化肥配施有机物料处理的固碳潜力在 15.9～24.5t/hm^2。徐州站点，不施肥对照和单施氮肥处理是碳源，其他处理的固碳潜力在 0.4～28.2t/hm^2。

总体上，无论是在一年一熟还是一年两熟地区，不施肥和单施氮肥措施下，土壤有机碳达到平衡时，土壤有机碳含量基本都低于初始水平（除平凉和昌平站点），土壤固碳潜力均为负值，作物碳投入无法弥补其对土壤有机碳的消耗，土壤处于持续耗碳过程，为净碳源。氮磷或氮磷钾配施措施下，土壤固碳潜力因站点而异，在一年一熟地区，乌鲁木齐和张掖站点，单施化肥措施下土壤没有固碳潜力；公主岭和平凉站点在单施化肥的情况下作物碳投入仍能维持土壤有机碳的持续增加。一年两熟地区，除了郑州站点在氮磷配施措施下，土壤固碳潜力为负值外，其他站点在此措施下则存在一定固碳潜力。增施有机物料后，所有站点的固碳潜力均较单施化肥措施下的高（表 7-13）。

表 7-13　不同长期试验点不同施肥下的土壤固碳潜力　　　（单位：t/hm^2）

站点	处理							
	CK	N	NP	NPK	NPKM	hNPKM	NPKS	
乌鲁木齐	−12.2	−7.6	−2.1	−1.5	39.1	81.5	0.7	
公主岭	−2.9	22.5	32.0	34.7	66.7	87.4	42.7	
张掖	−14.1	−10.4	−4.1	−2.2	3.0	8.3	8.9	10.1
平凉	6.4	27.2	27.2	38.5	49.2	72.4		
杨凌	−7.0	−4.4	9.9	11.9	40.4	53.7	30.1	
昌平	7.7	10.4	7.0	11.6	30.4	38.0	21.5	
郑州	−9.4	−8.5	−5.2	3.0	15.9	24.5	17.2	
徐州	−7.5	−2.8	0.4	3.2	21.4	27.3	27.6	28.2
平均	−4.9	3.3	8.1	12.4	35.0	57.0	30.8	

注：乌鲁木齐、公主岭、昌平、郑州和杨凌站点的处理跟表中所列处理一致；张掖和徐州站点的处理数据是按 CK、N、NP、NPK、M、NM、NPM、NPKM 的顺序；平凉站点处理数据是按 CK、N、NP、M、NPM、NPKS。

气候条件、土壤性质和外源碳投入都会影响土壤有机碳的转化，同时也影响着其达到平衡水平的时间长短。我们比较了不同站点在不同施肥水平下土壤有机碳达到平衡值所需要的年限（表 7-14）。总体来说，一年一熟站点相应的处理下，土壤有机碳达到平衡水平所需要的时间相对一年两熟站点要长。同时，土壤质地也是影响土壤有机碳周转的主要因素之一。在相似的管理措施下，黏粒含量高的土壤固碳潜力大，其达到平衡状态需要的时间也较黏粒含量低的土壤长。这 8 个站点中，徐州站点的黏粒含量最低（6%），土壤为砂质潮土，而平凉站点的黏粒含量最高（34%），两站点相比较，徐州站点达到平衡状态需要的时间比平凉站点短得多。

表 7-14　不同站点不同施肥下土壤有机碳达到平衡值所需要的年限　　（单位：a）

站点	处理							
	CK	N	NP	NPK	NPKM	hNPKM	NPKS	
乌鲁木齐	263	230	153	154	344	399	11	
公主岭	17	356	396	406	486	517	431	
张掖	234	224	195	199	132	19	111	131
平凉	515	784	751	814	854	927		
昌平	127	148	127	158	223	238	199	
郑州	115	111	10	9	126	147	129	
杨凌	140	115	146	159	243	263	221	
徐州	77	35	11	43	107	118	118	119

注：乌鲁木齐、公主岭、昌平、郑州和杨凌站点的处理跟表中所列处理一致；张掖和徐州站点的处理数据是按 CK、N、NP、NPK、M、NM、NPM、NPKM 的顺序；平凉站点处理数据是按 CK、N、NP、M、NPM、NPKS 的顺序。

总体来说，一年一熟站点（除张掖站点外）的土壤固碳潜力显著高于一年两熟站点。相同站点施用有机物料处理的固碳潜力显著高于单施化肥处理（$P<0.05$）。乌鲁木齐和公主岭站点化肥配合秸秆还田处理与其相对应的单施化肥处理相比，其固碳潜力差异不显著（$P<0.05$）。这说明在东北和西北地区，化肥配施有机肥是提高土壤固碳潜力的一个重要途径，但化肥配合秸秆还田对提高土壤有机碳作用不明显。

2. 水旱轮作系统的固碳潜力

同理，我们预测了水旱轮作站点不同施肥措施和双季稻未施有机物料措施下的土壤固碳潜力（表 7-15）。

表 7-15　水旱轮作站点达到平衡点时不同施肥下土壤固碳潜力　　（单位：t/hm^2）

站点	CK	NPK	M	NPM	NPKM	NPKS
重庆	−16.1	−0.9			3.6	26.1
遂宁	−7.6	9.3	18.5	28.4	29.0	
武昌	−9.9	0.2	31.1	34.9	35.6	

在不施肥处理下，三个水旱轮作站点的固碳潜力均为负值（$-7.6 \sim -16.1 t/hm^2$），说明在不施肥情况下，三个站点较试验初始土壤有机碳水平呈持续下降的趋势，到平衡点时还处于消耗土壤有机碳的状态。NPK 处理下，除重庆站点外，其他两个站点固碳潜力为正值，即 NPK 措施下，重庆站点的植物残茬碳投入不能维持其土壤有机碳消

耗，而遂宁和武昌站点则维持初始水平并略有上升。施用有机肥措施下，三个站点的固碳潜力均明显大于不施有机肥措施，固碳潜力在 3.6～35.6t/hm²，其固碳潜力随有机肥碳投入增加而增加。

在达到 SOC 平衡点所需要的时间方面，整体来说，CK 和 NPK 措施相对施用有机肥措施需要更短时间达到平衡点（表 7-16），说明在其他条件相近的情况下，碳投入越高，越不易达到平衡点。

表 7-16 水旱轮作区域土壤有机碳储量达到平衡时所需时间　　（单位：a）

站点	CK	NPK	M	NPM	NPKM	NPKS
重庆	202	41	—	—	87	232
遂宁	149	168	222	253	254	—
武昌	178	21	255	264	266	—

3. 双季稻站点的固碳潜力

RothC26.3_p 适用于双季稻站点单施化肥措施等低碳投入量情况下的土壤有机碳模拟。在此，我们预测了双季稻未施有机物料措施下的土壤固碳潜力。如表 7-17 所示，在双季稻地区不施肥措施下，南昌和进贤站点能够维持试验初始土壤有机碳含量，而望城站点则呈下降趋势，其固碳潜力为负值，土壤为净碳源。但是单施化肥模式下，三个站点的固碳潜力为 10.0～15.9t/hm²，这表明，在这三个站点单施化肥措施下，土壤足够维持试验初始有机碳水平，且略有上升的空间。

表 7-17 双季稻站点达到平衡点时不同施肥下土壤固碳潜力　　（单位：t/hm²）

站点	CK	NPK
南昌	0.1	10.0
望城	−7.1	15.1
进贤	2.1	15.9

（三）不同有机肥投入固碳潜力预测

如表 7-18 所示，到 2099 年，在现有的 NPP+无气候变化情景下，NP 配施/NPK 配施处理下添加有机肥，一年一熟地区的土壤有机碳含量增加 26%～150%，一年两熟地区土壤有机碳含量增加 39%～140%，水旱轮作地区土壤有机碳含量增加 11%～61%。NPP 增加+气候变化的情景下，一年一熟、一年两熟和水旱轮作地区的土壤有机碳变化趋势与现有 NPP+无气候变化的情景类似。我们将站点结果外推到各个省份和全国，发现有机肥添加在现有 NPP+无气候变化和 NPP 增加+气候变化的情景下分别能使中国增加 2086Tg C、2482Tg C，相当于可以固定 7649Tg CO_2-C、9099Tg CO_2-C，但添加的有机肥将分别释放 19 770Tg CO_2-C、19 608Tg CO_2-C，即 39%～46% 的 CO_2 将被固定下来（表 7-19）。

表 7-18 2099 年不同区域 NPK 添加有机肥后 SOC 的增量（Jiang et al., 2018）

种植制度	省份	站点	现有 NPP + 无气候变化情景 NP/NPK 处理 2099 年的 SOC /(t/hm²)	NPM/NPKM 处理 2099 年的 SOC /(t/hm²)	有机肥施用 SOC 增量* /(t/hm²)	相应省份耕地面积 /10⁶ hm²	有机肥添加后各区域 SOC 增量 /Tg C	CO₂ 固定量 /Tg CO₂	NPP 增加 + 气候变化情景 NP/NPK 处理 2099 年的 SOC /(t/hm²)	NPM/NPKM 处理 2099 年的 SOC /(t/hm²)	有机肥施用 SOC 增量* /(t/hm²)	有机肥添加后各区域 SOC 增量 /Tg C	CO₂ 固定量 /Tg CO₂
一年一熟	黑龙江†	黑河	33	51.5	18.5 (56%)	11.8	163	596	31.4	46.7	15.3 (49%)	139	511
	黑龙江	哈尔滨	35.3	44.3	9.0 (26%)				41.5	49.7	8.2 (20%)	20	75
	吉林	公主岭	39.3	54.3	15.0 (38%)	5.5	83	305	32.2	45.1	12.9 (40%)	72	262
	甘肃	张掖	15	22.8	7.8 (52%)	4.7	36	133	51.7	68.3	16.6 (32%)	77	283
	新疆	乌鲁木齐	19.2	48.1	28.8 (150%)	4.1	119	436	40.8	82.7	41.9 (103%)	173	634
一年两熟旱作轮作	北京	昌平	30.8	42.7	11.9 (39%)	0.2	3	10	45.3	57.6	12.3 (27%)	3	11
	天津	武清	36.8	52.9	16.1 (44%)	0.4	7	26	69.9	116.2	46.2 (66%)	20	75
	山东†	德州	29.9	48.9	19.0 (64%)	7.5	158	579	54.5	75.2	20.7 (38%)	178	653
	山东	济南	33.5	56.5	23.0 (69%)				60.2	86.9	26.7 (44%)		
	安徽	蒙城	16.9	40.9	24.0 (142%)	5.7	138	504	30.3	58.3	27.9 (92%)	160	587
	河南	郑州	25.9	36.5	10.6 (41%)	7.9	84	309	49.4	62.7	13.2 (27%)	105	385
	江苏†	徐州	17.7	37.7	20.0 (113%)	4.8	108	394	28.4	51.3	22.9 (80%)	118	432
	陕西	杨凌	41	62.2	21.2 (52%)	4.1	86	315	56.3	75.8	19.5 (35%)	79	289
	湖南	祁阳	19	45.4	26.5 (140%)	3.8	100	368	41.6	79.7	38.0 (91%)	144	528
一年两熟水旱轮作	重庆	北碚	34.4	38.3	3.9 (11%)	2.2	9	32	56.0	60.6	4.6 (8%)	10	37
	江苏	苏州	41.2	66.3	25.1 (61%)				60.2	86.8	26.7 (44%)		
	湖北	武昌	37.4	60.2	22.8 (61%)	4.7	107	390	56.1	80.9	24.8 (44%)	116	424
	四川	遂宁	36.5	45.1	8.5 (23%)	5.9	51	186	61.2	69.7	8.5 (14%)	50	185
	其他地区耕地‡		30.2	47.5	17.3 (66%)	49.7	861	3158	48.2	69.7	21.5 (47%)	1067	3918
	合计					122	2086	7649				2482	9099

*在这列，括号中的数值是增施有机肥后的土壤有机碳增量相对量。

†黑河和哈尔滨均位于黑龙江省，该省的土壤有机碳增量由这两个站点的平均值和相应的耕地面积来估算；德州和济南均位于山东省，该省的土壤有机碳增量由这两个站点的平均值和相应的耕地面积估算而得；苏州和徐州均位于江苏省，该省的土壤有机碳增量由这两个站点的平均值和相应的耕地面积估算而得。

‡其他地区耕地是总耕地面积与本研究中省份的耕地面积之差。

表 7-19 2099 年不同区域 NPK 添加有机肥后 CO_2 排放量的增量 (Jiang et al., 2018)

种植制度	省份	站点	现有 NPP + 无气候变化情景					NPP 增加 + 气候变化情景			
			NP/NPK 处理 2099 年的 CO_2 /(t/hm²)	NPM/NPKM 处理 2099 年的 CO_2 /(t/hm²)	有机肥施用 CO_2 增量* /(t/hm²)	相应省份耕地面积 /10^6 hm²	有机肥添加后各区域 CO_2 增量 /Tg C	NP/NPK 处理 2099 年的 CO_2 /(t/hm²)	NPM/NPKM 处理 2099 年的 CO_2 /(t/hm²)	有机肥施用 CO_2 增量* /(t/hm²)	区域有机肥施用 CO_2 增量 /Tg C
一年一熟	黑龙江†	黑河	112	213	101 (90%)	11.8	937	144	248	105 (73%)	960
	黑龙江	哈尔滨	206	263	57 (28%)			266	324	58 (22%)	
	吉林	公主岭	249	342	93 (37%)	5.5	513	259	353	95 (37%)	524
	甘肃	张掖	253	356	104 (41%)	4.7	483	294	389	95 (32%)	442
	新疆	乌鲁木齐	168	390	222 (132%)	4.1	916	206	415	209 (102%)	862
一年两熟旱旱轮作	北京	昌平	290	389	99 (34%)	0.2	23	382	480	97 (26%)	23
	天津	武清	386	513	127 (33%)	0.4	56	559	874	315 (56%)	139
	山东†	德州	431	637	206 (48%)	7.5	1618	562	761	199 (35%)	1555
	山东	济南	447	671	224 (50%)			580	795	215 (37%)	
	安徽	蒙城	291	597	306 (105%)	5.7	1753	374	676	302 (81%)	1730
	河南	郑州	412	544	132 (32%)	7.9	1045	537	666	129 (24%)	1024
	江苏†	徐州	394	704	310 (79%)	4.8	1135	470	777	307 (65%)	1125
	陕西	杨凌	296	463	167 (56%)	4.1	611	371	536	165 (44%)	618
	湖南	祁阳	354	505	151 (43%)	3.8	1445	481	633	153 (32%)	1437
一年两熟水旱轮作	重庆	北碚	357	738	381 (107%)	2.2	65	451	830	379 (84%)	63
	江苏	苏州	260	289	29 (11%)			327	355	28 (9%)	
	湖北	武昌	256	405	149 (58%)	4.7	696	318	461	143 (45%)	668
	四川	遂宁	288	349	61 (21%)	5.9	364	361	408	47 (13%)	281
	其他地区耕地‡				162 (56%)	49.7	8062	386	555	169 (45%)	8402
	合计					122	19 719				19 609

* 在这列,括号中的数值是增施有机肥后的土壤有机碳增加对量。

† 黑河和哈尔滨均位于黑龙江省,该省的土壤有机碳增量由这两个站点的平均值和相应的耕地面积估算而得;德州和济南均位于山东省,该省的土壤有机碳增量由这两个站点的平均值和相应的耕地面积估算而得;苏州和徐州均位于江苏省,该省的土壤有机碳增量由这两个站点的平均值和相应的耕地面积估算而得。

‡ 其他地区耕地是总耕地与本研究中省份耕地面积之差。

第三节　CENTURY 模型在我国农田有机质演变中的应用

一、CENTURY 模型在我国典型农田上的验证

选用 4 个典型的小麦-玉米轮作系统长期定位试验站点的观测数据，检验 CENTURY 模型对于模拟小麦-玉米轮作系统不同施肥处理对土壤碳变化趋势的适用性，估算长期施肥下小麦-玉米轮作体系土壤的固碳潜力。

选用的 4 个长期定位站点是昌平、郑州、杨凌、祁阳。选用 7 个试验处理：①不施肥处理（CK）；②单施氮肥处理（N）；③氮磷肥配施处理（NP）；④氮钾肥配施处理（NPK）；⑤氮磷钾配施有机肥处理（NPKM）；⑥氮磷钾配施高量有机肥处理（hNPKM）；⑦氮磷钾配合秸秆还田处理（NPKS）。

采用目前应用非常广泛的 4.5 版本的 CENTURY 模型，采用月时间步长模拟。所需气象数据包括月平均最高温度、月平均最低温度、月降水量。对于 2011～2100 年时间段的模拟，本文采用 1990～2010 年气象数据的平均值。土壤性质的相关参数包括土壤质地（黏粒、粉粒、砂粒含量）、土壤 pH、土壤容重。土壤初始碳库按照活性库 2%、慢性库 55%、惰性库 43%的比例分配（Parton and Rasmussen，1994）。

在 CENTURY 模型中，根据各站点的特征，还需要设置作物种类、轮作和耕作强度、秸秆管理等参数。其中，祁阳站点的播种和收获时间在模拟中稍有不同，主要是由于祁阳站点在冬小麦未收获时已播种夏玉米。而 CENTURY 模型设置中如果在作物间作期间设置收获命令，那么模型将默认收获两种作物。因此，我们在模拟祁阳站点时，将玉米的播种时间推迟 1 个月。玉米生长初期的生物量很小，可忽略不计，因此我们假设上述改变不会对土壤有机质的模拟造成影响。

基于对 4 个长期站点的作物轮作和农业管理措施的历史调查，我们将土地利用方式分为 5 个阶段：①平衡值，即模拟自然草地 4000 年；②1901～1960 年，土地利用类型改为农业用地，一年一季玉米连作；③1961～1988 年，小麦-玉米轮作；④1989 年建立长期定位试验站，翻耕匀地；⑤1990～2010 年，长期定位试验（表 7-20）。CENTURY 模型中的每一个模拟时期称为一个模块，每个模块包含一系列的管理措施，模块中的管理措施设置为重复循环至模拟时间结束。

表 7-20　CENTURY 模型中各模块土地利用方式及管理措施

模块	模拟时期	管理措施	重复时间段
1	～1900 年（4000 年）	自然草地，低强度放牧	1 年
2	1901～1960 年	玉米连作、低产量玉米品种、翻耕、施用有机肥	1 年
3	1961～1988 年	小麦-玉米轮作、低产量品种、翻耕、施用化肥有机肥	2 年
4	1989 年	匀地	1 年
5	1990～2100 年	长期定位试验	1 年

CENTURY 模型能够较好地模拟不同施肥处理的土壤有机碳的变化，模型输出结果与观测数据结果及变化趋势基本一致。以郑州站点为例（图 7-19），不施肥处理的有机碳含量呈明显下降趋势；单施氮肥处理、氮磷配施处理和氮磷钾配施处理的土壤有机碳含量与初始量基本维持不变的趋势；而氮磷钾配施有机肥和氮磷钾配施高量有机肥处理在1990～2002 年间呈缓慢上升趋势，之后呈明显上升趋势；氮磷钾配施秸秆处理则随时间呈现持续上升的趋势。总体上，CENTURY 模型基本能模拟 4 个长期站点（昌平、郑州、杨凌、祁阳）有机碳含量的变化趋势，其中不施肥处理和单施氮肥处理的土壤有机碳含量基本呈现缓慢下降或维持现状的趋势，氮磷配施处理和氮磷钾配施处理的土壤有机碳含量则呈现缓慢上升趋势，而氮磷钾配施有机肥处理或秸秆还田处理则使土壤有机碳含量呈明显上升趋势。这说明增施有机肥或者秸秆还田能明显提升土壤有机碳含量。

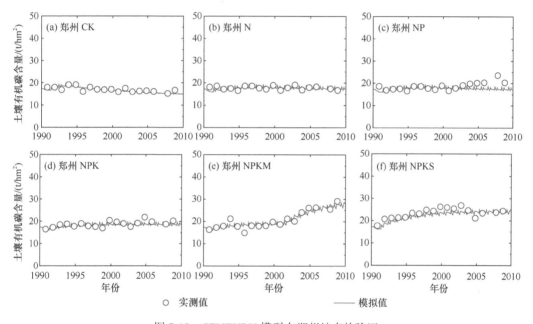

图 7-19　CENTURY 模型在郑州站点的验证

各站点土壤有机碳的观测值和模拟值呈极显著线性相关（图 7-20），P 值小于 0.001。决定系数 R^2 值在 0.77～0.84 的范围内，说明模拟结果可解释 77%～84%的实际观测值。CENTURY 模型适用于模拟预测不施肥处理下土壤有机碳的变化。其中，郑州、杨凌、祁阳站点的决定系数（0.82～0.84）略高于昌平站点的决定系数（0.77）。

模型模拟的准确性取决于 RMSE 值的大小（Smith et al.，1997）。表 7-21 对不同施肥处理下各站点实测值与模拟值的拟合度进行了统计分析。统计检验发现模拟值与观测值呈显著正相关关系。不同站点所有处理的 RMSE 值均低于 15%，表明 CENTURY 模型能够模拟不同施肥措施对土壤有机碳的影响。从表 7-21 可看出，昌平站点的 RMSE值在 4%～7%范围内，郑州站点的 RMSE 值在 5%～9%范围内，杨凌站点的 RMSE 值在9%～14%范围内，祁阳站点的 RMSE 值在 6%～11%范围内。决定系数（R^2）在昌平站点和祁阳站点的不施肥处理较低，分别为 0.01 和 0.07。但昌平站点和祁阳站点的不施肥

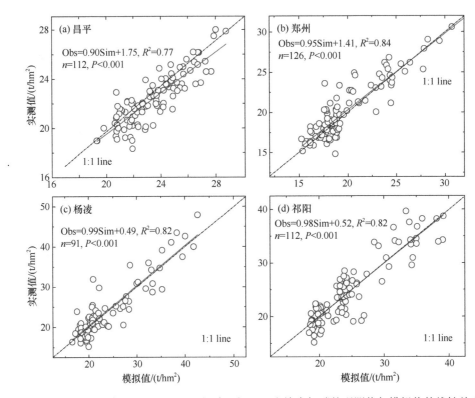

图 7-20　4 个长期站点（昌平、郑州、杨凌、祁阳）土壤有机碳的观测值与模拟值的线性关系

表 7-21　4 个长期定位点实测值与模拟值之间的拟合度检验

站点	参数	试验处理						
		CK	N	NP	NPK	NPKM	hNPKM	NPKS
昌平	RMSE	6%	5%	5%	6%	7%	4%	6%
	EF	0.12	0.65	0.76	0.13	0.60	0.89	0.63
	R^2	0.01	0.76	0.83	0.46	0.80	0.90	0.76
	n	16	16	16	16	16	16	16
郑州	RMSE	5%	5%	7%	6%	7%	9%	7%
	EF	0.24	0.09	0.15	0.27	0.79	0.65	0.57
	R^2	0.43	0.03	0.17	0.31	0.86	0.91	0.66
	n	18	18	18	18	18	18	18
杨凌	RMSE	9%	12%	9%	12%	9%	9%	14%
	EF	0.03	0.98	0.46	0.53	0.85	0.90	0.38
	R^2	0.39	0.19	0.43	0.59	0.89	0.88	0.61
	n	13	13	13	13	13	13	13
祁阳	RMSE	8%	7%	6%	9%	10%	11%	7%
	EF	0.03	0.17	0.43	0.25	0.66	0.63	0.57
	R^2	0.07	0.16	0.47	0.34	0.69	0.64	0.61
	n	16	16	16	16	16	16	16

处理 RMSE 值仅为 6%～8%，说明模拟值和观测值的差异很小，模拟结果通过检验。同样的，郑州站点的 N 处理的 R^2 为 0.03，RMSE 值仅为 5%。

二、CENTURY 模型对土壤的固碳潜力预测

本研究通过计算 2100 年土壤有机碳含量的最大值与 1990 年土壤有机碳观测初始值的差值得到在现有施肥条件下土壤的固碳潜力。昌平站点的土壤有机碳的初始值最高，达到 22.4t/hm²，杨凌站点的土壤有机碳的初始值最低（16.4t/hm²）。然而模型模拟至 2100 年，杨凌站点的土壤有机碳含量最高而昌平点的土壤有机碳含量最低。其中，昌平站点的土壤有机碳在 2013 年即达到平衡值（30.0～31.0t/hm²）。郑州、杨凌和祁阳站点的土壤有机碳含量在模拟时间段内均未达到平衡值。原因可能与各站点有机肥施用种类不同，从而影响土壤有机质的分解速率有关。昌平站点施用的有机肥为猪厩肥，即农家肥与土壤或秸秆的混合物，其中的木质素含量可能偏低从而容易分解（Zhang et al.，2010）。从表 7-22 可看出，杨凌站点土壤的固碳潜力最高（38.2t/hm²），其次为祁阳站点（26.2t/hm²）和郑州站点（19.8t/hm²），最低为昌平站点（9.2t/hm²）。

表 7-22　长期施肥下表层土壤固碳潜力　　　　（单位：t/hm²）

站点	1990 年土壤有机碳含量	2100 年土壤有机碳含量	土壤固碳潜力
昌平	22.4	31.6	9.2
郑州	16.6	36.4	19.8
杨凌	16.4	54.6	38.2
祁阳	20.5	46.7	26.2

第四节　SPACSYS 模型在我国农田有机质演变中的应用

一、SPACSYS 模型在我国典型农田中的验证

众多土壤有机碳、氮模型中，新型的 SPACSYS 模型因能较好地模拟不同生态系统中 SOC 周转过程，在欧洲逐渐广泛应用，包括碳氮循环中 SOC、氮淋洗、作物生长发育、养分需求以及气候变化对土壤-作物-大气的影响（Wu et al.，2007；Wu et al.，2015a）。该模型在碳、氮、水交互作用（Wu et al.，2007）以及温室气体排放（Wu et al.，2015b）方面的模拟较为全面。在我国多元化的气候、土壤和管理措施下的农田碳、氮循环过程中应用该模型，对我国农田碳、氮循环研究的发展具有深远意义。基于我国典型旱地长期试验，在不同气候区、土壤类型、种植制度及不同管理措施下对该模型进行验证和评价，为下一步的应用奠定了理论基础。

选取我国北方 12 个长期施肥试验：位于东北地区的 2 个站点，即公主岭（GZL）和沈阳（SY）；位于西北地区的 4 个站点，即乌鲁木齐（UM）、张掖（ZY）、平凉（PL）和杨凌（YL）；位于华北地区 6 个站点，即昌平（CP）、天津（TJ）、禹城（YC）、辛集

（XJ）、郑州（ZZ）和徐州（XZ）。另外，由于湖南祁阳（QY）站点有土壤水分、温度、温室气体排放等数据，因此也将该站点纳入本章，其碳、氮排放数据可供进一步优化验证模型。

所选试验地区呈现多种气候类型，年均气温从公主岭的 4.5℃ 到徐州的 14.5℃；年降水量从张掖的 127mm（干旱地区）到徐州的 832mm（潮湿的季风气候区）；年蒸发量从杨凌的 993mm 到乌鲁木齐的 2570mm（中国气象数据共享服务系统，http：//cdc.cma.gov.cn/）。另外，灌溉一般在华北和西北地区。

试验选取所有站点中的 4 种处理：①不施肥（CK）；②无机 N、P 和 K 肥料组合（NPK）；③无机 NP 和 NPK+秸秆还田（NPS 或 NPKS）；④无机 NPK+有机肥（NPKM）以及施用 1.5～2.0 倍有机肥料（hNPKM）。施肥量根据各地区经济作物推荐施肥量，代表处理为 NP 和 NPK。辛集站点选取 CK、NPK 和 NPKS 三个处理。NPM 和 NPKM 的 N 肥施用量在不同的站点不同。在公主岭、沈阳、昌平、禹城、徐州、张掖、平凉站点，NPK 处理中无机氮投入量相同，且这些地区的 NPM 和 NPKM 处理中有机肥会带入额外的氮。公主岭、天津、郑州、乌鲁木齐、杨凌和祁阳站点的 NPK 和 NPKM 处理均为等氮量投入，其中有机肥施用处理中 30%～50%的氮来自于化肥。NPS 或 NPKS 处理的秸秆是玉米和小麦收获后，将秸秆切碎加入土壤。另外，在公主岭，秸秆还田处理中所施用的氮包括化肥氮以及秸秆中的氮（1995 年起），因此总氮的投入与 NPK 处理一致。在其他站点，秸秆氮没有考虑。在祁阳站点，每 2～4 年施入微量元素肥料。微量元素肥料含有硼、锌、锰、镁和铁，以避免潜在的微量元素亏缺。

1. 模型参数化及验证

试验选用 SPACSYS 模型的 5.10 版本，该版本是点位尺度，以日为步长且由气候驱动作物-土壤-微生物-水界面的碳、氮循环过程。该模型大体分为作物、土壤、水和热等模块。简单来说，该模型将 SOC 划分为 Fresh litter、Fresh OM、Microbe pool、Humus pool 和 Dissoved OM 五个部分。其主要的输入参数如下。

（1）气候参数：日最高气温（℃）、日最低气温（℃）、日降水量（mm）、日均风速（m/s）、日均湿度（%）、日照时数（h）、日均辐射（J）。历史气象数据来自于国家气象局网站（http://cdc.cma.gov.cn/）。

（2）土壤性质：土壤有机碳和氮含量（包括微生物、可溶性组分含量）、土壤孔隙度、萎蔫系数、土壤容重、pH、土壤砂粒、黏粒和粉粒含量、土壤饱和含水量、最大持水量等。

（3）管理措施：作物种植密度、收获量、收获和播种时间、耕作深度和次数、灌溉次数和灌溉量、氮肥投入、有机肥碳和氮投入等。

本试验选用平衡施肥（NPK）处理的观测值对 SPACSYS 模型进行参数化，包括作物发育指数（发育期）、作物产量、秸秆重量、土壤有机碳、氮库、土壤温度、土壤水分、CO_2 和 N_2O 排放速率。该模型优化参数的过程是运用 MOSCEM-UA 算法（Vrugt et al., 2003）。优化后的参数如表 7-23 所示（以郑州站点为例）。另外，还可用其他处理（CK、NPKM、hNPKM 和 NPKS）来验证参数化后的模型。

表 7-23　郑州站点优化后的 SPACSYS 模型作物生长、土壤碳氮循环参数

参数	单位	数值	
		小麦	玉米
植物生产和发育			
植物播种到出苗所需积温	℃·d	100	130
植物出苗到开花所需积温	℃·d	530	680
植物出苗到旗叶完全展开所需积温	℃·d	900	1380
植物开花到成熟所需积温	℃·d	750	1450
植物营养生长阶段不受光影响的临界光周期	h	8.18	19.07
植物营养生长阶段停止生长的临界光周期	h	10.42	13.87
光周期响应函数系数	h	0.97	−1.99
植物出苗的临界温度	℃	5	7
植物营养生长临界温度	℃	5.0	4.4
植物生殖生长临界温度	℃	10.8	15.0
光合作物停止的最低温度	℃	5	10
植物光合作用最佳温度	℃	15	20
植物春化作用最高温度	℃	21	—
植物春化作用最低温度	℃	−1.3	
植物春化作用最适温度	℃	5	
消光系数	—	0.8	0.65
叶透射系数	—	0.6	0.6
最适温度、水分和氮浓度时的光化学效率	g CO_2/J	6.36×10^{-6}	5.0×10^{-6}
光饱和水平及最适温度、水分、氮浓度时叶片光合速率	g CO_2/(m²·s)	0.02	0.03
光合作用的最低叶片氮浓度	g N/g DM	0.005	0.01
植物光合作用不变的叶片氮浓度	g N/g DM	0.035	0.03
单位 Q_{10} 功能的温度	℃	20	25
植物维持呼吸的 Q_{10} 值	—	3	1.62
单位叶生物量的叶面积	m²/g DM	0.038	0.04
单位穗生物量的叶面积	m²/g DM	6.37×10^{-3}	0.006
单位茎生物量的叶面积	m²/g DM	0.005	0.006
土壤碳氮循环			
水分涵养系数	—	0.5	
土壤表面矿物氮干沉降	g/(m²·d)	0.045	
溶解性有机质中的腐殖质组分	—	0.1	
新鲜残体中的腐殖质组分	—	0.2	
新鲜有机质中的腐殖质组分	—	0.3	
腐殖质潜在分解速率	/d	0.6×10^{-4}	
固定作用临界 C/N 值	—	10	
微生物维持呼吸速率	—	0.4	
潜在反硝化速率	g/(m²·d)	0.04	
潜在硝化速率	g/(m²·d)	0.08	
降水中的氮浓度	g/m³	0.8	
饱和水分含量时的相对活度	—	0.4	

2. 模型模拟结果

1）北方农田土壤有机碳的模拟

在模拟土壤有机碳库和全氮过程中，选取各个点位 NPK 处理进行参数调整，选取 CK、NPKM、hNPKM 和 NPKS 处理进行参数的验证。由图 7-17 和图 7-18 可以看出，SPACSYS 模型能很好地模拟北方地区旱地不同施肥处理下的土壤有机碳库的变化，模拟值的趋势随着观测值的变化而变化。另外，SPACSYS 模型同时可以较好地模拟北方地区旱地不同施肥处理下的全氮变化，模拟结果也基本反映出了观测值的变化趋势（图 7-21 和图 7-22）。然而，徐州站点 NPKM 处理的全氮模拟结果并不理想，模型低估了全氮的含量。总体来说，模拟的结果符合观测结果在时间上的演变。

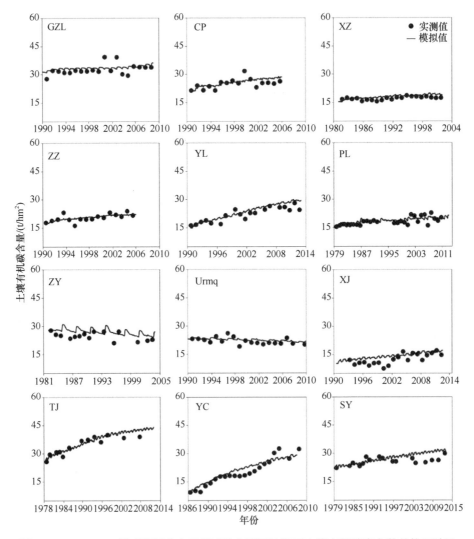

图 7-21　SPACSYS 模型模拟北方长期试验点不同施肥下土壤有机碳库参数的校正结果

GZL，公主岭；CP，昌平；XZ，徐州；ZZ，郑州；YL，杨凌；PL，平凉；ZY，张掖；Urmq，乌鲁木齐；XJ，辛集；TJ，天津；YC，禹城；SY，沈阳。下同

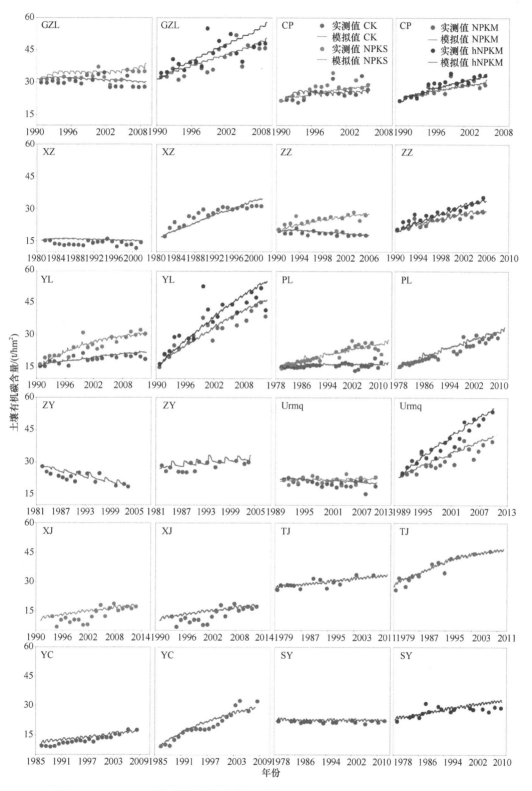

图 7-22　SPACSYS 模型模拟北方长期试验点不同施肥下土壤有机碳库的验证结果

　　模型模拟效果评价显示（图 7-23 和表 7-24），土壤有机碳库和全氮的参数校正模拟值与观测值相关系数（R^2）分别达到 0.90 和 0.78（$P<0.01$），参数验证模拟值和观测值分别达到 0.92 和 0.73（$P<0.01$），也就是说，模拟值很好地模拟了观测值的变化趋势。对于不同处理来说，模拟值和观测值均表明，不施肥处理的土壤有机碳库最低，添加有机肥的处理土壤有机碳库相对较高，其次为秸秆还田和施化肥处理。对于时间变化来说，模拟的土壤有机碳库和全氮符合观测结果在时间上的波动。另外，土壤有机碳库模拟的 RMSE 值为 4.25%，EF 为 0.77，均表明 SPACSYS 模型对北方农田土壤有机碳库和全氮含量的模拟效果较好。

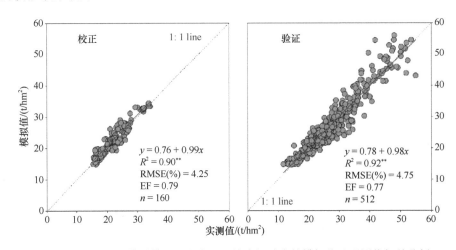

图 7-23　SPACSYS 模型模拟北方农田土壤有机碳库的模拟值及观测值相关分析

表 7-24　SPACSYS 模型农田土壤有机碳模拟效果评价

统计参数	SOC 储量	
	校正	验证
R^2	0.90	0.92
RMSE/%	4.75	4.25
EF	0.77	0.79
n	160	720

2）南方农田土壤有机碳的模拟

　　祁阳站点土壤有机碳库模拟结果显示，土壤有机碳库含量模拟值的变化基本符合观测值的动态变化。例如，不施肥处理、氮磷钾配施和氮磷钾配施有机肥处理的土壤有机碳库模拟值的变化速率分别为 0.05t/(hm²·a)、0.36t/(hm²·a) 和 0.81t/(hm²·a)，与观测值 [0.06t/(hm²·a)、0.30t/(hm²·a) 和 0.76t/(hm²·a)] 之间差异不显著（图 7-24）。

　　另外，土壤有机碳库的参数矫正观测值与模拟值之间的决定系数（R^2）为 0.88（$n=18$，$P<0.01$），RMSE 值为 3.12%；土壤有机碳库含量的参数验证观测值与模拟值之间的决定系数及 RMSE 值也均显示模型模拟效果较好。

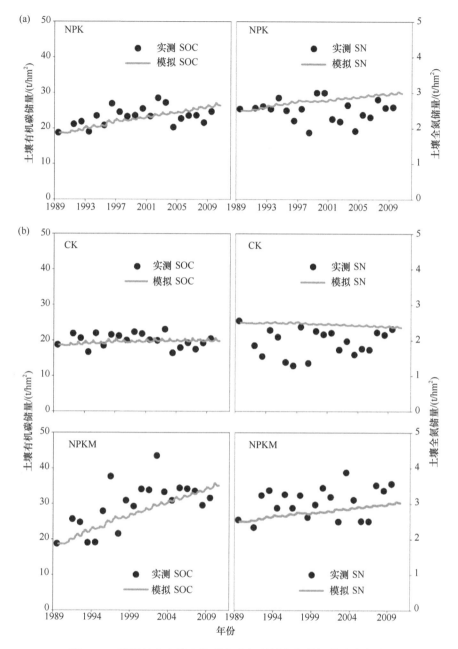

图 7-24　祁阳站点土壤有机碳和全氮观测值与模拟值动态变化

（a）NPK 处理用于模型参数校正；（b）CK 和 NPKM 处理用于模型验证

二、农田土壤有机碳库对全球气候变化的响应

土壤有机碳（SOC）的消长主要是由土壤中碳的输入量（动植物死亡残体、地上部凋落物、根系残茬和分泌物、外源有机碳的输入等）和输出量（土壤呼吸、根系呼吸、含碳物质的化学氧化和外源碳进入土壤后的分解）的平衡决定的，该过程是一个不断累积和分解的动态变化过程（Zhang et al.，2013）。陆地生态系统在自然条件下，SOC 储

量的平衡在很大程度上受气候条件的限制。气候变化（如温度、降水量、CO_2 浓度的改变等）一方面影响植物生长，从而改变植物凋落物和根系进入到土壤中的输入量；另一方面影响微生物的生存条件及其活性，进而改变外源有机物和土壤有机碳（腐殖质和可溶性有机碳等）的分解速率。

农田土壤碳投入主要来源于作物根系及残茬的归还和外源有机碳的投入（有机肥、秸秆和生物碳等）。在 20 世纪 80 年代、90 年代和 21 世纪初期，我国农田有机碳投入平均速率为 1.9t/(hm²·a)、2.4t/(hm²·a) 和 2.7t/(hm²·a)。据统计，80 年代早期，我国农田秸秆碳投入年均为 0.4t/hm²，到 21 世纪初期增至 1.4t/hm²。所以，气候变化所导致的农田生产力的变化会直接或间接地影响农田土壤碳的输入。IPCC 的 SRESA2 和 B2 情景预测结果显示，当我国 2050 年均气温和年降水量分别增加 1.3～1.8℃和 2.6～5.9mm 时，灌溉地区的冬小麦、水稻和夏玉米产量变化量分别为 –1.6%～–2.5%、–3.7%～10.5%和 –11.6%～0.7%（Tang et al.，2010）。结合其他雨养地区的结果来看，我国作物产量将平均降低 5%～10%（王馥棠，2003）。如果到 2050 年现有品种及管理技术等没有提高，雨养地区的小麦、玉米和水稻产量将分别降低 11.4%～20.4%、14.5%～22.8%和 8.5%～13.6%。但如果保证灌溉，小麦、玉米和水稻产量降低幅度相比雨养地区会有所好转，将分别降低 2.2%～6.7%、0.4%～11.9%和 4.3%～12.4%（Tang et al.，2010）。

气候变化伴随着大气 CO_2 浓度的升高可能会逆向改变农田生态的功能，包括土壤养分的转化率及作物残茬归还到土壤中的数量，进而改变土壤肥力和作物产量。预测结果显示，与当前气候相比，中国平均气温和降水量在 21 世纪末可能会分别提高 1～5℃和 9%～11%（Ju et al.，2013）。多个模型研究结果显示，在不施用有机肥的情况下，到 2080 年时，中国农田表层（0～30cm）土壤有机碳库可能会降低 7.8～8.2t/hm²（Wan et al.，2011），施用有机肥或秸秆还田土壤有机碳库会显著增加。Wan 等（2011）运用 RothC 模型模拟预测结果显示，无论是在 A2 还是 B2 情景模式下，中国大部分地区农田土壤有机碳会出现下降趋势，尤其是中国北方地区。也有研究显示，至 2060 年时，中国农田华北平原无论施用氮肥、有机肥还是秸秆还田，土壤有机碳含量均有不同程度的上升，如果外源碳投入加倍，至 2060 年，该地区土壤碳库相比 2010 年将提高 15t/hm²（Wang et al.，2014）。以上结论表明，管理措施的改变可以在一定程度上缓解气候变化对农田土壤碳库带来的负面影响。合理的施肥是应对气候变化对作物产量和土壤肥力负面影响的重要措施。

气候变化情景选取 IPCC 的 RCP（representative concentration pathway）的三个排放情景，包括 RCP2.6、RCP4.5 和 RCP8.5。气候情景数据是由 HadGEM2-ES 模型基于 0.5°×0.5°的空间分辨率分解而来。另外，三种 RCP 排放情景的 CO_2 浓度分别设置如下：RCP2.6 为 452ppm；RCP4.5 为 552ppm；RCP8.5 为 755ppm。此外，为比较气候变化对作物生长和土壤有机碳碳、氮库变化的影响，本试验加入了对照情景（baseline），是由 1990～2010 年历史数据进行循环至 2100 年，且该情景下 CO_2 浓度设置为 350ppm。

一年两熟轮作制度下不同施肥处理土壤平均有机碳库（0～20cm 土层）在不同气候情景下的变化如图 7-25 所示。对同一气候情景来说，相比不施肥处理，施肥处理均提高了土壤有机碳库，由大到小的顺序为：氮磷钾配施高量有机肥、氮磷钾配施有机肥＞

氮磷钾配施秸秆＞氮磷钾配施＞不施肥。在 Baseline、RCP2.6、RCP4.5 和 RCP8.5 情景
下，氮磷钾配施有机肥、氮磷钾配施高量有机肥和氮磷钾配施秸秆处理土壤有机碳库分
别比氮磷钾配施处理高出 44%～65%、72%～86% 和 31%～33%。对于同一施肥处理来
说，RCP 气候变化情景也对土壤有机碳库有显著的影响。RCP4.5 情景下的土壤有机碳
库最高，其次是 RCP2.6 情景，RCP8.5 和 Baseline 情景最低且相互之间差异不显著（P
＞0.05）。在氮磷钾配施有机肥和氮磷钾配施高量有机肥处理中，RCP2.6、RCP4.5 和
RCP8.5 情景下的土壤有机碳库相比 Baseline 情景分别提高了 19.0%～19.4%、30%～35%
和 1%～5%。秸秆还田处理下，RCP2.6、RCP4.5 和 RCP8.5 情景下土壤有机碳相比 Baseline
情景分别提高了 36%、52% 和 6%。

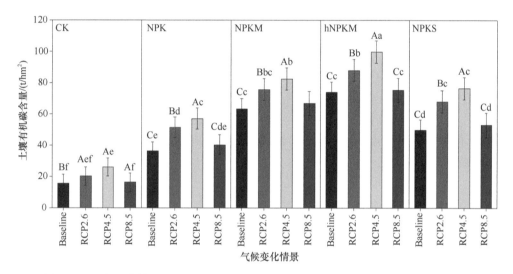

图 7-25 一年两熟轮作制度不同施肥下土壤有机碳库在不同 RCP 气候情景下的变化

大写字母为各施肥处理下不同气候情景间土壤有机碳库的差异。小写字母为所有处理下不同情景间土壤有机碳的差异

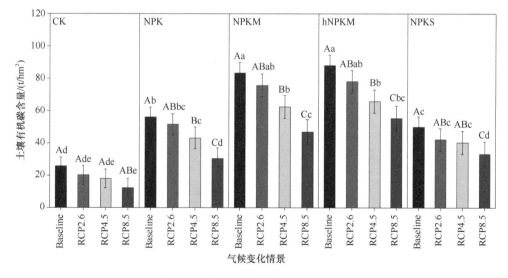

图 7-26 一年一熟轮作制度不同施肥下土壤有机碳库在不同 RCP 气候情景下的变化

大写字母为各施肥处理下不同气候情景间土壤有机碳库的差异。小写字母为所有处理下不同情景间土壤有机碳的差异

对于同一气候情景来说，在一年一熟轮作制度下，施肥同样提高了平均土壤有机碳库，其影响顺序与一年两熟轮作制度相似，但秸秆还田与氮磷钾配施处理差异不显著，氮磷钾配施高量有机肥、氮磷钾配施有机肥＞氮磷钾配施秸秆、氮磷钾处理＞不施肥处理。在 Baseline、RCP2.6、RCP4.5 和 RCP8.5 情景下，氮磷钾配施有机肥和氮磷钾配施高量有机肥处理土壤有机碳库分别比氮磷钾配施处理高出 44%～54%和51%～82%。然而，一年一熟轮作制度下不同施肥处理土壤有机碳库（0～20cm 土层）在不同气候情景下的变化与一年两熟轮作制度下明显不同（图 7-26）。对于同一施肥处理来说，RCP 气候变化情景也对土壤有机碳库有显著的影响。Baseline 情景下的土壤有机碳库最高，其次是 RCP2.6 和 RCP4.5 情景，RCP8.5 情景最低（$P<0.05$）。在氮磷钾配施高量有机肥和氮磷钾配施有机肥处理中，RCP2.6、RCP4.5 和 RCP8.5 情景下的土壤有机碳库相比 Baseline 情景分别降低了 9%～11%、25%～26%和 37%～43%。而秸秆还田下，RCP2.6、RCP4.5 和 RCP8.5 情景下土壤有机碳库相比 Baseline 情景分别降低了 15%、19%和 34%。尤其是平凉和公主岭站点（图 7-27 和图 7-28），RCP8.5 情景下的土壤有机碳库分别比 Baseline 情景降低 30%～40%和 30%～40%。值得注意的是，对于公主岭站点来说，在 2050 年前，施用有机肥（NPKM 和 hNPKM）处理在RCP8.5 情景下与各情景差异不明显；而 2050 年后，土壤有机碳库上升趋势逐渐趋于平稳，随后开始下降。

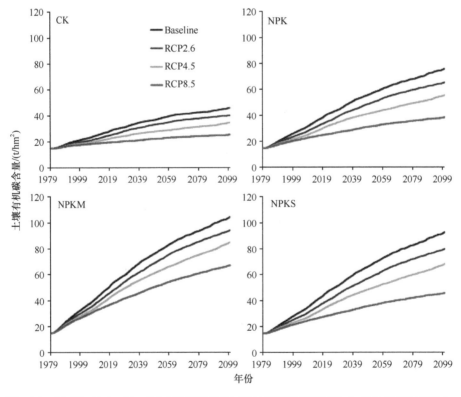

图 7-27 平凉站点（一年一熟）不同施肥下土壤有机碳库在不同 RCP 气候情景下的变化

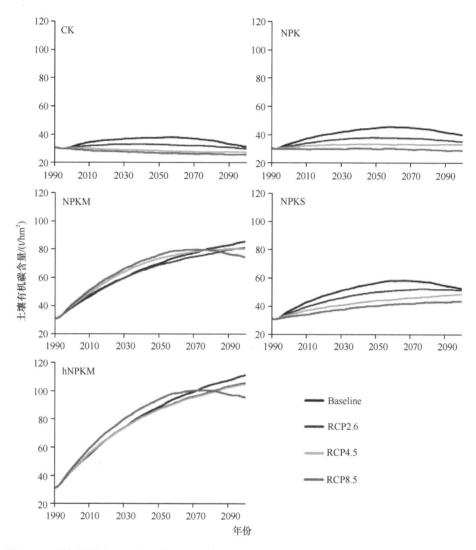

图 7-28　公主岭站点（一年一熟）不同施肥下土壤有机碳库在不同 RCP 气候情景下的变化

第五节　不同模型模拟结果的对比分析

基于 RothC、CENTURY、SPACSYS 模型在我国长期定位试验数据的模拟和验证，以祁阳站点为例，设置不同情景进行预测，总结对比这三大模型在有机碳变化方面的准确度（表 7-25）。整体上看，CENTURY 和 SPACSYS 模型的 RMSE 值均小于 RothC 模型，EF 和 R^2 值大于 RothC 模型，这说明虽然三个模型从统计指标上来看均可以用于旱地农田的有机碳含量变化模拟，但 CENTURY 和 SPACSYS 模型在精确度上优于 RothC 模型。这可能是因为 RothC 模型只有土壤有机碳周转模块，碳投入来源于测定数量的估算，而 CENTURY 和 SPACESYS 模型则均包含作物生长模块，在计算作物残茬的碳投入方面相对 RothC 模型更精确；而且这两个模型参数比 RothC 模型更多，其模拟预测结果也相对更精确。

表 7-25　RothC、CENTURY 和 SPACSYS 模型在祁阳点的验证统计指标

统计指标	处理	RothC	CENTURY	SPACSYS
RMSE/%	CK	9	8	
	NPK	10	9	
	NPKM	15	10	
	NPKS	12	7	
	全部	14	10.78	2.11
EF	CK	0.07	0.12	
	NPK	0.15	0.13	
	NPKM	0.37	0.60	
	NPKS	−0.02	0.63	
	全部	0.58	0.71	0.88
R^2	CK	0.08	0.07	
	NPK	0.18	0.34	
	NPKM	0.42	0.69	
	NPKS	0.07	0.61	
	全部	0.64	0.71	0.86

注：RMSE. root mean square error，均方根误差；R^2. correlation coefficiency，决定系数；EF. efficiency fator，模型拟合效率。

综合其他方面，对三个模型做了进一步对比分析（表 7-26），总体上，在我国旱地农田，RothC 和 CENTURY 模型均能精确模拟土壤有机碳动态变化，但也均高估了东北和西北地区秸秆还田下土壤有机碳储量，需要进一步调整参数。基于 Shirato 和 Yokozawa（2005）修改后的 RothC 模型能用于我国水旱轮作和低碳投入的双季稻系统 SOC 的模拟，但对于高碳投入的双季稻系统，RothC 高估了 SOC 储量。CENTURY 和 SPACSYS 模型相比 RothC 模型，除了增加土壤有机质周转模块，还包含植物生长模块，可以模拟植物

表 7-26　RothC、CENTURY 和 SPACSYS 模型在中国农田上的模拟效果对比

项目	RothC	CENTURY	SPACSYS
模块	只有土壤有机质周转模块，没有植物生长模块	包括作物生长模块和有机质周转模块	包括植物、土壤、水分、温室气体等多个模块
输入参数	参数少，简单易获得	参数较多，个别参数不易获取	参数较多，参数获取和调整有一定困难
输出参数	各月份土壤四个活性碳库、总有机碳及 CO_2 排放	各月份不同碳库的 SOC 含量、净初级生产力、作物籽粒和秸秆中的养分水平、蒸发量和土壤含水量、氮素矿化量和氨挥发量等	植物生物量、土壤水分、土壤温度、温室气体、土壤有机碳、土壤全氮等
模拟范围	旱地、水旱轮作和双季稻	旱地	旱地
模拟精度	模型模拟精度总体来说较高，但高估了旱地农田中东北和西北一年一熟地区秸秆还田下的 SOC 及双季稻中碳投入>2.6t/(hm²·a)的 SOC 含量	能精确模拟中国旱地农田土壤 SOC 动态变化，但高估中东北和西北一年一熟地区秸秆还田下的 SOC	能精确模拟中国旱地土壤 SOC 动态变化，但无法模拟水田土壤 SOC 变化
预测	模型能广泛用于大尺度土壤有机质储量和 CO_2 排放量预测	能预测有机质、全氮及作物产量变化	模型能预测作物生长、产量、CO_2、N_2O、土壤有机碳、全氮储量等

生长及生物量；SPACSYS 模型则可以模拟土壤水分、土壤氮储量、温室气体排放等项目，是一个多元、多参数模型，可以回答一些机理性科学问题。三个模型均能结合气候模型预测不同情景下土壤有机碳变化，为不同措施下固碳减排提供指导。

参 考 文 献

丛日环. 2012. 小麦-玉米轮作体系长期施肥下农田土壤碳氮相互作用关系研究. 北京: 中国农业科学院博士学位论文.

方兴义. 2020. 基于 EPIC 模型的农业旱灾风险模糊评估方法. 灾害学, 35(03): 55-58.

姜桂英. 2013. 中国农田长期不同施肥的固碳潜力及预测. 北京: 中国农业科学院博士学位论文.

李秋月. 2015. 气候变化及放牧度内蒙古草地的影响与适应对策. 北京: 中国农业大学博士学位论文.

刘骅, 林英华, 王西和, 等. 2007. 长期配施秸秆对灰漠土质量的影响. 生态环境, 16: 1492-1497.

刘丽慧, 孙皓, 李传华. 2021. 基于改进土壤冻融水循环的 Biome-BGC 模型估算青藏高原草地 NPP. 地理研究, 40(5): 1253-1264.

梅晓丹, 李丹, 王强, 等. 2021. 基于 Biome-BGC 模型的小兴安岭森林碳通量时空分析. 测绘与空间地理信息, 44(11): 7-10.

王馥棠. 2003. 全球气候变化对农业生态的影响. 北京: 气象出版社.

王金洲. 2011. RothC 模型模拟我国典型旱地土壤的有机碳动态及平衡点. 北京: 中国农业科学院硕士学位论文.

王金洲. 2015. 秸秆还田的土壤有机碳周转特征. 北京: 中国农业科学院博士学位论文.

王树会, 陶雯, 梁硕, 等. 2022. 长期施用有机肥情景下华北平原旱地土壤固碳 N_2O 排放的空间格局. 中国农业科学, 55(6): 1159-1171.

王树会, 张旭博, 孙楠, 等. 2018. 2050 年农田土壤温室气体排放及碳氮储量变化 SPACSYS 模型预测. 植物营养与肥料学报, 24(6): 1550-1565.

王宪志. 2021. 基于 EPIC 模型的苹果园土壤水分变化及水分生产力模拟研究. 杨凌: 西北农林科技大学硕士学位论文.

谢海宽, 江雨倩, 李虎, 等. 2017. DNDC 模型在中国的改进及其应用进展. 应用生态学报, 28(8): 2760-2770.

原一荃, 薛力铭, 李秀珍. 2022. 基于 CASA 模型的长江口崇明东滩湿地植被净初级生产力与固碳潜力. 生态学杂志, 41(02): 334-342.

张超. 2021. 基于 DNDC 模型的草地生态系统碳收支研究. 呼和浩特: 内蒙古师范大学硕士学位论文.

张存厚, 王明玖, 赵杏花, 等. 2014. 基于 CENTURY 模型的荒漠草原 ANPP 对气候变化响应的模拟. 生态学杂志, 33(10): 2849-2857.

张凤, 王世航, 王军委. 2019. 土壤有机碳模型研究进展. 宜春学院学报, 41(9): 12-18.

张黎明. 2009. 太湖地区水稻土有机碳演变模拟的尺度效应研究. 南京: 南京农业大学博士学位论文.

张旭博. 2016. 中国农田土壤有机碳演变及其增产协同效应. 北京: 中国农业科学院博士学位论文.

张颖, 刘学军, 张福锁, 等. 2006. 华北平原大气氮素沉降的时空变异. 生态学报, 26: 1634-1639.

张钊. 2016. 呼伦贝尔草甸草原生态系统碳循环动态模拟与未来情景分析. 北京: 中国农业科学院博士学位论文.

郑德明, 姜益娟, 吕双庆, 等. 2004. 干旱地区有机肥料腐解及腐殖化系数的研究. 土壤肥料, 2: 15-19.

Ayanaba A, Jenkinson D S. 1990. Decomposition of carbon-14 labeled ryegrass and maize under tropical conditions. Soil Science Society of American Journal, 54: 112-115.

Balesdent J, Balabane M. 1996. Major contributions of roots to soil carbon storage inferred from maize cultivated soils. Soil Biology Biochemistry, 28: 1261-1263.

Bhattacharyya T, Pal D K, Williams S, et al. 2010. Evaluating the Century C model using two long-term fertilizer trials representing humid and semi-arid sites from India. Agriculture, Ecosystems & Environment, 139: 264-272.

Carter M R, Parton W J, Rowland I C, et al. 1993. Simulation of soil organic-carbon and nitrogen changes in cereal and pasture systems of southern Australia. Australian Journal of Soil Research, 31: 481-491.

Cerri C E P, Easter M, Paustian K, et al. 2007. Simulating SOC changes in 11 land use change chronosequences from the Brazilian Amazon with RothC and Century models. Agriculture, Ecosystems & Environment, 122: 46-57.

Cheng K, Ogle S M, Pan G, et al. 2013. Predicting methanogenesis from rice paddies using the DAYCENT ecosystem model. Ecological Modelling, 261-262: 19-31.

Falloon P, Smith P, Coleman K, et al. 1998. Estimating the size of the inert organic matter pool from total soil organic carbon content for use in the Rothamsted carbon model. Soil Biology & Biochemistry, 30: 1207-1211.

Falloon P, Smith P. 2002. Simulating SOC changes in long-term experiments with RothC and CENTURY: model evaluation for a regional scale application. Soil Use and Management, 18: 101-111.

Guo L, Falloon P, Coleman K, et al. 2007. Application of the RothC model to the results of long-term experiments on typical upland soils in northern China. Soil Use and Management, 23: 63-70.

Huang Y, Yu Y Q, Zhang W, et al. 2009. Agro-C: A biogeophysical model for simulating the carbon budget of agroecosystems. Agricultural and Forest Meteorology, 149: 106-129.

Jenkinson D S, Coleman K. 1999. A model for the turnover of carbon in soil: Model description and windows user guide. Berlin Heidelberg: Springer.

Jenkinson D S, Rayner J H. 1977. The turnover of soil organic matter in some of the Rothamsted classical experiments. Soil Science, 123(5): 298.

Jiang G Y, Shirato Y, Xu M G, et al. 2013. Testing the modified Rothamsted Carbon Model for paddy soils against the results from long-term experiments in southern China. Soil Science and Plant Nutrition, 59(1): 16-26.

Jiang G Y, Zhang W J, Xu M G, et al. 2018. Manure and mineral fertilizer effects on crop yield and soil carbon sequestration: A meta-analysis and modelling across China. Global Biogeochemical Cycles, 32(11): 1659-1672.

Ju H, Velde M, Lin E, et al. 2013. The impacts of climate change on agricultural production systems in China. Climatic Change, 120: 313-324.

Kaonga M L, Coleman K. 2008. Modelling soil organic carbon turnover in improved fallows in eastern Zambia using the RothC-26.3 model. Forest Ecology and Management, 256: 1160-1166.

Kelly R H, Parton W J, Crocker G J, et al. 1997. Simulating trends in soil organic carbon in long-term experiments using the century model. Geoderma, 81: 75-90.

Kirschbaum M U F, Paul K I. 2002. Modelling C and N dynamics in forest soils with a modified version of the CENTURY model. Soil Biology & Biochemistry, 34: 341-354.

Li C S, Frolking S, Harris R. 1994. Modeling carbon biogeochemistry in agricultural soils. Ggobal Biogeochemistry Cycles, 8: 237-254.

Liu D L, Chan K Y, Conyers M K, et al. 2011. Simulation of soil organic carbon dynamics under different pasture managements using the RothC carbon model. Geoderma, 165: 69-77.

Liu D L, Chan K Y, Conyers M K. 2009. Simulation of soil organic carbon under different tillage and stubble management practices using the Rothamsted carbon model. Soil and Tillage Research, 104: 65-73.

Miller A, Schimel J, Meixner T, et al. 2005. Episodic rewetting enhances carbon and nitrogen release from chaparral soils. Soil Biology & Biochemistry, 7: 2195-2204.

Ogle S M, Breidt F J, Easter M, et al. 2007. An empirically based approach for estimating uncertainty associated with modelling carbon sequestration in soils. Ecological Modelling, 205: 453-463

Parton W J, Rasmussen P E. 1994. Long-term effects of crop management in wheat-fallow: II. CENTURY model simulations. Soil Science Society of America Journal, 58: 530-536.

Parton W, Stewart J, Cole C. 1988. Dynamics of C, N, P and S in grassland soils: a model. Biogeochemistry,

5: 109-131.

Paul E A, Clark F E. 1996. Soil Microbiology and Biochemistry, Second Edition. San Diego.

Rampazzo T G, Stemmer M, Tatzber M, et al. 2010. Soil-carbon turnover under different crop management: Evaluation of RothC-model predictions under Pannonian climate conditions. Journal of Plant Nutrition and Soil Science, 173: 662-670.

Sahrawat K. 2004. Organic matter accumulation in submerged soils. Advances in Agronomy, 81: 169-201.

Shirato Y, Yokozawa M. 2005. Applying the Rothamsted Carbon model for long-term experiments on Japanese paddy soils and modifying it by simple tuning of the decomposition rate. Soil Science and Plant Nutrition, 51(3): 405-415.

Six J, Conant R T, Paul E A. 2002. Stabilization mechanisms of soil organic matter implications for C-saturation of soils. Plant and Soil, 241: 155-176.

Skjemstad J O, Spouncer L R, Cowie B. 2004. Calibration of the Rothamsted organic carbon turnover model (RothC ver. 26.3), using measurable soil organic carbon pools. Australian Journal of Soil Research, 42: 79-88.

Smith P, Smith J U, Powlson D S, et al. 1997. A comparison of the performance of nine soil organic matter models using datasets from seven long-term experiments. Geoderma, 81: 153-225.

Stewart C E, Paustian K, Conant R T, et al. 2007. Soil carbon saturation: concept, evidence and evaluation. Biogeochemistry, 86: 19-31.

Studdert G A, Monterubbianesi M G, Domínguez G F. 2011. Use of RothC to simulate changes of organic carbon stock in the arable layer of a Mollisol of the southeastern Pampas under continuous cropping. Soil and Tillage Research, 117: 191-200.

Tang G, Ding Y, Wang S, et al. 2010. Comparative analysis of China surface air temperature series for the past 100 years. Advances in climate change research, 1: 11-19.

Tian G, Kang B T, Brussaard L. 1992. Biological effects of plant residues with contrasting chemical compositions under humid tropical conditions—Decomposition and nutrient release. Soil Biology & Biochemistry, 24: 1051-1060.

Vrugt J A, Bouten W, Gupta H V, et al. 2003. Toward improved identifiability of soil hydraulic parameters. Vadose Zone Journal, 2(1): 98-113.

Wan Y F, Lin E, Xiong W. 2011. Modeling the impact of climate change on soil organic carbon stock in upland soils in the 21st Century in China. Agriculture, Ecosystems and Environment, 141: 23-31.

Wang G, Li T, Zhang W, et al. 2014. Impacts of agricultural management and climate change on future soil organic carbon dynamics in north China plain. PLOS ONE, 9(4): 1-10.

Wu J, Donnell A G O, Syers J K, et al. 1999. Modelling soil organic matter changes in ley-arable rotations in sandy soils of Northeast Thailand. European Journal of Soil Science, 49: 463-470.

Wu L H, McGechan M B. 1998. Simulation of nitrogen uptake, fixation and leaching in a grass/white clover mixture. Grass and Forage Science, 54(1): 30-41.

Wu L H, Whitmore A P, Bellocchi G. 2015a. Modeling the impact of environmental changes on grassland systems with SPACSYS. Advances in Animal Biosciences, 6(1): 37-39.

Wu L, McGechan M B, McRoberts N, et al. 2007. SPACSYS: Integration of a 3D root architecture component to carbon, nitrogen and water cycling-model description. Ecological Modelling, 200: 343-359.

Wu L, Rees R M, Tarsitano D. 2015b. Whitmore A P. Simulation of nitrous oxide emissions at field scale using the SPACSYS model. Science of the Total Environment, 530-531: 76-86.

Zhang W J, Wang X J, Xu M G, et al. 2010. Soil organic carbon dynamics under long-term fertilizations in arable land of northern China. Biogeosciences, 7: 409-425.

Zhang W J, Xu M G, Wang X J, et al. 2012. Effects of organic amendments on soil carbon sequestration in paddy fields of subtropical China. Journal of Soils Sediments, 12: 457-470.

Zhang X B, Xu M G, Sun N, et al. 2013. How do environmental factors and different fertilizer strategies affect soil CO_2 emission and carbon sequestration in the upland soils of southern China? Applied Soil Ecology, 72: 109-118.

Zhang X B, Xu M G, Sun N, et al. 2016. Modeling and predicting crop yield, soil carbon and nitrogen stocks under climate change scenarios with fertilizer management in the North China Plain. Geoderma, 265: 176-186.

Zhou P, Song G H, Pan G X, et al. 2009. Role of chemical protection by binding to oxyhydrates in SOC sequestration in three typical paddy soils under long-term agro-ecosystem experiments from South China. Geoderma, 153: 52-60.

第八章 农田土壤有机质提升的增产协同效应及其潜力

土壤有机质是土壤肥力的核心指标，其转化过程和自身特性能够直接或间接决定土壤质量，与作物高产、稳产紧密相关（Melillo et al.，1995）。大量研究表明，土壤有机质的储量与作物产量及产量稳定性之间存在着线性关系（Beyer et al.，1999）。也有研究表明，作物的相对产量与土壤有机质呈显著的非线性关系（Lal，2009），即土壤有机质储量超出一定的临界值后就不会再对作物增产起到积极作用。本章依托我国土壤肥力与肥料长期试验网，系统阐述了不同气候区域和不同作物类型土壤有机质提升的增产协同效应、酸化防控效应，运用作物机理模型等模拟了土壤有机质与作物产量关系，并量化了我国农田土壤有机质提升的增产潜力。

第一节 我国农田土壤有机质提升及其增产效应

一、长期不同施肥下的作物产量及其高产稳产性

1. 长期不同施肥下不同作物的产量与高产性

长期不同施肥下作物产量的变化趋势反映了土壤肥力等因素的变化特征。我们对我国农田长期施肥下的作物产量趋势进行了分析（李忠芳，2009），结果表明，长期不同施肥下玉米产量差异显著，产量均值范围为 2948～7141kg/hm^2（表 8-1）。不同施肥下的平均产量大小顺序为：氮磷钾配施有机肥（7141±2344kg/hm^2）、氮磷钾肥（6429±2614kg/hm^2）＞单施有机肥（5698±2598kg/hm^2）、氮磷肥（5513±2877kg/hm^2）＞单施氮肥（4334±2700kg/hm^2）、氮钾肥（4029±2095kg/hm^2）＞磷钾肥（3610±2179kg/hm^2）＞不施肥（2948±1990kg/hm^2）。总体上，氮磷钾配施有机肥下玉米产量最高，不施肥、单施氮肥或氮钾肥下玉米产量相对较低。在祁阳、进贤和徐州站点，氮磷钾配施有机肥下玉米产量分别较氮磷钾肥分别增产 54%（祁阳站点）、34%（进贤早玉米）、29%（进贤晚玉米）和 11%（徐州站点），其他点位差异不显著（$P>0.05$）。

长期不同施肥下的小麦产量均值范围为 1286～4230kg/hm^2（表 8-2）。小麦平均产量表现为：氮磷钾配施有机肥（4230±1534kg/hm^2）、氮磷钾肥（3933±1621kg/hm^2）、氮磷肥（3653±1587kg/hm^2）＞单施有机肥（2325±918kg/hm^2）＞单施氮肥（1808±979kg/hm^2）、氮钾肥（1798±1011kg/hm^2）、磷钾肥（1594±567kg/hm^2）＞不施肥（1286±594kg/hm^2）。氮磷钾配施有机肥下小麦产量最高，不施肥和偏施肥下（单施氮肥、氮钾肥等）小麦产量较低。在祁阳、武昌和徐州站点，氮磷钾配施有机肥下分别较氮磷钾肥增产 34%、36%和 12%，在昌平和乌鲁木齐增产也较多，分别为 14%和 13%，增产效果显著。

表 8-1 我国典型农田长期不同施肥下的玉米平均产量

（单位：kg/hm²）

地点	CK	N	NK	PK	NP	NPK	NPKM	M	平均*
祁阳	292±226e	706±880de	1 042±1 118cd	538±291de	1 911±1 319c	3 275±1 490b	5 044±1 175a	3 649±1 092b	2 246±1 949F
进贤早玉米	749±384e	2 277±983d	3 466±1 099bc		2 918±924c	3 822±1 018b	5 113±1 259a	3 714±1 303b	2 976±1 638EF
进贤晚玉米	1 038±396d	1 351±731cd	3 306±844b		1 896±711c	3 530±870b	4 553±1 295a	3 449±771b	2 473±1 508F
徐州	3 051±452e	4 671±1 025d	3 542±905b		5 937±612c	6 842±551b	7 595±653a	6 163±340c	5 619±1 802BCD
杨凌	2 198±462c	3 018±867bc		2 459±946c	6 315±1 409a	6 124±1 198a	6 644±1 297a		4 860±2 084CDE
郑州	3 111±841c	3 689±1 352bc	4 439±1 146b	2 820±756c	6 152±1 693a	6 272±1 491a	6 543±1 468a		5 153±1 620BCDE
张掖	6 023±3 517d	8 337±1 899cd			11 153±1 049ab	11 982±1 312ab	12 703±1 534a	9 912±2 420bc	10 040±2790A
昌平	1 878±703c	2 265±1 229c	2 538±1 171c	2 697±660c	4 156±1 419b	4 831±1 341ab	5 379±1 372a		3 702±1 556DEF
吉林	3 651±864c	7 601±1 414b		4 047±807c		8 986±632a	8 969±1 926a		7 302±2519B
乌鲁木齐	4 199±1 648c	6 419±1 510ab	6 156±1 600abc	5 649±1 591bc	7 165±1 794ab	7 010±2 028ab	7 806±2 184a		6 520±1 388BC
哈尔滨	6 237±714c	7 339±1 197ab	7 745±1 134ab	7 062±870bc	7 530±1 249ab	8 047±1 341ab	8 197±1 444a	7 301±847ab	7 470±775B
平均	2 948±1 990bcd	4 334±2 700bcd	4 029±2 095cd	3 610±2 179cd	5 513±2 877abcd	6 429±2 614ab	7 141±2 344a	5 698±2 598abc	

注：数值为长期试验开始（1990 年）到 2007 年的平均产量。同一行中不同小写字母表示同一站点不同施肥措施之间存在显著差异（$P<0.05$），不同大写字母表示不同区域之间存在显著差异（$P<0.05$）；CK 为不施肥，N 为单施氮肥，NK 为施氮钾肥，PK 为磷钾肥，NP 为氮磷肥，NPK 为氮磷钾肥，NPKM 为氮磷钾配施施有机肥，M 为单施有机肥；*各点不同施肥措施（CK、N、NP、NPK 和 NPKM）的平均值。下同。

表 8-2 我国典型农田长期不同施肥下的小麦平均产量

（单位：kg/hm²）

地点	CK	N	NK	PK	NP	NPK	NPKM	M	平均*
祁阳	396±107e	392±447e	414±484e	832±294d	1016±590cd	1232±556bc	1645±410a	1266±654ab	936±544E
重庆	1288±210d	1670±507cd	1777±559c	1540±390cd	2578±407b	2960±480ab	3122±553a	1558±676cd	2323±807CDE
武昌	859±367c	879±401c			1688±606b	1961±606b	2659±879a	2029±848bcd	1609±763DE
遂宁	1149±496d	1603±903cd			3040±992a	3125±944a	3307±960a	1695±471c	2445±993BCDE
徐州	1735±334e	3243±1326d			4857±725c	5852±655b	6566±515a	3550±608d	4451±1965A
杨凌	1009±415b	1084±673bc	1261±594b	1247±462b	5184±1285a	5304±1359a	5412±1661a		3599±2331ABC
郑州	1950±445c	2374±959bc	2882±1220b	1858±299c	6114±1209a	6219±811a	5698±831a		4471±2122A
张掖	2162±1151d	3149±1324c			5087±633b	5443±812ab	5844±870a	3402±964c	4337±1597AB
昌平	605±278c	692±348c	875±511c	1128±439c	2914±730b	3530±1008a	4022±1140a		2352±1605CDE
乌鲁木齐	996±494c	2344±536b	2286±647b	2231±731b	4241±1063a	4157±1220a	4687±1161a		3285±1562ABCD
哈尔滨	1995±411e	2458±617cde	3088±762abc	2326±530de	3460±628ab	3477±974ab	3571±912a	2776±616bcd	2992±719ABCD
平均	1286±594b	1808±979b	1798±1011b	1594±567b	3653±1587a	3933±1621a	4230±1534a	2325±918b	

长期不同施肥下水稻产量的平均值表现为：氮磷钾配施有机肥（5892±850kg/hm²）、氮磷钾肥（5335±863kg/hm²）＞氮磷肥（4967±955kg/hm²）、单施有机肥（4696±705kg/hm²）、氮钾肥（4559±870kg/hm²）、单施氮肥（4282±880kg/hm²）＞磷钾肥（3925±539kg/hm²）、不施肥（3255±473kg/hm²）（表 8-3）。氮磷钾配施有机肥在各站点都具有最高的产量，表明化肥配施有机肥是获得水稻高产最有效的施肥措施；单施有机肥时，在进贤早晚稻、杭州晚稻和武昌水稻试验中均与氮磷钾配施有机肥措施下产量基本相同，在其他试验站则表现为低于氮磷钾配施有机肥。这表明单施有机肥并不是获得高产的最有效措施，但在一定环境下（进贤早晚稻、杭州晚稻和武昌水稻）也能具有与有机-无机肥配施相同的增产效果。和氮磷钾肥相比，氮磷钾配施有机肥下水稻产量在白沙和进贤站点显著增加，增幅分别为 12.7%和 20.4%。和氮磷肥相比，氮磷钾肥在进贤、南昌和望城站点表现出显著增产，增幅分别为 10.8%、20.6%和 15.8%。另外，水稻产量对不同生长季节和轮作制度的施肥响应也不一致，氮磷钾肥下早稻、晚稻和单季稻相对于不施肥增产率分别为 150%、125%和 190%，氮磷钾配施有机肥下产量增幅分别为 150%、128%和 198%。氮磷钾肥和氮磷钾配施有机肥下增产效果均表现为单季稻＞早稻＞晚稻。

表 8-3 我国典型农田长期不同施肥下的水稻平均产量 （单位：kg/hm²）

地点	CK	N	NK	PK	NP	NPK	NPKM	M
白沙早稻	2452±691c					5215±740b	5979±667a	
白沙晚稻	3413±985b					5626±1265a	6233±1416a	
进贤化肥早稻	2892±679d	3262±757cd	3547±880c	3338±1038cd	4065±642b	4456±648b	5312±768a	
进贤化肥晚稻	2933±488e	3433±586cd	3772±718c	3323±708de	3815±551c	4269±711b	5194±1017a	
进贤有机肥早稻	2807±529b					4932±671a		5151±769a
进贤有机肥晚稻	3140±524c					4251±664b		4856±813a
南昌早稻	3072±833d		4947±1029b	3593±979c	4560±781b	5577±700a	5616±656a	
南昌晚稻	3953±791e		5529±815c	4514±837d	4752±862d	5654±874bc	6048±835ab	
望城早稻	2842±880e		3569±1698d	3924±788d	4742±958c	5435±959ab		
望城晚稻	3356±497e		4722±981c	4123±557d	4712±609c	5514±740ab		
杭州早稻	3732±569b	4753±754a	4767±656a		4860±708a	4948±701a	5225±798a	4070±584b
杭州晚稻	3449±1236a	3974±1087a	4169±1232a		4187±1099a	4284±1172a	4466±1154a	3929±1372a
重庆水稻	3661±668f	5345±986d	6013±949cd	4658±603e	6118±1013bc	6733±914ab	6750±1029ab	4432±892e
武昌水稻	4151±1108d	5386±1073c			5891±909bc	6011±927ab	6478±853a	5977±1070ab
遂宁水稻	2964±837f	3821±1094e			6930±713b	7124±841ab	7508±810a	4457±908d
平均	3255±473	4282±880	4559±870	3925±539	4967±955	5335±863	5892±850	4696±705

2. 不同区域长期施肥下的作物产量与高产性

任科宇等（2021）基于 109 篇公开发表的文献中 402 组作物产量数据库，利用整合分析（Meta-analysis）发现，就全国范围来说，氮磷钾配施有机肥对我国玉米的增产率最高，为 7.6%，其次为小麦（5.6%）和水稻（4.5%）（图 8-1）。从不同区域来看，玉米的增产率在华北最高，为 10.9%，较其他区域高 1.2%～7.9%，在南方地区最低，为 2.9%。小麦的增产率由大到小依次为西北（11.0%）、华北（5.2%）、南方（3.0%）和华东（1.4%）。水稻的增产率在华东和南方区域分别为 3.9% 和 5.0%。不同区域有机肥的增产效果存在差异，在华北和华东地区玉米季配施有机肥增产效果更佳，在西北地区小麦季配施有机肥效果优于玉米季和水稻季，在南方地区水稻季有机肥增产效果优于小麦季和玉米季。

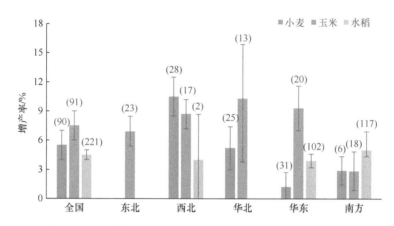

图 8-1　不同作物及区域有机肥的增产率（任科宇等，2021）

增产率（%）为氮磷钾配施有机肥相对氮磷钾肥的增产比率；误差线代表平均值的标准误差，括号内的数值代表数据量

3. 长期不同施肥下作物的稳产性

长期施肥下作物产量的稳定性主要体现在两个方面。一是产量的气象稳定性，指面对不同气象条件时的产量稳定性，即"缓冲"对产量形成不利气象条件的能力。甘肃平凉的多年肥料试验表明（樊廷录，2008），无论是小麦还是玉米，随着降水条件的恶化（丰水年→正常年→干旱年），产量的变异系数显著增大，不施肥或单施氮肥加剧了产量的波动，有机-无机肥配施能有效地减缓产量的波动。以正常年与干旱年各施肥对应的平均产量为基础，比较降水丰缺对产量的影响，干旱年不同施肥下的小麦产量比正常年下降 21%～37%。单施氮肥的减产幅度最大，为 37%；氮磷肥配施有机肥和氮磷肥配合秸秆还田的减产幅度相对较小，分别为 21% 和 24%。丰水年单施氮肥增产幅度最高，增产率达 241%，其次是不施肥和单施有机肥；氮磷肥配施有机肥和氮磷肥配施秸秆的增产幅度相对较小，增产率分别为 81% 和 62%。在小麦生产中，降水对肥料施用（特别是化肥施用）的增产效果有明显影响，氮磷肥配施有机肥和氮磷肥配合秸秆还田下产量受降水多寡影响较小，稳产性较好。同时，不施肥、单施氮肥、单施有机肥、氮磷肥配合秸秆还田、氮磷肥和氮磷肥配施有机肥下小麦的平均产量依次为 1.60t/hm²、2.27t/hm²、3.52t/hm²、4.12t/hm²、3.92t/hm² 和 4.62t/hm²（表 8-4）。所有施肥措施下小麦产量随施肥年限均呈下降趋势，氮磷肥配合秸秆还田以及氮磷肥配施有机肥下降幅最小，单施化肥（单施氮肥、氮磷肥）和单施有机肥下产量降幅最大。不施肥下小麦产量在年际之间的变异系数高达 48%，氮磷肥配合秸秆还田以及氮磷肥配施有机肥下小麦产量变异系数为 30% 左右。这说明在黄土高原农田生态系统中，如果长期没有人工养分的输入，作物产量与降水同步波动。氮磷肥和氮磷肥配合秸秆还田下小麦产量的下降速率分别 78t/(hm²·a) 和 49t/(hm²·a)，这些

减少的产量约占产量总变异的 20%，氮磷肥配合秸秆还田的平均产量较氮磷肥高 5%。单施氮肥和单施有机肥的小麦产量的下降速率分别为 98t/(hm²·a) 和 92t/(hm²·a)。单施氮肥下小麦产量在年际之间的变异系数最高（59%），单施有机肥为 37%，氮磷肥配施有机肥为 33%。总体来说，有机肥在保障小麦产量稳定性方面具有非常重要的作用。

表 8-4　平凉黑垆土长期不同施肥下小麦产量及水分效率的方差分析及显著性检验

处理	小麦					
	产量			水分利用效率		
	平均/(t/hm²)	变化/(t/a)	R^2	平均/(kg/mm)	变化/(kg/a)	R^2
CK	1.60	−0.039	0.159	4.29	−0.059	0.077
N	2.27	−0.098	0.336	5.89	−0.179	0.289
NP	3.92	−0.078	0.197	10.66	−0.067	0.033
NPS	4.12	−0.049	0.215	11.39	−0.032	0.011
M	3.52	−0.092	0.319	9.56	−0.124	0.147
NPM	4.62	−0.036	0.2	12.60	−0.097	0.063
	产量			水分利用效率		
	自由度	F 值	显著性（P）	自由度	F 值	显著性（P）
年份	18	31.78	<0.0001	18	6.59	<0.0001
处理	5	111.52	<0.0001	5	123.36	<0.0001
年份×处理	90	24.94	<0.0001	90	19.73	<0.0001

注：CK 为不施肥，N 为单施氮肥，NP 为氮磷肥，NPS 为氮磷肥配合秸秆还田，M 为单施秸秆，NPM 为氮磷肥配施有机肥。

二是产量的可持续性（时间稳定性），指长期种植下作物产量趋势的稳定性。表 8-5 显示，在江西进贤稻田和旱地系统，各施肥措施下作物年产量与施肥年限均呈负相关关系，其中，单施氮肥和氮磷钾肥下相关关系达显著水平（$P<0.05$），氮磷钾配施有机肥下作物产量与施肥年限呈显著正相关关系（$P<0.05$），这说明红壤农田仅依靠化肥难以实现作物的持续高产。不施肥下水稻产量与试验年限呈正相关关系，但拟合方程的 R^2 值很低，说明长期不施肥，仅靠根茬碳及养分的输入只能维持低水平的水稻产量；相反，玉米年产量与施肥年限呈极显著的负相关关系（$P<0.01$），旱地长期不施肥会造成玉米显著减产。与单施氮肥相比较，氮磷钾配施有机肥可有效降低水稻和玉米年产量的下降速率，且该效应随氮磷钾肥用量的增加更趋明显。在长期的作物种植过程中，无机肥与有机肥配合施用能够提高作物的产量稳定性。

表 8-5　江西进贤长期施肥下作物年产量随时间的变化特征（李文军，2021）

土壤利用方式	CK		N		NPK		2NPK		NPKM	
	a	R^2	a	R^2	a	R^2	a	R^2	a	R^2
稻田水稻（$n=35$）	13.3	0.05	−42.2	0.30[***]	−24.5	0.16[*]	−2.7	0.01	37.0	0.18[*]
旱地玉米（$n=30$）	−31.5	0.43[***]	−155.7	0.81[***]	−116.8	0.48[***]	−80.6	0.17[*]	115.6	0.24[**]

注：a 为回归方程斜率，反映了不同施肥下时间与作物产量的关系，负号代表负相关，正号代表正相关；决定系数 R^2 代表了二者线性关系大小。CK 表示不施肥，N 表示单施氮肥，NPK 为氮磷钾肥，2NPK 为 2 倍氮磷钾肥，NPKM 为氮磷钾配施有机肥。*、**、*** 分别为 0.05、0.01 和 0.001 水平下显著相关。

二、土壤有机质提升对主要粮食作物的增产效应

大量长期试验表明，作物产量与土壤有机质（有机碳）相关性最高，是作物产量最具敏感性的指标。公主岭黑土长期施肥试验显示有机碳与作物相对产量呈非线性相关，达极显著水平（$P<0.01$）（图 8-2）。土壤有机碳含量分布在 12.49～29.31g/kg，用曲线模型拟合，作物相对产量趋近于最大值95%时的土壤有机碳含量，是土壤有机碳显著增产的临界值，该临界值为 18.68g/kg。

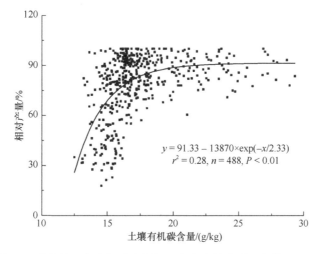

$$y = 91.33 - 13870 \times \exp(-x/2.33)$$
$$r^2 = 0.28, n = 488, P < 0.01$$

图 8-2　公主岭黑土有机碳含量与玉米产量的关系（李慧，2013）

红壤有机碳含量与水稻和玉米产量均具有显著正相关关系（图 8-3）（李文军，2021）。二者线性回归方程的斜率表示土壤有机碳含量每增加一个单位（g/kg）时，作物产量增加或者减少的数量（kg/hm²）。由图 8-3 可知，红壤有机碳含量每增加 1g/kg 时，水稻年产量平均可增加 654.3kg/hm²，玉米年产量平均增加 1218.3kg/hm²，是水稻年产量增加值的 1.9 倍。

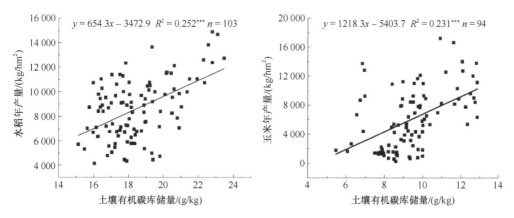

$$y = 654.3x - 3472.9 \quad R^2 = 0.252^{***} \quad n = 103$$

$$y = 1218.3x - 5403.7 \quad R^2 = 0.231^{***} \quad n = 94$$

图 8-3　进贤红壤总有机碳含量与作物产量间的线性关系及回归方程
***表示回归方程显著性 $P<0.001$

土壤有机碳的增产效应也与有机碳组分息息相关，因为土壤有机碳不同组分能够改变土壤养分含量。我们在黑土上的研究结果（娄翼来，2012），土壤不同有机碳组分中仅游离活性有机碳含量与土壤全氮、速效氮、速效磷含量以及作物产量之间存在显著正相关关系，其他有机碳组分与土壤养分含量和作物产量之间均无显著相关性（表 8-6）。这说明土壤游离活性有机碳组分对黑土供肥能力起主要作用。

表 8-6 黑土有机碳组分与土壤养分含量和作物产量的相关系数

土壤有机碳组分/(g/kg)	全氮/(g/kg)	全磷/(g/kg)	速效氮/(mg/kg)	速效磷/(mg/kg)	速效钾/(mg/kg)	产量/(t/hm^2)
游离活性有机碳	0.91*	0.77	0.98**	0.96**	0.72	0.92*
物理保护有机碳	0.52	0.31	0.42	0.64	0.42	0.44
化学保护有机碳	0.33	0.41	0.28	0.66	0.25	0.75
生物化学保护有机碳	0.81	0.27	0.14	0.55	0.43	0.48

注：$n=5$；**表示显著性水平 $P<0.01$；*表示显著性水平 $P<0.05$。

逐步回归分析发现，黑土中游离活性有机碳是与黑土肥力关系最紧密的有机碳库，并建立最优回归方程：$Y=4522+1588X_1$。式中，Y 为作物产量；X_1 为未保护有机碳库。游离活性有机碳含量与作物产量呈正相关关系，其决定系数为 0.89，达到显著水平。根据回归系数可知，黑土游离活性有机碳每增加 1g/kg，玉米产量增加 1588kg/hm^2。

旱地红壤中，氮磷钾配施有机肥显著提高了未保护有机碳和物理保护有机碳的含量及其占总有机碳的比例，增加了土壤有机碳的固存、活性及物理保护作用（李文军等，2022）。土壤游离活性有机碳、化学保护有机碳、生物化学保护有机碳含量与土壤全氮和速效氮含量均呈显著正相关关系（表 8-7），游离活性与物理保护有机碳含量和全磷含量呈显著正相关（$P<0.05$），游离活性和生物化学保护有机碳含量与速效磷含量呈显著正相关（$P<0.05$），化学保护有机碳含量与速效钾含量之间存在显著正相关关系（$P<0.05$）；此外，所有有机碳组分含量均与作物产量呈显著正相关关系，其中以物理保护有机碳组分与产量相关系数最高（$P<0.01$）。

表 8-7 红壤有机碳组分与土壤养分含量和作物产量的相关系数

土壤有机碳组分/(g/kg)	全氮/(g/kg)	全磷/(g/kg)	速效氮/(mg/kg)	速效磷/(mg/kg)	速效钾/(mg/kg)	产量/(t/hm^2)
游离活性有机碳	0.92*	0.97**	0.98**	0.91*	0.67	0.97**
物理保护有机碳	0.68	0.96**	0.73	0.77	0.76	0.99**
化学保护有机碳	0.91*	0.78	0.94*	0.82	0.98**	0.98**
生物化学保护有机碳	0.92*	0.57	0.91*	0.89*	0.64	0.91*

*表示显著相关（$P<0.05$），**表示极显著相关（$P<0.01$）。

红壤有机碳与产量最为相关的组分是游离活性有机碳组分、物理保护有机碳组分和化学保护有机碳组分，回归方程为：$Y=1146+1107X_1+846X_2+667X_3$。式中，$Y$ 为作物产量；X_1 为土壤游离活性有机碳组分；X_2 为土壤物理保护有机碳组分；X_3 为土壤化学保护有机碳组分。土壤游离活性有机碳组分、土壤物理保护有机碳组分和土壤化学保护有机碳组分的回归系数分别为 1107、846 和 667。根据回归系数，红壤游离活性有机碳每增加 1g/kg，作物增产 1107kg/hm^2；物理保护有机碳每增加 1g/kg，作物增产 846kg/hm^2；化学保护有机碳增加 1g/kg，作物增产 667kg/hm^2。红壤游离活性有机碳库对作物产量的影响程度大于物理保护有机碳和化学保护有机碳库，游离活性有机碳库是影响作物产量的主导碳组分。

第二节 土壤有机质提升的酸化防控效应与机制

自第二次土壤普查以来，南方红壤 pH 下降了 0.2～1.2 个单位，平均下降 0.5～0.6 个单位；湖南省旱地红壤 pH 变化范围为 4.5～6.1，为偏酸性和酸性土壤，pH≤5.5 的酸性土壤占 70.2%；福建省土壤 pH 下降约 0.4 个单位，广西和江西分别下降约 0.6 个单位（徐明岗等，2016）。我国耕地质量监测报告（2017 年）显示，长江中游地区土壤总体上呈强酸性（4.5＜pH＜5.5）和中度酸性（5.5＜pH＜6.5），两者占比高达 77%。这种"酸上加酸"的状况导致土壤 pH 已逼近铝、锰等毒性金属大量活化的临界阈值。土壤酸化问题已经引发了全社会的普遍关注（周海燕等，2019；唐贤等，2018）。

一、有机肥防控红壤酸化及提升作物产量

连续施用化肥后红壤酸化加剧，导致玉米和小麦难以正常生长。施用有机肥能够有效地减缓、改善土壤酸化引起的一系列负面影响。我们的研究表明（蔡泽江等，2011），长期不同施肥 18 年后红壤 pH 的大小顺序是：单施氮肥＜氮磷肥、氮磷钾肥＜不施肥＜氮磷钾配施有机肥＜单施有机肥（图 8-4）。施用无机氮肥（单施氮肥、氮磷肥和氮磷钾肥）下土壤 pH 都有所降低，以单施氮肥降幅最大，降低了 1.5 个单位；其次是氮磷肥和氮磷钾肥，pH 分别下降了 1.3 和 1.2 个单位；不施肥下土壤 pH 与初始值相比没有显著变化。可见，施用化学氮肥是导致红壤 pH 降低的主要原因之一。与 1990 年初始值相比，氮磷钾配施有机肥和单施有机肥下土壤 pH 保持稳定或有所升高，其中单施

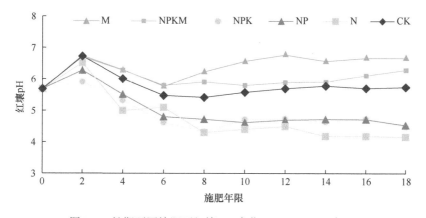

图 8-4 长期不同施肥下红壤 pH 变化（1990～2008 年）

CK 为不施肥，N 为单施氮肥，NP 为氮磷肥，NPK 为氮磷钾肥，NPKM 为氮磷钾配施有机肥，M 为单施有机肥

有机肥 pH 升高最大。化肥施用下，红壤 pH 在前 8~10 年下降较快，pH 下降到 4.5 时趋于稳定，在施肥的后 10 年红壤 pH 基本保持在 4.5 左右。这可能是因为在红壤地区，当 pH 低于 4.5 时，一方面硝化作用减弱、释放的氢离子量减少；另一方面作物产量显著降低，从土壤中带走的碱性物质显著减少；此外，土壤溶质进入铝缓冲体系，pH 相对稳定。

在祁阳红壤中，不同施肥下作物产量及趋势也具有显著差异（图 8-5）。不施肥和单施氮肥下小麦产量均出现显著的下降，每年降低 11~104kg/hm^2；氮磷钾配施有机肥和单施有机肥下小麦产量没有显著变化。氮磷钾配施有机肥下小麦的平均产量为 1639kg/hm^2，显著高于其他施肥措施。不施肥和单施氮肥下玉米产量的变化趋势与小麦产量相同，每年降低 24~210kg/hm^2；单施有机肥下玉米产量没有显著降低或升高，而氮磷钾配施有机肥下玉米产量则随着施肥年限的延长显著升高，平均产量达 5076kg/hm^2，每年增加 101kg/hm^2。

作物产量和土壤 pH 密切相关，单施氮肥、氮磷和氮磷钾施肥下小麦产量与土壤 pH 均达到极显著正相关（$P<0.01$），相关系数分别为 0.815、0.841、0.675；单施氮肥和氮磷施肥下玉米产量与 pH 的相关系数分别为 0.926 和 0.720，达到极显著正相关（$P<0.01$）；不施肥、氮磷钾配施有机肥和单施有机肥下，小麦和玉米产量与土壤 pH 均未达到显著相关水平（$P>0.05$）（图 8-5）。化肥的不合理施用，尤其是化学氮肥，是导致红壤 pH 降低和作物产量降低的主要原因之一。当红壤 pH 下降到 4.2 时，小麦和玉米绝产。

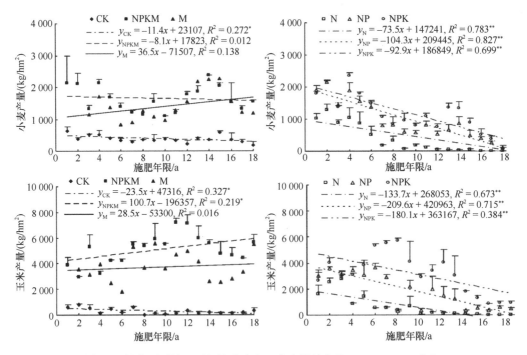

图 8-5　长期不同施肥下红壤小麦和玉米产量的变化（1990~2008 年）

CK 为不施肥，N 为单施氮肥，NP 为氮磷肥，NPK 为氮磷钾肥，NPKM 为氮磷钾配施有机肥，M 为单施有机肥。

*表示显著相关（$P<0.05$），**表示极显著相关（$P<0.01$）

施用有机肥能够增加氮肥吸收率，这是有机肥改良土壤酸化、提升作物产量的重要途径之一。长期施用有机肥可明显缓解红壤酸化（段英华等，2010），祁阳红壤上连续施肥 18 年，氮磷钾肥和氮磷钾配施有机肥下玉米氮肥回收率和红壤 pH 呈显著线性正相关。化肥配施有机肥可提高土壤 pH，进而提高氮肥回收率。pH 在 4.5～6.3 范围内，红壤 pH 每升高 1 个单位，玉米氮肥回收率可提高 10.9%。

酸性土壤下施用有机肥可显著提高产量（图 8-6）。在红壤长期不同施肥下，玉米籽粒产量和秸秆生物量均以氮磷钾配施有机肥最高，其次为氮磷钾肥和单施有机肥，不施肥最低。与氮磷钾肥相比，施用等氮量有机肥可提高玉米的秸秆生物量，对籽粒产量无显著影响。氮磷钾配施有机肥下玉米平均籽粒产量为 5.08t/hm²，氮磷钾肥和单施有机肥分别为 3.14t/hm² 和 3.65t/hm²。与氮磷钾肥相比，氮磷钾配施有机肥下玉米的籽粒产量、秸秆生物量和植株生物量分别增加了 61.5%、76.1% 和 68.2%，单施有机肥下分别增加了 16.1%、28.6% 和 21.9%。氮磷钾配施有机肥保证了养分投入量，并且能够保持合适的土壤 pH，维持较高水平的氮肥回收率，进而获得最高的作物产量。

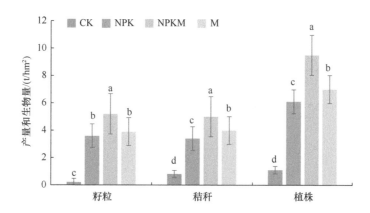

图 8-6　不同施肥下玉米 18 年的平均产量和生物量

CK 为不施肥，NPK 为氮磷钾肥，NPKM 为氮磷钾配施有机肥，M 为单施有机肥；不同小写字母表示不同施肥措施之间呈显著性差异（$P<0.05$）

二、有机肥防控红壤酸化的机制

有机肥一方面带入碱性物质中和土壤酸度，另一方面富含有机官能团，能吸附土壤中的铝离子，促进交换态铝向有机络合态铝转化，从而缓解土壤酸化。长期不同施肥土壤室内模拟试验表明，不同肥料类型下土壤有机质含量不同，加入等量的铝后，土壤对铝的吸附能力不同，再次浸提出来的活性铝含量也不相同（表 8-8）。施用有机肥可以降低代换性铝的含量，减轻铝的毒害，阻止土壤酸化。

此外，增加土壤有机质含量，可以提高土壤肥力（表 8-9）。与单施化肥比较，化肥配施有机肥或单施有机肥，土壤 pH 升高了 0.2～0.3 个单位，土壤中有机质、全氮、全磷、全钾、有效氮、有效磷及有效钾含量明显升高。增施有机肥对土壤酸度和化学性状均具有显著的改良作用。

表 8-8 长期施用不同类型肥料土壤吸附铝的含量

处理		加入铝量/(mg/kg)							
		0	50	100	200	400	600	800	1000
厩肥	Al_d	0	0	0	0	0	6.9	33.9	83.4
	Al_e	0	0	0	2.9	12.8	38.4	118.8	222
	Al_a	0	50	100	197.1	387.2	561.6	688.2	778
化肥	Al_d	3.4	14.8	27.5	33.9	133.8	217.7	271.7	372.9
	Al_e	62.3	89.4	119.8	199.6	312.9	469.4	696.1	884.4
	Al_a	0	22.9	42.5	62.7	149.4	192.9	166.2	177.9
化肥+厩肥	Al_d	0	0	0	0	0	40.2	61.8	110.1
	Al_e	1.6	2.2	2.6	9.6	33.6	145.3	320.9	514.1
	Al_a	0	49.4	99	192	368	456.3	480.7	487.5
倍量化肥+厩肥	Al_d	0	0	0	3.4	18.6	24.9	49.1	167.4
	Al_e	3.2	8	8	9.7	55.9	183.6	344.8	504.4
	Al_a	0	45.2	95.2	193.5	347.3	419.6	458.4	498.8
对照（不施肥）	Al_d	0	0	2.1	21.2	54.2	108.9	153.4	346.6
	Al_e	8	9.6	25.6	62.3	177.2	367.2	440.6	766.6
	Al_a	0	48.4	82.4	145.7	353.8	240.8	367.4	241.7

注：Al_d、Al_e、Al_a 分别表示水溶性铝、交换态铝和吸附态铝。

表 8-9 施用不同有机肥下红壤酸性和化学性状（2009 年）

处理	pH	有机质 /(g/kg)	全氮 /(g/kg)	全磷 /(g/kg)	有效氮 /(mg/kg)	有效磷 /(mg/kg)	有效钾 /(mg/kg)	缓效钾 /(mg/kg)
CK	5.22	13.1	1.14	0.68	68	23.7	131	196
100%F	5.08	18.2	1.27	0.60	71	30.9	255	421
50%F+50%M₁	5.41	18.8	1.39	0.72	83	48.8	202	394
50%F+50%M₂	5.37	20.6	1.33	0.96	88	45.0	190	403
100%M₁	5.48	19.6	1.45	0.76	88	49.5	179	235
100%F+50%M₁	5.31	19.2	1.33	0.88	89	45.0	217	397

注：F 为化肥，M_1 为商品有机肥，M_2 为秸秆；表中数据为最后一季作物收获后测定值。

第三节 土壤有机质提升与产量关系的模型模拟及增产潜力

一、土壤有机质与产量关系的模型模拟及农田有机质提升的增产潜力

1. 土壤有机质与产量关系的模型模拟

诸多学者使用模型研究土壤有机碳对作物的协同增产效应。我们采用最新的 SPACSYS 作物机理模型模拟了不同施肥下小麦与玉米的产量变化，模型验证效果良好（Zhang et al.，2016）。模拟结果显示，氮磷钾配施有机肥下土壤有机碳含量与作物产量均最高。土壤有机碳含量模拟值的变化基本符合观测值的动态变化（图 8-7），不施肥、氮磷钾肥和氮磷钾配施有机肥下土壤有机碳库模拟值的变化速率分别为 0.05t/(hm²·a)、

0.36t/(hm²·a)和 0.81t/(hm²·a)，与观测值［0.06t/(hm²·a)、0.30t/(hm²·a)和 0.76t/(hm²·a)］之间差异不显著。土壤有机碳含量的观测值与模拟值之间的相关系数（R^2）分别为 0.88 和 0.81（$n=18$，$P<0.01$），均方根误差分别为 3.12%和 2.61%。

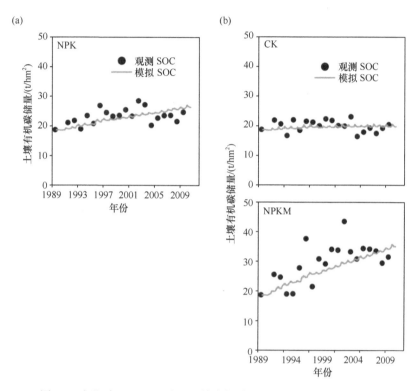

图 8-7　祁阳点 0～20cm 土层土壤有机碳观测值与模拟值动态变化
（a）氮磷钾肥用于模型参数校正；（b）不施肥和氮磷钾配施有机肥用于模型验证
CK 为不施肥，NPK 为氮磷钾肥，NPKM 为氮磷钾配施有机肥。下同

　　小麦和玉米产量模拟值的变化基本符合观测值的动态变化（图 8-8）。不施肥和氮磷钾配施有机肥下平均玉米产量的模拟值（420kg/hm² 和 1335kg/hm²）与观测值（300kg/hm² 和 1637kg/hm²）之间差异不显著。小麦和玉米产量的观测值与模拟值之间的相关系数（R^2）分别为 0.67 和 0.68（$n=18$，$P<0.01$），均方根误差分别为 3.42%和 3.01%。小麦和玉米产量的观测值与模拟值之间的相关系数及均方根误差表明模型模拟效果较好。

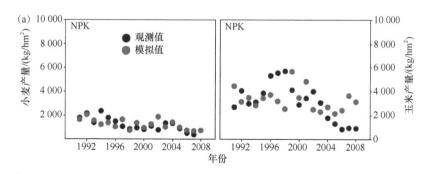

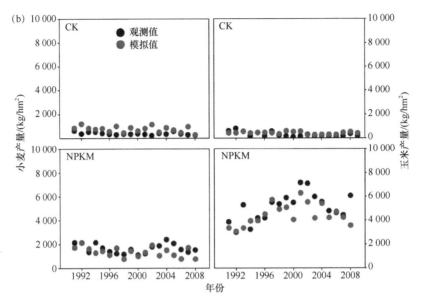

图 8-8 祁阳点小麦和玉米产量（干重）观测值与模拟值动态变化

（a）氮磷钾肥用于模型参数校正；（b）不施肥和氮磷钾配施有机肥用于模型验证

2. 我国农田有机质提升的增产潜力

在一定范围内，提升土壤有机质具有良好的作物增产效应，但我国农田土壤有机质含量的地理分布较为不均匀，有机质提升的增产效果也具有相应的地域差异。我们分析了全国范围内 17 个长期试验点位的相关数据（图 8-9），发现不同地区作物产量对有机质含量的响应均有不同的土壤有机质阈值（张旭博，2016）。

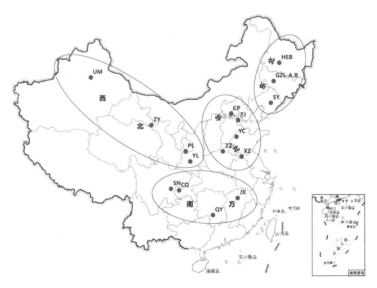

图 8-9 我国东北、华北、西北和南方四大区域典型长期试验点位分布图

东北：哈尔滨（HEB）、公主岭（GZL-A、-B）、沈阳（SY）；西北：乌鲁木齐（UM）、张掖（ZY）、平凉（PL）、杨凌（YL）；华北：昌平（CP）、天津（TJ）、禹城（YC）、郑州（ZZ）、徐州（XZ）；南方：遂宁（SN）、重庆（CQ）、祁阳（QY）、进贤（JX）

土壤有机碳库和相对产量之间存在显著的正相关关系（图 8-10），且土壤有机碳库对作物产量的贡献存在明显的上限阈值，一旦超过这个值，作物产量不会再增加，作物

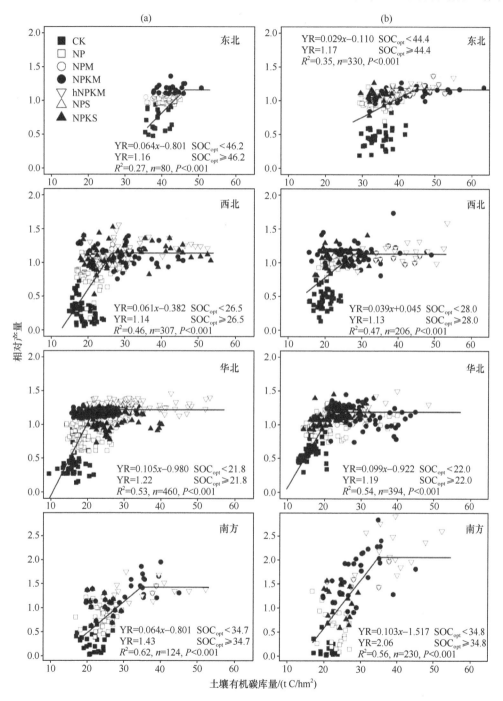

图 8-10　我国四大区域 0~20cm 土层有机碳库和作物相对产量的关系（1980~2012 年）

（a）小麦；（b）玉米

CK 为不施肥，NP 为氮磷肥，NPM 为氮磷配施有机肥，NPKM 为氮磷钾配施有机肥，hNPKM 为氮磷钾配施 1.5~2.0 倍有机肥，NPS 为氮磷肥配合秸秆还田，NPKS 为氮磷钾肥配合秸秆还田

产量不再受土壤有机碳库大小的限制，而是受别的影响因素控制。直线-平台模型很好地拟合了土壤有机碳库和作物相对产量的关系，并确定了作物相对产量增加的最大值。其中，小麦相对产量最大增加值变幅为 114%～143%，玉米为 113%～206%。南方地区的小麦和玉米产量具有较高的增产潜力，通过增加有机碳库量，作物产量可以提高 43%～106%。在东北和西北地区，土壤有机碳库的提高，仅能使作物产量提高 13%～17%。另外，在东北、西北、华北和南方地区，小麦的土壤有机碳库阈值分别 46.2t/hm^2、26.5t/hm^2、21.8t/hm^2 和 34.7t/hm^2；玉米的土壤有机碳库阈值分别 44.4t/hm^2、28.0t/hm^2、22.0t/hm^2 和 34.8t/hm^2。

二、气候变化与不同施肥下的粮食作物产量变化

在全球气候变化背景下，不同气候区、土壤类型、种植制度及管理措施下的产量如何变化，这是农业学家们广泛关注的一个问题，也关乎着全球粮食安全。利用政府间气候变化专门委员会制定的 RCP（Representative Concentration Pathway）气候情景，我们使用 SPACSYS 模型模拟了不同施肥措施下小麦和玉米的产量变化（Zhang et al., 2016）。对于同一气候情景来说，施用有机肥（氮磷钾配施有机肥和氮磷钾配施 1.5～2.0 倍有机肥）相比施用化肥提高了 20%～30% 的小麦产量（图 8-11），而秸秆还田相比施用化肥并未显著提高产量（$P > 0.05$），且不施肥下小麦产量最低（Baseline 情景下小麦产量为 2.05t/hm^2）。另外，相比对照（Baseline）情景，气候变化和 CO_2 浓度升高提高了所有施肥措施的小麦产量，且 RCP8.5 情景下小麦产量的提升幅度较高（相比 Baseline 提高了 20%～40%），其中，氮磷钾配施有机肥和氮磷钾配施 1.5～2.0 倍有机肥下小麦产量最高，分别为 7.79t/hm^2 和 7.81t/hm^2。总体上，一年两熟种植制度下，相比不施肥，所有施肥措施均提高了小麦产量。相比氮磷钾肥，施用有机肥可提升小麦产量，秸秆还田下小麦产量与氮磷钾肥相比并未有明显的提升。该轮作制度下，三种气候变化情景与 CO_2 浓度升高对小麦产量均有提升作用。

与小麦产量相似，相同气候情景下，施用有机肥（氮磷钾配施有机肥和氮磷钾配施 1.5～2.0 倍有机肥）比氮磷钾肥提高了 10%～25% 的玉米产量，秸秆还田相比施用化肥的产量并未有明显的提高（$P > 0.05$），且不施肥玉米产量最低（Baseline 情景下玉米产量为 3.11t/hm^2）。另外，相比对照（Baseline）情景，气候变化和 CO_2 浓度升高提高了所有施肥措施的玉米产量。RCP8.5 情景下玉米产量提升幅度较高（相比 Baseline 提高了 20%～40%），其中氮磷钾配施有机肥和氮磷钾配施 1.5～2.0 倍有机肥下玉米产量最高，分别为 9.28t/hm^2 和 9.45t/hm^2。总体上，一年两熟种植制度下，相比不施肥，所有施肥措施均提高了玉米产量。与平衡施用化肥相比，施用有机肥可提升玉米产量，秸秆还田玉米产量与平衡施用化肥产量相比并未有明显的提升。该轮作制度下，三种气候变化情景与 CO_2 浓度升高对玉米产量均有提升作用。

不同气候情景一年一熟轮作体系不同施肥下，小麦和玉米年均产量在 2006～2100 年间变化如图 8-12 所示。相同气候情景下，施用有机肥（氮磷钾配施有机肥和氮磷钾配施 1.5～2.0 倍有机肥）比氮磷钾肥提高了 10%～20% 的小麦产量。与一年两熟轮作

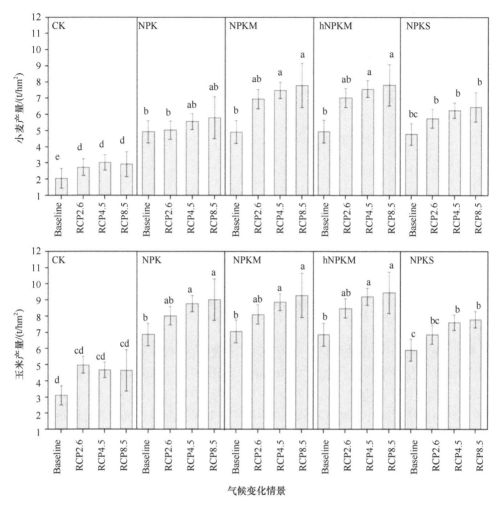

图 8-11 2006~2100 年间 RCP 情景下不同施肥措施小麦和玉米平均产量（一年两熟）

CK 为不施肥，NPK 为氮磷钾肥，NPKS 为氮磷钾肥配施秸秆，NPKM 为氮磷钾肥配施有机肥，hNPKM 为氮磷钾肥配施 1.5~2.0 倍有机肥。不同小写字母表示不同气候情景之间差异显著（$P<0.01$）

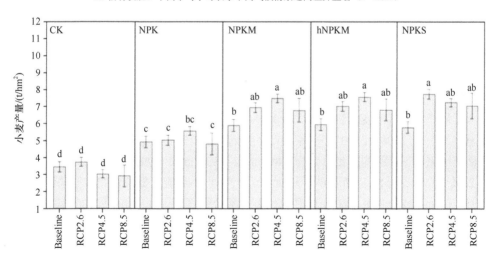

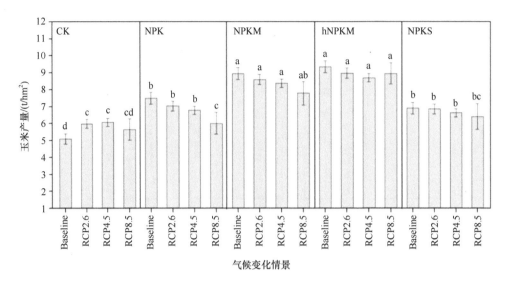

图 8-12 2006～2100 年间 RCP 情景下不同施肥措施小麦和玉米平均产量（一年一熟）

CK 为不施肥，NPK 为氮磷钾肥，NPKS 为氮磷钾肥配施秸秆，NPKM 为氮磷钾肥配施有机肥，hNPKM 为氮磷钾肥配施 1.5～2.0 倍有机肥。不同小写字母表示不同气候情景之间差异显著（$P < 0.01$）

体系不同，秸秆还田相比施用化肥显著提高了小麦产量（$P < 0.05$），且不施肥小麦产量最低（Baseline 情景下小麦产量为 3.45t/hm²）。相比对照（Baseline）情景，气候变化和 CO_2 浓度升高提高了所有施肥措施的小麦产量。除秸秆还田 RCP8.5 情景和不施肥 RCP 2.6 情景对小麦产量提升幅度较高外，氮磷钾肥、氮磷钾配施有机肥和氮磷钾配施 1.5～2.0 倍有机肥均为 RCP 4.5 情景下小麦产量最高，分别为 5.56t/hm²、7.48t/hm² 和 7.57t/hm²。总体上，一年一熟种植制度下，相比不施肥，所有施肥措施均提高了小麦产量。与平衡施用化肥相比，施用有机肥和秸秆还田均可明显提升小麦产量。该轮作制度下，三种气候变化情景与 CO_2 浓度升高对小麦产量均有提升作用。

与一年两熟轮作系统的小麦产量相似，同一气候情景下，施用有机肥（氮磷钾配施有机肥和氮磷钾配施 1.5～2.0 倍有机肥）相比，施用化肥提高了 10%～20% 的玉米产量，而秸秆还田相比施用化肥产量没有明显提高（$P > 0.05$），不施肥下玉米产量最低（Baseline 情景下玉米产量为 5.11t/hm²）。同一施肥措施下气候变化情景对玉米产量有着负面的影响。由图 8-12 可知，一年一熟轮作制度下不同点位玉米产量平均值在 RCP2.6、RCP4.5 和 RCP8.5 情景下虽有所降低，但差异并不显著。其原因是，有灌溉的点位如一年两熟轮作制度下玉米产量相似，即气候变化和 CO_2 浓度升高提升了玉米产量。然而在无灌溉的平凉和公主岭站点，玉米产量受气候变化影响而逐渐下降，尤其是在 RCP8.5 情景下，玉米产量下降最为明显，其中在 2006～2100 年平凉站点不施肥、氮磷钾肥、氮磷钾配施有机肥和氮磷钾配合秸秆还田下玉米平均产量分别为 2.86t/hm²、3.93t/hm²、4.99t/hm² 和 4.29t/hm²，下降幅度为 23%～36%（图 8-13 和图 8-14）。而公主岭站点不施肥、氮磷钾肥、氮磷钾配施有机肥、氮磷钾配施 1.5～2.0 倍有机肥和氮磷钾肥配合秸秆还田在 2006～2100 年玉米平均产量分别为 3.42t/hm²、6.45t/hm²、6.98t/hm²、7.04t/hm² 和 6.25t/hm²，下降幅度为 12%～19%。相同轮作制度下是否有灌溉条件是气候变化对作物产量影响程度的重要指标之一。

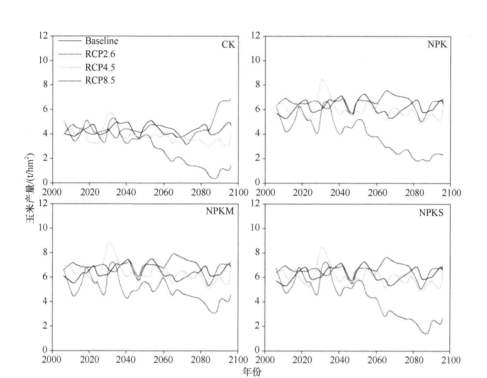

图 8-13　2006～2100 年间 RCP 情景下甘肃平凉站点不同施肥下的玉米平均产量

CK 为不施肥，NPK 为氮磷钾肥，NPKS 为氮磷钾肥配合秸秆还田，NPKM 为氮磷钾配施有机肥

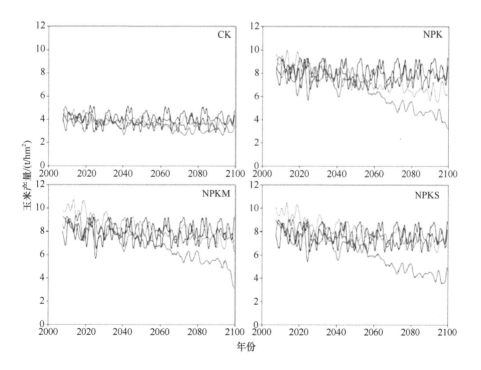

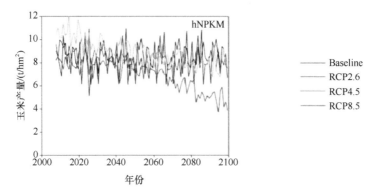

图 8-14　2006～2100 年间 RCP 情景下吉林公主岭站点不同施肥下的玉米平均产量

CK 为不施肥，NPK 为氮磷钾肥，NPKS 为氮磷钾肥配合秸秆还田，NPKM 为氮磷钾配施有机肥，hNPKM 为氮磷钾肥配施 1.5～2.0 倍有机肥

三、气候变化对土壤有机质及作物产量关系的影响

我们进一步量化了不同气候情景下土壤有机碳与小麦和玉米相对产量的关系（张旭博，2016）。图 8-15 和图 8-16 显示，线性-平台模型很好地拟合了一年两熟地区未来土壤有机碳库变化和作物相对产量在不同气候情景下的关系，并且确定了小麦和玉米相对产量增加的最大值（YR_{max}）。其中，小麦相对产量最大增加值为 114%～117%，玉米为

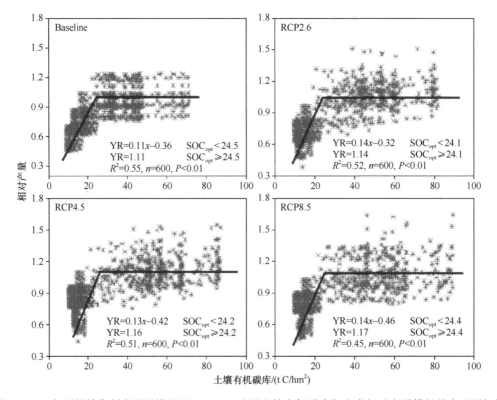

图 8-15　一年两熟轮作制度不同施肥下 0～20cm 土层土壤有机碳库与小麦相对产量模拟值在不同气候情景下的关系

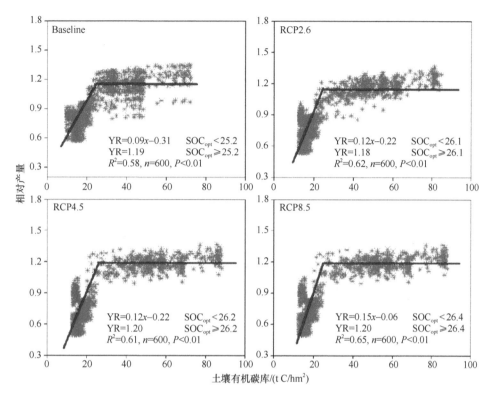

图8-16　一年两熟轮作制度不同施肥下0～20cm土层土壤有机碳库与玉米相对产量模拟值在不同气候情景下的关系

118%～120%。和氮磷钾肥相比，通过施用有机肥或者秸秆还田的途径增加系统碳投入，可以使小麦和玉米产量分别提高14%～17%和18%～20%。另外，在Baseline、RCP2.6、RCP4.5 和 RCP8.5 情景下，小麦的土壤有机碳库阈值分别为 24.5t/hm²、24.1t/hm²、24.28t/hm² 和 24.4t/hm²。玉米的土壤有机碳库阈值分别为 25.2t/hm²、26.1t/hm²、26.2t/hm² 和 26.4t/hm²。不同气候情景下，土壤有机碳对产量影响的阈值并未有明显的改变，作物产量受其他影响因子限制，土壤有机碳的提升在达到一定程度（约 25t/hm²）后不再对作物产量有增加作用。另外，在一年一熟地区，土壤有机碳库与相对产量没有明显的相关性（$R^2=0.056$，$P>0.05$）。未来土壤有机碳与作物产量的关系在不同区域内不同轮作制度下对气候变化有着不同的响应。

参 考 文 献

蔡泽江, 孙楠, 王伯仁, 等. 2011. 长期施肥对红壤 pH、作物产量及氮、磷、钾养分吸收的影响. 植物营养与肥料学报, 17(1): 71-78.

段英华, 徐明岗, 王伯仁, 等. 2010. 红壤长期不同施肥对玉米氮肥回收率的影响. 植物营养与肥料学报, 16(5): 1108-1113.

樊廷录. 2008. 黄土旱塬长期施肥作物产量与土壤碳库的变化. 北京: 中国农业科学院博士后研究报告.

李慧. 2013. 长期培肥条件下玉米产量对黑土肥力演变的响应关系. 北京: 中国农业科学院博士后研究报告.

李文军. 2021. 长期施肥下红壤区典型农田土壤有机碳库变化特征. 北京: 中国农业科学院博士后研究报告.

李文军, 黄庆海, 李大明, 等. 2022 长期施肥下旱地红壤不同保护态有机碳库变化特征. 农业资源与环境学报: 1-13.

李忠芳. 2009. 长期施肥下我国典型农田作物产量演变特征和机制. 北京: 中国农业科学院博士学位论文.

娄翼来. 2012. 典型农田土壤有机碳组分对有机培肥的响应特征. 北京: 中国农业科学院博士后研究报告.

任科宇, 徐明岗, 张露, 等. 2021. 我国不同区域粮食作物产量对有机肥施用的响应差异. 农业资源与环境学报, 38(01): 143-150.

徐明岗, 文石林, 周世伟, 等. 2016. 南方地区红壤酸化及综合防治技术. 科技创新与品牌, 7: 74-77.

张旭博. 2016. 中国农田土壤有机碳演变及其增产协同效应. 北京: 中国农业科学院博士学位论文.

周海燕, 徐明岗, 蔡泽江, 等. 2019. 湖南祁阳县土壤酸化主要驱动因素贡献解析. 中国农业科学, 52(8): 1400-1412.

唐贤, 蔡泽江, 徐明岗, 等. 2018. 红壤不同利用方式下的剖面酸度特征. 植物营养与肥料学报, 24(6): 1704-1712.

Beyer L, Sieling K, Pingpank K. 1999. The impact of a low humus level in arable soils on microbial properties, soil organic matter quality and crop yield. Biology and Fertility of Soils, 28: 156-161.

Lal R. 2009. Soils and food sufficiency: A review. Agronomy for Sustainable Development, 29: 113-133.

Melillo J M, Kicklighter D W, McGuire A D, et al. 1995. Global change and its effects on soil organic carbon stocks. Environmental Sciences Research Report, 16: 175-189.

Zhang X B, Xu M G, Sun N, et al. 2016. Modelling and predicting crop yield, soil carbon and nitrogen stocks under climate change scenarios with fertiliser management in the North China Plain. Geoderma, 265: 176-186.

第九章 土壤有机质提升与气候变化

人类活动引起的温室气体（CO_2、N_2O 和 CH_4 等）排放，已导致全球温度升高和降水格局改变。根据全球碳计划（Global Carbon Project）估算，2011~2020 年间全球 CO_2 排放量达到 38.9Gt/a，其中，化石燃料燃烧和土地利用变化是 CO_2 排放的主要来源，分别贡献了 89%和 11%。这些排放的 CO_2，除大部分被陆地和海洋生态系统吸收外，约 48%留存于大气中（Friedlingstein et al.，2022）。截至 2021 年，大气 CO_2 平均浓度已达到 415ppm，较工业革命前增加了 49%（Friedlingstein et al.，2022）。另外，人类活动，尤其是农业种植和养殖业的 CH_4、N_2O 等温室气体排放也在持续增加，其中 1990~2019 年农业温室气体排放分别贡献了全球 N_2O 和 CH_4 排放量的 69.7%~71.7%和 38.0%~44.5%（FAO，2021）。因此，采用基于自然的解决方案，发展可持续农业，增加生态系统碳汇，对实现《巴黎协定》及碳达峰、碳中和具有重要意义（Roe et al.，2021；于贵瑞等，2022）。

据估计，通过生态系统保护、恢复和可持续管理，以及转变生产生活方式等途径，2020~2050 年间全球可实现具有成本效应的陆地固碳减排潜力为 8~13.8Gt CO_2 当量/a，其中，森林和其他生态系统占 50%，农业占 35%，需求方措施占 15%（Roe et al.，2021）。对我国而言，最具成本效益的减排潜力为 1.4±0.1Gt CO_2 当量/a，其中，59%来自农业固碳减排措施，33%来自需求方措施，8%来自森林和其他生态系统的恢复及管理（Roe et al.，2021）。因此，重点关注农田生态系统固碳减排是十分必要的。

农田土壤有机质作为土壤肥力的基础，在保障粮食安全和应对气候变化中扮演重要角色（Lal，2004a，b；Zhang et al.，2016；Qiao et al.，2022）。我国农田土壤有机碳（SOC）含量普遍偏低，表层 0~30cm 土壤 SOC 含量为 37.0~45.4mg/hm^2（Yang et al.，2022），约占全球农田 SOC 平均含量的一半（Zomer et al.，2017）。较低的 SOC 含量造成耕地地力薄弱，制约了我国粮食高产稳产，但也意味着较大的提升空间，即碳汇潜力。因此，发展可持续农业，有效提升农田 SOC 含量和农业资源利用效率，是实现粮食安全和应对气候变化的双赢之举。

第一节 土壤有机质提升与温室气体排放

一、我国农田温室气体排放现状

陆地生态系统是地球上的一个重要碳汇，占人类向大气排放的 CO_2 总量的 20%~30%。全球 0~1m 土层的 SOC 储量为 1400~1500Pg C，是陆地植被碳库的 3 倍、大气碳库的 2 倍。土壤碳库的微小变化就可能对大气 CO_2 浓度产生显著影响，进而对气候变化产生强烈反馈效应。研究表明，我国农田生态系统碳库总量为（16.32±0.41）Pg C，其中 0～1m 土层 SOC 储量约占 96.6%（Tang et al.，2018）。自 1980 年来，随着农业集约化进程加速，作物种植结构改变、更多化肥投入和秸秆管理等对 SOC 储量产生了巨大影响，其中，表层 SOC 储量由 1980 年的 28.56mg C/hm² 增至 2011 年的 32.90mg C/hm²，净增加 4.34mg C/hm²。这主要是因为 1980 年以前，有机物投入较低，化肥施用量低，秸秆主要是通过焚烧的方式进行处理，较低的有机物料投入限制了 SOC 提升；1980～1999 年间，化肥用量增加，提高了作物生产力及其地下生物量，更多的碳通过根系归还到土壤中，但该阶段作物秸秆管理依然以焚烧为主，对 SOC 提升贡献较低；2000 年后，国家大范围推行秸秆还田政策，大量秸秆碳投入促进了 SOC 提升（图 9-1，Zhao et al.，2018）。

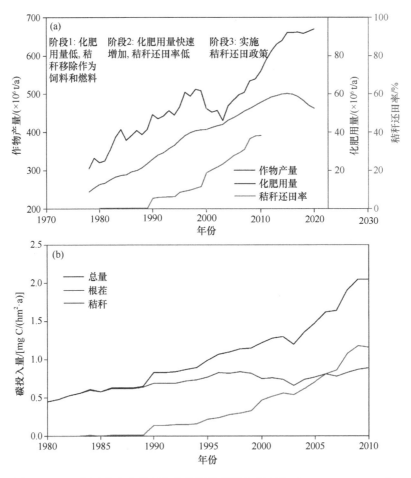

图 9-1　1980 年以来农业管理和作物残留碳投入的变化（Zhao et al.，2018）

（a）1978 年以来作物产量、化肥用量以及秸秆还田率的变化；（b）1980 年以来平均碳投入变化

根据联合国政府间气候变化委员会（Intergovernmental Panel on Climate Change，IPCC）关于农业温室气体排放的相关算法，过去 30 年来，我国农业温室气体排放当量经过 20 世纪 90 年代初期短暂上升后，稳定维持在 700Tg CO₂ 当量/a 左右（图 9-2）。其中，CH₄ 排放量自 1996 年达到峰值后，总体呈下降趋势，降低速率为 0.078Tg CH₄/a，

而 N_2O 排放呈显著增加趋势，增速为 0.011Tg N_2O/a。值得注意的是，我国自 2015 年推行化肥减量行动，并强化秸秆、畜禽粪尿资源化利用以来，农业温室气体排放已呈现降低趋势。

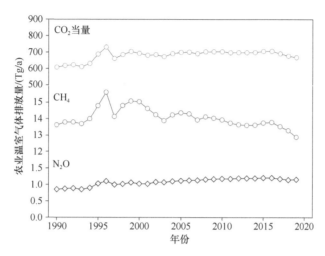

图 9-2　1990～2019 年中国农业温室气体排放量（FAO，2021）

二、土壤有机质提升与温室气体排放

随着农业科技发展和固碳减排措施研究的深入，已发展出一系列有效的固碳增产施肥方式，包括平衡施用化肥、秸秆还田、化肥配施有机肥，以及添加新兴的生物质炭等。这些施肥方式通过提高农田有机物归还量和养分输入量，促进作物增产和土壤肥力提升，但也为土壤微生物带来能源和营养物质，不同程度引起土壤温室气体排放增加。除了优化农田施肥管理，采取配合轮作、保护性耕作、种养结合等措施，可有效促进作物高产稳产，提高土壤肥力（包括有机质）和农业资源利用效率，并降低温室气体和污染物排放。大量定位观测和调查评估结果表明，随着农业管理措施改善，我国农田 SOC 自 20 世纪 80 年代以来普遍增加，固碳速率达到 9.6～26.0Tg C/a（赵永存等，2018；Yang et al.，2022），可抵消同时期农业温室气体排放的 5%～14%。

1. 施用化肥对农田温室气体排放的影响

农田施用化肥是过去几十年来全球作物产量提高的主要途径之一。然而，不合理的化肥（尤其是氮肥）施用导致大量的温室气体（主要是 N_2O）排放，加剧了全球变暖。氮肥施用对温室气体排放通量和净排放量的影响主要体现在两个方面：一是提高作物地上、地下生产力及相应的秸秆和根茬归还量，进而提高包括土壤呼吸在内的植物-土壤-大气系统碳循环通量（Lu et al.，2011a，b；Zhou et al.，2014）；二是外源氮输入可提高土壤氮库和无机氮含量，增加了土壤氮循环的底物数量，促进了土壤氮矿化、硝化-反硝化过程，引起 N_2O 排放成倍增加（Lu et al.，2011a）。

通常，氮肥投入量是农田土壤 N_2O 排放的最佳单一预测因子。对全球 1000 余组田间实验结果的整合分析表明，氮肥引起的 N_2O 排放系数平均约为 0.9%（Bouwman et al.，2002；Stehfest and Bouwman，2006）。考虑到作物残茬和土壤有机质矿化，《2006 IPCC 国家温室气体清单指南》的 N_2O 排放系数推荐值分别为旱地 1%和水田 0.3%（IPCC，2006）。而我国旱地和水田 N_2O 排放系数分别为 1.05%和 0.41%，略高于 IPCC 推荐值（Gao et al.，2011）。除了氮肥投入量外，N_2O 排放还受到作物类型、SOC 含量、土壤 pH 和质地等因素的影响（Stehfest and Bouwman，2006；Shcherbak et al.，2014）。当 SOC 含量＞1.5%或土壤 pH＜7 时，N_2O 排放系数往往较高；当氮肥投入量超过作物需求量时，N_2O 排放量和排放系数随着氮肥投入量的增加呈指数或曲线增加趋势（Shcherbak et al.，2014；Guo et al.，2022）。在权衡作物产量和温室气体排放情况下，全球小麦、玉米、水稻、蔬菜或经济作物的适宜氮施肥量分别为 180kg/hm², 150kg/hm², 130kg/hm² 和 200kg/hm²（Guo et al.，2022）。

2. 施用有机肥对农田温室气体排放的影响

畜禽粪尿和有机肥管理，是农业温室气体排放的重要来源。研究指出，施用有机肥可提高土壤中易分解有机质含量，改善土壤理化性质，增强土壤保水能力和养分有效性，在一定程度上促进土壤生物的呼吸作用，使得土壤中氧气被消耗并形成厌氧环境，加速异养型反硝化细菌的繁殖和生长，引起土壤 N_2O 排放量增加；或者通过增加土壤外源碳输入，促进对土壤有效氮的固定和反硝化作用，加速 N_2O 转化为 N_2 的过程，从而减少土壤 N_2O 的排放。我们对中国农田实验的整合分析结果表明（任凤玲，2018），与不施肥相比，施用有机肥显著增加了温室气体排放通量（图 9-3），其中，N_2O、CO_2 和 CH_4 的增幅分别达到 289%、84%和 83%。

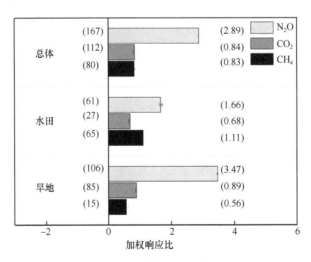

图 9-3 我国农田 N_2O、CO_2 和 CH_4 排放量对有机肥输入的响应（任凤玲，2018）
柱长和误差线分别代表响应比（$e^{RR_{++}} - 1$）及其 95%的置信区间

温室气体排放对有机肥施用的响应受到土地利用类型的影响。通常，土壤孔隙含水量介于 30%～60%时最有利于 CO_2 排放，大于 60%时最有利于 N_2O 和 CH_4 排放（Shakoor et al.，2021），而土壤含水量是水田和旱地的首要差异，对此，我们的研究表明，与不施肥相比，施用有机肥的 N_2O 和 CO_2 排放增幅在旱地明显高于水田，同时，施用有机肥增强了旱地 CH_4 吸收量和水田 CH_4 释放量，且水田释放 CH_4 的增幅（111%）明显高于旱地吸收 CH_4 的增幅（56%）（图 9-3）。与等氮量化肥投入相比，施用有机肥显著降低了旱地和水田土壤 N_2O 排放量（–9%），且在旱地的降幅大于水田；显著增加了旱地土壤 CO_2 排放量和 CH_4 吸收量，但在水田土壤可能存在 CO_2 和 CH_4 排放量之间的权衡，即降低 CO_2 排放量而增加 CH_4 排放量（图 9-4）。

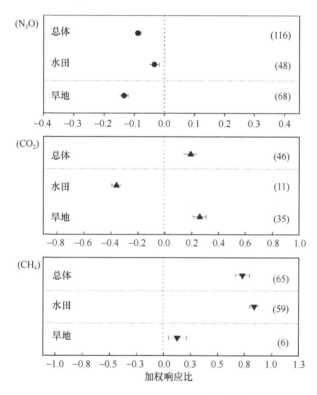

图 9-4　与等氮量化肥投入相比，施用有机肥对 N_2O、CO_2 和 CH_4 排放的影响（任凤玲，2018）
柱长和误差线分别代表响应比（$e^{RR_{++}}-1$）及其 95% 的置信区间

　　除土地利用类型外，施用有机肥对温室气体排放的影响还受到有机肥类型和用量，以及气候和土壤属性（pH、孔隙含水量和质地）等因素的影响（Shakoor et al.，2021）。不同类型有机肥的理化性质存在很大的差异，底物的数量和质量、微生物的活动都会影响土壤呼吸，进而影响农田土壤温室气体的排放。例如，与猪粪、牛粪等相比，施用禽类粪便的温室气体排放量更大，这主要是因为禽类粪便的碳氮比较低，易于分解且净矿化率较高，会提高硝化和反硝化速率，进而促进 CO_2、N_2O 的产生与释放。当有机肥养分投入量超过作物需求或一定阈值时（如 320kg/hm²），温室气体（尤其是 N_2O）排放量显著高于低量（<320kg/hm²）投入时的排放量。另外，施用有机肥的情况下，与其他气候带相比，热带和亚热带土壤 CO_2、N_2O 排放较高，而 CH_4 排放较低；N_2O、CO_2 和 CH_4 分别在酸性（pH<6.5）、中性（pH=6.6～7.3）和碱性（pH>7.3）土壤上排放最大；土壤质地调节着土壤孔隙度及其含水量、土壤有机质的物理保护和生物有效性，因而施用有机肥后黏质土壤 CO_2 排放最低，壤质土壤 CH_4 排放最高，而砂壤质土壤 N_2O 排放最高（Shakoor et al.，2021）。

3. 秸秆还田对农田温室气体排放的影响

秸秆还田是农业资源循环利用的重要途径，有助于维持和提高 SOC 含量及作物产量，并减少养分流失（Liu et al.，2014；Wang et al.，2015；Liu et al.，2019a；Li et al.，2021a）。由于多数作物秸秆量大且品质较低（C/N＞25），秸秆还田引起的 SOC 增加量仅约占秸秆碳投入量的 9.5%～16.3%（Liu et al.，2014；Wang et al.，2015），意味着超过 80%的秸秆碳以 CO_2 或 CH_4 形式释放。整合分析结果显示，秸秆还田提高了 CO_2 排放量，分别达水田 51%和旱地 28%；提高了水田 CH_4 排放量 97%～152%；还提高了旱地 N_2O 排放量 8%～46%，而降低了水田 N_2O 排放量 15%～31%（Shan and Yan，2013；Liu et al.，2014；Li et al.，2021a；Wang et al.，2021a）。这主要是因为旱地和水田土壤通气状况存在显著差异。水田灌溉时产生的厌氧条件，降低了土壤氧化还原电位并促进厌氧菌的生长繁殖，增强了特定甲烷和铵氧化细菌的活性，从而提高了温室气体排放。当然，长期秸秆还田也会增加土壤 CH_4 氧化菌丰度和水稻根系大小，并通过改善 O_2 向根际输送而提高 CH_4 氧化率，从而降低了秸秆还田引起的 CH_4 排放量（Jiang et al.，2019）。总之，秸秆还田的净增温潜势表现为水田碳源、旱地碳汇（Liu et al.，2014）。

除土地利用类型外，秸秆还田引起的温室气体排放还受到秸秆类型、养分管理、气候条件等因素的影响。以 N_2O 为例，N_2O 排放对秸秆还田的响应幅度往往随着秸秆 C/N、年均气温和年降水量的增加而降低（Shan and Yan，2013；Li et al.，2021a）。氮肥施用与否，也会对秸秆还田情况下 N_2O 排放产生方向性影响。与不施肥相比，秸秆还田可促进 N_2O 排放；而相比于单施化肥，秸秆与化肥配施可降低 N_2O 排放（Shan and Yan，2013）。秸秆还田引起 N_2O 排放增加或降低，主要是因为大量秸秆活性碳输入，一方面会刺激微生物生长和活动，且活性碳还可以充当从 NO_3^- 到 N_2 的反硝化还原的电子受体，从而促进 N_2O 排放；另一方面，稻田土壤淹水层和低氧会抑制硝化作用和 N_2O 传输，从而降低 N_2O 排放。

4. 施用生物质炭对农田温室气体排放的影响

生物质炭是一种碱性、富含顽固碳的副产品，由农业废弃物（如农作物秸秆、木材和粪便等）在高温（400～700℃）和缺氧条件下热解产生，被认为是一种潜在的土壤固碳和减少温室气体排放的介质。它具有较大的比表面积、稳定的理化性质、丰富的孔隙结构和表面官能团，是一种新兴的农业土壤改良剂，可以中和土壤酸度、增加碳汇、增强土壤持水能力、减少温室气体排放，以及吸附固定土壤中的重金属、农药和其他有机污染物等（Borchard et al.，2019；Xu et al.，2021；Tan et al.，2022）。

田间试验整合分析结果表明，生物质炭和生物质炭配施化肥可显著提高作物产量，增幅分别为 15.1%和 48.4%；提高 SOC 含量，增幅分别为 32.9%和 34.8%；但降低了温室气体增温潜势，降幅分别为 27.1%和 14.3%（Xu et al.，2021），意味着施用生物质炭降低了单位产量的温室气体排放强度。生物质炭添加对温室气体排放的影响受生物质 C/N 和 pH 影响。基于回归树模型估算表明，气候条件（湿润指数）、土壤特性（SOC、pH 和黏粒含量）和生物质炭特性（类型、pH、C/N 和施用量）共同解释了作物产量、SOC 和 GWP 变异的 70%～79%、90%～93% 和 70%～97%（Xu et al.，2021）。研究表明，施用生物质炭对增温潜势的影响强度随着生物质炭 C/N 的增加而增加，这可能是由于吸附保护等降低了土壤有机质的生物有效性和氮矿化强度，以及土壤盐基离子交换能力的增强促进了对 NH_4^+-N 和 NO_3^--N 的吸附固定（Clough et al.，2013；Cayuela et al.，2014）。此外，由于生物质炭本身的 C/N 高，生物质炭的输入通常也会导致土壤体系 C/N 的改变，从而对土壤微生物的代谢活动、种群数量及群落结构等产生影响（宋延静等，2014）。pH 通过调节土壤性质和微生物群落组成来影响温室气体排放，尤其是在酸性土壤上，具有较高 pH 和 C/N 的生物质炭可以起到石灰的作用，引起 N_2O 和 CH_4 产生与消耗的相关还原酶活性和微生物群落组成变化（Cayuela et al.，2014；Tan et al.，2022）。研究发现，添加生物质炭红壤 pH 升高，引起氨挥发增加，使得土壤 NH_4^+-N 含量减少 13.0%（杨帆等，2013）。

生物质炭施用也会通过提高土壤养分来增加 SOC 储量，减缓温室气体排放。土壤养分的增加使得作物根系更加发达，通过作物根系分泌更多有机物质，有助于有机碳的形成。肖婧等（2018）研究表明，生物质炭施用后可有效提高土壤养分含量，特别是对于土壤速效磷含量，增幅达 80.7%。这与生物质炭本身矿质营养丰富，以及生物质炭巨大的比表面积能有效固持养分有关。施用 4% 的烟杆生物质炭及桑条生物质炭，微生物群落最丰富，当施用量提高到 6% 时，土壤真菌、放线菌及细菌数量均显著增加（何玉亭等，2016），主要原因是生物质炭施入土壤后，导致土壤表面积增加，且其多孔结构为微生物提供了活动场所，使得土壤生态功能得到改善，进而提高土壤养分有效性。针对新老生物质炭施用后温室气体排放的研究表明，新鲜生物质炭能显著减少土壤累积 N_2O 排放，而老化生物质炭可显著降低土壤的 CO_2 和 N_2O 排放，这可能是因为在老化生物质炭外表面，土壤矿物质与含氧官能团共积累所形成的有机-矿物质复合物通过空间位阻稳定了生物质炭中的有机碳，降低了其对于微生物的有效性（Wang et al.，2021b）。

第二节　气候变化对土壤有机质分解和累积的影响

一、农田土壤有机质分解特征及其温度敏感性

温度是土壤有机质分解的重要影响因素，全球气候变暖可能加速土壤有机质分解，对大气 CO_2 浓度和气温升高产生正反馈。根据酶动力学生物反应理论，温度变化会显著影响 SOC 的降解速率。研究发现，随着温度的持续升高和升温时间的延长，土壤呼吸对温度升高的敏感程度下降，意味着土壤呼吸速率并不一直随温度升高而升高，也存在对温度升高的适应现象。对此，土壤有机质分解的温度敏感性系数（Q_{10}），即温度每升高 10℃ 土壤呼吸速率所增强的倍数，可作为反映 SOC 分解对温度改变响应的一个敏感

性指标。Q_{10} 值越大，表明土壤有机质分解对温度变化越敏感，反之则不敏感。因此，对农田 SOC 响应全球变化的评估中还需准确把握 Q_{10} 的不确定性。

Q_{10} 受到生态系统类型、土壤性质、气候和管理措施等因素的影响。呼吸底物的质量和结构决定着微生物对土壤碳的利用能力，不同生态系统或土壤类型间土壤碳库质量和有机碳结构差异，也将导致土壤微生物对 SOC 降解能力不同，最终影响 Q_{10}。基于全球不同生态系统的整合分析表明，土壤氮矿化 Q_{10} 呈森林（2.43）＞农田（2.02）＞草地（1.67），其中，土壤性质是 Q_{10} 变化的首要影响因子，气候条件主要通过土壤性质间接影响 Q_{10}；同时，Q_{10} 与 SOC 含量、土壤 C/N、黏粒含量等呈显著正相关，与土壤 pH 呈显著负相关（Liu et al.，2017）。我国 16 个站点长期（21～38 年）施肥试验的整合分析表明，培养温度在 10～35℃范围内，表层（0～20cm）土壤 Q_{10} 平均为 1.72 ± 0.06，且在旱地（1.96 ± 0.09）显著高于水田（1.45 ± 0.06）。不同土壤类型间 Q_{10} 差异显著，且以黄壤最高（达到 3.24 ± 0.40），黄绵土、黑垆土、搂土、潮土和褐土次之，平均值为 2.09～2.52，而水稻土、黑土和红壤最低，平均值为 1.32～1.49（图 9-5）。也有研究发现，长期高量（远超作物需求）施用氮肥能显著提高潮土 SOC 含量，但导致 Q_{10} 降低了 1/3（Zang et al.，2020）。

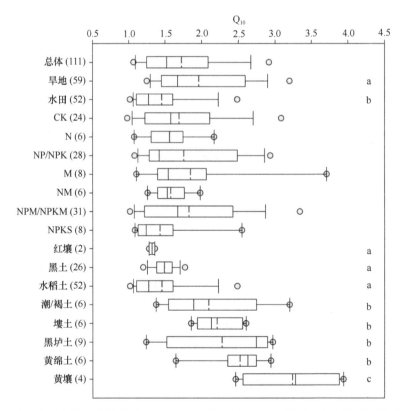

图 9-5　农田表层土壤温度敏感性（Q_{10}）及其对长期施肥、土壤类型和土地利用类型的响应

施肥处理包括对照（CK）、单施氮肥（N）、氮磷或氮磷钾配施（NP/NPK）、单施有机肥（M）、氮肥配施有机肥（NM）、氮磷或氮磷钾配施有机肥（NPM/NPKM）、氮磷钾配合秸秆还田（NPKS）。不同小写字母表示土地利用类型间以及土壤类型间差异显著（$P<0.05$）。图中括号里的数字为样本数。数据源自：仪明媛，2011；林杉等，2014；马天娥等，2016；陈晓芬等，2019；卢韦，2019；Zang et al.，2020；周伟，2020；Wang et al.，2022

二、气候变化对土壤有机质积累特征的影响

农田土壤受到强烈的人为干扰，管理措施引起的碳投入量变化往往是特定气候和土壤类型下 SOC 变化的首要影响因素（Zhang et al.，2010；Zhang et al.，2012；Wang et al.，2015）。基于全国 90 个长期施肥定位试验的整合分析表明，气候条件、土壤性质、外源碳氮投入等对表层 SOC 动态的综合解释率为 21%～59%，且土壤性质（如初始 SOC、TN、pH、黏粒含量、容重等）及气候条件（年均气温、年降水量）也是重要的影响因素（Ren et al.，2021）。一方面，气候条件制约着植被类型分布及其生产力，从而影响土壤碳输入量；另一方面，土壤微生物是有机碳分解和转化的主要驱动因素，微生物以消化土壤中的有机碳来维持其生命活动，而降水量和温度等条件的变化会影响微生物活性，从而对 SOC 的固存和矿化分解产生重要影响。

Zhang 等（2010）对中国北方旱地的研究结果表明，SOC 的固定速率随有效积温和年降水量的升高而降低。土壤水分含量的变化通过影响土壤的通气性进而影响微生物对 SOC 的利用和固持。在温度≤10℃的地区，SOC 储量与温度呈极显著负相关；在 10～20℃的地区，SOC 储量与温度和降水量之间无明显的相关关系（周涛等，2006）。高鲁鹏等（2005）利用 CENTURY 模型模拟了自然状态下的东北耕层黑土有机碳在 48 年间的变化，得出当气温升高 2℃时，无论降水量不变、减少或增加 20%，都能导致 SOC 含量下降 4.17%。

土壤有机质周转是复杂的生物地球化学过程，受到气候条件、土壤性质、生物过程、管理措施等多重因素的交互影响。通常，气候条件是凋落物分解的首要影响因素。例如，中国陆地生态系统凋落物分解速率变异的解释率分别为气候条件（年均气温和年降水量）36.8%、土壤性质（砂粒含量、pH 等）28.1%、试验年限 23.0% 和物料性质（氮和木质素含量）12.1%，且各因素综合解释率达 85%（Cai et al.，2021a），意味着全球变暖会促进凋落物分解及其向 SOC 转化。然而，不同于凋落物分解过程，气候变化对土壤有机质动态的影响较为复杂。一方面，土壤有机质已高度腐殖化，且与土壤矿物紧密结合，受到土壤物理化学保护，因而其分解过程对气候变化的响应可能不及凋落物敏感；另一方面，气候变暖会通过改变物候、延长生长时间、刺激土壤有机质分解等而在短期内提高土壤有效氮供应和植被生产力（Bai et al.，2013；Zhang et al.，2015），但在长期是否会造成土壤有机质耗竭，目前尚不确定（Crowther et al.，2016；Van et al.，2018）。

第三节　土壤有机质提升潜力和途径

一、土壤有机质提升潜力

提升农业土壤有机质含量，是应对气候变化和提高作物生产力及其气候韧性的重要途径。然而，土壤有机质并不会一直持续线性增长，其受到土壤碳库容量、碳投入量和时间的限制。土壤碳库容量是有上限的，即存在饱和点，受到土壤物理化学保护的制约。改变管理措施引起的 SOC 增加往往伴随着碳分解量的增加，其碳分解量与碳投入量持

平时，SOC 达到稳定状态，即平衡点。农田土壤碳投入量受到作物产量和管理措施的限制，其 SOC 平衡点往往不足以达到自然状态下的碳库上限，即农田 SOC 平衡点＜自然状态的 SOC 饱和点。对此，提升土壤有机质潜力，有必要了解自然状态下的碳含量上限（即自然 SOC 饱和点）、农业管理措施可实现的碳含量上限（即特定管理措施的 SOC 平衡点）和现存碳含量之间的关系（图 9-6）。

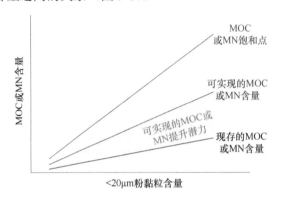

图 9-6　矿物结合态有机碳和氮的自然饱和点、可实现含量和现存含量与＜20μm 粉黏粒含量的关系概念图（改自 Cai et al.，2021b）

MOC 和 MN 饱和点表示给定＜20μm 粉黏粒下碳和氮的最大值，不随环境变量增加；可实现的 MOC 和 MN 含量可通过合理的农业实践来实现；MOC 和 MN 提升潜力即为可实现的 MOC 和 MN 含量与现存 MOC 和 MN 含量的差值

1. 碳饱和点

理论上，碳饱和点是因矿物保护而难以被分解的 SOC 含量上限值，即矿物结合态 SOC（MOC）的最大值，不取决于气候或土地利用类型，仅取决于土壤物理化学性质（Stewart et al.，2007；Schmidt et al.，2011）。大多数土壤中，MOC 和矿物结合态氮（MN）占土壤总有机碳（TSOC）和总氮（TN）的 63%～82%（Cai et al.，2016），其余则以颗粒态有机物的形式存在。一旦 MOC 达到饱和，颗粒态有机物可能随着 TSOC 的增加而继续增加，但该形态 SOC 受土壤物理保护程度较低且周转速率较快，不足以被持久封存。事实上，要实现 MOC 的理论最大值并不现实，但可根据特定土壤类型、气候条件和土地利用类型等，确定自然状态的有效 MOC 饱和点，且在该 SOC 水平，增加碳输入不会导致额外的 MOC 增量（Stewart et al.，2007）。

天然或永久草地土壤碳输入量大且干扰少，往往处于 SOC 库稳定状态，而农田和森林 TSOC 和 MOC 含量往往低于邻近的草地。因此，可将草地土壤 MOC 含量作为自然状态的有效 MOC 饱和点。基于此，Hassink（1997）通过温带和热带永久草地土壤样本构建了 MOC 饱和点与＜20μm 的土壤粉黏粒含量（SC，%）之间的定量关系，即 $MOC_{饱和点}= 0.370×SC+4.09$。这种关系已被广泛用于估算不同土地利用类型和管理的 MOC 提升潜力（Wiesmeier et al.，2015；Cai et al.，2016；Chen et al.，2019；Guillaume et al.，2022）。

2. 可实现的碳汇潜力

农田土壤往往因开垦和长期耕作而造成碳库耗竭，且 SOC 较邻近的自然系统土壤碳库降低一半甚至更高，意味着农田土壤具有较高的碳汇潜力（Lal，2004b）。而农田系统中，碳投入量受到人为管理活动的显著调控，往往决定了 SOC 变化速率或稳定状态时的含量，且二者表现出良好的线性正相关（Zhang et al.，2010；Virto et al.，2012；Zhang et al.，2012；Wang et al.，2015）。受限于试验年限，很多提升 SOC 含量的试验处理并未达到 SOC 平衡状态，不足以反映出秸秆还田、施用有机肥和化肥等管理措施的SOC 提升潜力。对此，利用大样本优势和10%上分位数边界线拟合，可以弥补最小二乘法拟合的缺失，近似表征实际可达的 MOC 平衡点上限（Cai et al.，2021b）。该平衡点上限值与实际 MOC 的差值，即为农业管理可实现的碳汇潜力。

我们利用中国 21 个不同土壤类型和轮作的旱田长期试验，研究了不同施肥管理对MOC 和 MN 的影响（Cai et al.，2021b）。结果表明，相对于不施肥，化肥、化肥配合秸秆还田和化肥配施有机肥均显著提高了 TSOC 和 TN 含量，以及 MOC 和 MN 含量，且全量碳氮增幅高于矿物结合态碳氮增幅，引起 MOC/TSOC 和 MN/TN 的降低（图 9-7 和表 9-1）。其中，化肥配施有机肥显著提高了 TSOC（62%）、TN（57%）、MOC（33%）

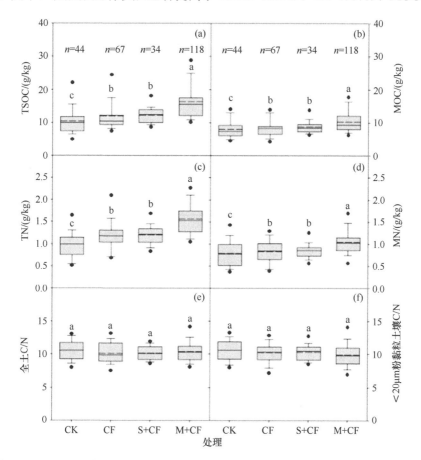

图 9-7 长期不同施肥下土壤总有机碳（TSOC）（a）、总氮（TN）（c）、C/N（e）、<20μm 的矿物结合态有机碳（MOC）（b）、矿物结合态氮（MN）（d）和 C/N（f）（Cai et al.，2021b）

CK：对照；CF：化肥；S+CF：化肥配合秸秆还田；M+CF：化肥配施有机肥。不同小写字母表示 4 个处理间差异显著（$P<0.05$）。短虚线代表平均值，实线代表中位数

表 9-1　长期施肥下矿物结合态有机碳（MOC）和矿物结合态氮（MN）与土壤总有机碳（TSOC）和
全氮（TN）的线性回归方程斜率及决定系数（Cai et al.，2021b）

处理	样本数	碳		氮	
		MOC/TSOC	R^2	MN/TN	R^2
CK	44	0.72a	0.87**	0.91a	0.87**
CF	67	0.56b	0.88**	0.72b	0.71**
S+CF	34	0.69a	0.85**	0.77b	0.78**
M+CF	118	0.59b	0.72**	0.47c	0.48**
所有处理	263	0.60	0.96**	0.59	0.60**

注：同列不同小写字母表示 MOC 或 MN 对 TSOC 或 TN 的响应在 $P<0.05$ 水平下处理间差异显著。处理为对照（CK）、化肥（CF）、化肥配施秸秆（S + CF）和化肥配施有机肥（M + CF）。

和 MN（32%）的含量，导致 MOC/TSOC（0.59）和 MN/TN（0.47）的降低。与施用化肥相比，化肥配合秸秆还田显著提高了 MOC/TSOC，但对 TSOC、TN、MOC、MN 含量以及 MN/TN 几乎无影响。10%上分位数边界线和最小二乘线性回归分析表明，MOC 和 MN 分别还有48%和39%的提升潜力。据此提升比例，以及 21 个长期试验数获得的 MOC 与 TSOC、MN 与 TN 定量关系，结合第二次全国土壤普查的 TSOC 和 TN 数据估计，如果采取适当的管理措施，如轮作和施肥，中国旱地 MOC 和 MN 的提升潜力可分别达 528Tg C 和 37Tg N。

3. 不同施肥管理的碳汇速率

增加养分投入和有机物归还，是提升土壤有机质的有效途径，且所有传统施肥管理中 SOC 提升幅度或增速呈施用有机肥＞秸秆还田＞施用化肥（表 9-2）。基于全国或全

表 9-2　不同施肥管理措施下土壤有机碳增量或变化速率

管理措施	持续时间及地点	实际碳汇增量/变化速率	文献
化肥	长期试验，全球	7%	Ladha et al.，2011
	长期试验，全球	6.2%；0.23mg/(hm²·a)	Bolinder et al.，2020
	短期和长期试验，全球	0.3%/a	Young et al.，2021
	长期试验，中国	0.09~0.20mg/(hm²·a)	Ren et al.，2021
有机肥	短期和长期试验，中国	（17.7±0.9）%［＞10a，（27.0±3.7）%］	Du et al.，2020
	长期试验，中国	0.21~0.55mg/(hm²·a)	Ren et al.，2021
	长期试验，全球	29.8%；0.41mg/(hm²·a)	Bolinder et al.，2020
	长期试验，全球	（7.41±1.14）mg/hm²；（8.96±1.83）mg/hm²	Li et al.，2021b
	短期和长期试验，全球	38%	Luo et al.，2018
	短期和长期试验，全球	1.1%/a	Young et al.，2021
秸秆还田	短期和长期试验，全球	（12.8±0.4）%	Liu et al.，2014
	长期试验，中国	（10.1±0.9）%	Wang et al.，2015
	长期试验，西欧和北美	（10.8±1.8）%	Powlson et al.，2011
	长期试验，全球	10%~13%；0.12mg/(hm²·a)	Bolinder et al.，2020
	短期和长期试验，全球	0.8%/a	Young et al.，2021
生物质炭	短期，全球	33.5%	Xu et al.，2021
	短期，全球	27%/a	Young et al.，2021

球定位试验的统计结果表明，长期施用化肥的 SOC 增幅为 6%～7%，或增速为 0.09～0.20mg/(hm²·a)；秸秆还田往往与化肥配施，可在化肥提升 SOC 的基础上，进一步将 SOC 提高 10%～13% 或增速 0.12mg/(hm²·a)；有机肥单施或配施化肥引起的 SOC 增幅在所有传统施肥管理中最大，达到 18%～38%，或增速 0.21～0.55mg/(hm²·a)。施用生物质炭作为改良土壤和应对气候变化的新兴技术，其对 SOC 提升能起到立竿见影的效果，但这类试验的持续时间往往只有一个生长季至数年，不足以反映生物质炭对土壤质量和作物生产力的长期影响，后续还需更加持久的定位研究和评估。

二、实现农业"双碳"计划的有效路径

1. 农田化肥高效利用

持续推进化肥减量增效工作，推广科学施肥技术。综合考虑氮肥用量与作物产量和 N_2O 排放的密切关系，通过测土配方施肥、有机-无机肥配施、改良土壤等多种方式，提高肥料利用率，在维持高产稳产的前提下最大限度地降低氮肥用量，是减少化肥引起温室气体排放的最有效途径。目前，我国农民常规施肥下三大粮食作物的氮盈余量达 87～102kg/hm²，蔬菜地和果园盈余量达 356～464kg/hm²（Zhang et al.，2013），意味着我国氮肥用量存在很大的减量空间。若综合考虑氮肥生产、运输和使用等生命周期过程，采用国际先进技术以提高煤矿开采过程中的甲烷回收率、提高化肥制造的能源效率，以及最大限度地减少氮肥用量，可将我国氮肥相关温室气体排放量减少 20%～60%（Zhang et al.，2013）。

2. 畜禽粪尿科学化管理

集约化规模养殖业的发展打破了原有以农户养殖为主的种植-养殖循环体系，造成了畜禽粪尿由农业资源蜕变为农业废弃物。合理处理畜禽废弃物并将其纳入养分资源管理至关重要，包括：合理规划畜禽养殖场位置，确保养殖场周边有足够的农田在生态安全的范围内消纳畜禽粪尿，促进种养结合；发展商品有机肥等产业；减少养殖和堆肥处理过程中的温室气体排放；因地制宜推进有机肥替代与化肥减量。

3. 秸秆还田

为实现秸秆还田固碳效应更大化，应妥善管理秸秆引起的农业温室气体排放，尤其是稻田 CH_4 排放。相关研究已提出三种方法来避免直接秸秆还田引发的高 CH_4 排放（Abalos et al.，2022）：一是将秸秆还田的时间由水稻生长季改到非水稻生长季；二是在水稻生长季节调节水分状况（如中期排水和间歇灌溉），以最大限度地氧化和减少 CH_4 的产生（Liu et al.，2019b）；三是将秸秆资源化利用后以有机肥或生物质炭的形式归还。

4. 生物质炭

生物质炭作为一种抵消与农业温室气体排放相关的负反馈的策略，在农业土壤中的应用已经越来越受欢迎，可实现全球减排潜力 1.1Pg CO_2 当量/a（Griscom et al.，2017）。

一方面，生物质炭可作为酸性土壤改良剂，协同促进作物增产和温室气体减排。整合分析结果表明，施用生物质炭 20～30mg/hm^2 可最大限度地实现作物增产和温室气体减排双赢（Awad et al.，2018）。另一方面，生物质炭可作为肥料基质，发展炭基肥料和生物质炭-有机肥混合肥料。例如，适量添加（如 10%～15% 比例）生物质炭，可有效提高堆肥质量并降低堆肥制备过程中的温室气体排放和生态风险（Zhou et al.，2022）。

参 考 文 献

陈晓芬, 吴萌, 江春玉, 等. 2019. 不同培养温度下长期施肥红壤水稻土有机碳矿化特征研究. 土壤, 51(5): 864-870.

高鲁鹏, 梁文举, 赵军, 等. 2005. 气候变化对黑土有机碳库影响模拟研究. 辽宁工程技术大学学报, 2: 288-291.

何玉亭, 王昌全, 沈杰, 等. 2016. 两种生物质炭对红壤团聚体结构稳定和微生物群落的影响. 中国农业科学, 49(12): 2333-2342.

林杉, 陈涛, 赵劲松, 等. 2014. 不同培养温度下长期施肥水稻土的有机碳矿化特征. 应用生态学报, 25(5): 1340-1348.

卢韦. 2019. 不同温度下长期施肥黄壤有机碳的矿化及动力学特征. 贵阳: 贵州大学硕士学位论文.

马天娥, 魏艳春, 杨宪龙, 等. 2016. 长期施肥措施下土壤有机碳矿化特征研究. 中国生态农业学报, 24(1): 8-16.

任凤玲. 2018. 施用有机肥我国典型农田土壤温室气体排放特征. 北京: 中国农业科学院硕士学位论文.

宋延静, 张晓黎, 龚骏. 2014. 添加生物质炭对滨海盐碱土固氮菌丰度及群落结构的影响. 生态学杂志, 33(8): 2168-2175.

肖婧, 王传杰, 黄敏, 等. 2018. 生物质炭对设施大棚土壤性质与果蔬产量影响的整合分析. 植物营养与肥料学报, 24(1): 228-236.

杨帆, 李飞跃, 赵玲, 等. 2013. 生物炭对土壤氨氮转化的影响研究. 农业环境科学学报, 32(5): 1016-1020.

仪明媛. 2011. 长期施肥下黑土碳库变化及土壤有机碳矿化特征. 南昌: 江西农业大学硕士学位论文.

于贵瑞, 郝天象, 朱剑兴. 2022. 中国碳达峰、碳中和行动方略之探讨. 中国科学院院刊, 37(4): 423-434.

赵永存, 徐胜祥, 王美艳, 等. 2018. 中国农田土壤固碳潜力与速率: 认识、挑战与研究建议. 中国科学院院刊, 33(2): 191-197.

周涛, 史培军, 王绍强. 2003. 气候变化及人类活动对中国土壤有机碳储量的影响. 地理学报, 58(5): 727-734.

周伟. 2020. 中国典型农田土壤有机碳降解温度敏感性及影响因素分析. 北京: 中国农业科学院硕士学位论文.

Abalos D, Recous S, Butterbach B K, et al. 2022. A review and meta-analysis of mitigation measures for nitrous oxide emissions from crop residues. Science of the Total Environment, 828: 154388.

Awad Y M, Wang J Y, Igalavithana A D, et al. 2018. Biochar effects on rice paddy: meta-analysis. Advances in Agronomy, 148: 1-32.

Bai E, Li S L, Xu W H, et al. 2013. A meta-analysis of experimental warming effects on terrestrial nitrogen pools and dynamics. New Phytologist, 199(2): 441-451.

Bolinder M A, Crotty F, Elsen A, et al. 2020. The effect of crop residues, cover crops, manures and nitrogen fertilization on soil organic carbon changes in agroecosystems: a synthesis of reviews. Mitigation and Adaptation Strategies for Global Change, 25(6): 929-952.

Borchard N, Schirrmann M, Cayuela M L, et al. 2019. Biochar, soil and land-use interactions that reduce nitrate leaching and N$_2$O emissions: a meta-analysis. Science of The Total Environment, 651:

2354-2364.

Bouwman A F, Boumans L J M, Batjes N H. 2002. Modeling global annual N_2O and NO emissions from fertilized fields. Global Biogeochemical Cycles, 16(4): 1080.

Cai A D, Feng W T, Zhang W J, et al. 2016. Climate, soil texture, and soil types affect the contributions of fine-fraction-stabilized carbon to total soil organic carbon in different land uses across China. Journal of Environmental Management, 172: 2-9.

Cai A D, Liang G P, Yang W, et al. 2021a. Patterns and driving factors of litter decomposition across Chinese terrestrial ecosystems. Journal of Cleaner Production, 278: 123964.

Cai A D, Xu H, Duan Y H, et al. 2021b. Changes in mineral-associated carbon and nitrogen by long-term fertilization and sequestration potential with various cropping across China dry croplands. Soil & Tillage Research, 205: 104725.

Cayuela M L, Van Z L, Singh B P, et al. 2014. Biochar's role in mitigating soil nitrous oxide emissions: a review and meta-analysis. Agriculture Ecosystems & Environment, 191: 5-16.

Chen S C, Arrouays D, Angers D A, et al. 2019. Soil carbon stocks under different land uses and the applicability of the soil carbon saturation concept. Soil & Tillage Research, 188: 53-58.

Clough T J, Condron L M, Kammann C, et al. 2013. A review of biochar and soil nitrogen dynamics. Agronomy, 3(2): 275-293.

Crowther T W, Todd B K E O, Rowe C W, et al. 2016. Quantifying global soil carbon losses in response to warming. Nature, 540(7631): 104-108.

Du Y D, Cui B J, Zhang Q, et al. 2020. Effects of manure fertilizer on crop yield and soil properties in China: a meta-analysis. Catena, 193: 104617.

FAO. 2021. FAOSTAT: Emissions shares. In: FAO.org [online].

Friedlingstein P, Jones M W, O'Sullivan M, et al. 2022. Global carbon budget 2021. Earth System Science Data, 14(4): 1917-2005.

Gao B, Ju X T, Zhang Q, et al. 2011. New estimates of direct N_2O emissions from Chinese croplands from 1980 to 2007 using localized emission factors. Biogeosciences, 8(10): 3011-3024.

Griscom B W, Adams J, Ellis P W, et al. 2017. Natural climate solutions. Proceedings of the National Academy of Sciences, 114(44): 11645.

Guillaume T, Makowski D, Libohova Z, et al. 2022. Soil organic carbon saturation in cropland-grassland systems: Storage potential and soil quality. Geoderma, 406: 115529.

Guo C, Liu X F, He X F. 2022. A global meta-analysis of crop yield and agricultural greenhouse gas emissions under nitrogen fertilizer application. Science of the Total Environment, 831: 154982.

Hassink J. 1997. The capacity of soils to preserve organic C and N by their association with clay and silt particles. Plant and Soil, 191(1): 77-87.

IPCC. 2006. Guidelines for National Greenhouse Gas Inventories.

Jiang Y, Qian H Y, Huang S, et al. 2019. Acclimation of methane emissions from rice paddy fields to straw addition. Science Advances, 5(1): eaau9038.

Ladha J K, Reddy C K, Padre A T, et al. 2011. Role of nitrogen fertilization in sustaining organic matter in cultivated soils. Journal of Environmental Quality, 40(6): 1756-1766.

Lal R. 2004a. Soil carbon sequestration impacts on global climate change and food security. Science, 304(5677): 1623-1627.

Lal R. 2004b. Soil carbon sequestration to mitigate climate change. Geoderma, 123(1-2): 1-22.

Li B Z, Song H, Cao W C, et al. 2021b. Responses of soil organic carbon stock to animal manure application: A new global synthesis integrating the impacts of agricultural managements and environmental condition. Global Change Biology, 27: 5356-5367.

Li Z J, Reichel R, Xu Z F, et al. 2021a. Return of crop residues to arable land stimulates N_2O emission but mitigates NO_3^- leaching: a meta-analysis. Agronomy for Sustainable Development, 41(5): 66.

Liu C, Lu M, Cui J, et al. 2014. Effects of straw carbon input on carbon dynamics in agricultural soils: a meta-analysis. Global Change Biology, 20(5): 1366-1381.

Liu P, He J, Li H W, et al. 2019a. Effect of straw retention on crop yield, soil properties, water use efficiency and greenhouse gas emission in China: a meta-analysis. International Journal of Plant Production, 13(4): 347-367.

Liu X Y, Zhou T, Liu Y, et al. 2019b. Effect of mid-season drainage on CH_4 and N_2O emission and grain yield in rice ecosystem: a meta-analysis. Agricultural Water Management, 213: 1028-1035.

Liu Y, Wang C H, He N P, et al. 2017. A global synthesis of the rate and temperature sensitivity of soil nitrogen mineralization: latitudinal patterns and mechanisms. Global Change Biology, 23(1): 455-464.

Lu M, Yang Y H, Luo Y Q, et al. 2011a. Responses of ecosystem nitrogen cycle to nitrogen addition: a meta-analysis. New Phytologist, 189(4): 1040-1050.

Lu M, Zhou X H, Luo Y Q, et al. 2011b. Minor stimulation of soil carbon storage by nitrogen addition: a meta-analysis. Agriculture Ecosystems & Environment, 140(1-2): 234-244.

Luo G W, Li L, Friman V P, et al. 2018. Organic amendments increase crop yields by improving microbe-mediated soil functioning of agroecosystems: A meta-analysis. Soil Biology & Biochemistry, 124: 105-115.

Powlson D S, Glendining M J, Coleman K, et al. 2011. Implications for soil properties of removing cereal straw: Results from long-term studies. Agronomy Journal, 103(1): 279-287.

Qiao L, Wang X H, Smith P, et al. 2022. Soil quality both increases crop production and improves resilience to climate change. Nature Climate Change, 12(6): 574-580.

Ren F L, Misselbrook T H, Sun N, et al. 2021. Spatial changes and driving variables of topsoil organic carbon stocks in Chinese croplands under different fertilization strategies. Science of the Total Environment, 767: 144350.

Roe S, Streck C, Beach R, et al. 2021. Land-based measures to mitigate climate change: Potential and feasibility by country. Global Change Biology, 27(23): 6025-6058.

Schmidt M W I, Torn M S, Abiven S, et al. 2011. Persistence of soil organic matter as an ecosystem property. Nature, 478(7367): 49-56.

Shakoor A, Shakoor S, Rehman A, et al. 2021. Effect of animal manure crop type climate zone, and soil attributes on greenhouse gas emissions from agricultural soils—A global meta-analysis. Journal of Cleaner Production, 278: 124019.

Shan J, Yan X Y. 2013. Effects of crop residue returning on nitrous oxide emissions in agricultural soils. Atmospheric Environment, 71: 170-175.

Shcherbak I, Millar N, Robertson G P. 2014. Global metaanalysis of the nonlinear response of soil nitrous oxide(N_2O)emissions to fertilizer nitrogen. Proceedings of the National Academy of Sciences of the USA, 111(25): 9199-9204.

Stehfest E, Bouwman L. 2006. N_2O and NO emission from agricultural fields and soils under natural vegetation: summarizing available measurement data and modeling of global annual emissions. Nutrient Cycling in Agroecosystems, 74(3): 207-228.

Stewart C E, Paustian K, Conant R T, et al. 2007. Soil carbon saturation: concept, evidence and evaluation. Biogeochemistry, 86(1): 19-31.

Tan S M, Narayanan M, Thu H D T, et al. 2022. A perspective on the interaction between biochar and soil microbes: a way to regain soil eminence. Environmental Research, 214(2): 113832.

Tang X L, Zhao X, Bai Y F, et al., 2018. Carbon pools in China's terrestrial ecosystems: New estimates based on an intensive field survey. Proceedings of the National Academy of Sciences of the United States of America, 115(16): 4021-4026.

Van G N, Shi Z, Van G K J, et al. 2018. Predicting soil carbon loss with warming. Nature, 554: 4-5.

Virto I, Barré P, Burlot A, et al. 2012. Carbon input differences as the main factor explaining the variability in soil organic C storage in no-tilled compared to inversion tilled agrosystems. Biogeochemistry, 108(1): 17-26.

Wang J , Wang X J, Xu M G, et al. 2015. Crop yield and soil organic matter after long-term straw return to soil in China. Nutrient Cycling in Agroecosystems, 102(3): 371-381.

Wang L, Gao C C, Yang K, et al. 2021b. Effects of biochar aging in the soil on its mechanical property and performance for soil CO_2 and N_2O emissions. Science of the Total Environment, 15: 1-10.

Wang R J, Xu J X, Niu J C, et al. 2022. Temperature sensitivity of soil organic carbon mineralization under contrasting long-term fertilization regimes on loess soils. Journal of Soil Science and Plant Nutrition, 22(2): 1915-1927.

Wang X D, He C, Cheng H Y, et al. 2021a. Responses of greenhouse gas emissions to residue returning in China's croplands and influential factors: A meta-analysis. Journal of Environmental Management, 289: 112486.

Wiesmeier M, Munro S, Barthold F, et al. 2015. Carbon storage capacity of semi-arid grassland soils and sequestration potentials in northern China. Global Change Biology, 21(10): 3836-3845.

Xu H, Cai A D, Wu D, et al. 2021. Effects of biochar application on crop productivity, soil carbon sequestration, and global warming potential controlled by biochar C: N ratio and soil pH: A global meta-analysis. Soil and Tillage Research, 213: 105-125.

Yang Y H, Shi Y, Sun W J, et al. 2022. Terrestrial carbon sinks in China and around the world and their contribution to carbon neutrality. Science China-Life Sciences, 65(5): 861-895.

Young M D, Ros G H, De V W. 2021. Impacts of agronomic measures on crop, soil, and environmental indicators: a review and synthesis of meta-analysis. Agriculture Ecosystems & Environment, 319: 107551.

Zang H D, Blagodatskaya E, Wen Y, et al. 2020. Temperature sensitivity of soil organic matter mineralization decreases with long-term N fertilization: Evidence from four Q_{10} estimation approaches. Land Degradation & Development, 31(6): 683-693.

Zhang W F, Dou Z X, He P, et al. 2013. New technologies reduce greenhouse gas emissions from nitrogenous fertilizer in China. Proceedings of the National Academy of Sciences of the USA, 110(21): 8375-8380.

Zhang W J, Wang X J, Xu M G, et al. 2010. Soil organic carbon dynamics under long-term fertilizations in arable land of northern China. Biogeosciences, 7(2): 409-425.

Zhang W J, Xu M G, Wang X J, et al. 2012. Effects of organic amendments on soil carbon sequestration in paddy fields of subtropical China. Journal of Soils and Sediments, 12(4): 457-470.

Zhang X B, Sun N, Wu L H, et al. 2016. Effects of enhancing soil organic carbon sequestration in the topsoil by fertilization on crop productivity and stability: Evidence from long-term experiments with wheat-maize cropping systems in China. Science of the Total Environment, 562: 247-259.

Zhang X Z, Shen Z X, Fu G. 2015. A meta-analysis of the effects of experimental warming on soil carbon and nitrogen dynamics on the Tibetan Plateau. Applied Soil Ecology, 87: 32-38.

Zhao Y C, Wang M Y, Hu S J, et al. 2018. Economics- and policy-driven organic carbon input enhancement dominates soil organic carbon accumulation in Chinese croplands. Proceedings of the National Academy of Sciences of the United States of America, 115(16): 4045-4050.

Zhou L Y, Zhou X H, Zhang B C, et al. 2014. Different responses of soil respiration and its components to nitrogen addition among biomes: a meta-analysis. Global Change Biology, 20(7): 2332-2343.

Zhou S X, Kong F L, Lu L, et al. 2022. Biochar — an effective additive for improving quality and reducing ecological risk of compost: a global meta-analysis. Science of the Total Environment, 806(4): 151439.

Zomer R J, Bossio D A, Sommer R, et al. 2017. Global sequestration potential of increased organic carbon in cropland soils. Scientific Reports, 7(1): 15554.

下　篇

典型区域农田土壤有机质提升案例

第十章　黑土农田有机质演变特征及提升技术

黑土具有质地疏松、有机质含量高、供肥能力强的特点，是我国农业综合生产能力最强的土壤，承担着国家粮食安全的重任。然而，随着土地开垦年限的增加以及不合理的管理方式，黑土有机质含量迅速降低（韩晓增等，2010）。据测算，开垦 20 年的黑土有机质含量下降 33%，开垦 40 年的黑土有机质含量下降 50%左右，开垦 70～80 年的黑土有机质含量下降 66%左右，随着开垦年限的增加，黑土有机质含量下降趋势逐渐增加。目前，我国东北黑土有机质含量呈缓慢下降趋势，每 10 年下降 0.6～1.4g/kg（魏丹等，2016）。全国耕地质量监测平台的数据也表明，东北黑土有机质含量在耕种 20～30 年后就从开垦初期的 60～80g/kg 下降到 20～30g/kg（辛景树等，2017）。

为了保护东北黑土地这个"耕地中的大熊猫"，我国先后实施了中低产田改造、沃土工程、测土配方施肥和黑土地保护工程，以多样化的方式开展了黑土地的保护和肥力提升工作。大量研究表明，通过秸秆还田和施用有机肥提升土壤有机质含量是实现黑土地保护和肥力提升的重要措施（梁尧等，2021）。同时，有机肥在黑土保护中的作用已经得到了广泛认可（韩晓增和邹文秀，2018）。另外，作物轮作也能有效地增加土壤有机质含量和作物产量，对于提高土壤肥力和保障粮食安全具有重要作用。

本章基于 1979 年开始的黑土长期定位试验，分析长期不同施肥下黑土的有机质变化特征、腐殖质组分及其结构变化、土壤有机碳与碳投入的响应等，为切实提高黑土肥力、优化施肥管理措施和促进区域粮食可持续生产提供理论依据与技术支撑。

第一节　黑土旱地长期定位试验概况

一、长期试验基本情况

试验地位于黑龙江省哈尔滨市道外区黑龙江省农业科学院试验基地，海拔 151m，地处中温带，≥10℃年有效积温为 2700℃，年日照时数 2600～2800h，无霜期约 135d。土壤类型为厚层黑土，成土母质为洪积黄土状黏土。长期试验于 1979 年设置，1980 年开始按小麦—大豆—玉米顺序轮作。1979 年初始耕层（0～20cm）有机碳为 15.5g/kg，全氮（N）为 1.47g/kg，全磷（P_2O_5）为 1.07g/kg，全钾（K）为 25.16g/kg，碱解氮为 151mg/kg，有效磷为 51mg/kg，速效钾 200mg/kg，pH 为 7.2。2010 年 12 月，黑土长期定位试验在冻土条件下进行了搬迁（搬迁深度 1.1m），新址为哈尔滨市民主镇（45°50'N，126°51'E）。

试验设计和各处理施肥量详见表 10-1。搬迁前小区面积 168m²，无重复。搬迁后每个处理 3 次重复，试验小区面积为 36m²（4m×9m），随机排列，小区间用水泥板分割（深度 1.1m）。采用小麦-大豆-玉米轮作制，每年一季。设置 16 个常量施肥处理，8 个二倍量施肥处理，二倍量组分别记作 N_2、P_2、M_2。有机肥为纯马粪（养分含量和含水率在施肥前测定），每个轮作周期施 1 次，于玉米收获后秋施，按纯氮量 75kg/hm² （折合马粪为 18 600kg/hm²），以 M 表示，养分含量为多年测定平均值，N、P_2O_5、K_2O 含量分别为 0.58%、0.65%、0.90%。氮、磷、钾化肥均为秋季施肥（玉米季氮肥 50%秋施，50%于大喇叭口期追施）。氮肥为尿素（N 含量 46%），磷肥为重过磷酸钙（P_2O_5 含量 46%）、磷酸二铵（N 含量 18%，P_2O_5 含量 46%），钾肥为硫酸钾（K_2O 含量 50%）。

表 10-1　黑土旱地长期定位试验处理及施肥量

施肥	N/(kg/hm²)			P_2O_5/(kg/hm²)			K_2O /(kg/hm²)	有机肥 /(t/hm²)
	小麦	大豆	玉米	小麦	大豆	玉米		
CK	0	0	0	0	0	0	0	0
N	150	75	150	0	0	0	0	0
P	0	0	0	75	150	75	0	0
K	0	0	0	0	0	0	75	0
NP	150	75	150	75	150	75	0	0
NK	150	75	150	0	0	0	75	0
PK	0	0	0	75	150	75	75	0
NPK	150	75	150	75	150	75	75	0
M	0	0	0	0	0	0	0	18.6
MN	150	75	150	0	0	0	0	18.6
MP	0	0	0	75	150	75	0	18.6
MK	0	0	0	0	0	0	75	18.6
MNP	150	75	150	75	150	75	0	18.6
MNK	150	75	150	0	0	0	75	18.6
MPK	0	0	0	75	150	75	75	18.6
MNPK	150	75	150	75	150	75	75	18.6
CK_2	0	0	0	0	0	0	0	0
N_2	300	150	300	0	0	0	0	0
P_2	0	0	0	150	300	150	0	0
N_2P_2	300	150	300	150	300	150	0	0
M_2	0	0	0	0	0	0	0	37.2
M_2N_2	300	150	300	0	0	0	0	37.2
M_2P_2	0	0	0	150	300	150	0	37.2
$M_2N_2P_2$	300	150	300	150	300	150	0	37.2

二、测定项目与方法

1. 样品采集

（1）1979～2020 年，每年秋季收获作物后采集土壤样品，每个小区采集耕层土样（0～20cm 土层），采用 S 型取样，共取 5 点。于收获期将小区划分 10m² 样区，作物全部收获，人工脱粒，风干后称重并测定含水率，计算作物产量。

（2）土壤碳储量和不同大小颗粒碳含量部分主要选取常量施肥处理中的 10 个处理，即 CK、N、M、P、NP、MN、MP、MNP、NPK、MNPK，同时包括 8 个高量施肥处理，即 CK$_2$、N$_2$、M$_2$、P$_2$、N$_2$P$_2$、M$_2$N$_2$、M$_2$P$_2$、M$_2$N$_2$P$_2$。供试土壤样品于 2010 年 9 月秋季收获后分 0～20cm 和 20～40cm 土层进行采集，采用 S 型取样，共取 5 点，样品风干过 2mm 筛，挑出根系。

（3）土壤腐殖质组分研究中选取长期定位试验中的 4 个处理，即 CK、M、NPK、MNPK。供试土壤样品分别采集于 1979 年（试验前）、1997 年（玉米）、2002 年（大豆）、2008 年（大豆）、2012 年（玉米）秋季收获后，采用 S 型取样，共取 5 点，采集深度为 0～20cm。

2. 样品测定

土壤有机碳（SOC）含量采用重铬酸钾-外加热法，固体有机碳及提取液中有机碳分别采用元素分析仪和总有机碳分析仪测定。

不同大小颗粒碳含量：用离心法得到各个粒级土样，然后用元素分析仪测定不同大小粒级土壤的碳含量。

土壤腐殖质组分的提取采用腐殖质组成修改法，将土壤腐殖质分为富啡酸（FA）、胡敏酸（HA）和胡敏素（Hu）（张久明，2018），并分析其元素组成、热性质、红外光谱及核磁共振波谱（CPMAS ^{13}C-NMR）。具体方法如下。

1）元素组成分析

元素组成采用德国产 VARIO EL Ⅲ型元素分析仪（vario EL analyzer）进行测定，应用 C、H、N 模式，O+S 含量用差减法计算，并用差热分析的灰分和含水量数据对元素分析数据进行校正。

2）热性质分析

热性质分析采用日本岛津 TA-60 型差热分析仪测定，并应用仪器自带软件对各样品进行差热分析（differential thermal analysis，DTA）和热重分析（thermogravimetric analysis，TG 或 TGA）。

3）红外光谱（FTIR）分析

红外光谱（FTIR）分析应用美国 NICOLET-EZ360 红外光谱仪，扫描模式为 4000～400/cm，采用 KBr 压片法测定。对谱线选取特征峰，并对相应的官能团进行半定量分析。

4）核磁共振波谱（CPMAS ^{13}C-NMR）分析

固态 ^{13}C 核磁共振波谱采用瑞士 Bruker AV 400 型核磁共振仪测定，各类型碳相对含量用某化学位移区间积分面积占总积分面积的百分数表示，积分面积由仪器自动给出。

3. 固碳指标计算

1）土壤有机碳储量计算公式

总有机碳储量：

$$TOC = C_t \times 容重 \times 20 \times 0.1 \tag{10-1}$$

式中，TOC 为土壤总有机碳储量（t/hm^2）；C_t 为土壤总有机碳含量（g/kg）；土壤容重（g/cm^3）；20 为土壤厚度（cm）；0.1 为单位转化系数。

有机碳储量变化：

$$TOC_\Delta = TOC_t - TOC_i \tag{10-2}$$

式中，TOC$_\Delta$ 为土壤碳储量变化（t/hm^2）；TOC$_t$ 和 TOC$_i$ 分别为处理现在总有机碳含量和对照处理总有机碳含量（t/hm^2）。

土壤固碳速率：

$$TOC_{SR} = TOC_\Delta / t \tag{10-3}$$

式中，TOC$_{SR}$ 为土壤固碳速率 [t/(hm^2·a)]；t 为施肥处理年限（a）。

投入碳转化效率：

$$CSE_{TOC} = TOC_\Delta / C_{\Delta input} \times 100 \tag{10-4}$$

式中，TOC$_\Delta$ 代表处理有机碳储量变化（t/hm^2）；$C_{\Delta input}$ 为外源碳投入量（t/hm^2）；t 代表现在处理的试验年限（a）；CSE$_{TOC}$ 代表投入碳转化效率（%）。

2）土壤稳定有机碳饱和亏缺率

稳定有机碳饱和亏缺率（carbon saturation deficit，CSD）：

$$CSD = (C_{max} - C_M) / C_{max} \times 100 \tag{10-5}$$

式中，CSD 为稳定有机碳饱和亏缺率（%）；C_{max} 为土壤稳定有机碳饱和度（g/kg）；C_M 为 <53μm 矿物颗粒有机碳含量（g/kg）。

土壤稳定有机碳饱和度：

$$C_{max}（g/kg）= 0.21x + 14.76 \tag{10-6}$$

式中，x 为 <53μm 矿物颗粒的质量比例（%）。

绝对固碳潜力：

$$CSP = (C_{max} - C_M) \times 容重 \times 20 \times 0.1 \tag{10-7}$$

式中，CSP 为绝对固碳潜力（t/hm^2）；土壤容重（g/cm^3）；20 为土壤厚度（cm），0.1 为单位转化系数。

稳定有机碳饱和亏缺率变化速率：

$$CSD_\Delta = (CSD_{t+\Delta t} - CSD_t) / \Delta t \tag{10-8}$$

式中，CSD$_\Delta$ 为稳定有机碳饱和亏缺率年变化速率（%）；CSD$_{t+\Delta t}$ 和 CSD$_t$ 分别是 $t+\Delta t$ 和 t 时间土壤稳定有机碳饱和亏缺率（%）（陈磊，2020）。

3）色调系数ΔlgK 值和光密度 E4/E6 值

ΔlgK 值计算方法：

$$\Delta lgK = lgK400 - lgK600 \tag{10-9}$$

E$_4$/E$_6$ 计算方法：

$$E_4/E_6 = K465/K665 \tag{10-10}$$

式（10-9）和式（10-10）中：K400、K465、K600、K665 分别为在波长 400nm、465nm、600nm、665nm 处的吸光值。

4）累计碳输入量

农田生态系统中外源碳素主要来自有机粪肥、秸秆还田、根系残茬以及秸秆残茬等的输入。本试验未设置秸秆还田处理，作物地上部分均在收获时全部移走。因此，本研究中碳素输入主要是秸秆残茬、地下根系及有机肥输入（陈磊等，2022）。

作物残茬和根系碳输入量：

$$C_{input-S}= \left[\left(Y_g+Y_s \right) \times R_C \times D_r+R_r \times Y_s \right] \times \left(1-W \right) \times C_{crop} \times 0.001 \qquad (10\text{-}11)$$

式中，$C_{input-S}$ 为秸秆残茬、根系碳输入量（t/hm^2）；Y_g 为籽粒产量（kg/hm^2）；Y_s 是秸秆生物量（kg/hm^2），按照本试验点种植作物的籽粒与秸秆的比例进行估算，小麦、大豆和玉米的籽粒：秸秆值分别为 1：1.582、1：1.295 和 1：252；R_C 为作物光合作用转运到地下部分的碳比例（%）；玉米、大豆和小麦分别为 26%、28% 和 30%；D_r 为作物根系生物量平均分布在耕层（0～20cm）的比例（%），玉米、大豆和小麦分别为 85.1%、100% 和 75.3%；R_r 为作物收割后留茬量占秸秆量的比例（%），玉米、大豆和小麦分别为 3%、15% 和 13%；W、C_{crop} 分别为作物秸秆风干样的含水量和含碳量（%），据《中国有机肥料养分志》，玉米、大豆和小麦秸秆的平均碳含量分别为 44.4%、45.3% 和 39.9%。

有机肥碳输入量：

$$C_{input-M}=A_m \times \left(1-W \right) \times C_{manure} \times 0.001 \qquad (10\text{-}12)$$

式中，$C_{input-M}$ 为有机肥的碳输入量（t/hm^2）；A_m 为每年施用粪肥的鲜基重（kg/hm^2）；W 为马粪含水量（%）；C_{manure} 为马粪的碳含量（g/kg）。

累计碳输入量：

$$C_{input} = \sum_{i=1}^{n} C_{input-S} + C_{input-M} \times t \qquad (10\text{-}13)$$

式中，C_{input} 为累计碳输入量（t/hm^2）；t 为轮作周期。

年均碳输入量：

$$\Delta C_{input}=C_{input}/t \qquad (10\text{-}14)$$

式中，ΔC_{input} 为年均碳输入量 [t/(hm$^2 \cdot$a)]；t 为施肥年限（a）。

产量稳定性指标：作物产量的可持续性程度用作物可持续指数（SYI）表示（陈磊等，2022）：

$$SYI = (\overline{Y} - \sigma_{n-1})/Y_{max} \qquad (10\text{-}15)$$

式中，$\overline{Y}$ 为某处理的平均产量（kg/hm^2）；σ_{n-1} 为标准差；Y_{max} 为作物最高产量（kg/hm^2）。

第二节　长期不同施肥下黑土有机质变化趋势

一、黑土有机质含量的变化

不同施肥下黑土有机质的演变存在显著差异（图 10-1）。长期不施肥和施用化肥下黑土有机质含量均呈下降趋势，不施肥下有机质平均为 25.3g/kg，较试验前（26.6g/kg）下降了 4.8%，年均下降速率约为 0.03g/kg；单施氮肥和施用二倍氮肥下黑土有机质平

均分别为 26.1g/kg 和 25.7g/kg，较试验前分别下降了 1.7%和 3.4%，年下降速率分别为
0.01g/kg 和 0.02g/kg。氮磷配施和氮磷钾配施下黑土有机质含量平均值分别为 26.6g/kg
和 26.8g/kg，土壤有机质变化不大。有机肥与化肥配施下黑土有机质含量呈上升趋势，
其中氮磷配施有机肥和氮磷钾配施有机肥下黑土有机质含量平均值分别为 29.2g/kg 和
27.8g/kg，较试验前分别增加了 8.9%和 4.3%，年增加速率分别为 0.05g/kg 和 0.03g/kg，
施二倍有机肥和施二倍有机肥氮肥磷肥下黑土有机质含量平均值分别为 29.3g/kg 和
31.0g/kg，较试验前分别增加了 10.2%和 16.4%，年增加速率分别为 0.06g/kg 和 0.10g/kg。
这充分说明，施用有机肥可以显著提高黑土有机质含量。

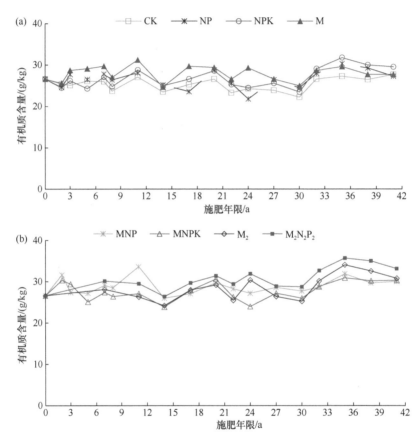

图 10-1　长期不同施肥下黑土耕层（0～20cm）有机质含量的变化（1979～2021 年）

二、黑土不同大小颗粒有机碳的变化

1. 长期不同施肥下黑土不同大小颗粒中碳分配比

有机肥的施入显著提高了 0～20cm 土层黑土有机碳在粗砂粒中的分配（图 10-2），
与不施肥相比，单施有机肥和氮磷配施有机肥下粗砂粒有机碳的分配比例分别提高了
119.7%和 87.9%，氮磷配施与不施肥之间差异不显著（$P>0.05$）。不同施肥下黑土细砂
粒有机碳的分配比例差异不显著（$P>0.05$）。与不施肥相比，有机肥的施入降低了黑土

粉粒有机碳的分配比例，单施有机肥和氮磷配施有机肥下粉粒有机碳的分配比例分别降低了22.3%和10.4%，而氮磷配施下仅降低2.0%。对于黏粒，单施有机肥和氮磷配施有机肥均显著提高了黑土黏粒有机碳的分配比例，分别比不施肥提高了45.0%和29.3%。

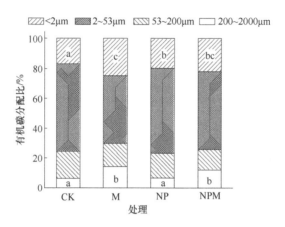

图 10-2　长期不同施肥下黑土耕层（0～20cm）总有机碳在不同大小颗粒中的分布（2010 年）

图中不同小写字母表示不同处理在 $P<0.05$ 水平上呈显著差异，下同

　　和不施肥相比，氮磷配施有机肥 20～40cm 土层黑土粗砂粒有机碳的分配比例增加了 87.7%（$P<0.05$）（图 10-3）。不同施肥下，20～40cm 土层黑土细砂粒有机碳分配比例和粉粒有机碳分配比例基本一致，不同施肥之间差异不显著（$P>0.05$）。单施有机肥和氮磷配施有机肥显著提高了黏粒有机碳的分配比例，分别比不施肥提高了 18.7%、7.5%。

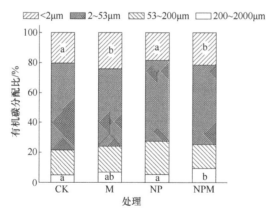

图 10-3　长期不同施肥下黑土 20～40cm 土层总有机碳在不同大小颗粒中的分布（2010 年）

2. 长期不同施肥下黑土不同大小颗粒中有机碳含量

　　不同大小颗粒中黑土有机碳的含量对不同施肥的响应也存在差异（图 10-4）。对于 0～20cm 土壤，不施肥下黑土粗砂粒有机碳含量最低，氮磷配施居中，单施有机肥和氮磷配施有机肥较高。与不施肥相比，单施有机肥和氮磷配施有机肥黑土粗砂粒有机碳含量分别提高了 41.6%和 43.9%，氮磷配施则提高了 16.3%。不同施肥下细砂粒碳含量差

异不显著（$P>0.05$）。黑土粉粒有机碳含量表现为氮磷配施有机肥最高，氮磷配施和不施肥居中，单施有机肥最低。与不施肥相比，单施有机肥、氮磷配施有机肥和氮磷配施下黑土黏粒碳含量分别提高了 10.5%、33.8%和12.2%。

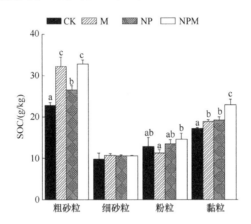

图 10-4　长期不同施肥下黑土耕层（0～20cm）不同大小颗粒有机碳（SOC）含量（2010 年）

长期不同施肥下黑土 20～40cm 土层粗砂粒有机碳含量和粉粒有机碳含量均不存在显著差异（$P>0.05$）（图 10-5）。氮磷配施下黑土 20～40cm 土层细砂粒有机碳含量显著高于其他施肥措施，和不施肥相比提高了 41.6%。在 20～40cm 土层，黑土黏粒有机碳含量表现为单施有机肥最高，氮磷配施次之，氮磷钾配施有机肥和不施肥较低。和不施肥相比，单施有机肥黑土黏粒有机碳含量提高了 15.9%。

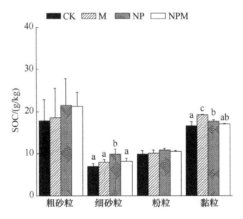

图 10-5　长期不同施肥下黑土 20～40cm 土层不同大小颗粒有机碳（SOC）含量（2010 年）

第三节　长期不同施肥下黑土腐殖质组分及其结构变化

一、长期不同施肥下黑土腐殖质组分碳含量的变化

1. 黑土腐殖质碳含量变化

在土壤中可以使用碱性溶液提取出来的腐殖质组分称为可提取腐殖质（HE），HE

也是胡敏酸（HA）与富啡酸（FA）的总和。长期不同施肥下黑土腐殖质含量分布在5.80～
9.55g/kg。不同施肥下黑土腐殖质平均值表现为氮磷钾配施有机肥＞单施有机肥＞氮磷
钾配施＞不施肥。氮磷钾配施有机肥下土壤腐殖质含量较不施肥平均增加了35.1%，单
施有机肥平均增加了20.8%，氮磷钾配施平均增加了12.9%。15年间氮磷钾配施有机肥
下土壤腐殖质含量较不施肥差异显著（$P<0.05$），单施有机肥和氮磷钾配施与不施肥相
比无显著差异（$P<0.05$）。

　　随着施肥年限的增加，施用有机肥（MNPK、M）的土壤腐殖质含量呈增加趋势
（图10-6），氮磷钾配施有机肥2008年的腐殖质含量较高，9.55g/kg，15年间整体平均
含量较1997年增加10.9%；单施有机肥下土壤腐殖质含量在2008年的相对较高，
8.62g/kg，15年间整体平均含量较1997年增加13.7%；氮磷钾配施下15年间黑土腐
殖质含量整体呈下降趋势，15年间土壤腐殖质平均含量较1997年下降2.2%；不施肥
下15年间土壤腐殖质平均含量较1997年有较小幅度增加（增幅为2.1%）。

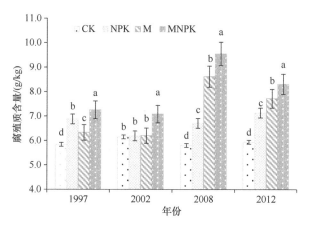

图10-6　长期不同施肥下黑土腐殖质含量变化
图中不同小写字母表示不同处理在$P<0.05$水平上呈显著差异。下同

2. 黑土胡敏酸碳含量变化

　　不同施肥对黑土胡敏酸碳的含量有明显的影响。土壤胡敏酸碳平均含量表现为：氮
磷钾配施有机肥＞有机肥＞氮磷钾配施＞不施肥。氮磷钾配施有机肥下土壤胡敏酸碳含
量为4.45～5.83g/kg（表10-2）。与不施肥相比，氮磷钾配施有机肥下土壤胡敏酸碳含量
在15年间平均提高了48.5%，施用有机肥下土壤胡敏酸碳含量平均提高了31.7%，氮磷
钾配施下土壤胡敏酸碳含量平均提高了15.7%。长期施用有机肥较单施化肥更能提高土
壤中胡敏酸碳含量。方差分析表明，15年间氮磷钾配施有机肥和单施有机肥土壤胡敏酸
碳含量与不施肥均存在差异显著（$P<0.05$），氮磷钾配施下土壤胡敏酸碳与不施肥差异
不显著（$P>0.05$）。

　　随着施肥年限的增加，氮磷钾配施有机肥下黑土胡敏酸碳含量年际间呈动态增加
的趋势（图10-7），以2008年的胡敏酸碳含量较高，15年间整体平均含量较1997年增
加9.3%。单施有机肥同氮磷钾配施有机肥变化趋势基本相一致，年际间同样是2008年

表 10-2　长期不同施肥下黑土胡敏酸碳含量及其与土壤总有机碳含量比值

年份	处理	胡敏酸碳含量/(g/kg)	占总有机碳比值/%	PQ/%
1997 年	CK	3.54±0.09b	27.23	60.62
	NPK	4.12±0.07a	31.31	59.88
	M	3.87±0.03b	27.62	61.14
	MNPK	4.54±0.05a	30.45	62.62
2002 年	CK	3.72±0.11b	27.82	59.52
	NPK	3.85±0.04b	26.81	62.20
	M	3.82±0.08b	26.29	62.32
	MNPK	4.45±0.07a	30.31	62.85
2008 年	CK	3.20±0.04c	22.55	55.17
	NPK	3.54±0.10c	23.57	52.76
	M	5.48±0.09b	35.29	63.57
	MNPK	5.83±0.07a	36.35	61.05
2012 年	CK	2.88±0.08d	23.21	48.48
	NPK	3.95±0.09c	27.45	55.40
	M	4.43±0.08b	30.55	57.38
	MNPK	5.03±0.06a	34.01	60.53

注：表中不同小写字母表示不同处理在 $P<0.05$ 水平上呈显著差异（下同）。PQ 为可提取腐殖质中 HA 的比例。

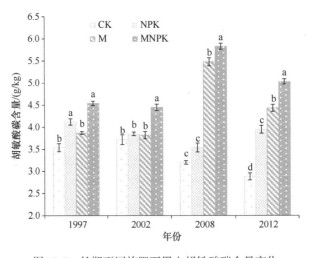

图 10-7　长期不同施肥下黑土胡敏酸碳含量变化

的胡敏酸含量相对较高，15 年间整体平均含量较 1997 年提高 13.7%。氮磷钾配施下，15 年间黑土胡敏酸碳含量整体呈下降趋势，胡敏酸碳含量较 1997 年降低 6.2%；不施肥土壤胡敏酸碳含量 2012 年较 1997 年有较小幅度下降（降幅为 5.8%）。

3. 黑土富啡酸碳含量变化

不同施肥对黑土富啡酸碳含量变化有显著的影响（表 10-3）。不同施肥下黑土富啡酸碳平均含量为：氮磷钾配施有机肥＞氮磷钾配施＞单施有机肥＞不施肥。氮磷钾配施有机肥下黑土富啡酸碳含量为 2.63～3.72g/kg。和不施肥相比，氮磷钾配施有机肥、单施有机肥、氮磷钾配施土壤富啡酸碳含量分别提高17.9%、6.9%、9.2%。长期不同施肥土壤富啡酸碳含量在土壤总有机碳平均含量中的占比为 15.90%～29.05%。不同施肥土壤富啡酸碳与总有机碳比值表现为氮磷钾配施最高（29.05%），不施肥次之（24.66%），氮磷钾配施有机肥和单施有机肥较低（分别为 22.18%和22.69%）。

随着施肥年限增加，不同施肥下土壤富啡酸碳含量呈现增加趋势（图 10-8）。氮磷钾配施有机肥下土壤富啡酸碳 15 年间整体平均含量较 1997 年增加 13.8%。单施有机肥

表 10-3 长期不同施肥下黑土富啡酸碳含量及其与土壤总有机碳含量比值

年份	处理	富啡酸碳提取量/(g/kg)	占总有机碳/%
1997 年	CK	2.30±0.03c	17.69
	NPK	2.76±0.11a	20.97
	M	2.46±0.03b	17.56
	MNPK	2.71±0.02a	18.18
2002 年	CK	2.53±0.02b	18.92
	NPK	2.34±0.07b	16.30
	M	2.31±0.02b	15.90
	MNPK	2.63±0.04a	17.92
2008 年	CK	2.60±0.03c	18.32
	NPK	3.17±0.09b	21.11
	M	3.14±0.05b	20.22
	MNPK	3.72±0.02a	23.19
2012 年	CK	3.06±0.04b	24.66
	NPK	3.18±0.03a	29.05
	M	3.29±0.02a	22.69
	MNPK	3.08±0.03b	22.18

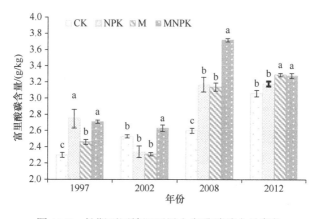

图 10-8 长期不同施肥下黑土富啡酸碳含量变化

下土壤富啡酸碳含量和氮磷钾配施有机肥变化基本一致。2012 年单施有机肥富啡酸碳含量相对较高，15 年间整体平均含量较 1997 年增加 0.18g/kg，提高 6.8%。氮磷钾配施下土壤富啡酸碳含量 15 年间整体平均含量较 1997 年增加 0.24g/kg，提高 9.2%。

4. 黑土胡敏素碳含量变化

黑土不同施肥土壤胡敏素碳在 1997 年、2002 年、2008 年及 2012 年的平均含量表现为：单施有机肥＞氮磷钾配施有机肥＞氮磷钾配施＞不施肥（表 10-4）。氮磷钾配施有机肥下土壤胡敏素碳含量为 6.35～8.08g/kg，平均值比不施肥增加 5.5%；单施有机肥下土壤胡敏素碳含量为 6.64～7.85g/kg，平均含量为 7.24g/kg，比不施肥提高了 7.7%；氮磷钾配施下土壤胡敏素碳含量为 6.44～7.43g/kg，平均含量为 6.86g/kg，比不施肥提高了 2.1%。方差分析可知，有机肥施用（MNPK、M）均与氮磷钾配施、不施肥之间差异显著（$P<0.05$），而氮磷钾配施与不施肥之间差异则不显著（$P>0.05$）。黑土长期不同施肥下土壤胡敏素碳含量占土壤总有机碳含量的 42.93%～54.76%，不同施肥下该比值为不施肥＞单施有机肥＞氮磷钾配施＞氮磷钾配施有机肥。

表 10-4　长期不同施肥下黑土胡敏素碳含量及其与土壤总有机碳含量比值

年份	处理	胡敏素碳含量/(g/kg)	占总有机碳比值/%
1997 年	CK	6.03±0.2b	46.38
	NPK	6.44±0.5ab	48.94
	M	6.78±0.4a	48.39
	MNPK	6.89±0.6a	46.21
2002 年	CK	6.41±0.2c	47.94
	NPK	6.68±0.4b	46.52
	M	7.70±0.4a	52.99
	MNPK	7.03±0.3b	47.89
2008 年	CK	7.77±0.3b	54.76
	NPK	7.43±0.4b	49.47
	M	7.85±0.8b	50.55
	MNPK	8.08±0.2a	50.37
2012 年	CK	6.65±0.4a	53.59
	NPK	6.88±0.3a	47.81
	M	6.64±0.4a	45.79
	MNPK	6.35±0.3a	42.93

不同土壤胡敏素碳含量在年际间呈现逐年上升趋势（图 10-9）。氮磷钾配施有机肥下土壤胡敏素碳含量在 1997 年、2002 年、2008 年和 2012 年分别为 6.89g/kg、7.03g/kg、8.08g/kg 和 6.38g/kg，平均含量较 1997 年提高了 1.7%；单施有机肥与氮磷钾配施有机肥土壤胡敏素碳含量变化基本一致，平均含量较 1997 年提高了 3.1%。氮磷钾配施和不施肥下土壤胡敏素碳平均含量较 1997 年分别提高了 6.5%和 11.4%。

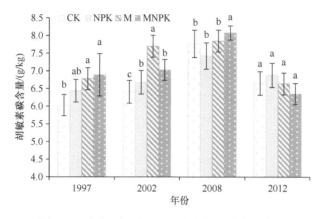

图 10-9　长期不同施肥下黑土胡敏素碳含量变化

二、长期施肥下黑土腐殖质组分光学特性变化

1. 黑土胡敏酸光学特性的变化

和不施肥相比，氮磷钾配施有机肥、单施有机肥和氮磷钾配施下土壤胡敏酸的色调系数 $\Delta lg K$ 值分别提高了 2.0%、1.4% 和 1.2%（图 10-10）。不同施肥下土壤胡敏酸的色调系数 $\Delta lg K$ 值的平均值均与不施肥存在显著性差异（$P<0.05$），氮磷钾配施有机肥和单施有机肥、氮磷钾配施之间差异显著（$P<0.05$）。随着施肥年份的增加，单施有机肥和氮磷钾配施有机肥下土壤胡敏酸的色调系数 $\Delta lg K$ 值呈上升趋势。

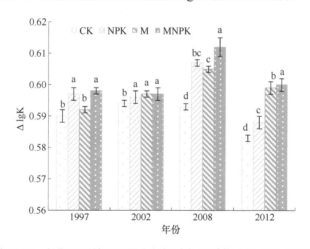

图 10-10　长期不同施肥下黑土胡敏酸色调系数（$\Delta lg K$）的变化

不同施肥下黑土胡敏酸的光密度 E_4/E_6 值表现为氮磷钾配施有机肥＞单施有机肥＞氮磷钾配施＞不施肥（图 10-11）。不同施肥下黑土胡敏酸的光密度 E_4/E_6 值在年际之间呈动态变化，与不施肥相比，氮磷钾配施有机肥黑土胡敏酸的光密度 E_4/E_6 值平均提高 1.5%，单施有机肥平均提高 1.0%。随着施肥年限增加，氮磷钾配施下黑土胡敏酸的光密度 E_4/E_6 值略有增加，氮磷钾配施有机肥、单施有机肥、不施肥下黑土胡敏酸的光密度 E_4/E_6 值均呈下降趋势，分别比不施肥下降 0.7%、0.4% 和 0.7%。

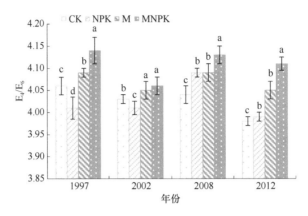

图 10-11　长期不同施肥下黑土胡敏酸光密度 E_4/E_6 的变化

2. 黑土富啡酸光学特性的变化

　　长期不同施肥下黑土富啡酸的色调系数 $\Delta lg\,K$ 值表明：和不施肥相比，氮磷钾配施、单施有机肥和氮磷钾配施有机肥下黑土富啡酸的色调系数 $\Delta lg\,K$ 的平均值分别提高 2.3%、4.8% 和 4.1%（图 10-12）。长期施肥下黑土富啡酸的色调系数 $\Delta lg\,K$ 值的平均值与不施肥之间存在显著性差异（$P<0.05$），单施有机肥与氮磷钾配施有机肥、不施肥之间均存在显著性差异（$P<0.05$）。

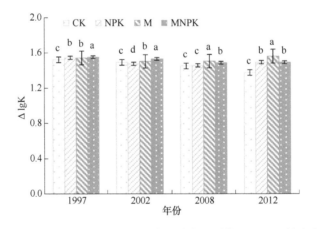

图 10-12　长期不同施肥下黑土富啡酸色调系数（$\Delta lg\,K$）的变化

　　不同施肥下黑土富啡酸的光密度平均 E_4/E_6 值表现为：单施有机肥>氮磷钾配施有机肥>氮磷钾配施>不施肥（图 10-13）。单施有机肥与氮磷钾配施、不施肥之间差异显著（$P<0.05$），氮磷钾配施有机肥与氮磷钾配施、不施肥之间差异不显著（$P>0.05$）。和不施肥相比，氮磷钾配施、单施有机肥、氮磷钾配施有机肥下黑土富啡酸的光密度 E_4/E_6 值分别提高了 7.1%、29.1%、16.5%。不同施肥下黑土富啡酸的光密度 E_4/E_6 值均存在显著差异（$P<0.05$）。随着施肥年份的增加，氮磷钾配施有机肥和单施有机肥下黑土富啡酸的光密度 E_4/E_6 值呈增加趋势，氮磷钾配施下呈下降趋势。

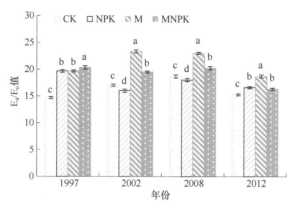

图 10-13　长期不同施肥下黑土富啡酸光密度 E_4/E_6 值的变化

第四节　长期不同施肥下黑土胡敏酸和胡敏素结构变化

一、黑土胡敏酸结构动态变化特征

1. 黑土胡敏酸的元素组成

长期不同施肥下黑土胡敏酸碳含量为 503.9～546.4g/kg，氮含量为 32.89～37.26g/kg，氢含量为 40.98～45.20g/kg，氧和硫含量为 377.9～420.2g/kg（表 10-5）。不同施肥下黑土胡敏酸碳、氮、氢、氧和硫元素含量呈动态变化。自 1997 年至 2012 年，与不施肥

表 10-5　长期不同施肥下黑土胡敏酸的元素组成

年份	处理	N/(g/kg)	C/(g/kg)	H/(g/kg)	(O+S)/(g/kg)	H/C	O/C
1997 年	CK	34.58±0.21a	537.7±3.87a	41.37±0.80b	386.4±6.35a	0.923±0.01b	0.539±0.01a
	NPK	35.22±0.89a	535.8±0.93a	42.25±0.84ab	386.7±8.15a	0.946±0.02a	0.541±0.02a
	M	35.37±0.12a	531.2±1.04b	42.81±0.25a	390.6±1.15a	0.967±0.01a	0.551±0.01a
	MNPK	34.85±0.33a	537.8±1.25a	40.98±0.28c	386.4±4.49a	0.914±0.01b	0.539±0.01a
2002 年	CK	34.36±0.48a	503.9±1.31d	41.56±0.70a	420.2±4.63a	0.990±0.01a	0.625±0.01a
	NPK	35.21±0.28a	529.3±1.21a	41.64±0.69a	393.8±6.95c	0.944±0.02b	0.558±0.08a
	M	32.89±0.66b	513.5±3.35c	41.23±0.32a	412.4±9.25ab	0.964±0.01ab	0.602±0.04a
	MNPK	35.07±0.16a	519.4±4.07b	41.93±0.85a	403.6±3.58b	0.969±0.03ab	0.583±0.02a
2008 年	CK	34.51±0.27b	537.4±4.40a	43.49±1.03a	384.6±10.81a	0.971±0.01b	0.537±0.04a
	NPK	34.84±0.28b	537.7±4.36a	42.42±0.79b	385.1±4.30a	0.947±0.01b	0.537±0.03a
	M	34.72±0.09b	541.4±2.44a	42.78±0.41b	381.1±9.65a	0.948±0.02b	0.528±0.07a
	MNPK	37.26±0.18a	537.3±4.33a	45.20±0.54a	380.2±11.25a	1.010±0.02a	0.531±0.04a
2012 年	CK	34.59±0.37b	534.9±0.55a	42.52±1.39bc	388.0±4.26a	0.954±0.06b	0.544±0.05a
	NPK	34.13±0.29b	546.4±0.92a	41.56±0.47c	377.9±3.52a	0.913±0.18b	0.519±0.05a
	M	36.30±0.17a	539.6±1.74a	45.15±4.13a	378.9±6.37a	1.004±0.21a	0.527±0.07a
	MNPK	36.72±0.55a	532.4±1.31a	44.57±1.25a	386.3±3.74a	1.005±0.08a	0.544±0.09a

注：表中不同小写字母表示不同处理在 $P<0.05$ 水平上呈显著差异；H/C 和 O/C 为元素比值，即摩尔比。下同。

相比，15 年间氮磷钾配施有机肥下黑土胡敏酸的碳、氮、氢元素含量分别提高 0.6%、4.3%、2.2%，氧和硫元素含量下降 1.4%；单施有机肥下黑土胡敏酸的碳、氮、氢元素含量较不施肥分别提高 0.6%、0.9%、1.8%，氧和硫元素含量下降 1.0%；氮磷钾配施下黑土胡敏酸的碳、氮元素含量较不施肥分别提高 1.7%、1.0%，氢、氧和硫元素含量分别下降 0.6% 和 2.2%；氮磷钾配施有机肥和单施有机肥可以提高黑土胡敏酸的碳、氮、氢元素含量，降低氧和硫元素含量；氮磷钾配施可以提高黑土胡敏酸的碳、氮元素含量，降低氢、氧和硫元素含量。

随着施肥年限的增加，氮磷钾配施有机肥和单施有机肥下黑土胡敏酸的碳、氮、氢元素含量呈增加趋势，氮磷钾配施下黑土胡敏酸的碳、氢元素含量呈降低趋势，氮元素含量呈增加趋势；施肥和不施肥下黑土胡敏酸的氧和硫元素含量均呈增加趋势。一般 H/C 和 O/C 的值是表征腐殖酸缩合度和氧化度的指标。H/C 值高，说明缩合度低；O/C 值高，表明氧化程度高。有机质缩合度增加，氧化程度降低，结构趋于复杂化。氮磷钾配施有机肥下黑土胡敏酸的 H/C 平均值较 1997 年提高 6.1%，2012 年较 1997 年表现为增加趋势。单施有机肥下黑土胡敏酸的 H/C 呈逐年增加趋势，平均值较 1997 年提高 0.3%。氮磷钾配施下黑土胡敏酸的 H/C 平均值较 1997 年下降 0.6%，2012 年较 1997 年表现为降低趋势。不施肥下黑土胡敏酸的碳、氮、氢元素含量均呈下降趋势，H/C 略有增加。

2. 黑土胡敏酸的热性质

不同施肥下黑土胡敏酸均出现低温吸热峰、中温和高温放热峰（图 10-14），低温吸热峰主要出现在 65～75℃，中温放热峰在 235～240℃，高峰放热峰在 435～520℃。中温放热峰表现为氮磷钾配施有机肥、单施有机肥高于氮磷钾配施和不施肥，高温放热峰表现为氮磷钾配施有机肥和单施有机肥施肥低于氮磷钾配施和不施肥。

不同施肥下黑土胡敏酸反应热存在一定的差异（表 10-6）。不同施肥下黑土胡敏酸总反应热（吸热+放热）的范围为 9.58～15.32kJ/g，15 年间不同施肥措施总反应热表现为单施有机肥＞氮磷钾配施有机肥＞氮磷钾配施＞不施肥。从 1997 年、2002 年、2008 年和 2012 年的高温/中温平均值来看，不施肥下黑土胡敏酸的高温/中温值最高（为 9.60），

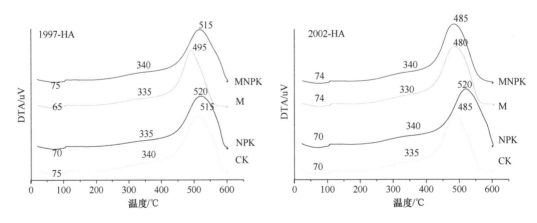

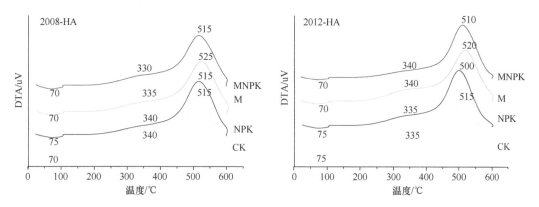

图 10-14　长期不同施肥下黑土胡敏酸的 DTA 曲线（1997 年、2002 年、2008 年及 2012 年）

表 10-6　长期不同施肥下黑土胡敏酸的反应热

年份	处理	低温峰温/℃	低温吸热/(kJ/g)	中温峰温/℃	中温放热/(kJ/g)	高温峰温/℃	高温放热/(kJ/g)	总反应热/(kJ/g)	高温/中温值
1997 年	CK	75	−0.68	340	1.16	515	11.14	11.62	9.60
	NPK	70	−0.75	335	1.25	520	11.07	11.57	8.86
	M	65	−0.76	335	1.63	495	14.45	15.32	8.87
	MNPK	75	−0.64	340	1.34	515	12.29	12.99	9.17
2002 年	CK	70	−0.77	335	1.21	520	9.62	10.06	7.95
	NPK	70	−0.79	340	1.85	485	12.08	13.14	6.53
	M	75	−0.74	330	1.71	480	12.34	13.31	7.22
	MNPK	75	−0.65	340	1.73	485	12.23	13.31	7.07
2008 年	CK	70	−0.8	340	1.23	515	9.15	9.58	7.44
	NPK	75	−0.69	340	1.36	515	9.16	9.83	6.74
	M	70	−0.79	335	1.44	525	9.60	10.25	6.67
	MNPK	70	−0.77	330	1.34	515	9.86	10.43	7.36
2012 年	CK	75	−0.66	335	1.41	515	9.42	10.17	6.68
	NPK	75	−0.73	335	1.79	500	10.9	11.96	6.09
	M	70	−0.59	340	1.63	520	10.67	11.71	6.55
	MNPK	70	−0.67	340	1.73	510	11.12	12.18	6.43

说明其分子中芳香结构相对较多，其次是氮磷钾配施有机肥，其高温/中温值为 9.17。单施有机肥下黑土胡敏酸的中温放热值最高为 1.71kJ/g，氮磷钾配施和氮磷钾配施有机肥的中温放热值分别为 1.95kJ/g 和 1.73kJ/g。随着施肥年限的增加，不施肥、单施有机肥、氮磷钾配施有机肥下土壤胡敏酸总反应热均呈现下降趋势，整体平均值较 1997 年分别下降 10.8%、17.4% 和 5.9%，氮磷钾配施基本保持不变。

3. 黑土胡敏酸的红外光谱特征

用红外光谱研究腐殖物质含氧官能团特性优于核磁共振 NMR 波谱，而研究整体的 C、H 结构则远不如核磁共振波谱。红外光谱各吸收波段具体归属见表 10-7。

表 10-7　红外光谱各吸收峰的归属

吸收频率（波数）/cm⁻¹	振动形式	基团
3407~3384	O—H 伸缩	酚类化合物、羟基官能团
2930~2920	C—H 伸缩	脂肪族化合物
1720	C=O 伸缩	羧基、醛、酮
1650~1640	C=O 伸缩	氨基化合物、羧化物
1630~1600	C=C 伸缩	芳环模式，烯烃
1570~1500	N—H 变形，C=N 伸缩	氨基化合物
1515~1510	芳香族 C=C 伸缩	木质素
1460~1450	C—H 伸缩	脂肪族化合物
1421~1410	O—H 变形，C—O 伸缩	芳香醚，酚
1320	C—N 伸缩	初级、二级芳香胺
1240~1220	C—O 伸缩，OH 变形	羧基
1080~1030	C—O 伸缩	多糖、多糖类物质

不同施肥条件下黑土胡敏酸的红外图谱具有相似的特征，但吸收强度不同（图 10-15）。不同施肥下黑土胡敏酸在 3400cm⁻¹、2920cm⁻¹、2850cm⁻¹、1720cm⁻¹、1620cm⁻¹、

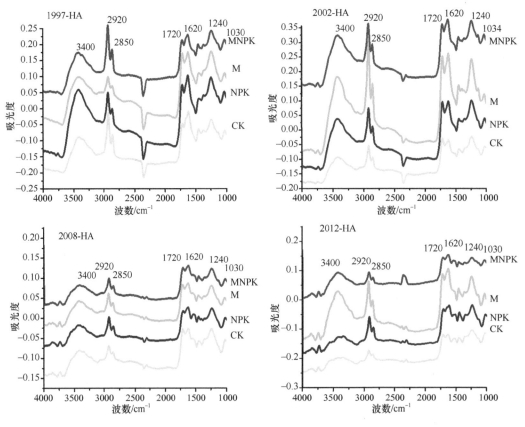

图 10-15　长期不同施肥下黑土胡敏酸的红外图谱

1240cm^{-1}、1330cm^{-1} 处均有吸收峰，在 2920cm^{-1}（脂肪族聚亚甲基）和 1620cm^{-1}（芳香类）处振动最为强烈。

不同施肥下黑土胡敏酸的红外吸收峰 2920/1620 值排序为氮磷钾配施有机肥＞单施有机肥＞不施肥＞氮磷钾配施，2920/1720 值排序为氮磷钾配施有机肥＞氮磷钾配施＞单施有机肥＞不施肥（表 10-8）。自 1997 年至 2012 年，和不施肥相比，氮磷钾配施有机肥和单施有机肥下黑土胡敏酸的红外吸收峰 2920/1620 值分别提高 21.5%和 16.9%；氮磷钾配施降低 1.6%。氮磷钾配施有机肥、氮磷钾配施、单施有机肥施肥下 2920/1720 分别提高 19.4%、9.9%、3.9%。随着施肥年限的增加，氮磷钾配施有机肥、单施有机肥下黑土胡敏酸的红外吸收峰 2920/1720、2920/1620、2920/2850 平均值均较 1997 年呈现增加趋势；氮磷钾配施下 2920/1620、2920/1720 平均值增加，2920/2850 略为降低；不施肥下 2920/1620、2920/1720、2920/2850 平均值略有增加。

表 10-8　长期不同施肥下黑土胡敏酸的红外光谱主要吸收峰的相对强度（半定量）

年份	处理	3400cm^{-1}	2920cm^{-1}	2850cm^{-1}	1720cm^{-1}	1620cm^{-1}	2920/1720	2920/1620	2920/2850
1997 年	MNPK	20.209	2.119	0.803	2.220	1.854	1.316	1.576	2.639
	M	42.775	2.582	1.641	1.843	4.566	2.291	0.925	1.573
	NPK	36.600	3.048	1.029	1.729	4.261	2.358	0.957	2.962
	CK	24.556	2.568	1.614	1.916	5.639	2.183	0.742	1.591
2002 年	MNPK	29.675	3.497	0.805	1.555	3.014	2.767	1.427	4.344
	M	42.846	3.507	2.907	1.672	5.200	3.836	1.233	1.206
	NPK	32.891	3.543	1.196	1.618	3.230	2.929	1.467	2.962
	CK	19.863	2.158	0.815	0.740	1.827	4.018	1.627	2.648
2008 年	MNPK	22.820	3.077	1.115	1.108	2.706	3.783	1.549	2.760
	M	19.767	2.599	0.836	1.672	1.529	2.054	2.247	3.109
	NPK	12.634	1.287	0.631	0.612	1.161	3.134	1.652	2.040
	CK	15.430	1.032	0.470	0.934	1.032	1.608	1.455	2.196
2012 年	MNPK	23.997	2.180	0.369	2.032	1.622	1.254	1.572	5.908
	M	24.124	2.059	1.077	2.304	3.033	1.361	1.034	1.912
	NPK	9.078	1.752	0.402	2.021	1.295	1.066	1.663	4.358
	CK	11.310	0.905	0.310	1.112	0.888	1.093	1.368	2.919

注：2920/1720 值为 2920+2850 处面积与 1720 处面积的比值；2920/1620 值为 2920+2850 处面积与 1620 处面积的比值；2920/2850 值为 2920 处面积与 2850 处面积的比值。

4. 黑土胡敏酸的 CPMAS ^{13}C-NMR 波谱

腐殖质的 ^{13}C 核磁共振波谱图中碳谱可划分为 4 个主要共振区，即烷基碳区（0～50ppm）、烷氧碳区（50～110ppm）、芳香碳区（110～160ppm）、羰基碳区（160～200ppm）。

不同施肥下黑土胡敏酸的烷氧碳吸收峰主要在 56ppm 和 72ppm 附近，归属为甲氧基碳的吸收和碳水化合物碳的吸收（图 10-16）。

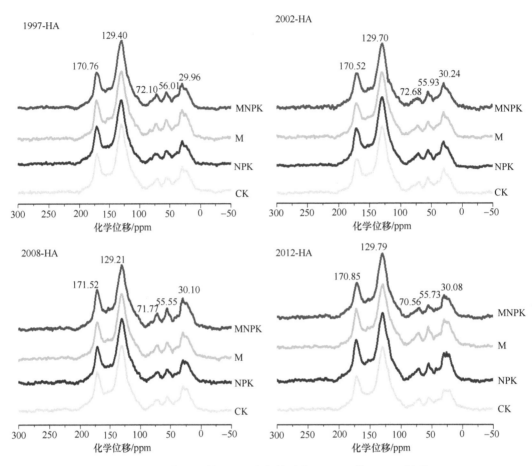

图 10-16　长期不同施肥下黑土胡敏酸的 CPMAS ^{13}C-NMR 波谱

长期不同施肥下黑土胡敏酸中烷基碳所占比例为 17.8%～21.8%，烷氧碳为 16.2%～18.9%，芳香碳为 41.1%～44.9%，羧基碳为 17.8%～20.3%（图 10-17）。与不施肥相比，1997～2012 年氮磷钾配施有机肥下黑土胡敏酸脂肪族碳和羧基碳所占比例分别提高 2.1% 和 7.7%，芳香碳下降 5.2%；单施有机肥下土壤胡敏酸脂肪族碳和羧基碳分别提高 1.9% 和 14.2%，芳香碳下降 2.5%；氮磷钾配施下土壤胡敏酸脂肪族碳所占比例下降 3.2%，芳香碳提高 0.7%，羧基碳提高 7.7%。

胡敏酸各官能团碳相对比例的变化，导致胡敏酸的脂肪族碳/芳香碳、烷基碳/烷氧碳和疏水碳/亲水碳的值也产生了规律性变化。从表 10-9 可以看出，与不施肥相比，氮磷钾配施有机肥下黑土胡敏酸的脂肪族碳/芳香碳、烷基碳/烷氧碳和疏水碳/亲水碳的值分别提高 8.3%、19.8% 和 1.0%；单施有机肥分别提高 4.8%、11.9% 和 1.2%；氮磷钾配施下黑土胡敏酸的脂肪族碳/芳香碳和疏水碳/亲水碳的值分别降低 2.4% 和 0.6%，烷基碳/烷氧碳增加 7.9%。

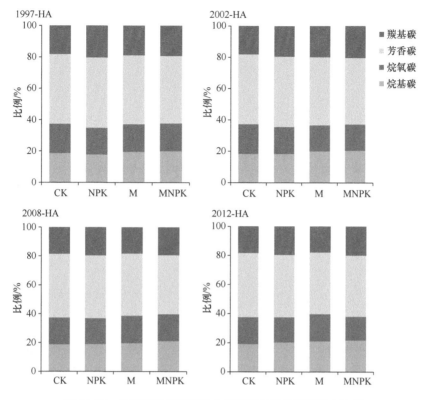

图 10-17　长期不同施肥下黑土胡敏酸各官能团碳所占比例

表 10-9　长期不同施肥黑土胡敏酸各官能团碳比值变化

年份	处理	脂肪族碳/芳香碳	烷基碳/烷氧碳	疏水碳/亲水碳
1997 年	CK	0.84±0.01a	1.00±0.07b	1.71±0.04a
	NPK	0.78±0.03b	1.04±0.05ab	1.67±0.05a
	M	0.85±0.02a	1.13±0.09ab	1.75±0.06a
	MNPK	0.88±0.03a	1.14±0.04a	1.71±0.02a
2002 年	CK	0.84±0.02a	0.97±0.02c	1.70±0.05a
	NPK	0.79±0.01c	1.07±0.04b	1.73±0.02a
	M	0.84±0.03a	1.20±0.06a	1.74±0.04a
	MNPK	0.88±0.01a	1.22±0.03a	1.70±0.05a
2008 年	CK	0.84±0.01c	1.03±0.04b	1.71±0.02a
	NPK	0.84±0.02c	1.07±0.02b	1.67±0.01b
	M	0.89±0.02b	1.05±0.03b	1.70±0.03a
	MNPK	0.97±0.01a	1.15±0.04a	1.65±0.01b
2012 年	CK	0.84±0.02c	1.04±0.03c	1.73±0.02a
	NPK	0.87±0.03bc	1.20±0.03b	1.73±0.07a
	M	0.94±0.01a	1.13±0.05b	1.74±0.02a
	MNPK	0.90±0.02ab	1.34±0.06a	1.77±0.05a

注：脂肪族碳/芳香碳＝（烷基碳＋烷氧碳）/芳香碳；疏水碳/亲水碳＝（烷基碳＋芳香碳）/（烷氧碳＋羧基碳）。

二、黑土胡敏素结构动态变化特征

1. 黑土胡敏素的元素组成

长期不同施肥下黑土胡敏素的碳含量为 394.6～506.8g/kg，氮含量为 13.60～21.88g/kg，氢含量为 29.41～42.56g/kg，氧和硫含量在 432.4～554.0g/kg（表 10-10）。不同施肥下土壤胡敏素的碳、氮、氢、氧和硫含量呈动态变化，和不施肥相比，氮磷钾配施有机肥下碳、氮、氢平均含量分别下降 10.6%、15.8%、6.5%，氧和硫含量增加 16.2%；O/C 和 H/C 的值分别提高 26.7%和1.2%；单施有机肥下黑土胡敏素的氢、氧和硫含量分别提高 0.3%和1.6%，碳、氮含量分别下降4.5%和8.8%；H/C 和 O/C 的值分别增加6.2%和10.1%；氮磷钾配施下黑土胡敏素的碳、氮、氢和 H/C 的值分别降低 1.5%、6.9%、2.7%、1.1%，氧和硫含量、O/C 均增加3.2%。

表 10-10　长期不同施肥下黑土胡敏素的元素组成

年份	处理	N/(g/kg)	C/(g/kg)	H/(g/kg)	(O+S)/(g/kg)	H/C	O/C
1997 年	CK	18.50±0.07a	506.8±5.33a	34.81±0.42a	437.9±5.95c	0.825±0.01b	0.648±0.02b
	NPK	17.25±0.12b	488.2±7.64b	34.63±0.27a	459.9±11.50bc	0.851±0.03b	0.706±0.05b
	M	17.67±0.08b	484.1±4.22b	34.83±0.31a	463.5±6.42b	0.863±0.02b	0.718±0.02b
	MNPK	13.60±0.14c	403.0±8.54c	29.41±0.43b	554.0±7.43a	0.876±0.02a	1.031±0.06a
2002 年	CK	18.30±0.05a	476.3±1.42b	32.69±1.24a	472.7±2.88b	0.823±0.02b	0.744±0.03b
	NPK	15.46±0.06c	483.1±4.25a	29.92±2.42c	471.5±3.52b	0.743±0.03c	0.732±0.03b
	M	17.34±0.04b	426.9±3.36c	33.39±1.40a	522.4±4.52a	0.939±0.02a	0.918±0.04a
	MNPK	17.31±0.03b	468.3±2.54bc	31.65±0.87b	482.8±6.44ab	0.811±0.04b	0.773±0.02b
2008 年	CK	17.48±0.03a	450.3±2.52a	35.84±0.87ab	496.4±5.78b	0.955±0.03b	0.827±0.02a
	NPK	17.67±0.04a	464.0±5.52a	36.31±1.26a	482.0±8.66b	0.939±0.03b	0.779±0.04b
	M	17.19±0.04a	432.4±3.25b	35.96±0.52ab	514.4±11.25a	0.998±0.02b	0.892±0.04a
	MNPK	17.28±0.05a	394.6±3.54b	34.86±0.34c	553.2±12.24a	1.060±0.04a	0.745±0.07b
2012 年	CK	21.88±0.16a	497.5±4.34a	39.13±3.46b	441.5±8.52b	0.944±0.02a	0.666±0.02b
	NPK	20.56±0.34a	466.8±6.02b	39.76±4.66b	472.8±14.32a	1.022±0.04a	0.760±0.06ab
	M	17.22±0.23b	500.8±5.47a	42.56±2.14a	432.4±5.52b	1.020±0.05a	0.648±0.06b
	MNPK	15.99±0.15c	459.9±4.83c	32.36±1.52c	491.8±7.45a	0.844±0.04b	0.802±0.08a

2. 黑土胡敏素的热性质

黑土胡敏素的差热分析 DTA 曲线显示，不同施肥措施均出现低温吸热峰、中温放热峰和高温放热峰（图 10-18）。低温吸热峰主要出现在 60～65℃，中温放热峰在 340～345℃，高峰放热峰在 465～525℃。不同施肥下黑土胡敏素的中温放热峰平均值基本相同，氮磷钾配施有机肥和单施有机肥下黑土胡敏素的高温放热峰低于氮磷钾配施和不施肥。

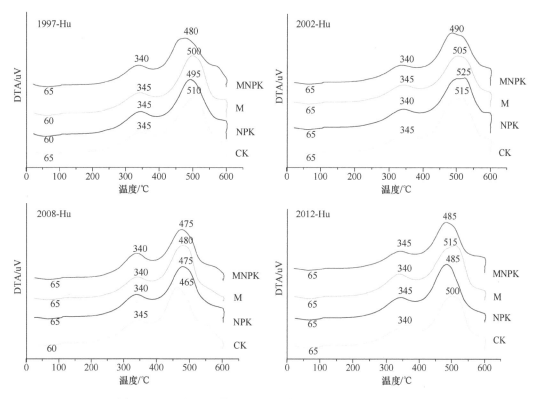

图 10-18 长期不同施肥下黑土胡敏素的差热分析 DTA 曲线

长期不同施肥下黑土胡敏素反应热存在一定的差异（表 10-11）。1997 年、2002 年、2008 年和 2012 年不施肥、氮磷钾配施、单施有机肥和氮磷钾配施有机肥下黑土胡敏素的总反应热（吸热+放热）的范围分别为 8.51～9.97kJ/g、8.46～10.12kJ/g、8.88～11.4kJ/g、8.97～10.33kJ/g。单施有机肥、氮磷钾配施有机肥、氮磷钾配施条件下黑土胡敏素的总反应热（吸热+放热）较不施肥分别提高 9.3%、3.2%、0.4%。氮磷钾配施有机肥和单施有机肥条件下黑土胡敏素的反应热平均值较 1997 年分别提高 6.0% 和 7.7%，氮磷钾配施较 1997 年下降 1.2%，不施肥较 1997 年提高 9.0%。中温放热值同样为氮磷钾配施有机肥、单施有机肥较 1997 年分别提高 5.7% 和 9.0%，氮磷钾配施较 1997 年降低 6.9%。

表 10-11 长期不同施肥下黑土胡敏素的反应热

年份	处理	低温峰温 /℃	低温吸热 /(kJ/g)	中温峰温 /℃	中温放热 /(kJ/g)	高温峰温 /℃	高温放热 /(kJ/g)	总反应热 /(kJ/g)	高温 /中温值
1997 年	CK	65	−0.87	345	2.43	510	6.95	8.51	2.86
	NPK	60	−0.37	345	2.75	495	6.8	9.18	2.47
	M	60	−0.41	345	2.66	500	7.17	9.42	2.70
	MNPK	65	−0.35	340	2.57	480	6.81	9.03	2.65
2002 年	CK	65	−0.27	345	2.04	515	6.96	8.73	3.41
	NPK	65	−0.28	340	2.35	525	6.39	8.46	2.72
	M	65	−0.24	345	2.19	505	6.93	8.88	3.16
	MNPK	65	−0.23	340	2.23	490	6.97	8.97	3.13

续表

年份	处理	低温峰温/℃	低温吸热/(kJ/g)	中温峰温/℃	中温放热/(kJ/g)	高温峰温/℃	高温放热/(kJ/g)	总反应热/(kJ/g)	高温/中温值
2008 年	CK	60	−0.22	345	2.73	465	7.46	9.97	2.73
	NPK	65	−0.20	340	2.99	475	6.73	9.52	2.25
	M	65	−0.29	340	3.32	480	8.38	11.41	2.52
	MNPK	65	−0.25	340	3.20	475	7.38	10.33	2.31
2012 年	CK	65	−0.33	340	2.69	500	7.55	9.91	2.81
	NPK	65	−0.28	345	2.16	485	7.24	10.12	3.35
	M	65	−0.35	340	3.44	490	7.78	10.87	2.26
	MNPK	65	−0.28	345	2.87	485	7.38	9.97	2.57

3. 黑土胡敏素的红外光谱特征

长期不同施肥条件下黑土胡敏素的吸收峰主要在 3400cm⁻¹（-NH₂、-NH 游离）、2920cm⁻¹（脂肪族中-CH₂-的-C-H 的伸缩振动）、2850cm⁻¹（-CH₂）、1620cm⁻¹（C=C，酰胺 II 带）、1520cm⁻¹（酰胺 II 带伸缩振动）、1420cm⁻¹（脂肪族 C-H 变形振动）、1240cm⁻¹（羧基上的 C-O 伸缩振动）、1030cm⁻¹ 左右处吸收峰（糖或脂肪族 C-O 伸缩振动）

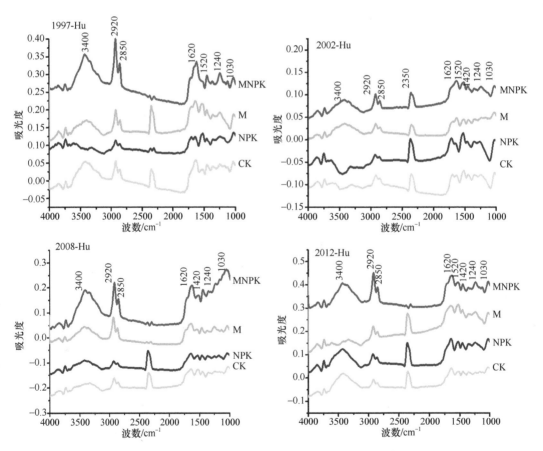

图 10-19　长期不同施肥下黑土胡敏素的红外光谱

（图 10-19）。不同施肥下黑土胡敏素的红外图谱具有相似的特征，但吸收强度不同。不同施肥下黑土胡敏素在 $2920cm^{-1}$（脂肪族聚亚甲基）和 $1620cm^{-1}$（芳香类）处振动最为剧烈。部分施肥措施在 $2350cm^{-1}$ 出现吸收峰。

自 1997 年至 2012 年的 15 年间，与不施肥相比，土壤胡敏素的 2920/1620 值表现为氮磷钾配施有机肥＞单施有机肥＞氮磷钾配施＞不施肥，2920/2850 值的大小顺序为单施有机肥＞氮磷钾配施有机肥＞氮磷钾配施＞不施肥（表 10-12）。随着施肥年限的增加，氮磷钾配施有机肥下黑土胡敏素的 2920/1620、2920/2850 值较 1997 年分别上升 6.1% 和 34.2%，而单施有机肥和氮磷钾配施下该比值则呈下降趋势。

表 10-12　长期不同施肥下黑土胡敏素的红外光谱主要吸收峰的相对强度（半定量）

年份	处理	$3400cm^{-1}$	$2920cm^{-1}$	$2850cm^{-1}$	$1620cm^{-1}$	$1520cm^{-1}$	$1420cm^{-1}$	$1240cm^{-1}$	$1030cm^{-1}$	2920/1620	2920/2850
1997 年	MNPK	20.027	2.093	1.808	2.871	0.585	1.082	0.414	1.163	1.359	1.158
	M	9.818	1.301	0.329	1.091	1.441	0.581	1.914	0.975	1.494	3.954
	NPK	24.878	1.640	1.413	2.302	0.381	1.311	2.140	1.200	1.326	1.161
	CK	0.844	0.787	0.606	2.594	1.565	0.424	1.163	0.680	0.537	1.299
2002 年	MNPK	11.634	1.127	0.740	2.696	1.163	0.506	1.632	0.685	0.693	1.523
	M	14.676	1.482	0.524	4.077	1.152	0.686	0.210	2.731	0.492	2.828
	NPK	—	0.365	0.244	2.180	1.637	0.707	1.114	0.645	0.279	1.496
	CK	—	0.148	0.690	2.398	1.204	0.425	1.397	0.889	0.349	0.214
2008 年	MNPK	2.518	5.296	2.966	4.038	0.563	1.092	0.336	5.379	2.046	1.786
	M	16.510	5.013	2.190	4.192	0.521	0.936	1.472	1.658	1.718	2.289
	NPK	10.016	0.762	0.667	2.030	0.702	0.717	0.147	0.685	0.704	1.142
	CK	1.198	1.636	0.675	3.621	1.260	0.731	0.319	2.359	0.638	2.424
2012 年	MNPK	17.983	4.367	2.495	4.106	0.815	0.671	1.210	1.007	1.671	1.750
	M	3.399	1.356	0.455	3.718	1.471	0.508	1.720	0.773	0.487	2.980
	NPK	13.275	0.433	0.220	3.832	1.072	0.625	1.305	0.862	0.170	1.968
	CK	22.002	1.075	0.620	3.729	0.903	0.702	0.211	2.191	0.455	1.734

注：2920/1620 的值为 2920+2850 处面积与 1620 处面积的比值；2920/2850 的值为 2920 处面积与 2850 处面积的比值。

4. 黑土胡敏素的 CPMAS ^{13}C-NMR 波谱特征

不同施肥下黑土胡敏素的烷基碳吸收峰在 29～30ppm 最为明显，这与黑土胡敏酸基本一致（图 10-20）。黑土胡敏素的烷氧碳吸收峰主要在 73ppm 附近，归属为碳水化合物碳的吸收。黑土胡敏酸和胡敏素的固态 CPMAS ^{13}C-NMR 各共振区吸收峰的位置基本一致，胡敏酸在烷氧碳区中 56ppm 多出一个吸收峰（为甲氧基碳）。

不同施肥下黑土胡敏素中烷基碳的比例为 21.7%～27.7%，烷氧碳为 25.6%～31.1%，芳香碳为 32.1%～41.2%，羧基碳为 9.9%～12.9%（图 10-21）。1997～2012 年的 15 年间，与不施肥相比，氮磷钾配施有机肥、单施有机肥和氮磷钾配施下土壤胡敏素的脂肪族碳分别提高 3.3%、1.2% 和 4.6%，芳香碳分别降低 2.0%、1.8% 和 2.9%。随着施肥年限的增加，氮磷钾配施有机肥、单施有机肥、氮磷钾配施和不施肥下土壤胡敏素的脂肪族碳平均含量较 1997 年分别提高 1.5%、3.2%、1.9% 和 4.8%，芳香碳分别下降 2.3%、6.7%、4.6% 和 3.1%（表 10-13）。

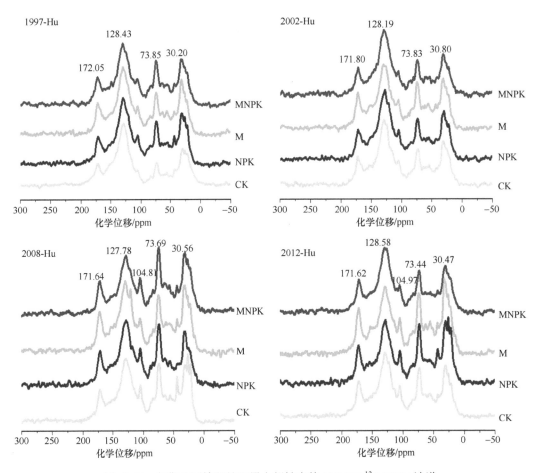

图 10-20　长期不同施肥处理黑土胡敏素的 CPMAS ^{13}C-NMR 波谱

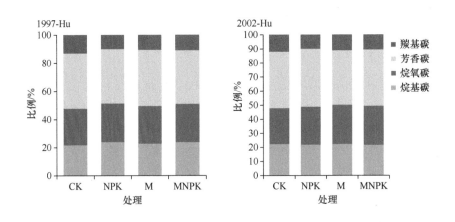

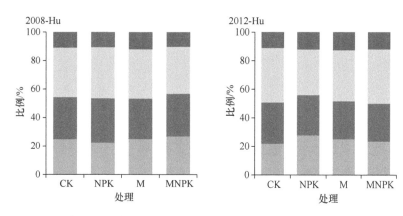

图 10-21 长期不同施肥下黑土胡敏素的各官能团碳所占比例

表 10-13 长期不同施肥下黑土胡敏素的各官能团碳比值变化

年份	处理	脂肪族碳/芳香碳	烷基碳/烷氧碳	疏水碳/亲水碳
1997 年	CK	1.22±0.01a	0.83±0.02a	1.56±0.06b
	NPK	1.33±0.02a	0.87±0.01a	1.68±0.12a
	M	1.23±0.02a	0.85±0.02a	1.69±0.10a
	MNPK	1.33±0.03a	0.87±0.02a	1.63±0.08a
2002 年	CK	1.19±0.01b	0.87±0.02a	1.66±0.03a
	NPK	1.19±0.02b	0.80±0.04a	1.70±0.12a
	M	1.30±0.04a	0.79±0.03a	1.56±0.07c
	MNPK	1.23±0.03a	0.77±0.06a	1.61±0.05b
2008 年	CK	1.56±0.02b	0.84±0.02b	1.48±0.04a
	NPK	1.48±0.02c	0.72±0.03c	1.40±0.12a
	M	1.53±0.04b	0.88±0.04b	1.48±0.08a
	MNPK	1.72±0.05a	0.90±0.05a	1.49±0.13a
2012 年	CK	1.32±0.02b	0.76±0.01b	1.51±0.05c
	NPK	1.73±0.06a	0.99±0.05a	1.49±0.12c
	M	1.44±0.04b	0.94±0.02a	1.55±0.09b
	MNPK	1.31±0.04b	0.89±0.03b	1.61±0.11a

注：脂肪族碳/芳香碳=（烷基碳+烷氧碳）/芳香碳；疏水碳/亲水碳=（烷基碳+芳香碳）/（烷氧碳+羧基碳）。

第五节 长期不同施肥下黑土有机碳与碳投入的响应

一、长期不同施肥下黑土不同大小颗粒碳储量变化

1. 黑土不同大小颗粒碳储量变化

长期不同施肥下黑土 0～20cm 土层粗砂粒碳储量的范围是 2.41～7.81mg/hm², 和不施肥（CK）相比，单施有机肥、氮磷配施有机肥和氮磷钾配施有机肥分别使土壤粗砂粒碳储量提高 135.3%、125.4%和 224.4%，而氮磷配施、氮磷钾配施下黑土粗砂粒碳储

量变化量和不施肥基本一致。长期施肥下黑土 0～20cm 土层细砂粒碳储量的范围是 5.93～6.64mg/hm²，与不施肥相比，施肥均降低了细砂粒碳储量（表 10-14）。长期施肥下黑土粉粒碳储量的范围是 17.93～26.22mg/hm²，与不施肥相比，单施有机肥和氮磷钾配施有机肥分别使粉粒碳储量显著降低了 16.9%和 12.0%，氮磷配施、氮磷配施有机肥、氮磷钾配施下分别使黑土粉粒碳储量增加了 5.9%、9.5%和 21.4%。黑土黏粒碳储量的范围是 6.29～9.85mg/hm²，与不施肥相比，单施有机肥、氮磷配施有机肥和氮磷钾配施有机肥分别使黏粒碳储量提高了 56.4%、56.5%和 33.5%，氮磷配施和氮磷钾配施分别提高了 24.5%和 5.7%。

表 10-14 长期不同施肥下黑土（0～20cm 和 20～40cm 土层）不同大小颗粒有机碳储量（2010 年）

土层	处理	粗砂粒碳储量/(mg/hm²)	细砂粒碳储量/(mg/hm²)	粉粒碳储量/(mg/hm²)	黏粒碳储量/(mg/hm²)
0～20cm	CK	2.41±0.12a	6.64±1.11	21.59±1.95ab	6.29±0.21a
	M	5.67±0.16b	6.19±0.79	17.93±1.50a	9.85±0.99c
	NP	2.68±0.33a	6.44±1.33	22.86±2.64ab	7.84±0.35ab
	NPM	5.43±0.23b	5.93±0.85	23.65±3.71ab	9.85±0.69c
	NPK	2.65±0.14a	6.11±0.48	26.22±0.92b	6.65±0.22a
	NPKM	7.81±0.07c	6.11±0.53	19.00±1.84ab	8.41±0.32bc
20～40cm	CK	1.45±0.30a	4.57±0.98a	16.99±2.48a	5.82±0.53a
	M	2.13±0.33ab	5.49±0.31a	16.37±0.79a	7.62±0.49b
	NP	1.74±0.43ab	7.40±2.35a	17.72±2.08a	6.12±0.36ab
	NPM	3.03±0.45b	5.08±0.91a	16.92±1.35a	6.95±0.20ab
	NPK	1.93±0.18ab	4.88±1.27a	16.46±0.50a	6.18±0.22ab
	NPKM	2.52±0.52ab	4.65±1.01a	18.08±1.14a	7.06±0.66ab

注：表中不同小写字母表示不同处理在 $P<0.05$ 水平上呈显著差异。下同。

长期不同施肥下黑土 20～40cm 土层粗砂粒碳储量分布在 1.45～3.03mg/hm²，与不施肥相比，氮磷配施有机肥黑土粗砂粒碳储量提高了 108.4%，而单施有机肥、氮磷配施、氮磷钾配施和氮磷钾配施有机肥下黑土粗砂粒碳储量分别提高了 46.4%、20.0%、32.6%和 73.5%（表 10-14）。长期不同施肥下黑土 20～40cm 土层细砂粒碳储量和粉粒碳储量的范围分别为 4.57～7.40mg/hm² 和 16.37～18.08mg/hm²，不同施肥之间无显著性差异（$P>0.05$）。不同施肥下黑土 20～40cm 土层黏粒碳储量分布在 5.82～7.62mg/hm²，与不施肥相比，单施有机肥显著提高了黏粒碳储量，提高比例为 30.8%，其他施肥下黏粒碳储量与不施肥之间差异不显著（$P>0.05$）。

2. 黑土不同大小颗粒碳富集系数

富集系数反映了某种元素在某种大小颗粒中的含量与这种元素在全土中的含量的比值，碳的富集系数（E_C）按下式计算：$E_C=$（g/kg 颗粒）/（g/kg 全土），当 $E_C>1$ 时，表明颗粒中碳是富集的；当 $E_C<1$ 时，表明碳是亏缺的（徐香茹等，2015）。长期施肥会显著影响黑土不同大小颗粒碳的富集系数。在黑土 0～20cm 土层，粗砂粒和黏粒的碳富集系数（E_C）>1，而细砂粒和粉粒的 E_C 值要小于 1（表 10-15）。和不施肥相比，长期施用有机肥（单施有机肥、氮磷配施有机肥、氮磷钾配施有机肥）能够显著增加黑土粗砂粒的碳富集系数 E_C 值，单施化肥（氮磷配施、氮磷钾配施）和不施肥无显著性差异。不同施肥之间黑土 0～20cm 土层细砂粒和黏粒碳富集系数基本一致，无显著性差异（$P>0.05$）。在黑土 0～20cm 土层，粉粒碳富集系数为氮磷钾配施最高，不施肥氮磷配施、氮磷配施有机肥、氮磷钾配施有机肥次之，单施有机肥最低。不同施肥黑土 20～40cm 土层粗砂粒的碳富集系数大于 1，其他颗粒的碳富集系数均小于 1。不同施肥下黑土 20～40cm 土层粗砂粒、粉粒、黏粒的碳富集系数之间无显著差异（$P>0.05$）。与不施肥相比，氮磷配施、氮磷配施有机肥显著提高了黑土 20～40cm 土层细砂粒的碳富集系数。

表 10-15　长期不同施肥黑土 0～20cm 有机碳富集系数（2010 年）

土层深度/cm	施肥处理	碳富集系数（E_C）			
		粗砂粒	细砂粒	粉粒	黏粒
0～20	CK	1.77±0.06a	0.76±0.07a	0.98±0.08b	1.33±0.03a
	M	2.23±0.05cd	0.74±0.04a	0.78±0.05a	1.31±0.02a
	NP	1.87±0.06ab	0.74±0.01a	0.95±0.05ab	1.35±0.01a
	NPM	2.04±0.10bc	0.66±0.02a	0.92±0.06ab	1.43±0.08a
	NPK	1.94±0.05ab	0.70±0.03a	1.03±0.06c	1.43±0.04a
	NPKM	2.30±0.04d	0.68±0.01a	0.90±0.01ab	1.33±0.03a
20～40	CK	1.66±0.27a	0.65±0.03a	0.92±0.10a	0.92±0.10a
	M	1.68±0.41a	0.70±0.05ab	0.90±0.06a	0.90±0.06a
	NP	1.79±0.39a	0.81±0.01c	0.90±0.05a	0.90±0.05a
	NPM	1.98±0.18a	0.77±0.04bc	0.98±0.01a	0.98±0.01a
	NPK	1.85±0.17a	0.67±0.02ab	0.97±0.11a	0.97±0.11a
	NPKM	1.25±0.14a	0.64±0.02a	0.93±0.06a	0.93±0.06a

二、长期不同施肥下黑土碳储量的变化

1. 黑土有机碳储量变化

长期不同施肥对黑土碳储量有明显影响，氮磷钾配施有机肥、施用二倍有机肥、氮肥配施有机肥和施用二倍氮肥有机肥下黑土碳储量提升显著，碳储量年变化速率为 0.07～0.22t/hm²，分别比初始值高了 0.14t/hm²、4.14t/hm²、0.9t/hm² 和 3.18t/hm²（表 10-16）。施用氮磷钾配施有机肥的最初 7 年，有机碳 TOC_Δ、TOC_{SR} 和 CSE_{TOC} 表现为降低，随后表现为持续升高（18 年）、略有升高（28 年）、降低（38 年），线性拟合均为正相关，年增加 0.052t/hm²，呈缓慢增加趋势。施用二倍有机肥（M_2）的有机碳 TOC_Δ、TOC_{SR} 和 CSE_{TOC} 均为正值，呈先降低后增加趋势，拟合达到显著水平（$P<0.05$），每年增加 0.208t/hm²。氮肥配施有机肥下碳储量变化量、固碳速率和投入碳转化效率均为正值，年增加 0.07t/hm²。施用二倍氮肥有机肥之初，碳储量就持续增加，但固碳速率已有所下降，对输入到土壤中碳的转化效率还在持续增加，线性拟合达到显著水平（$P<0.05$），每年增加 0.222t/hm²。

与施用氮磷钾配施最初 7 年的 TOC_{SR}-3.07t/hm² 相比，以后 30 多年土壤固碳速率有所提升，且土壤投入碳转化效率持续增加。氮磷钾配施和施用二倍氮肥与施肥年限间线性正相关，未达到显著水平（$P>0.05$）。平均碳输入量拟合方程为：$y_C=6.797x+33.823$，$R^2=0.908$（$P<0.01$），平均氮输入量拟合方程为：$y_N=6.646x+41.255$，$R^2=0.093$（$P>0.05$），其中平均碳输入与碳储量线性拟合达到极显著水平。

表 10-16　长期不同施肥下黑土碳储量、固碳速率和投入碳转化效率阶段差异

处理	碳储量变化 TOC_Δ/(t/hm²)				固碳速率 TOC_{SR}/[t/(hm²·a)]				投入碳转化效率 CES_{TOC}/%			
	7 年	18 年	28 年	38 年	7 年	18 年	28 年	38 年	7 年	18 年	28 年	38 年
CK	−1.59	−2.07	−4.29	−1.85	−0.23	−0.11	−0.15	−0.05	−1.90	−2.49	−5.21	−2.93
N	−2.61	−4.87	−5.65	−2.81	−0.37	−0.27	−0.20	−0.07	−2.91	−5.08	−6.03	−3.06
N_2	—	−0.03	−2.29	3.95	—	0.00	−0.10	0.12	—	−0.03	−2.07	3.78
NPK	−3.07	−1.54	−3.07	1.62	−0.44	−0.09	−0.11	0.04	−3.12	−1.48	−2.80	1.43
MNPK	−3.00	1.42	0.32	−2.29	−0.04	0.08	0.01	−0.06	−0.25	1.09	0.23	−1.60
M	−1.17	2.52	−2.16	1.61	−0.24	0.14	−0.08	0.04	−1.44	2.11	−1.71	1.29
M_2	—	3.85	1.21	7.53	—	0.32	0.06	0.24	—	2.85	0.76	4.74
MN	0.15	3.55	0.00	0.82	0.02	0.20	0.00	0.02	0.13	2.84	0.00	0.61
M_2N_2	—	2.71	2.87	4.16	—	0.23	0.13	0.13	—	1.63	1.64	2.43

2. 黑土有机碳饱和亏缺率和绝对固碳潜力

黑土 1979 年初始的稳定有机碳饱和亏缺率为 58.0%，经过 38 年的持续施肥，稳定有机碳饱和亏缺率呈现出了不同结果，不施肥、单施氮肥和施用二倍氮肥下黑土稳定有机碳饱和亏缺率高于初始值，饱和亏缺率增加（表 10-17）。单施有机肥线性拟合也呈正相关，但饱和亏缺率已低于初始值，稳定有机碳含量增加。氮磷钾配施黑土稳定有机碳饱和亏缺率略高于初始值，线性拟合呈降低趋势，未达到显著水平（$R^2=0.182$），变异系数（CV）为 4.3%～8.5%。与单施氮肥和施用二倍氮肥相比，氮肥配施有机肥、氮磷钾配施有机肥、施用二倍氮肥和施用二倍氮肥配施有机肥下黑土稳定有机碳饱和亏缺率显著降低，分别为 56.0%、56.6%、56.8% 和 55.5%，均低于初始值，其中施用二倍有机肥和施用二倍氮肥配施有机肥拟合均达到显著水平（$R^2=0.270$ 和 $R^2=0.276$）。

表 10-17　长期不同施肥下黑土有机碳饱和亏缺率变化（2017 年）

处理	饱和亏缺率/%	变异系数（CV）	拟合方程	R^2
CK	60.2 a	0.04	$y=0.052x-44.028$	0.066
N	59.1 a	0.05	$y=0.044x-28.859$	0.034
N_2	59.4 a	0.06	$y=-0.05x+159.422$	0.03
NPK	58.4 ab	0.06	$y=-0.109x+276.264$	0.182
MNPK	56.6 bc	0.04	$y=-0.056x+168.968$	0.057
M	56.1 bc	0.05	$y=0.023x+10.965$	0.007
M_2	56.8 bc	0.06	$y=-0.176x+408.29$	0.270*
MN	56.0 c	0.07	$y=-0.077x+209.9$	0.169
M_2N_2	55.5 c	0.09	$y=-0.21x+476.428$	0.276*

不施肥和单施氮肥下黑土有机碳饱和亏缺率变化速率 28 年之前变化速率均为正值，近 10 年平均变化速率分别为 –0.24% 和 –0.30%（表 10-18）。氮磷钾配施、施用二倍氮肥和施用二倍有机肥前 7 年稳定有机碳含量降低，之后表现为增加、降低和增加。单施有机肥、氮肥配施有机肥、氮磷钾配施有机肥下前 18 年稳定有机碳含量均呈增加趋势，之后表现为有机碳含量降低，平均变化速率为 0.49%、0.36% 和 0.11%，近 10 年单施有机肥和氮肥配施有机肥又呈增加趋势，氮磷钾配施有机肥下稳定有机碳含量持续降低，变化速率为 0.26%。

表 10-18　长期不同施肥下土壤有机碳饱和亏缺率变化速率（1979～2017 年）

施肥年限	饱和亏缺率年变化速率/%								
	CK	N	N_2	NPK	MNPK	M	M_2	MN	M_2N_2
0～7	0.23	0.10	0.52	0.26	–0.05	–0.07	0.49	–0.18	0.05
7～18	0.04	0.22	–0.27	–0.14	–0.16	–0.40	–0.47	–0.31	–0.22
18～28	0.22	0.08	0.22	0.16	0.11	0.49	0.25	0.36	–0.02
28～38	–0.24	–0.30	–0.61	–0.48	0.26	–0.39	–0.60	–0.08	–0.13

1979 年黑土绝对固碳潜力 CSP 初始值为 54.8t/hm^2（表 10-19）。不施肥和单施氮肥下黑土绝对固碳潜力已显著增加，分别为 56.9t/hm^2 和 53.6t/hm^2，线性拟合分别为正、负相关；施用二倍氮肥黑土绝对固碳潜力降低。施用二倍有机肥下黑土绝对固碳潜力为 54.7t/hm^2，与初始值持平，但线性拟合为负相关，未达到显著水平（R^2=0.025），单施氮肥、氮磷钾配施、氮磷钾配施有机肥、单施有机肥、氮肥配施有机肥和施用二倍氮肥配施有机肥的绝对固碳潜力降低，土壤稳定有机碳增加，除单施氮肥外线性拟合均为负相关，其中氮磷钾配施和氮肥配施有机肥拟合达到显著水平（$P<0.05$），与初始值相比，单施氮肥、氮磷钾配施、氮磷钾配施有机肥和施用 2 倍氮肥有机肥的土壤绝对固碳潜力仅略有下降，而单施有机肥和氮肥配施有机肥降低显著，表明单施有机肥和氮肥配施有机肥对土壤稳定有机碳含量的提升较大。

表 10-19　长期不同施肥下黑土固碳潜力变化（2017 年）

处理	绝对固碳潜力/(t/hm^2)	变异系数（CV）	拟合方程	R^2
CK	56.9 a	0.04	$y=0.049x–41.543$	0.066
N	53.6 b	0.05	$y=0.028x–2.115$	0.017
N_2	56.9 a	0.06	$y=–0.039x+134.458$	0.02
NPK	52.8 bc	0.06	$y=–0.111x+275.328$	0.228*
MNPK	52.8 bc	0.05	$y=–0.056x+165.554$	0.056
M	50.4 d	0.06	$y=–0.005x+39.737$	0.01
M_2	54.7 b	0.07	$y=–0.157x+367.879$	0.231
MN	51.2 cd	0.04	$y=–0.08x+211.619$	0.199*
M_2N_2	53.1 bc	0.08	$y=–0.193x+439.848$	0.256*

*拟合方程达到 5% 显著水平。

第六节 黑土有机质提升技术及其应用

一、黑土有机质的产量效应

不同施肥下黑土有机碳含量变化与小麦、大豆和玉米相对产量均呈极显著的线性正相关（$P<0.05$，图10-22），这说明土壤有机碳含量越高，3种作物的产量也越高。黑土有机碳含量每增 1g/kg，小麦、大豆和玉米产量分别增加 415.0kg/hm²、137.8kg/hm²、438.4kg/hm²。

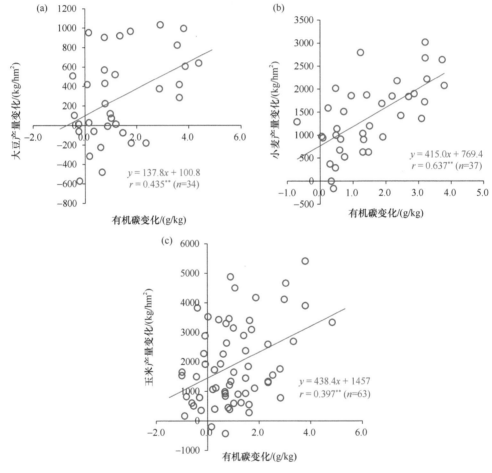

图 10-22 土壤有机碳含量与产量的关系

二、黑土有机质提升的技术原理及应用

1. 长期施用有机肥显著提高黑土有机质

长期有机-无机肥配施可以显著提高黑土有机质含量。有机肥料对增加土壤有机质

的效果优于化学肥料,施用有机粪肥或有机粪肥与化肥配施是增加土壤有机质的有效且重要的措施。土壤有机质含量的动态变化是由系统输入量和输出量的相对大小决定的,当系统的输入量大于输出量时,土壤有机质得到积累,土壤有机碳含量将随之提高(黄晶等,2015)。本研究中,单施化肥黑土有机碳含量均呈下降趋势,这与薄层黑土长期试验的研究结果类似(徐明岗等,2015)。有机肥对土壤碳库的提升作用,除了有机肥的直接补充之外,还可能与形成的土壤有机碳库组分及功能有关。由于不同施肥下形成的土壤有机碳库形态不同,尤其是施用有机肥芳香族碳的增加,直接影响到其矿化与腐殖化功能,进而影响其周转速率与固存速率(王飞等,2015)。长期有机-无机肥配施可增加化学抗性化合物和碳水化合物的积累,并且减缓活性组分的分解,提高粉粒和黏粒组分有机碳含量(毛霞丽等,2015)。化肥配施高量有机肥以及高量有机肥可以通过增加根际土壤有机碳含量、增加难降解成分烷基碳比例和芳香碳比例以及烷基碳/烷氧碳,促进根际土壤有机碳结构组分中难降解成分的增加,进而提升黑土固碳潜力(陈磊等,2022)。多数富含碳的有机质初始易于截获在粗砂粒中,随后在生物降解过程中向细砂粒、粉粒迁移,最终在黏粒中积累(徐香茹等,2015)。施用有机肥能够促进土壤有机碳在粗砂粒及黏粒中的富集,增强土壤物理团聚体和黏粒的保护作用,对土壤有机碳的稳定具有重要意义。

2. 黑土有机质提升和维持的外源有机物料施用量

黑土长期定位试验中各施肥措施有机碳储量增加量与其相应的累积碳投入量呈线性关系,一方面说明不同施肥下土壤的固碳速率均不同程度依赖于碳输入量,不同施肥措施下外源碳输入量的变化是造成土壤固碳差异的主要原因,化肥和有机肥配施可以促进土壤对外源碳的固定;另外,在连续种植作物后,有机物料如有机肥、作物根茬、根系及分泌物等的持续投入,黑土有机碳尚未达到饱和,仍具有一定的固碳潜力。

旱地黑土的固碳效率为 34.1%,即每年投入 100t 的有机物料,其中 34.1t 能进入土壤有机碳库。若要维持黑土有机碳库平衡,则每年至少投入 1.416t/hm^2 有机碳。20 年内黑土旱地土壤有机碳储量提升 5%,需再额外累积投入干马粪 231.2t/hm^2,年均投入 11.56t/hm^2;土壤有机碳储量提升 10%,需每年投入干马粪 12.11t/hm^2。

(马星竹　周宝库　郝小雨　张久明　陈　磊　郑　雨　赵　月　高中超)

参 考 文 献

陈磊,郝小雨,马星竹,等. 2022. 黑土根际土壤有机碳及结构对长期施肥的响应. 农业工程学报, 38(8): 72-78.

陈磊. 2020. 长期施肥对黑土有机碳氮库及大豆根际有机碳稳定性的影响. 北京: 中国农业科学院研究生院博士学位论文.

韩晓增,王凤仙,王凤菊,等. 2010. 长期施用有机肥对黑土肥力及作物产量的影响. 干旱地区农业研究, 28(1): 66-71.

韩晓增, 邹文秀. 2018. 我国东北黑土地保护与肥力提升的成效与建议. 中国科学院院刊, 33(2): 206-212.

黄晶, 张杨珠, 高菊生, 等. 2015. 长期施肥下红壤性水稻土有机碳储量变化特征. 应用生态学报, 26(11): 3373-3380.

梁尧, 蔡红光, 杨丽, 等. 2021. 玉米秸秆覆盖与深翻两种还田方式对黑土有机碳固持的影响. 农业工程学报, 37(1): 133-140.

毛霞丽, 陆扣萍, 孙涛, 等. 2015. 长期施肥下浙江稻田不同颗粒组分有机碳的稳定特征. 环境科学, 36(5): 1827-1835.

王飞, 李清华, 林诚, 等. 2015. 不同施肥模式对南方黄泥田耕层有机碳固存及生产力的影响. 植物营养与肥料学报, 21(6): 1447-1454.

魏丹, 匡恩俊, 迟凤琴, 等. 2016. 东北黑土资源现状与保护策略. 黑龙江农业科学, 1: 158-161.

辛景树, 汪景宽, 薛彦东. 2017. 东北黑土区耕地质量评价. 北京: 中国农业出版社.

徐明岗, 张文菊, 黄绍敏, 等. 2015. 中国土壤肥力演变(第 2 版). 北京: 中国农业科学技术出版社.

徐香茹, 骆坤, 周宝库, 等. 2015. 长期施肥条件下黑土有机碳、氮组分的分配与富集特征. 应用生态学报, 26(7): 1961-1968.

张久明. 2018. 轮作体系下长期施肥对黑土养分平衡与腐殖质组分及结构动态变化影响的研究. 沈阳: 沈阳农业大学博士学位论文.

第十一章　棕壤农田有机质演变特征及提升技术

棕壤区具有良好的生态条件，生物资源丰富，土壤肥力较高，是我国农业、林业、果木、药材等的重要生产基地。我国棕壤面积总计 2015.3 万 hm^2，以辽宁省棕壤面积最大，约为 497.63 万 hm^2，占全省土壤总面积的 36.32%。棕壤是辽宁省主要耕作土壤之一，主要分布于辽东山地丘陵及其山前倾斜平原、辽西山前倾斜平原和冲积平原。此外，棕壤还广泛分布在辽西山地的医巫闾山、松岭山和努鲁尔虎山的垂直带中，位于褐土和淋溶褐土之上；种植作物主要有玉米、大豆、花生等。

棕壤是辽宁省主要的地带性土壤，其开垦历史悠久，第二次土壤普查时期（1980 年）棕壤有机质平均含量达 28.02g/kg，至 2005 年降低为 17.10g/kg（降幅达 38.95%），这与人类耕作活动等的影响有关（刘慧屿，2011）。东北棕壤农田灌溉设施较少，多为雨养旱地农业，随着农用土地制度改革，农田破碎化程度加剧，造成土壤物理性状恶化和犁底层抬高，影响作物生长和农田水分、养分循环过程。此外，随着集约化程度的不断提高，为了追求粮食高产，大量施入高浓度复合肥，有机肥的用量逐年减少或几乎不施有机肥，加之土地资源的不合理利用，破坏了农田生态系统平衡，使土壤侵蚀日趋加剧。在这种形势下，棕壤原有肥沃的腐殖质层快速流失，有机质含量逐年降低，肥力严重下降。因此，在全国粮食需求不断增加的背景下，提高棕壤农田的生产能力仍然是该地区粮食增产的首要任务。大量研究表明，合理的农田管理措施（配施有机肥、秸秆还田等）能够提高土壤有机质含量，促进农田土壤固碳（兰宇等，2016；赵博等，2019），对于培肥地力、提高棕壤农田生产力具有重要意义。

第一节　棕壤农田肥料长期定位试验概况

棕壤肥料长期定位试验设在辽宁省沈阳市沈阳农业大学后山棕壤肥料试验站内（40°48'N，123°33'E）。试验区地处松辽平原南部的中心地带，海拔高度约88m，属于温带湿润-半湿润季风气候；年均气温 7.0～8.1℃，10℃以上积温 3300～3400℃，年降水量为 574～684mm，年蒸发量为 1435.6mm，无霜期 148～180d，年日照时数 2373h，5～9 月平均气温 20.7℃；适于玉米、大豆等大多数农作物生长，全生育期 130～150d，春季降水少，6～8 月降水较充沛。试验地土壤为旱地棕壤，成土母质为第四纪黄土性母质上的简育湿润淋溶土。肥料长期定位试验始于 1979 年，初始耕层（0～20cm）土壤基本理化性质如下：有机碳为 9.22g/kg，全氮为 0.8g/kg，全磷为 0.38g/kg，全钾为 21.1g/kg，碱解氮 106.0mg/kg，速效磷为 6.5mg/kg，速效钾为 98.0mg/kg，pH 为 6.5（Li et al.，2021；刘玉颖等，2022）。

试验采用裂区设计，主处理为化肥、低量有机肥、高量有机肥，副处理为不同化肥用量和搭配 5 个处理，共 15 个处理组合（表 11-1）：①不施肥（CK）；②化学氮磷肥（N_1P）；

③化学氮磷钾肥（N_1PK）；④低量化学氮肥（N_1）；⑤高量化学氮肥（N_2）；⑥低量有机肥（M_1）；⑦低量有机肥配施化学氮磷肥（M_1N_1P）；⑧低量有机肥配施化学氮磷钾肥（M_1N_1PK）；⑨低量有机肥配施低量化学氮肥（M_1N_1）；⑩低量有机肥配施高量化学氮肥（M_1N_2）；⑪高量有机肥（M_2）；⑫高量有机肥配施化学氮磷肥（M_2N_1P）；⑬高量有机肥配施化学氮磷钾肥（M_2N_1PK）；⑭高量有机肥配施低量化学氮肥（M_2N_1）；⑮高量有机肥配施高量化学氮肥（M_2N_2）。CK、M_1、M_2 处理有两次重复，其他处理无重复。采用玉米-玉米-大豆一年一熟轮作体系，每三年种植一季大豆，小区面积为 $160m^2$。

表 11-1　棕壤农田不同施肥处理及肥料施用量

处理		有机肥/(kg/hm²)	化肥		
			N/(kg/hm²)	P₂O₅/(kg/hm²)	K₂O/(kg/hm²)
化肥区	CK	0/0	0/0	0/0	0/0
	N_1	0/0	120/30	0/0	0/0
	N_2	0/0	180/60	0/0	0/0
	N_1P	0/0	120/30	60/90	0/0
	N_1PK	0/0	120/30	60/90	60/90
低量有机肥区	M_1	$13.5\times10^3/13.5\times10^3$	0/0	0/0	0/0
	M_1N_1	$13.5\times10^3/13.5\times10^3$	120/30	0/0	0/0
	M_1N_2	$13.5\times10^3/13.5\times10^3$	180/60	0/0	0/0
	M_1N_1P	$13.5\times10^3/13.5\times10^3$	120/30	60/90	0/0
	M_1N_1PK	$13.5\times10^3/13.5\times10^3$	120/30	60/90	60/90
高量有机肥区	M_2	$27.0\times10^3/27.0\times10^3$	0/0	0/0	0/0
	M_2N_1	$27.0\times10^3/27.0\times10^3$	120/30	0/0	0/0
	M_2N_2	$27.0\times10^3/27.0\times10^3$	180/60	0/0	0/0
	M_2N_1P	$27.0\times10^3/27.0\times10^3$	120/30	60/90	0/0
	M_2N_1PK	$27.0\times10^3/27.0\times10^3$	120/30	60/90	60/90

注：表中"/"前后分别代表玉米年份和大豆年份；有机肥用量为干重；1992～2020 年，种植大豆年份不再施入有机肥（$M_1=0kg/hm^2$，$M_2=0kg/hm^2$）。CK 为不施肥；N_1 为低量化学氮肥；N_2 为高量化学氮肥；N_1P 为化学氮磷肥；N_1PK 为化学氮磷钾肥；M_1 为低量有机肥；M_1N_1 为低量有机肥配施低量化学氮肥；M_1N_2 为低量有机肥配施高量化学氮肥；M_1N_1P 为低量有机肥配施化学氮磷肥；M_1N_1PK 为低量有机肥配施化学氮磷钾肥；M_2 为高量有机肥；M_2N_1 为高量有机肥配施低量化学氮肥；M_2N_2 为高量有机肥配施高量化学氮肥；M_2N_1P 为高量有机肥配施化学氮磷肥；M_2N_1PK 为高量有机肥配施化学氮磷钾肥。

各处理氮、磷和钾肥用量相同，有机肥采用猪厩肥，近 40 年平均养分含量如下：有机质为 14.40%，全氮（N）为 0.72%，全磷（P_2O_5）为 0.87%，全钾（K_2O）为 0.99%。氮肥为普通尿素（N，46%），磷肥为过磷酸钙（P_2O_5，12%～18%），钾肥为硫酸钾（K_2O，50%）。所有肥料均作为基肥，在播种前一次性撒施，拖拉机进行旋耕，与 0～20cm 耕层土壤混匀。玉米季与大豆季施量如表 11-1 所示。从 1992 年起，各有机肥处理中，玉米季正常施用有机肥，大豆季不再施用有机肥，化肥正常施用。供试玉米、大豆选择辽宁省主栽品种，每隔 5 年更换一次品种。玉米和大豆均于每年 4 月底进行施肥、起垄、播种。玉米垄宽为 60cm，株距 27cm，播种量 6000 株/hm²；大豆垄宽为 60cm，株距 11cm，播种量 150 000 株/hm²。玉米、大豆均利用自然降水，整个生育期无灌溉，按常规进行田间管理；9 月末至 10 月初进行小区测产、收获和采样，收获后移除秸秆、根茬还田。

第二节　长期不同施肥下棕壤有机质演变特征

一、长期不同施肥棕壤耕层（0～20cm）有机质含量变化

在施化肥区，42 年后不同施肥处理土壤有机质含量与试验起始年份相比，均表现出降低趋势（图 11-1），平均降幅为 2.85%～9.13%。其中，施用高量氮肥处理降幅最大，降幅达 9.13%；其次是施用低量氮肥，降幅为 6.58%。这说明单独施用化学氮肥导致棕壤有机质含量不断降低，且随着氮肥用量的增加，其降低幅度增大。化学氮磷肥配施或氮磷钾肥配施处理土壤有机质也处于不断降低趋势，其平均含量与试验初始土壤有机质含量相比分别下降 2.85% 和 4.41%。这也说明长期施用化学肥料会引起棕壤表层土壤有机质含量下降。

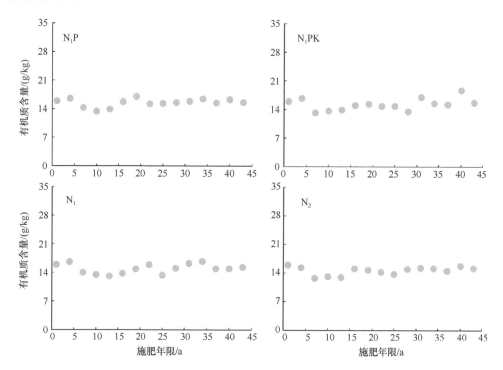

图 11-1　不同化肥配施下 0～20cm 土层棕壤有机质含量的变化（1979～2020 年）
N_1 为低量氮肥；N_2 为高量氮肥；N_1P 为氮磷肥；N_1PK 为氮磷钾肥

在低量有机肥区，各施肥处理土壤有机质含量呈增加趋势，且与施肥年限呈显著的线性相关关系（图 11-2）。在试验的前 10 年，土壤有机质含量增加幅度不明显，甚至个别年份土壤有机质含量反而降低。此后，各配施有机肥处理土壤有机质含量呈现出稳定的增加趋势。施肥 42 年，低量有机肥区各处理土壤有机质平均含量顺序为：低量有机肥配施氮磷钾肥＞低量有机肥配施氮磷肥＞低量有机肥配施高量氮肥＞低量有机肥配

施低量氮肥；有机质平均含量分别为 18.35g/kg、18.14g/kg、17.69g/kg 和 17.45g/kg，较试验初始土壤有机质含量增加了 10.42%~16.48%。低量有机肥配施氮磷钾肥对提升土壤有机质效果最好。低量有机肥配施化肥下每年肥料投入土壤的碳素相同，但由于作物产量不同，且每年作物以根茬、地上部分残茬等形式归还的碳含量不同，导致碳投入产生差异，土壤有机质含量不同。采用低量有机肥配施氮磷钾肥对提升土壤有机质含量的效果好于低量有机肥配施氮磷肥或配施氮肥。

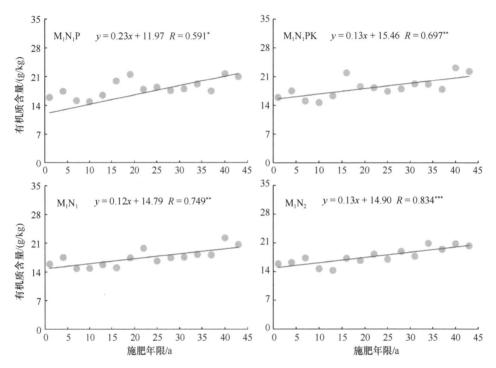

图 11-2　低量有机肥配施化肥下 0~20cm 土层棕壤有机质含量的变化（1979~2020 年）

线性方程中，y 表示土壤有机质含量（g/kg），x 为施肥年限（a）；*表示呈显著正相关（$P<0.05$），**表示呈极显著正相关（$P<0.01$），***表示呈极显著正相关（$P<0.001$）。M_1N_1 为低量有机肥配施低量氮肥；M_1N_2 为低量有机肥配施高量氮肥；M_1N_1P 为低量有机肥配施氮磷肥；M_1N_1PK 为低量有机肥配施氮磷钾肥

在高量有机肥区，各施肥处理土壤有机质含量变化规律与低量有机肥区基本一致，土壤表层有机质含量呈显著增加趋势，增加幅度高于低量有机肥区，且与施肥年限呈显著的线性相关关系（图 11-3）。施肥 42 年，土壤有机质平均含量顺序为：高量有机肥配

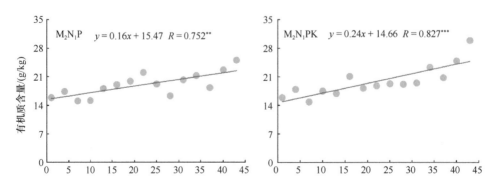

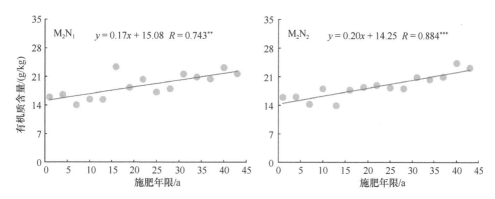

图 11-3 高量有机肥配施化肥下 0～20cm 土层棕壤有机质含量的变化（1979～2020 年）

线性方程中，y 表示土壤有机质含量（g/kg），x 为施肥年限（年）；*表示显著正相关（$P<0.05$），**表示极显著正相关（$P<0.01$），***表示极显著正相关（$P<0.001$）。M_2N_1 为高量有机肥配施低量氮肥；M_2N_2 为高量有机肥配施高量氮肥；M_2N_1P 为高量有机肥配施氮磷肥；M_2N_1PK 为高量有机肥配施氮磷钾肥

施氮磷钾肥＞高量有机肥配施氮磷肥＞高量有机肥配施低量氮肥＞高量有机肥配施高量氮肥；有机质平均含量分别为 19.85g/kg、19.04g/kg、18.78g/kg 和 18.57g/kg，较试验初始土壤有机质平均含量增加 18.01%～26.65%。采用有机肥配施化肥对维持或提升棕壤表层土壤有机质含量起着至关重要的作用。

二、长期不同施肥下棕壤有机碳储量变化

施用化肥 42 年（2020 年），土壤 0～20cm 土层有机碳储量为 23.65～28.16t/hm²，年均变化量为 –0.052～0.054t/(hm²·a)（表 11-2）。不施肥处理土壤碳储量最低，为 23.65t/hm²，较试验初始土壤碳储量总量降低了 2.03t/hm²，降幅为 7.90%，平均每年每公顷降低 0.05t。低量氮肥、高量氮肥和氮磷肥配施处理土壤有机碳储量处于增加趋势，增加量分别为 1.46t/hm²、2.12t/hm² 和 2.49t/hm²，氮磷钾肥配施处理土壤碳储量有降低趋势（降低 0.23t/hm²），与试验初始土壤相比降低了 0.91%，这与氮磷钾化肥配施无外源碳输入，主要由作物残茬归还土壤，而氮磷钾化肥配施的作物产量较高，作物携出量高于归还量有关。

低量有机肥区，各处理土壤有机碳储量均处于增加趋势，耕层土壤有机碳储量为 32.34～34.13t/hm²，年均变化量为 0.048～0.092t/(hm²·a)。低量有机肥配施氮磷钾肥处理土壤有机碳储量最高，为 34.13t/hm²，与其他施肥措施相比（M_1、M_1N_1、M_1N_2、M_1N_1P），土壤有机碳储量分别提高了 0.43%、4.77%、4.60% 和 5.55%，说明氮磷钾肥配施有机肥对提高表层土壤有机碳储量作用明显高于化肥偏施配施有机肥。低量有机肥配施氮肥处理土壤有机碳储量比低量有机肥配施氮磷肥处理高 0.76%，说明在有机肥配施氮肥的基础上，增加磷肥的投入对表层土壤有机碳储量含量影响不大。

高量有机肥区，各处理耕层土壤有机碳储量为 30.70～45.11t/hm²，年均变化量为 0.028～0.111t/(hm²·a)，所有施肥处理土壤有机碳储量均处于增加趋势，且高于对应的低量有机肥。其中，高量有机肥配施氮磷钾肥处理土壤有机碳储量最高（45.11t/hm²），与其他施肥处理间差异显著，增幅为 13.77%～46.96%。当有机肥用量较高时，有机肥对土壤有机碳储量提升作用低于有机肥与化肥配合施用。

表 11-2 长期施肥下棕壤耕层有机碳储量（2020 年）

处理		有机碳储量/(t/hm²)	变化量/(t/hm²)	年变化量/ [t/(hm²·a)]
化肥区	CK	23.65k	−2.03	−0.052
	N₁	27.14i	1.46	0.016
	N₂	27.81hi	2.12	0.019
	N₁P	28.16h	2.49	0.054
	N₁PK	25.44j	−0.23	−0.024
低量有机肥区	M₁	34.01e	8.31	0.092
	M₁N₁	32.58f	6.90	0.048
	M₁N₂	32.64f	6.95	0.073
	M₁N₁P	32.34f	6.66	0.061
	M₁N₁PK	34.13e	8.45	0.064
高量有机肥区	M₂	39.65b	13.96	0.108
	M₂N₁	30.70g	5.01	0.028
	M₂N₂	36.77d	11.08	0.098
	M₂N₁P	38.38c	12.70	0.091
	M₂N₁PK	45.11a	19.42	0.111

注：同一列不同小写字母表示化肥区、低量有机肥区和高量有机肥区各处理间差异显著（$P<0.05$）。CK 为不施肥；N₁ 为低量氮肥；N₂ 为高量氮肥；N₁P 为氮磷肥；N₁PK 为氮磷钾肥；M₁ 为低量有机肥；M₁N₁ 为低量有机肥配施低量氮肥；M₁N₂ 为低量有机肥配施高量氮肥；M₁N₁P 为低量有机肥配施氮磷肥；M₁N₁PK 为低量有机肥配施氮磷钾肥；M₂ 为高量有机肥；M₂N₁ 为高量有机肥配施低量氮肥；M₂N₂ 为高量有机肥配施高量氮肥；M₂N₁P 为高量有机肥配施氮磷肥；M₂N₁PK 为高量有机肥配施氮磷钾肥

第三节　长期不同施肥下棕壤有机碳组分演变特征

一、长期不同施肥下棕壤游离态颗粒有机碳的变化

土壤游离态颗粒有机碳主要由半分解的植物残体和真菌菌丝孢子等组成，较土壤总有机碳周转速率快，对土地利用方式和管理措施响应灵敏，被认为是预测土壤有机碳变化的指示器（韩晓日等，2008a；2008b）。长期不同施肥下，土壤游离态颗粒有机碳组分浓度表现出不同的分布特征（表 11-3）。有机碳组分浓度与有机碳组分含量不同，有机碳组分浓度是这个组分中的有机碳含量，有机碳组分含量是这个组分在整个土体中的占比。单施化肥的土壤游离态颗粒有机碳组分浓度为 1.63～2.82g/kg，平均值为 2.38g/kg。单施化肥各处理均较不施肥处理有所降低，平均减少 24.2%。长期单施化肥破坏了土壤大团聚体，使游离态颗粒有机物缺乏物理保护，易受到微生物的作用。有机-无机肥配施土壤游离态颗粒有机碳组分浓度在 2.51～3.05g/kg 范围内变化，平均值为 2.80g/kg，较不施肥降低了 10.72%。高量和低量有机肥配施化肥以高量有机肥配施氮磷钾肥的土壤游离态颗粒有机碳组分浓度最高，达 3.05g/kg，显著高于其他施肥措施；除高量有机肥配施氮磷肥外，高量有机肥区土壤游离态颗粒有机碳组分浓度均高于低量有机肥区对应处理。

土壤全土游离态颗粒有机碳主要取决于近期有机物投入的数量和质量（王玲莉等，2008）。不同施肥间土壤游离态颗粒有机碳浓度差异显著（表11-3）。单施化肥时土壤游离态颗粒有机碳浓度为 1.11～1.21g/kg，平均值为 1.16g/kg，较不施肥降低了 0.11～0.21g/kg，降幅为 8.83%～15.91%。施化肥与不施肥区相比，单施有机肥或有机肥配施化肥，土壤游离态颗粒有机碳浓度均显著提高。其中，低量有机肥与高量有机肥单施的土壤游离态颗粒有机碳浓度分别为1.91g/kg 和 1.96g/kg，分别较不施肥增加了44.70%和48.48%；低量与高量有机肥配施化肥较单施化肥土壤游离态颗粒有机碳浓度平均增加了70.11%和74.71%，可见，高量有机肥更有利于提高土壤游离态颗粒有机碳浓度。总之，土壤游离态颗粒有机碳浓度表现为高量有机肥＞低量有机肥＞不施肥＞单施化肥。施用有机肥有利于土壤游离态颗粒有机碳的形成。

表 11-3　长期不同施肥下棕壤游离态颗粒有机碳含量（2005 年）

处理	FPOM 组分含量/‰	FPOC 组分浓度/(g/kg)	全土 FPOC 浓度/(g/kg)
CK	4.19±0.041d	3.14±3.01b	1.32±0.01e
N_1	4.11±0.043d	2.82±3.24d	1.16±0.011g
N_1P	7.45±0.069b	1.63±1.66g	1.21±0.01f
N_1PK	4.11±0.044d	2.69±2.59e	1.11±0.02g
M_1	5.73±0.052c	3.34±3.05a	1.91±0.01d
M_1N_1	6.77±0.071c	2.84±2.88d	1.92±0.02d
M_1N_1P	6.85±0.065c	2.80±2.45d	1.92±0.01d
M_1N_1PK	8.27±0.078a	2.51±2.05f	2.08±0.01a
M_2	6.69±0.062c	2.93±2.22d	1.96±0.02cd
M_2N_1	7.25±0.071c	2.89±3.01d	2.10±0.02a
M_2N_1P	7.30±0.064b	2.73±2.56e	1.94±0.01bc
M_2N_1PK	6.71±0.058c	3.05±3.01c	2.04±0.02ab

注：FPOM 为土壤游离态颗粒有机物，FPOC 为土壤游离态颗粒有机碳。同一列不同小写字母表示化肥区、低量有机肥区和高量有机肥区各处理间差异显著（$P<0.05$）。CK 为不施肥；N_1 为低量氮肥；N_1P 为氮磷肥；N_1PK 为氮磷钾肥；M_1 为低量有机肥；M_1N_1 为低量有机肥配施低量氮肥；M_1N_1P 为低量有机肥配施氮磷肥；M_1N_1PK 为低量有机肥配施氮磷钾肥；M_2 为高量有机肥；M_2N_1 为高量有机肥配施低量氮肥；M_2N_1P 为高量有机肥配施氮磷肥；M_2N_1PK 为高量有机肥配施氮磷钾肥。

二、长期施肥下棕壤闭蓄态颗粒有机碳含量的变化

土壤闭蓄态颗粒有机碳（OPOC）被土壤团聚体包裹使得微生物难以到达，往往表现出比游离态颗粒有机碳更低的分解程度（Angelika and Kogelknabner，2004；张丽梅等，2014）。长期不同施肥处理土壤闭蓄态颗粒有机碳组分浓度差异显著（表11-4），总的变化趋势为有机肥区＞不施肥区＞化肥区。单施氮肥处理土壤闭蓄态颗粒有机碳组分浓度显著降低，且与氮磷肥配施、氮磷钾肥配施处理间差异显著。单施氮肥和氮磷肥配施处理与不施肥相比，土壤闭蓄态颗粒有机碳组分浓度分别减少了 12.51%和1.03%。单施有机肥以及有机-无机肥配合施用均显著提高了土壤闭蓄态颗粒有机碳组

分浓度。有机肥区各处理土壤闭蓄态颗粒有机碳组分浓度和不施肥处理相比均显著增加（$P<0.05$），在 15.03～17.92g/kg 范围内变动，平均值为 16.37g/kg，且各施肥处理间差异显著，较不施肥增加了 20.48%，可见，配施有机肥可以显著提高土壤闭蓄态颗粒有机碳组分浓度。

表 11-4　长期不同施肥下棕壤闭蓄态颗粒有机碳含量（2005 年）

处理	OPOM 组分含量/‰	OPOC 组分浓度/(g/kg)	全土 OPOC 浓度/(g/kg)
CK	78.5±0.71f	13.59±0.12f	1.07±0.01d
N_1	84.6±0.81de	11.89±0.13g	1.01±0.01d
N_1P	75.2±0.71g	13.45±0.14f	1.01±0.02d
N_1PK	69.6±0.66h	14.04±0.14f	0.98±0.01d
M_1	79.1±0.72f	17.78±0.16a	1.41±0.01c
M_1N_1	95.1±0.87b	15.68±0.15d	1.49±0.02b
M_1N_1P	93.5±0.92bc	15.03±0.15e	1.41±0.02c
M_1N_1PK	92.5±0.83c	17.12±0.18b	1.58±0.01a
M_2	99.1±0.95a	15.43±0.14de	1.53±0.01ab
M_2N_1	86.0±0.82d	16.67±0.15c	1.43±0.01b
M_2N_1P	83.3±0.77e	17.92±0.17a	1.49±0.01b
M_2N_1PK	91.2±0.87c	15.36±0.15e	1.40±0.01c

注：OPOM 表示土壤闭蓄颗粒有机物，OPOC 表示为土壤闭蓄态颗粒有机碳。同一列不同小写字母表示化肥区、低量有机肥区和高量有机肥区各处理间差异显著（$P<0.05$）。施肥处理同上表。

长期不同施肥土壤全土闭蓄态颗粒有机碳浓度的大小顺序为有机肥区＞不施肥区≈化肥区。化肥区各处理土壤闭蓄态颗粒有机碳浓度范围为 0.98～1.01g/kg，平均值为 1.00g/kg，与不施肥处理间无显著差异（$P>0.05$）。有机肥配施化肥处理土壤闭蓄态颗粒有机碳浓度范围为 1.40～1.58g/kg，平均值为 1.47g/kg，与不施肥相比增加了 0.40g/kg，增幅为 37.38%；与化肥区相比增加了 0.47g/kg，增幅为 47.08%。其中，低量有机肥配施化肥各处理（M_1N_1、M_1N_1P、M_1N_1PK）土壤闭蓄态颗粒有机碳浓度平均值为 1.49g/kg，较其对应的各施化肥处理（N_1、N_1P、N_1PK）土壤分别增加了 0.48g/kg、0.40g/kg、0.60g/kg，增幅分别为 47.52%、39.60%、61.22%。高量有机肥区各配施化肥处理（M_2N_1、M_2N_1P、M_2N_1PK）土壤闭蓄态颗粒有机碳浓度平均值为 1.44g/kg，较其对应的各施化肥处理（N_1、N_1P、N_1PK）土壤分别增加了 0.42g/kg、0.48g/kg、0.42g/kg，增幅分别为 41.58%、47.52%、42.86%。施用有机肥有利于土壤团聚体的形成和稳定，更进一步保护了土壤闭蓄态颗粒有机碳。单施高量有机肥处理土壤闭蓄态颗粒有机碳浓度较单施低量有机肥处理增加了 0.12g/kg，增幅为 8.51%，差异达显著水平（$P<0.05$）。高量有机肥区与低量有机肥区整体相比，并无升高趋势。

三、长期不同施肥下棕壤矿物结合态有机碳含量的变化

土壤矿物结合态有机碳（MOC）也被称为与土壤砂粒结合的有机碳，一般认为是土壤有机碳中的稳定组分，总体上代表了土壤矿物等的吸附保护，对土壤有机碳的管理措

施反应不敏感，决定了土壤有机碳的保护能力（Hassink，1997；高梦雨等，2018）。长期不同施肥土壤矿物结合态有机物组分含量变化趋势与土壤游离态颗粒有机物、闭蓄态颗粒有机物组分含量的变化不同（表 11-5）。总的变化趋势为化肥区＞不施肥区＞有机肥区。化肥区各处理土壤矿物结合态有机物组分含量为 910.9‰～926.0‰，平均值为 917.8‰；有机肥区各处理土壤矿物结合态有机物组分含量最低，平均值为 902.5‰，较不施肥降低了 1.55%，比化肥区平均含量降低了 1.67%。长期不施肥土壤矿物结合态有机物组分含量较高，其组分的有机碳浓度最低为 6.55g/kg。化肥区各处理土壤矿物结合态有机碳组分浓度介于 7.87～8.35g/kg，平均值为 8.10g/kg，较不施肥处理增加了 23.61%，且处理间差异显著（$P<0.05$）。有机肥区各处理土壤矿物结合态有机碳组分浓度最高，平均值为 8.36g/kg，比单施化肥处理平均土壤矿物结合态有机碳组分浓度提高了 3.21%，且差异显著（$P<0.05$）。从有机肥用量上看，施用高量有机肥各处理土壤矿物结合态有机碳组分浓度显著高于施用低量有机肥各处理，增幅为 11.69%。有机肥的输入明显提高了土壤惰性有机物质自身碳浓度。

表 11-5　长期不同施肥下棕壤矿物结合态有机碳含量（2005 年）

处理	MOM 组分含量/‰	MOC 组分浓度/(g/kg)	全土 MOC 浓度/(g/kg)
CK	916.7±9.3b	6.55±0.05g	6.01±0.05h
N_1	910.9±7.0bcd	8.07±0.07cde	7.35±0.06ef
N_1P	916.6±9.1b	7.87±0.07e	7.21±0.07f
N_1PK	926.0±8.0a	8.35±0.08cd	7.73±0.07cd
M_1	914.5±9.4bc	8.27±0.08cde	7.56±0.05de
M_1N_1	897.8±8.0fg	7.24±0.06f	6.50±0.05g
M_1N_1P	898.9±9.6efg	8.46±0.08c	7.60±0.07de
M_1N_1PK	898.8±7.0efg	8.02±0.08cde	7.21±0.06f
M_2	893.7±9.0g	9.06±0.08b	8.09±0.08bc
M_2N_1	905.8±8.6def	9.42±0.08a	8.53±0.09a
M_2N_1P	908.8±7.3bcde	7.91±0.06de	7.19±0.07f
M_2N_1PK	901.4±9.2efg	9.11±0.08b	8.21±0.08ab

注：MOM 表示土壤矿物结合态有机物，MOC 表示土壤矿物结合态有机碳。同一列不同小写字母表示化肥区、低量有机肥区和高量有机肥区各处理间差异显著（$P<0.05$）。施肥处理同上表。

施肥显著提高了土壤全土矿物结合态有机碳浓度，且处理间差异显著（$P<0.05$）。单施化肥各处理土壤矿物结合态有机碳浓度为 7.21～7.73g/kg，平均值为 7.43g/kg，较不施肥处理增加了 23.63%。有机肥和有机肥配施化肥各处理土壤矿物结合态有机碳浓度范围为 6.50～8.53g/kg，平均值为 7.61g/kg，较不施肥处理显著提高，平均高出 1.60g/kg，增幅为 26.64%。低量有机肥区各处理土壤矿物结合态有机碳浓度平均值为 7.22g/kg，较不施肥增加了 1.21g/kg，增幅为 20.09%；与化肥区相比，低量有机肥配施氮肥处理土壤矿物结合态有机碳浓度有所降低。高量有机肥区各处理土壤矿物结合态有机碳浓度平均值为 8.01g/kg，较不施肥增加了 2.00g/kg，增幅为 33.19%；与化肥区相比增加了 0.58g/kg，

增幅为 7.81%。单施有机肥处理间（M_1、M_2）土壤矿物结合态有机碳浓度差异显著，单施高量有机肥与低量有机肥处理相比，土壤矿物结合态有机碳浓度增加 0.53g/kg，提高了 7.01%。高量有机-无机肥配施各处理较低量有机-无机肥配施平均增加 10.94%。总体上，土壤矿物结合态有机碳浓度变化趋势与土壤总有机碳类似。

施肥均可以提高土壤矿物结合态有机碳浓度，总的变化趋势为高量有机肥区＞化肥区＞低量有机肥区＞不施肥区。有机肥的施入虽可提高土壤矿物结合态有机碳浓度，但在低量有机肥施用情况下，不如化肥作用明显。长期施用化肥降低了土壤活性碳含量，提高了土壤惰性碳组分含量（Liu and Greaver，2010）。

四、长期不同施肥下棕壤可溶性有机碳含量变化

土壤可溶性有机碳（DOC）是土壤中较活跃的有机碳组分、土壤养分循环的中心，可以作为反映土壤有机质状况的良好指标。一般认为土壤可溶性有机碳可能有四种不同来源，即腐殖化的有机碳、植物凋落物、根系分泌物和微生物生物量。另外，有机肥料、土壤动物排泄物对溶解性有机碳有着微小或局域性的贡献（高梦雨等，2018）。

长期不同施肥下土壤可溶性有机碳含量不同（图 11-4），其大小顺序为有机肥区＞不施肥区＞化肥区，其中，高量有机肥配施氮磷钾肥土壤可溶性有机碳含量显著高于其他处理。化肥区单施低量氮肥、氮磷配施和氮磷钾配施下土壤可溶性有机碳含量差异显著（$P<0.05$），与不施肥处理相比分别降低了 11.92%、9.96%、5.52%。低量和高量有机肥区土壤可溶性有机碳含量在 96.28～110.9mg/kg 范围内变化，平均值为 100.98mg/kg，显著高于单施化肥和不施肥处理，分别增加了 35.76%和 19.87%。这与施入土壤的有机物料在腐解过程中能够释放大量可溶性有机碳有关。除了有机肥配施低量氮肥，高量有机肥区有机肥配施化肥下土壤可溶性有机碳含量均显著高于低量有机肥区相对应的施肥措施（$P<0.05$）。

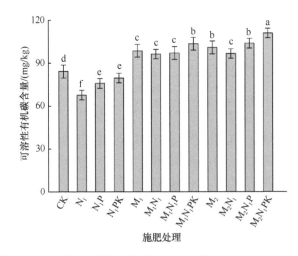

图 11-4　长期不同施肥下棕壤可溶性有机碳含量（2005 年）
图中不同小写字母表示处理间差异显著（$P<0.05$）。施肥处理同表 11-3

第四节 长期不同施肥下棕壤有机碳对碳投入的响应

土壤有机碳的保护和存储对于促进土壤理化性质、维持作物生产力和环境质量有重要作用（韩晓日等，2008a；张维理等，2020）。农田土壤有机质主要来源于作物残体（稻草、残茬、根系和根系渗出液）和添加到土壤中的有机粪肥。将 1979 年至 2020 年所有年份土壤有机碳含量与施肥年限进行线性拟合，获得不同施肥措施回归方程（表 11-6）。化肥区土壤有机碳含量与施肥年限间相关关系不显著。随着施肥年限的增加，长期不施肥（CK）下土壤有机碳含量降低，变化速率为–0.018g/(kg·a)。长期单施高量氮肥处理（N_2）土壤有机碳变化速率低于不施肥处理，为–0.020g/(kg·a)。对比单施低量氮肥和氮磷肥配施发现，在低量氮肥基础上配施磷肥或者配施磷钾肥，可以减缓土壤有机碳的降低趋势。

表 11-6 长期不同施肥下棕壤有机碳的变化速率（2020 年）

处理		线性方程	相关系数	变化速率/［g/(kg·a)］
化肥区	CK	$y = -0.0081x + 8.68$	0.236	–0.018
	N_1	$y = 0.0097x + 8.44$	0.186	–0.014
	N_2	$y = 0.014x + 8.12$	0.323	–0.020
	N_1P	$y = 0.013x + 8.70$	0.296	–0.006
	N_1PK	$y = 0.024x + 8.32$	0.371	–0.010
低量有机肥区	M_1	$y = 0.053x + 9.15$	0.727**	0.028
	M_1N_1	$y = 0.070x + 8.58$	0.749**	0.023
	M_1N_2	$y = 0.074x + 8.64$	0.834***	0.027
	M_1N_1P	$y = 0.060x + 9.20$	0.643**	0.033
	M_1N_1PK	$y = 0.076x + 8.97$	0.697**	0.036
高量有机肥区	M_2	$y = 0.099x + 8.43$	0.732**	0.036
	M_2N_1	$y = 0.098x + 8.75$	0.743**	0.043
	M_2N_2	$y = 0.11x + 8.27$	0.884***	0.040
	M_2N_1P	$y = 0.094x + 8.98$	0.752**	0.047
	M_2N_1PK	$y = 0.14x + 8.50$	0.827***	0.059

注：线性方程中 y 为土壤有机碳含量（g/kg），x 为施肥年限（a）。*表示呈显著正相关（$P < 0.05$），**表示呈极显著正相关（$P < 0.01$），***表示呈极显著正相关（$P < 0.001$）。CK 为不施肥；N_1 为低量氮肥；N_2 为高量氮肥；N_1P 为氮磷肥；N_1PK 为氮磷钾肥；M_1 为低量有机肥；M_1N_1 为低量有机肥配施低量氮肥；M_1N_2 为低量有机肥配施高量氮肥；M_1N_1P 为低量有机肥配施氮磷肥；M_1N_1PK 为低量有机肥配施氮磷钾肥；M_2 为高量有机肥；M_2N_1 为高量有机肥配施低量氮肥；M_2N_2 为高量有机肥配施高量氮肥；M_2N_1P 为高量有机肥配施氮磷肥；M_2N_1PK 为高量有机肥配施氮磷钾肥。

低量有机肥区各处理土壤有机碳含量与施肥年限间均表现出显著的线性正相关关系，线性回归方程拟合度较高，相关系数为 0.643～0.834，土壤有机碳的变化速率为 0.023～0.036g/(kg·a)。其中，低量有机肥配施氮磷钾肥处理土壤有机碳的变化速率最高，与单施低量有机肥、低量有机肥配施低量氮肥、低量有机肥配施高量氮肥和低量有机肥配施氮磷肥处理相比，分别增加了 28.44%、58.00%、36.33% 和 9.17%。高量有机肥区各处理土壤有机碳含量与施肥年限间的关系、土壤有机碳的变化速率等规律与低量有机肥区一致，且随着有机肥投入的增加，土壤有机碳的变化速率增大，其中高量有机肥配施氮磷钾肥处理土壤有机碳的变化速率最大［为0.059g/(kg·a)］，较单施高量有机肥、高量有机肥配施低量氮肥、高量有机肥配施高量氮肥和高量有机肥配施氮磷肥处理分别增加了64.49%、37.05%、47.90%和25.86%。可见，有机-无机肥配施下土壤固碳的效果较好。

通过拟合42年长期不同施肥土壤有机碳储量变化率与年均累积碳投入量的数据，得到两者之间的线性回归方程为 $y = 0.0504x–0.0415$，相关系数 $r = 0.900$，有机碳年均累积投入量与土壤有机碳储量变化速率呈极显著线性相关关系（$P<0.001$）（图11-5）。土壤有机碳储量变化速率与年均碳投入量关系的斜率（0.0504）表示土壤对系统投入有机碳的固碳效率为5.04%，即碳投入量为100t/hm²，土壤有机碳储量增加5.04t/hm²；常数项 b（0.0415）为土壤有机碳年分解速率，即每年土壤有机碳分解量为0.0415t/hm²。当有机碳的变化速率为零时，土壤有机碳投入量等于其输出量，有机碳的投入与支出达到一个相对稳定的状态。维持棕壤有机碳储量不变，每年每公顷应投入碳量为0.823t。若以25.69t/hm²为棕壤有机碳储量初始值，预计在20年后使棕壤表层土壤有机碳储量提升10%，则需要每年投入的碳量为3.363t/hm²。根据有机碳投入量，可以通过不同区域实际条件选择粪尿肥、作物秸秆、绿肥、农业有机废弃物等有机物质作为外源碳，进而提高棕壤土壤有机碳储量。

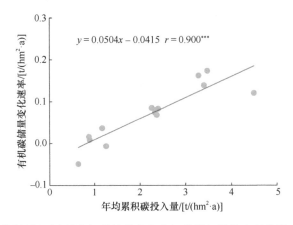

图 11-5　不同施肥下土壤有机碳储量变化率与碳投入量的响应关系（2020年）
线性方程中 y 表示土壤有机碳储量变化速率［t/(hm²·a)］，x 表示年均累积碳投入量［t/(hm²·a)］；
***表示呈极显著正相关（$P<0.001$）

第五节　棕壤农田有机质提升技术

东北棕壤连续42年施肥下，土壤有机质含量由1979年的15.90g/kg增加到2020年的22.88g/kg（平均有机质含量）。有机肥对增加土壤有机质的效果优于化学肥料，土壤有机质提升0.1%，粮食产量的稳定性可提高10%～20%（徐明岗，2013）。施用有机肥或有机肥与化肥配施是促进土壤肥力提升和作物持续高产的重要措施，同时能增加土壤碳的固持、减少温室气体排放，具有重要的环境意义。

以棕壤农田肥料定位试验 15 个处理 42 年耕层土壤有机碳含量数据为基础，计算不同处理土壤有机碳盈亏数量、年变化率等指标。长期有机物料投入能显著提高土壤有机质含量，棕壤连续 42 年耕作条件下，氮磷钾化肥配施有机肥（M_1N_1PK，M_2N_1PK），土壤有机质增加量分别达到 6.40g/kg 和 14.02g/kg，表明有机肥与化肥配合施用，是有效增加土壤有机质的重要措施。

棕壤旱地肥料长期定位试验各施肥土壤有机碳储量增加量与其相应的年均碳投入量呈不同的线性关系（表 11-6）。基于土壤对系统碳投入的固碳效率，我们可以计算出提升和维持土壤有机碳水平的外源有机物料施用量（表 11-7）。以土壤有机碳储量为 25.69t/hm^2（初始棕壤有机碳储量）为基础，未来 20 年，维持土壤有机碳每年需投入碳 0.823t/hm^2，即每年需投入猪粪（干重）约 9.86t/hm^2；土壤有机碳储量提升 10%，需额外每年投入有机碳 3.363t/hm^2，即需要每年投入猪粪约 40.28t/hm^2；土壤有机碳储量提升 20%，需额外每年投入猪粪约 70.93t/hm^2。

表 11-7　维持或提升土壤有机碳水平所需外源有机物料投入量

SOC	SOC 储量 /(t/hm^2)	SOC 储量变化速率 /[t/(hm^2·a)]	固碳效率 /%	需额外投入碳量 /[t/(hm^2·a)]	需额外投入猪粪（干重） /[t/(hm^2·a)]
初始-维持	25.69	0	5.04	0.823	9.86
提升 10%	28.26	0.128	5.04	3.363	40.28
提升 20%	30.83	0.257	5.04	5.923	70.93

注：猪粪为猪厩肥，含碳量为 83.5g/kg。

（韩晓日　杨劲峰　戴　健　李　娜　安　宁）

参 考 文 献

高梦雨, 江彤, 韩晓日, 等. 2018. 施用炭基肥及生物炭对棕壤有机碳组分的影响. 中国农业科学, 51(11): 2126-2135.

韩晓日, 苏俊峰, 谢芳, 等. 2008a. 长期施肥对棕壤有机碳及各组分的影响. 土壤通报, 39(4): 730-733.

韩晓日, 王玲莉, 杨劲峰. 等. 2008b. 长期施肥对土壤颗粒有机碳和酶活性的影响. 土壤通报, 39(2): 266-269.

兰宇, Muhammad I A, 韩晓日, 等. 2016. 长期施肥对棕壤有机碳储量及固碳速率的影响. 环境科学学报, 36(1): 264-270.

刘慧屿. 2011. 辽宁省农田土壤有机碳动态变化及固碳潜力估算. 沈阳: 沈阳农业大学博士学位论文.

刘玉颖, 戴健, 杨劲峰, 等. 2022. 长期不同培肥措施下玉米产量稳定性及棕壤氮素累积分布特征. 植物营养与肥料学报, 28(5): 823-834.

王玲莉, 韩晓日, 杨劲峰, 等. 2008. 长期施肥对棕壤有机碳组分的影响. 植物营养与肥料学报, (1): 79-83.

徐明岗. 2013. 提高有机质是培育土壤肥力的关键. 中国农资, (7): 25.

张丽梅, 徐明岗, 娄翼来, 等. 2014. 长期施肥下黄壤性水稻土有机碳组分变化特征. 中国农业科学, 47(19): 3817-3825.

张维理, Kolbe H, 张认连. 2020. 土壤有机碳作用及转化机制研究进展. 中国农业科学, 53(2): 317-331.

赵博, 丁雪丽, 汪景宽, 等. 2019. 地膜覆盖和施肥对棕壤剖面溶解性有机碳分布的影响. 土壤通报, 50(4): 847-853.

Angelika K, Kogelknabner I. 2004. Content and composition of free and occluded particulate organic matter in a differently textured arable Cambisol as revealed by solid-state ^{13}C NMR spectroscopy. Journal of Plant Nutrition & Soil Science, 167: 45-53.

Hassink J. 1997. The capacity of soils to preserve organic C and N by their association with clay and silt particles. Plant & Soil, 191(1): 77-87.

Li X, Wen Q X, Zhang S Y, et al. 2021. Long-term changes in organic and inorganic phosphorus compounds as affected by long-term synthetic fertilisers and pig manure in arable soils. Plant & Soil, 472(1-2): 239-255.

Liu L L, Greaver T L. 2010. A global perspective on belowground carbon dynamics under nitrogen enrichment. Ecology Letters, 13(7): 819-828.

第十二章 盐化潮土农田有机质演变特征及提升技术

潮土是天津市分布最广的土类,占地面积 8368.7km²,约占天津市土地面积的 72%,多分布在宝坻、武清、宁河、静海等地区。潮土土体构型复杂,沉积层次明显,土体构型和质地排列受河流作用影响在不同地段呈现巨大差异。同时,地下水也在很大程度上影响潮土的特性。潮土地区地下水埋藏浅,在毛细管作用下,能够上升至地表,使土壤呈现明显的返潮现象,由于地下水的频繁升降,氧化、还原作用交替发生,影响土壤中物质溶解、移动和积淀,土壤剖面中形成了明显的锈纹、锈斑。人类长期的耕作,使耕作层中土壤疏松多孔,表土的有效养分显著高于心土,作物根系的穿插作用也打乱了原有的冲积物沉积层次。在一些低平地区,由于排水不畅,地下水位高,矿化度也高,易盐渍化,形成盐化潮土。另外,在一些土壤质地偏黏的洼地地区,内、外排水条件差,地下水位高,受季节性积水作用,土壤具有明显的沼泽化过程,土色较灰暗,底部具有灰色的潜育层,往往夹有大量沙姜,湿度大,形成湿潮土。

潮土由于垦殖前生草时间短,有机质积累少,垦殖后作物秸秆又大量携走有机质,虽然施用一些有机肥料或进行秸秆还田、种植绿肥等,但有机质累积量仍不足。因此,在潮土地区开展土壤有机质的肥料管理效应研究,对于实现作物高产稳产,改善土壤质量和农业可持续发展具有重大意义。

第一节 盐化潮土旱地长期试验概况

盐化潮土旱地肥料长期定位试验设在天津市武清区天津市农业科学院创新基地(39°25′N,116°57′E),该试验区地处暖温带半湿润大陆性季风气候区,海拔高度约为 11m,年平均气温 11.6℃,≥10℃积温 4169℃,年降水量 606.8mm,主要集中在 6~9 月,无霜期约为 212d,年日照时数 2705h,年蒸发量 1735.9mm,温、光、热资源丰富,适于多种作物生长。

供试土壤为重壤质潮土,成土母质为河流冲积物。试验开始时(1979 年)耕层土壤(0~20cm)有机质含量为 18.9g/kg、全氮 1.06%、全磷 1.59%、全钾 16.14%、碱解氮 75.1mg/kg、有效磷 16.6mg/kg、速效钾 173.3mg/kg、pH8.1、容重 1.28g/cm³。

试验共设 10 个处理:①不施肥(CK);②氮(N);③氮磷(NP);④氮钾(NK);⑤磷钾(PK);⑥氮磷钾(NPK);⑦氮+高量有机肥(NM,M 代表有机肥);⑧氮+低量有机肥(1/2NM);⑨氮+秸秆(NS,S 代表秸秆);⑩氮+绿肥(NG,G 代表绿肥)。其中处理⑥施用氮磷钾化肥中小麦季氮的施用量为 285kg/hm²,磷(P₂O₅)142.5kg/hm²,钾(K₂O)71.3kg/hm²,玉米季氮的施用量为 210kg/hm²,不施用磷钾肥。氮+高量有机肥处理中氮来自无机肥和有机肥的比例为 6∶4,按含氮量折合施用有机肥(1999 年以前施用的有机肥是人粪加城市垃圾土,之后改为鸡粪),在小麦播种时一次施入,随有机肥施入的磷钾肥未计入施肥量。处理⑨中秸秆用量为该小区全部作物秸秆,小麦秸秆平均为 3500kg/hm^2(变幅为 1031.3～5875.5kg/hm^2),玉米秸秆平均为 6600kg/hm^2(变幅为 3841.3～9515.6kg/hm^2),用铡刀切成约 3cm 长度小段,在播种前一次施入。随秸秆施入的养分未计入施肥量。化学氮肥为尿素,磷肥为过磷酸钙,钾肥为氯化钾。小麦季氮肥的 50%、磷肥、钾肥和有机肥全部在小麦播种前作基肥一次施入,另外 50%氮肥于返青期和拔节期平均追施(各 1/2);玉米季仅施用氮肥,分别在玉米苗期和大喇叭口期平均追施。各处理肥料施用量见表 12-1。

表 12-1 盐化潮土长期试验不同施肥处理及肥料施用量 (单位:kg/hm^2)

处理	小麦					玉米		
	N	P$_2$O$_5$	K$_2$O	秸秆(鲜基)	粪肥(风干基)	N	秸秆(鲜基)	粪肥(风干基)
CK	0	0	0		0	0	0	0
N	285	0	0		0	210	0	0
NP	285	142.5	0		0	210	0	0
NK	285	0	71.3		0	210	0	0
PK	0	142.5	71.3		0	0	0	0
NPK	285	142.5	71.3		0	210	0	0
NM1	142.5	0	0		5 767.5	105	0	0
NM2	285	0	0		11 535	210	0	0
NS	285	0	0	全部还田	0	210	全部还田	0
NG	285	0	0	30 600	0	210	30 600	0

小区面积初始为 16.7m^2,2011 年搬迁后改为 4m^2。搬迁过程采用原位土搬迁,搬迁深度为 1m,4 次重复,采用随机排列。作物种植制度除 1979 年第一茬种植春玉米外,每年均实行冬小麦-夏玉米轮作。冬小麦 9 月底或 10 月初播种,品种为'农大 139'、'北京 837'、'津化 1 号'、'津农 15'、'津农 4、5 号'、'津农 6 号';玉米为'津夏 1 号'、'鲁育 5 号'、'津夏 7 号'、'唐抗 5 号'、'纪元 1 号'。小麦生长期内灌溉 3 次,每次灌水量为 90mm 左右。玉米除极端干旱年份外不灌溉。

第二节 长期不同施肥下盐化潮土有机质变化趋势

一、长期施肥下盐化潮土有机质含量的变化

40 年不同施肥方式下盐化潮土的有机质含量变化不一(图 12-1、图 12-2)。其中,不施肥的土壤有机质含量基本不变,施用氮肥和氮磷肥处理土壤有机质的变化速率与不施肥的相近,仅为 0.07g/(kg·a)和 0.13g/(kg·a),施氮钾肥、磷钾肥、氮磷钾肥处理土壤有机质含量有所升高,年增加速率为 0.12～0.37g/(kg·a);有机肥和化肥配施处理土壤有机质含量增加幅度较大,年增加速率为 0.26～0.37g/(kg·a),且氮+高量有机肥处理的土壤有机质年增加速率大于氮+低量有机肥处理。

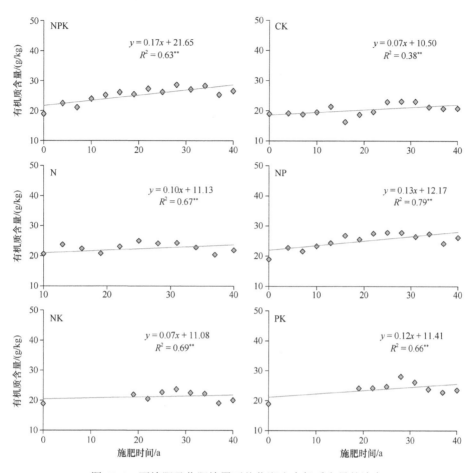

图 12-1　不施肥及化肥施用下盐化潮土有机质含量的演变

**表示在 $P<0.01$ 水平显著相关，下同

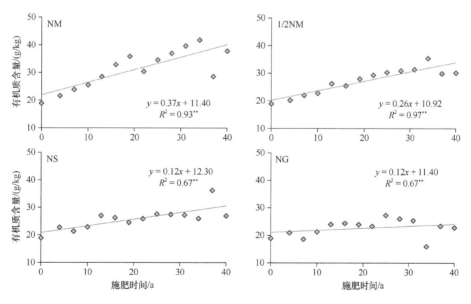

图 12-2　有机粪肥配施化肥、秸秆配施化肥、绿肥配施化肥下盐化潮土有机质含量的演变

从试验开始的不同时间段里,各个施肥处理下土壤有机质含量的变化趋势和增幅也存在一定差异(表 12-2)。在 0～10 年和 11～20 年之间,不施肥和仅施氮肥的土壤有机质平均含量分别为 19.5g/kg、18.2g/kg 和 20.4g/kg、22.2g/kg,差异不显著;在 20～40 年之间,仅施用氮肥的土壤有机质含量显著高于不施肥。在 0～10 年里,施氮磷、氮+高量有机肥、氮磷钾肥和秸秆还田配施化肥处理土壤有机质呈显著性增加,但是这 4 个施肥处理之间土壤有机质含量差异不显著;在 11～20 年和 21～30 年之间,土壤有机质含量也呈显著性增加,在 31～40 年里,土壤有机质含量稍有下降,只有施氮+高量有机肥和施氮+低量有机肥处理土壤有机质含量呈增加,且高于其他处理。从增幅角度看,从第一阶段到第二阶段,各施肥土壤有机质增幅在 8.5%～36.4%,平均增幅为 17.2%,从第二阶段到第三阶段,各施肥土壤有机质增幅在 4.0%～15.1%,平均增幅为 9.1%,从第三阶段到第四阶段,施用化肥处理,土壤有机质含量增幅在 –5.3%～8.7%,平均增幅为 –7.0%,施用有机肥处理,土壤有机质含量增幅在 6.2%～8.7%,平均增幅为 7.4%,说明在这 40 年间,各种施肥措施下土壤有机质一直没有达到稳定,只是对土壤有机质的影响逐渐降低(Gao et al.,2015;杨军等,2015)。

表 12-2　长期不同施肥下不同时间段盐化潮土有机质含量及变化幅度

处理	土壤有机质平均含量/(g/kg)				增幅/%		
	0～10 年	11～20 年	21～30 年	31～40 年	0～20 年	10～30 年	20～40 年
CK	19.5	18.2	23.2	22.0	–6.6	27.1	–5.0
N	20.4	22.2	24.5	23.2	8.5	10.5	–5.2
NP	22.8	26.2	27.3	27.2	14.9	4.0	–0.1
NK	—	21.5	23.1	21.8	—	7.5	–5.3
PK	—	24.2	26.5	24.4	—	9.8	–8.2
NPK	23.0	25.9	27.6	27.5	12.8	6.5	–0.2
NM1	22.4	27.1	31.2	33.9	20.7	15.1	8.7
NM2	24.4	33.3	38.2	40.5	36.4	14.6	6.2
NS	23.1	25.8	27.4	27.1	11.3	6.3	–1.0
NG	20.9	24.1	25.9	24.8	15.5	7.4	–4.2

二、长期不同培肥模式下盐化潮土有机碳组分变化特征

1. 长期不同培肥模式下盐化潮土团聚体有机碳含量的变化

长期不同培肥模式显著改变了土壤团聚体不同粒径中有机碳的含量(图 12-3),与不施肥处理相比,只有施氮+高量有机肥处理显著增加了 >2mm 粒径团聚体中有机碳含量,而施氮+绿肥则显著降低了 >2mm 粒径团聚体中土壤有机碳含量。除仅施氮肥外,其他施肥均显著增加了 0.25～2mm 和 <0.25mm 团聚体中土壤有机碳含量。在不施肥和仅施氮肥条件下, >2mm 团聚体的有机碳含量高于其他团聚体,以 <0.25mm 团聚体有机碳含量最低。在施氮磷钾肥和秸秆还田配施化肥下, >2mm 粒径团聚体的有机碳含量和 0.25～2mm 团聚体之间无显著差异,且均显著高于 <0.25mm 团聚体有机碳含量。

在施氮+高量有机肥和施氮+绿肥下，0.25～2mm 团聚体的有机碳含量显著高于其他两个粒径团聚体。

有机碳主要累积在＞2mm 和 0.25～2mm 粒径团聚体中，配施有机肥时，有机碳含量在三个组分中均最高，均衡施用化肥、配施有机物料可显著增加 0.25～2mm 和＜0.25mm 团聚体中的有机碳含量。

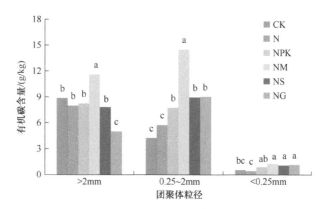

图 12-3　长期不同培肥模式下盐化潮土（0～20cm）3 个粒径团聚体中有机碳含量
图中小写字母表示同一粒径下不同施肥处理间差异显著（$P<0.05$），下同

2. 长期不同培肥模式下盐化潮土团聚体中全碳含量的变化

长期氮+高量有机肥、秸秆还田配施化肥和施氮+绿肥均以 0.25～2mm 粒径团聚体中全碳含量最高，除氮+高量有机肥外，其余 3 个施肥措施均降低了＞2mm 粒径团聚体中全碳含量（图 12-4）。不施肥和仅施氮肥下，＞2mm 粒径团聚体中全碳含量均高于 0.25～2mm 和＜0.25mm 粒径团聚体中全碳含量。在施氮磷钾肥下，＞2mm 粒径团聚体中全碳含量和 0.25～2mm 粒径团聚体无显著差异，均显著高于＜0.25mm 粒径团聚体。

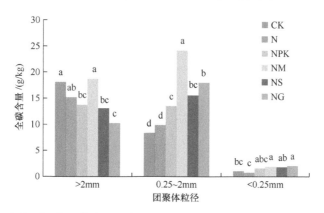

图 12-4　长期不同培肥模式下盐化潮土（0～20cm）3 个粒径团聚体中全碳含量

3. 长期不同培肥模式下盐化潮土团聚体中无机碳含量的变化

与不施肥相比，长期不同施肥均显著降低了＞2mm 粒径团聚体中无机碳含量（图 12-5）。施氮磷钾肥、施氮+高量有机肥、秸秆还田配施化肥和施氮+绿肥均显著增加

了 0.25～2mm 粒径团聚体中无机碳含量；而长期不同施肥对＜0.25mm 粒径团聚体中无机碳含量无显著影响。不施肥和仅施氮肥下，＞2mm 粒径团聚体中无机碳含量显著高于 0.25～2mm 和＜0.25mm 粒径团聚体。单施磷钾肥，＞2mm 粒径团聚体中无机碳含量和 0.25～2mm 粒径团聚体无显著差异，均显著高于＜0.25mm 粒径团聚体。施氮+高量有机肥、秸秆还田配施化肥和氮+绿肥时，0.25～2mm 粒径团聚体无机碳含量最高，显著高于＞2mm 和＜0.25mm 粒径团聚体。

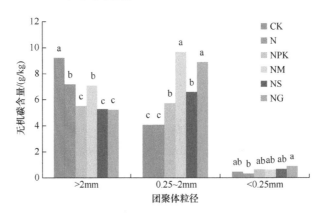

图 12-5　长期不同培肥模式下盐化潮土（0～20cm）3 个粒径团聚体中土壤无机碳含量

总体来说，不施肥和仅施氮肥时，全碳、有机碳和无机碳主要分布在＞2mm 粒径团聚体中；施磷钾肥和秸秆还田配施化肥条件下，全碳、有机碳和无机碳主要分布在＞2mm 和 0.25～2mm 粒径团聚体中；施氮+高量有机肥和施氮+绿肥下，全碳、有机碳和无机碳主要分布在 0.25～2mm 粒径团聚体中。

4. 长期不同培肥模式下盐化潮土团聚体中有机碳比例的变化

长期不同施肥模式下，与不施肥相比，施氮磷钾肥、施氮+高量有机肥和秸秆还田配施化肥显著增加了＞2mm 粒径团聚体中土壤有机碳的比例，施氮+高量有机肥显著增加了 0.25～2mm 粒径团聚体的土壤有机碳比例，而长期不同施肥对＜0.25mm 粒径团聚体的有机碳比例无显著影响（图 12-6）。不施肥、仅施氮肥、施氮磷钾肥和秸秆还田配

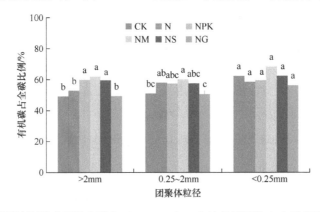

图 12-6　长期不同培肥模式下盐化潮土（0～20cm）3 个粒径团聚体中土壤有机碳占全碳的比例

施化肥下，三个粒径之间的有机碳比例无显著差异；在施氮+高量有机肥、施氮+绿肥处理下，<0.25mm 粒径团聚体的有机碳比例显著高于另外两个粒径。

5. 长期不同培肥模式下盐化潮土团聚体中无机碳比例的变化

长期不同施肥模式下，与不施肥相比，施氮磷钾肥、氮+高量有机肥、秸秆还田配施化肥显著降低了>2mm 粒径团聚体中土壤无机碳占全碳的比例，施氮+高量有机肥显著降低了 0.25～2mm 和<0.25mm 粒径团聚体的无机碳比例，而其他施肥对 0.25～2mm 和<0.25mm 粒径团聚体的无机碳比例无显著影响（图 12-7）。施氮+高量有机肥和氮+绿肥时，<0.25mm 粒径团聚体的无机碳比例小于>2mm 和 0.25～2mm 粒径团聚体。

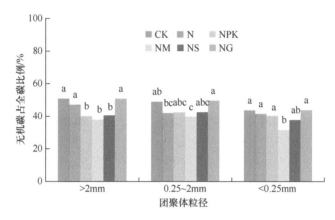

图 12-7　长期不同培肥模式下盐化潮土（0～20cm）3 个粒径团聚体中土壤无机碳占全碳的比例

总的来说，长期配施有机物料和均衡施用化肥均可以增加土壤有机质含量，施氮+高量有机肥的增加效果最为显著；长期不同施肥显著影响土壤团聚体有机质和养分分布，总趋势为，长期均衡施用化肥和配施有机物料均显著增加了土壤 0.25～2mm 粒径团聚体的有机质、全碳、无机碳含量，其中施氮+高量有机肥和施氮+绿肥的提升效果更好。

三、长期施肥下盐化潮土总有机碳对有机碳投入量的响应关系

经过 40 年的不同培肥，各处理土壤中碳投入的来源和数量存在较大的差异，土壤有机碳的增幅也差异较大（Yang et al.，2015；高伟等，2015），其中 CK 和单施氮肥处理的有机碳储量增加较少，约增加了 4.5t/hm²，各化肥处理土壤中的有机物料全部来源于作物残茬的生物量投入，为 4.2～7.1t/hm²。秸秆还田处理土壤中的有机物料源于作物残茬的生物量投入和秸秆还田量，约为 10.5t/hm²。粪肥与化肥配施处理土壤中的有机物料源于作物残茬的生物量投入和粪肥碳投入，其数量较高，可达 22.4～27.7t/hm²。

土壤有机碳储量变化与累积碳投入量呈显著直线相关关系（$P<0.01$）（图 12-8），即土壤固碳储量随着碳投入量的增加而增加。当有机碳储量变化值（y）为 0 时，维持初始 SOC 水平的最小累积碳投入量 C_{min} 为 6.11t/hm²。在一定范围内，碳投入量每增加 1t/hm²，土壤有机碳储量可增加 0.117t/hm²，其碳固存效率约为 11.7%。

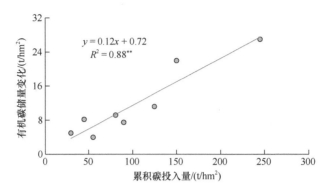

图 12-8　盐化潮土有机碳储量变化与累积碳投入的响应关系

第三节　盐化潮土有机质提升技术

一、长期施肥下盐化潮土有机质提升的产量效应

盐化潮土有机质含量与作物产量的关系符合线性增长模型（图 12-9），土壤有机质提升 1g/kg，小麦和玉米籽粒产量分别增加 224kg/hm² 和 288kg/hm²。盐化潮土经过 40 年的长期施肥，其有机质仍处于快速提升阶段，因此，建议进一步增施有机肥、普及秸秆还田或绿肥技术，从而快速提升土壤有机质等肥力水平，促进作物增产和稳产（Six et al.，2002）。

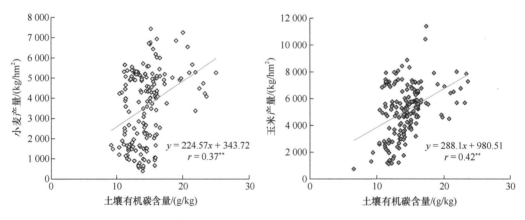

图 12-9　盐化潮土上小麦及玉米产量与土壤有机质含量关系（1979～2020 年）

二、盐化潮土有机质提升技术及应用

1. 无机肥配施有机肥快速提升土壤有机质

长期有机-无机肥配施能显著提高土壤有机质含量。盐化潮土在连续 40 年施肥措施下，由 1979 年的低肥力土壤（有机质含量 18.9g/kg）到 2020 年均变为高肥力土壤（氮肥和有机粪肥配施的土壤有机质含量平均达到 38.5g/kg）。有机肥料对增加土壤有机质的

效果优于化学肥料，有机粪肥与化肥配施是增加土壤有机质的有效且重要的措施（王树会等，2022）。

2. 长期翻压绿肥提升土壤有机质

在我国，翻压绿肥作为一种促进农作物生长和培肥地力的手段有悠久的历史。绿肥是将绿色植物翻压入土壤，从而促进农作物生长和改善土壤理化性质，具有改良土壤结构、降低土壤容重、促进土壤团聚体形成和农作物生长发育等方面的作用。因此，绿肥是农业绿色发展的有效物质支撑（吴科生等，2022）。

本试验中，经过 40 年的长期绿肥翻压，土壤肥力和作物产量均有一定的提高。与初始土壤有机质含量相比，土壤有机质提升了 18.7%，尤其是前 20 年，土壤有机质含量平均增加了 15.5%，之后土壤有机质的提升速度逐渐变慢；小麦产量平均增加了 27.2%。随着绿肥施用年限的延长，土壤肥力持续增加。因此，长期应用绿肥翻压模式也可取得良好的土壤培肥效果。

3. 提升有机质的外源有机物料施用量

不同施肥下的土壤有机碳储量增加量与其相应的累积碳投入量呈"线性"关系。由累积碳投入的有机碳转化效率可知，土壤的固碳效率为 11.7%，即每投入 100t 碳，有 11.7t 碳固持在土壤中。34 年内盐化潮土有机碳储量提升 10%，需每年投入干鸡粪 3.66t/hm^2；土壤有机碳储量升高 20%，需每年投入干鸡粪 6.59t/hm^2（表 12-3）。

表 12-3　低肥力水平阶段土壤有机碳提升所需外源有机物料投入量

	SOC 储量 /(t/hm^2)	提升 SOC 储量 /[t/(hm^2·a)]	固碳效率 /%	提升 SOC 需额外投入碳量/ [t/(hm^2·a)]	需额外投入有机肥 /[t/(hm^2·a)]
起始	28.1	0		0.04	0.13
有机碳提升 10%	30.9	0.083	11.7	1.103	3.66
有机碳提升 20%	33.7	0.165	11.7	1.984	6.59

注：有机肥采用干鸡粪，其含碳量为 30.12%。

（高　伟　李明悦　高宝岩　金修宽）

参 考 文 献

高伟, 杨军, 任顺荣. 2015. 长期不同施肥模式华北旱作潮土有机碳的平衡特征. 植物营养与肥料学报, 25(06): 1465-1472.

王树会, 陶雯, 梁硕, 等. 2022. 长期施用有机肥情景下华北平原旱地土壤固碳及 N$_2$O 排放的空间格局. 中国农业科学, 55(6): 1159-1171.

吴科生, 车宗贤, 包兴国, 等. 2022. 长期翻压绿肥对提高灌漠土土壤肥力和作物产量的贡献. 植物营养与肥料学报, 28(6): 1134-1144.

杨军, 高伟, 任顺荣. 2015. 长期施肥条件下潮土土壤磷素对磷盈亏的响应. 中国农业科学, 48(23): 4738-4747.

Gao W, Yang J, Ren S R, et al. 2015. The trend of soil organic carbon, total nitrogen, and wheat and maize productivity under different long-term fertilizations in the upland fluvo-aquic soil of North China. Nutrient Cycling in Agroecosystems, 103: 61-73.

Six J, Conant R T, Paul E A, et al. 2002. Stabilization mechanisms of soil organic matter: implications for C-saturation of soils. Plant and Soil, 241(2): 155-176.

Yang J, Gao W, Ren S R. 2015. Long-term effects of combined application of chemical nitrogen with organic materials on crop yields, soil organic carbon and total nitrogen in fluvo-aquic siol. Soil and Tillage Research, 151: 67-74.

第十三章 非石灰性潮土农田有机质演变特征及提升技术

潮土是山东省面积最大的土壤类型，约占全省土壤总面积的 38.53%、耕地面积的 48.12%。非石灰性潮土主要分布于鲁东地区的泰、鲁、沂山地南侧的各河流冲积平原，或河流中上游山丘之间的盆状谷地。由于母质来源主要是无石灰性的河流沉积物，土壤均无石灰性反应，pH 一般小于 7，呈微酸性。土壤的耕性稍差，适耕期短，但潜在养分含量较高，目前种植的作物主要有小麦、玉米、棉花等，其分布区域是我国重要的粮棉基地。在潮土地区开展长期定位施肥下土壤有机质的演变特征和提升技术研究，制定相应对策，合理施用肥料，对实现作物高产、资源高效利用、土壤健康发展以及指导农业绿色生产具有积极的意义。

第一节 非石灰性潮土长期试验概况

非石灰性潮土长期肥力定位试验设在山东省莱阳市青岛农业大学莱阳试验站内（36°54′N，120°42′E），海拔高度约为 30.5m；年均气温 11.2℃，最高温度 36.6～40.0℃，年≥10℃积温 3450℃，年降水量 779mm，无霜期为 209～243d，年日照时数 2996h。该区温、光和热资源丰富，适于多种作物生长。

试验地处于低山丘陵区，供试土壤发育于冲积母质，根据中国土壤分类系统，属于非石灰性潮土，土壤中黏土矿物以高岭石为主。长期试验开始于 1978 年，试验开始时耕层（0～20cm）土壤的基本性质为：土壤有机碳含量 2.38g/kg，全氮 0.50g/kg，全磷 0.46g/kg，速效磷 15.00mg/kg，速效钾 38.00g/kg，pH6.80，阳离子交换量（CEC）11.80cmol（+）/kg；土壤容重 1.50g/cm^3。

试验初期设置 9 个处理：①不施肥对照（CK）；②单施低量氮肥（N_1）；③单施高量氮肥（N_2）；④单施低量有机肥（M_1）；⑤低量有机肥配施低量氮肥（M_1N_1）；⑥低量有机肥配施高量氮肥（M_1N_2）；⑦单施高量有机肥（M_2）；⑧高量有机肥配施低量氮肥（M_2N_1）；⑨高量有机肥配施高量氮肥（M_2N_2）。1984 年起增加 3 个处理：⑩高量氮肥配施磷钾肥（N_2PK）；⑪高量氮肥配施磷肥（N_2P）；⑫高量氮肥配施钾肥（N_2K）。各处理施肥量见表 13-1。小区面积 33.3m^2，每处理 3 次重复，随机排列，小区间埋 1m 深玻璃钢间隔。试验地为小麦-玉米轮作制，采用沟灌。有机肥、磷肥和钾肥作基肥，在小麦季施入；氮肥小麦季和玉米季各占 50%。小麦季氮肥 15%作种肥，35%在小麦起身期追施、50%在小麦拔节期追施；夏玉米季氮肥在拔节期和穗期作追肥施用，各占 50%。氮肥用尿素（N，46%），磷肥用过磷酸钙（P_2O_5，12%），钾肥用氯化钾（K_2O，60%），有机肥为猪粪，其有机碳含量 11.6～29.0g/kg，全氮 2.0～

3.0g/kg；全磷 0.5～2.0g/kg。小麦品种自 2003 年至今为'烟优 361'；玉米品种自 1997 年以来为'鲁玉 16 号'。

表 13-1　长期试验各处理及其肥料施用量　　　　（单位：kg/hm²）

编号	处理	有机肥	N	P₂O₅	K₂O
1	CK	0	0	0	0
2	N₁	0	138	0	0
3	N₂	0	276	0	0
4	M₁	3000	0	0	0
5	M₁N₁	3000	138	0	0
6	M₁N₂	3000	276	0	0
7	M₂	6000	0	0	0
8	M₂N₁	6000	138	0	0
9	M₂N₂	6000	276	0	0
10	N₂PK	0	276	90	135
11	N₂P	0	276	90	0
12	N₂K	0	276	0	135

注：CK 为对照组，N₁ 为低量氮肥，N₂ 为高量氮肥，M₁ 为低量有机肥，M₂ 为高量有机肥。

玉米收获后按"之"字形采集 0～20cm 土壤，每小区取 5 个点混合成一个样，室内风干，过 1mm 和 0.15mm 筛，装瓶保存备用。田间除草和防治玉米、小麦病虫害按田间标准管理措施进行（隋凯强，2019）。

土壤胡敏酸结构的测定采用核磁共振技术：称取过 0.15mm 筛的风干土壤样品 5g，加入蒸馏水（1：10，m/V）进行振荡、离心、过滤、洗涤和定容，获得水溶性物质（WSS）。在残渣中加入 0.1mol/L NaOH 和 0.1mol/L Na₄P₂O₇ 混合液（pH 为 13，1：1，V/V）进行振荡、离心、过滤、洗涤和定容，获得碱提取液（HE），离心管中的残渣用蒸馏水洗净盐分后，55℃烘干即为胡敏素（HU）。吸取上述碱提取液，加入 0.5mol/L H₂SO₄ 调节 pH 为 1.0，将此溶液于 60～70℃下保温 1.5h，静置过夜后过滤定容于 50ml 容量瓶中，即为富啡酸（FA）。滤纸上的沉淀用 0.025mol/L H₂SO₄ 洗涤 3 次，蒸馏水洗去洗涤液，然后将沉淀用温热（60℃）的 0.05mol/L NaOH 溶解到 50ml 容量瓶中，用蒸馏水定容，即为胡敏酸（HA）。将 HA 移入离心瓶，用 HF 溶液（20℃）浸泡 20min，0.22μm 滤膜过滤后用去离子水透析，去除 Cl⁻的干扰、冻干后过 0.15mm 筛备测。样品在 Bruker AV 400 MHz 型核磁共振仪上测定，采用固态 ¹³C-交叉极化魔角旋转（CP MAS）技术，以 D₂O 为溶剂，转子直径为 7mm，¹³C 共振频率为 100.63MHz，魔角自旋频率为 6kHz，脉冲延迟时间为 0.5s，采集时间 10ms。当旋转速度较低时，芳香碳和羧基碳会产生边带，采用 TOSS 技术进行边带压制以提高数据的准确度，核磁共振功能基团面积积分用 MestReNova 软件进行。HA 的 ¹³C CPMAS NMR 光谱的整体化学位移范围被分为以下几个主要的共振区域：烷基碳区（0～45ppm）；甲氧基碳区（45～60ppm）；碳水化合物中的碳区（60～95ppm）；双氧烷基碳区（95～100ppm）；芳基碳区（110～145ppm）；酚基碳区（145～160ppm）；酯基碳区（160～190ppm）；酮基/醛基碳区（190～220ppm）（Mi et al.，2019；Song et al.，2018）。

土壤碳组分采用 Tian 等（2013）的方法测定。可溶性有机碳的测定：称取 10.0g 过 2mm 筛的风干土样，按水土比为 5∶1 加入 50ml 的去离子水于离心管中，在 25℃下，以 200r/min 在振荡机上振荡 30min，然后以 4000r/min 的速度离心 5min，将上清液用 0.45μm 滤膜抽滤并保存于 4℃待测样品。颗粒有机碳的测定：取 250ml 的塑料瓶并加入称好的 20.0g 过 2mm 筛的风干土样，在瓶中加入 100ml 的 0.5mol/L 六偏磷酸钠溶液，在振荡机中以 90r/mim 的转速振荡 18h，将瓶中的土壤悬浊液过 0.053mm 筛子，留在筛子上的颗粒物用去离子水反复冲洗后直至留下的水清澈，将筛子上的土样洗到铝盒中，在 60℃下烘干称重，用重铬酸钾容量法-外加热法测定土壤颗粒有机碳的含量。易氧化有机碳的测定：称取 2.0g 过 2mm 筛的风干土样于 100ml 的离心管中，在管中加入 25ml 浓度为 333mmol/L 的高锰酸钾溶液，在 25℃以 60r/min 的转速振荡 1h，然后以 2000r/min 转速离心 5min，同时做空白试验。将离心后的清液取 0.4ml 于 100ml 容量瓶中，定容至刻度并摇匀后，用分光光度计在波长 565nm 处比色，以蒸馏水作为参比液调零点，根据标准曲线求出土壤的易氧化有机碳量。

第二节　长期不同施肥下非石灰性潮土有机质含量和质量的变化趋势

一、长期不同施肥下非石灰性潮土有机质含量变化

41 年长期施肥下，不施肥、单施低量氮肥和单施高量氮肥的土壤有机质含量均随施肥时间增加表现出增加的趋势，年增加速率分别为 0.09g/(kg·a)、0.12g/(kg·a) 和 0.11g/(kg·a)。氮磷钾配施和氮磷肥配施土壤有机质含量略有上升，但提升幅度低于不施肥和单施氮肥，年增加速率分别为 0.07g/(kg·a) 和 0.05g/(kg·a)（图 13-1）。

连续施肥 41 年后，施用有机肥或有机肥与氮肥配施下土壤有机质含量均呈显著上升趋势（图 13-2），长期施用低量有机肥和高量有机肥的土壤有机质年增加速率分别为 0.23g/(kg·a) 和 0.33g/(kg·a)。长期施用低量有机肥配施低量氮肥、低量有机肥配施高量氮肥、高量有机肥配施低量氮肥和高量有机肥配施高量氮肥下土壤有机质年增加速率分别为 0.23g/(kg·a)、0.23g/(kg·a)、0.33g/(kg·a) 和 0.34g/(kg·a)。

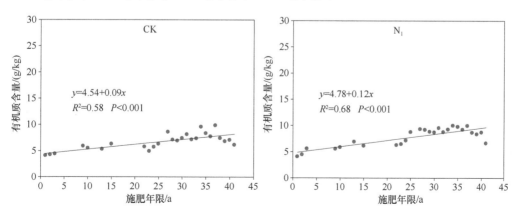

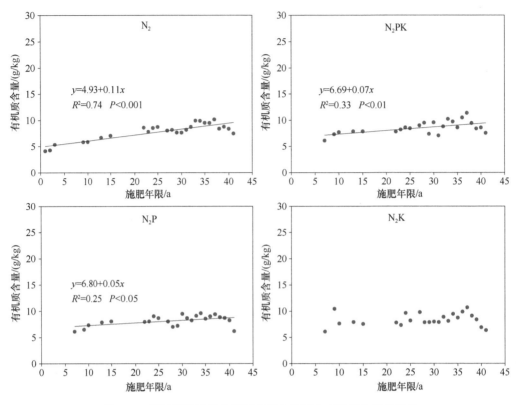

图 13-1　不施肥及施用化肥下非石灰性潮土有机质含量的变化

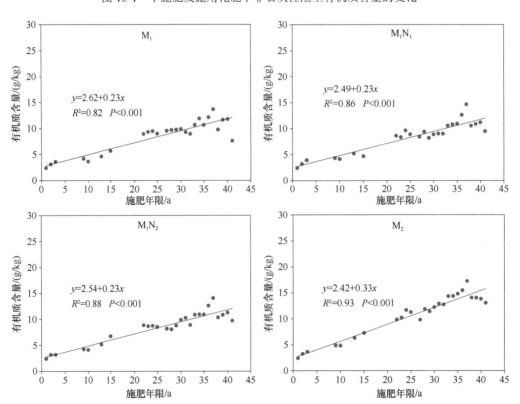

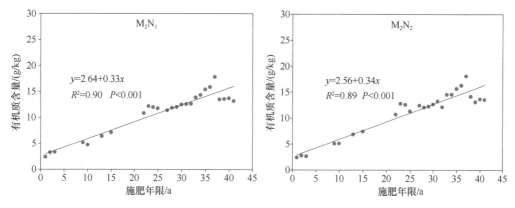

图 13-2　单施有机肥、化肥配施有机肥下非石灰性潮土有机质含量的变化

二、长期不同施肥下非石灰性潮土有机碳的组分特征

土壤的活性碳组分比总有机碳对管理措施的响应敏感，可以作为评价土壤有机碳质量变化的早期指标（Chen et al.，2009；Tian et al.，2013；佟小刚等，2009；徐明岗等，2006）。分析长期施肥下非石灰性潮土有机碳的组分演变特征对土壤总有机碳变化具有重要指示作用。

1. 颗粒有机碳

在冬小麦收获后所取的土壤中，氮磷钾配施下土壤颗粒有机碳含量最高，高量氮肥施用（N_2、N_2PK、N_2P、N_2K）下土壤颗粒有机碳含量较不施肥均显著增加，增幅分别为 17.39%、33.70%、16.31% 和 4.35%，低量氮肥施用的土壤颗粒有机碳含量较不施肥差异不显著（图 13-3）。在玉米收获后取的土壤样品中，施用化肥（N_1、N_2、N_2PK、N_2P、N_2K）较不施肥均能提高土壤颗粒有机碳的含量，以氮磷钾配施土壤的颗粒有机碳含量最大，氮磷肥配施次之，较不施肥分别增加了 37.39% 和 32.17%，氮钾肥配施较不施肥

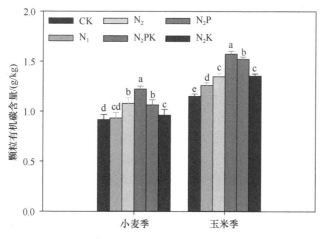

图 13-3　不施肥及化肥施用下非石灰性潮土颗粒有机碳的含量

不同的小写字母表示施肥间差异显著（$P<0.05$）。下同

增加了 17.39%，施用高量氮肥较低量氮肥提高了 7.14%。综上所述，在小麦季施用高量氮肥能够增加土壤的颗粒有机碳含量，以氮磷钾肥配施效果最好；而在玉米季，施用化肥均能提高土壤的颗粒有机碳含量，以氮磷钾配施效果最好，氮钾配施提升幅度较小。

长期施用有机肥均能显著提高非石灰性潮土颗粒有机碳含量（图 13-4）。与不施肥相比，单施低量有机肥在小麦季和玉米季颗粒有机碳含量分别显著提高了 153.30%和126.30%，单施高量有机肥分别显著提高了 245.70%和222.10%，施用高量有机肥土壤颗粒有机碳含量较低量有机肥在小麦季和玉米季的增幅分别为 36.47%和42.32%。不同有机肥水平下，土壤颗粒有机碳的含量随施氮量增加而增加。在低量有机肥水平下，低量氮肥配施有机肥和高量氮肥配施有机肥（M_1N_1、M_1N_2）在小麦季较不施肥提高了 197.10%和 191.90%，在玉米季提高了 208.00%和 211.00%；在高量有机肥水平下，低量氮肥配施有机肥和高量氮肥配施有机肥（M_2N_1、M_2N_2）在小麦季较不施肥提高了 347.62%和342.90%，在玉米季提高了 252.50%和323.70%。

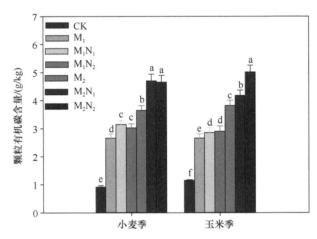

图 13-4　单施有机肥、化肥配施有机肥下非石灰性潮土颗粒有机碳的含量

2. 水溶性有机碳

无论小麦季还是玉米季，与不施肥相比，长期施化肥（N_1、N_2、N_2PK、N_2P、N_2K）均能显著提高土壤水溶性有机碳含量，并且小麦季的土壤水溶性有机碳含量高于玉米季（图 13-5）。在小麦季，高量氮肥施用（N_2PK、N_2 和 N_2P）下土壤水溶性有机碳含量较不施肥分别增加 114.70%、70.54%和98.45%。单施低量氮肥与氮钾肥配施下土壤水溶性有机碳含量差异不显著。在玉米季，氮磷钾配施下土壤水溶性有机碳含量最高，较不施肥显著提高了 167.31%；高量氮肥及其与磷肥配施（N_2、N_2P）较不施肥分别显著增加了 155.80%和96.20%；氮磷钾配施与单施高量氮肥之间差异不显著，单施高量氮肥较单施低量氮肥土壤水溶性有机碳含量显著增加了 43.01%。

在小麦季，与不施肥相比，施用有机肥下土壤水溶性有机碳含量均有明显提升，增幅为 121.71%~295.35%（图 13-6）。高量有机肥配施低量氮肥和高量氮肥较单施高量有机肥分别增加了 4.73%和9.68%；低量有机肥配施低量氮肥和高量氮肥较单施低量有机肥分别增加了 44.41%和29.37%；单施低量有机肥和高量有机肥的土壤水溶性有机碳含

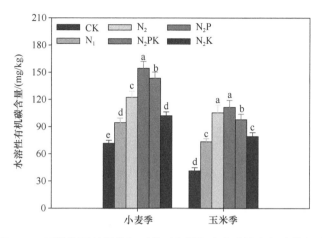

图 13-5　不施肥及施用化肥下非石灰性潮土水溶性有机碳的含量

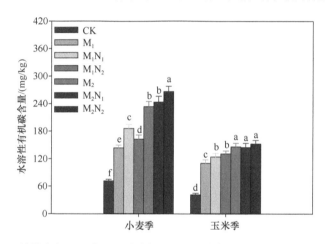

图 13-6　单施有机肥、化肥配施有机肥下非石灰性潮土水溶性有机碳的含量

量较不施肥分别提高了 121.70%和 260.50%。在玉米季，与不施肥相比，施用有机肥下土壤水溶性有机碳含量均有明显提升，以高量有机肥配施高量氮肥含量最高，较不施肥提高了 207.70%。高量有机肥配施低量氮肥和高量氮肥较单施高量有机肥分别提高了 4.08%和 8.84%，低量有机肥配施低量氮肥和高量氮肥较单施低量有机肥分别提高了 13.01%和 18.69%。单施高量有机肥和低量有机肥下土壤水溶性有机碳含量较不施肥分别提高了 213.50%和 136.5%，而单施高量有机肥较低量有机肥土壤水溶性有机碳显著提高了 32.52%，说明长期施用有机肥及配施氮肥能显著提高土壤中的水溶性有机碳含量，同一有机肥水平下随着施氮量的增加，土壤水溶性有机碳的含量也随之增加。

3. 微生物生物量碳

长期施化肥对土壤微生物生物量碳含量的影响整体表现为小麦季的土壤微生物生物量碳含量高于玉米季（图 13-7）。在小麦季，施用化肥土壤微生物生物量碳含量均显著高于不施肥，氮磷钾配施下土壤微生物生物量碳含量最高。高量氮肥施用（N_2、N_2PK、N_2P、N_2K）下土壤微生物生物量碳含量较不施肥增幅为 68.57%～104.28%，低量氮肥施用下土壤微生物碳含量较不施肥提高了 68.57%；高量氮肥与低量氮肥之间土壤微生物生物量碳含量差异不显著。在玉米季，施用化肥（N_1、N_2、N_2PK、N_2P、N_2K）不同程度地提高了土壤微生物生物量碳的含量，氮磷钾肥配施下土壤微生物碳含量最高，氮磷肥配施次之，较不施肥分别增加了 80.61%和 43.44%，而单施高量氮肥与低量氮肥之间土壤微生物生物量碳含量差异不显著。

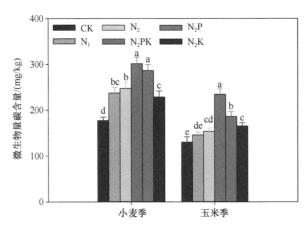

图 13-7　不施肥及化肥施用下非石灰性潮土微生物生物量碳含量

在小麦季，施用有机肥对土壤微生物生物量碳含量较不施肥均表现出明显的提升作用，提升幅度在 76.39%～106.82%，高量有机肥配施高量氮肥提升幅度最高，单施高量有机肥较单施低量有机肥显著提高了 13.28%（图 13-8）。单施高量有机肥或高量有机肥配施化肥（M_2N_2、M_2N_1、M_2）之间土壤微生物生物量碳差异不显著，但比不施肥显著提高了 99.82%～106.80%。单施低量有机肥或低量有机肥配施化肥土壤微生物生物量碳较不施肥显著提高了76.39%～82.32%。在玉米季，施用有机肥下土壤微生物生物量碳含量较不施肥均显著提高，以高量有机肥配施高量氮肥增幅最大，为 109.10%。在同一有机肥水平下，土壤微生物生物量碳含量随施氮量的增加而增加。由此可见，长期施用有机肥配施氮肥有利于微生物生物量碳的增加，高量有机肥施用下土壤微生物生物量碳的含量高于低量有机肥。

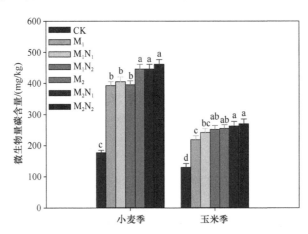

图 13-8　单施有机肥、化肥配施有机肥下非石灰性潮土微生物生物量碳含量

4. 易氧化有机碳和碳库管理指数

在小麦季，施用高量氮肥土壤易氧化有机碳含量均显著高于不施肥，以氮磷钾肥配施下土壤易氧化有机碳含量最高，较不施肥显著提高了118.90%，氮磷肥配施次之，单施低量氮肥与不施肥差异不显著，施用高量氮肥较低量氮肥的土壤易氧化有机碳含量显著提高了41.30%（表13-2）。在玉米季，施用化肥较不施肥均显著增加了土壤易氧化有机碳含量，以氮磷钾肥配施的易氧化有机碳含量最高，较不施肥显著提高了108.60%，而其他氮肥用量下土壤易氧化有机碳含量较不施肥提高了 20.43%～49.46%。以不施肥为参照（100），长期施化肥的碳库管理指数如下：小麦季与玉米季，高量氮肥及其配施条件下（N_2、N_2PK、N_2P、N_2K）碳库管理指数（CMI）较不施肥均有明显提升，以氮磷钾肥配施下的提升幅度最大，氮磷肥配施次之。小麦季和玉米季的 CMI 大小顺序均为：氮磷钾肥配施＞氮磷肥配施＞单施高量氮肥＞氮钾肥配施＞单施低量氮肥＞不施肥，说明长期施化肥处理能够提高CMI。

表 13-2　不施肥及化肥施用下非石灰性潮土易氧化有机碳含量和碳库管理指数

处理	小麦季		玉米季	
	含量/(g/kg)	碳库管理指数（CMI）	含量/(g/kg)	碳库管理指数（CMI）
CK	0.89d	100.00d	0.93d	100.00f
N_1	0.92d	107.50d	1.12c	124.76e
N_2	1.30c	168.76c	1.39b	163.09c
N_2PK	1.95a	277.83a	1.94a	267.11a
N_2P	1.66b	228.35b	1.38b	176.38b
N_2K	1.26c	161.05c	1.22c	147.39d

注：不同的小写字母表示施肥间差异显著（$P < 0.05$），下同。

在小麦季，施用有机肥较不施肥均显著提高了土壤易氧化有机碳含量，以高量有机肥配施高量氮肥下含量最高，较不施肥显著提高了 313.50%（表 13-3）。高量有机肥配施高量氮肥和高量有机肥配施低量氮肥下土壤易氧化有机碳含量较单施高量氮肥分别显著提高了 10.07%和 13.87%，而低量有机肥施用及其配施之间差异不显著；单施低量有机肥和高量有机肥较不施肥分别显著提高 194.40%和 267.40%，单施高量有机肥较单施低量有机肥显著增加 24.81%。玉米季，施用有机肥土壤易氧化有机碳含量均显著高于不施肥，增幅为 149.50%～307.50%。高量有机肥施用条件下，土壤易氧化有机碳的含量随着氮量增加而显著增加，高量有机肥及其配施处理较不施肥提高了 244.10%～307.50%，单施低量有机肥和高量有机肥较不施肥显著提高了 157.00%和 333.60%，单施高量有机肥较低量有机肥显著提高了 33.89%。以不施肥为参照（100），小麦季与玉米季，有机肥肥配氮肥的碳库管理指数较不施肥均有所提高，均以高量有机肥配施高量氮肥的碳库管理指数最高。无论小麦季还是玉米季，高量有机肥施用条件下，碳库管理指数均随施氮量的增加而显著增加。小麦季的碳库管理指数顺序为：高量有机肥配施高量氮肥＞高量有机肥配施低量氮肥＞单施高量有机肥＞单施低量有机肥＞低量有机肥配施高量氮肥＞低量有机肥配施低量氮肥＞不施肥；玉米季的碳库管理指数顺序为：高量有机肥配施高量氮肥＞高量有机肥配施低量氮肥＞低量有机肥配施高量氮肥＞单施高量有机肥＞单施低量有机肥＞低量有机肥配施低量氮肥＞不施肥。

表 13-3　单施有机肥、化肥配施有机肥下非石灰性潮土易氧化有机碳含量和碳库管理指数

处理	小麦季		玉米季	
	含量/(g/kg)	碳库管理指数（CMI）	含量/(g/kg)	碳库管理指数（CMI）
CK	0.89d	100.00e	0.93e	100.00f
M_1	2.62c	302.18d	2.39d	262.28d
M_1N_1	2.55c	291.36d	2.32d	243.35e
M_1N_2	2.61c	299.60d	3.04bc	352.29b
M_2	3.27b	376.94c	3.20c	336.77c
M_2N_1	3.56a	419.11b	3.32b	352.91b
M_2N_2	3.68a	434.12a	3.79a	411.57a

5. 团聚体有机碳

土壤团聚体是土壤结构组成的基本单位，是能够反映施肥对土壤肥力及生产力影响的重要指标，将有机物、无机物胶结砂粒、粉粒、黏粒形成的土壤团聚体是反映农业管理措施对土壤肥力影响的重要指标（Yan et al.，2012；王敏等，2022）。长期施化肥时，非石灰性潮土团聚体各粒级有机碳含量如表 13-4 所示。在 0.25～2mm 粒级中，单施低量氮肥的有机碳含量与不施肥差异不显著；高量氮肥及其配施（N_2、N_2PK、N_2P）相较于不施肥的有机碳含量明显提高，提高幅度为 5.88%～20.30%。在 0.053～0.25mm 粒级中，施用化肥下有机碳含量较不施肥均有显著增加，以氮磷钾肥配施的有机碳含量增幅最大，为 50.76%。在＜0.053mm 的粒级中，单施高量氮肥、氮磷钾肥配施和氮磷肥配施的土壤有机碳含量较不施肥均显著提高，而单施低量氮肥和氮钾肥配施较不施肥差异不显著。结果表明，施用高量氮肥可提高土壤各粒级有机碳含量，且 0.25～2mm 粒级的土壤有机碳含量高于 0.053～0.25mm 和＜0.053mm 粒级。

表 13-4　不施肥及化肥施用下非石灰性潮土团聚体有机碳含量

处理	团聚体有机碳含量/（g/kg）		
	0.25～2mm	0.053～0.25mm	＜0.053mm
CK	5.27±0.03d	3.29±0.05e	2.88±0.15d
N_1	5.33±0.05d	4.07±0.08c	2.91±0.11d
N_2	5.58±0.10c	4.15±0.12c	3.11±0.05c
N_2PK	6.34±0.07a	4.96±0.08a	3.49±0.10a
N_2P	5.73±0.06b	4.48±0.09b	3.26±0.10b
N_2K	5.40±0.06c	3.87±0.11d	2.97±0.06cd

长期施用有机肥均能显著提高非石灰性潮土团聚体各粒级有机碳含量（表 13-5）。0.25～2mm 粒级的有机碳含量高于 0.053～0.25mm 和＜0.053mm 粒级。在 0.25～2mm 粒级中，不同有机肥及其配施（M_1、M_1N_1、M_1N_2、M_2、M_2N_1、M_2N_2）较不施肥提高

了 107.00%~169.50%，单施高量有机肥较单施低量有机肥显著增加了 26.95%，在同一有机肥水平下，有机碳含量随施氮量增加而施增加。在 0.053~0.25mm 粒级中，高量有机肥施用下有机碳含量显著高于低量有机肥施用，不同有机肥及其配施下（M₁、M₁N₁、M₁N₂、M₂、M₂N₁、M₂N₂）有机碳含量较不施肥均有显著提升，其增幅为 161.70%~320.40%。在＜0.053mm 粒级中，不同施肥下有机碳含量较不施肥均有显著增加，增幅为 179.90%~309.10%。

表 13-5 单施有机肥、化肥配施有机肥下非石灰性潮土团聚体有机碳含量

处理	团聚体有机碳含量/（g/kg）		
	0.25~2mm	0.053~0.25mm	＜0.053mm
CK	5.27±0.03f	3.29±0.05g	2.88±0.15f
M₁	10.91±0.12e	8.61±0.06f	8.06±0.08e
M₁N₁	11.10±0.13d	9.95±0.12d	8.33±0.04d
M₁N₂	11.93±0.17c	9.48±0.07e	8.56±0.06c
M₂	13.85±0.18b	12.39±0.14c	11.43±0.06b
M₂N₁	13.90±0.11b	13.63±0.09b	11.51±0.12b
M₂N₂	14.20±0.11a	13.83±0.07a	11.78±0.07a

三、长期不同施肥下非石灰性潮土胡敏酸化学结构变化

利用 ^{13}C 核磁共振技术（NMR）研究土壤有机质的结构（Song et al.，2018），该技术可以表征各种类型碳在土壤有机质中的相对含量（图 13-9）。通过计算不同类型碳的变化，获知土壤有机质的稳定性及结构特征的变化。非石灰性潮土在不同施肥下胡敏酸结构以烷氧碳的相对含量最高，其次分别为芳香碳、烷基碳和羧基碳。烷氧碳中又以碳水化合物碳和双氧烷基碳为主。芳香碳中以芳基碳高于酚基碳。与不施肥相比，除施用低量氮肥外，施用其他化肥下胡敏酸中烷基碳相对含量降低了 0.34%~2.70%，而施用

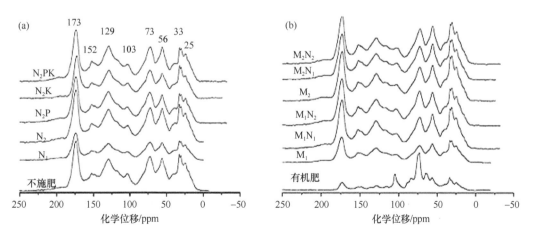

图 13-9 不施肥及施用化肥（a）和单施有机肥及其与化肥配施（b）下胡敏酸 ^{13}C CPMAS NMR 图谱
（2011 年）

有机肥下胡敏酸中烷基碳增加了 1.10%～2.54%，施用有机肥下胡敏酸中烷基碳高于施用化肥。长期不同施肥非石灰性潮土胡敏酸芳香度以高量氮肥配施磷肥最高、单施高量有机肥最低，除施用低量氮肥外,施用其他化肥下胡敏酸芳香度较不施肥提高了 1.00%～3.68%。与不施肥相比，施用化肥和有机肥胡敏酸中非晶碳/结晶碳分别增加了 0.02～0.14 和 0.30～0.78，施用化肥和粪肥胡敏酸中短链碳/长链碳分别增加了 0.03～0.37 和 0.03～0.18（表 13-6）。

表 13-6 不同施肥下非石灰性潮土胡敏酸不同类型碳库的分布

| 处理 | 烷基碳 | 烷氧碳 | | 芳香碳 | | 羧基碳 | 芳香度/% | 非晶碳/结晶碳 | 短链碳/长链碳 |
		甲氧基碳	碳水化合物碳+双氧烷基碳	芳基碳	酚基碳				
CK	21.54	11.95	22.01	21.07	7.70	15.72	34.14	0.77	1.02
N_1	21.89	12.29	20.71	21.38	6.90	16.84	34.01	0.79	1.23
N_2	21.20	11.85	20.53	21.54	8.18	16.69	35.67	0.83	1.26
N_2PK	19.70	11.95	21.04	22.22	8.25	16.84	36.64	0.85	1.32
N_2P	18.84	11.09	21.30	23.24	7.92	17.61	37.82	0.83	1.39
N_2K	20.14	11.19	22.38	21.86	7.23	17.21	35.14	0.91	1.05
M_1	23.66	12.16	21.07	18.15	8.75	16.21	32.11	1.07	1.05
M_1N_1	23.26	12.29	20.43	19.27	8.14	16.61	32.87	1.35	1.17
M_1N_2	22.64	12.23	21.65	18.84	8.10	16.53	32.28	1.42	1.20
M_2	24.08	12.60	22.01	17.38	7.97	15.95	30.17	1.35	1.09
M_2N_1	23.09	12.64	22.00	18.10	8.58	15.60	31.61	1.45	1.08
M_2N_2	23.46	12.91	22.05	17.48	8.35	15.75	30.65	1.55	1.17

注：芳香度=芳香碳/（芳香碳+烷氧基碳+烷基碳）×100%；非晶碳/结晶碳是化学位移在 30ppm 和 33ppm 时的相对强度之比；短链碳/长链碳是化学位移在 25ppm 和 30～33ppm 的比值。

第三节 长期不同施肥下非石灰性潮土总有机碳对碳投入的响应

一、长期不同施肥下非碳性潮土有机质含量变化

长期不同施肥提升了非石灰性潮土有机质的含量（图 13-10）。相对于 1978 年土壤中的有机碳，除氮磷肥配施和氮钾肥配施外，2018 年不同施肥条件下土壤有机质含量均有明显增加。其中，氮磷钾肥配施、不施肥、单施低量氮肥和高量氮肥对土壤有机质的含量的增量分别为 1.45g/kg、2.07g/kg、2.55g/kg 和 3.35g/kg。施用有机肥时，单施低量有机肥、低量有机肥配施低量氮肥和低量有机肥配施高量氮肥的有机质分别增加了 9.02g/kg、12.23g/kg 和 12.59g/kg，而单施高量有机肥、高量有机肥配施低量氮肥和高量有机肥配施高量氮肥下有机质分别增加了 18.33g/kg、18.57g/kg 和 19.24g/kg。

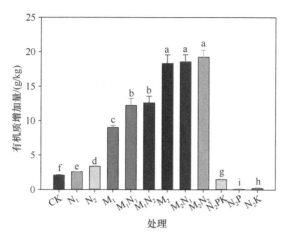

图 13-10　长期不同施肥下非石灰性潮土有机质含量的增加量

二、长期施肥下非碳性潮土有机质的含量与施用年限的关系

长期不同施肥下非石灰性潮土有机质含量与施肥年限呈显著正相关关系（图 13-11）。不施肥、施用无机肥和施用有机肥组的土壤有机碳含量均随施用年限的增加而线性增加，以施用有机肥时有机质含量增量最高，说明施用有机肥更有利于土壤中有机碳的积累。

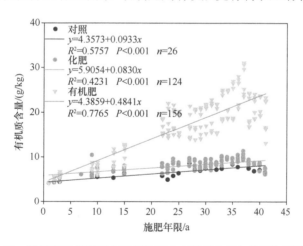

图 13-11　长期不同施肥下非石灰性潮土有机质含量与施肥年限的关系

三、长期不同施肥下非石灰性潮土碳储量的变化

长期不同施肥下非石灰性潮土土壤容重和有机碳储量如图 13-12 所示，施用有机肥显著降低了 0～20cm 土层的土壤容重，其中以施用高量有机肥降幅最大，从试验初始的 1.50g/cm³ 下降到 2018 年的 1.20g/cm³；不施肥降幅最小，2018 年时为 1.44g/cm³。施用有机肥的碳储量明显高于施用无机肥，以高量有机肥配施高量氮肥的有机碳储量最高，为 34.39t/hm²；最低的为氮磷肥配施，仅 9.92t/hm²。与试验初始的碳储量相比，所有处理 0～20cm 耕层的有机碳储量均有所升高，增幅为 2.78～27.25t/hm²，有机碳储量变化速率为 0.07～0.66t/(hm²·a)。

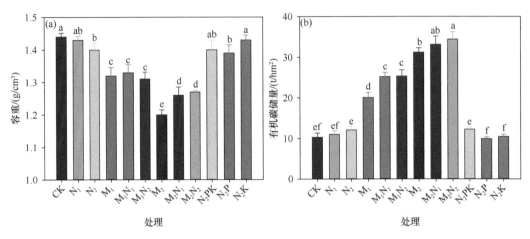

图 13-12 长期不同施肥下非石灰性潮土 0～20cm 土壤容重（a）和有机碳储量（b）

四、长期不同施肥下非碳性潮土有机碳储量变化速率与年均碳投入量关系

土壤有机碳储量变化速率与年均碳投入量呈显著线性相关关系（$P<0.001$），即在当前有机碳含量水平下，土壤固碳速率随着碳投入量的增加而显著增加。试验处理的年均碳投入量为 0.20～3.25t/(hm^2·a)，碳投入源于作物残茬、根系碳和猪粪碳，根据模拟方程可知，非石灰性潮土每投入 1t/(hm^2·a)的碳，土壤有机碳增加 0.23t/(hm^2·a)（图 13-13）。土壤的固碳效率为 20%。

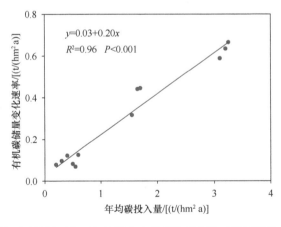

图 13-13 长期不同施肥下非石灰性潮土有机碳储量变化对累积碳投入的响应关系

第四节 非石灰性潮土有机质提升技术

一、长期施肥非石灰性潮土有机质的产量效应

小麦和玉米产量与土壤有机质含量的统计分析结果表明，非石灰性潮土有机质与作物产量的关系符合线性增长模型（图 13-14），说明该区域仍处于快速提升阶段，需要增

施有机肥、推进秸秆还田或种植绿肥，快速提升土壤有机质肥力水平，促进作物增产和稳产。在当前土壤有机质含量水平下，非石灰性潮土有机质提升 1g/kg，小麦和玉米产量分别可增加 184kg/hm² 和 241kg/hm²。

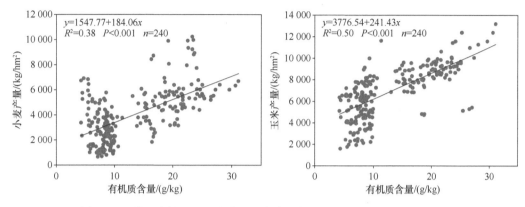

图 13-14　非石灰性潮土上小麦及玉米产量与土壤有机质含量的相关关系

二、非石灰性潮土有机质提升的有机物料投入量

长期施用有机肥或有机肥与化肥配施能显著提高非石灰性潮土的土壤有机质含量。1978 年，土壤的有机质含量为 4.10g/kg，经过连续 41 年施用有机肥或有机肥与化肥配施，到 2018 年，土壤有机质含量平均达到 19.10g/kg，而到 2018 年施用化肥的土壤有机质含量平均为 6.82g/kg。这说明有机肥料对增加土壤有机质的效果优于化学肥料。

非石灰性潮土有机碳储量增加速率与其相应的年均碳投入量呈线性相关关系（图 13-13），通过土壤对有机物料碳的固持效率，我们可以计算出提升和维持有机碳的外源碳投入量。本研究中，土壤有机碳的固碳效率为 20.0%，即每投入 100t 作物外源碳，有 20.0t 碳固持在土壤中。以耕层 SOC 储量 10.31t/hm²（2018 年 CK 处理的碳储量）为基础，未来 20 年内，土壤有机碳储量提升 10%，需每年投入碳量 0.25t/hm²，折合为猪粪（干基）1.23t/hm²；土壤有机碳储量提升 20%，需每年投入碳量 0.50t/hm²，折合为猪粪 2.46t/hm²；土壤有机碳储量提升 30%，需每年投入碳量 0.75t/hm²，折合为猪粪 3.69t/hm²（表 13-7）。

表 13-7　土壤有机碳提升所需外源碳投入量

项目	耕层 SOC 储量 /(t/hm²)	提升 SOC 储量 /[t(hm²·a)]	固碳效率 /%	提升 SOC 需额外投入碳量 /[t(hm²·a)]	需投入有机肥 /[t(hm²·a)，干基]
初始	10.31				
提升 10%	11.34	0.05	20.0	0.25	1.23
提升 20%	12.37	0.10	20.0	0.50	2.46
提升 30%	13.40	0.15	20.0	0.75	3.69

注：有机肥为猪粪，干基平均含碳量约为 20.3%。

（刘树堂　魏文良）

参 考 文 献

隋凯强. 2019. 冬小麦-夏玉米轮作下长期定位施肥对土壤呼吸及碳组分的影响. 山东: 青岛农业大学硕士学位论文.

佟小刚, 黄绍敏, 徐明岗, 等. 2009. 长期不同施肥模式对潮土有机碳组分的影响. 植物营养与肥料学报, 15: 831-836.

王敏, 李祥云, 赵征宇, 等. 2022. 番茄秸秆和菌菇渣还田对土壤团聚体稳定性及其有机碳分布的影响. 山东农业科学, 54: 95-103.

徐明岗, 于荣, 孙小凤. 2006. 长期施肥对我国典型土壤活性有机质及碳库管理指数的影响. 植物营养与肥料学报, 12: 459-465.

Chen H, Hou R, Gong Y, et al. 2009. Effects of 11 years of conservation tillage on soil organic matter fractions in wheat monoculture in Loess Plateau of China. Soil and Tillage Research, 106: 85-94.

Mi W, Sun Y, Gao Q, et al. 2019. Changes in humus carbon fractions in paddy soil given different organic amendments and mineral fertilizers. Soil and Tillage Research, 195: 104421.

Song X, Liu J, Jin S, et al. 2018. Differences of C sequestration in functional groups of soil humic acid under long term application of manure and chemical fertilizers in North China. Soil and Tillage Research, 176: 51-56.

Tian J, Lu S, Fan M, et al. 2013. Labile soil organic matter fractions as influenced by non-flooded mulching cultivation and cropping season in rice-wheat rotation. European Journal of Soil Biology, 56: 19-25.

Yan Y, Tian J, Fan M, et al. 2012. Soil organic carbon and total nitrogen in intensively managed arable soils. Agriculture, Ecosystems and Environment, 150: 102-110.

第十四章　秸秆还田下潮土农田有机质演变特征及提升技术

潮土主要分布在京广线以东、京山线以南的广大冲积平原，是黄淮海平原的主要土类。该区域雨热同季，光热充足，热量条件好，加之潮土土层深厚，矿质养分丰富，有利于深根作物生长，是河北省主要粮食产区之一，粮食播种面积约占河北省的39%，产量约占全省的43%。其中，小麦播种面积占全省的45%，产量占47%；玉米播种面积占全省的38.4%，产量占43.5%。然而，该地区土壤有机质、氮和磷含量偏低，限制了潮土生产潜力的发挥。

近年来，黄淮海平原潮土区普遍实行秸秆还田，化肥施用量较以前有很大提高，土壤肥力受耕作种植的影响越来越大，使得潮土肥力和养分演变出现新的特征。而合理的有机碳管理措施，不仅能够提高土壤肥力，而且可以减少温室气体排放，因此查明秸秆还田下潮土有机质演变特征对潮土区的粮食安全和农业经济可持续发展具有重要意义。

第一节　潮土秸秆还田长期试验概况

潮土秸秆还田长期定位试验始于1981年秋，试验地点位于河北省衡水市的河北省农林科学院旱作农业研究所试验站内（37°44′N、115°47′E）。该区域为温带半湿润地区向半干旱地区的过渡带，海拔28m，属东亚大陆性季风气候，年内干、湿两季分明，旱季长、雨季短，年降水量510～550mm，大多集中在7～9月，极为不均，年均气温13℃，最高气温43℃，最低气温–23℃，无霜期200d左右，0℃以上积温4877℃，热量充足，光照时间长。试验地属于潮土类型，成土母质为河流冲积物。试验初始的耕层土壤基本性质为：有机质11.5g/kg，碱解氮51mg/kg，有效磷12mg/kg。种植制度为冬小麦-夏玉米一年两熟。

试验采用裂区设计；主处理为化肥，副处理为秸秆，各设4个用量水平。化肥处理氮肥用量为：0kg/hm^2（N$_0$）、90kg/hm^2（N$_1$）、180kg/hm^2（N$_2$）和360kg/hm^2（N$_3$），其中各处理按P$_2$O$_5$：N为2：3配施相应数量的磷肥。秸秆处理的用量为：0kg/hm^2（S$_0$）、2250kg/hm^2（S$_1$）、4500kg/hm^2（S$_2$）和9000kg/hm^2（S$_3$），秸秆以当地收获后的玉米秸秆经粉碎后施入。各处理随机排列，三次重复，小区面积37.5m^2（表14-1）。秸秆和磷肥均在小麦播种整地前一次底施。氮肥小麦季和玉米季各半，小麦季氮肥施用时底肥、追肥各半，玉米季氮肥全部用作追肥。灌溉条件为深井灌溉。

收获时，各小区单独测产，在小麦和玉米收获前分区取样，进行考种和经济性状测定，同时取植株样。玉米收获后的9～10月在各小区按"之"字形采集0～20cm土壤，每小区每层取10个点混合成一个样，样品于室内风干，磨细过1mm和0.25mm筛，装瓶保存备用。田间管理主要是除草和防治小麦、玉米病虫害，其他详细施肥管理措施见文献（马俊永等，2007；曹彩云等，2009）。

表 14-1　潮土秸秆还田长期试验处理及肥料施用量

处理	小麦季			玉米季	
	$N/(kg/hm^2)$	$P_2O_5/(kg/hm^2)$	秸秆/(t/hm^2)	$N/(kg/hm^2)$	$P_2O_5/(kg/hm^2)$
$N_0P_0S_0$	0	0	0	0	0
$N_0P_0S_1$	0	0	2.25	0	0
$N_0P_0S_2$	0	0	4.5	0	0
$N_0P_0S_3$	0	0	9	0	0
$N_1P_1S_0$	90	60	0	45	0
$N_1P_1S_1$	90	60	2.25	45	0
$N_1P_1S_2$	90	60	4.5	45	0
$N_1P_1S_3$	90	60	9	45	0
$N_2P_2S_0$	180	120	0	90	0
$N_2P_2S_1$	180	120	2.25	90	0
$N_2P_2S_2$	180	120	4.5	90	0
$N_2P_2S_3$	180	120	9	90	0
$N_3P_3S_0$	360	240	0	180	0
$N_3P_3S_1$	360	240	2.25	180	0
$N_3P_3S_2$	360	240	4.5	180	0
$N_3P_3S_3$	360	240	9	180	0

第二节　长期秸秆还田下潮土有机质演变及其与有机碳投入量的关系

一、秸秆还田下潮土有机质的演变

潮土长期不同施肥后，不施任何肥料土壤有机质含量有降低趋势，下降速率约为 0.0153g/(kg·a)，而不施化肥、单施秸秆（2250kg/hm²、4500kg/hm² 和 9000kg/hm²）下土壤有机质含量则有一定上升趋势，上升速率分别为 0.0356g/(kg·a)、0.0411g/(kg·a)和 0.0838g/(kg·a)，有机质含量上升速率随秸秆用量增加而增大（图 14-1）。当化肥氮用量 90kg/hm² 时，有机质含量随秸秆施用量（2250kg/hm²、4500kg/hm² 和 9000kg/hm²）增加而增加，上升速率分别为 0.0766g/(kg·a)、0.0815g/(kg·a)和 0.1181g/(kg·a)，表明化肥和秸秆配施可明显增加有机质上升速率。

在秸秆最大用量下，当化肥氮用量为 0kg/hm²、90kg/hm²、180kg/hm² 和 360kg/hm² 时，各施肥下土壤有机质增加速率分别为 0.084g/(kg·a)、0.118g/(kg·a)、0.116g/(kg·a)和 0.126g/(kg·a)，随化肥用量增大而增大（图 14-2）。总的来看，化肥和秸秆施用均有提高土壤有机质的作用，且以化肥与秸秆配施（有机-无机肥结合）提升效果最好。

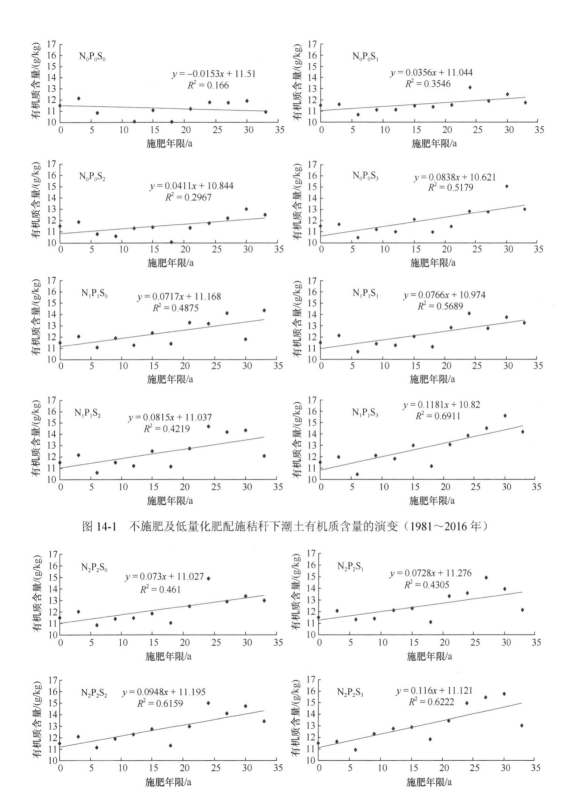

图 14-1　不施肥及低量化肥配施秸秆下潮土有机质含量的演变（1981～2016 年）

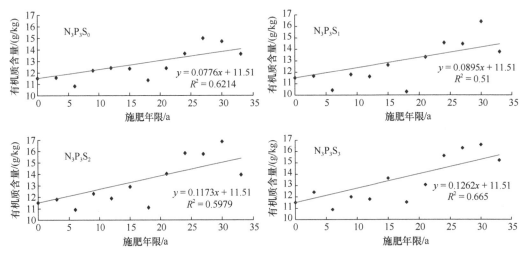

图 14-2　中高量化肥配施秸秆下潮土有机质含量的演变（1981～2016 年）

二、秸秆还田下潮土有机碳储量变化与累积碳投入量的关系

经过 35 年的长期施肥，不施肥及仅施少量秸秆耕层（0～20cm）土壤有机碳储量出现下降，分别降低 1.9t/hm² 和 0.7t/hm²；施用化肥或施用较多秸秆土壤有机碳储量均增加，仅施用化肥或者化肥配施少量秸秆处理土壤有机碳储量增加幅度较小，而各种化肥用量与高量秸秆配施处理对有机碳累积效果最好。例如，施用最大量秸秆下，不同化肥氮用量（90kg/hm²、180kg/hm² 和 360kg/hm²）下有机碳储量分别增加 3.3t/hm²、2.3t/hm² 和 5.9t/hm²，而不施秸秆仅施用化肥情况下相应化肥用量处理有机碳储量仅分别增加 2.1t/hm²、2.2t/hm² 和 3.6t/hm²，较高量秸秆还田碳储量分别少 1.2t/hm²、0.1t/hm² 和 2.3t/hm²。因此，合理的有机-无机肥配合是提高潮土有机碳库的有效措施。

土壤有机碳储量变化与累积碳投入量呈显著渐进相关关系，即土壤固碳储量随着碳投入量的增加先显著增加，后缓慢增加（图 14-3）。当有机碳储量变化值（y）为 0 时，维持初始土壤有机碳水平的最小累积碳投入量 C_{min} 为 35.9t/hm²。仅施少量秸秆处理，碳的累积投入量为 53.5t/hm²（不施肥处理为 22t/hm²），高于平衡量。也就是说，在衡水潮土仅施用少量秸秆就可以维持潮土 SOC 平衡，说明潮土有机质含量提升较黑土更容易（徐艳等，2004），但要想快速大幅提高碳库容，则需要有机-无机肥配合。

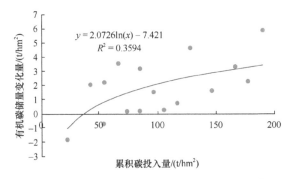

图 14-3　不同量秸秆还田下潮土耕层有机碳储量变化与累积碳投入量的响应关系

三、不同有机碳投入范围下潮土有机碳储量与碳投入量的关系

一般而言，土壤有机碳含量随着外源有机碳输入量的增加而增加，但增加到一定程度会出现碳饱和（Six et al.，2002；Chung et al.，2010），而单位外源有机碳输入下土壤有机碳的变化量即为土壤固碳效率。当累积碳投入量小于20t/m²时，有机碳储量平均为19.6t/hm²，土壤的固碳效率为 13.7%（图 14-4a）；而当累积碳投入量在 20～60t/hm²时，有机碳储量平均为 20.5t/hm²，土壤的固碳效率为 4.5%（图 14-4b）；由于有机碳储量数值显著增大，平均为 23.5t/hm²，距离饱和值更近，因此固碳效率显著下降，为 3.3%（图 14-4c）。土壤固碳效率并不随碳投入量增加而维持不变，而是当有机碳随碳投入增加到一定水平后，固碳效率比低有机碳水平阶段的固碳效率降低，呈现出"线性+平台"趋势（图 14-4d）。

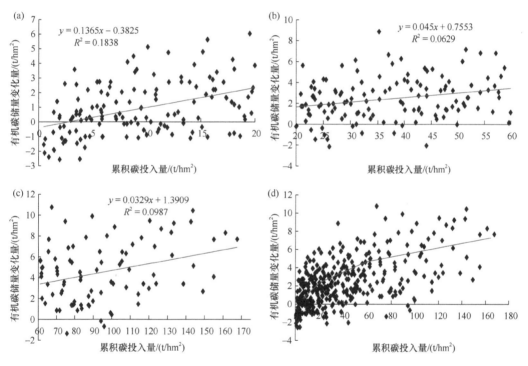

图 14-4　不同有机碳投入范围下潮土有机碳储量与碳投入量的关系

四、不同量秸秆还田下潮土剖面 0～100cm 总机碳储量的变化

35 年不同秸秆还田显著改变了 0～100cm 土层总有机碳储量（图 14-5）。土体有机碳储量表现两种趋势：一种是土体有机碳储量随化肥用量增大而增加，单施化肥不同氮用量0kg/hm²、90kg/hm²、180kg/hm²、360kg/hm²，总有机碳储量分别为 62.7kg/hm²、62kg/hm²、70.4kg/hm² 和 72.8kg/hm²；另一种为总有机碳储量随秸秆用量增加而增大。例如，不施化肥情况下，秸秆用量为 0kg/hm²、2250kg/hm²、4500kg/hm² 和 9000kg/hm² 时，总有机碳储量分别为 62.7kg/hm²、58kg/hm²、69.4kg/hm² 和 66.8kg/hm²。当化肥氮用量为

360kg/hm^2，秸秆用量为 0kg/hm^2、2250kg/hm^2、4500kg/hm^2 和 9000kg/hm^2 时，土体有机碳储量分别为 72.8kg/hm^2、73.6kg/hm^2、76.8kg/hm^2 和 78.3kg/hm^2。综合化肥和秸秆对土体有机碳的不同作用，以高量化肥配施高量秸秆处理土体碳储量最多，为 78.3kg/hm^2。本结果同样表明，有机-无机肥配施对提高总有机碳储量效果最好。

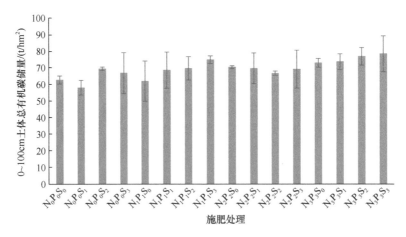

图 14-5 长期秸秆还田下潮土 0～100cm 土体总有机碳储量

五、不同量秸秆还田下潮土剖面 0～100cm 各层有机碳储量的变化

不同量秸秆还田下，土壤有机碳储量均随土壤深度增加呈降低趋势，其中以 0～20cm 与 20～40cm 层次间降幅最大（图 14-6）。无论单施化肥或化肥与秸秆配施，均以 0～20cm 土层土壤碳含量最高，并且耕层有机碳受施肥影响最大，在 0～20cm 和 20～40cm 土层上，化肥与高量秸秆配施较单施化肥土壤平均有机碳含量分别提高 4.3t/hm^2 和 2.0t/hm^2。而在 40cm 土层以下，秸秆提高有机碳的作用不再明显。从不同化肥氮用量作用来看，在 0～20cm 及 20～40cm 土层上，土壤有机碳储量均随化肥用量增大而显著增加，而 40cm 土层以下，单施化肥处理对土壤有机碳储量变化差异不显著。长期施用有机肥对土壤剖面有机碳累积影响会达到 100cm 深度（周建斌等，2009），因此长期合理施肥，特别是有机-

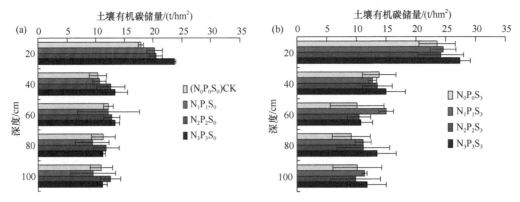

图 14-6 长期秸秆还田下潮土 0～100cm 各层有机碳储量
(a) 单施化肥；(b) 不同施肥配施最高量秸秆

无机肥配施,不仅增加耕层有机碳累积,还会提高深层有机碳的累积量(马俊永等,2010)。同时,未发现秸秆还田对深层有机碳的不利影响(徐虎等,2021)。

第三节　潮土有机质提升的产量效应及有机质提升技术

一、秸秆还田下潮土有机质变化的产量效应

对小麦产量、玉米产量及总产量与土壤有机质含量的拟合分析,确定了有机质与作物产量的关系符合线性增长模型。由此得出,衡水潮土有机质提升 1g/kg,小麦产量、玉米产量和总产量最多能够增加 665.84kg/hm², 788.17kg/hm² 和 1454.0kg/hm²(图 14-7)。

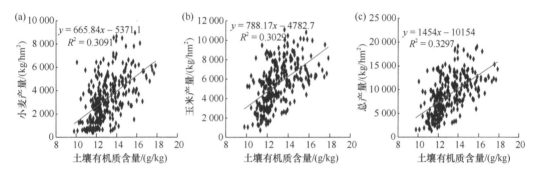

图 14-7　秸秆还田下潮土小麦及玉米产量与土壤有机质含量的关系

大量统计结果显示土壤有机质与作物产量之间存在"线性+平台"关系(Zhang et al., 2012),据此可确定区域土壤有机质阈值(90%最大产量处的土壤有机质),作为培肥目标、确定培肥模式(徐明岗等,2016;李官沐等,2021)。潮土 35 年的长期施肥试验(图 14-7),作物产量仍处于快速提升阶段,秸秆还田和增施有机肥等措施可快速提升土壤有机质等肥力水平,促进作物增产和稳产。

二、有机-无机肥配施提高潮土有机质

衡水潮土连续多年秸秆还田,土壤有机质含量由 1981 年的 11.5g/kg 到 2012 年达到 11～14.9g/kg。施肥极大地改变了土壤有机质的变化历程。不施任何肥料下,土壤有机质呈降低趋势,而随化肥和秸秆用量增大,土壤有机质呈现不同程度增加趋势,施肥量越大,增大越明显,以秸秆和化肥相互配合提升潮土有机质的效果最好。

长期不同施肥,可不同程度地改变 0～100cm 土体及各土层有机碳储量,其中对耕层有机碳储量的影响最明显,并且有机-无机肥配施可以影响更深层土壤有机碳,因此有机-无机肥配施是合理进行潮土培肥的有效措施。

三、提升和维持潮土有机碳水平的外源有机物料施用量

长期施肥潮土有机碳储量增加量与其相应的累积碳投入量呈"线性+平台"关系(图 14-4)。由不同累积碳投入阶段的有机碳转化效率可知,在低碳投入水平下(累积

碳投入量<20t/hm²），有机碳含量较低的土壤低肥力阶段，有机碳储量为 19.6t/hm²，土壤的固碳效率为 13.7%，即每投入 100t 碳，有 13.7t 碳固持在土壤中。在低肥力阶段，30 年内潮土土壤有机碳储量提升 5%，即提升碳储量至 20.6t/hm²，需再额外累积投入玉米秸秆约 100.7t/hm²，年均投入 3.4t/hm²；土壤有机碳储量升高 10%，有机碳储量平均为 21.6t/hm²，土壤的固碳效率为 4.5%，即提升碳储量 1.96t/hm²，需再额外投入玉米秸秆约 185.9t/hm²，年均投入 6.2t/hm²；土壤有机碳储量升到较高肥力阶段，有机碳储量平均为 23.5t/hm²，土壤的固碳效率为 3.3%，即提升碳储量 3.9t/hm²，需再额外投入玉米秸秆约 360.6t/hm²，年均投入 12t/hm²（表 14-2）。

表 14-2 不同肥力水平阶段潮土有机碳提升或维持所需外源有机物料投入量

肥力水平和有机碳状态		耕层有机碳储量 /(t/hm²)	固碳效率 /%	所需外源碳投入量 /(t/hm²)	累积玉米秸秆投入量 /(t/hm²)	年玉米秸秆投入量 / [t/(hm²·a)]
起始		19.6		35.9	84.0	2.8
低肥力阶段	有机碳提升 5%	20.6	13.7	43.1	100.7	3.4
	有机碳提升 10%	21.6	4.5	79.5	185.9	6.2
高肥力阶段	有机碳维持	23.5	3.3	154.1	360.6	12.0

注：玉米秸秆含碳量平均为 42.8%。

（马俊永 刘学彤 郑春莲 曹彩云 党红凯 李科江）

参 考 文 献

曹彩云, 郑春莲, 李科江, 等. 2009. 长期定位施肥对夏玉米光合特性及产量的影响研究. 中国生态农业学报, 17(6): 1074-1079.

李官沫, 张文菊, 曲潇琳, 等. 2021. 旱作种植条件下基础地力贡献率演变特征及影响因素分析. 中国农业科学, 54(19): 4132-4142.

马俊永, 曹彩云, 郑春莲, 等. 2010. 长期施用化肥和有机肥对土壤有机碳和容重的影响. 中国土壤与肥料, (6): 38-42.

马俊永, 李科江, 曹彩云, 等. 2007. 有机-无机肥长期配施对潮土土壤肥力和作物产量的影响. 植物营养与肥料学报, 13(2): 236-241.

徐虎, 蔡岸冬, 周怀平, 等. 2021. 长期秸秆还田显著降低褐土底层有机碳储量. 植物营养与肥料学报, 27(5): 768-776.

徐明岗, 卢昌艾, 张文菊, 等. 2016. 我国耕地质量状况与提升对策. 中国农业资源与区划, 37(7): 8-14.

徐艳, 张凤荣, 汪景宽, 等. 2004. 20 年来我国潮土区与黑土区土壤有机质变化的对比研究. 土壤通报, 35(2): 102-105.

周建斌, 王春阳, 梁斌, 等. 2009. 长期耕种土壤剖面累积有机碳量的空间分布及影响因素. 农业环境科学学报, 28(12): 2540-2544.

Chung H, Ngo K J, Plante A, et al. 2010. Evidence for carbon saturation in a highly structured and organic-matter-rich soil. Soil Science Society of America Journal, 74(1): 130-138.

Six J, Conant R T, Paul E A, et al. 2002. Stabilization mechanisms of soil organic matter: implications for C-saturation of soils. Plant and Soil, 241(2): 155-176.

Zhang W J, Xu M G, Wang X J, et al. 2012. Effects of organic amendments on soil carbon sequestration in paddy fields of subtropical China. Journal of Soils and Sediments, 12(4): 457-470.

第十五章　长期不同耕作下黄绵土农田有机质演变特征及提升技术

农田耕作是影响土壤有机质含量的重要农业管理措施，保护性耕作产生的固碳效应也受到越来越多的关注。保护性耕作是以减少土壤扰动和增加秸秆覆盖为主要特点的一种耕作方式，近些年被广泛推广。保护性耕作通常被认为具有固碳、培肥土壤的效果，但其影响程度随土壤和区域而异，且大多数研究是基于特定地点（气候和土壤）的有限数量和较短时间的实验，保护性耕作对土壤碳变化的长期影响尚且没有定论。黄土高原坡耕地占黄土高原现有耕地的 73.6%，水土流失严重，生态环境脆弱，农业生产力长期处于低下水平（刘秉正等，1995）。保护性耕作作为一种可持续农业技术，对提高黄土高原坡耕地土壤肥力和固碳能力具有更加深远的意义（孙利军等，2008）。土壤有机碳（SOC）是土壤养分循环及肥力供应的核心物质，SOC 的演变规律总体上可反映管理措施的差异。因此，利用长期定位试验研究不同耕作下 SOC 的演变规律，对于评价和选择区域适宜的耕作措施具有重要意义。

第一节　黄绵土旱地农田长期保护性耕作试验概况

一、长期试验基本情况

试验地位于农业部旱地农业野外科学观测实验站保护性耕作田间试验场内（34.80°N、112.56°E），地处豫西黄土丘陵区河南孟津县，属于黄土高原东部边缘，土层深厚（50～100m），土壤类型是壤质黄绵土。气候类型属于亚热带向温带过渡地带，年均气温 13.7℃，以 1 月平均气温最低，为−0.5℃，7 月平均气温最高，为 26.2℃。年降水量为 650mm，且 80%以上年份降水量达 600mm。年日照时数为 2270h，年日照率为 51%。年积温为 5046℃，年无霜期为 235d。

试验开始于 1999 年，试验地种植体系为冬小麦-夏休闲。试验共设 5 个处理。①少耕（RT）：收获时留茬 10cm，秸秆不还田，小麦收获后翻耕 20cm，同时耙地，9 月底直接施用肥料播种冬小麦。②免耕覆盖（NT）：小麦收获时留茬 30cm，秸秆还田。③深松覆盖（SM）：小麦收获时留茬 30cm，秸秆还田，小麦收获后间隔 60cm 深松 30～35cm。④传统翻耕（CT）：小麦收获时留茬 10cm，秸秆不还田，小麦收获后翻耕 20cm，不耙耱，9 月底进行第二次耕翻，施肥，播种冬小麦。⑤两茬（TC）：小麦收获时留茬 10cm，秸秆不还田，然后播种夏花生，9 月下旬收获花生后旋耕整地，施肥播种冬小麦。每个处理设置 3 次重复。各处理肥料施用量相同，N 为 150kg/hm²，P_2O_5 为 105kg/hm²，K_2O 为 45kg/hm²。

二、主要测定项目与方法

1. 土壤样品采集

利用直径为 5cm 的土钻随机多点采集各小区 0～10cm 和 10～20cm 土样，制成混合样，装入硬质塑料盒内。取土之前，清理土壤周边表层的作物残留物，剥除土块外面直接与土钻接触而变形的土壤。样品带回实验室后，捡出样品中的石块、根系等杂质。将样品按照测定项目分成两份：一部分存放于 4℃ 冰箱中，用于测定可溶性有机碳、微生物生物生物量碳和土壤酶；另一部分在室内进行风干，用于测定土壤有机碳、水稳性团聚体质量分布，以及有机碳、轻组有机碳和颗粒有机碳。

2. 土壤团水稳性聚体分级

分级方法参考 Cambardella 和 Elliott（1992）的湿筛法，并稍作修改。具体方法如下：称取 100g 风干土平铺于 2mm 筛子上，在室温下浸没入水中 5min。手动上下振动筛子，移动幅度为 3cm，频率为 25 次/min，共振荡 2min。小心取出 2mm 筛子，用蒸馏水将团聚体洗到不锈钢小圆盒中。按照此方法依次过 1mm、0.25mm 和 0.053mm 筛，重复 3 次，将收集到的 >2mm、1～2mm、0.25～1mm、0.053～0.25mm 和 <0.053mm 粒级团聚体烘干，称量，利用元素分析仪测定各级土壤团聚体中的有机碳含量。我们按照 Six 等（1998）的划分标准将团聚体划分为大团聚体（>0.25mm）和微团聚体（<0.25mm）。

3. 土壤有机碳组分测定

1）土壤微生物生物量碳

土壤微生物生物量碳（microbial biomass carbon，MBC）按照 Vance 等（1987）和林启美等（1999）的方法测定。土壤筛分后，将土壤湿度调节至 50% 含水量，25℃ 下预培养 7d 后，进行熏蒸并用 K_2SO_4 溶液浸提：称取相当于 25g 鲜土 6 份，分别放在小铝盒中，将其中 3 份一起放入真空干燥器中，另外 3 份作为对照。在干燥器中一起放入 50ml 蒸馏水、50ml 氢氧化钠溶液和 50ml 氯仿（同时加入小玻璃珠防止爆沸），用少量凡士林密封干燥器，打开干燥器阀门，用真空干燥器抽气至氯仿爆沸 2min。将干燥器放在黑暗条件下放置 24h。打开阀门，听到空气流动的声音表明干燥器密闭性较好。取出盛放蒸馏水、氢氧化钠溶液和氯仿的烧杯，擦净干燥器底部，用真空泵反复抽气，直到土壤没有氯仿气味为止。从干燥器中取出土样，放入 250ml 三角瓶中，分别加入 100ml 浓度为 0.5mol/L 的 K_2SO_4 溶液，同时做 3 个不加土壤的空白对照，25℃ 下在往复式振荡机上振荡 30min（200r/min），过滤至 150ml 三角瓶中，将滤液转移至 80ml 塑料瓶中。取 1ml 浸提液，加入 10ml 去离子水，稀释到玻璃瓶中，加 2mol/L 的盐酸一滴。利用 TOC 测定其中的有机碳含量。

2）土壤轻组有机碳

土壤轻组有机碳（light fraction of organic carbon，LFOC）的分离参考 Six 等（1998）方法：称取 10g 风干土样放入 50ml 离心管中，加入 40ml 的密度为 1.85g/cm³ 聚钨酸钠溶液，摇晃混匀。再用 10ml 聚钨酸钠溶液将附着在离心管帽和管壁的物质冲入管内。然后在 20℃下离心 90min。将悬浊液从离心管中轻轻倒出，在 0.45μm 尼龙滤膜上进行真空抽滤，用去离子水洗去聚钨酸钠，将滤膜转移到一个小铝盒，并在 55℃烘干，称重，进一步测定有机碳含量。离心管中的重组部分转移到三角瓶中，分离颗粒有机碳。

3）土壤颗粒有机碳

土壤颗粒有机碳（particulate organic carbon，POC）依据 Cambardella 和 Elliott（1992）及方华军等（2006）方法分离并稍作修改：将分离出轻组有机碳之后的重组组分，加入 30ml 的 0.5%六偏磷酸钠溶液，往复式振荡器上振荡 18h，使之分散。分散溶液过 0.25mm 和 0.053mm 筛，分离出＞0.25mm 和 0.053～0.25mm 两个组分，前者为粗颗粒有机碳（coarse particulate organic carbon，Coarse POC），后者为细颗粒有机碳（fine particulate organic carbon，Fine POC），＜0.053mm 组分为矿物结合态有机碳（mineral-associated organic carbon，MOC），用差值法求得。将分离出的各组分在 55℃下烘干，称重，并进一步测定有机碳含量。

第二节　长期不同耕作下黄绵土农田有机质的变化特征

一、长期不同耕作下黄绵土表层（0～10cm）有机碳含量的变化

连续 15 年不同耕作下的表层土壤有机碳含量变化如图 15-1 所示。与传统翻耕相比，免耕覆盖和深松覆盖的土壤有机碳（SOC）含量分别提高了 22.85%和 21.79%。传统翻耕下 SOC 含量随耕作年限呈下降趋势，与实验开始相比，耕作 15 年后传统翻耕的 SOC 含量降低了 5.80%，线性模型模拟的 SOC 损失速率为 0.10g/(kg·a)。少耕下 SOC 含量也随耕作年限的延长而降低，耕作 15 年的 SOC 含量降低了 13.39%，降低速率为 0.13g/(kg·a)，大于传统翻耕。相反，免耕覆盖和深松覆盖下 SOC 含量随耕作年限的延长而增加，耕作 15 年的 SOC 含量分别增加了 6.32%和 10.17%，增加速率分别为 0.01g/(kg·a)和 0.02g/(kg·a)。

二、长期不同耕作下土壤表层（0～10cm）的固碳量和固碳速率

连续 15 年不同耕作表层土壤固碳量及固碳速率如图 15-2 所示。少耕和传统翻耕的固碳量及固碳速率均为负值，其固碳速率分别为−0.08t/(hm²·a)和−0.05t/(hm²·a)，说明土壤有机碳储量呈减少状态。免耕覆盖和深松覆盖的有机碳储量随耕作年限延长而增加，固碳速率分别为 0.09t/(hm²·a)和 0.06t/(hm²·a)。

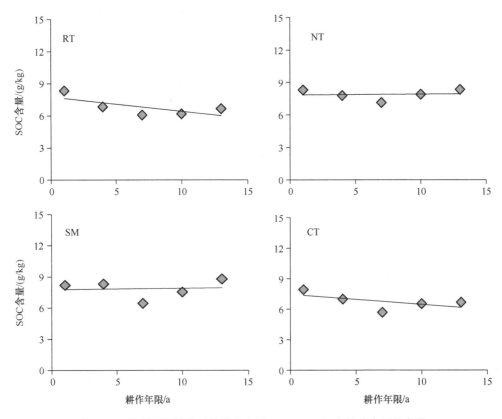

图 15-1 长期不同耕作下黄绵土表层（0～10cm）有机碳含量的变化

RT：少耕；NT：免耕覆盖；SM：深松覆盖；CT：传统翻耕。下同

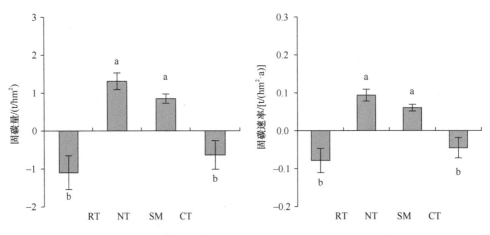

图 15-2 长期不同耕作下黄绵土表层（0～10cm）固碳量及固碳速率

三、长期不同耕作下黄绵土农田活性有机碳库的变化

1. 土壤可溶性有机碳

不同耕作土壤可溶性有机碳（DOC）含量分布范围为 47.41～65.45mg/kg。从图 15-3

可以看出，DOC 含量的大小顺序为：深松覆盖＞两茬、免耕覆盖＞少耕、传统翻耕。深松覆盖、免耕覆盖和两茬处理显著（$P<0.05$）高于传统耕作处理。与传统翻耕相比，免耕覆盖、深松覆盖和两茬处理分别提高了 22.73%、38.04% 和 24.07%。

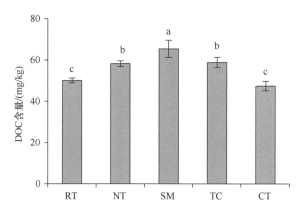

图 15-3　长期不同耕作下黄绵土表层（0～10cm）可溶性有机碳含量

RT：少耕；NT：免耕覆盖；SM：深松覆盖；TC：两茬；CT：传统翻耕。下同

2. 土壤微生物生物量碳

不同耕作土壤微生物生物量碳（MBC）含量为 126.12～234.20mg/kg。从图 15-4 可以看出，土壤微生物生物量碳的大小顺序为：深松覆盖、两茬、免耕覆盖＞传统翻耕、少耕，免耕覆盖、深松覆盖和两茬处理显著（$P<0.05$）高于少耕和传统翻耕。与传统耕作相比，免耕、深松覆盖和两茬处理的 MBC 含量分别提高了 32.52%、52.14% 和 43.67%。

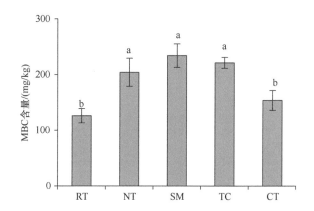

图 15-4　长期不同耕作下黄绵土表层（0～10cm）微生物生物量碳含量

3. 土壤轻组有机碳

长期不同耕作下土壤轻组有机碳（LFOC）含量分布范围为 1.56～1.90g/kg（图 15-5）。耕作方式对土壤 LFOC 含量有显著影响，两茬下的土壤轻组有机碳含量最高，显著高于少耕和传统耕作（$P<0.05$），免耕覆盖与深松覆盖显著高于少耕和传统耕作。与传统耕作相比，免耕覆盖、深松覆盖和两茬处理的土壤轻组有机碳含量分别提高了 44.66%、45.01% 和 61.68%。

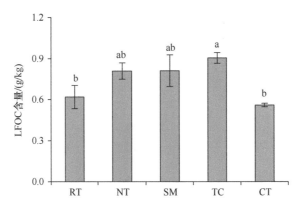

图 15-5 长期不同耕作下黄绵土表层（0～10cm）轻组有机碳含量

4. 土壤颗粒有机碳

不同耕作的土壤粗颗粒有机碳（Coarse POC）含量分布范围为 0.56～0.79g/kg，细颗粒有机碳（Fine POC）含量分布范围为 1.26～1.70g/kg，矿物结合态有机碳（MOC）含量分布范围为 1.62～1.67g/kg。免耕、深松覆盖和两茬处理的土壤 Coarse POC 含量较高，与传统耕作相比，免耕、深松覆盖和两茬的土壤 Coarse POC 含量分别提高了 17.69%、21.16%和21.82%，少耕土壤的 Coarse POC 含量最低，与传统耕作相比，降低了 12.87%（图 15-6a）。免耕、深松覆盖和两茬土壤的 Fine POC 含量显著高于少耕和传统耕作，与传统耕作相比，免耕、深松覆盖和两茬土壤的 Fine POC 含量分别提高了 27.63%、29.78%和24.89%（图 15-6b）。各耕作下的土壤 MOC 含量差异不显著（图 15-6c）。

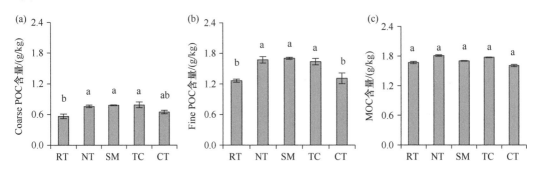

图 15-6 长期不同耕作下黄绵土表层（0～10cm）粗颗粒有机碳（a）、细颗粒有机碳（b）及矿物结合态有机碳含量（c）

四、长期不同耕作下黄绵土有机碳储量对碳投入的响应

1. 长期不同耕作下农田累积碳投入量差异

长期不同耕作措施改变了农田累积碳投入量。图 15-7 表示不同耕作下来源于作物根茬和秸秆的累积有机碳投入量。耕作方式不同导致土壤中碳投入的来源和比例差异较大，少耕和传统翻耕土壤碳投入主要来源于作物根系残茬，约为总碳投入的 84.24%；

而免耕和深松覆盖处理根系残茬碳投入约为土壤总碳投入的 44.50%，并且根茬有机碳投入量显著高于少耕和传统翻耕（$P<0.05$），但免耕和深松覆盖之间差异不显著。由于秸秆碳的投入，免耕覆盖和深松覆盖的总碳投入量显著高于少耕和传统翻耕，是少耕和传统翻耕的 2 倍左右。

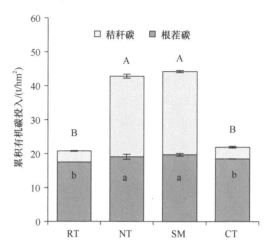

图 15-7　长期不同耕作下黄绵土表层（0～10cm）农田累积有机碳投入量
大写字母表示秸秆碳在 0.05 水平上差异显著性，小写字母表示根茬碳在 0.05 水平上的差异显著性。

2. 长期不同耕作下表层土壤固碳量与累积碳投入的关系

土壤固碳量与累积碳投入之间存在极显著正相关关系（图 15-8）。从累积碳投入与土壤固碳量的线性方程可计算出维持土壤有机碳储量不变的最低碳投入量（当土壤固碳量等于零时的累积碳投入量）（Wang et al.，2015），因此，由图 15-8 的方程 $y=0.087x-2.740$ 可计算出，维持土壤有机碳储量稳定的累积农田碳投入量为 31.5t/hm²，平均每年最低碳投入量为 2.4t/hm²。

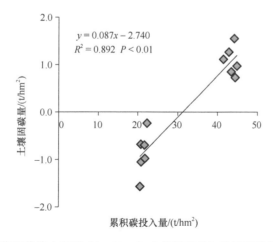

图 15-8　长期不同耕作下黄绵土表层（0～10cm）土壤固碳量与累积碳投入量的关系（$n=12$）

第三节 长期耕作下黄绵土团聚体有机碳变化规律

一、水稳性团聚体有机碳含量及储量的变化

1. 长期不同耕作下土壤表层水稳性团聚体有机碳含量的变化

不同耕作显著影响土壤水稳性团聚体有机碳含量（图 15-9）。总的来看，大团聚体（＞0.25mm）的有机碳含量较高，约为微团聚体（＜0.25mm）的 3～8 倍。免耕覆盖和深松覆盖提高了所有＞0.053mm 粒级团聚体有机碳含量，与传统耕作相比，＞2mm 级别团聚体分别提高了 112.54%和 117.12%，1～2mm 粒级分别提高了 23.51%和 37.58%，0.25～1mm 粒级分别提高了 12.31%和 7.23%，0.053～0.25mm 粒级分别提高了 3.68%和 5.42%，可见，粒级较大团聚体的提高幅度较大，粒级越小的团聚体提高幅度越小。

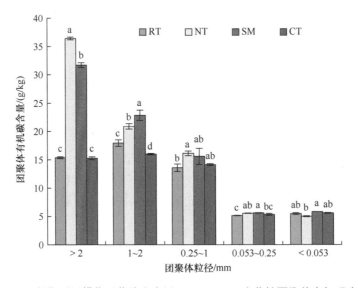

图 15-9　长期不同耕作下黄绵土表层（0～10cm）水稳性团聚体有机碳含量

2. 长期耕作对表层土壤水稳性团聚体有机碳储量的影响

不同耕作也显著影响各级别团聚体有机碳储量（图 15-10），总的来看，微团聚体的有机碳储量较高，约占总团聚体有机碳储量的 65%，其中 0.053～0.25mm 粒级团聚体的有机碳储量最高。免耕和深松覆盖不同程度提高了所有＞0.053mm 粒级团聚体有机碳储量，与传统耕作相比，＞2mm 粒级分别提高了 223.01%和 168.48%，1～2mm 粒级分别提高了 56.91%和 42.51%，0.25～1mm 粒级分别提高了 23.31%和 35.52%，0.053～0.25mm 粒级分别提高了 11.52%和 3.59%，免耕和深松覆盖对粒级较大团聚体有机碳储量的提高幅度较大，粒级越小，提高幅度越小，同团聚体有机碳含量的变化趋势一致。

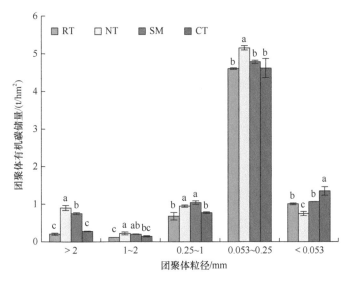

图 15-10 长期不同耕作下黄绵土表层（0～10cm）水稳性团聚体有机碳储量

3. 土壤团聚体有机碳储量与累积碳投入的关系

团聚体有机碳储量随碳投入量增加的速率可以反映外源碳在不同粒级团聚体中的固存程度，斜率越大，说明碳投入的转化固存率越高。黄绵土累积碳投入与团聚体有机碳储量呈显著相关（表 15-1），其中＞0.25mm 粒级团聚体有机碳储量均与累积碳投入量呈极显著的正相关。＞2mm 粒级团聚体有机碳储量与累积碳投入量直线关系的斜率最大，说明＞2mm 粒级团聚体有机碳储量为总有机碳储量增加的主要决定因素。虽然 0.053～0.25mm 粒级团聚体有机碳储量最高，但此粒级团聚体有机碳储量与累积碳投入量直线关系的斜率较小，说明此粒级团聚体受外源碳直接影响较小。

表 15-1 黄绵土团聚体有机碳储量与累积碳投入量的线性相关参数

土壤组分	累积碳投入	
	斜率	R^2
＞2mm	0.026	0.937**
1～2mm	0.003	0.838**
0.25～1mm	0.012	0.873**
0.053～0.25mm	0.015	0.548*
＜0.053mm	−0.011	0.339

*表示在 0.05 水平上显著相关，**表示在 0.01 水平上显著相关；$n=12$。

二、长期不同耕作下黄绵土团聚体分布变化规律

1. 不同耕作下土壤团聚体分布的变化

总体来看，团聚体集中分布在 0.25～2mm 和 0.053～0.25mm 级别，共占团聚体总数的 74.81%～80.44%。长期耕作能够显著影响 0～10cm 土层土壤团聚体分布，对 10～

20cm 土层无显著影响（图 15-11、图 15-12）。在 0～10cm 土层，免耕和深松覆盖显著提高了 >2mm 团聚体含量，与传统翻耕相比分别提高了 40.71% 和 106.75%；同时显著提高了 0.25～2mm 团聚体含量，分别提高了 17.23% 和 12.88%；传统翻耕显著提高了 0.053～0.25mm 团聚体含量；长期耕作对 <0.053mm 团聚体含量无显著影响。

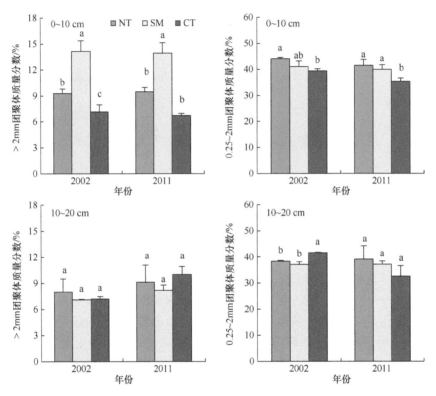

图 15-11　不同耕作下黄绵土耕层（0～20cm）大团聚体的质量分数

NT：免耕覆盖；SM：深松覆盖；CT：传统翻耕

2. 不同耕作下土壤大团聚体（>0.25mm）质量分数的比较

　　与 2002 年相比，2011 年不同耕作下土壤大团聚体质量分数发生了明显变化（图 15-11）。在 0～10cm 土层，传统翻耕下 >2mm 团聚体含量随耕作年限呈下降趋势，2011 年较 2002 年下降了 5.94%；3 种耕作下 0.25～2mm 团聚体含量随耕作年限均呈下降趋势，2011 年较 2002 年降幅为 2.81%～10.12%，以传统翻耕下降幅度最大。在 10～20cm 土层，3 种耕作下 >2mm 团聚体含量均呈升高趋势，2011 年较 2002 年增幅为 14.11%～38.64%；传统翻耕下 0.25～2mm 团聚体含量明显下降，2011 年较 2002 年下降了 21.54%。

3. 不同耕作下土壤微团聚体（<0.25mm）质量分数的比较

　　与 2002 年相比，2011 年不同耕作下土壤微团聚体质量分数发生了明显变化（图 15-12）。与免耕覆盖和深松覆盖相比，传统翻耕 0.053～0.25mm 团聚体含量随耕作年限呈升高趋势，在 0～10cm 土层，由 2002 年的 41.3% 提高到 2011 年的 45.00%，升高了 8.93%；在 10～20cm 土层，由 2002 年的 38.3% 提高到 2011 年的 44.8%，升高了 17.07%。

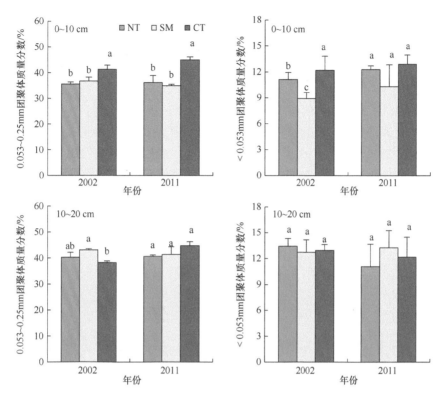

图 15-12 不同耕作下黄绵土耕层（0～20cm）微团聚体的质量分数

NT：免耕覆盖；SM：深松覆盖；CT：传统翻耕

4. 不同耕作措施下土壤团聚体稳定性的变化

土壤微团聚体的稳定性指数（MWD）是反映土壤团聚体稳定性的常用指标（Castro et al.，2002；周虎等，2007）。长期耕作能够显著影响土壤 0～10cm 土层土壤团聚体稳定性，对 10～20cm 土层无显著影响（表 15-2）。与传统翻耕相比，长期免耕覆盖及深松覆盖显著提高了表层 0～10cm 土壤 MWD，分别提高了 20.55%和 39.68%。同时，MWD 随耕作年限变化明显，传统翻耕下 MWD 随耕作年限明显下降，2011 年较 2002 年下降了 7.10%。

表 15-2 不同耕作时期黄绵土耕层（0～20cm）微团聚体的稳定性指数

土层/cm	处理	MWD/mm	
		2002	2011
0～10	NT	0.88 a	0.86 a
	SM	1.02 a	0.99 a
	CT	0.76 a	0.71 b
10～20	NT	0.78 a	0.82 a
	SM	0.73 a	0.77 a
	CT	0.78 a	0.79 a

三、长期不同耕作下土壤团聚体有机碳含量变化规律

1. 不同耕作下土壤大团聚体有机碳含量的比较

与2002年相比,2011年不同耕作下土壤大团聚体有机碳含量发生了明显变化(图15-13)。在0～10cm土层,免耕覆盖和深松覆盖下>2mm团聚体有机碳含量随耕作年限明显升高,2011年较2002年分别升高了23.93%和7.12%,而传统翻耕下2011年较2002年下降了1.47%;深松覆盖和传统翻耕下0.25～2mm团聚体有机碳含量随耕作年限呈升高趋势,2011年较2002年分别升高了15.78%和26.20%,免耕覆盖下降低了8.68%。在10～20cm土层,传统翻耕>2mm团聚体有机碳含量2011年较2002年下降了16.17%;深松覆盖下0.25～2mm团聚体有机碳含量升高了15.56%。

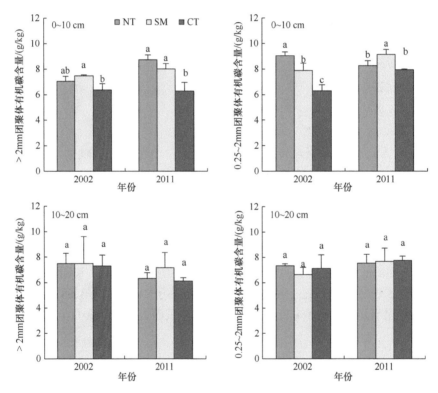

图15-13　不同耕作下黄绵土耕层（0～20cm）大团聚体有机碳含量

NT:免耕覆盖;SM:深松覆盖;CT:传统翻耕

2. 不同耕作下土壤微团聚体有机碳含量的比较

与2002年相比,2011年不同耕作下土壤微团聚体有机碳含量发生了明显变化(图15-14)。在0～10cm土层,免耕覆盖和深松覆盖下0.053～0.25mm团聚体有机碳含量随耕作年限明显降低,2011年较2002年分别下降了19.58%和13.27%。3种耕作下<0.053mm团聚体有机碳含量随耕作年限均呈下降趋势,2011年较2002年降幅为2.20%～13.22%,以免耕覆盖和深松覆盖下降幅度较大。在10～20cm土层,免耕覆盖下0.053～0.25mm团

聚体有机碳含量随耕作年限呈下降趋势，2011 年较 2002 年下降了 7.49%；3 种耕作下＜0.053mm 团聚体有机碳含量随耕作年限变化不大。

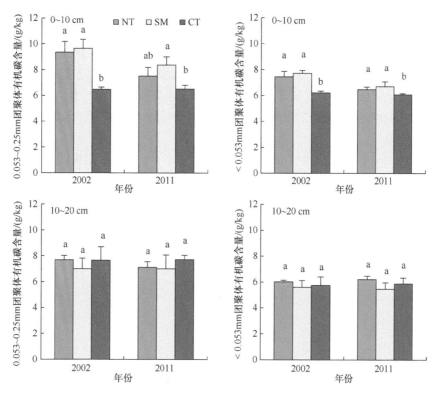

图 15-14　不同耕作下黄绵土耕层（0～20cm）微团聚体有机碳含量
NT：免耕覆盖；SM：深松覆盖；CT：传统翻耕

第四节　以长期试验为基础的土壤有机质提升技术

　　长期耕作试验表明，与传统耕作相比，免耕覆盖和深松覆盖可显著提高 0～10cm 土层的有机碳含量，分别提高了 22.85% 和 21.79%。免耕覆盖和深松覆盖可提高土壤活性有机碳含量。活性有机碳对耕作的反应较有机碳更加强烈（李忠佩等，2004；李景等，2021）。与传统耕作相比，免耕覆盖和深松覆盖下土壤可溶性有机碳分别提高了 22.73% 和 38.04%，微生物生物量碳分别提高了 32.52% 和 52.14%，轻组有机碳分别提高了 44.66% 和 45.01%，粗颗粒有机碳分别提高 17.69% 和 21.16%，细颗粒有机碳分别提高 27.63% 和 29.78%。矿物结合态有机碳在处理间差异不显著。

　　土壤团聚体的物理保护导致的生物与有机碳的空间隔离是土壤有机碳最主要的稳定机制（Gao et al.，2019a；Gao et al.，2019b）。本研究表明，与翻耕相比，长期免耕覆盖和深松覆盖可提高土壤 0～10cm 土层各级团聚体有机碳含量，尤其对＞2mm 团聚体有机碳含量的提升最多，这可能是由于免耕覆盖和深松覆盖增加了新鲜植物残体有机碳，更多的有机碳被大团聚体保护起来，进而促进了有机碳在土壤中的固定。这也说明＞2mm 粒级团聚体较其他 3 个粒级团聚体更易对耕作方式产生迅速反应（李景等，2014；李景等，2015a）。

本研究结果表明，长期保护性耕作显著提高了大团聚体中有机碳含量，且外源碳在 >2mm 团聚体中的转化率最高，一方面是由于微团聚体通过有机质的胶结作用形成大团聚体；另一方面，植物残体首先被真菌菌丝缠绕于大团聚体内，大团聚体中处于分解状态的植物残体和菌丝可以增加大团聚体中有机碳的浓度（李忠佩等，2004）。此外，本研究发现，微团聚体的有机碳储量远大于大团聚体，微团聚体有机碳储量与有机碳投入量直线关系的斜率较小，说明微团聚体对土壤碳的固定与物理保护起着重要作用；大团聚体有机碳含量较高，外源碳在大团聚体中的转化率高于微团聚体，可作为评价长期耕作措施对土壤碳储量影响的敏感指标（李景等，2015b；宋霄君等，2018；Song et al.，2022）。

本次试验地位于豫西旱区坡度为 8° 的黄土坡耕地上，该地区水土流失严重，土壤有机碳矿化强烈，在该地区实施免耕覆盖和深松覆盖的固碳速率分别为 0.09t/(hm²·a) 和 0.06t/(hm²·a)，这一结果明显低于其他的研究结果（Zhang et al.，2012；Wang et al.，2015）。这说明豫西黄土坡耕地区，秸秆碳被土壤有机碳固定的较少，土壤固碳速率较低，需要投入更多的碳才能保持原有有机碳水平。从累积碳投入与土壤固碳量的线性方程可计算出，要维持土壤有机碳的稳定，每年需投入外源碳 2.42t/hm²。

（吴会军　李　景　宋霄君）

参 考 文 献

方华军, 杨学明, 张晓平, 等. 2006. 东北黑土区坡耕地表层土壤颗粒有机碳和团聚体结合碳的空间分布. 生态学报, 26(9): 2847-2854.

李景, 吴会军, 武雪萍, 等. 2014. 长期不同耕作措施对土壤团聚体特征及微生物多样性的影响. 应用生态学报, 25(8): 2341-2348.

李景, 吴会军, 武雪萍, 等. 2015a. 长期保护性耕作提高土壤大团聚体含量及团聚体有机碳的作用. 植物营养与肥料学报, 21(2): 378-386.

李景, 吴会军, 武雪萍, 等. 2015b. 15 年保护性耕作对黄土坡耕地区土壤及团聚体固碳效应的影响. 中国农业科学, 48(23): 4690-4697.

李景, 吴会军, 武雪萍, 等. 2021. 长期免耕和深松提高了土壤团聚体颗粒态有机碳及全氮含量. 中国农业科学, 54(2): 334-344.

李忠佩, 张桃林, 陈碧云. 2004. 可溶性有机碳的含量动态及其与土壤有机碳矿化的关系. 土壤学报, 41(4): 544-552.

林启美, 吴玉光, 刘焕龙. 1999. 熏蒸法测定土壤微生物量碳的改进. 生态学杂志, 18(2): 63-66.

刘秉正, 李光录, 吴发启, 等. 1995. 黄土高原南部土壤养分流失规律. 水土保持学报, 9(2): 77-86.

宋霄君, 吴会军, 武雪萍, 等. 2018. 长期保护性耕作可提高表层土壤碳氮含量和根际土壤酶活性. 植物营养与肥料学报, 24(06): 1588-1597.

孙利军, 张仁陟, 黄高宝. 2008. 保护性耕作对黄土高原旱地地表土壤理化性状的影响. 干旱地区农业研究, 25(6): 207-211.

周虎, 吕贻忠, 杨志臣, 等. 2007. 保护性耕作对华北平原土壤团聚体特征的影响. 中国农业科学, 40(9): 1973-1979.

Cambardella C A, Elliott E T. 1992. Particulate soil organic-matter changes across a grassland cultivation sequence. Soil Science Society of America Journal, 56(3): 777-783.

Castro F C, Lourenço A, Guimarães M F, et al. 2002. Aggregate stability under different soil management systems in a red latosol in the state of Parana Brazil. Soil and Tillage Research, 65(1): 45-51.

Gao L, Wang B, Li S, et al. 2019a. Effects of different long-term tillage systems on the composition of organic matter by ^{13}C CP/TOSS NMR in physical fractions in the Loess Plateau of China. Soil and Tillage Research, 194: 104321.

Gao L, Wang B, Li S, et al. 2019b. Soil wet aggregate distribution and pore size distribution under different tillage systems after 16-years in the Loess Plateau of China. Catena, 173: 38-47.

Six J, Elliott E T, Paustian K, et al. 1998. Aggregation and soil organic matter accumulation in cultivated and native grassland soils. Soil Science Society of America Journal, 62(5): 1367-1377.

Song X, Li J, Liu X, et al. 2022. Altered microbial resource limitation regulates soil organic carbon sequestration based on ecoenzyme stoichiometry under long-term tillage systems. Land Degradation & Development, 33(15): 2795-2808.

Vance E D, Brookes P C, Jenkinson D S. 1987. An extraction method for measuring soil microbial biomass C. Soil biology & Biochemistry, 19(6): 703-707.

Wang Y D, Hu N, Xu M G, et al. 2015. 23-year manure and fertilizer application increases soil organic carbon sequestration of a rice–barley cropping system. Biology and Fertility of Soil, 51: 583-591

Zhang W J, Xu M G, Wang X J, et al. 2012. Effects of organic amendments on soil carbon sequestration in paddy fields of subtropical China. Journal of Soils & Sediments, 12(4): 457-470.

第十六章　褐土农田有机质演变特征及提升技术

褐土属半淋溶土纲、半暖温半淋溶土亚纲，主要发育在富含碳酸钙的母质上，黏粒矿物主要是水云母和蛭石类。我国褐土主要分布于半干旱、半湿润偏旱的辽西、冀北、晋西北、燕山、太行山、吕梁山与秦岭等山地、丘陵，以及晋南、豫西、晋东南等处的盆地，总面积为 2516 万 hm^2。

山西省主要耕作土壤有褐土、栗褐土、黄绵土等，其中褐土分布于恒山以南、吕梁山以东的中低山、丘陵、垣地、平川等各种地形上，耕地面积 4292 万亩，占山西省总耕地面积的 54.9%，是山西省粮食、果蔬和肉蛋奶类等农副产品的重要生产基地。由于恶劣的自然环境和不合理的农业经营方式，褐土所处地域多数为中低肥力耕地，其最大生产潜力得不到很好的发挥（周怀平等，1999；杨治平等，2001）。土壤有机质是土壤肥力的重要标志之一，其含量高低直接影响土壤的保肥性、保水性、耕性、通气性及缓冲性等。因此，如何维持和提升褐土有机质含量，是保证该地区粮食可持续生产的重要举措。

第一节　褐土旱地农田长期试验概况

褐土长期定位施肥试验设在山西省寿阳县宗艾村国家旱作农业科技攻关试验区的北坪旱塬上（37°58′23″N、113°06′38″E）。试验区海拔 1130m，多年平均气温 7.6℃，年≥10℃积温 3400℃，无霜期为 135～140d，年降水量 501.1mm，干燥度 1.3，属半湿润偏旱区。

试验土壤为褐土（褐土性土），轻壤质地，成土母质为马兰黄土，土层深厚，地势平坦，地下水埋深 50m 以上。1992 年试验开始时的耕层土壤（0～20cm）基本性质为：有机质含量 23.80g/kg，全磷 1.73g/kg，全氮 1.05g/kg，碱解氮 106.4mg/kg，有效磷 4.84mg/kg，速效钾 100.00mg/kg，pH 8.3。

试验采用氮、磷、有机肥三因素四水平正交设计，另设对照（CK）和高量有机肥区（$N_0P_0M_6$），共 18 个处理，各处理及肥料用量如表 16-1 所示。供试氮肥为尿素，含氮量 46%；磷肥为过磷酸钙，含 P_2O_5 为 12%～14%。有机肥为腐熟湿牛粪（含水量为 49.70%～50.00%），风干后腐熟牛粪的有机质含量范围在 90.5～127.3g/kg，全氮含量为 3.93～4.97g/kg，全磷（P_2O_5）为 1.37～1.46g/kg，全钾（K_2O）为 14.1～34.3g/kg。

小区面积 66.7m^2，随机排列，无重复。各小区之间用垄隔开，无灌溉措施，不灌水，为自然雨养农业。每年秋季结合耕翻将肥料一次性施入。种植制度为一年一季玉米，品种 1992～1995 年为'烟单 14 号'，1996～2002 年为'晋单 34 号'，2003～2009 年为'强盛 31 号'，密度均为 4.5～5.0 万株/hm^2；2010～2016 年为'晋单 81 号'，2017 年至今为'大丰 30 号'，密度均为 6.6～7.0 万株/hm^2。播种时间为 4 月 15 日至 4 月 28 日，收获时间为 9 月 20 日至 10 月 10 日。田间管理按大田丰产要求进行。试验区均未涉及秸秆还田试验，地上茎叶等秸秆在秋收后移出试验区，根茬全部还田（杨振兴等，2021）。

表 16-1　长期试验处理及肥料用量

处理	施肥量/(kg/hm²)			处理	施肥量/(kg/hm²)		
	氮（N）	磷（P₂O₅）	有机肥（M）		氮（N）	磷（P₂O₅）	有机肥（M）
CK	0	0	0	$N_3P_3M_0$	180	112.5	0
$N_1P_1M_0$	60	37.5	0	$N_3P_1M_2$	180	37.5	45 000
$N_1P_2M_1$	60	75	22 500	$N_3P_2M_3$	180	75	67 500
$N_1P_3M_2$	60	112.5	45 000	$N_3P_4M_1$	180	150	22 500
$N_1P_4M_3$	60	150	67 500	$N_4P_4M_0$	240	150	0
$N_2P_2M_0$	120	75	0	$N_4P_1M_3$	240	37.5	67 500
$N_2P_1M_1$	120	37.5	22 500	$N_4P_2M_2$	240	75	45 000
$N_2P_3M_3$	120	112.5	67 500	$N_4P_3M_1$	240	150	225 000
$N_2P_4M_2$	120	150	45 000	$N_0P_0M_6$	0	0	135 000

第二节　长期不同施肥下褐土有机质变化

一、长期不同施肥下褐土有机质含量变化

土壤有机质主要来源于动物、植物、根系分泌物和微生物残体，并处于一个不断分解和合成的动态变化过程中，是生态系统在特定条件下的动态平衡值（于沙沙等，2014）。由图 16-1 可知，随着时间的推移，不施肥和单施化肥下褐土有机质含量均呈不同程度的下降趋势。不施肥褐土有机质降低最多，降低速率为 0.60g/(kg·a)，$N_1P_1M_0$ 措施下降低速率为 0.23g/(kg·a)，$N_2P_2M_0$ 和 $N_3P_3M_0$ 措施下降低速率分别约为 0.06g/(kg·a)和0.49g/(kg·a)，$N_4P_4M_0$ 措施下降低速率为 0.38g/(kg·a)。

从图 16-2 中可知，随着有机物料投入量的增加，褐土有机质含量呈逐渐增加趋势。有机-无机肥配施中（$N_2P_1M_1$、$N_4P_2M_2$ 和 $N_3P_2M_3$）褐土有机质含量随时间推移呈缓慢提升趋势，提升速率分别为 0.30g/(kg·a)、0.67g/(kg·a)和 1.50g/(kg·a)，高量有机肥（$N_0P_0M_6$）措施下褐土有机质呈现显著提升趋势，年提升速率达到 3.07g/(kg·a)。经过 29 年不同施肥措施后，单施化肥下褐土有机质均高于不施肥，较不施肥平均增加 1.84g/kg。有

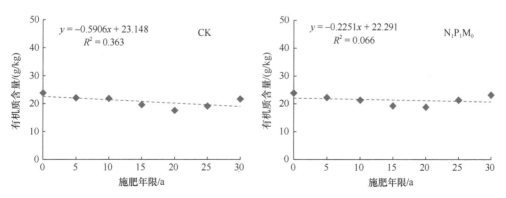

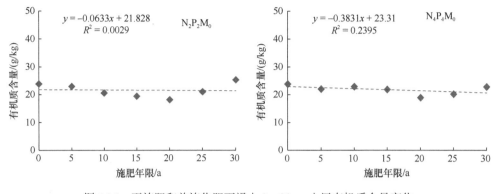

图 16-1　不施肥和单施化肥下褐土 0～20cm 土层有机质含量变化

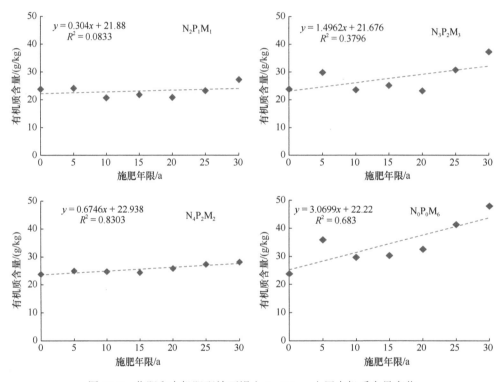

图 16-2　化肥和有机肥配施下褐土 0～20cm 土层有机质含量变化

机-无机肥配施后，褐土有机质提升速率显著高于单施化肥，$N_2P_1M_1$、$N_3P_2M_3$、$N_4P_2M_2$ 措施下褐土有机质含量分别较不施肥提升了 25.8%、72.5%和 30.3%。高量施用有机肥（$N_0P_0M_6$）措施下褐土有机质含量最高，为 47.89g/kg，是不施肥的 2.2 倍。施用有机肥或有机-无机肥配施，是有效增加褐土有机质含量的重要措施。

二、长期不同施肥下褐土有机碳组分变化

1. 长期不同施肥下褐土颗粒有机碳变化

施肥不仅可以改变土壤有机碳的含量，还可以影响有机碳的组成。土壤颗粒有机

碳通常由未分解或半分解的动植物和根系残体组成，对表层土壤中植物残体的积累和根系分布的变化非常敏感（龚伟等，2008）。如表 16-2 显示，1992 年褐土颗粒有机碳为 2.91g/kg，占土壤总有机碳的 21.1%。不施肥下褐土颗粒有机碳含量范围为 1.80～2.91g/kg，从 1992 年到 2001 年减少 1.11g/kg，从 2001 年到 2006 年增加 0.25g/kg，从 2006 年到 2016 年减少 0.18g/kg，从 2016 年到 2020 年减少 0.05g/kg。单施化肥（$N_1P_1M_0$、$N_3P_3M_0$ 和 $N_4P_4M_0$）措施下褐土颗粒有机碳较试验之初有所降低，分别降低了 0.4g/kg、0.89g/kg 和 0.4g/kg，$N_2P_2M_0$ 措施下褐土颗粒有机碳则较试验之初提高了 0.03g/kg。连续施肥 29 年后，单施化肥褐土颗粒有机碳含量均高于不施肥。有机-无机肥配施（$N_2P_1M_1$、$N_3P_2M_3$ 和 $N_4P_2M_2$）措施下褐土颗粒有机碳分布在 2.70～3.83g/kg 范围内，随着施肥时间的推移表现为先减少后增加，从 1992 年到 2001 年减少 0.17～0.71g/kg，从 2001 年到 2020 年增加 0.5～1.1g/kg，褐土颗粒有机碳含量随着有机肥投入量的增加而增加。施肥 29 年后，有机-无机肥配施褐土颗粒有机碳含量是不施肥的 1.5～2.1 倍。高量有机肥 $N_0P_0M_6$ 措施下褐土颗粒有机碳含量为 2.91～4.96g/kg，随时间的推移表现为逐渐增加的趋势，年际间变化均为各处理中最高值。从不同年际间褐土颗粒有机碳含量可以看出，长期高量施用化肥会引起褐土颗粒有机碳的降低，而适量施用化肥、有机-无机肥配施、单施高量有机肥均可以显著提高褐土颗粒有机碳含量。Ouédraogo 等（2006）的研究结果也表明，有机肥能增加褐土颗粒有机碳含量，但单施氮肥不利于褐土有机质的积累，会引起颗粒有机碳含量的降低。

表 16-2　不同施肥下褐土 0～20cm 耕层土壤颗粒有机碳变化（单位：g/kg）

处理	0 年	5 年	10 年	15 年	20 年	25 年	29 年
CK	2.91±0.32	2.38±0.16B	1.8±0.29D	2.05±0.17C	2.00±0.15C	1.87±0.01E	1.82±0.58C
$N_1P_1M_0$	2.91±0.32	2.39±0.02B	1.8±0.25D	2.37±0.23B	2.06±0.16C	2.31±0.08D	2.50±0.32B
$N_2P_2M_0$	2.91±0.32	2.64±0.22AB	1.83±0.1D	2.26±0.20B	2.25±0.37C	2.15±0.05D	2.94±0.25B
$N_3P_3M_0$	2.91±0.32	2.07±0.37C	1.89±0.16D	2.16±0.24B	2.13±0.11C	1.75±0.04E	2.02±0.32C
$N_4P_4M_0$	2.91±0.32	2.52±0.36AB	2.16±0.30C	2.03±0.05C	1.87±0.15D	1.56±0.01E	2.50±0.08B
$N_2P_1M_1$	2.91±0.32	2.59±0.03AB	2.2±0.12C	2.75±0.43B	2.94±0.30B	3.08±0.25C	2.70±0.65B
$N_3P_2M_3$	2.91±0.32	2.9±0.48A	2.73±0.2B	3.06±0.24AB	3.14±0.09B	3.30±0.02B	3.83±0.59AB
$N_4P_2M_2$	2.91±0.32	2.03±0.14C	2.66±0.01B	3.03±0.3AB	3.02±0.34AB	2.98±0.01C	3.26±0.06AB
$N_0P_0M_6$	2.91±0.32	3.18±0.29A	3.09±0.11A	3.36±0.23A	3.52±0.56A	3.65±0.01A	4.96±0.03A

注：不同大写字母表示不同施肥间差异显著（$P<0.05$）。

2. 长期不同施肥下褐土可溶性有机碳变化

土壤可溶性有机碳在土壤有机碳中占很少一部分，但它却是土壤微生物可以直接利用的有机碳源（Burford and Bremner，1975），同时它会影响土壤有机物和无机物的转化、迁移、降解等。施肥对土壤可溶性有机碳含量有很大影响，通常无机肥能减少土壤中可溶性有机碳的含量，随着氮肥施用量的增加，土壤中可溶性有机碳含量会逐渐减少（Chantigny et al.，1999）。长期不同施肥下褐土可溶性有机碳含量分布范围为 63.83～454.90mg/kg，占总有机碳的 0.48%～3.18%，较试验初期（1992 年）均呈现出降低趋势

（表 16-3）。不施肥下褐土可溶性有机碳降低速率为 21.32mg/(kg·a)；施用无机肥 $N_1P_1M_0$ 措施下褐土可溶性有机碳下降速率最低，为 28.64mg/(kg·a)，随着氮肥施用量的增加，褐土可溶性有机碳降低速率随之增加，$N_4P_4M_0$ 措施下的降低速率达到最高，为 32.49mg/(kg·a)。施用有机肥，可有效减缓褐土可溶性有机碳的损失，且随着有机肥施用量的增加，褐土可溶性有机碳含量随之增加。高量施用有机肥 $N_0P_0M_6$ 褐土可溶性有机碳含量最高，为 454.90mg/kg。

表 16-3　不同施肥下褐土 0～20cm 耕层土壤可溶性有机碳变化　（单位：mg/kg）

处理	0 年	5 年	10 年	15 年	20 年	25 年	29 年
CK	1038.62	555.69	636.58	555.69	319.81	410.67	398.95
$N_1P_1M_0$	1038.62	594.99	502.56	392.92	329.40	299.96	179.38
$N_2P_2M_0$	1038.62	429.40	583.64	446.24	209.25	108.66	84.28
$N_3P_3M_0$	1038.62	277.85	469.07	277.85	276.41	102.70	91.10
$N_4P_4M_0$	1038.62	505.18	649.98	505.18	228.44	118.09	63.83
$N_2P_1M_1$	1038.62	463.08	538.00	488.34	411.19	209.83	275.50
$N_3P_2M_3$	1038.62	589.37	656.68	673.57	335.80	200.69	394.08
$N_4P_2M_2$	1038.62	471.50	743.79	471.45	352.71	328.89	307.80
$N_0P_0M_6$	1038.62	884.06	797.39	926.16	385.83	443.17	454.90

3. 长期不同施肥下褐土易氧化有机碳及碳库管理指数

土壤活性有机质周转时间短，与养分供应、微生物活动和作物生长密切相关，是植物营养素的主要来源，可以用来指示土壤有机质的早期变化。长期施肥下 1992～2020 年褐土易氧化有机碳含量变化范围为 1.46～8.66g/kg（表 16-4）。与试验初期（1992 年）相比，有机-无机肥配施和高量有机肥配施下褐土易氧化有机碳含量呈先下降后缓慢上升的趋势，单施化肥下呈下降趋势且降幅较大。$N_1P_1M_0$、$N_2P_2M_0$、$N_3P_3M_0$ 和 $N_4P_4M_0$ 措施下分别比试验初始值降低 40.2%、6.5%、26.4%和 9.6%；$N_2P_1M_1$ 措施比初始值降低了 8.4%，$N_4P_2M_2$ 措施基本和初始值持平，$N_0P_0M_6$ 措施高出初始值 136.0%。

土壤碳库管理指数是土壤管理措施引起土壤有机质变化的指示，是土壤碳变化系统、敏感的检测方法，能反映农作措施使土壤质量下降或更新的程度（兰宇等，2016）。褐土碳库管理指数总体表现为先大幅降低再逐渐上升。和 1992 年初始值相比，施肥 5 年后褐土碳库管理指数均显著降低，范围为 51.1～82.7，$N_1P_1M_0$、$N_2P_2M_0$、$N_3P_3M_0$、$N_4P_2M_2$ 措施下褐土碳库管理指数显著低于不施肥，$N_0P_0M_6$ 措施高于不施肥 47.2%。到 2016 年，$N_1P_1M_0$、$N_2P_2M_0$、$N_2P_1M_1$ 和 $N_4P_2M_2$ 措施均高出不施肥 23.0%左右，$N_3P_3M_0$ 和 $N_4P_4M_0$ 措施稍低于不施肥，$N_3P_2M_3$ 和 $N_0P_0M_6$ 措施均高于不施肥 41.6%左右。连续施肥 29 年后，各施肥措施下碳库管理指数均高于不施肥，高量施用有机肥碳库管理指数最高，较不施肥提高了 6.6 倍。史康婕等（2017）研究表明，施用有机肥可以显著提高褐土碳库管理指数，单施高量的氮肥和磷肥会引起褐土易氧化有机碳含量的降低，有机-无机肥配施以及高量施用有机肥均可以提高褐土易氧化有机碳含量。

表 16-4　不同施肥下褐土 0～20cm 耕层土壤易氧化有机碳及碳库管理指数

处理	不同年限下的土壤易氧化有机碳/(g/kg)							不同年限下的土壤碳库管理指数（CMI）						
	0 年	5 年	10 年	15 年	20 年	25 年	29 年	0 年	5 年	10 年	15 年	20 年	25 年	29 年
CK	3.67	2.45	2.42	2.63	2.71	2.52	1.46	100.0	60.6	59.9	68.5	72.0	67.8	33.1
$N_1P_1M_0$	3.67	2.13	2.97	2.88	2.67	2.93	2.19	100.0	51.1	78.2	77.7	68.4	83.6	52.3
$N_2P_2M_0$	3.67	2.16	2.88	3.03	2.92	2.93	3.43	100.0	51.6	76.0	83.0	78.0	81.2	89.6
$N_3P_3M_0$	3.67	2.19	1.82	2.66	3.11	2.44	2.70	100.0	52.4	42.7	70.3	89.1	65.3	68.0
$N_4P_4M_0$	3.67	2.74	2.51	2.50	2.94	2.32	3.32	100.0	69.8	61.9	62.3	79.5	60.0	78.7
$N_2P_1M_1$	3.67	2.67	2.93	2.99	3.04	3.26	3.36	100.0	66.0	77.5	78.3	79.0	88.0	85.4
$N_3P_2M_3$	3.67	3.00	3.19	3.28	3.32	3.69	5.51	100.0	72.6	83.2	84.7	86.8	96.0	147.9
$N_4P_2M_2$	3.67	2.19	3.35	3.20	3.24	3.31	3.66	100.0	51.6	87.4	82.7	82.3	85.5	94.3
$N_0P_0M_6$	3.67	3.45	3.51	3.68	3.74	4.07	8.66	100.0	82.7	88.2	93.1	90.8	96.7	251.7

注：碳库指数（carbon pool index，CPI）为样品中总有机碳含量与参考土样总有机碳含量的比值；碳库活度（L）为土壤的活性有机碳/非活性有机碳；活度指数（LI）为样本活度与参考土样活度比值；碳库管理指数（CMI）=CPI×LI×100。

第三节　长期不同施肥下褐土有机碳对碳投入的响应

　　土壤有机碳的保护和存储对促进土壤理化性质、维持作物生产力和环境质量有重要作用。农田土壤中有机质主要来源于作物残体（稻草、残茬、根系和根系渗出液）和添加到土壤中的有机粪肥。通过返回土壤的地上作物生物量（秸秆还田）或者是直接添加有机粪肥等措施，不仅可以提高作物产量，而且能促进土壤有机碳的固持。因此，土壤中有机物质来源数量和质量的变化，必然影响土壤的肥力和固碳速率。在土壤可持续管理中，通常可以通过增加有机物质的投入数量来提高土壤有机质含量，然而土壤固碳量和碳投入量的关系是非常复杂的，且存在动态变化，深入认识长期施肥下土壤有机碳对碳投入的响应，对于提升农田土壤有机碳含量非常重要。

一、褐土有机碳储量变化与碳投入量的关系

　　土壤有机碳对输入的有机物料的响应与气候、土壤性质、轮作、耕作管理、投入有机物料类型和性质密切相关。农田土壤有机碳的动态变化取决于系统有机碳的输入和自身的分解，施肥通过影响农田生产力进而影响作物残茬归还或直接增加外源碳的输入来影响整个农田系统的碳输入。不同施肥下的褐土碳投入量差异较大（表 16-5），不施肥年均碳投入量为 0.84t/hm²，单施化肥年均碳投入量为 1.25～1.40t/hm²，$N_2P_1M_1$、$N_3P_2M_3$、$N_4P_2M_2$ 年均碳投入量分别 7.07t/hm²、18.03t/hm²、12.61t/hm²，$N_0P_0M_6$ 为 34.48t/hm²。不同施肥处理有机物料的来源存在差异，不施肥和单施化肥褐土中的有机物料全部来源于秸秆和根茬的生物量投入；有机-无机肥配施与高量单施有机肥褐土中的有机物料主要源于有机肥碳投入，部分源于作物残茬的生物量投入。不同施肥处理 29 年累积碳投入量差异较大，不施肥下累积碳投入量为 24.16t/hm²，单施化肥为 36.28～40.54t/hm²，$N_2P_1M_1$、$N_3P_2M_3$、$N_4P_2M_2$ 措施下累积碳投入量分别为 202.35t/hm²、514.68t/hm²、

$360.16t/hm^2$，$N_0P_0M_6$措施下累积碳投入量最高，为$983.48t/hm^2$。

表 16-5 不同施肥下褐土年均碳投入量与碳累积量 （单位：t/hm^2）

处理	年均不同来源有机碳量			年均碳投入量	29 年碳累积量
	根茬碳	秸秆碳	有机肥碳		
CK	0.78	0.06	0	0.84±0.27	24.16
$N_1P_1M_0$	1.17	0.08	0	1.25±0.35	36.28
$N_2P_2M_0$	1.30	0.09	0	1.39±0.38	40.32
$N_3P_3M_0$	1.31	0.09	0	1.40±0.39	40.54
$N_4P_4M_0$	1.28	0.09	0	1.37±0.37	39.66
$N_2P_1M_1$	1.50	0.10	5.47	7.07±0.48	202.35
$N_3P_2M_3$	1.51	0.10	16.42	18.03±0.47	514.68
$N_4P_2M_2$	1.56	0.10	10.94	12.61±0.44	360.16
$N_0P_0M_6$	1.55	0.10	32.83	34.48±0.44	983.48

经过 29 年不同施肥后，不施肥和施用化肥（$N_1P_1M_0$、$N_2P_2M_0$、$N_3P_3M_0$、$N_4P_4M_0$）下褐土有机碳储量均较试验初期有所降低，分别降低 $4.44t/hm^2$、$3.37t/hm^2$、$0.50t/hm^2$、$1.69t/hm^2$ 和 $3.08t/hm^2$，有机-无机肥配施和单施高量有机肥有机碳储量均较试验初期有所增加，并随着有机肥投入量的增加而增加。高量单施有机肥褐土有机碳储量增量最高，达到 $18.53t/hm^2$，年变化速率为 $0.64t/(hm^2·a)$。

由图 16-3 可以看出，褐土有机碳储量变化与年均碳投入量呈显著相关关系（$P<0.01$），即褐土固碳储量随着碳投入量的增加而显著增加。当有机碳储量变化值（y）为 0 时，维持初始有机碳水平的最小碳投入量为 $4.0t/hm^2$。

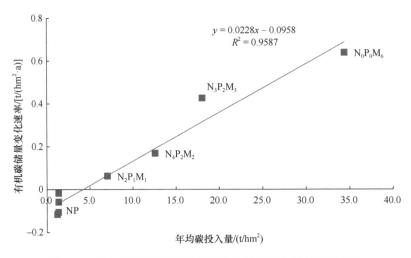

图 16-3 褐土有机碳储量变化速率与年均碳投入量的响应关系

二、不同碳投入范围下褐土有机碳储量变化

土壤有机碳含量通常会随着外源有机碳输入量的增加而增加，单位外源有机碳输入

下土壤有机碳的变化量即为土壤固碳效率。根据碳饱和理论，土壤的固碳量不会无限增加，最终会趋于饱和值。投入一定碳量，当距离碳饱和值较远时，土壤有机碳增量会较多（固碳效率较高）；而当距离饱和值较近时，土壤有机碳的增量会较低（固碳效率较低）。从图 16-4 中可以看出，当累积碳投入量小于 100t/hm^2 时，有机碳储量平均值为 30.78t/hm^2（有机碳含量为 12.31±1.9g/kg），褐土的固碳效率为 6.5%；当累积碳投入量大于 100t/hm^2 后，有机碳储量数值显著增大，平均为 40.28t/hm^2（有机碳含量为 16.79±2.5g/kg），距离饱和值更近，固碳效率显著下降，为 2.9%。这也表明，褐土固碳效率并不随碳投入量增加而维持不变，而是当有机碳随碳投入增加提高到一定水平后，固碳效率降低。

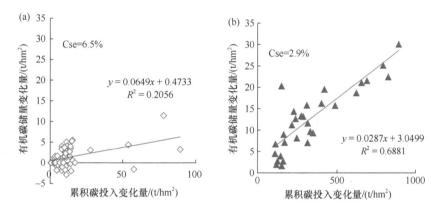

图 16-4　不同碳投入下褐土有机碳储量变化量与累积碳投入变化量的关系

三、长期不同施肥下褐土有机碳组分的固碳速率和固碳效率

土壤的固碳速率是评价土壤固碳效应和潜力的重要指标，了解长期施肥下土壤有机碳固定速率对提高土壤肥力和保证粮食安全均有重要意义。长期不同施肥条件下平均碳投入量为 249.07t/hm^2，褐土总有机碳平均固碳速率为 0.28t/(hm^2·a)（表 16-6）。单施化

表 16-6　长期不同施肥下褐土总有机碳及各组分固碳速率

处理	碳投入量/(t/hm^2)	总固碳速率/[t/(hm^2·a)]	各组分固碳速率/[t/(hm^2·a)]	
			颗粒有机碳	易氧化有机碳
CK	24.16			
N$_1$P$_1$M$_0$	36.28	0.04	0.05	0.05
N$_2$P$_2$M$_0$	40.32	0.14	0.15	0.09
N$_3$P$_3$M$_0$	40.54	0.09	0.11	0.02
N$_4$P$_4$M$_0$	39.66	0.05	0.15	0.06
N$_2$P$_1$M$_1$	202.35	0.22	0.15	0.06
N$_3$P$_2$M$_3$	514.68	0.58	0.29	0.14
N$_4$P$_2$M$_2$	360.16	0.32	0.14	0.08
N$_0$P$_0$M$_6$	983.48	0.79	0.45	0.18
平均值	249.07	0.28	0.19	0.08

肥下总有机碳固碳速率分布在 0.04~0.14t/(hm²·a)，施用有机肥可以显著提高总固碳速率，有机-无机肥配施下褐土总有机碳固碳速率分布在 0.22~0.58t/(hm²·a)，单施高量有机肥措施下总有机碳固碳速率为各施肥处理中最高，为 0.79t/(hm²·a)。化肥和有机肥的施入均可以间接或直接地促进褐土固碳。

长期施肥下褐土颗粒有机碳（POC）和易氧化有机碳（ROOC）平均固碳速率分别为 0.19t/(hm²·a) 和 0.08t/(hm²·a)。有机肥的施入改变了土壤结构，从而影响了土壤的固碳速率，有机-无机肥配施各组分固碳速率高于无机肥各处理。连续 29 年施肥条件下，单施化肥 $N_1P_1M_0$ 和 $N_3P_3M_0$ 措施下褐土颗粒有机碳的固速率较低，分别为 0.05t/(hm²·a) 和 0.11t/(hm²·a)，$N_2P_2M_0$ 和 $N_4P_4M_0$ 措施下均为 0.15t/(hm²·a)，有机-无机肥配施和单施高量有机肥措施下颗粒有机碳固持速率均高于单施化肥。氮肥和磷肥的高量施用引起褐土颗粒有机碳固定相对较少，有机肥的施用可以增加褐土颗粒有机碳的固定。褐土易氧化有机碳的固持速率变化趋势与颗粒有机碳基本一致，但固碳速率相对较低，分布在 0.05~0.18t/(hm²·a)，单施高量有机肥最高，有机-无机肥配施居中，单施化肥相对较低。

土壤有机碳对投入的有机物料的响应与气候、土壤性质、耕作管理、投入有机物料类型和性质等密切相关，土壤固碳效率一直是科学研究和生产实践中备受关注的参数，它是指土壤中的有机碳经过一个周期时间后转化成土壤有机碳的数量占其总投入量的百分比（李忠佩等，2003；郑德明等，2004）。长期施肥下褐土有机碳储量和增加量同累积碳投入量之间呈显著正线性相关关系（$P<0.05$）（图 16-5），这说明现阶段褐土总有机碳没有出现饱和现象。褐土颗粒有机碳的固持效率为 1.01%，即当外源有机碳的输入量增加 100t/hm²，褐土颗粒有机碳储量将会增加 1.01t/hm²（表 16-7）。

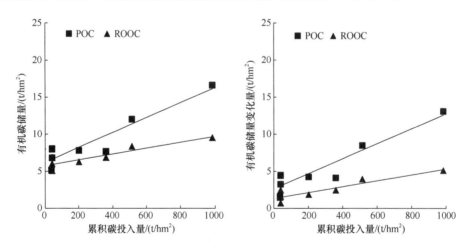

图 16-5　褐土不同碳组分储量及变化量与累积碳投入量的关系

表 16-7　褐土不同碳组分储量变化量与累积碳投入量的线性关系参数及固碳效率

不同碳组分	斜率	决定系数（R^2）	P 值	固碳效率/%
TSOC	0.0231	0.96	<0.01	2.31
POC	0.0101	0.88	<0.01	1.01
ROOC	0.0040	0.85	<0.01	0.40

第四节 长期不同施肥下褐土剖面有机碳储量分布

一、不同施肥下褐土 0～60cm 土体有机碳储量分布

长期不同施肥下褐土 0～60cm 土体有机碳储量如图 16-6 所示。试验初始时 0～60cm 土体褐土有机碳储量为 99.5t/hm²，长期施肥 29 年后，除 $N_0P_0M_6$ 措施外，其他各施肥措施褐土有机碳储量均低于初始值，降低幅度为 8.96%～37.97%。与不施肥相比，除单施化肥（$N_1P_1M_0$ 和 $N_3P_3M_0$）外，其他施肥措施下 0～60cm 褐土有机碳储量均高于不施肥，有机-无机肥配施和单施有机肥均可以显著提高 0～60cm 土体有机碳储量。

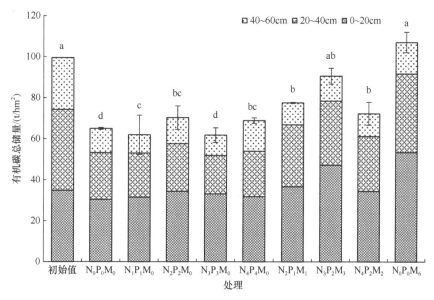

图 16-6 长期不同施肥下褐土 0～60cm 土体有机碳储量
不同小写字母表示不同施肥措施之间存在显著性差异（$P<0.05$）

二、不同施肥下 0～60cm 土体剖面各层有机碳储量分布

表 16-8 为不同施肥下褐土 0～60cm 土体剖面各层褐土有机碳储量。和初始值相比，施肥各处理有机碳储量均呈减少趋势，配施有机肥可以稳定褐土有机碳储量。连续施肥 29 年后，和不施肥相比，单施氮磷化肥对 0～20cm 土层褐土有机碳储量没有显著影响，20～40cm 土层表现为 $N_3P_3M_0$ 措施下褐土有机碳储量显著低于不施肥，其他单施化肥和不施肥间无显著差异（$P>0.05$）；40～60cm 土层表现为 $N_1P_1M_0$ 和 $N_3P_3M_0$ 措施下褐土有机碳储量显著低于不施肥。有机-无机肥配施和单施高量有机肥可显著提高 0～20cm 和 20～40cm 土层褐土有机碳储量，0～20cm 土层表现为单施高量有机肥处理显著高于有机-无机肥配施，20～40cm 土层表现为施用有机肥各处理间无显著差异（$P>0.05$）。褐土有机碳储量在 40～60cm 土层表现为高量有机肥与有机-无机肥配施存在显著差异。

单施化肥可以减少 20～40cm 和 40～60cm 土层褐土有机碳储量；有机-无机肥配施和高量有机肥施用可以显著增加 0～20cm 和 20～40cm 土层褐土有机碳储量。

表 16-8　长期不同施肥下 0～60cm 土体剖面各层有机碳储量　　（单位：t/hm²）

处理	有机碳储量		
	0～20cm	20～40cm	40～60cm
CK	30.4±1.4d	22.8±0.2bc	11.7±0.1b
$N_1P_1M_0$	31.4±0.2bc	21.5±0.9bc	8.9±0.5c
$N_2P_2M_0$	34.3±1.6c	23.3±0.2b	12.7±0.1a
$N_3P_3M_0$	33.1±0.5d	18.8±0.7c	9.9±0.2b
$N_4P_4M_0$	31.7±0.7c	22.2±0.4bc	14.9±0.2a
$N_2P_1M_1$	36.6±0.8c	30.2±0.1a	10.7±0.3b
$N_3P_2M_3$	47.2±1.1a	31.2±2.8a	12.2±1.1b
$N_4P_2M_2$	34.3±0.4b	26.8±1.1a	11.2±0.4b
$N_0P_0M_6$	53.3±1.2a	38.4±1.4a	15.3±0.2a

注：不同小写字母表示不同施肥措施之间存在显著性差异（$P<0.05$）。

第五节　褐土有机质提升技术

一、长期施肥下褐土有机质的产量效应

通过对褐土长期定位施肥试验中玉米产量和褐土有机质含量进行统计分析，发现褐土有机质和玉米产量之间呈线性关系（图 16-7）。根据拟合方程斜率发现，褐土有机质含量每提升 1g/kg，玉米产量增加 178.17kg/hm²。Pan 等（2009）通过分析 1949～2000 年的全国各省土壤有机碳与产量数据发现，大部分省份土壤有机碳含量与作物产量及稳产性呈正相关关系。作物的农学阈值受作物类型、土壤类型及气候环境等诸多因素的影响，在山西省寿阳县褐土区域种植春播玉米条件下，当玉米相对产量达到 95%时，褐土耕层褐土有机碳的玉米农学阈值为 28.5g/kg。

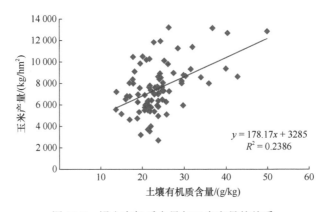

图 16-7　褐土有机质含量与玉米产量的关系

二、褐土有机质提升技术

长期耕作和单施化肥会引起褐土表层有机碳含量不同程度的降低，有机-无机肥配施和高量施用有机肥可显著增加表层褐土有机碳含量。单施化肥不能增加 0～60cm 土体褐土有机碳储量，有机-无机肥配施和高量有机肥施用可以不同程度地提高褐土有机碳储量。从各个土层来看，施肥对于褐土有机碳储量的增加主要表现在 0～20cm 土层和 20～40cm 土层。有机肥的施用是增加褐土有机碳的重要措施，长期施用有机肥可直接增加有机肥碳源输入，也可间接增加作物残茬碳输入。

褐土长期施肥过程中土壤有机碳储量增加量与其相应的累积碳投入量呈阶段性线性关系（图 16-4）。由不同累积碳投入阶段的有机碳转化效率可知，在低碳投入水平（累积碳投入量＜100t/hm²），褐土的固碳效率为 6.5%，即每投入 100t 碳，有 6.5t 碳固持在褐土中。褐土旱地有机碳储量在原碳库基础上 3 年提升 5%，需每年再增加投入干牛粪 29.80t/hm²（玉米秸秆约 21.22t/hm²）；褐土有机碳储量升高 10%，需每年再增加投入干牛粪 59.64t/hm²（玉米秸秆约 42.46t/hm²）（表 16-9）。而在较高碳投入水平下（累积碳投入量＞100t/hm²），褐土固碳效率为 2.9%，即每投入 100t 碳，有 2.9t 碳固持在褐土中；褐土有机碳储量如果在这个基础上提升，则需要更多的有机物料投入。

表 16-9　不同肥力水平阶段褐土有机碳提升或维持所需外源有机物料投入量

SOC 提升水平	SOC 储量 /(t/hm²)	提升有机碳储量值 /(t/hm²)	固碳效率/%	维持或提升 SOC 需碳量 /[t/(hm²·a)]	维持或提升投入牛粪用量 /[t/(hm²·a)]	维持或提升投入秸秆用量 /[t/(hm²·a)]
初始值	34.8	0		4	13.16	9.37
3 年提升 1%	35.15	0.12	6.5	1.88	6.18	4.40
3 年提升 2%	35.5	0.23	6.5	3.59	11.81	8.41
3 年提升 5%	36.54	0.58	6.5	9.06	29.80	21.22
3 年提升 10%	38.28	1.16	6.5	18.13	59.64	42.46

注：有机物料均为干基，牛粪含碳量约为 30.4%、玉米秸秆含碳量约为 42.7%。

（杨振兴　周怀平　解文艳　刘志平）

参 考 文 献

龚伟, 颜晓元, 蔡祖聪, 等. 2008. 长期施肥对小麦-玉米作物系统土壤颗粒有机碳和氮的影响. 应用生态学报, (11): 2375-2381.

兰宇, Muhammad I A, 韩晓日, 等. 2016. 长期施肥对棕壤有机碳储量及固碳速率的影响. 环境科学学报, 36(01): 264-270.

李忠佩, 林心雄, 程励励. 2003. 施肥条件下瘠薄红壤的物理肥力恢复特征. 土壤, (02): 112-117.

史康婕, 周怀平, 杨振兴, 等. 2017. 长期施肥下褐土易氧化有机碳及有机碳库的变化特征. 中国生态农业学报, 25(4): 542-552.

于沙沙, 窦森, 黄健, 等. 2014. 吉林省耕层土壤有机碳储量及影响因素. 农业环境科学学报, 33(10): 1973-1980.

杨治平, 周怀平, 李红梅. 2001. 旱农区秸秆还田秋施肥对春玉米产量及水分利用效率的影响. 农业工程学报, (06): 49-52.

杨振兴, 周怀平, 解文艳, 等. 2021. 长期施肥下褐土锌形态时空变化及对有效锌的影响. 华北农学报, 36(2): 162-168.

郑德明, 姜益娟, 朱朝阳, 等. 2004. 新疆主要有机肥料资源及其利用. 塔里木农垦大学学报, 15(4): 7-11.

周怀平, 李红梅, 杨治平, 等. 1999. 旱地玉米水分高效利用平衡施肥技术的试验研究. 农业工程学报, (01): 135-140.

Burford J R, Bremner J M. 1975. Relationships between denitrification capacities of soils and total water soluble and readily decomposable soil organic matter. Soil Biology & Biochemistry, 7: 389-394.

Chantigny M H, Angers D A, Prevost D, et al. 1999. Dynamies of soluble organic C and C mineralization in cultivated soils with varying N fertilization. Soil Biology & Biochemistry, 31: 543-550.

Ouédraogo E, Mando A, Stroosnijder L. 2006. Effects of tillage, organic resources and nitrogen fertilizeron soil carbon dynamics and crop nitrogen uptake in semi-arid West Africa. Soil and Tillage Research, 91: 57-67.

Pan G X, Smith P, Pan W N. 2009. The role of soil organic matter in maintaining the productivity and yield stability of cereals in China. Agriculture Ecosystems and Environment, 129: 344-348.

第十七章 塿土有机质演变特征及提升技术

塿土作为陕西关中平原区的主要土壤类型，面积为 97.69 万 hm²，占陕西省总土壤面积的 5%。它是长期以土粪堆垫为主，伴随黄土自然沉积作用，在黄土母质上反复旱耕熟化而形成的一种优良农业土壤（郭兆元等，1992）。塿土分布区是我国西北地区光热资源最丰富、农业集约化程度最高的区域。尽管该地区历史上属于较肥沃的土壤，但从世界范围看，土壤有机质含量依然偏低，尤其是随着化肥大量施用和产量逐步提升，土壤肥力的消耗日益严重，难以支撑可持续发展的需求。因此，合理高效施肥、提升土壤肥力、保证粮食高产和稳产，是该地区亟待解决的问题（徐明岗等，2015）。开展不同施肥措施下塿土有机质演变特征研究，对于指导合理施肥、充分发挥塿土增产潜力和肥料效益、更好地利用土地资源、促进陕西关中乃至整个黄土高原地区农业可持续发展都有着重要的理论和实践意义。

第一节 塿土农田长期试验概况

一、塿土长期试验基本情况

塿土农田长期定位试验位于陕西省杨凌区高新农业技术产业示范区头道塬（34°17′51″N、108°00′48″E）的"国家黄土肥力和肥料效益监测基地"，塬面平坦宽阔，海拔 524.7m，年均气温 13℃，降水量 550～600mm，主要集中在 6～9 月，年蒸发量 950～1000mm，无霜期约 211 天，年日照时数 2163.8h，太阳辐射量为 4809MJ/m²，光热资源丰富，适合作物生长。

土壤为塿土（土垫旱耕人为土），黄土母质。1990 年试验开始时耕层土壤（0～20cm）理化性状为：有机质 10.92g/kg、全氮 0.83g/kg、全磷 0.61g/kg、全钾 22.8g/kg、碱解氮 61.3mg/kg、速效磷 9.57mg/kg、有效钾 191mg/kg、缓效钾 1380mg/kg、pH8.62（1∶1 土水比）、容重 1.30g/cm³、孔隙度 49.63%、田间持水量 21.12%。

试验种植制度为小麦-玉米一年两熟制，采用随机区组设计，小区面积 196m²。试验设 11 个处理：①休闲（fallow），耕而不种，无植物生长；②撂荒（set-aside），不耕不种，植物自然生长；③对照（CK），种作物，不施肥；④单施化学氮肥（N）；⑤施用化学氮钾肥（NK）；⑥施用化学磷钾肥（PK）；⑦施用化学氮磷肥（NP）；⑧施用化学氮磷钾肥（NPK）；⑨施用化学氮磷钾肥，同时秋季秸秆还田（SNPK）；⑩化学氮磷钾肥与低量有机肥配施（M₁NPK）；⑪高量化学氮磷钾肥与高量有机肥配施（M₂NPK）。各处理肥料用量见表 17-1。

表 17-1　埁土农田长期试验处理及肥料施用量　　（单位：kg/hm²）

施肥处理	玉米			小麦		
	N	P	K	N	P	K
CK	0	0	0	0	0	0
N	187.5	0	0	165	0	0
NK	187.5	0	77.8	165	0	68.5
PK	0	24.6	77.8	0	57.6	68.5
NP	187.5	24.6	0	165	57.6	0
NPK	187.5	24.6	77.8	165	57.6	68.5
SNPK	187.5	24.6	77.8	165+40.4[a]	57.6+3.8[a]	68.5+85.5[a]
M₁NPK	187.5	24.6	77.8	49.5+115.5[a]	57.6+105.9[a]	68.5+138.9[a]
M₂NPK	187.5	24.6	77.8	74.25+173.2[a]	86.4+159.4[a]	102.8+28.9[a]

a 随有机肥或秸秆携入的 N、P、K 的量。

　　所有施氮小区的纯氮用量相同，氮、磷、钾化肥分别选用尿素（N，46%）、过磷酸钙（P_2O_5，12%或16%）和硫酸钾（K_2O，50%）。M₁NPK 和 M₂NPK 处理施用的有机肥料为牛粪，仅在小麦季施用，施用量按施氮量的 70%计算，随有机肥携入的磷、钾养分未计入磷、钾养分总量。M₁NPK 处理中氮、磷、钾用量与其他化肥处理相等；M₂NPK 处理小麦季氮、磷、钾用量均为 M₁NPK 处理的 1.5 倍，玉米季与 M₁NPK 及 NPK 相同且均用化肥。有机肥的 C、N、P 和 K 含量分别为 30.96%、1.82%、1.01%和 1.19%。所有肥料在小麦播种前作基肥一次施用。SNPK 处理秸秆用量 1990～1998 年为 4500kg/hm² 小麦秸秆（干质量），1998 年以后为当季全部玉米秸秆，平均为 3700kg/hm²（变幅 2629～5921kg/hm²），用铡刀切成约 3cm 长的小段，秋播小麦时一次性施入。还田玉米秸秆 C、N、P 和 K 含量分别为 40.5%、0.92%、0.08%和 1.84%。每年随秸秆施入的氮、磷、钾量也未计入施肥总量。玉米季肥料均在播种后 1 个月施用。除 SNPK 玉米秸秆外，其他处理地上部分全部移出。各小区单独测产，在玉米和小麦收获前分区取样，进行考种和经济性状测定，同时取植株样。耕层土壤样品主体上在小麦收获后采集，棋盘格方式取 7～16 钻，部分为玉米收获后采集。采集的样品于室内风干，磨细过 1mm 和 0.25mm 筛，装瓶保存备用。田间管理主要是除草和防治玉米、小麦病虫害，其他详细施肥管理措施见文献（Yang et al.，2012）。

二、主要测定项目与方法

1. 土壤固碳速率和固碳效率

　　土壤总有机碳及各级团聚体与颗粒有机碳的固持速率和固持效率的计算采用公式（17-1）～（17-3）（蔡岸冬等，2015）：

$$\Delta SOC_{stock} = SOC_{stock-t} - SOC_{stock-c} \tag{17-1}$$

$$SOC_{SR} = \Delta SOC_{stock} / n \tag{17-2}$$

$$SOC_{SE} = \Delta SOC_{stock} / \left(C_{input\text{-}t} - C_{input\text{-}c} \right) \times 100 \qquad （17\text{-}3）$$

式中，ΔSOC_{stock}、$SOC_{stock\text{-}t}$ 和 $SOC_{stock\text{-}c}$ 分别代表土壤有机碳储量的变化量、施肥处理有机碳储量和不施肥处理有机碳储量（t/hm^2）；SOC_{SR} 代表土壤固碳速率 $[t/(hm^2 \cdot a)]$；n 代表外源有机碳输入的累积年份；SOC_{SE} 代表土壤固碳效率（%）；$C_{input\text{-}t}$ 和 $C_{input\text{-}c}$ 分别代表处理和对照外源有机碳输入量（t/hm^2）。

2. 累积碳投入量

农田生态系统下外源有机碳输入主要来自作物残体（根系+秸秆残茬）、秸秆还田和有机粪肥。除秸秆还田处理外，其他处理作物收获时地上部分均随籽粒全部移走，其有机碳投入主要来自作物残茬和地下部分根系。

作物来源的有机碳投入计算公式（Li et al.，2016）如下：

$$C_{input} = \left[(Y_g + Y_s) \times R \times D_r + R_s \times Y_s \right] \times (1-W) \times C_{crop}/1000 \qquad （17\text{-}4）$$

式中，C_{input} 为作物来源的有机碳投入（kg/hm^2）；Y_g 为作物籽粒产量（kg/hm^2）；Y_s 是秸秆产量（kg/hm^2）；R 为光合作用进入地下部分的碳的比例（%）；D_r 为作物根系生物量平均分布在 $0\sim20cm$ 土层的比例；R_s 为作物收割留茬占秸秆的比例（%）；W（g/g）和 C_{crop}（g/kg）分别为小麦地上部分风干样的含水量和含碳量。

小麦的 R 根据文献取 30%。根据文献计算所用的 D_r 为 75.3%（Jiang et al.，2014）。根据我们测定的数据，小麦留茬占秸秆生物量的比例 R_s 约为 15%，小麦平均烘干基有机碳含量为 413g/kg。

玉米光合作用所产生的生物量 26% 进入地下部分，所以 R 取 26%（Li et al.，1994）。综合文献，得出玉米根系生物量平均 D_r 为 85.1%（Jiang et al.，2014）。根据我们的测定数据，玉米留茬平均占其秸秆生物量 R_s 为 3%，玉米烘干基平均有机碳含量为 407g/kg。

来源于有机粪肥的碳投入 $[C_{input\text{-}M}$，$kg/(hm^2 \cdot a)]$ 计算如下：

$$C_{input\text{-}M} = \frac{Manure_C \times (1-W) \times A_m}{1000} \qquad （17\text{-}5）$$

式中，$Manure_C$ 是实测有机肥的有机碳含量（g/kg）；W 为有机肥含水量（g/g）；A_m 为每年施用有机肥的鲜基重 $[kg/(hm^2 \cdot a)]$。

3. 团聚体筛分

2011 年小麦收获后进行土壤样品采集，具体采样方法请参考文献（Zhang et al.，2006）。土壤水稳性团聚体的测定采用 Yoder（1936）提出的方法。将孔径为 2mm、1mm、0.5mm 和 0.25mm 的筛子依次叠放，将 100g 风干土样放入顶部筛子中（2mm），然后将整套筛子放到装满水的桶中，静置 5min，然后筛分，2min 内上下振 50 次，振幅 3cm。取出套筛，分别将各个筛子中的土壤洗出，在 50℃下烘干，称重，即得到了＞2mm、1～2mm、0.5～1mm、0.25～0.5mm 和＜0.25mm 的土壤团聚体质量。其中，＞0.25mm 的团聚体称为水稳性大团聚体（macro-aggregate），而＜0.25mm 的团聚体称为水稳性微团聚体（micro-aggregate）。用重铬酸钾-外加热法测定原土及各粒径团聚体中有机碳含量。

4. 有机碳矿化培养实验

取 2 份过 2mm 筛风干土 100g,一份添加 0.31g 粉碎并过 2mm 筛小麦秸秆混匀,一份不添加。每个处理设置 3 次重复。土壤样品置于 2L 广口瓶中,添加水至 60% 田间持水量。培养瓶的盖子装有三通阀以便进行样品的抽取。在正式培养之前,土壤样品在 25℃ 预培养 3 天以避免风干土重新湿润等干扰导致的 CO_2 排放。预培养后,将土壤分别置于 15℃、25℃ 和 35℃ 恒温培养箱中进行培养。每周利用称重法添加蒸馏水控制土壤水分。

分别在培养的第 1、3、5、8、14、21、28、35、42、49、56 和 63 天进行抽气测定。每次取样时,使用密闭注射器从每个培养瓶中取 20ml 气体样本,用气相色谱仪进行 CO_2 测定。样品采集完毕,将培养瓶的瓶盖打开,通气 10min,以便瓶中的空气得到充分补充。用三个无土空瓶作为空白进行校正。

室内培养测定数据用双库指数模型(Haddix et al.,2011)进行拟合,方程如下:

$$C_{cum} = C_a \times \left(1 - e^{-K_a t}\right) + C_s \times \left(1 - e^{-K_s t}\right) \tag{17-6}$$

式中,C_{cum} 为经过 t(d)时间后土壤有机碳的累积矿化量(mg/kg);C_a 和 C_s 分别为活性和惰性碳库(mg/kg);K_a 和 K_s 分别为活性和惰性碳库的分解速率(d^{-1})。

外源碳添加对土壤有机碳矿化的影响用响应比表征(Wang et al.,2016):

$$LnRR = \ln\left(C_{m-t}/C_{m-c}\right) \tag{17-7}$$

式中,C_{m-t} 和 C_{m-c} 分别为添加和未添加秸秆处理土壤有机碳累积矿化量(mg/kg)。

土壤有机碳矿化温度敏感性通常用 Q_{10} 进行衡量,具体计算方法如下:

$$Q_{10} = (R_1 / R_2)^{[10/(T_1 - T_2)]} \tag{17-8}$$

式中,R_1 和 R_2 分别为在较低(T_2)和较高(T_1)温度条件下的碳矿化速率[mg/(kg·d)]。活性和惰性碳库 Q_{10} 值由式(17-6)估算的速率常数 K_a 和 K_s 计算得出。

5. 土壤物理性状测定

样品采集于 2003 年玉米生育期,用环刀采集每个处理未扰动的原状土壤样品,用于土壤水分特征曲线、土壤容重测定和孔隙度计算。土壤水分特征曲线采用实验室标准方法测定。孔隙度通过饱和含水量获得。土壤的当量孔径参照兰志龙等(2018)计算:

$$D = 30 \times 10^4 / S \tag{17-9}$$

式中,D 称为当量孔径(μm);S 为水吸力(hPa)。

第二节 长期不同施肥下塿土耕层有机质及其组分变化趋势

一、塿土耕层土壤有机质变化趋势

30 年不同施肥下,塿土耕层(0~20cm)土壤有机质含量均随时间显著增加,但不同施肥下的增加速率(斜率)有所不同(图 17-1)。其中,CK、N、NK 和 PK 土壤有机质含量增加速率相对较慢，分别为 0.07g/(kg·a)、0.08g/(kg·a)、0.11g/(kg·a)和 0.16g/(kg·a)。NP 和 NPK 土壤有机质增加速率较高，分别为 0.25g/(kg·a)和 0.26g/(kg·a)。

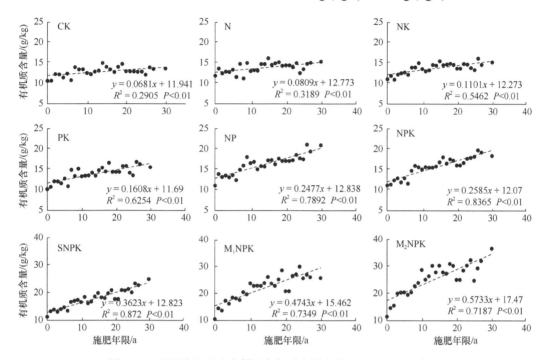

图 17-1　不同施肥下塿土耕层有机质含量变化（1990～2020 年）

施用有机肥和秸秆还田的土壤有机质含量提升速率均高于 NP 和 NPK，高量有机-无机肥配施（M₂NPK）增加速率最高，为 0.57g/(kg·a)，其次为低量有机-无机肥配施 M₁NPK，为 0.47g/(kg·a)，秸秆还田配施化肥 SNPK 的土壤有机质增加速率为 0.36g/(kg·a)。可见，有机-无机肥配施对增加土壤有机质效果好于平衡施用化学肥料。

不同施肥下土壤有机质含量呈现不同的变化规律，但都表现出阶段性，即前期增加速率较高，后期增加速率下降。这可能是由于土壤有机质含量逐渐接近平衡。经过连续30 年施肥后，施用有机肥或秸秆还田（M₂NPK、M₁NPK 和 SNPK）土壤的有机质含量（1991～2020 年平均值）分别为 25.5g/kg、22.1g/kg 和 17.9g/kg，较不施肥 CK 分别上升98.0%、71.6%和 38.9%。而平衡施用化肥的 NP 和 NPK 土壤有机质含量无差异，分别为16.3g/kg 和 15.7g/kg，较不施肥分别上升 26.5%和21.8%。这表明塿土施用化学钾肥，到目前为止并未对有机质含量产生显著影响，而有机-无机肥配施是有效增加或维持土壤有机质的重要措施。

二、塿土耕层有机碳组分差异

1. 化学组分

土壤活性有机碳主要为微生物生物量碳、可溶解性有机碳及一些可矿化碳水化合物等，具有活性强、分解速率快、转化周期短的特性，这部分有机碳与养分供应密切相关。

20 年长期不施肥（CK）及施用化肥耕层土壤活性有机碳含量和碳库管理指数（CMI）均没有发生显著变化（图 17-2）。而长期有机物料投入（SNPK、M1NPK、M2NPK）较其他施肥措施显著增加了土壤活性有机碳含量及碳库管理指数（分别增加 115%、111%、115% 以及 131%、123%、122%），表明长期有机物的投入具有改良土壤质量、提升土壤肥力的功效。

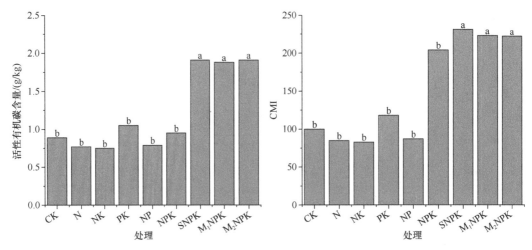

图 17-2 不同施肥下娄土耕层活性有机碳含量及碳库管理指数（Yang et al.，2012）

碳库管理指数（carbon pool management index，CMI）计算方法：CMI=CPI×LI×100；其中，碳库指数（carbon pool index，CPI）=样品总有机碳含量/参考土壤总有机碳含量；碳库活性指数（lability index，LI）=［样品中的活性有机碳（labile organic carbon，LC）/非活性有机碳（non-labile organic carbon，NLC）］/［参考样品中的活性有机碳（labile organic carbon，LC）/非活性有机碳（non-labile organic carbon，NLC）］

2. 物理组分

土壤有机碳固存的物理保护机制与土壤结构密切相关。Six 等（1998）将土壤颗粒有机质进一步划分为游离态有机质（free light fraction，LF）和团聚体内颗粒有机质（intra-particulate organic matter fraction，iPOM）。后者与土壤团聚体相结合，被团聚体包裹，因而相对更稳定；前者则存在于土壤团聚体之间。这种土壤中有机物所处位置的不同及其与土壤微生物接近的难易，导致了土壤有机质稳定性的差异。长期不同施肥娄土轻组和重组有机碳含量也发生了明显分异（表 17-2）。有机碳组分总体表现为重组有机碳含量显著高于轻组有机碳（游离态轻组和闭蓄态轻组有机碳）含量（表 17-2）。游离态轻组有机碳浓度（0.16～0.56g/kg）低于闭蓄态轻组有机碳浓度（1.56～3.63g/kg），重组有机碳浓度（6.82～9.77g/kg）最高。其中，重组有机碳占总有机碳比例（heavy fraction-organic carbon/total organic carbon，HF-OC/ TOC）为 70%～80.8%，表明有机碳的主要存在形式为有机-无机复合体，腐殖化程度高，处理之间则表现为不施肥处理（CK）、化肥处理（NPK）高于有机肥处理（NPKM）。闭蓄态轻组有机碳以及游离态轻组有机碳占总有机碳比例分别为 18.3%～26% 和 1.83%～4.04%。

表 17-2　娄土耕层各组分有机碳含量及占总有机碳比例（王仁杰等，2015）

处理	游离态轻组有机碳		闭蓄态轻组有机碳		重组有机碳	
	含量 / (g/kg)	占总有机碳比例 /%	含量 / (g/kg)	占总有机碳比例 /%	含量 / (g/kg)	占总有机碳比例 /%
CK	0.16	1.83	1.56	18.3	6.82	79.9
NPK	0.19	1.75	1.88	17.5	8.67	80.8
NPKM	0.56	4.04	3.63	26.0	9.77	70.0

第三节　长期不同施肥下娄土剖面有机碳储量变化

一、不同施肥下 0～100cm 土体剖面有机碳总储量

不同施肥下 25 年后，土壤 0～100cm 深度的有机碳储量如图 17-3 所示。其中，高量有机-无机肥配施（M_2NPK）0～100cm 土壤有机碳储量最高，为 107.8t/hm²，比试验初始增加了 43.7%。其次为 NP、M_1NPK 和撂荒，土壤有机碳储量分别为 95.3t/hm²、95.7t/hm² 和 97.2t/hm²，平均比试验初始高 30%。不施肥 CK 及偏施化肥 N、NK、PK 和休闲的有机碳储量没有差异，并且显著低于其他管理措施，但平均比试验初始高约 10%。

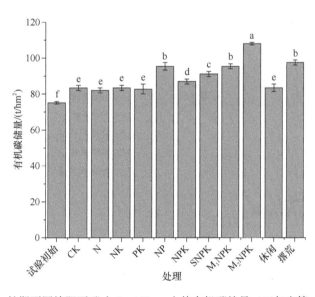

图 17-3　长期不同施肥下娄土 0～100cm 土体有机碳储量（王仁杰等，2015）

二、不同施肥有机碳在 0～100cm 土体中的分布

连续 20 年不同施肥措施下剖面 0～100cm 各土层（每层 20cm）有机碳储量如图 17-4 所示，0～40cm 土层有机碳储量受施肥措施影响趋势类似。和试验初始时比较，20 年不

施肥（CK）和休闲处理下该层土壤有机碳储量无变化，撂荒显著增加了这两个土层有机碳储量（图 17-4a）。40～80cm 土层表现出相同趋势，不施肥、休闲和撂荒土壤有机碳储量较试验初始均显著增加，但三者间无差异。最下层土壤有机碳储量由高到低依次为休闲＞撂荒＞不施肥＞试验初始。表明撂荒处理能增加各层土壤有机碳储量，三个处理下各层次平均较试验初始增加可达 30%，这与连续地上部植物残体归还和无人为扰动有关。

化肥氮、磷同时施用（NP 和 NPK）显著增加了耕层（0～20cm）土壤有机碳储量，且表现为 NP 显著高于 NPK（图 17-4b）。施用化肥显著增加了 20～40cm 土层土壤有机碳储量，但降低了 40～60cm 土层有机碳储量（图 17-4b），总体上也增加了 60～80cm 和 80～100cm 两个土层有机碳储量。尤其是 NP 和 NPK 土壤有机碳储量较试验开始时分别增加27%和 16%。

由图 17-4（c）可以看出，20 年平衡施用化肥和有机-无机肥配施可显著增加各层次土壤有机碳储量。和 NPK 处理相比，秸秆还田并未显著增加各层土壤有机碳储量（除80～100cm）；施用低量和高量有机肥均显著提高了 0～60cm 各土层有机碳储量。总的来说，高量有机-无机肥配施（M₂NPK）较其他施肥方式显著提高了 0～80cm 土壤有机碳储量，较试验开始时平均增加 6.6t/hm²，增幅约为 43.7%（图 17-4c）。

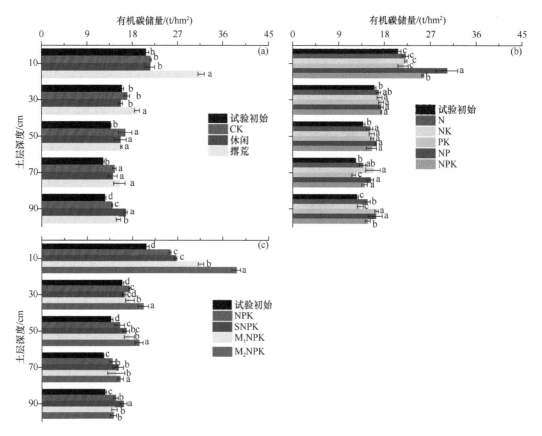

图 17-4　长期不同施肥下 0～100cm 各层有机碳储量（王连连，2013）

土壤有机碳储量取决于土壤中有机碳的投入量和分解量。本研究中，撂荒既不耕作也不种植作物，但其 0～100cm 土层有机碳储量较试验开始时显著增加，主要是由于每年自然恢复的植被死亡后的残体在表层富集所致。同时，长期不耕作也避免了土壤结构的人为扰动，有利于大团聚体的形成及其对有机碳的保护。由于塿土富含钾素，钾肥对作物产量影响甚微，而氮磷肥是限制作物产量的主要元素，因而氮磷肥同时施用可显著提高作物产量及通过根茬等的有机物质归还，从而提升土壤有机碳储量。秸秆还田和施用有机粪肥进一步增加了归还到土壤中的有机碳，因此可以进一步提升整个土体有机碳储量。尤其是有机肥施入，可带入更多养分，增加作物归还，且外源碳投入量也大大提高，这些有机碳投入同时也提高了土壤团聚化作用，进而提高了对有机碳的物理保护，有利于土壤碳的累积。可见，有机-无机肥配施并且尽量减少翻耕和人为扰动是陕西关中塿土培肥和合理化利用的良好措施，对该地区作物产量提高和农业可持续发展具有重要意义。

第四节 长期不同施肥土壤有机碳固持速率与固持效率

一、耕层土壤有机碳的固持速率与固持效率

土壤有机碳库的动态变化主要取决于有机物料的投入和土壤有机碳分解之间的平衡。投入到农田系统中的有机物料主要包括作物残体（残茬、根系和根系分泌物等）和施用的有机物料，如粪肥、秸秆等。外源有机物料投入的质量和数量均会对土壤固碳速率和效率产生影响。Zhang 等（2012）的研究表明，我国每增加 1t/(hm²·a)外源有机物料的投入，土壤有机碳储量可增加 0.074～0.131t/(hm²·a)。而在西北地区，增加量相对较高，可以达到 0.131t/(hm²·a)。但也有一些研究表明，旱地土壤中投入大量有机物后，土壤有机碳含量并没有显著增加（Chung et al.，2010），出现所谓的碳饱和现象。

土壤有机碳储量较低时，随投入到土壤中外源有机碳的增加而增加（Cong et al.，2012），此时，单位外源有机碳输入下土壤有机碳的变化量即为土壤固碳效率。由图 17-5 可以看出，塿土有机碳储量变化与累积碳投入量呈显著线性相关关系（$P<0.01$），

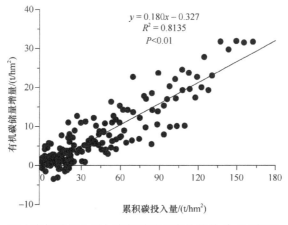

图 17-5 塿土有机碳投入量与有机碳储量变化的关系（王仁杰，2020）

有机碳储量增量（t/hm²）=SOC$_{stock-t}$（当年处理）− SOC$_{stock-c}$（当年对照）

投入有机碳每增加 1t/hm^2，表层土壤有机碳储量增加 0.18t/hm^2，亦即土壤固碳效率为 18%。当有机碳储量变化值（y）为 0 时，维持初始有机碳（soil organic carbon，SOC）水平的最小累积碳投入量（C_{min}）为 1.82t/hm^2。本试验点两者尚呈线性相关，说明在目前有机碳投入水平下，该地区土壤 OC 固持还未达到饱和。

二、耕层土壤团聚体有机碳的固持速率与效率

土壤有机质与团聚体之间存在着密切的联系：一方面，土壤团聚体是土壤结构的基本单元，是土壤有机质的重要储存库，影响着土壤有机碳的固存和分解；另一方面，土壤有机质作为团聚体形成的胶结物质，会对团聚体的形成起到重要作用。土壤结构是影响土壤有机碳累积和转化的一个重要因素，土壤团聚体在调节土壤物理、化学和生物过程以及控制有机碳分解中起着重要作用（Six et al.，2002）。不同施肥管理措施对团聚体的影响迥异。施肥管理不仅影响团聚体分布，也显著影响各粒径团聚体有机碳含量及固存速率（徐明岗等，2015）。

不同粒径团聚体固碳速率由各粒径有机碳储量变化量与外源有机碳投入的比值获得，对于不同粒径团聚体而言，以 0.5～1mm 粒径团聚体内有机碳的固持速率最高，其次为<0.5mm 粒径团聚体。对于各施肥处理而言，有机-无机物肥配施各粒径团聚体内有机碳固持速率最大，其次为施氮磷化肥处理（NP）（表 17-3）。

长期不同施肥处理对塿土团聚体有机碳固持速率有显著影响。塿土耕层 0.5～1mm 粒级团聚体有机碳固持速率最高，达到 69.95kg/(hm^2·a)；其次为<0.5mm 粒径，各处理平均固碳速率分别为 43.2kg/(hm^2·a)和 49.4kg/(hm^2·a)；固碳速率最低的为>2mm 和 1～2mm 粒径大团聚体，分别为 6.24kg/(hm^2·a)和 8.24kg/(hm^2·a)。在所有粒径团聚体中，有机-无机肥配施处理的固碳速率均显著高于其他处理。

表 17-3　施肥 21 年后塿土不同粒径团聚体有机碳固持速率

处理	各粒级团聚体有机碳固持速率/[kg/(hm^2·a)]				
	>2mm	1～2mm	0.5～1mm	0.25～0.5mm	<0.25mm
CK					
N	1.06±0.03	0	6.88±0.02	0	0
NK	0	0	10.5±0.01	0	64.3±0.08
PK	13.4±0.02	0	1.17±0.02	0	0
NP	0	11.9±0.20	54.8±1.21	52.9±2.22	176±13.0
NPK	0	0	33.5±3.40	27.1±2.10	0
SNPK	0	0	74.8±15.1	58.0±5.60	0
M$_1$NPK	35.5±5.20	27.4±1.26	189±10.4	95.0±5.61	84.9±4.44
M$_2$NPK	0	26.7±3.51	188±10.2	112±12.3	69.6±8.56
平均值	6.24	8.24	69.95	43.2	49.4

此外，土壤中各粒径团聚体内有机碳储量与累积碳投入量的关系如图 17-6 所示，其中>2mm 粒径团聚体有机碳储量并未随累积碳投入量的增加而增加（$P>0.05$），说明其有机碳储量已接近饱和（图 17-6a），而其他粒径团聚体有机碳储量均随累积碳投入量

的增加而显著提高（P<0.01），以<0.25mm 粒径团聚体中有机碳储量增量最大。此线性方程的斜率为团聚体固碳效率，1～2mm、0.5～1mm、0.25～0.5mm 和<0.25mm 各粒径团聚体固碳效率分别为 0.7%、3.4%、2.2%和 3.6%（表 17-4）。

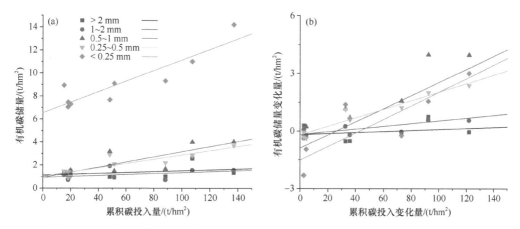

图 17-6　塿土不同粒级团聚体有机碳储量（a）及变化量（b）与累积碳投入量关系

表 17-4　塿土不同粒级团聚体有机碳储量变化量与累积碳投入变化量的线性关系相关参数

团聚体粒级	固碳效率/%	决定系数 R^2	显著性水平 P
>2mm	0.2	0.08	>0.05
1～2mm	0.7	0.74	<0.01
0.5～1mm	3.4	0.90	<0.01
0.25～0.5mm	2.2	0.93	<0.01
<0.25mm	3.6	0.71	<0.01

由于不同粒径团聚体胶结物质差异等影响，其储存有机碳和抵抗有机碳分解的能力也有差异，并且受外源有机碳投入影响显著。本研究中，施用有机肥对增加各粒级团聚体有机碳储量和固持速率效果最为显著，秸秆还田配施化肥（SNPK）也具有增加各级团聚体有机碳储量和固碳速率的作用。有机质为大团聚体的一种胶结物质，因而大团聚体中有机质含量往往较小团聚体高。本研究中，>2mm 粒径团聚体比<0.25mm 粒径团聚体有机碳含量高 29%。但是有机碳储量结果相反，这是由于<0.25mm 粒径团聚体所占重量百分比较高所致（王仁杰等，2015）。微团聚体固碳效率较高，是土壤固碳中最重要的矿物颗粒组成部分，并且微团聚体中有机碳的富集会促进大团聚体土壤颗粒的形成。因此，长期配施有机肥不仅能提高土壤有机质和土壤肥力，还是改良土壤结构的一项重要施肥措施。

第五节　长期不同施肥下塿土有机碳矿化及温度敏感性

一、长期不同施肥下塿土有机碳矿化特征

土壤有机碳矿化是土壤微生物作用的直接结果，是土壤生物学活性的综合体现。因

此，有机碳矿化受温度影响，在不同温度条件下矿化速率不同。不同温度培养的实验结果表明，长期不施肥、施氮磷钾化肥及氮磷钾化肥配施有机肥处理耕层土壤都表现为培养开始阶段矿化较快，随着培养时间增加，矿化速率逐渐降低（图 17-7）。有机碳累积矿化的动态变化可以用双库指数模型很好地模拟，无论在哪个温度条件下，培养第一个月矿化较快，在矿化试验结束时，土壤有机碳累积矿化量趋于稳定。在同一培养温度条件下，添加秸秆的有机碳累积矿化量都要显著高于未添加秸秆。试验结束时，CK、NPK 和 MNPK 添加秸秆的累积矿化量和相应未添加秸秆比较，15℃培养条件下分别是 8.81 倍、6.75 倍和 6.45 倍；25℃时分别为 6.11 倍、4.86 倍和 3.28 倍；35℃时分别为 6.87 倍、4.01 倍和 4.18 倍（图 17-7）。

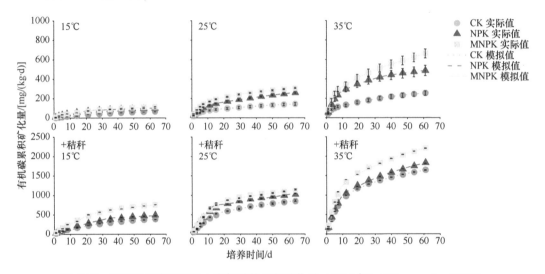

图 17-7　长期不同施肥下埁土有机碳的累积矿化量（2015 年）（Wang et al.，2022）

CK：对照（不施肥）；NPK：施氮磷钾化肥；MNPK：氮磷钾化肥配施有机肥

添加秸秆的土壤有机碳累积矿化量显著高于未添加秸秆，是因为外源有机物质（秸秆）中含有大量的有机碳、氮、磷、钾和微量元素，其添加可为微生物提供大量营养物质和能量，促进其活动，进而促进有机碳的矿化，亦即所谓的"激发效应"。

二、外源碳添加对埁土有机碳矿化的影响

线性回归结果显示长期不同施肥土壤有机碳含量与响应比（natural logarithm of response ratio，LnRR）在 15℃和 25℃时都呈现显著负相关关系（图 17-8）。在 25℃培养温度下，LnRR 随有机碳含量增加下降速度更快，是 15℃下的 3 倍；但是在 35℃培养温度下，LnRR 与 SOC 含量之间没有显著相关关系。这表明土壤的激发效应随着温度的升高而增加，且随着土壤有机质含量水平的增加而降低。这是因为当土壤水分充足时，温度升高会增加土壤酶活性和微生物活性，进而促进土壤中有机碳的矿化。此外，温度的增加还会降低有机碳的活化能，进而增加惰性有机质的矿化量。土壤有机碳矿化的激发效应随着有机质含量的增加而降低，可能是因为有机质含量的提高促进了土壤的团聚作用，增强了对有机碳的保护，减少了土壤中微生物对有机碳的可及性，进而降低了分解速率。此外，有机碳含量较高的土壤含有较多的活性有机质，这可能也是导致土壤有机碳的分解对外源碳投入响应较弱的一个原因。

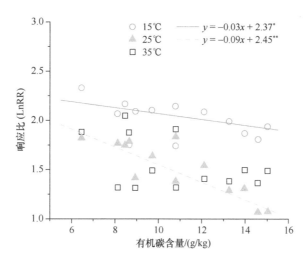

图 17-8 不同温度下埁土有机碳含量与外源碳添加响应比之间的关系（王仁杰，2020）

三、长期不同施肥下埁土有机碳矿化的温度敏感性

土壤有机碳矿化对温度的敏感性通常用 Q_{10} 表示，即温度每升高 10℃，土壤呼吸速率增加的倍数。土壤有机碳的温度敏感性在调节土壤碳库对气候变暖的反馈中起着关键作用。Q_{10} 值受多种因素影响，如土壤水分、植被类型、土壤质地、土壤 pH、SOC 质量、土壤温度、C/N、外源有机物质的添加和土壤微生物群落组成等。

长期不同施肥深刻影响了土壤物理、化学及生物学性状，也影响着土壤有机碳矿化的温度敏感性（Q_{10}），且低温时的 Q_{10} 值显著高于高温。施肥较不施肥显著增加了 Q_{10}（15～25℃），但高温时，施肥较对照有增加 Q_{10}（25～35℃）的趋势。长期不同施肥影响土壤活性（C_a）和惰性有机碳组分（C_s）的 Q_{10} 值。整体而言，同样施肥下土壤惰性有机碳组分的 Q_{10} 值显著高于活性组分（图 17-9）。不同温度条件下，长期施肥的 C_s（15～25℃）显著高于对照不施肥。低温下长期施肥活性碳组分的 Q_{10} 值同样显著高于对照，但是高温时长期施肥对 C_a 组分的 Q_{10} 值没有显著影响（图 17-9）。此外，添加秸秆与不添加秸秆土壤的 Q_{10} 值不同，表现为高温时土壤有机碳矿化的 Q_{10} 值更高。低温以及添加秸秆的条件下，施肥有降低 Q_{10} 值的趋势，有机-无机配施显著降低了 Q_{10} 值；而在高温时，长期施用化肥较不施肥显著降低了 Q_{10} 值。

不同处理原土有机碳矿化的 Q_{10} 值在低温（15/25℃）时要高于高温（25/35℃）时（图 17-9）。因为高温会显著降低微生物生物量，并影响微生物的群落组成，分解惰性有机物质的 K-策略菌落随着温度的增加呈显著降低的趋势（Li et al.，2021）。土壤中微生物群落的生长也随着温度的增加而降低，和 Q_{10} 值呈显著正相关关系（Wang et al.，2021）。土壤有机碳矿化活化能（E_a）随着温度的升高而降低，而活化能与 Q_{10} 值呈正相

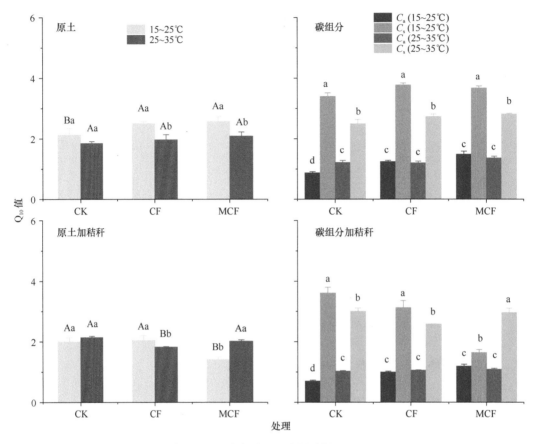

图 17-9　长期不同施肥下娄土有机碳的温度敏感性 Q_{10}（Wang et al.，2022）

柱状图上方不同的大写字母表示相同温度下的处理间差异显著。柱状图上方不同的小写字母表示在相同处理下的不同温度（或不同温度及组分的 Q_{10}）差异显著。CK：不施肥；CF：施用化肥；MCF：施用有机肥及化肥

关关系。惰性有机碳组分（C_s）的 Q_{10} 值要显著高于活性碳组分（C_a）（图 17-9）。Leifeld 和 Fuhrer（2005）用物理分组法得到不同质量的有机碳直接培养，结果也发现惰性碳组分对温度升高反应更加敏感。惰性碳组分的温度敏感性更高是因为其具有更复杂的分子组成，这些分子具有更低的分解速率和更高的活化能（E_a）。而土壤活化能的升高与反应底物的化学、物理及其混合保护作用有关。

　　无论是在原土还是不同碳组分，秸秆添加都有降低 Q_{10} 值的趋势。研究表明，不同秸秆添加对土壤呼吸有影响，添加秸秆降低 Q_{10} 值是因为其提高了土壤酶（脲酶、土壤转化酶和过氧化氢酶）活性。根据热力学原理，酶活性的提高使分解所需活化能降低，对温度的敏感性就会降低。这是因为外源活性碳、氮的添加在高温时更有利于 SOC 固定，减少呼吸排放 CO_2，进而降低了 Q_{10} 值（Li et al.，2017）。但是，也有研究发现，外源碳输入会提高土壤有机碳矿化 Q_{10} 值，这可能与不同研究有机碳初始值及组分状况不同有关（Creamer et al.，2015）。

第六节 以长期试验为基础的塿土有机质提升技术

一、土壤有机质的产量效应

国内外大量试验证明，当土壤中有机质含量较低时，即便增加施肥量，也不会大幅度提高作物产量。作物产量和高产稳定性随土壤有机质的提高而显著提高。

25 年连续施肥结果表明，塿土作物产量和土壤有机质含量可用"线性-平台"关系描述（图 17-10），在土壤有机质含量高于 19.4g/kg 或者 19.8g/kg 时，小麦和玉米产量不

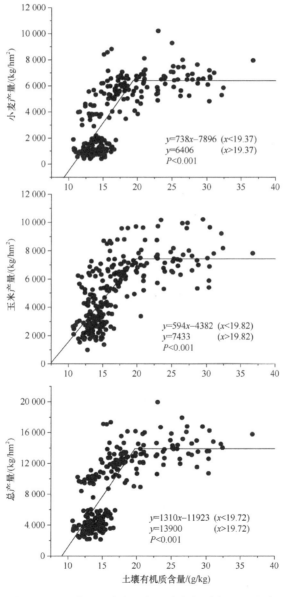

图 17-10 小麦及玉米产量与土壤有机质含量的关系

再随土壤有机质含量提高而增加。当土壤有机质含量较低时，土壤有机质含量每提高 1g/kg，小麦和玉米产量分别可提高 738kg/hm² 和 594kg/hm²。在有机质含量达到 19.4g/kg（小麦）或 19.8g/kg（玉米）时，小麦和玉米产量达到稳定，分别可达 6406kg/hm² 和 7433kg/hm²。此值可作为培肥目标，并可据此确定培肥模式，如有机质快速提升、稳步提升或稳定维持（Zhang et al.，2016）。很显然，结合前述不同施肥有机碳提升速率及固存效率等，考虑培肥年限时可以明确采用何种模式，并获得确切的有机物料施用量。

二、长期施肥对土壤物理性状的影响

提高土壤有机质含量有利于作物的高产和稳产，部分原因是土壤有机质可以改善土壤物理性状，如增加团聚能力、改善土壤结构、提高土壤的持水能力等。黄土高原地区降水量相对较少，蒸发量大，灌溉有限，因而土壤理化性质，尤其是持水性能对于农业生产至关重要。因此，理解该区域长期施肥对土壤持水能力的影响有助于建立合理的施肥措施。

土壤容重随着作物生育期的进程有所变异（表 17-5）。总体而言，长期施用化肥没有影响表层（0～5cm）和亚表层（10～15cm）的土壤容重；而化肥与有机肥配施则显著降低了这两个土层的土壤容重（Zhang et al.，2006）。

表 17-5　长期不同施肥下的土壤容重　　　　（单位：g/cm³）

土层深度 /cm	处理	时间（年–月–日）			
		2013-10-03	2004-06-24	2004-08-02	2004-09-28
0～5	CK	1.42 a	1.47 a	1.35 a	1.36 a
	NPK	1.42 a	1.38 b	1.22 a	1.39 a
	MNPK	1.29 b	1.22 c	1.25 a	1.19 b
10～15	CK	1.40 a	1.54 a	1.50 a	1.54 a
	NPK	1.41 a	1.50 a	1.42 a	1.49 a
	MNPK	1.25 b	1.30 b	1.44 a	1.38 b

土壤孔隙度和土壤容重密切相关，趋势相反（表 17-6）。总体而言，施用化肥对土壤孔隙度没有显著影响，而施用有机肥可增加土壤孔隙度（Zhang et al.，2006）。

表 17-6　长期不同施肥下的土壤孔隙度

土层深度 /cm	处理	时间（年–月–日）			
		2013-10-03	2004-06-24	2004-08-02	2004-09-28
0～5	CK	43.56 a	44.27 b	47.71 a	48.77 b
	NPK	45.24 a	47.38 b	50.77 a	48.03 b
	MNPK	49.21 a	53.01 a	50.93 a	57.36 a
10～15	CK	50.01 a	40.28 b	42.38 b	41.03 a
	NPK	49.96 a	42.01 b	45.75 a	42.95 a
	MNPK	57.45 a	48.06 a	44.73 ab	48.03 a

长期施肥也影响土壤孔隙的大小及其分布。在表层土壤中（0～5cm），通气孔隙在16.09%～18.07%变化，长期单施化肥及有机-无机肥配施较对照有减少通气孔隙体积的趋势。毛管孔隙在9.39%～15.54%范围内变化，单施化肥及有机-无机肥配施较对照增加了毛管孔隙的体积。非活性孔隙变幅为16.10%～17.58%，单施化肥及有机-无机肥配施较对照增加了非活性孔隙的体积（图17-11）。

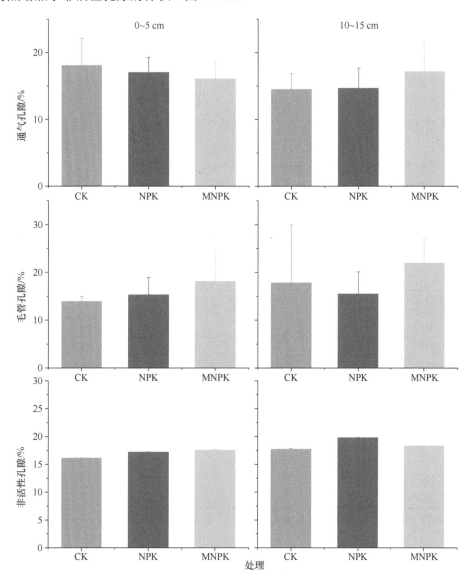

图 17-11　长期不同施肥下土壤孔隙度及其当量孔径分布
通气孔隙：＞10μm；毛管孔隙：10～0.2μm；非活性孔隙：＜0.2μm

亚表层土壤通气孔隙变幅为14.50%～17.17%，长期有机-无机肥配施较对照有增加通气孔隙的趋势。毛管孔隙变幅为15.50%～21.96%，单施化肥较对照有降低毛管孔隙的趋势，而有机-无机肥配施较单施化肥及对照增加了毛管孔隙。非活性孔隙变幅为17.72%～19.79%，单施化肥及有机-无机肥配施较对照增加了非活性孔隙（图 17-11）。

因此，娄土长期施肥，特别是有机-无机肥配施，主要是增加毛管孔隙的体积，增加了土壤的总孔隙度，从而增强了土壤的持水性。

三、土壤有机碳平衡及提升技术

1. 维持作物平衡产量时土壤有机碳平衡技术

由表 17-7 可知，仅有机粪肥配施化肥土壤有机碳储量可以满足最高产量需求，亦即高、低量有机肥配合氮磷钾化肥的两个模式产量达到区域作物平衡产量。而其他处理想要达到平衡产量，按照该地区平均固碳效率（18%），在 2015 年碳储量的基础上，均需要投入不同量的有机物料（有机肥或秸秆）。具体投入量见表 17-7，即长期不施肥处理（CK）作物达到目标产量时需额外投入有机肥或作物秸秆的量分别为 131.1t/hm^2 或 102.8t/hm^2，分别需要 13 年或 15 年；不平衡施肥（N）达到目标产量时需额外投入有机肥或作物秸秆的量分别为 126.5t/hm^2 或 99.2t/hm^2，分别需要 13 年或 15 年；平衡施肥（NPK）达到目标产量时需额外投入有机肥或作物秸秆的量分别为 31.2t/hm^2 或 24.5t/hm^2，分别需要 3 年或 4 年；此外，平衡施肥配施作物秸秆（SNPK）十分接近平衡产量，若要完全达到目标产量，则需要额外投入有机肥或作物秸秆的量分别为 17.3t/hm^2 或 13.6t/hm^2，约需要 2 年（表 17-7）。

表 17-7　不同施肥下 20 年提升至平衡产量所需额外投入的有机物料量

处理	2015 年有机碳储量 / (t/hm^2)	固碳效率 /%	提升至平衡产量所需外源碳投入量 / (t/hm^2)	按照 M$_1$NPK 有机肥投入量所需时间 /a	按照 SNPK 有机肥投入量所需时间 /a	提升至平衡产量所需有机肥总量 / (t/hm^2)	
						牛粪（干）	玉米秸秆（干）
CK	20.4	18	65.41	13	15	131.1	102.8
N	20.8		63.12	13	15	126.5	99.2
NK	21.4		59.98	12	14	120.2	94.3
PK	21.8		57.65	12	13	115.5	90.6
NP	31.4		4.40	1	1	8.8	6.9
NPK	29.4		15.56	3	4	31.2	24.5
SNPK	30.6		8.66	2	2	17.3	13.6
M$_1$NPK	39.8		—	—	—	—	—
M$_2$NPK	52.2		—	—	—	—	—

注：外源有机肥或秸秆考虑了预设时间内的作物有机碳投入，为简便起见，取值 1.6t/(hm^2·a)，为不平衡施肥和平衡施肥均值的平均。

2. 不同施肥下有机碳定量提升技术

我们根据图 17-5 计算出该地区土壤有机碳固持效率为 18%，即每投入 100t 的外源碳，有 18t 碳被固存在土壤中，因此在 2015 年碳储量的基础上，想要在 20 年内定量提高 10%、20% 和 30% 土壤有机碳储量时，不平衡施肥（N、NK、PK）处理需要额外投入有机肥 7.07t/(hm^2·a)、8.83t/(hm^2·a) 和 10.60t/(hm^2·a) 或作物秸秆 17.50t/(hm^2·a)、21.87t/(hm^2·a) 和 26.25t/(hm^2·a)。在达到平衡施肥的有机碳储量水平下，有机质进一步提高 1%、

2%和5%时,需额外投入有机肥的量分别为7.78t/(hm²·a)、10.26t/(hm²·a)和12.74t/(hm²·a),或分别投入作物秸秆的量为19.26t/(hm²·a)、25.40t/(hm²·a)和31.55t/(hm²·a)(表17-8)。

表17-8 不同施肥方式有机碳提升所需外源有机物料投入量

施肥方式	SOC提升量	固碳效率/%	SOC储量/(t/hm²)	提升SOC储量值/[t/(hm²·a)]	提升SOC需额外投入碳量/[t/(hm²·a)]	提升SOC需额外投入有机肥（干猪粪）量/[t/(hm²·a)]	提升SOC需额外投入风干玉米秸秆量/[t/(hm²·a)]
不平衡施肥	初始	18	21.80		1.82		
	20年提升10%		23.98	0.109	2.42	7.07	6.00
	20年提升20%		26.16	0.218	3.03	8.83	7.50
	20年提升30%		28.34	0.327	3.63	10.60	9.00
平衡施肥	初始		30.60		1.82		
	20年提升1%		33.66	0.153	2.67	7.78	6.60
	20年提升2%		36.72	0.306	3.52	10.26	8.71
	20年提升5%		39.78	0.459	4.37	12.74	10.81

注:每年来源于作物的有机碳输入取平均值 1.6t/(hm²·a);有机肥(干猪粪)和秸秆有机碳含量分别为 342.7g/kg 和 403.9g/kg。

(王仁杰 徐佳星 牛金璨 张树兰 杨学云 徐 虎)

参 考 文 献

蔡岸冬, 张文菊, 申小冉, 等. 2015. 长期施肥土壤不同粒径颗粒的固碳效率. 植物营养与肥料学报, 21(6): 1431-1438.

郭兆元, 黄自立, 冯立孝. 1992. 陕西土壤. 北京: 科学出版社.

兰志龙, Muhammad N K, Tanveer A S, 等. 2018. 25年长期定位不同施肥措施对关中堘土水力学性质的影响. 农业工程学报, 34(24): 100-106.

王莲莲. 2013. 长期不同施肥和管理措施对堘土有机、无机碳库的影响. 杨凌: 西北农林科技大学硕士学位论文.

王仁杰. 2020. 长期施肥对黄土高原旱地土壤有机碳库的影响. 杨凌: 西北农林科技大学博士学位论文.

王仁杰, 强久次仁, 薛彦飞, 等. 2015. 长期有机无机肥配施改变了土团聚体及其有机和无机碳分布. 中国农业科学, 48(23): 4678-4689.

徐明岗, 张文菊, 黄绍敏, 等. 2015. 中国土壤肥力演变(第二版). 北京: 中国农业科学技术出版社.

Chung H, Ngo K J, Plante A, et al. 2010. Evidence for carbon saturation in a highly structured and organic-matter-rich soil. Soil Science Society of America Journal, 74(1): 130-138.

Cong R H, Xu M G, Wang X J, et al. 2012. An analysis of soil carbon dynamics in long-term soil fertility trials in China. Nutrient Cycling in Agroecosystems, 93: 201-213.

Creamer C A, Menezes A, Krull E S, et al. 2015. Microbial community structure mediates response of soil C decomposition to litter addition and warming. Soil Biology Biochemistry, 80: 175-188.

Haddix M L, Plante A F, Conant R T, et al. 2011. The role of soil characteristics on temperature sensitivity of soil organic matter. Soil Science Society of America Journal, 75(1): 56-68.

Jiang G Y, Xu M G, He X H, et al. 2014. Soil organic carbon sequestration in upland soils of northern China under variable fertilizer management and climate change scenarios. Global Biogeochemical Cycles, 28(3): 319-333.

Leifeld J, Fuhrer J. 2005. The temperature response of CO_2 production from bulk soils and soil fractions is related to soil organic matter quality. Biogeochemistry, 75(3): 433-453.

Li C, Frolking S, Harriss R. 1994. Modeling carbon biogeochemistry in agricultural soils. Global Biogeochemical Cycles, 8(3): 237-254.

Li H, Yang S, Semenov M V, et al. 2021. Temperature sensitivity of SOM decomposition is linked with a K-selected microbial community. Global Change Biology, 27(12): 2763-2779.

Li J Q, Pei J M, Cui J, et al. 2017. Carbon quality mediates the temperature sensitivity of soil organic carbon decomposition in managed ecosystems. Agriculture Ecosystems & Environment, 250: 44-50.

Li S, Li Y B, Li X S, et al. 2016. Effect of straw management on carbon sequestration and grain production in a maize-wheat cropping system in Anthrosol of the Guanzhong Plain. Soil & Tillage Research, 157: 43-51.

Six J, Elliot E T, Paustian K, et al. 1998. Aggregation and soil organic matter accumulation in cultivated and native grassland soils. Soil Science Society of America Journal, 62: 1367-1377.

Six J, Callewaert P, Lenders S, et al. 2002. Measuring and understanding carbon storage in afforested soils by physical fractionation. Soil Science Society of America Journal, 66(6): 1981-1987.

Wang C, Morrissey E M, Mau R L, et al. 2021. The temperature sensitivity of soil: microbial biodiversity, growth, and carbon mineralization. The ISME Journal, 15(9): 2738-2747.

Wang J Y, Xiong Z Q, kuzyakov Y. 2016. Biochar stability in soil: meta-analysis of decomposition and priming effects. Global change Biology, 8: 512-523.

Wang R J, Xu J X, Niu J C, et al. 2022. Temperature sensitivity of soil organic carbon mineralization under contrasting long-term fertilization regimes on Loess soils. Journal of Soil Science and Plant Nutrition, 22(2): 1915-1927.

Yang X Y, Ren W D, Sun B H, et al. 2012. Effects of contrasting soil management regimes on total and labile soil organic carbon fractions in a loess soil in China. Geoderma, 177-178: 49-56.

Yoder R E. 1936. A direct method of aggregate analysis of soils and a study of the physical nature of erosion losses. American Society of Agronomy, 28(5): 337-351.

Zhang S, Yang X, Wiss M, et al. 2006. Changes in physical properties of a loess soil in China following two long-term fertilization regimes. Geoderma, 136(3-4): 579-587.

Zhang W J, Xu M G, Wang X J, et al. 2012. Effects of organic amendments on soil carbon sequestration in paddy fields of subtropical China. Journal of Soils and Sediments, 12: 457-470.

Zhang X B, Sun N, Wu L H, et al. 2016. Effects of enhancing soil organic carbon sequestration in the topsoil by fertilization on crop productivity and stability: Evidence from long-term experiments with wheat-maize cropping systems in China. Science of the Total Environment, 562: 247-259.

第十八章　黑垆土农田有机碳演变特征及提升技术

黑垆土是在半干旱、半湿润气候条件的草原或森林草原植被下，经过长时期的成土过程，在我国黄土高原地区形成的主要地带性耕作土壤之一，主要分布在陕西北部、宁夏南部、甘肃东部的交界地区，是黄土高原肥力较高的一种土壤和旱作高产农田，为中国黄土高原地区主要土类之一。黑垆土是发育在黄土母质上的古老耕种土壤，耕种历史悠久，具有良好的农业生产性状，蓄水保肥性强。塬区黑垆土降水入渗深度 1.6～2.0m，2m 深土壤储水量 400～500mm，可供当年或翌年旱季作物生长期间利用。垆土层深达1m，土壤代换吸收容量比上层大，孔隙多，蓄水和保肥能力强，表层养分随水流到垆土层后常被储藏起来，供作物应用，肥劲足而长，适耕性好。黑垆土结构良好，耕作层是团块状、粒状结构，质地轻壤—中壤，不砂不黏，土酥绵软，耕性好，耕作省力，适耕期长。

黑垆土集中在黄土旱塬区，以侵蚀较轻的甘肃董志塬和早胜塬、陕西洛川塬和长武塬等塬区，以及渭河谷地以北、汾河谷地两侧的多级阶地形成的台塬为主，是镶嵌在黄土高原丘陵区的"明珠"，多年平均气温 8～12℃，年降水量 450～550mm。该区域地势平坦，适宜于机械作业，土层深厚，土质肥沃，塬地占比高，盛行一年一熟和两年三熟的种植制度，多以冬小麦和玉米为主，有小麦亩产半吨粮和玉米亩产超吨粮的高产纪录，在区域粮食安全中具有重要地位。但由于长期机械翻耕、耕层变浅和犁地层加厚，影响水分下渗和根系下扎，土壤有机质演变成为研究的重点。明晰黑垆土有机碳时空演变，对于保障黄土高原土壤健康、粮食安全和农业经济可持续发展具有重要意义。

第一节　黑垆土长期定位试验概况

一、试验基地情况及试验设计

试验地点位于甘肃省平凉市泾川县高平镇境内（35°16'N，107°30'E）的旱塬区，属黄土高原半湿润偏旱区，土地平坦，海拔 1150m，年均气温 8℃，≥10℃积温 2800℃，持续期 180d，年降水量 540mm，其中 60%集中在 7～9 月，年蒸发量 1380mm，无霜期约 170d；光热资源丰富，水热同季，适宜于冬小麦、玉米、果树、杂粮杂豆等生长。试验地为旱地覆盖黑垆土，黄绵土母质，土体深厚疏松，利于植物根系伸展下扎，富含碳酸钙，腐殖质累积主要来自土粪堆垫。

试验共设 6 个处理（樊廷录等，2004）：①不施肥（CK）；②氮（N）（N 90kg/hm²）；③氮磷（NP）（N 90kg/hm² + P₂O₅ kg/hm²）；④秸秆加氮磷肥（SNP）（S 3750kg/hm² + N 90kg/hm² + 每 2 年施 P₂O₅ 75kg/hm²）；⑤农肥（M）（M 75t/hm²）；⑥氮磷农肥（MNP）（M 75t/hm² + N 90kg/hm² + P₂O₅ 75kg/hm²）。试验基本上按 4 年冬小麦→2 年玉米一年一

熟轮作制进行,按大区顺序排列,每个大区为一个肥料处理,占地面积 666.7m²,大区划分为三个顺序排列的重复。农家肥和磷肥在作物播前全部基施,磷肥用过磷酸钙,氮肥用尿素,其用量的 60%作为基肥、40%作为追肥。

试验开始前(1978 年秋季)的耕层土壤基本理化性质见表 18-1。1979 年试验开始的第一季作物为春玉米,不覆膜穴播,密度 5.25 万株/hm²,小麦机械条播,播量 187.5kg/hm²。试验用氮肥为尿素,磷肥为过磷酸钙,有机肥为土粪(25%的牛粪尿与 75%的黄土混合而成)。磷肥和有机肥在播前一次施入。秸秆处理中,秸秆切碎于播前随整地埋入土壤,每年 3750kg/hm² 秸秆(当季种植小麦就归还小麦秸秆、种植玉米就归还玉米秸秆)相当于1600kg/hm² 碳。而其他处理地上部分全部收获,小麦仅留离地面 10cm 残茬归还农田。在农肥处理中,由于未测定每年土粪养分含量,因而无法确定施入的 N、P、K 数量,但在 1979 年试验开始时测定的农家肥有机质为 1.5%,N、P、K 含量分别为 1.7g/kg、6.8g/kg 和 28g/kg。农家肥养分调查结果,施入土壤有机肥的有机质 1.92%、氮 0.158%、磷 0.16%、钾 1.482%。

表 18-1　试验前土壤基本理化性状(1978 年)

处理	有机质 / (g/kg)	全氮 / (g/kg)	全磷 / (g/kg)	碱解氮 / (mg/kg)	有效磷 / (mg/kg)	速效钾 / (mg/kg)
不施肥	10.5	0.95	0.57	60	7.2	165
氮肥	10.4	0.95	0.59	72	7.5	168
氮磷肥	10.9	0.94	0.56	68	6.6	162
秸秆配施氮磷肥	11.1	0.97	0.57	78	5.8	164
农家肥	10.8	0.95	0.58	65	6.5	160
农家肥配施氮磷肥	10.8	0.94	0.57	74	7.0	160

二、试验主要监测指标及方法

1. 土壤有机碳

每季作物收获后(冬小麦 6 月下旬收获,春玉米 9 月下旬收获)按 3 点法采集每个处理 0~20cm 土层土样 3 个,均匀混合后风干,采用重铬酸钾容量法测定土壤有机碳。植物全氮用凯氏定氮法测定。土壤有机碳储量(SOC$_{stock}$)通过计算土壤碳密度(SOC$_{density}$)求得。

$$SOC_{density}=SOC×\theta×D/100$$
$$SOC_{stock}=S×SOC_{density}$$

式中,SOC 为土壤有机碳含量(g/kg);D 为土层厚度(20cm);θ 为土壤容重(0~20cm 土层取 1.35g/cm³);S 为计算面积(hm²);计算过程中未考虑土壤中粒径>2mm 的砂粒含量。

土壤固碳速率为试验进行到某年时较试验开始(1979 年)时 0~20cm 土层增加的有机碳储量占总投入碳的比例(%)。土壤年固碳速率为有机碳储量与试验年份线性回归方程中的斜率(樊廷录等,2013)。

2. 土壤颗粒分级及其有机碳组分测定

测定采用武天云（2005）和 Anderson（1981）描述的土壤颗粒离心分组法。称取 10g 风干土样于 250ml 烧杯，加水 100ml，在超声波发生器清洗槽中超声分散 30min，然后将分散悬浮液冲洗过 53μm 筛，直至洗出液变清亮为止。在筛上得到的是 53～2000μm 的砂粒和部分植物残体。通过不同离心速度和离心时间分离得到粗粉粒（5～53μm）、细粉粒（2～5μm）、粗黏粒（0.2～2μm）和细黏粒（<0.2μm）。其中，细粉粒和细黏粒悬液采用 0.2mol/L CaCl$_2$ 絮凝，再离心收集。各组分转移至铝盒后，先在水浴锅上蒸干，然后置于烘箱内，60℃下 12h 烘干。烘干后各组分磨细过 0.25mm 筛。粒级中有机碳含量用 EA3000 全自动元素分析仪测定。

3. 土壤团聚体分级及其有机碳组分测定

测定采用 Six（1998）湿筛分离和比重分组方法。取 100g 风干土样（>8mm）通过三个系列筛网湿筛（分别为 2000μm、250μm 和 53μm 孔径）。通过筛子的分别代表直径>2000μm、250～2000μm 和 53～2500μm 的团聚体，将这些团聚体清洗后装盘，在 60℃下烘干 12h。取 5g 蒸干后的团聚体，用 1.85g/ml 的聚乙烯钨酸盐溶液处理，可收集到游离的含轻组有机碳（LFOC）的土壤，用六偏磷酸盐把含重组有机碳部分的大团聚体分散成微团聚体。同样，用上述湿筛法可得到含 250～2000μm、53～250μm 和 <53μm 的微团聚体有机碳（iPOC）的土壤。将所有含大团聚体和小团聚体有机碳的土壤，以及含游离的轻组有机碳土壤均在 60℃条件烘干。重组部分用偏磷酸盐处理，将其中大团聚体分散为微团聚体，然后用湿筛方法得到不同微粒大小（250～2000μm、53～250μm 和 <53μm）微团聚体及其中的有机碳。团聚体有机碳用 EA3000 全自动元素分析仪测定。

4. 土壤微生物生物量碳、氮测定

土壤微生物生物量碳、氮的测定采用氯仿熏蒸提取法，其含量计算利用熏蒸和未熏蒸样品碳、氮含量之差除以回收系数，土壤微生物生物量碳的回归系数（KC）为 0.38，土壤微生物生物量氮的回归系数（KN）为 0.54。

5. 土壤活性有机碳测定方法

土壤高活性有机质、中活性有机质和活性有机质分别用浓度为 33mmol/L、167mmol/L 和 333mmol/L 的 KMnO$_4$ 常温氧化-比色法测定。

6. 有机碳模型建立

土壤有机质矿化率采用氮通量法测算，即年有机氮矿化率为不施肥区植物地上部分和根系年吸收的氮量与上一年作物收获后 0～20cm 土层土壤全氮量之比。根据土壤有机氮与有机碳同步矿化原则，可将有机氮矿化率看成是有机碳矿化率。

Jenny-C 模型：$SOC_t = SOC_e + (SOC_0 - SOC_e) e^{-kt}$

式中，SOC_0、SOC_t 分别为试验开始、试验到 t 年时 SOC 含量；SOC_e 为达到平衡时有机碳含量；k 为有机质矿化率（Gregoriche et al，2001）。

第二节 长期不同施肥下黑垆土有机碳的变化特征

一、长期不同施肥下黑垆土有机碳的演变特征

随着年限增加，不施肥、氮肥、氮磷肥、农家肥、秸秆配施氮磷肥、农家肥配施氮磷肥下土壤有机碳均呈现增加趋势（Fan et al.，2008），达到显著或极显著水平（图 18-1）。在土壤有机碳含量与试验年限一元线性方程中，斜率（回归系数）代表年固碳速率，其

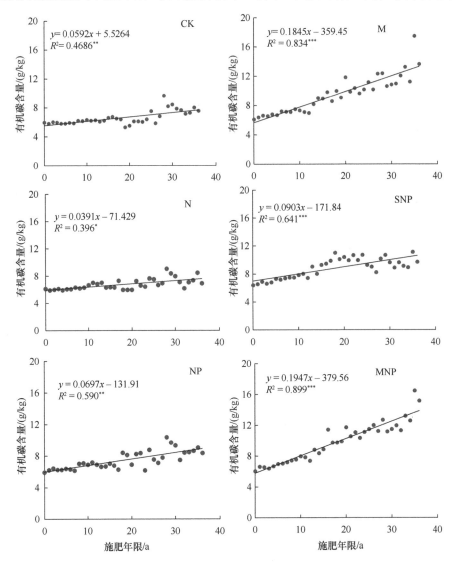

图 18-1　长期施肥黑垆土耕层（0～20cm）有机碳含量演变特征（1979～2020 年）

*、**、***分别表示在 0.05、0.01、0.001 水平下显著相关。CK 为不施肥，N 为氮肥，NP 为氮磷肥，SNP 为秸秆配施氮磷肥，M 为农家肥，MNP 为农家肥配施氮磷肥

含义是投入土壤中的碳腐解与土壤碳矿化达到平衡后土壤年净固定的有机碳数量，可以作为土壤有机碳演变的一个特征参数（樊廷录等，2013）。SNP、M、MNP 处理有机碳固定速率分别为 0.0903g/(kg·a)、0.1845g/(kg·a)、0.1947g/(kg·a)。长期单施氮肥、施用 NP 肥增加了土壤有机碳，固定速率分别为 0.0391g/(kg·a) 和 0.0697g/(kg·a)，是有机物料投入处理的 20%～43%、35%～77%。长期不施肥处理固定速率为 0.0496g/(kg·a)，即长期不施肥靠根茬还田维持农田碳的投入，也具有土壤固碳作用（Fan et al.，2005）。

二、长期不同施肥下黑垆土有机碳储量

施肥 41 年后，0～20cm 耕层土壤 SOC 储量均有提高。试验开始时（1979 年），土壤耕层 SOC 储量为 10.32t/hm^2；到 2020 年，不施肥、氮肥、氮磷肥、农家肥、秸秆配施氮磷肥、农家肥配施氮磷肥下耕层 SOC 储量依次为 14.67t/hm^2、13.49t/hm^2、16.31t/hm^2、18.92t/hm^2、26.62t/hm^2、29.55t/hm^2，不同施肥之间相差达 2.19 倍。与氮肥、氮磷肥相比，连续 41 年秸秆配施氮磷肥下耕层土壤 SOC 储量分别增加 40.25%、16.02%。在 6 个肥料处理中，长期秸秆配施氮磷下碳投入最多，但与有机肥和有机肥配施氮磷相比，其较高碳投入并没有显著增加土壤有机碳含量，这可能与有机肥和秸秆所含碳的质量有关。长期不施肥并没有导致黄土高原旱地农田土壤有机碳含量的下降，而是靠少量根茬维持较低的有机质水平。

三、长期不同施肥下黑垆土有机碳储量的剖面分布

土壤碳密度或碳储量已成为评价和衡量土壤中有机碳量的一个极其重要的指标。长期不施肥或单施化肥后旱地 1m 深土壤有机碳储量为 76.80～79.46t/hm^2，有机-无机肥配施增加到 90～93t/hm^2，提高了 18%～20%（表 18-2）。长期增施有机物料后，增加的这些有机碳分布在 0～40cm 的土层，占 1m 土层有机碳储量的 47% 左右，而不施肥或单施化肥时仅占 40%。因此，在黄土高原旱作农田，长期增施农家肥、秸秆还田显著增加了 0～40cm 土壤有机碳储量，只要采取合理的土壤管理措施，旱地土壤是一个明显的碳汇，在碳固定和碳循环中起着明显的作用，增加作物秸秆还田对营造旱地土壤碳库和减缓温室气体有很大潜能，即旱地土壤碳管理（或能源管理）对全球 CO_2 减排具有明显影响（吴金水等，2004）。

表 18-2　长期不同施肥下黑垆土有机碳储量（2012 年）

处理	SOC 储量/（t/hm^2）					1m 土壤 SOC 储量 /（t/hm^2）
	0～20cm	20～40cm	40～60cm	60～80cm	80～100cm	
不施肥	14.80	15.89	13.64	16.27	16.19	76.80
氮肥	16.46	15.34	14.54	16.72	16.38	79.44
氮磷肥	16.15	16.46	14.62	15.57	16.65	79.46
秸秆配施氮磷肥	24.81	17.87	14.85	16.20	17.04	90.77
农家肥	24.28	17.80	14.08	17.52	17.50	91.18
农家肥配施氮磷肥	26.06	17.86	15.08	16.64	17.46	93.10

四、土壤有机碳储量变化对有机碳投入的响应关系

通过每年收获地上部产量、测定有关年份根系生物量及籽粒、秸秆、根系碳含量，估算各施肥下的土壤碳投入量。经过 41 年（1979～2020 年）的施肥与种植，各施肥下的碳投入数量差异很大（表 18-3）。秸秆还田配施氮磷的碳投入是不施肥的 8.3 倍。截至 2020 年，CK、N、NP、SNP、M、MNP 施肥下土壤累计碳投入依次为 10.48t/hm²、16.26t/hm²、22.82t/hm²、89.24t/hm²、51.41t/hm²、58.49t/hm²。施化肥通过提高植物生物量而增加了根茬碳的投入，单施氮肥根茬碳投入最少，仅占秸秆配施氮磷肥和有机肥配施氮磷的 63.69% 和 54.63%，但较不施肥增加了 51.27%。秸秆配施氮磷下秸秆碳投入占 71.39%，有机肥和有机肥配施氮磷下农家肥碳投入占 49.1% 和 55.87%。这与 Kong 等（2005）的结果基本类似。

表 18-3　长期不同施肥下黑垆土中有机碳投入量及有机碳的转化与固定速率

| 处理 | 碳投入/（t/hm²） | | | 碳总投入/（t/hm²） | 耕层 SOC 储量/（t/hm²） | | 有机碳固定速率/% | SOC 固碳速率/[g/(kg·a)] |
	根茬	农家肥	秸秆		1979	2020		
不施肥	10.48	0	0	10.48	10.32	14.67	41.55	0.0496*
氮肥	16.26	0	0	16.26	10.32	13.49	19.50	0.0391**
氮磷肥	22.82	0	0	22.82	10.32	16.31	26.25	0.0697**
秸秆配施氮磷肥	25.53	0	63.71	89.24	10.32	18.92	9.64	0.0903***
农家肥	22.69	28.72	0	51.41	10.32	26.62	31.71	0.1845***
农家肥配施氮磷肥	29.77	28.72	0	58.49	10.32	29.55	32.88	0.1947***

注：根茬碳=籽粒产量×根茬/籽粒（平均按 0.3 计算）×0.45（实测根茬中碳含量）；
农家肥碳=农家肥量（折干重）×1.137%（实测农家肥中碳含量）；
秸秆碳=秸秆施入量×0.45（Bremer et al.，1995）；
有机碳固定速率（%）=2020 年较 1979 年 SOC 增量/总投入碳；
SOC 固碳速率=有机碳与试验年限回归方程中的斜率。
*、**、***分别表示在 0.05、0.01、0.001 水平下差异显著性。

黄土高原旱地农田长期施肥后，由于不同肥料投入土壤碳源不同，导致投入碳向土壤有机碳的转化率明显不同。以 2020 年较 1979 年土壤有机碳的增加量占投入碳的比率为投入碳转化为土壤有机碳的衡量指标（表 18-3），即投入碳以有机碳形式固定在 0～20cm 耕层土壤中的数量。在秸秆配施氮磷、有机肥、有机肥配施氮磷下，投入碳转化率依次为 9.64%、31.71%、32.88%，单施氮肥、氮磷配施下为 19.50%、26.25%，长期不施肥为 41.55%。Jacinthe 等（2002）在美国俄亥俄州中部和 Campbell 等（2000）在加拿大半干旱区根茬投入碳转化为土壤有机碳的比例为 32% 和 29%；Angela 等（2005）、Horner 等（1960）在美国加州、华盛顿长期定位试验中的研究结果为 7.6%、8.7%，Rasmussen 和 Smiley（1997）在美国俄勒冈州地区结果是 14.8%；Rasmussen 和 Collins（1991）认为，每投入土壤 1t/hm²（残茬），其转化为土壤有机碳的比例为 14%~21%。

秸秆配施氮磷肥下输入的有机碳的转化率最低，不施肥下仅根茬碳投入的转化率最高，施化肥下投入根茬碳的转化率为 19%～26%，施用农家肥下投入有机肥碳和根茬碳的转化率超过了 30%。黑垆土有机碳储量变化率与年均碳投入关系的斜率（0.3376）表示土壤对系统投入有机碳的固碳速率为 33.76%，即碳投入量为 100t/hm²，土壤有机碳储量增加 33.76t/hm²；常数项 b（0.0229）为土壤有机碳年分解速率（图 18-2）。维持黑垆

土有机碳储量不变，每年每公顷应投入碳量为 0.0678t。

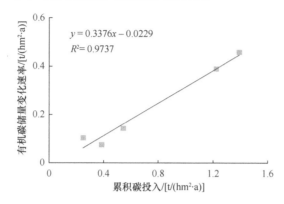

图 18-2 不同施肥下黑垆土有机碳储量变化速率与碳投入的响应关系（1979~2020 年）

图中数据为不施肥、氮肥、氮磷肥、农家肥配施氮磷肥下黑垆土有机碳储量变化速率与累积碳投入，
不包含秸秆配施氮磷肥

第三节 长期不同施肥下黑垆土有机碳库组分的变化

一、土壤颗粒有机碳含量的变化

长期施肥后，黑垆土各粒级土壤颗粒中有机碳含量差异显著（表 18-4），特别是施用有机肥和秸秆后，土壤颗粒有机碳含量均有明显提升。尽管在土壤机械组成中，6 个肥料处理之间 5~53μm、2~5μm、0.2~2μm、<0.2μm 粒级的土壤颗粒所占比重变化不大，但砂粒级、粗粉砂粒级、细粉砂粒级所含有机碳随有机肥、秸秆还田的加入而增加。在全土有机碳中，单施氮肥处理砂粒级（>53μm）有机碳含量较低，为 0.75g/kg；农家肥、农家肥配施氮磷肥、秸秆配施氮磷肥为 1.38~1.81g/kg，是不施肥的 2.94~3.85 倍，是单施氮肥的 1.84~2.41 倍。同不施肥相比，长期增施肥料也提高了粗粉砂粒级和细粉砂粒级中有机碳含量。与全土中总有机碳变化相比，施肥后砂粒级有机碳增加幅度更加明显，如农家肥配施氮磷肥较不施肥、施氮磷肥全土有机碳分别增加 32.5%、18.1%，砂粒级有机碳却分别提高 285.1%、105.7%；单施氮肥、氮磷肥较不施肥全土有机碳含量分别增加 7.5%、12.2%，砂粒级有机碳含量分别提高 59.6%、87.2%。

表 18-4 不同施肥下黑垆土不同颗粒有机碳含量（2010 年）

处理	全土 /（g/kg）	砂粒+OM /（g/kg）	粗粉砂粒 /（g/kg）	细粉砂粒 /（g/kg）	粗黏粒 /（g/kg）	细黏粒 /（g/kg）
不施肥	8.70	0.47	1.95	1.99	3.56	0.73
氮肥	9.35	0.75	2.14	2.10	3.54	0.82
氮磷肥	9.76	0.88	2.34	2.19	3.61	0.74
农家肥	11.17	1.59	2.41	2.57	3.83	0.77
秸秆配施氮磷肥	11.17	1.38	2.78	2.41	3.82	0.78
农家肥配施氮磷肥	11.53	1.81	2.49	2.88	3.53	0.82

从全土有机碳中不同粒级有机碳含量分布比例来看（表 18-5），各施肥处理之间有机碳分布差异仍然以砂粒+OM（>53μm）颗粒为主，不施肥为 5.40%，氮肥、氮磷肥

分别为 8.02%、9.02%，农家肥、秸秆配施氮磷肥、农家肥配施氮磷肥分别为 12.35%、14.23%、15.70%。尽管分布在砂粒中的 SOC 所占比例较小，显著低于粗粉砂粒、细粉砂粒、粗黏粒颗粒有机碳所占比例，但受不同施肥的影响最大。增施有机肥、秸秆还田下砂粒+OM 的有机碳所占比例是不施肥的 2.29～2.91 倍。长期增施有机物料增加的 SOC 主要固定在＞53μm 的砂粒+OM 中，单施化肥固定在砂粒中的 SOC 含量是有机-无机肥配施的 1/2 左右。黄土旱塬黑垆土中砂粒占土壤颗粒机械组成的 1.1%～2.5%，砂粒所含有机碳占总 SOC 的 5.4%～5.7%；粗粉砂粒占机械组成的 69.7%，粗粉砂粒所含有机碳占总 SOC 的 20.0%～25.0%。砂粒级有机碳对施肥最敏感，可作为表征土壤 SOC 响应管理措施变化的指标（唐光木等，2010）。

表 18-5　不同施肥下黑垆土颗粒有机碳占总土有机碳的比例（2010 年）

处理	砂粒+OM（＞53μm）/%	粗粉砂粒（5～53μm）/%	细粉砂粒（2～5μm）/%	粗黏粒（0.2～2μm）/%	细黏粒（＜0.2μm）/%
不施肥	5.40	22.41	22.88	40.92	8.39
氮肥	8.02	22.89	22.46	37.86	8.77
氮磷肥	9.02	23.98	22.43	36.99	7.58
农家肥	12.35	24.89	21.58	34.20	6.98
秸秆配施氮磷肥	14.23	21.58	23.01	34.29	6.89
农家肥配施氮磷肥	15.70	21.60	24.98	30.61	7.11

二、黑垆土颗粒结合有机碳与矿物结合态有机碳比值的变化

土壤中颗粒结合态有机碳（particulate organic carbon，POC）（与砂粒胶结）主要由植物细根片段和其他有机残余组成，易被土壤微生物利用，是土壤有机碳碳库中活性较大的碳库；相反，矿物结合态有机碳（mineral organic carbon，MOC）（与粉粒和黏粒结合）大多被限于土壤矿物表面，是土壤中稳定且周转期长的有机碳。POC/MOC 的提高预示着 MOC 相应降低，土壤有机碳活性显著提高，土壤有机碳质量得到明显提升。POC/MOC 越大，表明土壤有机碳易矿化、周转期较短或活性高；POC/MOC 小，则土壤有机碳较稳定，不易被生物所利用。施肥也增加了 MOC 的含量，6 个处理之间 MOC 为 8.60～9.72g/kg。与不施肥相比（5.47%），不同施肥均增加了土壤 POC/MOC，农家肥、农家肥配施氮磷肥和秸秆配施氮磷下土壤 POC/MOC 分别为 18.62%、16.24%、14.41%，氮肥和氮磷肥下仅为 9.11%和 9.99%（图 18-3）。

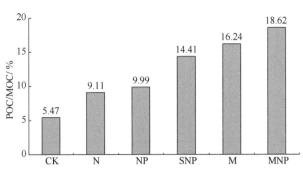

图 18-3　长期施肥下黑垆土颗粒结合态有机碳（POC）与矿物结合态有机碳（MOC）含量的比值（2010 年）

三、土壤团聚体有机碳含量的变化

土壤团聚体因多孔性和水稳性特点而成为土壤肥沃的标志之一，大团聚体（>250μm）含量是维持土壤结构稳定的基础，与大团聚体相联系的有机碳比微团聚体中的有机碳更易矿化。长期施肥显著增加了黑垆土耕层土壤大团聚体和微团聚体有机碳和氮含量，团聚体含碳量随团聚体粒径的增加而增加，不施肥下土壤大团聚体（>250μm）碳含量是微团聚体（<53μm）碳含量的 9.13 倍，施肥后提高到 15.83～23.84 倍（表 18-6）。长期增施有机物料提高了大团聚体中容易矿化的有机碳和氮含量，秸秆配施氮磷肥是不施肥的 2.00～3.00 倍；农家肥和农家肥配施氮磷肥下土壤大团聚体含氮量分别为 8.00g/kg 和 9.38g/kg，较单施氮肥增加 64.30%、92.60%，是不施肥的 2.90～3.00 倍。长期施农家肥和秸秆还田配施氮磷肥也提高了土壤团聚体内有机碳和氮含量。大团聚体中 C/N 明显高于微团聚体，施肥对大团聚体中 C/N 有明显影响，而对微团聚体 C/N 影响不大。

表 18-6　长期不同施肥下黑垆土团聚体有机碳和氮含量（2010 年）（单位：g/kg）

处理	大团聚体 （>250μm）		团聚体间 （53～250μm）		团聚体内 （53～250μm）		微团聚体 （<53μm）	
	C	N	C	N	C	N	C	N
不施肥	60.33	2.80	322.20	10.59	27.64	1.83	6.61	0.77
氮肥	92.42	4.87	312.90	14.98	24.63	2.19	5.82	0.67
氮磷肥	139.60	6.19	340.40	11.48	37.90	2.86	6.80	0.76
农家肥	150.80	8.00	296.10	14.38	48.40	3.90	8.23	0.93
秸秆配施氮磷肥	176.31	6.18	343.40	12.33	52.82	4.03	7.42	0.85
农家肥配施氮磷肥	145.74	9.38	266.90	15.16	42.11	3.23	9.24	0.91

不同大小团聚体有机碳含量与其含氮量呈显著线性关系。大团聚体（>250μm）的有机碳和氮含量的拟合方程为：$N=0.041SOC+0.103$（$R^2=0.573$，$n=6$，$P=0.082$）。团聚体内（53~250μm）为：$N=0.077SOC-0.001$（$R^2=0.947$，$n=6$，$P=0.001$）。微团聚体（<53μm）为：$N=0.076SOC+0.026$（$R^2=0.866$，$n=6$，$P<0.007$）。黄土旱塬黑垆土团聚体是土壤有机碳、氮的主要储藏库，长期增施肥料均显著提高了大团聚体和微团聚体中的碳、氮含量。

四、长期施肥下黑垆土有机碳的固定机制

揭示土壤中有机碳的保持机制对阐明土壤对大气 CO_2 的固定及其去向具有重要的意义。土壤学上传统的有机-无机肥复合理论指出，有机碳在土壤中普遍与无机胶体物质相结合，有机物质与土壤矿物质或黏粒结合而形成的复合体是土壤形成过程的必然产物。根据这一理论，土壤有机碳与结合有机碳的细颗粒含量密切相关。不同颗粒组成（X，%）与其土壤有机碳（SOC）存在一定的线性相关。砂粒+OM（>53μm）与其碳含量的线性方程为：$SOC=0.9968X-0.5861$，$R^2=0.773$，$n=6$，$P=0.021$。细粉砂粒（2～5μm）与其碳含量的线性方程为：$SOC=0.3553X-0.8934$，$R^2=0389$，$n=6$，$P=0.186$。粗黏粒（0.2～

2μm）与其碳含量的线性方程为：SOC = 0.197X+0.5816，R^2=0.191，n=6，P=0.387。砂粒+OM 和细粉砂粒含量增加有利于旱地土壤有机碳含量提高，高含量黏粒增加不利于有机碳含量增加，土壤粗粉砂粒、粗黏粒含量与其有机碳含量关系不密切。因此，旱地黑垆土有机碳保持不能简单地用黏粒结合理论来解释，需要深入分析。

土壤年固碳速率同大团聚体（>250μm）、微团聚体（<53μm）中的有机碳含量、氮含量呈显著的线性增加关系，即随着团聚体中碳、氮含量的增加，土壤固碳速率提高（图18-4）。虽然大团聚体比微团聚体储藏更多的碳和氮，但土壤团聚体有机碳碳含量与年固碳速率的一元一次线性回归方程显示，每增加 1 个单位微团聚体碳含量的土壤固碳速率[0.791t/(hm²·a)]显著高于大团聚体[0.029t/(hm²·a)]，同样增加 1 个单位微团聚体含氮量的土壤固碳速率 [11.507t/(hm²·a)] 远大于大团聚体 [0.417t/(hm²·a)]。考虑到大团聚体和微团聚体固碳对土壤固碳的综合影响，土壤年固碳速率（Y）与大团聚体碳（X_1）和微团聚体碳（X_2）含量的关系为：Y=−0.569+0.011X_1+0.854X_2（R^2=0.937），式中，X_1、X_2 的标准化回归系数（用来比较两个变量的重要程度）分别为 0.321 和 0.743。长期施肥后黄土旱塬黑垆土碳固定速率有随土壤团聚体粒径增大而减小的趋势，微团聚体对土壤有机碳的贡献是大团聚体的 2 倍多，对土壤有机碳的稳定与保持有重要影响。

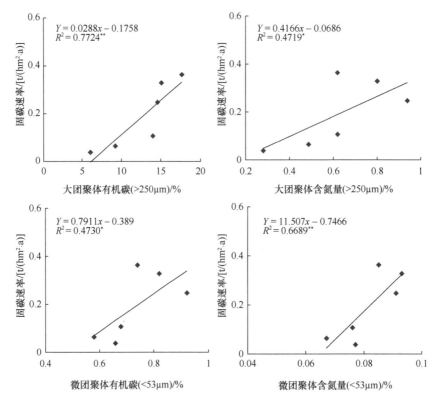

图 18-4　长期施肥下黑垆土固碳速率与团聚体有机碳和氮含量的关系

*和**分别表示在 0.05、0.01 水平下显著相关

第四节　长期施肥下黑垆土活性有机碳的变化

一、土壤活性有机碳的变化

长期施肥下黑垆土活性有机碳 3 个组成部分存在着很大差异（表 18-7）。长期施用农家肥、秸秆配施氮磷肥后，相对于总有机碳的变化而言，活性有机碳对施肥比较敏感，总活性有机碳（能被 333mmol/L KMnO$_4$ 氧化有机碳）提高幅度更大（Bremer et al，1995；Balabane and Plante，2004）。2006 年、2010 年的农家肥配施氮磷下土壤总活性有机碳分别为 1.887g/kg、1.865g/kg，较对应年份单施氮磷增加 7.6%、51.3%，较不施肥提高 23.0%、68.9%。在增加的活性有机碳中，长期施肥主要是提高了中活性有机碳（能被 167mmol/L KMnO$_4$ 氧化的有机碳）比例，农家肥配施氮磷下土壤活性有机碳占到总活性有机碳的比例在 2006 年为 66.3%、2010 年为 89.6%，而单施氮磷肥仅占 43.9%、55.1%。

表 18-7　长期不同施肥下黑垆土活性有机碳含量　　　　（单位：g/kg）

处理	2010 年			
	总有机碳	33mmol/L KMnO$_4$ 氧化的有机碳	167mmol/L KMnO$_4$ 氧化的有机碳	333mmol/L KMnO$_4$ 氧化的有机碳
不施肥	6.79	0.466	0.564	1.104
氮肥	6.94	0.426	0.598	1.192
氮磷肥	7.80	0.533	0.679	1.233
农家肥	12.33	0.669	1.610	1.792
秸秆配施氮磷肥	8.72	0.609	1.093	1.527
农家肥配施氮磷肥	11.23	0.682	1.671	1.865

处理	2006 年			
	总有机碳	33mmol/L KMnO$_4$ 氧化的有机碳	167mmol/L KMnO$_4$ 氧化的有机碳	333mmol/L KMnO$_4$ 氧化的有机碳
不施肥	6.02	0.432	0.521	1.534
氮肥	6.43	0.557	0.605	1.799
氮磷肥	6.16	0.706	0.771	1.754
农家肥	9.62	0.886	0.991	1.787
秸秆配施氮磷肥	9.95	0.941	1.070	1.889
农家肥配施氮磷肥	10.34	1.053	1.252	1.887

二、土壤微生物生物量碳和氮的变化

土壤微生物量作为土壤养分转化的活性库或源，可部分反映土壤养分转化快慢，同时也反映了土壤同化和矿化能力的大小，土壤微生物生物量碳是土壤总有机碳变化的一个快速敏感指标。长期施肥耕层土壤微生物生物量碳提高幅度为 5.93%～133%（表 18-8），微生物生物量碳大小顺序为：农家肥配施氮磷肥＞秸秆配施氮磷肥＞农家肥＞氮磷肥＞氮肥＞不施肥。农家肥、秸秆配施氮磷肥、农家肥配施氮磷肥都显著提高了土壤微生量碳，提高幅度分别为 83.15%、93.5% 和 133.05%。长期施用氮磷肥对土壤微生

量生物碳增加幅度（27.35%）远大于长期单施氮肥的增幅（5.93%）。土壤微生物生物量碳占土壤有机碳含量的百分比（SMB-C/SOC-qMB）称为微生物熵，更能有效反映土壤质量变化。qMB 越大，土壤有机碳周转越快。所有施肥措施下土壤 qMB 都高于 CK，秸秆配施氮磷土壤 qMB 增加幅度最大（56.9%），其次是农家肥配施氮磷、单施有机肥、单施氮磷和单施氮肥，提高幅度依次为 52.7%、15.9%、23.1% 和 5.9%。施肥可以增加生物产量，改善土壤环境，提高微生物活性。单施农家肥和施氮磷肥下 qMB 差异不显著，长期施用氮磷肥提高土壤 qMB 的效果优于长期单施氮肥。秸秆配施氮磷肥下土壤 qMB 最高，可能是因为秸秆碳被土壤微生物分解转化，土壤微生物的碳源增加，使土壤微生物繁殖及活性增强，不仅提高了土壤有机碳的积累，而且提高了土壤微生物生物量碳。因此，有机物料投入的增加可促进土壤有机碳周转。

表 18-8 长期不同施肥下黑垆土微生物生物量碳和氮含量（2009 年）

处理	微生物生物量碳 （SMB-C） /（mg/kg）	微生物生物量氮 （SMB-N） /（mg/kg）	微生物商 （SMB-C/SOC） /%	微生物生物量氮/土壤 全氮（SMB-N/TN） /%	微生物生物量碳氮比 （SMB-C/SMB-N）
不施肥	139.74	17.75	1.86	1.82	7.87
氮肥	148.03	20.17	1.97	2.00	7.34
氮磷肥	177.96	33.37	2.36	2.99	5.33
秸秆配施氮磷肥	270.39	39.09	2.92	3.35	6.92
农家肥	255.92	43.96	2.29	3.62	5.82
农家肥配施氮磷肥	325.66	56.26	2.84	4.49	5.79

土壤微生物生物量氮（soil microbial biomass-nitrogen，SMB-N）是植物有效氮的重要储备，微生物生物量氮的大小是土壤氮素矿化势的重要组成部分，土壤矿化氮绝大部分来自于微生物生物量氮。不同施肥下微生物生物量氮顺序为农家肥配施氮磷肥>农家肥>秸秆配施氮磷肥>氮磷肥>氮肥>不施肥（表 18-8），所有施肥处理的微生物生物量氮均高于长期不施肥，提高幅度依次为 216.97%、147.65%、120.2%、88.02% 和 13.61%。农家肥和秸秆等有机物料的投入极大地提高了土壤微生物生物量氮，提高了氮的植物有效性。微生物生物量氮与土壤全氮的比值大小可以反映土壤氮素的植物有效性，该值高，表明土壤氮的作物供应能力强。长期不同施肥方式下微生物生物量氮与土壤全氮的比值变化趋势与土壤微生物生物量氮基本相似，表现为农家肥配施氮磷肥>农家肥>秸秆配施氮磷肥>氮磷肥>不施肥>氮肥，农家肥配施氮磷肥、农家肥、秸秆配施氮磷肥、氮磷肥较不施肥依次提高 146.7%、98.9%、84.1% 和 64.3%。长期有机-无机肥配施和长期单施农家肥有利于提高黑垆土氮的作物供应能力。

三、土壤基础呼吸的变化

土壤呼吸是指土壤释放 CO_2 过程，是农田生态系统碳循环的一个重要方面，也是土壤碳库的主要输出途径，一定程度上反映了微生物的整体活性，通常作为土壤生物活性、土壤肥力乃至透气性的指标。长期不同施肥下黑垆土基础呼吸量差异明显（表 18-9），施肥能不同程度地增强土壤微生物活性，提高土壤基础呼吸量，提高幅度为 2.02%~50.63%。长期农家肥配施氮磷肥的土壤呼吸量最高，比不施肥增加 2.02μg CO_2-C/（g·d），增幅达 50.63%；其次为长期单施农家肥，比对照增加 1.33μg CO_2-C/（g·d），增幅 33.33%；再次为秸秆还田结合隔年施氮磷肥，比对照增加 1.07μg CO_2-C/（g·d），增幅 26.82%。而长期单施氮肥土壤基础呼吸量与不施肥差异不显著。

表 18-9　长期不同施肥下黑垆土的基础呼吸量（2009 年）

处理	CK	N	M	NP	SNP	MNP
基础呼吸量 /[μg CO_2-C/(g·d)]	3.99	4.07	5.32	4.74	5.06	6.01
较 CK 提高/%	—	2.02	33.33	18.80	26.82	50.63

第五节　土壤有机质矿化系数及固碳潜力

一、不同施肥下黑垆土有机质的矿化率

土壤有机质年矿化率是指有机质在一年内的矿化量占初始量的百分比。鉴于有机质矿化率与土壤有机氮矿化率同步，有机质的矿化系数通常采用氮通量法测算，即年有机氮矿化率为不施肥区地上部分和根系年吸收的氮量与上年作物收获后 0～20cm 土层土壤全氮量之比。根据土壤有机氮与有机碳同步矿化的原则，可将有机氮矿化率看成是有机碳矿化率（穆琳和张继宏，1998）。但完全无肥区与施肥区有机氮矿化率不同，即有机质矿化率不同，施肥区高于无肥区。这是因为，施氮肥后可促进土壤有机质矿化。许多研究表明，外源物质加入土壤促进了原有机碳或有机氮的矿化，特别是外源物的加入改变了土壤有机碳的矿化速率，产生正激发效应。一般认为碳的激发效应产生的大小与外源物的生化组成、C/N、施肥数量及土壤性质等有关。旱地施无机氮促进了土壤原有碳的矿化；增加矿质态氮肥，由于降低了 C/N 而加速了土壤有机碳的矿化，或作为能量来源而产生正激发效应。因此，增施外源物质（包括化学肥料氮、秸秆、根系、有机肥等）后，加快了土壤有机碳的矿化，提高了矿化率。

不同施肥下黑垆土有机质矿化率（k）为相应处理地上部和地下根系吸收的总氮量与前一作物收获后耕层 20cm 土层全氮量之比。尽管这一假设与许多文献关于有机质矿化率的定义不同，但它在某种程度上反映了外源物质加入对有机碳矿化的影响。估算结果表明，不同施肥下作物和根系吸收的氮量、土壤全氮含量、有机碳矿化率明显不同（表 18-10、表 18-11），由于外加有机质及外加氮促进了有机质矿化与激发效应，长期增施

表 18-10　长期施肥下黑垆土中作物吸收氮量和土壤耕层全氮量　（单位：kg/亩）

	1990 年（小麦）		1991 年（玉米）		1997 年（小麦）		1998 年（小麦）		2007 年（小麦）	
	A	B	A	B	A	B	A	B	A	B
不施肥	4.98	154.1	2.67	157.6	1.64	142.0	1.69	149.0	1.92	127.2
氮肥	6.91	155.9	3.70	161.1	3.96	176.7	3.10	145.5	4.64	125.9
氮磷肥	6.59	169.7	6.73	171.5	6.31	171.5	3.27	188.8	7.07	114.4
秸秆配施氮磷肥	8.09	206.1	7.73	209.6	7.61	204.4	6.04	211.3	6.68	140.3
农家肥	6.97	195.7	4.68	195.7	5.33	183.6	4.54	209.6	3.93	143.8
农家肥配施氮磷肥	9.08	206.1	6.26	209.6	8.83	180.1	9.59	199.2	9.32	171.5

注：A 为地上和地下吸收全氮量（kg/亩），B 为前一作物收获后耕层 20cm 土层全氮量（kg/亩）。A 由实测地上部籽粒、秸秆、地下根系干物质质量与各自测定的含氮量求得。

表 18-11　长期不同施肥下黑垆土有机质矿化率 k（%）

处理	试验年份					平均
	1990	1991	1997	1998	2007	
不施肥	3.23	1.70	1.16	1.13	1.51	1.75
氮肥	4.43	2.30	2.24	2.13	3.69	2.96
氮磷肥	3.88	3.92	3.68	1.73	3.18	3.28
秸秆配施氮磷肥	3.93	3.69	3.72	2.86	4.76	3.79
农家肥	3.56	2.39	2.90	2.17	2.73	2.75
农家肥配施氮磷肥	4.41	2.99	4.90	4.81	4.44	4.31

肥料加快了有机质的矿化，提高了矿化系数，但由于土壤有机质矿化受气候因素影响，k 值在年份之间差异很大。长期不施肥土壤有机质平均矿化系数只有 1.75%，增加氮源、碳源（秸秆、有机肥）使矿化系数成倍增加，有机肥配施氮磷下 k 值达到 4.31%。

二、不同施肥下黑垆土的固碳潜力

Jenny-C 模型是土壤有机质变化最简单模型（穆琳和张宏，1998），描述了土壤碳的聚积与损失。土壤有机碳变化可表达为 $SOC_t = SOC_e + (SOC_0 - SOC_e)\,e^{-kt}$，式中，$SOC_0$、$SOC_t$、$SOC_e$ 分别代表试验初始、某年、土壤有机碳达到平衡时间的有机碳含量；k 为土壤有机质矿化系数、t 为时间（年）。长期不施肥的黑垆土农田，地上部生物量很低，小麦籽粒产量 70~80kg/亩，玉米产量 250kg/亩，由于根系和根茬返还，维持着较低生产力和有机碳含量，57 年后土壤有机碳达到平衡（饱和），平衡点为 11.62g/kg（表 18-12）。单施化肥（N、NP）增加了根系和根茬还田量，需要 31~34 年达到平衡，平衡点为 10.09g/kg、12.19g/kg。秸秆还田加氮磷肥后，平衡点为 12.96g/kg。增施农家肥土壤有机碳平衡点大于单施化肥和秸秆还田。Jenny-C 模型预测，所有施肥下土壤有机碳都有所增加，长期增加有机物料土壤的有机碳含量均显著提高，达到一定程度后增加幅度减缓（图 18-5）。长期单施化肥有机碳增加幅度显著低于有机-无机肥配施。因此，从目前土壤有机碳实测结果来看，黑垆土经过 30 多年长期耕作和施肥，土壤有机碳还未达到饱和点，还有较大固碳潜力。这与吴金水等（2004）利用模型预测的结果趋势一致。

表 18-12　长期不同施肥下黑垆土有机碳的饱和值

处理	Jenny-C 模型	达到饱和时土壤 SOC_e /（g/kg）	达到平衡需要时间 /a	2020 年 SOC /（g/kg）
不施肥	$SOC_t=11.62-5.65e^{-0.0175t}$	11.62	57.1	7.52
氮肥	$SOC_t=10.09-3.94e^{-0.0296t}$	10.09	33.8	6.92
氮磷肥	$SOC_t=12.19-6.27e^{-0.0328t}$	12.19	30.5	8.36
秸秆配施氮磷肥	$SOC_t=12.96-6.58e^{-0.0379t}$	12.96	26.4	9.70
农家肥	$SOC_t=14.54-8.45e^{-0.0275t}$	14.54	36.4	13.65
农家肥配施氮磷肥	$SOC_t=13.36-7.33e^{-0.0431t}$	13.36	23.2	15.16

注：SOC_t、SOC_e 分别代表某年、土壤有机碳达到平衡时间的有机碳含量；t 为时间（年）。

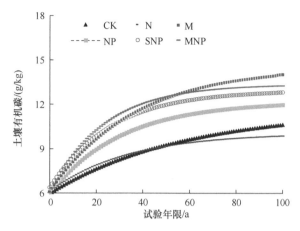

图 18-5　长期不同施肥下黑垆土有机碳变化模型预测

CK 为不施肥，N 为氮肥，NP 为氮磷肥，SNP 为秸秆配施氮磷肥，M 为农家肥，MNP 为农家肥配施氮磷肥

第六节　基于长期试验的黑垆土有机质提升理论及技术

一、根据投入土壤有机物料碳向土壤碳的转化率确定旱地秸秆还田量

黄土高原旱地农田长期施肥后，由于不同肥料投入土壤碳源不同，导致投入碳向土壤有机碳的转化率明显不同。有机物料投入碳平均转化率 26.24%，秸秆还田投入碳转化率最低（14.0%），不施任何肥料仅根茬碳的转化率最高（52.7%），其余化肥、有机肥碳投入的转化率为 20%～25%。随着种植年限增加，无论是施肥还是不施肥土壤有机碳均呈现增加趋势，但有机物料投入（SNP、M、MNP）的有机碳固定速率分别为 0.2135t/(hm²·a)、0.3125t/(hm²·a)、0.3460t/(hm²·a)。长期氮磷肥施用增加了土壤有机碳，但固碳速率仅 0.1429t/(hm²·a)，是有机物料投入的 40%～67%，单施氮也增加土壤固碳量，而固碳速率 0.0946t/(hm²·a)，长期不施肥固碳速率为 0.0992t/(hm²·a)，即黄土旱塬长期不施肥并没有降低土壤有机碳含量，而是靠根茬还田维持农田碳的投入，也具有土壤固碳作用，不施肥小麦（1.5t/hm²）和玉米产量（3.5t/hm²）基本稳定。因此，有机-无机肥配施是旱地农田固碳减排的有效措施，特别是增加有机物料固碳作用十分明显，将促进大气中碳向农田土壤中转移并固定在土壤中。

根据投入旱地农田有机物料碳向土壤碳转化率大小，量化了实现土壤有机质提升目标所需的有机物料投入量，明确了当前管理条件下维持土壤有机质 1.5%水平需每年还田秸秆 250kg/亩。基于土壤对氮磷化肥、农家肥施用系统碳投入的固碳效率（图 18-1），我们可以计算出提升和维持土壤有机碳水平的外源有机物料施入量（表 18-13）。以土壤有机碳储量 10.32t/hm²（初始黑垆土有机碳储量）为基础，未来 20 年，土壤有机碳储量提升 10%，需额外每年投入农家肥干重约 19.95t/hm²；土壤有机碳储量提升 20%，需额外每年投入农家肥干重约 33.67t/hm²。

表 18-13   土壤有机碳提升或维持所需外源有机物料投入量

SOC 状态	SOC 储量 / (t/hm²)	SOC 储量变化速率 / [t/(hm²·a)]	固碳效率 /%	维持或提升 SOC 需额外投入碳量 / [t/(hm²·a)]	需额外投入农家肥（干重） / [t/(hm²·a)]
初始	10.32	0	33.76	0.0693	6.22
提升 10%	11.35	0.0516	33.76	0.2222	19.95
提升 20%	12.38	0.1032	33.76	0.3750	33.67

注：农家肥为土粪，含碳量为 11.1g/kg。

二、根据土壤有机碳模型实施旱地土壤有机质定向培育

经过多年测试不同施肥组合作物地上部和地下根系碳氮养分含量及土壤有机碳含量，施肥同步增加了有机质的腐殖化系数与矿化系数，但投入土壤有机碳的腐殖化系数为 14%～60%，远远高于有机碳的矿化系数 1.75%～4.31%，使得土壤有机碳逐年积累。长期不施肥通过土壤根茬归还投入碳的腐殖化系数高达 60.23%，矿化系数只有 1.75%；增施有机肥后腐殖化系数 24%左右，矿化系数 2.75%～4.31%。长期增加氮源、碳源（秸秆、有机肥）促进了有机质矿化与激发效应，矿化系数成倍增加，有机肥配施氮磷达到 4.31%。黑垆土有机碳的演变符合 $SOC_t = SOC_e + (SOC_0 - SOC_e)e^{-kt}$ 的 Jenny-C 模型，即长期增加有机物料，土壤有机碳均显著提高，达到一定程度后增加幅度减缓，逐渐达到平衡点。单施化肥增加了根系和根茬还田量，土壤有机碳平衡点为 10～12g/kg，秸秆还田配施氮磷肥、有机-无机肥配施后提高到 13～14.5g/kg（相当于土壤有机质 2.2%～2.5%）。因此，从目前土壤有机碳的实测结果来看，黄土旱塬黑垆土经过 30 多年的长期耕作和施肥，投入有机物料土壤有机碳是平衡点的 3/4，还有较大的固碳潜力。如果农家肥与化肥、秸秆还田与化肥结合固碳速率按 0.3t/(hm²·a)、0.2t/(hm²·a)估算，土壤有机质增加 0.25%至少需要 10 年和 15 年。

三、根据有机质和作物耗水量与产量关系提升土壤有机质抗逆稳产

在雨养旱地生产环境下，作物生产同时受制于降水条件和土壤有机质的双重制约，土壤有机质提升与作物增产耦合效应难以定量。通过长期试验的大量测试数据，旱地冬小麦产量（Yw，t/hm²）与耗水量（ET，mm）、土壤有机质（SOM）含量呈明显的协调增加关系：Yw = −1.538+0.0124ET+0.0429SOM（R^2=0.77），即土壤有机质、耗水量增加对产量贡献率分别为 42.9kg/hm²、1.24kg/m³。在现有生产水平下，每提升 1g/kg 土壤有机质可增产 28.6kg，可见土壤有机质提升的抗逆增产作用明显。

四、黄土旱塬土壤有机质和肥料利用率提升的关键技术与模式

（1）针对雨养旱地土壤水温条件，创建土壤有机质提升关键技术。针对黄土高原寒旱区秸秆翻耕还田加速土壤跑墒问题，一是实施冬小麦机械化高留茬收割秸秆翻压还田

技术，夏休闲期土壤保水率达到52%，0~2m储水增加25mm，10年土壤有机质增加1.6g/kg；二是应用玉米全膜双垄沟留膜留茬免耕保墒固碳技术，玉米收后留膜留茬，0~60cm土层返还根茬120~180kg/亩，折合归还有机碳50~80kg/亩，耕层土壤温度增加2~3℃，土壤风蚀量减少66.5%，土壤储水增加16~20mm；三是推广玉米机械化收割秸秆粉碎还田+地膜覆盖技术，玉米秸秆还田600kg/亩，一年后秸秆腐解率达98.0%；四是示范有机物化肥替代技术，采用生物有机肥或农家肥替代30%或60%的无机氮肥保证小麦生长发育所需养分，在不同降水年型的平均产量较常规等量无机氮磷肥增产25.3%和15.2%，采用小麦秸秆替代30%无机氮肥翻压还田，保证小麦丰产稳产性。

（2）集成应用旱地覆盖水分有机质双增及测土施肥综合模式。近5年来，在甘肃庆阳和平凉为主的黄土旱塬区集中普及推广冬小麦机械化高留茬收割、玉米全膜双垄沟一膜两年用、玉米秸秆还田地膜覆盖、生物有机肥化肥替代等技术，同步改善土壤水热条件，提高土壤有机质。根据土壤肥力水平，采用ASI法制作了旱地不同作物目标产量的有机-无机肥配施建议卡，应用了300kg/亩粉碎秸秆还田+推荐施肥量、有机物料投入适当减少氮磷化肥用量等有机质提升技术模式。该技术模式已被甘肃省土壤有机质提升项目采纳示范和应用，形成的"西北玉米秸秆还田全膜双垄集雨沟播技术模式"入选农业部《2012年土壤有机质提升技术模式概要》（农办农〔2012〕42号），研制的生物降解膜+玉米机械化收割秸秆粉碎还田技术示范增产和保水效果明显。近两年，该技术在甘肃陇东地区大面积推广应用，增强了旱地土壤碳汇功能，实现了藏粮于地，社会与生态环境效益明显。

（樊廷录　王淑英　周广业　丁宁平　张建军　程万莉）

参 考 文 献

樊廷录, 王淑英, 周广业, 等. 2013. 长期施肥下黑垆土有机碳变化特征及碳库组分差异. 中国农业科学, 46(2): 300-309.

樊廷录, 周广业, 王勇, 等. 2004. 甘肃省黄土高原旱地冬小麦—玉米轮作制长期定位施肥的增产效果. 植物营养与肥料学报, 10(2): 127-131.

穆琳, 张继宏. 1998. 施肥与地膜覆盖对土壤有机质平衡的影响. 农村生态环境, 14(2): 20-23.

吴金水, 童成立, 刘守龙. 2004. 亚热带和黄土高原地区耕作土壤有机碳对全球气候变化的响应. 地球科学进展, 1: 131-136.

唐光木, 徐万里, 盛建东, 梁智, 周勃, 朱敏. 2010. 新疆绿洲农田不同开垦年限土壤有机碳及不同粒径土壤颗粒有机碳变化. 土壤学报, 47(2): 279-285.

Anderson D W, Saggar S, Bettany J R, et al. 1981. Particle size fractions and their use in studies of soil organic matter I. The nature and distribution of forms of carbon, nitrogen and sulfur. Soil Science Society of America Journal, 45: 767-772.

Bremer E, Ellert B H, Janzen H H. 1995. Total and light fraction carbon dynamics during four decades after cropping changes. Soil Science Society of American Journal, 59: 1398-1403.

Balabane M, Plante A F. 2004. Aggregation and carbon storage in silty soil using physical fraction techniques. European Journal of Soil Science, 55: 415-427.

Campbell C A, Zentner R P, Selles F, et al. 2000. Quantifying short-term effects of crop rotations on soil organic carbon in southwestern Saskatchewan. Canadian Journal of Soil Science, 80(1): 193-202.

Fan T, Stewart B A, Payne W A, et al. 2005. Long-term fertilizer and water availability effects on cereal yield and soil chemical properties in Northwest China. Soil Science Society of America Journal, 69(3): 842-855.

Fan T L, Xu M G, Song S Y, et al. 2008. Trends in grain yields and soil organic C in a long-term fertilization experiment in the China Loess Plateau. Journal of Plant Nutrition and Soil Science, 171(3): 448-457.

Gregoriche G, C F Drury, J A Baldock. 2001. Changes in carbon under long-term maize inmonoculture and legume-based rotation. Canadian Journal Soil Science, (81): 21-31.

Havlin J L, D E Kissel, L D Maddux, et al. 1990. Crop rotation and tillage effects on soil organic carbon and nitrogen. Science Society of America Journal, (54): 448-452.

Horner G M, Oveson M M, Baker G O, et al. 1960. Effect of cropping practices on yield, soil organic matter and erosion in the Pacific Northwest wheat region. Bull. 1. Washington, Oregon, and Idaho Agric. Exp. Stn., USDA-ARS, Washington, DC.

Jacinthe P A, Lal R, Kimble J M. 2002. Effects of wheat residue fertilization on accumulation and biochemical attributes of organic carbon in a central Ohio Luvisol. Soil Science, 167(11): 750-758.

Kong A Y Y, Six J, Bryant D C, et al. 2005. The relationship between carbon input, aggregation, and soil organic carbon stabilization in sustainable cropping systems. Soil Science Society of America Journal, 69(4): 1078-1085.

Rasmussen P E, Collins H P. 1991. Long-term impacts of tillage, fertilizer, and crop residue on soil organic matter in temperate semiarid regions. Advances in Agronomy, 45(45): 93-134.

Rasmussen, P.E., and R.W. Smiley. 1997. Soil carbon and nitrogen change in long-term agricultural experiments at Pendleton, Oregon. In: Paul E A, et al.(ed.)Soil organic matter in temperate agroecosystems—Long-term experiments in North America. New York: CRC Press: 353-360.

Six J. 1998. Aggregation and soil organic matter accumulation in cultivated and native grassland soils. Soil Science Society of America Journal, 62: 1367-1377.

Wu T Y, Schoenau J, Li F M, et al. 2005. Influence of fertilization and organic amendments on organic-carbon fractions in Heilu soil on the loess plateau of China. Journal of Plant Nutrition and Soil Science, 168(1): 100-107.

第十九章　灌漠土农田有机碳演变特征及提升技术

灌漠土是干旱内陆地区的一种典型耕作土壤，它主要分布于我国漠境地区的内陆河流域与黄河流域，是在人工灌溉、耕种搅动、人工培肥等交替作用下形成的（郭天文和谭伯勋，1998）。河西走廊是我国灌漠土的一个典型代表区域，同时它也是我国粮食主产区之一，大部分粮田年产粮食 7500～15 000kg/hm^2。但长期不合理的施肥导致该地区土壤肥力持续下降，如何进一步培肥地力、建成高产稳产的农田，对振兴河西走廊经济具有重要的意义。灌漠土长期定位试验于 1988 年开始，旨在探讨长期单施化肥是否会导致土壤质量下降，以及不同施肥下土壤养分、理化性状等的演变规律，为选择最佳的有机-无机肥配施模式来提高灌漠土有机质含量、改善土壤理化性状和土壤肥力提供理论依据。

第一节　灌漠土农田长期定位试验概况

灌漠土定位试验位于甘肃省武威市甘肃省农业科学院武威绿洲农业试验站（38°37′N，102°40′E）。该试验站地处温带大陆性干旱气候区，海拔 1504m，年均气温 7.7℃，≥10℃有效积温为 3016℃，年降水量 150mm，年蒸发量 2021mm，无霜期约 150d，年日照时数 3023h，年辐射总量为 140～158kJ/cm^2。

试验点土壤为灌漠土，初始耕层（0～20cm）土壤基本理化性质为：有机质含量 16.35g/kg、全氮 1.06g/kg、全磷 1.5g/kg、碱解氮 64.4mg/kg、速效磷 13.0mg/kg、速效钾 180mg/kg、pH 8.8、土壤容重 1.4g/cm^3、土壤孔隙度 47.75%。

试验以小麦、玉米对农肥和氮肥最高产量的施用量及单位面积产绿肥和秸秆的最大量为单独施用量，并与农肥、绿肥、秸秆、氮肥的 1/2、1/3 或 1/4 搭配施用，共设置 13 个处理，分别为：①CK（不施肥），②G（绿肥压青 45 000kg/hm^2），③S（小麦秸秆 10 500kg/hm^2），④N（化肥氮肥 375kg /hm^2），⑤M（农肥 120 000kg/hm^2），⑥1/2MS（农肥 60 000kg/hm^2+秸秆还田 5250kg/hm^2），⑦1/2MN（农肥 60 000kg/hm^2+氮肥 187.5kg/hm^2），⑧1/2GN（绿肥 22 500kg/hm^2+氮肥 187.5kg/hm^2），⑨1/2SN（秸秆 5250kg/hm^2+氮肥 187.5kg/hm^2），⑩1/2MG（农肥 60 000kg/hm^2+绿肥压青 22 500kg/hm^2），⑪1/3MGN（农肥 40 000kg/hm^2+绿肥压青 15 000kg/hm^2+氮肥 125kg/hm^2），⑫1/3MSN（农肥 40 000kg/hm^2+秸秆 3500kg/hm^2+氮肥 125kg/hm^2），⑬1/4MGSN（农肥 30 000kg/hm^2+绿肥压青 11 250kg/hm^2+秸秆 2625kg/hm^2+氮肥 93.75kg/hm^2）。试验采取随机区组排列，每处理重复 3 次，小区面积 32.4m^2。试验始于 1988 年，每 3 年一个轮作周期，按"小麦/玉米间套作－小麦单作－玉米单作"方式进行，1999 年后，种植方式改为小麦/玉米间作，小麦收获后，在小麦带上复种绿肥，次年小麦与玉米倒茬。带幅 150cm（小麦带 70cm，玉米带 80cm）。

农肥为当地的土圈粪(有机碳、全氮、全磷、全钾平均含量分别为 17.20g/kg、1.90g/kg、2.05g/kg、10.10g/kg);绿肥为箭筈豌豆鲜草('陇箭一号',有机碳、氮、磷、钾平均含量分别为 455.4g/kg、36.9g/kg、7.0g/kg、30.3g/kg,干基),在前一年的 10 月初铡成 20cm 的短截,翻压在 30cm 的耕层内,随即灌水,以利腐解;秸秆为小麦秸秆,处理方式同绿肥;所用农肥、绿肥和秸秆全部用作基肥;氮肥为尿素,氮肥的 50%在小麦播种时全部撒施,另外 50%在玉米拔节期及抽雄期追施在玉米带,氮肥追施方式和时间、田间管理等同于当地大田;除空白对照外,其他 12 个处理磷肥基施量为 P_2O_5 150kg/hm^2。单种小麦播种量为 375kg/hm^2,带田小麦播种量 225kg/hm^2,玉米保苗 67 500 株/hm^2。在作物成熟期每个小区随机取 10 株玉米、50 株小麦进行考种,计算小麦和玉米的生物学产量和籽粒产量。每茬作物收获后,各小区用土钻按"S"形路线取耕作层(0~20cm)土样,土壤样品室内风干后按测定项目的要求研磨过筛,进行土壤基本理化性质的分析测定。

1. 土壤微生物 Biolog-ECO 测定方法

取 10g 新鲜的土壤样品,置于已灭菌的、装有 90ml 的 0.85% NaCl 溶液的三角瓶中,25℃、200r/min 振荡 30min,并用 NaCl 溶液稀释到 10^{-3}g/ml 后,向 ECO 微平板的 96 孔中分别加入 150μl 稀释液,将接种好的 Biolog-ECO 板于 25℃黑暗环境下培养,每隔 24h 在 Biolog 微平板读数仪上测定 590nm 与 750nm 波长下吸光值,并用 OD_{590} 值与 OD_{750} 值的差值来表征代谢活性。平均颜色变化率(average well color development,AWCD)表示土壤微生物利用碳源的能力。采用 Biolog 微平板培养 168h 的数据进行统计。

2. 微生物高通量测序方法

高通量使用 338F(ACTCCTACGGGAGGCAGCAG)和 806R(GGACTACHVGGG TWTCTAAT)对 16S rRNA 基因 V3~V4 可变区进行 PCR 扩增,PCR 反应条件:预变性 95℃ 3min;95℃ 30s,55℃ 30s,72℃ 45s,27 个循环;72℃延伸 10min,最后 10℃进行保存。用 2%的琼脂糖凝胶电泳进行检测,并使用 AxyPrepDNA 纯化回收试剂盒回收。PCR 回收产物后,用 Quantus^{TM} Fluorometer 对回收产物进行检测定量。使用 NEXTFLEX$^{®}$ Rapid DNA-Seq Kit 进行建库,最后用 Miseq PE300 平台对 PCR 产物进行测序。

第二节　长期不同施肥下灌漠土有机质演变特征

一、长期施用农肥下灌漠土有机质含量变化

在施用农肥的各处理中,灌漠土有机质含量随年限的增加而提高(吴科生等,2021)(图 19-1)。1988~2018 年各年份土壤有机质随着施肥年限的延长呈逐年增加的趋势。单独施用农肥(M)最高,半量农肥配施氮肥[1/2(M+N)]次之且高于单施氮肥(N),

对照（CK）最低。2018 年（第 31 年），M、1/2（M+N）、N、CK 土壤有机质含量比试验初始值分别提高了 81.0%、72.5%、30.9%和 11.3%；M、1/2（M+N）、N 较 CK 分别增加了 62.6%、54.9%和 17.6%。

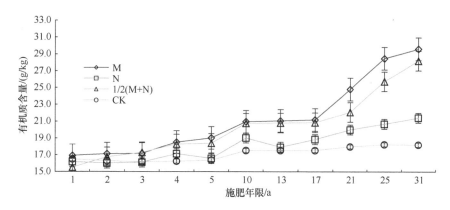

图 19-1　长期施用农肥的灌漠土有机质含量变化

30 年试验中对照（CK）仅通过作物根茬还田提升土壤有机质含量 11.3%，但由于作物产量非常低，因而有机质提升速度很慢；长期施用农肥、半量农肥配施氮肥和单施氮肥，都能获得更高的作物产量，且能大幅度提升土壤有机质含量（分别提升 81.0%、72.5%和 30.9%），施农肥提升幅度最大，是不施肥的 7 倍多。因此，灌漠土培肥和高产，必须长期施用足量农肥，或减量农肥与化肥配合施用。长期施用农肥可替代 50%左右的化肥。

二、长期施用绿肥下灌漠土有机质含量变化

长期施用绿肥及绿肥配施化学氮肥均能提升灌漠土有机质含量（包兴国等，1994；车宗贤等，2016；吴科生等，2022）。试验期间土壤有机质随施用年限的延长呈逐年增加的趋势（图 19-2）。各施肥下土壤有机质含量大小顺序是：G＞1/2（G+N）＞

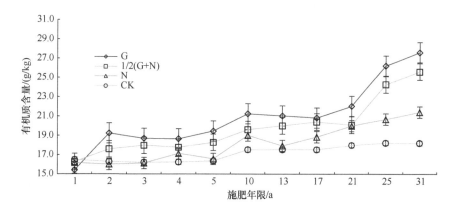

图 19-2　长期施用绿肥的灌漠土有机质含量变化

N＞CK。四个处理土壤有机质含量平均较试验开始时分别增加了 28.1%、21.1%、11.1%和4.8%。G、1/2（G+N）较施氮肥分别增加 15.3%和9.0%。2018 年，G、1/2（G+N）、N、CK 比试验初始数值分别提高 68.8%、56.6%、30.9%和11.3%；G、1/2（G+N）较施氮肥分别增加了 29.0%和19.6%。灌漠土 30 年连续种植绿肥全量翻压[45 000kg/(hm²·a)]或绿肥半量翻压与氮肥配施，均能大幅度提升土壤有机质（分别提升了 28.1%和21.1%）。长期种植翻压绿肥或绿肥配施化学氮肥的效果明显优于单施化肥，施用绿肥可减施化肥 30%～40%，因此，该方式是实现灌漠土培肥和高产稳产安全高效的途径。

三、长期施用秸秆下灌漠土有机质含量变化

长期施用秸秆及秸秆配施化学氮肥均提高了灌漠土耕层土壤有机质含量（吴科生等，2021）。秸秆全量还田（S）土壤有机质含量最高，秸秆半量还田配施氮肥[1/2（S+N）]次之且高于单施氮肥（N），CK 最低，而且随秸秆施用年限的延长逐年上升（图 19-3）。2018 年，S、1/2（S+N）、N 和 CK 土壤有机质含量比试验开始时分别提高 73.3%、58.4%、37.0%和11.6%。S、1/2（S+N）、N 较 CK 分别增加 55.3%、41.9%和22.7%。灌漠土 30年连续秸秆全量还田[10 500kg/(hm²·a)]或半量还田配施氮肥，都能获得作物高产，同时也大幅度提升了土壤有机质含量（分别提高 73.3%和58.4%）。因此，对于灌漠土培肥和高产，秸秆全量还田、半量还田配施化肥明显优于单施化肥的效果。其中，秸秆还田配施氮肥有利于秸秆快速腐解和当季作物增产。

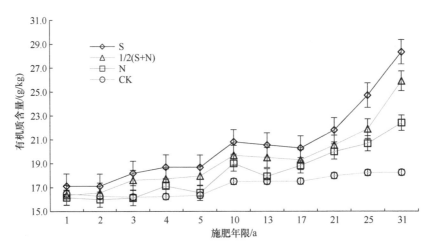

图 19-3　长期施用小麦秸秆的灌漠土有机质含量变化（1988～2018 年）

土壤有机质含量的年度变化趋势采用直线拟合法，以趋势线的斜率（年变化值）大小来评定土壤有机质含量随时间的变化情况，以年变化值除以起始年度的有机质含量作为年均变化百分比（张金涛等，2010）。不同施肥下，灌漠土农田土壤有机质含量与施肥年限之间均呈极显著线性正相关关系（$P<0.01$）（表 19-1）。单独施用农肥（M）的土壤有机质含量与施肥年限之间的线性相关系数最大（为 0.961），土壤有

机质含量年变化值为 0.418g/kg，年均提高 2.557%；其次为减半施用农肥与氮肥（1/2MN），相关系数为 0.955，土壤有机质含量年均提高 0.336g/kg，年均增幅 2.055%；单独施用氮肥（N）相关系数最低为 0.858，土壤有机质含量年均提升 0.170g/kg，提高幅度为 1.04%。

表 19-1　长期不同施肥下灌漠土农田有机质含量的变化趋势

处理	直线回归方程	相关系数（r）	年变化值/［g/(kg·a)］	年均增幅/%
CK	$y=0.088x-159.527$	0.951**	0.088	0.538
M	$y=0.418x-813.570$	0.961**	0.418	2.557
G	$y=0.291x-559.908$	0.887**	0.291	1.780
S	$y=0.259x-496.606$	0.945**	0.259	1.584
N	$y=0.170x-322.266$	0.858**	0.170	1.040
1/2MN	$y=0.336x-650.902$	0.955**	0.336	2.055
1/2GN	$y=0.239x-458.705$	0.922**	0.239	1.462
1/2SN	$y=0.197x-375.109$	0.953**	0.197	1.205

注：y 为耕层土壤有机质含量（g/kg），x 为施肥年限（a）；样本数 n=10；** 表示相关性在 0.01 水平下显著。

四、长期不同施肥下灌漠土农田剖面有机碳库分布特征

长期不同施肥下灌漠土不同深度（0～7.5cm、7.5～15cm、15～30cm 和 30～50cm）土壤有机碳的含量变化不一（表 19-2）。除了单施氮肥外，其他施肥均能显著增加 0～7.5cm 和 7.5～15cm 深度土壤有机碳含量（$P<0.05$）。单施农肥不同深度有机碳的含量均高于其他施肥（除 15～30cm 外），但随着土壤深度的增加，单施农肥有机碳含量的增长速率逐渐变小，在 30～50cm 土层各施肥方式有机碳含量均无差异。随着土壤深度的增加，不同施肥下有机碳含量均呈递减趋势，其中 0～30cm 土层有机碳含量占 0～50cm 土层的 80% 左右。

表 19-2　长期施肥下灌漠土剖面不同深度土壤有机碳含量　　（单位：g/kg）

施肥处理	土层深度/cm			
	0～7.5	7.5～15	15～30	30～50
CK	12.40g	11.56f	11.06bc	8.90a
M	16.03a	15.13a	12.83a	9.26a
G	15.10bc	13.66bcd	13.10a	8.86a
S	14.43cd	13.60bcd	11.70abc	8.86a
N	12.90fg	11.96ef	10.56c	8.66a
1/2MN	15.03bc	14.46abc	12.23ab	8.63a
1/2GN	13.40ef	12.96de	11.9abc	8.76a
1/2SN	13.80de	13.43cd	12.36ab	9.26a

注：数据之间差异的多重比较采用 LSD 法，同一列数据中相同字母表示处理间无显著差异（$P<0.05$）。

五、长期不同施肥下灌漠土农田的固碳效率

灌漠土有机碳固定速率与年均有机碳的总投入量呈显著正相关性（$r = 0.680$，$P <$ 0.01）（图19-4）。灌漠土有机碳固定速率随着有机碳投入量的增加而呈显著线性增加，表明耕层土壤有机碳还没有达到饱和（柴彦君，2014）。拟合的线性方程表明，23年间，每年向土壤所投入的有机碳量大约有11.5%转变成土壤有机碳，并且每年需要向土壤中输入 $0.66t/hm^2$ 的有机碳才能维持该地区土壤在试验初期的有机碳水平（9.48g/kg）。

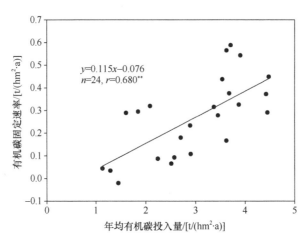

图19-4　灌漠土固碳速率与年均有机碳投入量关系

**代表相关性达到0.01显著水平

第三节　长期不同施肥下灌漠土有机碳库组分的变化

一、长期不同施肥下灌漠土不同粒径水稳性团聚体中有机碳含量变化

经过24年的连续施肥，灌漠土各粒径水稳性团聚体的有机碳浓度呈现出相同的变化趋势（图19-5）。与不施肥的 CK 相比，各施肥不同粒径水稳性团聚体的有机碳含量均有所提高（曾希柏等，2014）。单施氮肥各粒径水稳性团聚体有机碳含量略有提高；有机肥单施或者与化肥配施显著提高了 >2mm、0.25~2mm、0.053~0.25mm 和 <0.053mm 粒径水稳性团聚体有机碳含量，提升幅度分别达 19.5%~51.6%、24.8%~71.0%、22.8%~65.3%和12.2%~83.2%。其中，施有机肥（M）各粒径水稳性团聚体有机质含量提高的幅度最大，而 SN 幅度最小。此结果与土壤有机碳的总含量相关，>2mm、0.25~2mm、0.053~0.25mm 和 <0.053mm 粒径水稳性团聚体碳含量与土壤有机碳含量呈极显著正相关，相关系数分别为 0.87、0.86、0.98 和 0.82（$n=24$，$P < 0.01$），表明土壤各粒径团聚体对有机碳固存均有贡献。

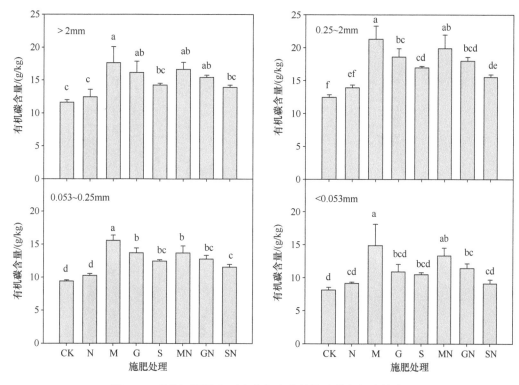

图 19-5　长期不同施肥下各粒径水稳性团聚体有机碳的含量

二、长期不同施肥下灌漠土水稳性团聚体中有机碳组分差异

长期不同施肥下灌漠土不同粒径团聚体中有机碳组分有显著差异（图 19-6）。>2mm 水稳性团聚体各处理有机碳库基本表现为 M、G、S>CK、MN、GN、SN>N。可见，土壤的团聚水平直接影响到团聚体有机碳库的周转。与 CK 相比，MN、GN、SN 的 >2mm 水稳性团聚体有机碳库除 LCH（松结合态腐殖质）外均有所下降；而单施氮肥的 >2mm 水稳性团聚体有机碳库较 CK 显著下降。>2mm 水稳性团聚体的平均 TCH（紧结合态腐殖质）有机碳库分别是 LFOM（轻组有机碳）、LCH（松结合态腐殖质）和 SCH（稳结合态腐殖质）碳库平均值的 3.6 倍、5.6 倍和 3.5 倍（图 19-6a），可见施用氮肥加速了 >2mm 水稳性团聚体有机碳的分解，促进了其有机碳库周转（柴彦君，2014）。

与 CK 相比，单施氮肥对 0.25～2mm 水稳性团聚体的 LFOM、LCH、SCH 和 TCH 有机碳库无显著影响（图 19-6b），而单施有机肥或者与氮肥配施显著提高了这四个有机碳组分（除 GN 和 SN 的 SCH 库外）。其中，0.25～2mm 水稳性团聚体的平均 TCH 有机碳库分别是 LFOM、LCH 和 SCH 的 2.5 倍、5.1 倍和 3.6 倍。

与 CK 相比，单施氮肥显著降低了 0.053～0.25mm 水稳性团聚体的 LCH 有机碳库（$P<0.05$）；单施有机肥或者与氮肥配合施用显著提高了 0.053～0.25mm 水稳性团聚体的 LFOM、SCH 和 TCH 有机碳库；施用有机肥提高了 M 和 MN 处理的 0.053～0.25mm 水稳性团聚体的 LCH 有机碳库，但是却降低了其他有机肥处理的 0.053～0.25mm 水稳性团聚体的 LCH 有机碳库，除 M 处理外，其他有机肥处理与 CK 处理之间的差异不显

著（$P>0.05$）。其中，0.053～0.25mm 水稳性团聚体的平均 TCH 有机碳库分别是 LFOM、LCH 和 SCH 平均碳库的 3.6 倍、5.2 倍和 3.6 倍（图 19-6 c）。

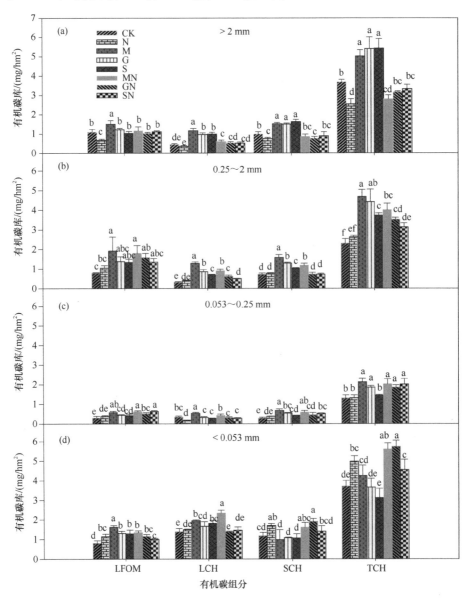

图 19-6　不同施肥下灌漠土各粒径团聚体有机碳库含量
图中不同字母代表处理间差异达到显著水平（$P<0.05$）

与 CK 相比，单施氮肥显著提高了＜0.053mm 水稳性团聚体的 LFOM、SCH 和 TCH 有机碳库（图 19-6 d）。施用有机肥显著促进了＜0.053mm 水稳性团聚体中 LFOM 有机碳库的提高（$P<0.05$），也促进了此团聚体组分中 LCH 有机碳库的提高，除 GN 和 SN 处理提高效果不显著外，其他施肥都有显著提高，同时降低了 M、G 和 S 处理＜0.053mm 水稳性团聚体的 SCH 有机碳库，而增加了 MN、GN 和 SN 处理的此团聚体组分中 SCH 的有机碳库。施用有机肥显著地提高了＜0.053mm 水稳性团聚体的 TCH 有机碳库（除

G 和 S 处理外）。其中，<0.053mm 水稳性团聚体的平均 TCH 有机碳库分别是 LFOM、LCH 和 SCH 平均碳库的 3.7 倍、2.6 倍和 3.3 倍。

综上所述，施肥主要提高了<2mm 水稳性团聚体的有机碳库，普遍提高了各粒径水稳性团聚体中 LFOM、LCH、SCH 和 TCH 有机碳库。与 CK 相比，单施氮肥不能显著提高土壤中松结合态腐殖质（LCH）、稳结合态腐殖质（SCH）、紧结合态腐殖质（TCH）有机碳的含量，而单施有机肥或者与氮肥配合施用显著地增加了土壤中这三种结合态腐殖质有机碳的含量，分别提高了 23.1%～146.2%、11.1%～61.1%和 20.6%～57.1%。灌漠土的松、稳、紧结合态腐殖质有机碳含量与其有机-无机复合度相关性不显著，而与有机-无机复合量呈极显著正相关（$P<0.01$）。可见在灌漠土，有机-无机复合量能够较好地衡量土壤的有机-无机复合状况。土壤的有机-无机复合状况与土壤中各粒径团聚体含量的相关性分析表明，土壤的有机-无机复合量与 0.25～2mm 水稳性团聚体的含量呈极显著正相关，而与<0.053mm 水稳性团聚体的含量呈极显著负相关，这间接地表明 0.25～2mm 水稳性团聚体的有机-无机复合量高于其他粒径水稳性团聚体（曾希柏等，2014）。

三、长期不同施肥下灌漠土水稳性团聚体碳的化学结构特征

不同施肥下灌漠土不同粒径水稳性团聚体有机碳的固体 CPMAS^{13}C 图谱表明，在>2mm 水稳性团聚体中，在 0～110ppm 区域，CK 处理的含碳官能团明显高于 N 和 MN 处理，即 CK 脂类碳（烷基碳）和烷氧碳含量要高于其他施肥处理（表 19-3）。在 110～

表 19-3　不同施肥下灌漠土水稳性团聚体中含碳官能团在土壤有机碳中的占比　　（%）

团聚体粒级 /mm	施肥处理	脂类碳 (δ 0～50)	烷氧碳 (δ 50～110)	芳香碳 (δ 110～160)	羧基碳 (δ 160～190)	羰基碳 (δ 190～230)	脂化度	芳香度
>2	CK	30.2	45.7	13.2	8.2	2.6	85.2	14.8
	N	21.2	45.8	18.8	9.9	4.4	78.1	21.9
	M	23.5	43.3	19.9	10.1	3.3	77.0	23.0
	MN	23.6	44.4	19.1	9.4	3.6	78.1	21.9
	平均	24.6	44.8	17.8	9.4	3.4	79.6	20.4
0.25～2	CK	26.8	46.3	15.4	9.6	2.0	82.6	17.4
	N	26.7	48.9	16.1	9.2	0.0	82.5	17.5
	M	24.1	45.4	18.3	10.1	2.2	79.2	20.8
	MN	20.4	48.1	18.4	9.6	3.6	78.8	21.2
	平均	24.5	47.2	17.0	9.6	1.9	80.8	19.2
0.053～0.25	CK	21.6	46.3	20.0	10.7	1.4	77.3	22.7
	N	21.7	48.5	18.4	9.4	2.1	79.3	20.7
	M	30.4	45.1	16.3	8.2	0.0	82.3	17.7
	MN	26.0	48.2	14.7	8.6	2.6	83.5	16.5
	平均	24.9	47.0	17.3	9.2	1.5	80.6	19.4
<0.053	CK	28.5	43.5	16.2	11.5	0.3	81.6	18.4
	N	26.9	41.2	17.0	7.7	7.2	80.0	20.0
	M	25.4	45.1	17.3	9.1	3.2	80.3	19.7
	MN	20.0	45.6	19.5	10.7	4.2	77.1	22.9
	平均	25.2	43.8	17.5	9.7	3.7	79.6	20.4

注：脂化度（aliphaticity）（%）= C%（δ 0～110）/ C%（δ 0～160）；芳香度（aromaticity）（%）= C%（δ 110～160）/ C%（δ 0～160）。

160ppm 区域，CK 处理的含碳官能团明显低于其他处理，即 CK 芳香碳、羧基碳和羰基碳的含量低于其他施肥。三个施肥方式＞2mm 水稳性团聚体芳香度较 CK 明显提高。

不施肥对照（CK）的 0.25～2mm 水稳性团聚体中脂类碳的含量高于其他处理，而其芳香碳和烷氧基碳含量小于其他处理（除 M 烷氧碳）。施肥较 CK 提高了 0.25～2mm 水稳性团聚体的芳香度（表 19-3）。CK 处理的 0.053～0.25mm 水稳性团聚体中脂类碳和烷氧基碳的含量均小于其他处理（除 M 烷氧碳）。CK 处理的 0.053～0.25mm 水稳性团聚体中芳香碳和羧基碳的含量及芳香度均明显高于其他处理。CK 处理的＜0.053mm 水稳性团聚体中的脂类碳明显高于其他处理，而其烷氧碳的含量小于其他处理（除 N 处理外）（曾希柏等，2014）。

四、灌漠土水稳性团聚体有机碳库对有机碳投入的响应关系

不同粒径水稳性团聚体有机碳库随着有机碳总投入量的增加而增加（图 19-7）。其中，0.25～2mm 和 0.053～0.25mm 水稳性团聚体的有机碳储量与有机碳总输入量呈极显著的线性正相关，相关系数分别为 $r=0.692$（$n=24$）和 $r=0.714$（$n=24$），而＞2mm 水稳性团聚体和＜0.053mm 粉黏粒组分的有机碳储量与有机碳总投入量无显著相关性。由此可见，0.25～2mm 和 0.053～0.25mm 水稳性团聚体对土壤有机碳投入较为敏感，施肥主要促进了 0.25～2mm 和 0.053～0.25mm 水稳性团聚体有机碳库的增加（曾希柏等，2014）。

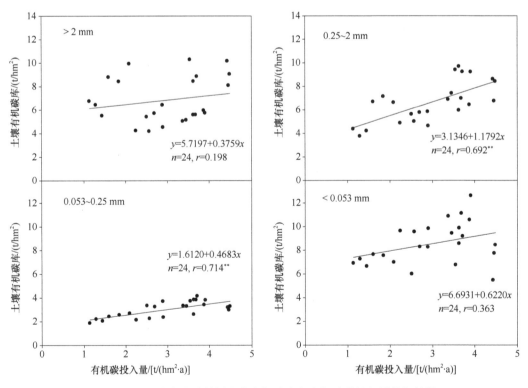

图 19-7 不同粒径水稳性团聚体有机碳库与有机碳总投入量的相关性

**代表相关性达到 0.01 显著水平

五、长期施肥对种植带和过渡带土壤水稳性团聚体中有机碳含量的影响

本实验自 1999 年至 2019 年 20 年间，只进行小麦/玉米间套作，小倒茬，带幅 150cm（小麦带 70cm，玉米带 80cm），种植小麦或玉米的区域称"种植带"，两个种植带中间的区域称"过渡带"。有机碳的积累在耕层土壤表现最为明显，并对团聚体的影响最大，长期施肥对耕层土壤团聚体有机碳的影响见图 19-8（贾宇等，2020）。

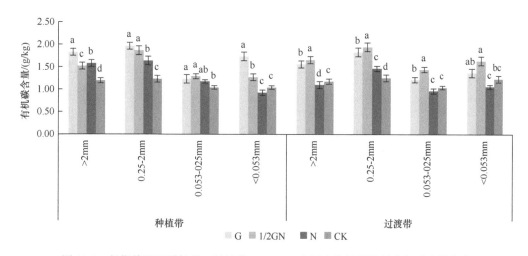

图 19-8　长期培肥下种植带、过渡带 0～20cm 土层水稳性团聚体有机碳含量分布

团聚体有机碳含量在种植带和过渡带均在粒径 2～0.25mm 水稳性团聚体中含量最高，G、1/2GN 较 CK 各粒径有机碳含量极显著提高。种植带中 G 较 CK 团聚体有机碳含量增加最多，为 21.74%～68.15%；在过渡带中 1/2GN 较 CK 团聚体有机碳含量增加最多，为 19.88%～45.6%；G、1/2GN 较 N 各粒径有机碳含量增加亦极显著。在种植带、过渡带中粒径＞0.25mm 的水稳性大团聚体中 N 较 CK 有机碳含量显著性增加。

第四节　长期不同施肥下灌漠土微生物碳源利用及微生物群落特征

土壤微生物是地上和地下生态系统联系的重要纽带，在土壤养分转化循环、生态系统稳定、抗干扰以及资源可持续利用中占据主导地位，是维持土壤健康和土壤质量的关键因素。长期不同施肥可以显著影响土壤微生物群落结构组成及其丰度，在门水平上，不同施肥对微生物群落中放线菌门、变形菌门、酸杆菌门、绿弯菌门及厚壁菌门的相对丰度影响最大。不同施肥下土壤微生物利用碳源的能力亦不同，单施绿肥及单施农肥对 31 种碳源的综合利用能力最强，土壤有机质含量和 pH 是影响微生物碳源利用能力最重要的环境因子。

一、长期不同施肥下灌漠土剖面土壤微生物生物量碳含量

长期不同施肥下灌漠土剖面各土层（0～7.5cm、7.5～15cm、15～30cm 和 30～50cm）微生物生物量碳含量不同（曾骏等，2013）（表 19-4）。长期施肥能增加 0～7.5cm 土层微生物生物量碳，除了 M 处理外，其他施肥处理增加效果不显著（$P<0.05$）。单施 N 肥显著降低了 7.5～15cm 和 15～30cm 土层微生物生物量碳含量（$P<0.05$）。

表 19-4　长期不同施肥下灌漠土不同深度土壤微生物生物量碳含量　　（单位：mg/kg）

处理	土壤深度/cm			
	0～7.5	7.5～15	15～30	30～50
CK	238c	227bcd	195abc	111abc
M	317ab	259abc	158bcd	121ab
G	264abc	264abc	243a	142a
S	253bc	238abcd	153bcd	132ab
N	264abc	158e	132d	127ab
1/2MN	285abc	206cde	180bcd	121ab
1/2GN	243c	216bcde	164bcd	106abc
1/2SN	296abc	248abcd	158bcd	111abc

注：数据之间差异的多重比较采用 LSD 法，同一列数据中相同字母表示处理间无显著差异（$P<0.05$）。

二、长期不同施肥下灌漠土中微生物对碳源利用能力

平均颜色变化率（average well color development，AWCD）表示土壤微生物利用不同碳源的能力。不同施肥下土壤微生物对不同类型碳源的利用随着时间呈现"S"形变化（图 19-9），在培养 24～96h 快速上升，之后趋于平稳。培养结束时，以单施绿肥（G）处理对不同类型的碳源综合利用能力最强，单施农肥（M）稍次之，而单施氮肥及不施肥对不同类型的碳源综合利用能力相对较差。在 168h，不同施肥条件下的土壤微生物 AWCD 值大小为 G＞M＞S＞N＞CK，其中 G 处理 AWCD 值较 N 处理与 CK 处理分别提高 10.69% 和 24.15%，差异达到显著水平。

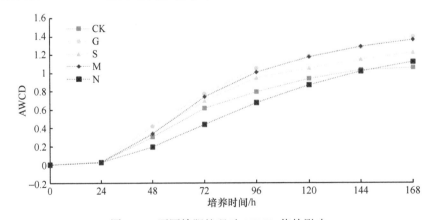

图 19-9　不同施肥处理对 AWCD 值的影响

三、长期施肥下灌漠土中微生物对不同碳源的代谢

长期施肥下土壤微生物对不同类型碳源代谢能力不同（图 19-10），长期施用绿肥、农肥和秸秆都能显著促进土壤微生物对糖类、氨基酸业、脂类和酸类碳源的代谢，其中促进代谢能力最强的是绿肥和农肥，其次是秸秆（在糖类碳源代谢中单施秸秆高于单施农肥）。长期施用氮肥能显著降低土壤微生物对上述 5 类碳源的代谢，其中对糖类和胺类碳源降幅最大。施肥影响土壤微生物对胺类碳源代谢作用。

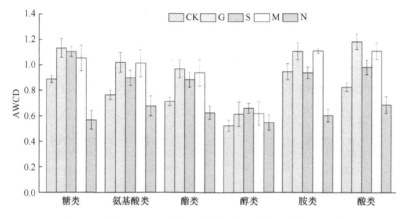

图 19-10　长期施肥下土壤微生物对碳源代谢能力（168h）

四、环境因子对土壤微生物碳源代谢的影响

为了进一步研究土壤微生物群落与环境因子之间的相关性，采用 R 语言中 Vagen 算法，进行了 RDA 分析（图 19-11）。可以看出，选取的 6 个环境因子（pH、有机质、全

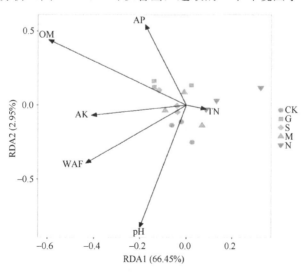

图 19-11　Biolog-ECO 与环境因子的 RDA 分析

各指标用带箭头的矢量线表示，连线的长短表示微生物群落特征与该环境因子相关系数的大小，箭头连线与排序轴的夹角表示该环境因子与排序轴的相关性，与排序轴的夹角越小，该指标与排序轴的相关性越大

氮、全磷、全钾）对于微生物群落均存在一定程度的影响，RDA1 和 RDA2 解释率分别为 66.45% 和 2.95%，而有机质（OM）是对微生物群落影响最大的环境因子之一（r^2=0.4038，P=0.040）。

五、长期施肥灌漠土微生物群落相对丰度

不同施肥条件下，土壤细菌门水平的群落结构基本一致（图 19-12）。但不同施肥下的放线菌门、变形菌门、酸杆菌门、绿弯菌门及厚壁菌门的相对丰度存在较大差异。施用绿肥（G）时能显著提高放线菌门（Actinobacteria）的相对丰度，占总丰度的 29.95%，相比 CK 和 N 分别提高了 5.47% 和 4.52%；其次提高了变形菌门（Proteobacteria）的相对丰度，占 20.45%；施用农肥（M）时能提高厚壁菌门（Firmicutes）相对丰度，占 12.98%。酸杆菌门（Acidobacteriota）在 5 个不同的施肥中相对丰度最低，占 13.39%；CK 处理与 N 处理最高，分别占 19.71% 和 18.23%。

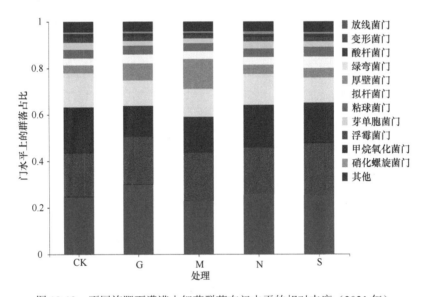

图 19-12　不同施肥下灌漠土细菌群落在门水平的相对丰度（2021 年）

第五节　灌漠土的主要培肥技术

灌漠土地区农业生产水平较高，是全国高产区之一，近年来无机肥料在农业生产中的应用不断增加，改变了传统农业"以有机农业为主"的结构，逐渐向以无机肥为主的方向发展（包兴国等，1994）。农肥是一种完全肥料，肥效持久但缓慢。除能供给农作物所需的养分外，农肥还能为土壤微生物生命活动提供必需的能量和营养物质；因其含有丰富的有机物质，对改良土壤、增加土壤有机质积累、改善土壤理化性状等方面都有良好的作用。无机肥料养分含量高，但成分单一、肥效发挥快、持续时间短，长期单独使用一种肥料，往往会引起营养失调，肥效降低。因此，单施农肥或无机肥都不能适时、适量地满足作物生长的需要，有机-无机肥配合施用才能达到高产和培肥

土壤的双重效果。

一、秸秆还田培肥技术

秸秆直接还田养分损失少，但因秸秆 C/N 大，在其腐解前期伴随有土壤中的氮素固定，造成土壤中供氮不足。所以，应在施入秸秆的同时配合施用适量的无机氮肥，调节 C/N，以加速秸秆的腐解，缓解土壤供氮的不足，保证农作物生长的需要。在 30 年连续秸秆全量还田及半量还田配施氮磷肥试验中，都能获得作物高产，同时土壤有机质含量也能大幅度提升。因此，灌漠土培肥和高产采用秸秆全量还田、半量还田配施化肥的效果明显优于单施化肥；秸秆还田配施氮肥有利于秸秆快速腐解和当季作物增产。

二、种植绿肥培肥技术

种植具有固氮能力的豆科绿肥对土壤有机质和氮素的含量增加较多，但从土壤中吸收的磷、钾养分也较多，造成土壤中磷、钾养分下降。所以，在采用绿肥培肥技术时，需在种植下茬农作物时配合施用无机磷、钾肥才能进一步提高农作物产量。研究表明，连续种植绿肥全量翻压或绿肥半量翻压与氮磷配施，能大幅度提升土壤有机质含量，获得作物高产稳产。因此，长期种植翻压绿肥或绿肥与化肥配施是实现灌漠土培肥和高产的安全有效途径，培肥效果明显优于单施化肥；施用绿肥可减施化肥 30%～40%。

三、灌漠土有机质提升和维持的外源有机物料施用量

长期施用有机肥、有机肥与氮磷肥配施，都能大幅度提升土壤有机质含量。因此，灌漠土培肥，必须长期施用足量有机肥，或减量农肥与化肥配合施用。灌漠土有机碳固存速率 $y[t/(hm^2 \cdot a)]$ 与耕层土壤有机碳投入量 $x[t/(hm^2 \cdot a)]$ 的相关关系为 $y=0.115x-0.076$，由此获得灌漠土的固碳效率为 11.5%，即每年投入 100t 的有机物料碳，其中 11.5t 能进入土壤有机碳库。若要维持土壤有机碳库平衡，则每年至少投入 0.66t/hm² 有机碳。25 年内灌漠土有机碳储量提升 5%，需再额外累积投入有机碳 229t/hm²，年均投入有机碳 9.16t/hm²，即每年需要施用有机肥（猪粪，含有机碳 35%）26.2t/hm²；25 年内灌漠土有机碳储量提升 10%，需再额外累积投入有机碳 240t/hm²，年均投入有机碳 9.6t/hm²，即需要每年施用有机肥（猪粪）27.4t/hm²。

（车宗贤　杨蕊菊　崔　恒　吴科生　张久东　卢秉林　包兴国）

参 考 文 献

包兴国, 邱进怀, 刘圣战, 等. 1994. 绿肥与氮肥配合施用对培肥地力和供肥性能的研究. 土壤肥料, (2): 27-29.
车宗贤, 俄胜哲, 袁金华, 等. 2016. 甘肃耕地主要土壤类型及肥力演变. 北京: 中国农业出版社:

101-137.

柴彦君, 2014. 灌漠土团聚体稳定性及其固氮机制研究. 北京: 中国农业科学院博士学位论文: 38-61.

郭天文, 谭伯勋. 1998. 灌漠土区吨粮田开发与持续农业建设. 西北农业学报, (7): 91-96.

贾宇, 车宗贤, 包兴国, 等. 2020. 长期施用绿肥对灌漠土水稳性团聚体及其有机碳的影响, 国土与自然资源研究, (5): 49-54.

吴科生, 车宗贤, 包兴国, 等. 2021. 河西绿洲灌区灌漠土长期秸秆还田土壤肥力和作物产量特征分析. 草业学报, 30(12): 59-70.

吴科生, 车宗贤, 包兴国, 等. 2021. 灌漠土长期有机配施土壤肥力特征和作物产量可持续性分析. 水土保持学报, 35(3): 333-340.

吴科生, 车宗贤, 包兴国, 等, 2022. 长期翻压绿肥对提高灌漠土土壤肥力和作物产量的贡献. 植物营养与肥料学报, 28(6): 1134-1144.

张金涛, 卢昌艾, 王金洲, 等. 2010. 潮土区农田土壤肥力的变化趋势. 中国土壤与肥料, (5): 6-10.

曾骏, 董博, 张东伟, 等. 2013. 不同施肥方式对灌漠土土壤有机碳、无机碳和微生物生物量碳的影响. 水土保持学报, 33(2): 35-38.

曾希柏, 柴彦君, 俄胜哲, 等. 2014. 长期施肥对灌漠土团聚体及其稳定性的影响. 土壤通报, 45(4): 783-789.

第二十章　灰漠土农田有机质演变特征及提升技术

灰漠土是我国西北干旱荒漠区具有代表性的主要土壤类型，总面积为 $1.8 \times 10^6 hm^2$。我国灰漠土 80% 分布在新疆，是新疆北部的主要地带性土壤，主要位于天山北麓的山前平原洪积冲积扇的中部和中下部，海拔一般为 350～650m。成土母质多为黄土状冲积物，地表有孔状结皮，土壤质地为粉砂壤或砂壤，土壤淋洗微弱，因此石膏和易溶盐在剖面中分异不明显，碳酸钙弱度淋溶，其含量可达 10%～30%，pH>8，碱化比较普遍，表层有机质含量约 10.0mg/kg。分布区冬季寒冷，夏季较热，年均气温 5～8℃，≥10℃的积温为 2700～3600℃，年降水量 100～200mm，植被覆盖度 10% 左右，高者达 20%～30%。由于处于干旱半干旱荒漠气候带，土壤板结、有机质缺乏、有效肥力低等不利因素已成为灰漠土区农业生产进一步发展的主要限制因子。研究灰漠土农田有机质演变特征及其对施肥响应的机制，对于维持并提高新疆农田土壤肥力和生产力、促进农田固碳减排、保证粮经作物生产与生态、促进经济社会与环境协调发展均具有重要的科学意义和实践价值。

第一节　灰漠土农田长期定位试验概况

一、长期定位试验基本情况

灰漠土长期定位试验位于乌鲁木齐新市区新疆农科院综合试验场内（43°56'27"N，87°28'15"E），海拔高度 796m，年均气温 7.6℃，≥10℃有效积温 1734℃，年降水量 310mm，无霜期 156d，年日照时数 2594h，属干旱半干旱荒漠气候。

供试土壤为灰漠土，发育在黄土状母质上。长期定位施肥田块在 1988 年至 1989 年进行 2 年匀地，1990 年正式开始试验。匀地后耕层（0～20cm）土壤基本性质：有机质含量 15.2g/kg，全氮 0.87g/kg，全磷 0.67g/kg，全钾 23g/kg，碱解氮 55.2mg/kg，速效磷 3.4mg/kg，速效钾 288mg/kg，缓效钾 1764mg/kg，pH 为 8.1，阳离子交换量 16.2cmol/kg，容重 $1.25g/cm^3$。一年一熟，三年为一个轮作周期，种植作物分别为冬小麦、春小麦（2009 年开始改为棉花）、玉米。

试验设 12 个处理：①不耕作（撂荒，CK_0）；②不施肥（CK）；③氮（N）；④氮磷（NP）；⑤氮钾（NK）；⑥磷钾（PK）；⑦氮磷钾（NPK）；⑧常量氮磷钾+常量有机肥（NPKM）；⑨增量氮磷钾+增量有机肥（1.5NPKM）；⑩氮磷钾+秸秆还田（NPKS）；⑪秸秆还田（S）；⑫单施有机肥（M）。小区面积为 $468m^2$，小区间隔采用预制钢筋水泥板埋深 70cm，地表露出 10cm 加筑土埂，避免出现漏水渗肥现象。N、P、K 化肥分别用尿素、磷酸二铵/重过磷酸钙和硫酸钾，$N : P_2O_5 : K_2O = 1 : 0.6 : 0.2$；有机肥为羊粪，含 N 为 8.0g/kg，$P_2O_5$ 为 2.3g/kg，K_2O 为 3.0g/kg。各处理的施肥量见表 20-1（1990～1994

年）和表 20-2（1994 年以后）。60%的氮肥及全部磷、钾肥用作基肥，在播种前均匀撒施地表，深翻后播种；其余 40%的氮肥作追肥，冬小麦在春季返青期和扬花期各追肥一次，春小麦在拔节期和扬花期各追肥一次，玉米在大喇叭口期沟施追肥一次，棉花在蕾期、花铃期各追肥一次（沟灌条件下）。有机肥（羊粪）每年施用一次，于每年作物收获后均匀撒施深耕。秸秆是利用当季作物收获后的全部秸秆粉碎撒施后深耕。

表 20-1　1990～1994 年灰漠土长期试验不同施肥处理及施肥量

肥料	1.5NPKM	NPK	NPKM	CK	NK	N	NP	PK	NPKS
干羊粪/(t/hm²)	60.0	0	30.0	0	0	0	0	0	0
N/(kg/hm²)	59.6	99.4	29.8	0	99.4	99.4	99.4	0	89.4
P₂O₅/(kg/hm²)	40.0	66.9	20.0	0	0	0	66.9	66.9	56.1
K₂O/(kg/hm²)	16.5	23.1	8.25	0	23.1	0	0	23.1	20.8

表 20-2　1994 年以后灰漠土长期试验不同施肥处理及施肥量

肥料	1.5NPKM	NPK	NPKM	CK	NK	N	NP	PK	NPKS	S	M
干羊粪/(t/hm²)	60.0	0	30.0	0	0	0	0	0	0	0	60.0
N/(kg/hm²)	151.8	241.5	84.9	0	241.5	241.5	241.5	0	216.7	0	0
P₂O₅/(kg/hm²)	90.4	138.0	51.4	0	0	0	138.0	138.0	116.6	0	0
K₂O/(kg/hm²)	19.0	61.9	12.4	0	61.9	0	0	61.9	52.0	0	0

注：S 和 M 处理自 1999 年开始。

玉米品种为'Sc704'、'新玉 7 号'、'中南 9 号'、'新玉 41 号'，5 月上旬播种，播种量为 45kg/hm²，于 9 月下旬收获；棉花品种为'新陆早'系列，4 月中下旬播种，播种量为 60～75kg/hm²，9 月中旬开始收获；春麦品种为'新春 2 号'、'新春 8 号'，4 月上旬播种，播种量为 390kg/hm²，7 月下旬收获；冬麦品种为'新冬 17 号'、'新冬 18 号'和'新冬 19 号'，播种量为 375kg/hm²，9 月下旬播种，翌年 7 月中旬收获。

二、不同粒级团聚体与有机-无机复合体的分离方法

1. 不同粒级团聚体分组

采用改进的 Sleutel 等（2006）和 Six 等（2002a）的方法：称取 10g 风干后的土样置于铝盒中，从边缘慢慢加水，使土壤吸水回湿，然后置于冰箱中平衡过夜。将回湿后的土样置于 250μm 孔径的筛上，放入直径 4mm 的玻璃珠，在恒定的水流下，手动温和振荡，使团聚体全部破碎为微团聚体，同时下置 53μm 孔径筛，留在 250μm 筛上的为粗自由颗粒有机碳（cfPOC，>250μm）和粗砂粒；留在 53μm 筛上的是微团聚体、细自由颗粒有机碳（ffPOC，53～250μm）及细砂粒；通过 53μm 筛的部分为黏粉粒（<53μm），加 0.2mol/L 的 CaCl₂ 絮凝、离心、收集。微团聚体间的细自由颗粒有机碳和微团聚体内颗粒有机碳（iPOC）的分离采用重液悬浮法：将上步烘干后的微团聚体（53～250μm）转移至 50ml 离心管，加入 30ml 相对密度为 1.8g/cm³ 的碘化钠（NaI）溶液，在 2400r/min 下离心 60min 后，将离心管中漂浮物（ffPOC）与上清液转移至 20μm 的尼龙滤筛上，

用水冲去重液；离心管底部重组部分，加入蒸馏水清洗，再离心弃去上清液，直至将重液从团粒中清除，然后加入浓度为 5g/L 的六偏磷酸钠溶液，振荡 18h。振荡分散后的团粒过 53μm 的筛，并用水完全洗净，留在筛上的即为 iPOC（53～250μm）；通过 53μm 筛的黏粉粒，同上步所述收集，并与上步所得黏粉粒混合，用于测定矿物结合态有机碳（MOC）。以上各组分转移至铝盒后，先在水浴锅上蒸干，然后置于烘箱内，60℃下烘干 12h，称重。未分组全土和烘干后各组分磨细后过 0.15mm 筛。预先用 15% 的盐酸溶液处理土样，土样中碳酸盐与盐酸反应，将无机碳以 CO_2 形式排除，再烘干土样。采用 EA3000 型元素分析仪测定有机碳含量。最后以单位重量土壤中有机碳含量来表示总有机碳和各组分有机碳的量（佟小刚等，2009）。

2. 不同粒级颗粒组分分组

采用 Anderson 等（1981）和武天云等（2004）的方法，并略作修改：称取 10g 风干土样于 250ml 烧杯，加水 100ml，在超声波发生器清洗槽中超声分散 30min，然后将分散悬浮液冲洗过 53μm 筛，直至洗出液变清亮为止。在筛上得到的是 53～2000μm 砂粒和部分植物残体。根据 Stockes 定律计算不同粒级颗粒分离的离心时间，用离心机对洗出液进行离心。通过不同的离心速度和离心时间分离得到粗粉粒（5～53μm）、细粉粒（2～5μm）、粗黏粒（0.2～2μm）和细黏粒（＜0.2μm）。其中，细粉粒和细黏粒悬液采用 0.2mol/L 的 $CaCl_2$ 絮凝，再离心收集。以上砂粒、粉粒及黏粒的分级以美国农部制为准。各组分转移至铝盒后，先在水浴锅上蒸干，然后置于烘箱内，60℃下烘干 12h。烘干后各组分磨细过 0.25mm 筛，采用重铬酸钾容量外热法测定有机碳含量（佟小刚等，2008）。

3. 不同大小矿物颗粒结合态有机碳的分离与测定

参考 Yan 等（2012）的湿筛法，称取 100g 风干土进行土壤团聚体组分分离，对土壤团聚体进行＞2000μm（实验未筛出＞2000μm 的团聚体组分）、250～2000μm、53～250μm、＜53μm 共 4 个粒级分组，再根据 Six 等（1998）的方法，用已获得的干燥烘干的大团聚体 50g 转移至 250ml 离心管中，加入 150ml 密度为 1.85g/cm^3 的溴化锌（ZnBr）溶液，用往复式振荡器振荡 30min。取出离心管，再用 10ml 同样的 ZnBr 溶液将黏附在离心管盖子和管壁的颗粒物质完全冲洗至悬浮液中。随后，将悬浮液置于离心机中，以 3000r/min 低温离心 30min，静置 20min 后取出，用 0.45μm 的聚酰胺膜将上清液抽滤 10min，以分离去除轻质有机碳组分。将保留在离心管中的土壤颗粒沉淀用去离子水冲洗 3 遍，再用 150ml 质量分数为 0.5% 的六偏磷酸钠溶液将土壤颗粒沉淀再次分散，随后放置于振荡器持续振荡 18h，再将分散过后的悬浮液通过预先准备好的 250μm 和 53μm 筛，并用清水冲洗直至滤液澄清，将保留在筛上的土壤烘干、称重，测定粗团聚体内颗粒有机碳（coarse iPOM）、细团聚体内颗粒有机碳（fine iPOM）和粉黏粒亚组分（silt+clay subfractions）。

土壤有机碳采用元素分析仪（Flash EA 1112）测定，期间每隔 10 个样品加 1 个国家标准样品进行准确性校验。

第二节 长期不同施肥下灰漠土有机质/碳变化趋势

一、长期不同施肥下灰漠土有机质的演变规律

对灰漠土长期单施化肥条件下，耕层（0～20cm）土壤有机质含量与施肥年限（31年）的相关分析表明，仅施用磷钾肥表现为显著下降趋势（$P<0.01$），其他化肥处理无显著变化（图20-1）。

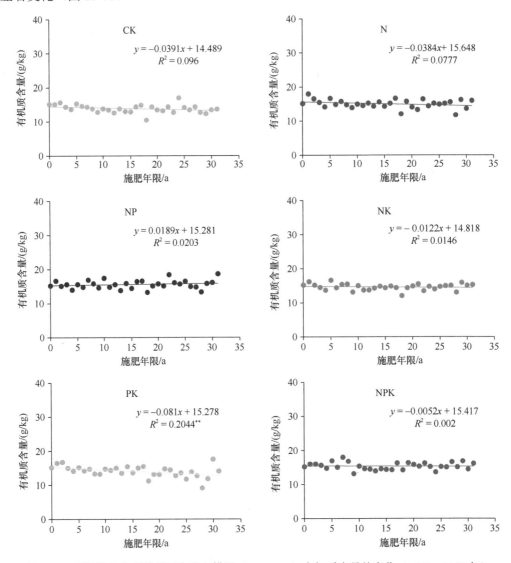

图20-1　不施肥及化肥施用下灰漠土耕层（0～20cm）有机质含量的变化（1990～2020年）

图中样本数 $n=32$，施肥年限 0 代表试验前基础有机质含量（15.2g/kg），** 表示 0.01 水平下显著相关

施肥 31 年（1990～2020 年）的土壤有机质绝对变化量，单施磷钾肥下降到 14.5g/kg（2018～2020 年平均值），累计下降了 0.7g/kg，下降速率平均为 0.02g/(kg·a)。不施肥、

单施氮肥、氮磷肥、氮钾肥和氮磷钾肥处理下，土壤有机质含量（2018～2020 年平均值）分别为 13.2g/kg、15.3g/kg、16.8g/kg、15.4g/kg 和 15.8g/kg，其含量变化与施肥年限间无显著相关性，表明不施肥、氮肥、氮磷肥、氮钾肥和氮磷钾肥土壤有机质含量基本维持平衡（图 20-1）。

高量有机肥配施氮磷钾肥、有机肥配施氮磷钾肥和单施有机肥土壤有机质含量呈持续增加趋势，2018～2020 年平均值分别为 55.4g/kg、43.2g/kg 和 40.4g/kg，是起始值的 3.6 倍、2.8 倍和 2.7 倍。土壤有机质与施肥年限间呈极显著正相关性（$P<0.01$），增加速率分别为 1.14g/(kg·a)、0.72g/(kg·a) 和 1.81g/(kg·a)。秸秆还田后土壤有机质含量在 2018～2020 年达到 16.2g/kg，较起始值略有增加但不显著（图 20-2）。由此可见，施用有机肥是灰漠土有机质提升的最有效措施，秸秆还田提升有机质的效果较为缓慢。

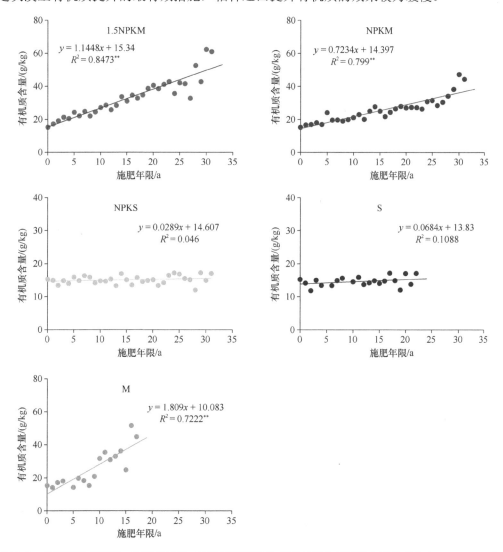

图 20-2 化肥配施有机肥、单施有机肥、秸秆还田配施化肥下灰漠土有机质含量的变化（1990～2020 年）
图中 1.5NPKM、NPKM、NPKS 处理样本数 $n=32$，S 处理 $n=21$，M 处理 $n=16$，施肥年限 0 代表试验前基础有机质含量（15.2g/kg），** 表示 0.01 水平下显著相关

二、长期施肥下灰漠土有机碳储量对有机碳投入的响应

一般情况下，在土壤有机碳库达到饱和之前，土壤有机碳库与系统碳投入之间具有显著的正相关关系（Six et al.，2002b）。因此，提升农田土壤有机碳库库容可通过提高生产力进而增加根茬归还量，从而增加系统碳投入的措施来实现。这与一些经典模型假定土壤有机碳库与系统碳投入的关系为常数的理论是一致的。当土壤有机碳库接近或达到饱和水平时，土壤有机碳库对系统投入的增加无响应，增加的碳投入不会被土壤固定下来。一般温带地区的系统碳投入对土壤有机碳库变化的贡献率为14%～21%（Rasmussen and Collins，1991），而中温带大豆-小麦两季种植系统的有机碳转化系数为19%（Kundu et al.，2007）。我国目前在这方面也开展了一些研究，但对于系统碳投入对土壤有机碳库提升的贡献方面还鲜见报道。

相关性分析表明（图 20-3），灰漠土有机碳储量与累积碳投入之间呈现极显著的线性正相关关系（$P<0.01$），表明灰漠土仍具有一定的固碳潜力。从图中方程可见，有机碳储量与累积碳投入的线性方程的斜率为 0.2496，也就是说灰漠土有机碳投入的平均转化利用效率约为 25.0%。另外，从该方程可知，维持灰漠土有机碳含量不降低，则需要累积碳投入量达 17.89t/hm^2。

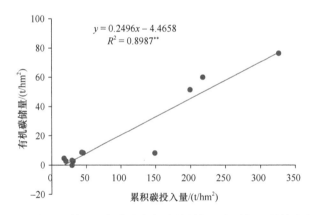

图 20-3　长期不同施肥下灰漠土有机碳储量与累积碳投入量的响应关系

第三节　长期不同施肥下灰漠土碳库组分变化及其固碳效率

一、长期不同施肥下灰漠土不同大小矿物颗粒结合态有机碳各组分分布及变化

长期不同施肥下，灰漠土总有机碳在各粒径矿物颗粒中的平均分布比例总体为粗粉粒（27.9%）、粗黏粒（27.1%）＞砂粒（22.6%）＞细粉粒（16.5%）＞细黏粒（5.9%）；粗粉粒和粗黏粒上集中的有机碳最多，是灰漠土中固持有机碳的重要组分（图 20-4）。长期施肥对总有机碳分布比例的影响因颗粒大小不同而差异较大。与不施肥相比，配施有机肥（NPKM、1.5NPKM）使砂粒中有机碳比例平均提高了 119.4%，但分配到细粉粒和粗黏粒中的有机碳比例却分别显著下降了 40.3%和 37.9%（$P<0.05$）；平衡施用化

肥（NPK）使砂粒有机碳比例显著（$P<0.05$）增加了 57.2%，而不平衡施化肥（N、NP）条件下各级矿物颗粒有机碳比例基本接近，说明不平衡施化肥并不能改变总有机碳在各级矿物颗粒中的分布比例。秸秆还田（NPKS）处理使砂粒有机碳比例下降了 38.2%，其他粒级矿物颗粒有机碳的比例并无显著变化。

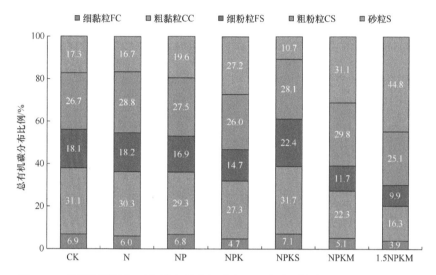

图 20-4　长期不同施肥下灰漠土总有机碳在不同大小颗粒中的分布（2007 年）

长期不同施肥 18 年（2007 年）后，与不施肥相比，氮磷配施（NP）下细黏粒有机碳含量显著增加了 11.2%（$P<0.05$）；氮磷钾平衡施用（NPK）下砂粒有机碳含量显著增加了 66.9%；秸秆还田（NPKS）下细粉粒和细黏粒有机碳含量分别显著增加了 31.2% 和 9.4%，而砂粒、粗粉粒及粗黏粒的有机碳含量并不受秸秆还田影响（表 20-3）。配施有机肥（NPKM 和 1.5NPKM）提高各级矿物颗粒结合态有机碳含量的效果最显著，且与其他施肥相比，差异达显著水平，砂粒、粗粉粒、细粉粒、粗黏粒及细黏粒有机碳含量平均增幅分别达到 397.5%、122.9%、29.7%、33.0%和 39.8%，说明砂粒中有机碳含量对配施有机肥响应最敏感。

表 20-3　施肥 18 年灰漠土不同大小矿物颗粒有机碳含量（2007 年）　（单位：g/kg）

处理	砂粒有机碳 （S-OC）	粗粉粒有机碳 （CS-OC）	细粉粒有机碳 （FS-OC）	粗黏粒有机碳 （CC-OC）	细黏粒有机碳 （FC-OC）
CK	1.60d	2.47d	1.67c	2.88d	0.64e
N	1.55d	2.68d	1.69c	2.81d	0.56e
NP	2.04cd	2.86d	1.76c	3.05d	0.71cd
NPK	2.68c	2.56d	1.45c	2.69d	0.47e
NPKS	1.05d	2.76d	2.19a	3.1cd	0.7cd
NPKM	5.23b	5.01b	1.97b	3.74ab	0.85ab
1.5NPKM	10.73a	6.00a	2.37a	3.91ab	0.93a

注：同列数据后不同字母表示不同处理间差异显著（$P<0.05$）。

灰漠土各级矿物颗粒结合态有机碳随施肥时间的变化在处理间差异较大（图 20-5）。长期不施肥或不平衡施用化肥（N、NP）仅能维持不同大小矿物颗粒结合态有机碳含量

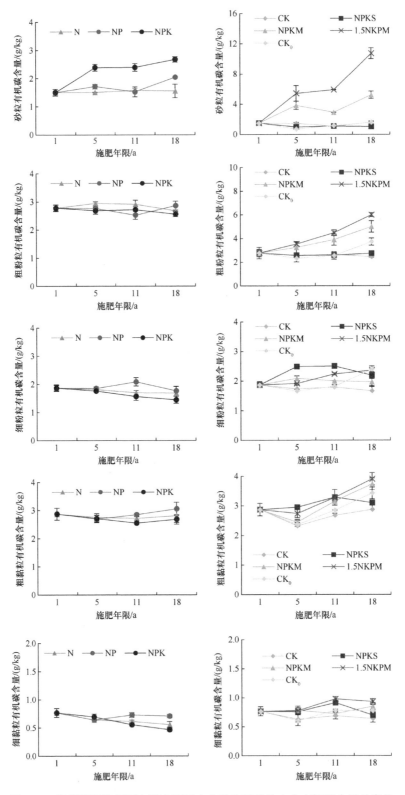

图 20-5　长期不同施肥下灰漠土不同大小矿物颗粒结合态有机碳含量的变化

的初始水平；平衡施用化肥（NPK）使砂粒有机碳含量以每年 0.06g/kg 的速率显著上升，但粗粉粒、细粉粒、细黏粒有机碳含量分别以每年 0.01g/kg、0.03g/kg 和 0.02g/kg 的速率显著下降。

秸秆还田（NPKS）下各级矿物颗粒结合态有机碳含量的变化速率并不显著，说明秸秆有机物的输入仅能维持灰漠土有机碳的平衡。随时间的延长，常量配施有机肥（NPKM）处理的土壤砂粒、粗粉粒和粗黏粒有机碳含量均呈显著增加趋势，其增速分别为每年 0.18g/kg、0.13g/kg 和 0.06g/kg；增量配施有机肥（1.5NPKM）也显著增加了各级矿物颗粒结合态有机碳含量，在砂粒、粗粉粒、细粉粒、粗黏粒和细黏粒中的增速分别为每年 0.49g/kg、0.19g/kg、0.03g/kg、0.07g/kg 和 0.01g/kg，其中砂粒有机碳含量的增加速率最高，是其他矿物颗粒的 2.6～49.0 倍。由此可见，增量配施有机肥可显著增加灰漠土有机碳含量，同时说明砂粒有机碳是反映灰漠土有机碳库变化的敏感组分。

与不施肥相比，配施有机肥对增加各有机碳组分的效果最显著，并以砂粒有机碳含量的增速（年均 0.34g/kg）最高，对施肥最敏感；秸秆还田仅能维持各级矿物颗粒结合态有机碳含量；长期施用化肥不利于各级颗粒结合态有机碳含量的增加。从分配比例来看，以粗粉粒（27.9%）和粗黏粒（27.1%）有机碳所占比例最高，是固持有机碳的重要组分；配施有机肥使砂粒有机碳比例显著提高 119.4%，细粉粒和粗黏粒有机碳比例却分别降低了 40.3% 和 37.9%。长期配施有机肥是增加灰漠土各级矿物颗粒结合态有机碳积累和提升灰漠土肥力的最有效施肥方式。

二、长期不同施肥下灰漠土各有机碳组分含量的变化

由不同施肥 17 年后灰漠土各有机碳组分含量和分布可见（图 20-6），长期施肥对粗自由颗粒有机碳和细自由颗粒有机碳（cfPOC 和 ffPOC）影响较大。与不施肥相比，施肥处理均显著提高了 cfPOC 和 ffPOC 含量。其中，有机 - 无机肥配施（NPKM 和 1.5NPKM）的 cfPOC 和 ffPOC 含量最高，分别达到 2.65～3.19g/kg 和 1.20～1.67g/kg，是不施肥的 6.0～7.0 倍和 3.0～4.1 倍；其次是秸秆还田（NPKS），cfPOC 和 ffPOC 含量分别为 1.58g/kg 和 0.90g/kg，是不施肥的 3.5 倍和 2.2 倍；施化肥处理（N、NP 和 NPK）cfPOC 和 ffPOC 增幅最低，分别为不施肥的 0.4～1.1 倍和 0.3～0.5 倍；而撂荒处理（CK_0）也使 cfPOC 和 ffPOC 分别增加了 0.7 倍和 0.6 倍。除单施氮肥（N）外，其他处理的物理保护有机碳（iPOC）含量均较不施肥处理有显著增加。其中，有机 - 无机肥配施处理下 iPOC 含量增加了 1.9～3.2 倍，秸秆还田处理下增加了 87.8%，撂荒下增加了 62.9%，氮磷钾配施和氮磷配施处理下 iPOC 增幅最低，平均为 36.2%。与不施肥相比，撂荒、秸秆还田、单施氮肥均未显著增加矿物结合态有机碳（MOC）。有机 - 无机肥配施（NPKM 和 1.5NPKM）下 MOC 含量达 7.63～10.25g/kg，比不施肥显著增加了 42.6%～91.4%。氮磷钾配施（NPK）和氮磷配施（NP）下 MOC 平均增加了 14.1%。

灰漠土中不同有机碳组分，MOC 所占比例最高，占到总有机碳的 56.9%～77.8%，对有机碳的固持起到重要作用；细自由颗粒有机碳（ffPOC）所占比例最低，仅为 5.9%～9.5%；物理保护有机碳（iPOC）和粗自由颗粒有机碳（cfPOC）所占比例无显著差异，分

别占到总有机碳的 9.6%～15.6%和 6.7%～19.8%（刘骅等，2010）。

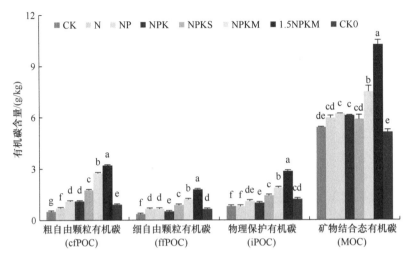

图 20-6　长期不同施肥下灰漠土有机碳组分含量（2007 年）

图中不同小写字母表示同一有机碳组分下，不同处理间的差异显著（$P<0.05$）

三、灰漠土不同有机碳组分与总有机碳的关系

不同有机碳组分与总有机碳之间呈极显著正相关关系（表 20-4），说明它们都是灰漠土总有机碳库的稳定组成，对总有机碳增加具有促进作用。由进一步偏相关分析可知，不同有机碳组分中，仅矿物结合有机碳（MOC）与总有机碳存在极显著正相关关系，且该组分有机碳占总有机碳的比例通常为 65%左右，是灰漠土固存有机碳的重要组分。

表 20-4　灰漠土不同有机碳组分与总有机碳的相关性（2007 年，样本数 $n=8$）

项目	cfPOC	ffPOC	iPOC	MOC
cfPOC	1.000			
ffPOC	0.846**	1.000		
iPOC	0.882**	0.854**	1.000	
MOC	0.752**	0.698**	0.586**	1.000
TOC	0.614**	0.598**	0.659**	0.652**

注：表中*表示显著差异（$P<0.05$），**表示极显著差异（$P<0.01$）。cfPOC 为粗自由颗粒有机碳，ffPOC 为细自由颗粒有机碳，iPOC 为物理保护有机碳，MOC 为矿物结合态有机碳，TOC 为土壤总有机碳。

四、灰漠土不同粒级团聚体有机碳固持速率与固碳效率

灰漠土总有机碳和各粒级团聚体有机碳的固持速率在不同处理间差异较大（表 20-5）。对于土壤总有机碳而言，有机-无机肥配施时土壤固碳速率最快，在有机肥配施氮磷钾（NPKM）和高量有机肥配施氮磷钾（1.5NPKM）下分别为 1.13t/(hm²·a)和 1.22t/(hm²·a)，是氮磷钾肥处理中的 6.3 倍和 6.7 倍，是秸秆+氮磷钾肥处理中的 6.8 倍和 7.2 倍，而后两者并没有显著差异。对于各团聚体而言，cfPOC 和 MOC 的平均固碳速率

[0.19t/(hm²·a)和 0.26t/(hm²·a)]明显高于 ffPOC 和 iPOC[0.04t/(hm²·a)和 0.10t/(hm²·a)]；施用有机肥（NPKM、1.5NPKM 和 M）土壤各级团聚体的固碳速率显著高于其他处理，其他处理之间各级团聚体的固碳速率无显著差异。

表 20-5　施肥 18 年后灰漠土不同粒级团聚体固碳速率（2007 年）

处理	碳投入量/ （t/hm²）	总固碳速率/ ［t/(hm²·a)］	各粒级团聚体固碳速率/［t/(hm²·a)］			
			cfPOC	ffPOC	iPOC	MOC
CK	11.09					
N	17.14	0.15	0.04±0.00	0.05±0.00	0.00±0.00	0.09±0.00
NP	24.73	0.34	0.12±0.00	0.06±0.00	0.04±0.00	0.19±0.00
NPK	24.97	0.34	0.10±0.00	0.02±0.00	0.05±0.00	0.10±0.00
NPKM	100.49	1.34	0.35±0.00	0.13±0.00	0.15±0.00	0.22±0.00
1.5NPKM	175.28	2.44	0.47±0.01	0.25±0.00	0.36±0.00	0.83±0.01
NPKS	78.84	0.43	0.07±0.00	0.05±0.00	0.07±0.00	−0.05±0.00
平均值	61.79	0.84	0.19	0.10	0.11	0.23

注：cfPOC 为粗自由颗粒有机碳，ffPOC 为细自由颗粒有机碳，iPOC 为物理保护有机碳，MOC 为矿物结合态有机碳。

连续 18 年外源有机碳累积投入与土壤总有机碳及各级团聚体有机碳储量的增加量均呈显著正线性相关关系（$P<0.01$，图 20-7，表 20-6），表明土壤总有机碳和各级团聚体中有机碳均没有出现饱和现象。不同施肥下土壤有机碳储量变化量与累积碳投入关系的直线斜率，表示不同施肥下土壤的平均固碳效率（图 20-7，表 20-6）。土壤总有机碳（TSOC）的固持速率为 23.5%，即当外源有机碳的投入量增加 100t/hm²，土壤总有机碳储量将会增加 23.5t/hm²；各级团聚体 MOC 的固碳效率（6.7%）显著高于 cfPOC（4.6%）、iPOC（3.5%）和 ffPOC（2.2%）。

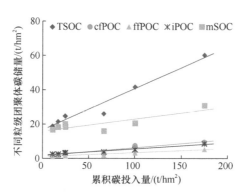

图 20-7　灰漠土不同粒级团聚体有机碳储量与累积碳投入量的关系

表 20-6　灰漠土不同粒级团聚体有机碳储量与累积碳投入量的线性关系参数及固碳效率

不同粒级团聚体组分	斜率	决定系数（R^2）	P 值	固碳效率/%
TSOC	0.24	0.92	<0.01	23.5
cfPOC	0.05	0.83	<0.01	4.6
ffPOC	0.02	0.88	<0.01	2.2
iPOC	0.04	0.94	<0.01	3.5
MOC	0.07	0.66	<0.01	6.7

第四节　不同施肥下灰漠土有机碳的团聚体稳定性特征

一、不同施肥下灰漠土团聚体结合碳含量的变化

不同施肥下灰漠土团聚体结合态有机碳浓度差异明显（图 20-8），有机肥配施氮磷钾肥和不施肥的土壤团聚体有机碳浓度均为大团聚体＞微团聚体＞粉黏粒。团聚体有机碳浓度随团聚体粒径增大而增加，施用有机肥虽然提高了土壤各级团聚体有机碳的浓度，但仍为大团聚体最高、粉黏粒最低。秸秆+氮磷钾肥处理的土壤团聚体有机碳浓度为粉黏粒＞大团聚体＞微团聚体，即以粉黏粒为主，氮磷钾、单施氮肥和撂荒的土壤团聚体有机碳浓度均为大团聚体＞粉黏粒＞微团聚体，即以大团聚体结合碳为主。由此可见，不同管理措施对各级团聚体结合碳的影响不尽相同。与不施肥相比，各施肥处理均显著增加了粉黏粒结合态有机碳的含量。施用有机肥各级团聚体结合态有机碳较其他施肥均有显著增加。

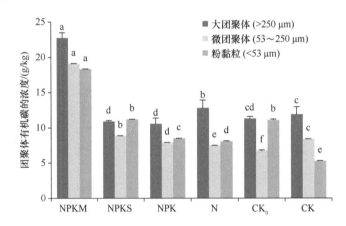

图 20-8　不同施肥灰漠土团聚体中有机碳浓度（2014 年）

不同字母表示同一团聚体组分在不同施肥间的差异显著水平（$P<0.05$），下同

二、不同施肥下灰漠土大团聚体组分有机碳含量的变化

通过对大团聚体进一步筛分，可得到粗颗粒有机碳、细颗粒有机碳、粉黏粒有机碳在大团聚体中的分配特征（图 20-9）。与不施肥相比，撂荒和单施氮肥处理各组分有机碳含量没有发生显著变化，氮磷钾肥处理仅有粗颗粒有机碳含量显著提高，秸秆+氮磷钾肥处理仅细颗粒有机碳有显著提高，有机肥配施氮磷钾肥时各组分有机碳均有显著提高。大团聚体内各组分有机碳的变化幅度为细颗粒有机碳＞粉黏粒有机碳＞粗颗粒有机碳。各施肥处理的大团聚体 3 个组分中，粗颗粒有机碳含量均为最低，投入有机物料时（NPKM、NPKS）细颗粒有机碳含量最高，分别较不施肥增加了 3.9 倍和 1.2 倍，其他施肥下粉黏粒有机碳最高。有机物料的投入对提高土壤细颗粒有机碳的效果最为显著，且当土壤总有机碳提高到一定水平时，大团聚体内各级有机碳均可显著增加。总之，不

同土壤管理措施不仅影响土壤中有机碳的蓄积，还影响着土壤有机碳在大团聚体内部的各组分中的分配，当土壤含碳量较低时，其以粉黏粒有机碳为主，而当土壤有机碳含量较高时，以细颗粒有机碳为主。

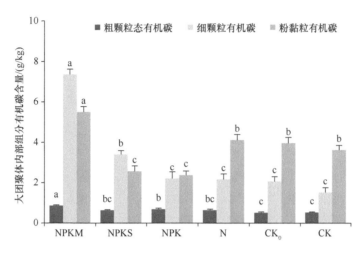

图 20-9　不同施肥下灰漠土大团聚体组分有机碳含量

三、不同施肥措施对灰漠土大团聚体周转的影响

大团聚体中细颗粒有机碳与粗颗粒有机碳的比值常作为评价大团聚体周转速率的指标，比值越大，大团聚体周转越慢；相反，比值越小，大团聚体周转越快。土壤大团聚体的周转速率大小依次为：不施肥＞氮磷钾＞撂荒＞单施氮肥＞秸秆+氮磷钾肥＞有机肥配施氮磷钾肥（图 20-10）。其中，施用有机肥大团聚体的周转速率分别是秸秆还田、化肥、撂荒和不施肥周转速率的 62%、39%、47% 和 33%。由此可见，施用有机肥和秸秆还田均可减缓土壤大团聚体周转，撂荒对于减缓土壤大团聚体周转的效果高于化肥。因此，通过添加外源有机物料，可减缓大团聚体的周转速率，有利于大团聚体中有机碳的固定。

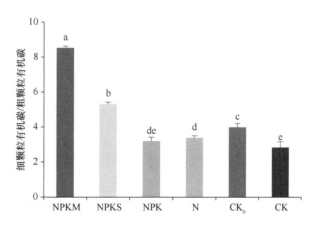

图 20-10　灰漠土大团聚体中细颗粒有机碳与粗颗粒有机碳的重量比（2014 年）

施用有机物料，可促进土壤大团聚体的形成，增强土壤稳定性，提高了土壤抗蚀能力，有利于碳的固定和积累，而且施有机肥的效果比秸秆还田更明显。相对于撂荒，单施化肥或不施肥，土壤团聚体在耕作的过程中遭到破坏，大团聚体的崩解率大于团聚速率，大团聚体向微团聚体、粉黏粒的转化和逐级转化加大了团聚体的周转速率，促进了粉黏粒的固定，不利于有机碳的固定，难以提高土壤有机碳和建立稳定的土壤团聚体结构（王西和等，2021）。

第五节 长期不同施肥下灰漠土剖面有机碳储量变化

一、不同施肥下灰漠土剖面 0～100cm 各层有机碳储量的变化

施肥 20 年后，不同施肥显著改变了 0～100cm 土体有机碳储量（图 20-11）。不施肥和单施氮肥下有机碳储量平均比试验初始降低 13%。NPKM 施肥的碳储量比试验初始增加 21%，且显著高于 NPK，而 NPKS 与 NPK 间无显著差异；单施化肥处理（N、NP、PK、NPK），除酸化严重的 N 处理与 CK 处理碳储量相当外，其余处理略高于 CK 处理，且与 NPKS 处理无显著差异。

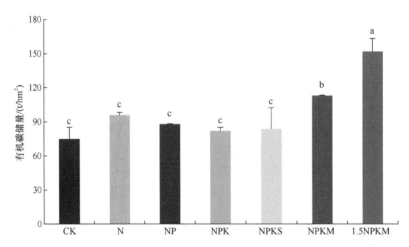

图 20-11　施肥 20 年后灰漠土 0～100cm 土体有机碳储量（2009 年）
不同字母表示不同处理间差异显著水平（$P < 0.05$）

施肥 20 年后 0～100cm 土层有机碳储量的变化与 1989 年相比，配施有机肥的土壤有机碳储量显著上升，高量有机肥配施氮磷钾（1.5NPKM）和有机肥配施氮磷钾（NPKM）的有机碳储量分别提高了 40.6t/hm² 和 9.2t/hm²。其余 4 个施肥措施（N、NP、NPK、NPKS）的有机碳储量略有下降，降幅达 6.7～18.4t/hm²，不施肥（CK）的有机碳储量下降了 18.6t/hm²，说明单施化肥与秸秆还田仅基本维持灰漠土 1.0m 土层的有机碳储量。

二、不同施肥下剖面 0～100cm 各层有机碳储量的变化

随着施肥年限延长，化肥配施有机肥（NPKM、1.5NPKM）处理灰漠土有机碳储量

在 0～40cm 土层显著提高。2002 年，NPKM 和 1.5NPKM 处理的灰漠土 0～20cm 土层有机碳储量比 1989 年分别提高了 31.1% 和 69.3%，2009 年比 2002 年分别提高了 37.2% 和 43.4%（表 20-7）。与初始相比，配施秸秆还田（NPKS）后 0～20cm 土层有机碳储量基本持平，20～100cm 各层次略有下降，下降幅度为 2.48～3.8t/hm²。不施肥和单施化肥（CK、N、NP、NPK）在 1m 土体内有机碳储量均有不同程度下降，下降幅度为 1.8～6.6t/hm²。

表 20-7　不同施肥年限灰漠土不同土层的有机碳储量　　　（单位：t/hm²）

施肥年限	土层/cm	CK	N	NP	NPK	NPKS	NPKM	1.5NPKM
0 年	0～20	21.5	21.5	21.5	21.5	21.5	21.5	21.5
(1989 年)	20～40	22.9	22.9	22.9	22.9	22.9	22.9	22.9
	40～60	15.9	15.9	15.9	15.9	15.9	15.9	15.9
	60～80	13.7	13.7	13.7	13.7	13.7	13.7	13.7
	80～100	12	12	12	12	12	12	12
12 年	0～20	17.9	21.6	22	20.4	21.6	28.2	36.4
(2002 年)	20～40	17.8	19.5	24.3	16.8	19.7	20	31.7
	40～60	17.1	16.9	9.6	12.2	8.6	17.2	14.9
	60～80	11.3	12.4	11.5	12.9	9.2	12.7	12.9
	80～100	9.7	12.4	14.4	12	9.1	12.4	11.2
20 年	0～20	18.4±0.3 Aa	21.9±1.3 Ab	21.4±0.7 Ab	19.6±1.0 Aab	22.±52.4 Ab	38.7±2.7 Ac	52.2±1.1 Ad
(2009 年)	20～40	17.4±3.2 Aa	19.6±1.2 Aab	19.1±1.6 Ba	16.4±2.7 Ba	19.1±2.8 Aa	23.9±1.5 Bb	33.7±3.5 Bc
	40～60	10.7±1.5 Ba	13.9±2.1 Bab	11.6±0.5 Ca	10.4±1.0 Ca	13.4±3.0 Bab	11.3±0.3 Ca	15.3±2.3 Cb
	60～80	10.6±1.1 Ba	13.1±2.0 BCa	10.4±0.3 Ca	11.0±1.4 Ca	10.8±1.8 Ba	10.8±0.7 Ca	11.8±1.5 Ca
	80～100	10.2±3.3 Ba	10.8±0.6 Ca	11.0±1.2 Ca	10.2±0.5 Ca	12.3±3.5 Ba	10.5±0.6 Ca	13.5±4.6 Ca

注：表中 2009 年数据是 3 次重复的平均值；同一行中不同小写字母表示同一层次不同处理间差异显著（$P \leq 0.05$）；同一列中不同大写字母表示同一处理不同层次间差异显著（$P \leq 0.05$）；差异显著性在同一年份间比较。

第六节　灰漠土有机质提升技术

一、长期施肥灰漠土有机碳变化的产量效应

通过对小麦、玉米、棉花产量与土壤有机质含量的统计分析，发现有机质含量与作物产量的关系符合线性增长模型（图 20-12）。由此计算得出灰漠土有机质含量每提升 1g/kg，小麦、玉米和棉花产量分别能够增加 162.8kg/hm²、161.5kg/hm² 和 71.9kg/hm²，有机质对作物增产的效果为：小麦和玉米＞棉花。

大量统计结果表明，土壤有机质与作物产量之间存在"线性-平台"关系（Zhang et al.，2016），据此可确定区域土壤有机质阈值（90%最大产量处的土壤有机质），作为培肥目标、确定培肥模式。对照灰漠土 31 年的长期施肥试验，目前灰漠土有机质仍处于快速提升阶段，通过增施有机肥、普及秸秆还田等，可提升土壤有机质肥力水平，促进作物增产和稳产。

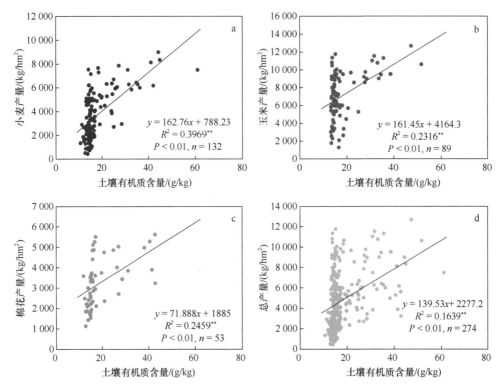

图 20-12 作物产量与灰漠土有机质含量的关系

注：**表示相关性在 0.01 水平下显著相关

二、长期有机-无机肥配施或单施有机粪肥提高土壤有机质

灰漠土连续 31 年施用有机肥后，1989 年基础的低肥力土壤（有机质含量 15.2g/kg）到 2020 年均变为高肥力土壤（施用有机肥的土壤，有机质含量平均达到 49.3g/kg）。由此可见，有机肥料对增加土壤有机质的效果优于单施化肥，施用有机肥或有机肥与化肥配施是增加土壤有机质的有效且重要的措施。

有机-无机肥配施在小麦、玉米和棉花轮作制度下能不同程度地提高 0～100cm 土体及各层有机碳储量，提升效果显著优于其他处理，是灰漠土培肥固碳和合理化利用的较优管理措施。

长期有机-无机肥配施（NPKM 和 1.5NPKM）增加各有机碳组分的效果最显著，粗自由颗粒有机碳对施肥较敏感，而矿物结合态有机碳是灰漠土固存有机碳的主要形式，因此，长期有机-无机肥配施是提高灰漠土有机碳组分含量和培肥土壤的有效模式。

有机-无机肥配施（NPKM）可显著提高灰漠土团聚体中粗颗粒有机碳、细颗粒有机碳和粉黏粒有机碳的含量，新增碳在大团聚体中主要以细颗粒有机碳的形态储存下来，形成了稳定的团聚体结构，并降低大团聚体的周转速率，是灰漠土有机碳的重要物理保护机制。因此，化肥配施有机肥或单施有机肥不仅能增加碳的固持，并且能改善土壤的团聚体结构，显著促进土壤肥力提升。

三、灰漠土有机质提升技术

灰漠土长期施肥下有机碳储量增加量与其相应的年均碳投入量呈直线线性关系（图 20-3）。通过土壤对不同有机物料碳的固持效率，我们可以计算出提升和维持有机碳水平的外源有机物料施用量。灰漠土的固碳效率为 25.0%，即每投入 100t 外源碳，有 25.0t 的碳固持在土壤中。

土壤中低肥力阶段即有机质小于 18.0g/kg（有机碳小于 10.4g/kg）时，维持初始 SOC 水平的年碳投入量为 0.58t/hm²，折合风干玉米秸秆（有机碳含量约为 42.7%）约 1.36t/hm²、小麦秸秆（有机碳含量约为 41.9%）约 1.38t/hm²、棉花秸秆（有机碳含量约为 38.2%）约 1.52t/hm²。以 SOC 储量等于 19.5t/hm²（初始 SOC 储量）为基础，未来 20 年内，土壤有机碳储量提升 10%，需额外每年投入风干玉米秸秆约 0.91t/hm²、小麦秸秆约 0.93t/hm²、棉花秸秆约 1.02t/hm²；土壤有机碳储量提升 20%，需每年投入风干玉米秸秆约 1.83t/hm²、小麦秸秆 1.86t/hm²；棉花秸秆 2.04t/hm²；土壤有机碳储量提升 30%，需每年投入风干玉米秸秆约 2.74t/hm²；小麦秸秆约 2.79t/hm²；棉花秸秆约 3.06t/hm²。

在土壤高肥力阶段（有机碳大于 10.4g/kg），即有机碳储量较高且以有机粪肥为主要碳投入源的土壤高肥力阶段，以 SOC 储量等于 22.3t/hm²（高肥力阶段 SOC 储量起始值）为基础，未来 20 年内，土壤有机碳储量提升 1%，需每年额外投入干羊粪（有机碳含量约为 34.8%）约 0.13t/hm²；土壤有机碳储量提升 2%，需每年投入干羊粪约 0.26t/hm²；土壤有机碳储量提升 5%，需每年投入干羊粪约 0.64t/hm²。

表 20-8　不同肥力水平阶段灰漠土有机碳提升或维持所需外源有机物料投入量

项目		低肥力水平				高肥力水平		
		初始	20 年提升 10%	20 年提升 20%	20 年提升 30%	初始	20 年提升 1%	20 年提升 2%	20 年提升 5%
SOC 储量/（t/hm²）		19.5	21.45	23.4	25.35	22.3	22.52	22.75	23.42
提升 SOC 储量值 /[t/(hm²·a)]		0	0.10	0.20	0.29		0.01	0.02	0.06
固碳效率/%		25	25	25	25		25	25	25
维持投入或提升 SOC 需额外投入碳量/[t/(hm²·a)]		0.58	0.39	0.78	1.17		0.04	0.09	0.22
需额外投入干羊粪用量 /[t/(hm²·a)]		—	—	—	—		0.13	0.26	0.64
维持投入或提升需额外投入风干作物秸秆用量 /[t/(hm²·a)]	玉米	1.36	0.91	1.83	2.74		—	—	—
	小麦	1.38	0.93	1.86	2.79		—	—	—
	棉花	1.52	1.02	2.04	3.06		—	—	—

注：干羊粪含碳量为 34.8%，风干玉米秸秆含碳量为 42.7%，风干小麦秸秆含碳量为 41.9%，风干棉花秸秆含碳量为 38.2%。

（王西和　杨金钰　刘　骅）

参 考 文 献

刘骅, 佟小刚, 许咏梅, 等. 2010. 长期施肥下灰漠土有机碳组分含量及其演变特征. 植物营养与肥料学报, 16(4): 794-800.

佟小刚, 黄绍敏, 徐明岗, 等. 2009. 长期不同施肥模式对潮土有机碳组分的影响. 植物营养与肥料学报, 15(4): 831-836.

佟小刚, 徐明岗, 张文菊, 等. 2008. 长期施肥对红壤和潮土颗粒有机碳含量与分布的影响. 中国农业科学, 41(11): 3664-3671.

王西和, 蒋㤆博, 王志豪, 等. 2016. 长期定位施肥下灰漠土有机碳演变特征分析. 新疆农业科学, 53(12): 2299-2306.

王西和, 杨金钰, 王彦平, 等. 2021. 长期施肥措施下灰漠土有机碳及团聚体稳定性特征. 中国土壤与肥料, (6): 1-8.

武天云, Jeff J S, 李凤民, 等. 2004. 利用离心法进行土壤颗粒分级. 应用生态学报, 15(3): 477-481.

Anderson D W, Saggar S, Bettany J R, et al. 1981. Particle size fractions and their use in studies of soil organic matter: I. The nature and distribution of forms of carbon nitrogen, and sulfur. Soil Science Society of America Journal, 45(4): 767-772.

Kundu S, Bhattacharyya R, Prakash V, et al. 2007. Carbon sequestration and relationship between carbon addition and storage under rainfed soybean–wheat rotation in a sandy loam soil of the Indian Himalayas. Soil & Tillage Research, 92(1-2): 87-95.

Rasmussen P E, Collins H P. 1991. Long-term impacts of tillage, fertilizer and crop residue on soil organic matter in temperate semiarid regions. Advances in Agronomy, 45: 93-134.

Six J, Callewaert P, Lenders S, et al. 2002a. Measuring and understanding carbon storage in afforested soils by physical fractionation. Soil Science Society of America Journal, 66(6): 1981-1987.

Six J, Conant R T, Paul E A, et al. 2002b. Stabilization mechanisms of soil organic matter: implications for C-saturation of soils. Plant and Soil, 241(2): 155-176.

Six J, Elliott E T, Paustian K, et al. 1998. Aggregation and soil organic matter accumulation in cultivated and native grassland soils. Soil Science Society of America Journal, 62(5): 1367-1377.

Sleutel S, Neve S D, T Németh, et al. 2006. Effect of manure and fertilizer application on the distribution of organic carbon in different soil fractions in long-term field experiments. European Journal of Agronomy, 25(3): 280-288.

Yan Y, Tian J, Fan M S, et al. 2012. Soil organic carbon and total nitrogen in intensively managed arable soils. Agriculture Ecosystems & Environment, 150: 102-110.

Zhang X B, Sun N, Wu L H, et al. 2016. Effects of enhancing soil organic carbon sequestration in the topsoil by fertilization on crop productivity and stability: Evidence from long-term experiments with wheat-maize cropping systems in China. Science of The Total Environment, 562: 247-259.

第二十一章 黄壤旱地农田有机质演变特征及提升技术

黄壤是我国南方山区重要的土壤类型之一，主要分布于贵州、四川、云南、广西等地，尤以贵州分布最为广泛。全国 25.3%的黄壤集中分布在贵州，面积分别占贵州国土面积和土壤面积的 41.9%和 46.4%，是贵州主要的农业土壤类型，在农业生产中发挥着重要的作用。近年来，如何科学估算土壤固碳潜力、评价土壤固碳饱和水平、明确土壤碳的"源汇关系"受到国内外相关学者关注。本章基于黄壤肥力与肥效长期定位试验，对长期不同施肥处理下黄壤旱地有机碳储量变化、碳矿化、长期外源碳投入与碳固存，作物产量间关系进行分析，明确长期施肥条件下黄壤旱地农田生态系统有机碳库水平、源汇关系及典型黄壤区增加土壤碳固存的合理施肥方案，为黄壤地区合理施肥、地力培育、作物产量提升，以及明确黄壤固碳机制和固碳潜力提供科学依据。

第一节 黄壤旱地农田长期试验概况

黄壤旱地长期定位试验位于贵州省贵阳市花溪区贵州省农科院内（26°11′N，106°07′E），地处黔中黄壤丘陵区，平均海拔 1071m，年均气温 15.3℃，年均日照时数 1354h，相对湿度 75.5%，全年无霜期 270d，年降水量 1100～1200mm。土壤类型为黄壤，成土母质为三叠系灰岩与砂页岩风化物。黄壤肥力与肥效长期试验始于 1994 年，初始土壤 pH 为 6.7，有机质含量 43.6g/kg，全氮 2.05g/kg，全磷 0.96g/kg，全钾 10.7g/kg。种植制度为一年一季玉米。

试验采用大区对比试验，小区面积 340m²。主要处理有：1/4 有机肥+3/4 化肥（1/4M+3/4NPK）、1/2M+1/2 化肥（1/2M+1/2NPK）、全量有机肥（M）、全量有机肥+化肥（MNPK）、氮磷钾肥（NPK）、偏施氮肥（N）、偏施磷钾肥（PK）和不施肥的对照（CK）。化肥类型为尿素（N，46%）、普钙（P_2O_5，16%）、氯化钾（K_2O，60%）。有机肥为牛厩肥，每年按有机肥养分含量调节有机肥用量以确保除 CK、MNPK 处理外各施氮小区氮素施用量相同，年纯氮施入量为 165kg/hm²，其余化肥小区按 N∶P_2O_5∶K_2O=2∶1∶1 施用磷钾肥。每年春季在玉米播种前施磷钾肥或配施有机肥作基肥，通过翻耕，均匀施入土壤，翻耕深度 20cm 左右。在玉米生长期（苗期和喇叭口期）追施 2 次氮肥（尿素），冬季不施肥。各处理施肥量见表 21-1。

有机碳矿化量测定采取室内培养法：称取 30g 各施肥处理土壤鲜样（过 2mm 筛），先调节至田间持水量的 60%左右，充分混匀后装瓶培养，培养瓶为 500ml 密封性良好（已检查气密性）的玻璃瓶，放入 25℃避光培养箱中进行 7d 预培养。预培养完成后，在培养瓶内放入两个小型玻璃杯，一个盛有 10ml 0.5mol/L NaOH 溶液用于吸收有机碳矿化排出的 CO_2（注意保持密封状态，防止吸收空气中的 CO_2），一个含有 1.1g 干燥颗粒

表 21-1　黄壤旱地施肥处理及每年纯养分施用量　　（单位：kg/hm²）

处理	N	P₂O₅	K₂O
1/4M+3/4NPK	165	82.5	—
1/2M+1/2NPK	165	82.5	—
M	165	—	—
MNPK	330	—	—
NPK	165	82.5	82.5
N	165	0	0
NK	165	0	82.5
NP	165	82.5	0
PK	0	82.5	82.5
CK	0	0	0

注：表中"0"表示没有施用肥料；"—"表示具体量因有机肥养分含量每年变化而不确定。

$CaCl_2$ 用来调节含水量。将两个小瓶均放置于培养瓶底部，然后快速加盖密封，分别放入不同温度（10℃、15℃和 20℃，以下简称 T10、T15、T20）与变温（10～20℃循环变温，24h 为一个循环周期，每 6h 变化 5℃，培养箱为阶梯式匀速升温、降温，以下简称 TC）培养箱中进行避光培养。每个施肥处理下设置 4 组平行，每个培养温度下设 2 组空白对照，即一个温度下共有 18 组矿化培养微系统。在培养的第 1、2、3、4、8、16、24、32、40、48、56、64、72 和 80 天时分别更换新的碱液玻璃杯、新的干燥颗粒 $CaCl_2$ 并加水至恒重。碱液吸收杯快速密封，然后用去离子水稀释 5 倍，之后用封口膜快速封住瓶口，立即用 TOC 自动分析仪（Phoenix 8000 测定）进行测定，并计算出 CO_2 的释放量。计算公式如下：

$$土壤有机碳矿化量（CO_2\,mg/kg）=[(C_{样品}-C_{空白})(mg/L)]×分取倍数/土壤干重（kg）\tag{21-1}$$

$$土壤有机碳矿化速率［CO_2\,mg/(kg·d)］=培养时间内有机碳矿化量（CO_2\,mg/kg）/培养天数（d）\tag{21-2}$$

土壤有机碳动力学方程：

$$C_t = C_0\,(1 - e^{-kt})\tag{21-3}$$

式中，C_0 为土壤潜在可矿化有机碳量（mg/kg）；k 为周转速率常数（d）。

第二节　长期不同施肥下黄壤有机碳数量变化特征

一、表层土壤有机碳变化特征

长期不同施肥下，黄壤旱地耕层（0～20cm）有机碳含量变化有显著差异（张雅蓉等，2016）。其中，施用有机肥明显高于无机肥和不施肥，其大小排序依次为：M、MNPK＞1/2M＋1/2NPK＞1/4M+3/4NPK＞PK、CK、NP、N、NK、NPK（图 21-1）。土壤有机碳

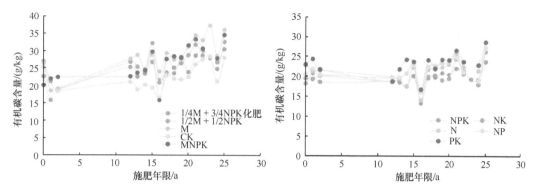

图 21-1 不同施肥下黄壤旱地耕层（0～20cm）有机碳含量变化

含量随有机肥用量增加而升高，各有机肥处理间差异不显著；不施肥与各化肥处理间差异不明显。施用有机肥下黄壤有机碳含量较高（25.1～28.5g/kg），变化幅度较大。相比不施肥（22.5g/kg），有机肥施用土壤有机碳含量提高了 11.4%～26.5%，而施用化学氮磷钾肥降低了 12.2%。施有机肥土壤有机碳含量增加速率为 0.5282g/(kg·a)，其次为有机肥配施氮磷钾 [0.4586g/(kg·a)] 和 1/4 有机肥配施 3/4 氮磷钾 [0.4097g/(kg·a)]。不施肥土壤有机碳含量每年也有所增加，年增加量为 0.2142g/kg，这与作物残茬碳投入有关。施用化肥相比不施肥有机碳含量的增加速率明显降低 [0.0922～0.1094g/(kg·a)]。相比初始年份（1994～1995 年），2019 年各施肥条件下有机碳含量均有不同程度升高，增幅为 13.6%～71.8%，有机肥配施化肥土壤有机碳增加最多，不施肥最少。由此可见，单施有机肥及有机-无机肥配施均可较高程度提高黄壤有机碳含量，土壤有机碳含量随有机肥施用量增加而增加，且施用有机肥土壤有机碳含量呈现逐年升高趋势，施用无机肥土壤有机碳含量变化不明显。

二、土壤有机碳空间分布特征

黄壤长期施肥后，土壤剖面有机碳含量明显增加（Zhang et al.，2021）。耕层有机碳含量从 1994 年的 22.56g/kg 增加到 2017 年的 25.83g/kg（图 21-2）。随土壤深度增加，土壤有机碳含量呈现明显递减趋势。有机肥施用对不同土层深度土壤有机碳含量提升有显著影响。在 0～20cm 土层，施用化肥总有机碳含量最低，单施有机肥和 1/4M+3/4NPK 土壤总有机碳含量最高，均显著高于不施肥。各施肥条件下土壤总有机碳含量从大到小排列依次为：M、1/4M+3/4NPK、1/2M+1/2NPK＞MNPK、CK＞NPK。有机物料的添加可明显提升土壤有机碳含量。在 20～40cm 土层，不施肥土壤总有机碳含量略高于其他处理，除单施有机肥外，其余各施肥之间差异均不显著。在深层土壤（40～60cm、60～80cm 及 80～100cm），1/2M+1/2NPK 和单施有机肥土壤总有机碳含量较高，且与其他施肥相比差异显著。由此可见，有机碳的外源投入可较高程度地提升不同土层中土壤有机碳含量，尤其在表层。

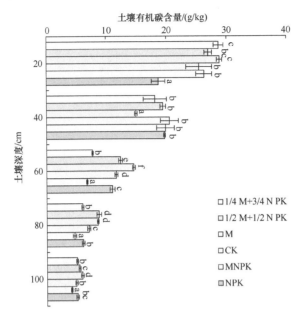

图 21-2　不同施肥下黄壤剖面（0～100cm）有机碳分布
图中不同小写字母表示同一土层不同施肥处理之间差异显著（$P<0.05$）

第三节　长期不同施肥下黄壤有机碳质量变化特征

一、有机碳矿化特征

（一）不同温度下黄壤有机碳的矿化特征

　　根据不同施肥下黄壤有机碳矿化速率下降快慢，将整个周期划分为三个阶段（图 21-3）：培养前期（第 1～4 天），CO_2 矿化速率总体不稳定，大部分处理由峰值开始迅速下降，少部分（各温度下不施肥处理）在第 4 天矿化速率相比第一天有上升趋势，初期有机碳矿化总体处于不稳定状态；培养中期（第 8～40 天）的矿化速率处于逐渐缓慢下降至稳定阶段，各温度第 40 天的矿化速率分别为第 1 天的 5.53%～52.85%；培养末期（第 40～80 天），CO_2 的产生速率变化幅度较小，且随培养时间延长，不同施肥之间 CO_2 的产生速率趋于一致，第 80 天的矿化速率有显著降低（$P<0.05$），仅占第 1 天的 5.86%～31.87%。由此可见，温度越高，相同施肥的平均矿化速率越高；相同温度下，施用有机肥的平均矿化速率最高。对 CO_2 释放速率与培养时间进行回归分析，发现其关系符合对数函数 $y=a+b\ln(x)$，且均达到极显著水平（$P<0.01$）（表 21-2）（x 为培养时间，y 为矿化速率）。

（二）不同温度下黄壤有机碳的累积矿化量

　　同一施肥下，土壤有机碳矿化速率和累积矿化量均随培养温度升高而升高（图 21-3、图 21-4），累积矿化量最低值出现在 T10，最高值出现在 T20，随温度升高，土壤有机碳矿化比例及 CO_2 排放量递增趋势呈递增趋势。

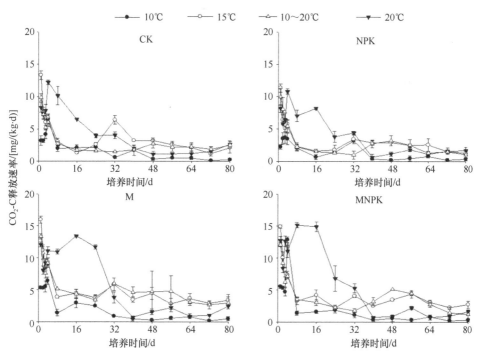

图 21-3　不同施肥下黄壤有机碳矿化速率

表 21-2　黄壤有机碳矿化速率与培养时间的拟合方程

温度/℃	施肥处理	拟合方程	R^2
10	CK	$y=-0.9975\ln(x)+4.7417$	0.6437**
	NPK	$y=-0.7306\ln(x)+3.6508$	0.6085**
	M	$y=-1.4267\ln(x)+6.3184$	0.8303**
	NPKM	$y=-1.7364\ln(x)+7.4765$	0.5337**
15	CK	$y=-1.8318\ln(x)+9.4987$	0.6645**
	NPK	$y=-1.5622\ln(x)+8.0391$	0.7097**
	M	$y=-2.3409\ln(x)+12.4516$	0.9742**
	NPKM	$y=-2.2102\ln(x)+11.3513$	0.7817**
10~20	CK	$y=-1.5275\ln(x)+7.7785$	0.7723**
	NPK	$y=-1.6897\ln(x)+8.0990$	0.7740**
	M	$y=-1.9783\ln(x)+11.3927$	0.8299**
	NPKM	$y=-1.8616\ln(x)+9.7222$	0.7477**
20	CK	$y=-2.1073\ln(x)+10.8740$	0.7040**
	NPK	$y=-1.8127\ln(x)+9.5314$	0.6509**
	M	$y=-2.5187\ln(x)+13.3813$	0.5623**
	NPKM	$y=-3.0318\ln(x)+15.1676$	0.6199**

注：x 为培养时间（d），y 为矿化速率 [mg/(kg·d)]。

**表示达到极显著水平（$P<0.01$），下同。

不同温度（T10、T15、TC、T20）、不施肥条件下 40d（培养中期）时的累积矿化量分别占总累积矿化量的 84.53%、63.95%、50.21% 和 77.52%，施用氮磷钾肥分别占总

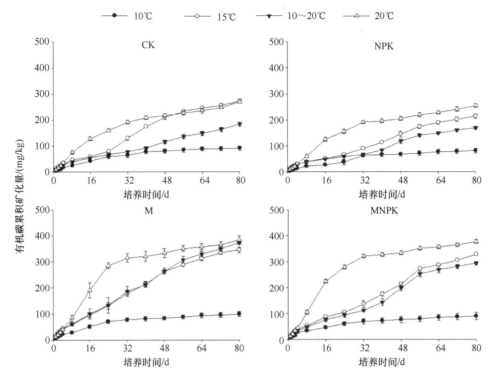

图 21-4 不同施肥下黄壤有机碳的累积矿化量

累积矿化量的 80.62%、52.92%、49.02% 和 76.96%，单施有机肥分别占总累积矿化量的 82.17%、62.13%、56.92% 和 83.32%，有机肥配施氮磷钾肥分别占总累积矿化量的 80.51%、53.37%、48.76% 和 86.65%。其中，T10 和 T20 培养条件下，各施肥措施培养中期累积矿化量均占总矿化量的 76% 以上，培养前期的矿化总量较大。不施肥情况下，不同温度累积矿化量两两之间均达到了显著性差异（$P<0.05$），说明温度对不施肥土壤的矿化有显著性影响。其余三个施肥处理在 T20 与 T15 之间无显著差异，而均与 T10 达到显著性差异（$P<0.05$），可能原因是贵州的年均气温是 15℃，是微生物活动的最适宜温度。

同一温度下的累积矿化量均表现为单施有机肥＞有机-无机肥配施＞不施肥＞化学氮磷钾肥。T10 下各处理间没有达到显著性差异，可能是温度过低，微生物活动受限；T15 的各处理间的累积矿化量均达到显著性差异，TC 下不施肥和单施化肥间无差异，其余处理均达到显著性差异；T20 条件下施用有机肥均显著高于不施肥或施化肥的累积矿化量。同一施肥条件下的累积矿化量均为 T20 最高、T10 最低。除单施有机肥外，其余施肥均为恒温 T15＞TC，且均达到显著性水平（$P<0.05$），恒温培养下土壤有机碳的矿化能力更强。

（三）不同温度下黄壤总有机碳矿化拟合参数

用方程 $C_t = C_0 (1 - e^{-kt})$ 对土壤总有机碳累积矿化量与培养时间关系进行拟合（表 21-3），结果显示，同一施肥且均为 T15 培养温度下 C_0 最大，且有机肥配施氮磷钾在三个温度间均达到了显著性差异，单施有机肥的 C_0 表现为 T15、T20 显著高于 T10。不施肥和施化肥的 C_0 为 T15 显著高于 T10 和 T20。此结果与贵州年均气温为 15℃ 这一环境条件吻合，k 值为 0.005～0.054d。T10 条件下有机肥配施氮磷钾 k 值最大，周转速率大小顺序均为 T15 显著低于 T10、T20，表明施用有机肥可有效缩短土壤有机碳周转时间，加快周转率，但并不随温度升高而加快。同一施肥下，T15 的 C_0 最大，C_0/SOC 比值最高，周转速率 k 最低，表明 T15 条件下土壤有机碳的矿化潜力最大，但是周转速率慢，周转周期长，趋势平稳。

表 21-3　培养 80 天不同施肥下黄壤有机碳累积矿化量及其动力学方程参数

施肥	温度/℃	C_0/（mg/kg）	C_0/SOC/‰	k/d	R^2
CK	T10	96.71±1.66d	4.12±0.07d	0.037±0.001c	0.997**
	T15	542.25±143.59b	41.29±6.13a	0.009±0.003ef	0.981**
	TC	257.98±57.03cd	2.57±0.19d	0.012±0.004e	0.970**
	T20	265.52±6.05cd	11.33±0.25cd	0.038±0.002bc	0.995**
NPK	T10	91.59±5.96d	4.58±0.29d	0.028±0.004d	0.982**
	T15	657.08±319.11b	32.19±15.79ab	0.005±0.002f	0.983**
	TC	311.97±96.51bc	2.90±0.12d	0.009±0.004ef	0.971**
	T20	256.99±6.71cd	12.81±0.33cd	0.037±0.002c	0.994**
M	T10	96.90±2.05d	2.97±0.06d	0.049±0.003a	0.992**
	T15	561.28±61.52b	17.2±1.89c	0.012±0.002e	0.993**
	TC	456.40±46.48bc	3.92±0.88d	0.014±0.002e	0.992**
	T20	390.67±13.52bc	12.01±0.41cd	0.043±0.004b	0.987**
MNPK	T10	86.54±2.68d	2.80±0.08d	0.054±0.005a	0.980**
	T15	922.51±379.17a	29.85±12.27b	0.005±0.002f	0.985**
	TC	736.62±278.23b	3.92±0.88d	0.014±0.002e	0.983**
	T20	378.68±9.56bc	12.25±0.31cd	0.049±0.004a	0.991**

注：C_0 为土壤潜在可矿化有机碳量（mg/kg）；k 为周转速率常数（d）；C_0/SOC 为潜在矿化量占总有机碳的比例（‰）。同列数据后字母不同表示施肥间差异显著（$P<0.05$）。此部分碳矿化数据来源于卢伟（2019）。

**表示相关性达到极显著水平（$P<0.01$）。

（四）Stewart 土壤有机碳库分组

1. 长期不同施肥下黄壤有机碳库组分变化特征及其分配比例

不同施肥下，黄壤四个有机碳库以游离活性有机碳库质量最高，其次为生物化学保护有机碳库，最低为物理保护有机碳库和化学保护有机碳库（图 21-5）。一般游离活性有机碳库和物理保护有机碳库各组分分解速度较快、周转时间短，因而对施肥响应较为敏感，可作为土壤碳库变化的早期指示指标；化学保护有机碳库和生物化学保护有机碳库各组分的有机碳是惰性组分，对外界反应较为迟钝，经常被作为预测土壤碳饱和与否的指标。黄壤游离活性有机碳库质量占比较高，各施肥之间差异显著，大小排序依次为：M＞MNPK、1/2M+1/2NPK、1/4M+3/4NPK＞CK＞NPK。施用有机肥明显提升了土壤中游离活性有机碳库质量，与不施肥相比提升了 8%～36%，其中单施有机肥最高，有机肥配施氮磷钾、1/2M+1/2NPK、1/4M+3/4NPK 三者差异不显著。与单施无机肥相比，施用有机肥能明显提升土壤游离活性有机碳库质量，这可能与有机肥施用能大量增加土壤中活性有机质有关。各施肥间物理保护有机碳库质量差异不明显，有机肥施用对此碳库质量分布影响较小，或者说，1/2M+1/2NPK 相比不施肥仅有微小的提升。生物化学保护有机碳库质量从大到小排序依次为：NPK＞CK、1/4M+3/4NPK、1/2M+1/2NPK＞MNPK＞M，且施用化学氮磷钾与其他施肥相比差异显著。化学保护有机碳库各施肥之间差异不显著，但数值仍然以施用化学氮磷钾和不施肥较高，其数值大小顺序与生物化学保护有机碳库质量排序相同。

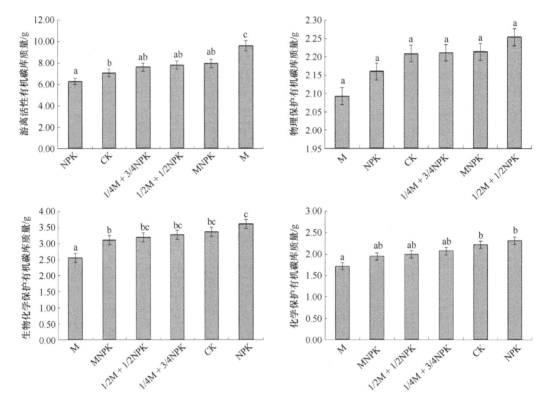

图 21-5　不同施肥下黄壤不同有机碳库含量

图中不同小写字母表示不同施肥处理之间差异显著（$P<0.05$）

　　由黄壤各组分有机碳库占土壤有机碳库的质量百分比（图 21-6）可见，土壤游离活性有机碳库占总有机碳的比例最高，为 44%～60%；其次为生物化学保护有机碳库，占总有机碳的 16%～25%；化学保护有机碳库占比 11%～16%；最低为物理保护有机碳库，占总有机碳库的 13%～15%。可见有机肥施用明显提升了总有机碳库质量，以游离活性有机碳库表现较为明显，但单施有机肥对于物理保护有机碳、生物化学保护有机碳及化学保护有机碳在总有机碳中占比提升没有显著效果，这说明有机-无机肥配施对于土壤有机碳库建设具有重要意义。

2. 长期不同施肥下黄壤有机碳组分含量变化特征

　　施用有机肥可使土壤总有机碳提升 14%～44%（表 21-4）。各组分有机碳中，除化

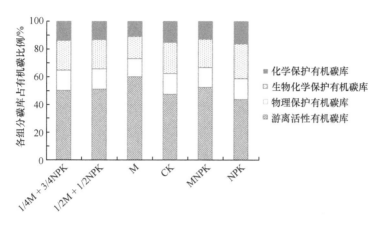

图 21-6 长期不同施肥下黄壤各组分有机碳库的质量占比

表 21-4 长期不同施肥下黄壤有机碳及各组分碳含量 （单位：g/kg）

施肥处理	总有机碳（SOC）	土壤有机碳组分						
		游离活性有机碳		物理保护有机碳（iPOM）	化学保护有机碳		生物化学保护有机碳	
		粗颗粒（cPOM）	细颗粒（fPOM）		粉粒组（H-Silt）	黏粒组（H-Clay）	粉粒组（NH-Silt）	黏粒组（NH-Clay）
1/4M+3/4NPK	26.17b	15.25bc	0.61ab	1.39b	1.89a	1.35a	4.72b	0.96c
1/2M+1/2NPK	28.82b	17.12c	0.69c	1.59c	1.95a	1.42b	4.93b	1.12f
M	31.73c	19.97d	0.65bc	1.68d	2.05a	1.39ab	4.95b	1.04e
MNPK	32.93c	21.09d	0.66bc	1.72d	2.25a	1.52c	4.70b	0.99d
NPK	22.89a	12.79ab	0.59a	1.34b	1.95a	1.38ab	4.01a	0.82a
CK	20.52a	10.50a	0.56a	1.22a	1.83a	1.35a	4.22a	0.86b

注：同列数据后字母不同表示施肥间差异显著（$P<0.05$）。

学保护有机碳粉粒组在各施肥之间差异不显著，其余组分总体表现为施肥（尤其是施用有机肥）明显提升了有机碳含量。与不施肥相比，施用有机肥（1/4M+3/4NPK、1/2M+1/2NPK、M 及 MNPK）时，土壤游离活性有机碳粗颗粒和细颗粒、物理保护有机碳、化学保护有机碳粉粒组和黏粒组及生物化学保护有机碳粉粒组和黏粒组的有机碳含量分别提升了 45%～101%、9%～23%、14%～41%、3%～23%、3%～13%、11%～17%和 12%～30%，除生物化学保护有机碳组分以 1/2M+1/2NPK 提升较多，其余组分大多以有机肥配施氮磷钾增加幅度较大。除生物化学保护有机碳含量略低外，施用氮磷钾其余各组分也高出不施肥 2%～22%。与施用氮磷钾相比，施用有机肥土壤游离活性有机碳（粗颗粒和细颗粒）、物理保护有机碳、化学保护有机碳（粉粒组和黏粒组）及生物化学保护有机碳（粉粒组和黏粒组）的有机碳含量分别提升了 19%～65%、3%～17%、4%～28%、5%～15%、1%～10%、17%～23%和 17%～37%，除生物化学保护有机碳组分以 1/2M+1/2NPK 提升较多外，其余组分以有机-无机肥配施的增加幅度较大。

除化学保护有机碳组分有降低趋势外，其余各施肥组分土壤有机碳含量总体呈现随时间延长而增加的趋势（图 21-7）。与不施肥相比，各施肥游离活性有机碳及物理保护有机碳含量明显较高；而各施肥化学保护有机碳及生物化学保护有机碳含量与不施肥相比则年际间波动较大。施用有机肥（1/4M+3/4NPK、1/2M+1/2NPK、M 及 MNPK）土壤游离活性有机碳、物理保护有机碳和生物化学保护有机碳含量的年均增加速率均高于不施肥和施用氮磷钾土壤（Zhang et al.，2021）。

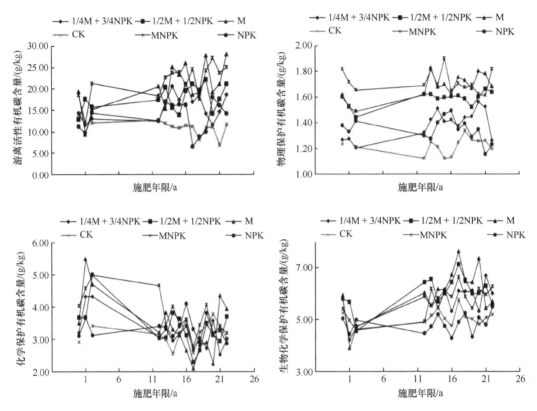

图 21-7　不同施肥下黄壤有机碳库组分变化

第四节　长期不同施肥下土壤有机碳对碳投入的响应

一、长期不同施肥黄壤有机碳累积投入量变化特征

不同施肥的碳投入量不同。长期不同施肥下累积碳投入量表现为：MNPK（280.42）＞M（272.69）＞1/2M+1/2NPK（149.07）＞1/4M+3/4NPK（88.53）＞NPK（25.45）＞NP（21.06）＞NK（20.70）＞N（20.10）＞PK（16.91）＞CK（13.01）（图 21-8）。与施用化肥相比，有机肥施用明显增加了有机碳投入量，其累积碳投入量是不施肥的 5.80～20.55 倍，而施用化肥仅高出不施肥 30%～96%。不施肥下累积碳投入量最低，年均碳投入量为 0.62t/hm²，相比其他施肥，其碳源主要来源于作物地上部分残茬、地下根部碳投入。施有机肥累积碳投入量随年份增加而显著提升，其中以有机肥配施氮磷钾最大，年均碳投入量达 13.35t/hm²；其次为单施有机肥，变化趋势与有机肥配施氮磷钾一致，

年均碳投入量为 12.99t/hm²；较单施有机肥和有机肥配施氮磷钾，1/2M+1/2NPK 碳投入量变化略微平缓，年均碳投入量为 7.10t/hm²，其次为 1/4M+3/4NPK，年均碳投入量为 4.22 t/hm²。相较于施用有机肥，施用无机肥年均碳投入量明显降低，NPK、NP、NK、N 和 PK 年均碳投入分别为 1.21t/hm²、1.00t/hm²、0.99t/hm²、0.96t/hm² 和 0.81t/hm²，且与各有机肥间差异显著。

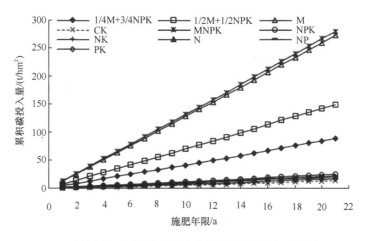

图 21-8 不同施肥下黄壤旱地累积碳投入量变化

二、土壤有机碳储量变化与累积碳投入量关系

相比初始土壤有机碳储量，单施有机肥和有机-无机肥配施土壤有机碳储量增量较高，其中有机肥为 27.32t/hm²，1/2M+1/2NPK 为 25.57t/hm²，MNPK 为 25.13t/hm²，1/4M+3/4NPK 为 18.99t/hm²；而不施肥和施用无机肥相比有机肥明显降低，变化范围为 7.29～16.19t/hm²。这与不同施肥下土壤有机碳含量和有机物料来源不同有关。连续施肥多年后，不施肥和施用无机肥土壤累积碳投入量仅为 13.01～25.45t/hm²，而有机肥配施氮磷钾肥累积碳投入量高达 88.53t/hm²（1/4M+3/4NPK）至 280.42t/hm²（MNPK）（图 21-8）。长期各施肥土壤有机碳储量变化量与累积碳投入量呈显著渐进相关关系（图 21-9，$P<0.01$），即土壤碳储量随着碳投入量先显著提升，后缓慢。当有机碳储量变化值（y）为 0 时，维持土壤初始碳储量水平最小碳投入量（C_{min}）为 1.41t/hm²，此值远小于各施肥

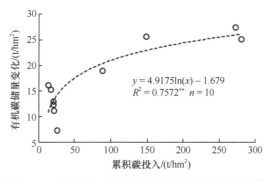

$$y = 4.9175\ln(x) - 1.679$$
$$R^2 = 0.7572^{**} \quad n = 10$$

图 21-9 黄壤有机碳储量与累积碳投入的响应关系

累积碳投入量，表明黄壤固碳潜力较大，在目前较高的有机碳投入水平下，土壤有机碳的固持已接近饱和。

为了更清晰地认识黄壤有机碳储量与碳投入的关系，找到分界拐点值，采用回归分析——分段函数来求解（图21-10）。当累积碳投入量小于或等于 54.3t/hm^2 时，土壤有机碳储量平均值为 0.39t/hm^2 [土壤有机碳含量为(21.0±3.07)g/kg]，土壤的固碳效率为 26.62%；而当累积碳投入量大于 54.3t/hm^2 后，由于土壤有机碳储量数值显著增大，平均为 10.07t/hm^2（土壤有机碳含量为(26.8±3.72)g/kg），距离饱和值更近，因此固碳效率显著下降（Zhang et al.，2012），为 1.72%，呈现出"线性+平台"趋势。

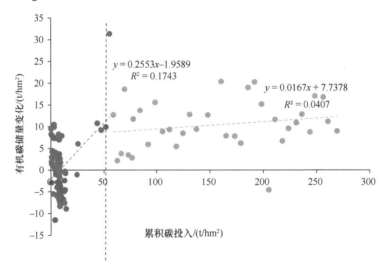

图 21-10　黄壤不同碳投入范围下与有机碳储量变化的关系

第五节　黄壤有机碳提升技术及实践

一、有机肥合理施用提升黄壤有机碳

黄壤有机碳含量变化明显受施肥的影响。长期不同施肥条件下，有机碳含量变化、有机碳储量变化、固碳速率及累积碳投入均表现为施有机肥优于施化肥和不施肥。长期施用有机肥或有机肥和氮磷钾矿质肥料配合施用，有利于土壤总有机碳、活性碳、微生物碳和矿化碳含量的提高（Cheshire and Chapman，1996；Blair et al.，2006）。有机碳变化在前期研究工作中有较详细的分析，此处不再赘述。有机碳储量变化与有机碳类似，同一层次有机碳储量差异主要由各施肥有机碳含量和容重不同所致，施用磷钾肥土壤有机碳储量较高，而施用氮钾和氮磷钾略低于不施肥，这是由于本试验在同等施磷水平下施氮磷和磷钾的累积磷盈余量较高（李渝等，2016）。沈浦（2014）发现单季旱地土壤有机碳含量与有效磷随着磷盈亏变化量呈显著正相关关系，这与本研究施用氮磷和磷钾相比其他施用化肥处理有较高的有机碳含量和储量结果一致；梁斌（2012）研究发现，长期有机-无机肥配施增加了土壤有机碳的稳定性，由于土壤碳氮耦合效应关系，化学氮肥的施用促进了土壤有机碳的降解，增加了 CO_2 释放，这解释了本研究中施用化

肥氮的有机碳储量与不施肥接近或略低的结论。土壤固碳速率是反映某一时间段内土壤有机碳密度变化的重要参数（董林林等，2014）。分析可知，有机肥施用时有机碳固定速率高于对照和化肥施用。单施有机肥固碳速率最高，平均每年 1.30t/hm^2，其次为 1/2M+1/2NPK（1.22t/hm^2）、MNPK（1.20t/hm^2）和 1/4M+3/4NPK（0.90t/hm^2），有机肥施用明显提高了土壤固碳速率，较 CK（0.77t/hm^2）提高 17%～69%。相比有机肥施用，化肥施用时固碳速率明显降低。其中，施用 PK（0.73t/hm^2）略高，NPK（0.35t/hm^2）最低。但与 CK 相比，各化肥施用固碳速率均降低，降幅为 6%～55%。动态变化过程研究发现，施用氮磷钾、氮钾、氮磷、单施氮肥及不施肥的多数年份土壤有机碳储量相比初始值有所减少，土壤固碳速率为负值，表明该处理有机碳密度减少，表现为碳源（王飞等，2015）。

二、黄壤有机碳库的提升和维持技术

在长期不同有机碳投入下，黄壤有机碳库不断地发生变化。各施肥下有机碳储量与累积碳投入量的关系呈现明显的"线性+平台"变化趋势，当碳投入量过高时，有机碳库容量逐步趋于饱和。

由不同累积碳投入阶段的有机碳转化利用效率（表 21-5）可知，在低碳投入水平（累积碳投入量≤54.3t/hm^2），有机碳含量较低的土壤低肥力阶段，土壤固碳效率为 26.62%，即每投入 100t 碳，有 26.62t 碳固持在土壤中。因此，处于低肥力阶段时，20 年内黄壤旱地有机碳储量若提升 5%，需再额外每年投入干牛粪 1.88t/hm^2（干猪粪 1.29t/hm^2，玉米秸秆约 1.16t/hm^2）；土壤有机碳储量升高 10%，则需额外每年投入干牛粪 3.76t/hm^2（干猪粪 2.57t/hm^2，玉米秸秆约 2.33t/hm^2）。而在较高碳投入水平下（累积碳投入量＞54.3t/hm^2），有机碳含量较高的土壤高肥力阶段（有机碳储量=62.9t/hm^2），土壤固碳效率下降至 1.72%，此阶段若要提升土壤固碳量或维持土壤有机碳固存量，需要投入大量的外源有机物，这会导致大量能源物质浪费和增加环境污染风险。黄壤有机碳库容量接近饱和状态时，通过外源碳投入来实现固碳较为困难，需要通过实行保护性耕作制度、改善土壤环境（pH、Eh、C/N 等）等使土壤发生自然积累，实现进一步固碳（Moor，1990；张秀芝等，2011）。

表 21-5 不同肥力水平阶段土壤有机碳提升或维持所需外源有机物料投入量

肥力水平		有机碳储量 /（t/hm^2）	固碳效率 /%	所需外源碳投入量 /［t（hm^2·a）］	需投入有机肥 /［t/(hm^2·a)，干基］		
					牛粪	猪粪	玉米秸秆
起始		52.8					
低肥力阶段	有机碳提升 5%	55.44	26.62	0.50	1.88	1.29	1.16
	有机碳提升 10%	58.08	26.62	0.99	3.76	2.57	2.33
高肥力阶段	有机碳维持	62.9	1.72	29.36	111.63	75.99	68.76

注：牛粪含碳量约为 26.3%；猪粪含碳量约为 38.5%；玉米秸秆含碳量约为 42.7%。

（张雅蓉 李 渝）

参 考 文 献

董林林, 杨浩, 于东升, 等. 2014. 引黄灌区土壤有机碳密度剖面特征及固碳速率. 生态学报, 34(3): 690-700.

李渝, 刘彦伶, 张雅蓉, 等. 2016. 长期施肥条件下西南黄壤旱地有效磷对磷盈亏的响应. 应用生态学报, 27(7): 2321-2328.

梁斌. 2012. 有机肥与化肥长期配施协调土壤供氮的效应及机理. 杨凌: 西北农林科技大学博士学位论文.

卢伟. 2019. 不同温度下长期施肥黄壤有机碳的矿化及动力学特征. 贵阳: 贵州大学硕士学位论文.

沈浦. 2014. 长期施肥下典型农田土壤有效磷的演变特征及机制. 北京: 中国农业科学院博士学位论文.

王飞, 李清华, 林诚, 等. 2015. 不同施肥模式对南方黄泥田耕层有机碳固存及生产力的影响. 植物营养与肥料学报, 21(6): 1447-1454.

张秀芝, 赵相雷, 李宏亮, 等. 2011. 河北平原土壤有机碳储量及固碳机制研究. 地学前缘, 18(6): 41-55.

张雅蓉, 李渝, 刘彦伶, 等. 2016. 长期施肥对黄壤有机碳平衡及玉米产量的影响. 土壤学报, 53(5): 1275-1285.

Blair N, Faulkner R D, Till A R, et al. 2006. Long-term management impacts on soil C, N and physical fertility part 1. Broadbalk Experiment. Soil Tillage Resume, 91: 30-38.

Cheshire M V, Chapman S J. 1996. Influence of the N and P status of plant material and of added N and P on the mineralization of C from C-14-labelled ryegrass in soil. Biology and Fertility Soils, 21(3): 166-170.

Moor B. 1990. International geosphere-biosphere program: A study of global change, some reflections. IGBP Global Change Newsletter, 40: 1-3.

Zhang W J, Xu M G, Wang X J, et al. 2012. Effects of organic amendments on soil carbon sequestration in paddy fields of subtropical China. Journal of Soils and Sediments, 12(4): 457-470.

Zhang Y R, Li Y, Liu Y L, et al. 2021. Responses of soil labile organic carbon and carbon management index to different long-term fertilization treatments in a typical yellow soil Region. Eurasian Soil Science, 54(4): 605-618.

第二十二章 小麦-玉米轮作红壤农田有机质演变特征及提升技术

我国红壤旱耕地面积 296.79 万 hm^2，占红壤面积的 6%左右。红壤地区水热资源丰富，生物多样性广，物质循环旺盛，具有较高生产潜力，以光、温、水为指标的气候生产潜力是三江平原的 2.63 倍、黄淮海平原的 1.28 倍。但是红壤区生态脆弱，肥力瘠薄，土壤质量下降明显，生产力逐年降低。提高红壤质量、改善红壤结构、提升红壤生产力，一直是迫切需要解决的问题。

有机质是土壤肥力的核心，土壤有机质对土壤的理化性质及植物的生长具有重要影响。本章以 1990 年开始的小麦-玉米轮作红壤旱地长期定位试验为基础，深入分析不同施肥措施下红壤有机碳演变及组分的分异特征，阐明红壤旱地有机碳在不同时期和不同肥力水平下有机碳投入的固定效率，提出红壤旱地培肥技术，为红壤旱地农田生态系统生产力及生态服务功能提升提供科学依据。

第一节 小麦-玉米轮作红壤旱地长期试验概况

一、红壤旱地长期试验基本情况

红壤旱地肥力长期定位试验设在湖南省祁阳市文富市镇中国农业科学院红壤实验站内（26°45′12″N，111°52′32″E）。试验区地处中亚热带，海拔高度约 120m；年均气温 18℃，≥10℃积温 5600℃，年降水量 1255mm，年蒸发量 1470mm，无霜期约 300d，年日照时数 1610h，太阳辐射量为 4550 MJ/m^2。该地区温、光、热资源丰富，适于多种作物生长。

试验地土壤为旱地红壤，成土母质为第四纪红土。经过 1988～1990 年 3 年匀地，1990 年开始试验。试验开始时耕层土壤（0～20cm）基本性质为：有机质 11.5g/kg，全氮 1.07g/kg，全磷 0.45g/kg，碱解氮 79mg/kg，有效磷 10.8mg/kg，速效钾 122mg/kg，pH5.7。

试验设 12 个处理：①不耕作不施肥（撂荒，CK_0）；②耕作不施肥（CK）；③单施化学氮肥（N）；④施用化学氮磷肥（NP）；⑤施用化学氮钾肥（NK）；⑥施用化学磷钾肥（PK）；⑦施用化学氮磷钾肥（NPK）；⑧化学氮磷钾肥与有机肥配施（有机肥源为猪粪，NPKM）；⑨高量化学氮磷钾肥与高量有机肥配施（1.5NPKM）；⑩化学氮磷钾肥与有机肥配施（采用不同种植方式，NPKMR）；⑪化学氮磷钾肥，同时上茬作物秸秆 1/2还田（NPKS）；⑫单施有机肥（M）。

试验采用随机区组设计，2 次重复，小区面积 196m^2。各小区之间用 60cm 深水泥埂隔开，无灌溉，为自然雨养农业。种植作物为小麦-玉米，一年两熟。肥料用量为：年施用纯 N 300kg/hm^2，N：P$_2$O$_5$：K$_2$O=1：0.4：0.4，其中小麦季肥料用量为 30%。各处理肥料施用量见表 22-1。其他详细施肥管理措施见文献（徐明岗等，2006；2015）。

表 22-1　红壤旱地长期试验处理及肥料施用量

| 处理 | 玉米季 | | | | 小麦季 | | | |
	N / (kg/hm^2)	P$_2$O$_5$ / (kg/hm^2)	K$_2$O / (kg/hm^2)	猪粪鲜重 / (t/hm^2)	N / (kg/hm^2)	P$_2$O$_5$ / (kg/hm^2)	K$_2$O / (kg/hm^2)	猪粪鲜重 / (t/hm^2)
CK	0	0	0	0	0	0	0	0
N	210	0	0	0	90	0	0	0
NP	210	84	0	0	90	36	0	0
NK	210	0	84	0	90	0	36	0
PK	0	84	84	0	0	36	36	0
NPK	210	84	84	0	90	36	36	0
NPKM	63	84	84	29.4	27	36	36	12.6
1.5NPKM	95	126	126	44.1	40	54	54	18.9
NPKMR	63	84	84	29.4	27	36	36	12.6
NPKS	210	84	84	1/2 秸秆还田	90	36	36	1/2 秸秆还田
M	0	0	0	42	0	0	0	18

二、样品采集、测定项目与方法

分别于当年的作物收获后（9 月 10～20 日），采集土壤耕层（0～20cm）样品。样品采集采用"S"形，每小区随机采取 5～10 个点进行混合作为 1 次重复，每个试验处理采集 4 次重复（每个重复约 500g 土样）。土壤样品自然风干过筛后，转移到实验室分析测定。

1. 不同粒级团聚体与有机-无机复合体的分离

（1）土壤团聚体分离。采用改进的 Sleutel 等（2006）和 Six 等（2002a）的方法：称取 10 g 风干后的土样置于铝盒中，从边缘慢慢加水，使土壤吸水回湿，然后置于冰箱中平衡过夜。将回湿后的土样置于 250μm 孔径的筛上，放入直径 4mm 的玻璃珠，在恒定的水流下，手动温和振荡，使团聚体全部破碎为微团聚体，同时下置 53μm 孔径筛，留在 250μm 筛上的是粗自由颗粒有机碳（cfPOC，>250μm）和粗砂粒；留在 53μm 筛上的是微团聚体、细自由颗粒有机碳（ffPOC，53～250μm）及细砂粒；通过 53μm 筛的部分为黏粉粒（<53μm），加入 0.2mol/L CaCl$_2$ 絮凝、离心、收集。微团聚体间的细自由颗粒有机碳（ffPOC）和微团聚体内颗粒有机碳（iPOC）的分离采用重液悬浮法：将上步烘干后的微团聚体（53～250μm）转移至 50ml 离心管，加入 30ml 相对密度为 1.8 g/cm^3 的碘化钠（NaI）溶液，在 2400r/min 下离心 60min 后，将离心管中漂浮物（ffPOC）与上清液转移至 20μm 的尼龙滤筛上，用水冲去重液；离心管底部重组部分加入蒸馏水清洗，再离心弃去上清液，直至将重液从团粒中清除，然后加入浓度为 5g/L 的六偏磷

酸钠溶液，振荡 18h。振荡分散后的团粒过 53μm 筛，并用水完全洗净，留在筛上的即为 iPOC（53～250μm）；通过 53μm 筛的黏粉粒，同上步所述收集，并与上步所得黏粉粒混合，用于测定矿物结合态有机碳（MOC）。以上各组分转移至铝盒后，先在水浴锅上蒸干，然后置于烘箱内，60℃下烘干 12h，称重。未分组全土和烘干后各组分磨细后过 0.15mm 筛。预先用 15% 的盐酸溶液处理土样，土样中碳酸盐与盐酸反应，将无机碳以 CO_2 形式排除，再烘干土样。采用 EA3000 型元素分析仪测定有机碳含量。最后以单位重量土壤中有机碳含量来表示总有机碳和各组分有机碳的量（佟小刚等，2009）。

（2）不同粒级有机-无机复合体分离。采用 Anderson 等（1981）和武天云等（2004）的方法，并略作修改（佟小刚等，2008）：称取 10g 风干土样于 250ml 烧杯，加水 100ml，在超声波发生器清洗槽中超声分散 30min，然后将分散悬浮液冲洗过 53μm 筛，直至洗出液变清亮为止。在筛上得到的是 53～2000μm 的砂粒和部分植物残体。根据 Stockes 定律计算每一个粒级颗粒分离的离心时间，用离心机对洗出液进行离心。通过不同的离心速度和离心时间分离得到粗粉粒（5～53μm）、细粉粒（2～5μm）、粗黏粒（0.2～2μm）和细黏粒（<0.2μm）。其中，细粉粒和细黏粒悬液采用 0.2mol/L $CaCl_2$ 絮凝，再离心收集。以上砂粒、粉粒及黏粒的分级基本以美国农部制为准。各组分转移至铝盒后，先在水浴锅上蒸干，然后置于烘箱内，60℃下 12h 烘干。烘干后各组分磨细过 0.25mm 筛，采用重铬酸钾法测定有机碳含量。

2. 有机碳固体核磁共振仪结构分析

按照 Schmidt 等（1997）的方法对土壤进行预处理。去除顺磁性化合物（如铁）用于 NMR 分析。固态 ^{13}C NMR 光谱是在 Bruker AVANCE 400 上以 4mm 样品转子在 100MHz 的 ^{13}C 共振频率下获得的。魔角自旋频率为 5kHz。在 5ms 的采集时间和 1ms 的接触时间上收集光谱，^1H 90°脉冲长度为 4μs，循环延迟为 0.8s。在检测之前采用四脉冲总边带抑制（TOSS），并应用两脉冲相位调制去耦以获得最佳分辨率。通过 CP（交叉极化）/TOSS 获得的光谱按照 Mao 等人的分类方法分配给不同的碳官能团，通过在不同化学位移区域中信号强度的积分确定相对碳比例：烷基碳（0～45ppm），烷氧碳（45～110ppm），芳香碳（110～160ppm），羧基碳（160～220ppm）。两个有机物稳定性指标：①烷基碳与烷氧碳之比= C0-45ppm / C45-110ppm；②脂肪族碳与芳香碳之比=（C0-45ppm + C45-110ppm）/ C110-160ppm。

3. 微生物生物量碳及潜在可矿化碳

微生物生物量碳采用无水氯仿熏蒸-K_2SO_4 浸提法（彭佩钦等，2006）。浸提液中的有机碳用 TOC 仪（Jena Multi N/C 3100）测定。潜在可矿化有机碳采用新鲜土壤培养法。

4. 红壤对可溶性有机碳（DOC）的吸附特征

分别采集不施肥（CK）、单施有机肥（M）、施化学氮磷钾肥（NPK）、有机肥配施化学氮磷钾肥（NPKM）等 4 个处理的土壤样品 2g，置于 100ml 离心管中，加入 50 ml DOC 溶液（新鲜猪粪来源 DOC 溶液添加浓度为 400mg/L），添加 1ml 浓度为 25mmol/L 的叠氮化钠（NaN₃）溶液，用于抑制微生物活性。分别振荡 7 个时间梯度：0.25h、0.5h、1h、2h、6h、12h、24h。在室温条件（25℃左右）下，按照设置时间梯度，振荡后取样，10 000r/min 离心 15min，过 0.45μm 滤膜，测定平衡溶液中的 DOC 浓度和结构，扣除空白，计算每个时间梯度内土壤对 DOC 的吸附量。

第二节　长期不同施肥下红壤有机质演变特征

一、长期不同施肥下红壤有机质含量变化

1. 长期不同施肥下红壤耕层（0~20cm）有机碳（SOC）含量变化

长期施肥 29 年（1991~2019 年），红壤耕层（0~20cm）SOC 含量发生显著变化（图 22-1）。长期撂荒（CK_0），SOC 含量随试验时间呈显著上升趋势，线性方程拟合结果表明 SOC 年均增速 0.22g/kg（$P<0.01$）；SOC 含量由 1991 年起始时的 7.9g/kg 上升到 2019 年的 14.1g/kg，比起始值增加 77.9%。长期不施肥 CK 以及不平衡施肥（N、NK、PK）的 SOC 含量随试验时间无显著上升或下降趋势；但 NP 处理 SOC 含量略有增加，年增加速率为 0.09g/kg（$P<0.05$）。长期施化肥（NPK）及其配合秸秆还田（NPKS）的 SOC 含量随试验时间显著上升，SOC 年均增速分别为 0.13g/kg 和 0.12g/kg（$P<0.01$）。

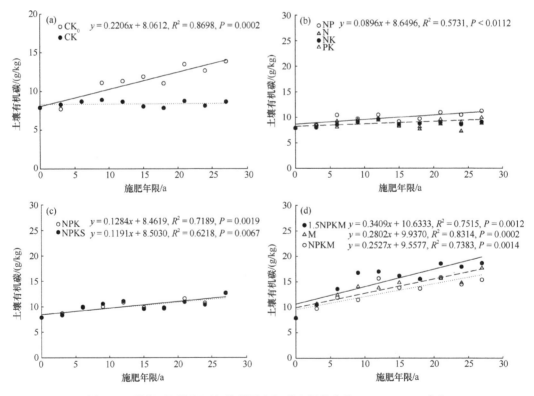

图 22-1　长期不同施肥下红壤耕层有机碳含量的变化（1991~2019 年）

NPK 和 NPKS 处理 SOC 含量分别由 1991 年起始时的 7.9g/kg 上升到 2019 年的 12.1g/kg 和 12.6g/kg，较起始值分别增加了 52.8%和 60.3%。长期施用有机肥（M）以及有机-无机肥配施（NPKM、1.5NPKM）的 SOC 含量随试验时间显著上升，各处理 SOC 年均增速分别为 0.28g/kg、0.25g/kg 和 0.34g/kg。M、NPKM、1.5NPKM 处理 SOC 含量分别由 1991 年起始时的 7.9g/kg 上升到 2019 年的 20.5g/kg、14.9 g/kg 和 20.3g/kg，分别较起始值增加 160.2%、88.4%和 156.7%。有机肥料对增加 SOC 的效果好于化学肥料。施用有机肥或有机-无机肥配施，是增加或维持红壤 SOC 的重要措施。

2. 长期不同施肥下红壤根际与非根际有机碳含量差异

不同施肥措施对 SOC 在土壤根际和非根际之间的分布也产生影响。分别在 2014～2016 年小麦收获期（5 月）以及玉米收获期（8 月）采集根际土壤。根际 SOC 含量显著高于非根际土壤（图 22-2），这可能与根际微生物活动频繁有关。根际土壤含有较多的根系凋落物、微生物代谢产物等，也增加了根际土壤的 SOC 含量。

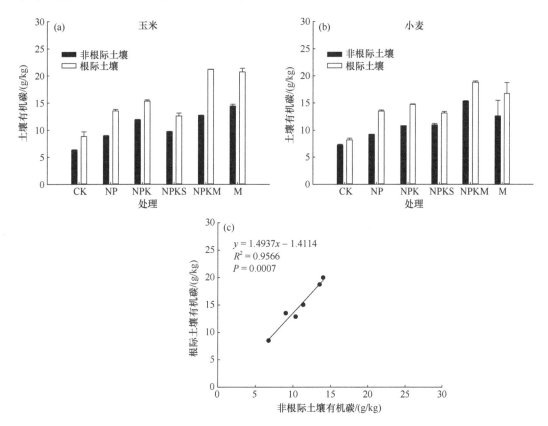

图 22-2　长期不同施肥下红壤根际及非根际有机碳含量及其相互关系（2014～2016 年）

长期不同施肥及作物种植改变了根际和非根际 SOC 含量。长期施用有机肥（M）以及有机-无机肥配施（NPKM）根际和非根际 SOC 含量显著高于化肥（NPK）以及化肥配合秸秆还田（NPKS）的 SOC 含量，高于长期不平衡施肥（NP）以及不施肥（CK）的 SOC 含量。相比较而言，玉米季根际 SOC 含量要高于小麦季。这可能与玉米季气温相对小麦季高、作物生物量大、微生物活动频繁等因素有关。总的来说，根际和非根际两者之间的 SOC 含量呈现较好的线性关系（图 22-2c，$P<0.01$）。

3. 长期不同施肥下红壤剖面有机碳含量分布特征

施肥主要影响红壤 0～10cm 以及 10～20cm 土层的 SOC 含量（图 22-3）。随着土壤深度的增加，各施肥之间 SOC 含量差异越来越小。就玉米季和小麦季而言，各处理玉米季土壤 SOC 差异要大于小麦季，这可能与玉米生长根系伸展长、玉米水热状态好等因素有关。

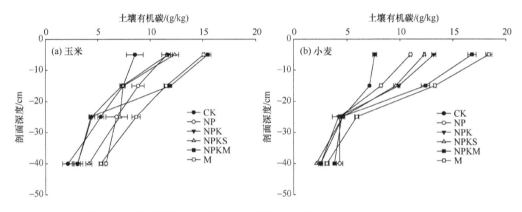

图 22-3　长期不同施肥下红壤有机碳含量剖面分布（2015～2016 年）

二、长期不同施肥下红壤有机碳储量变化

与试验起始相比，CK 有机碳储量在 40～60cm 土层略有增加（增加 50%），而 0～40cm 和 60～100cm 土层平均下降 20%（图 22-4），表明长期不施肥种植加速了表层土

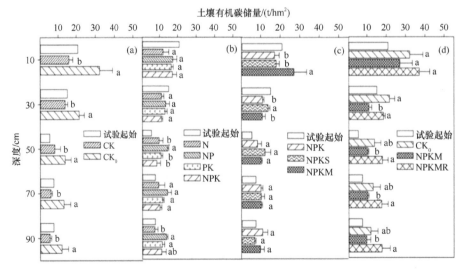

图 22-4　长期不同施肥下红壤 0～100cm 各层有机碳储量（2014～2016 年）

图中柱子右边的小写字母表示同一土层不同处理间在 0.05 水平差异显著

壤有机碳的分解以满足作物生长所需养分，导致了土壤碳储量的耗竭。CK_0 明显增加了 $0\sim100cm$ 各层有机碳储量，24 年后各层平均增加 $7.2t/hm^2$，与试验初始相比增加了 77%，其中 $0\sim20cm$ 土层增加量是 $60\sim100cm$ 各层的 2 倍，且 CK_0 在 $0\sim100cm$ 各层碳储量均显著高于 CK 处理，表明休闲能快速提升土壤剖面有机碳的储量。

与试验初始相比，24 年施用化肥（N、NP、PK 和 NPK）后，有机碳储量在 $0\sim40cm$ 土层有不同程度降低，但彼此间无显著差异（图 22-4）。NP 各层有机碳储量增加最明显，平均增加 $7.4\ t/hm^2$，相当于增加了初始碳储量的 52%。

24 年的氮磷钾化肥配合秸秆还田（NPKS）和配施有机肥（NPKM）有机碳储量在 $0\sim40cm$ 土层差异显著（图 22-4）。与试验初始相比，在 $0\sim20cm$ 土层，NPKM 处理有机碳储量提高了 29%，而 NPKS 处理 24 年后有机碳储量降低 14%。在亚表层（$20\sim40cm$），NPKS 和 NPKM 处理有机碳储量均表现降低趋势，且 NPKM 处理降低幅度显著大于 NPKS 处理。但是在 40cm 以下土层，NPKS 和 NPKM 处理均不同程度提高了有机碳储量，两个处理各层平均增加 46%，处理间无显著差异。

24 年轮作（NPKMR）处理大幅度增加了 $0\sim100cm$ 各层有机碳储量，特别是 40cm 以下土层，与试验初始相比，NPKMR 处理 40cm 以下各层有机碳储量增加了 $1.3\sim2.3$ 倍，且 NPKMR 在 $20\sim100cm$ 土层有机碳储量均显著高于 NPKM 处理，与 CK_0 处理无显著差异。

第三节　红壤有机质组分变化特征

一、长期不同施肥下红壤有机质化学组分特征

1. 长期不同施肥下红壤活性有机质特征

土壤活性有机质以微生物生物量碳、可溶性有机碳、碳水化合物等易矿化碳为主，具有活性强、分解速率快、转化周期短的特点，因此这部分有机质与养分供应密切相关。长期不施肥（CK）下红壤活性有机质无显著上升或下降趋势（表 22-2）。施用化肥（NP 和 N）后，红壤活性有机碳含量和碳库管理指数（CMI）随年份增加有下降趋势，土壤质量下降。氮磷钾化肥平衡施用（NPK）红壤活性有机碳含量和 CMI 在前期下降较快，后期有上升趋势。

与长期不施肥（CK）相比，长期不平衡施用化肥处理（N、NP）红壤活性有机质含量下降 42.0%～45.7%，长期施用化肥及无机肥配合秸秆还田（NPKS）红壤活性有机质含量分别上升 26.4% 和 48.6%，长期施用有机肥及有机-无机肥配施（M、NPKM 和 1.5NPKM）红壤活性有机质含量上升 80.8%～113.0%。长期施用有机肥促进活性有机碳的积累，能改良农田土壤有机碳质量，提升土壤有效肥力。

2. 不同施肥下红壤有机质的化学结构

^{13}C 核磁共振技术（NMR）可以表征各种类型 C 在土壤有机质中的相对含量，因此可用于研究土壤有机质的结构。红壤耕层土壤有机质固体 CP MAS ^{13}C NMR 图谱（图 22-5）

表 22-2 长期不同施肥下红壤活性有机质及碳库管理指数*

处理	活性有机碳/（g/kg）				碳库管理指数（CMI）			
	1990 年	1995 年	2001 年	2007 年	1990 年	1995 年	2001 年	2007 年
CK_0	1.57	1.62	1.28	2.70	100	99.30	72.2	185.4
CK	1.57	1.28	0.99	1.75	100	73.70	52.6	114.8
N	1.57	1.39	1.45	1.32	100	78.40	82.4	80.6
NP	1.57	1.51	1.51	1.52	100	89.60	86.1	93.5
NPK	1.57	1.28	1.10	1.98	100	75.40	61.6	129.2
NPKS	1.57	1.39	1.86	2.73	100	83.30	108.6	192.1
NPKM	1.57	1.74	2.84	3.97	100	106.50	178.2	285.9
1.5NPKM	1.57	1.86	3.25	4.27	100	112.00	195.5	306.3
M	1.57	1.74	1.91	3.95	100	102.40	110.0	282.7

*碳库管理指数（CMI）计算方法：CMI=CPI×LI×100。其中，碳库指数（CPI）=样品总有机碳含量/参考土壤总有机碳含量；土壤碳的不稳定性，即碳库活度（L）=样本中的活性有机碳（LC）/样本中的非活性有机碳（NLC）；碳损失及其对稳定性的影响，即活度指数（LI）= 样本的不稳定性（L）/对照的不稳定性（L_0）。

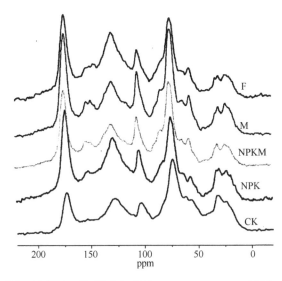

图 22-5 长期不同施肥下红壤有机碳的 CP MAS ^{13}C NMR 图谱（2012 年）

显示的 0～45ppm 是烷基碳，45～110ppm 是烷氧碳，110～160ppm 是芳香碳，160～212ppm 是羧基碳。其中，烷氧碳又可以分出甲氧基碳（45～60ppm）、碳水化合物（60～94ppm）和双氧烷基碳（94～110ppm）。

通过计算不同类型碳的变化，获知土壤有机质的稳定性及结构特征的变化。不同施肥管理红壤的有机质结构中，烷氧基碳的相对含量最高，其次分别为芳香碳、羧基碳和烷基碳。烷氧碳中又以碳水化合物碳最高，其次分别为双氧烷基碳和甲氧基碳。芳香碳中以芳基碳高于酚基碳。长期不同施肥红壤烷基碳/烷氧碳比值以 CK 处理最高，其次分别为 NPK、M、CK_0 和 NPKM（表 22-3）。芳香度和疏水性均以 NPK 和 CK_0 较高，NPKM 和 M 在烷基碳/烷氧碳、芳香度和疏水性的数值上较为接近（表 22-3）。

表 22-3 不同施肥下红壤有机质不同类型碳的分布比例及烷基碳/烷氧碳比值、芳香度和疏水性

处理	烷基碳/%	烷氧碳/%			芳香碳/%		羧基碳/%	烷基碳/烷氧碳	芳香度	疏水性
		甲氧基碳	碳水化合物碳	双氧烷基碳	芳基碳	酚基碳				
CK	18.3	8.8	29.9	8.3	18.2	5.2	11.3	0.39	0.26	0.72
NPK	10.2	3.5	23.7	9.2	24.4	8.5	20.5	0.28	0.41	0.76
NPKM	9.4	4.8	27.4	10.1	20.6	8.3	19.5	0.22	0.36	0.62
M	9.8	5.2	26.3	9.9	20.2	8.5	19.7	0.24	0.36	0.63
CK0	8.7	4.6	23.3	9.3	25.7	9.3	19.1	0.23	0.43	0.78

注：芳香度=芳香碳/烷氧碳；疏水性=（烷基碳+芳香碳）/（烷氧碳+羧基碳）。

3. 不同施肥下红壤抗 H_2O_2 氧化土壤有机质稳定性

长期不同施肥能够显著改变土壤中抗 H_2O_2 氧化稳定有机碳（H_2O_2 resistant organic carbon，RPOC）的含量见表 22-4。一般认为 H_2O_2 能够有效地去除土壤中的活性有机碳，有的研究认为用 H_2O_2 氧化后的土壤称为矿物稳定有机碳土壤。所有施肥及 CK_0 的 RPOC 含量显著高于 CK。M 的 RPOC 含量显著高于所有施肥管理方式，其中 M 的 RPOC 含量比 NPK 高 14%。NPK 和 NPKM、CK_0 间没有显著差异。然而土壤中 RPOC 占总有机碳的比例与 RPOC 含量的变化规律不同。CK 的比例最高（53.50%），NPKM 最低（31.73%），呈现出 CK＞NPK＞CK_0＞M、NPKM 的顺序。NPK 下土壤稳定有机碳占总有机碳的比例显著高于 NPKM、M 和 CK_0。

表 22-4 长期不同施肥下红壤中抗 H_2O_2 氧化稳定有机碳含量（RPOC）（2012 年）

处理	RPOC/（g/kg）	RPOC/TOC/%
CK	3.83c	53.50a
NPK	4.76b	46.17b
NPKM	4.43b	31.73d
M	5.42a	33.87d
CK_0	4.57b	36.47c

注：不同字母表示在 5%水平差异显著。

二、长期不同施肥下红壤有机质物理组分特征

1. 长期不同施肥下红壤颗粒有机碳含量

长期不同施肥显著改变了红壤有机碳在不同颗粒中的含量和分布（图 22-6）。试验初始时红壤不同颗粒组分的有机碳含量分别为：易分解碳 3.94g/kg，为砂粒有机碳（SC）、细黏粒有机碳（FC）和粗粉砂粒有机碳（CS）之和，其中 SC、CS 和 FC 分别为 1.36g/kg、0.96g/kg 和 1.62g/kg；惰性碳 5.74g/kg，为细粉砂粒有机碳（FS）、粗黏粒有机碳（CC）之和，其中 FS 和 CC 分别为 1.81g/kg 和 3.93g/kg。

与试验初始时比较，长期不施肥（CK）红壤各级颗粒有机碳含量均呈下降趋势，易分解碳组分和惰性碳组分分别下降 21.1%和 20.7%，长期不施肥不仅使易分解碳库含

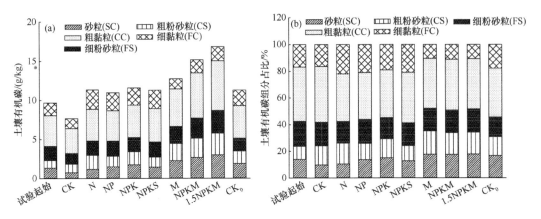

图 22-6 长期不同施肥 17 年后红壤颗粒有机碳组分含量（a）及其占总有机碳比例（b）（2007 年）

量降低，惰性碳库也被分解释放。长期撂荒（CK₀），红壤各级颗粒有机碳含量呈上升趋势，易分解碳组分和惰性碳组分分别上升 39.4% 和 0.7%，CK₀ 增加的颗粒有机碳中，又以粗粉砂粒有机碳（CS）为主，其次分别为砂粒有机碳（SC）和细黏粒有机碳（FC）。CK₀ 主要增加颗粒有机碳组分中的土壤易分解碳库。长期施用化肥（N、NP 和 NPK）红壤各级颗粒有机碳含量呈上升趋势，易分解碳组分和惰性碳组分平均分别上升 37.3% 和 2.4%，其中又以 NPK 高于其他两个处理。施用化肥增加的颗粒有机碳中，以细黏粒（FC）和粗粉砂粒有机碳（CS）为主。长期化肥配合秸秆还田（NPKS）易分解碳组分和惰性碳组分分别上升 29.4% 和 7.5%，增加的颗粒有机碳中以细黏粒 FC 主，其次分别为粗粉砂粒有机碳（CS）和粗黏粒有机碳（CC）。长期施用有机肥及有机-无机肥配施（M、NPKM 和 1.5NPKM）红壤各级颗粒有机碳含量均呈显著上升趋势，易分解碳组分和惰性碳组分上升 47.9%~92.4% 和 20.0%~59.1%。施用有机肥红壤砂粒（SC）、粗粉砂粒（CS）、细粉砂粒（FS）以及粗黏粒（CC）有机碳增加均显著高于其他施肥。长期施用有机肥对促进各级颗粒有机碳的积累具有显著作用。

各级颗粒占总颗粒有机碳比例：长期不施肥粗黏粒有机碳比重增加，其他组分降低；长期施用化肥（N、NP 和 NPK）以及长期化肥配合秸秆还田（NPKS）细黏粒有机碳比重增加，其他组分降低或保持；长期施用有机肥及有机-无机肥配施（M、NPKM 和 1.5NPKM）砂粒和粗粉砂粒所占比重增加，其他组分降低。砂粒有机碳组分库对施肥响应最敏感。砂粒有机碳属于易分解碳库，易被分解利用。

2. 长期不同施肥下红壤团聚体有机碳含量

长期不同施肥下红壤团聚体有机碳含量和分布见图 22-7。试验初始时红壤团聚体有机碳总量 1.59g/kg，其中粗自由颗粒有机碳（cfPOC）、细自由颗粒有机碳（ffPOC）和物理保护有机碳（iPOC）分别为 0.74g/kg、0.22g/kg 和 0.63g/kg；MOC 含量 5.71g/kg。与试验初始时比较，长期不施肥（CK）红壤团聚体有机碳含量下降 7.6%，MOC 含量上升 32.0%。长期撂荒处理（CK₀），红壤团聚体有机碳含量上升 17.3%，MOC 含量上升 48.6%。长期施用化肥（N、NP 和 NPK）红壤团聚体有机碳含量上升 7.5%~42.9%，MOC 含量上升 17.5%~25.2%。长期化肥配合秸秆还田（NPKS）红壤团聚体有机碳含

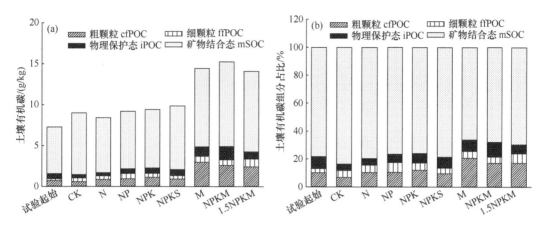

图 22-7　长期不同施肥 17 年红壤团聚体有机碳组分含量（a）及其占总有机碳比例（b）（2007 年）

量上升 32.7%，MOC 含量上升 35.8%。长期施用有机肥及有机-无机肥配施（M、NPKM和 1.5NPKM）红壤团聚体有机碳含量上升 169.7%～209.2%，MOC 含量上升 67.6%～81.2%。长期施用有机肥有利于各级团聚体有机碳的积累。

长期不施肥团聚体颗粒有机碳所占比重下降，由起始土壤的 21.8% 下降到 16.3%。长期施用化肥肥料（N、NP 和 NPK）以及长期化肥配合秸秆还田（NPKS）团聚体颗粒有机碳所占比重基本保持在 20.3%～24.1%。长期施用有机肥及有机-无机肥配施（M、NPKM 和 1.5NPKM）团聚体颗粒有机碳所占比重上升至 30.4%～33.8%，且主要分配在粗自由颗粒有机碳（cfPOC）和细自由有颗粒有机碳（ffPOC）。有机肥施用增加了土壤团聚体有机碳库储量。

3. 不同施肥下红壤轻组及重组有机碳含量变化

红壤有机碳组分总体表现为重组有机碳含量显著高于轻组有机碳（游离态轻组和闭蓄态轻组有机碳）（表 22-5）。红壤各处理重组有机碳占总有机碳的比例（HF-OC/SOC）为 86.38%～92.37%，CK 处理最高，其次分别为 NPK、CK_0、NPKM 和 M 处理。红壤有机碳的主要存在形式为有机-无机复合体，腐殖化程度高。红壤闭蓄态轻组有机碳及游离态轻组有机碳占总有机碳比例（HF-OC/TOC、OcLF-OC/TOC）分别为 22%～35% 和 4%～10%。

表 22-5　红壤各组分有机碳含量及其占总有机碳比例（2007 年）

处理	游离态轻组有机碳			闭蓄态轻组有机碳			重组有机碳		
	浓度 /（g/kg）	含量 /（g/kg）	占总有机碳 /%	浓度 /（g/kg）	含量 /（g/kg）	占总有机碳 /（%）	浓度 /（g/kg）	含量 /（g/kg）	占总有机碳 /%
CK	36.11e	0.38	4.66c	27.96c	0.24	2.97b	6.51e	7.57	92.37a
NPK	79.38a	0.72	7.19b	22.19d	0.22	2.17c	9.25d	9.06	90.64b
NPKM	41.91d	1.19	8.24b	26.26c	0.49	3.41a	12.15b	12.78	88.35c
M	64.70b	1.50	9.94a	34.80a	0.56	3.68a	15.05a	13.07	86.38d
CK_0	54.00c	0.82	7.34b	29.77b	0.37	3.32ab	10.57c	10.03	89.34bc

长期不同施肥红壤轻组和重组有机碳浓度差异显著（表 22-5）。红壤游离态轻组的有机碳浓度（36.11～79.38g/kg）高于红壤闭蓄态轻组有机碳浓度（22.19～34.80g/kg），高于红壤的重组有机碳浓度（6.51～15.05g/kg）。

三、长期不同施肥下红壤微生物量有机碳变化

长期不同施肥 17 年红壤 MBC 占 SOC 比例的范围为 0.50%～7.70%（表 22-6）。长期施用有机肥及有机-无机肥配施（M、NPKM、1.5NPKM），MBC 含量显著高于化肥配合秸秆还田（NPKS），显著高于施用化肥（N、NP、NK、PK、NPK）和长期不施肥（CK）。有机肥的施入提高了 MBC 的含量。NPKS 明显高于 NPK，两者差异显著，说明秸秆还田有利于 MBC 的增加。长期撂荒 CK_0 的 MBC 含量最高，达到 891.3mg/kg；单施氮肥MBC 含量最低，为 44.3 mg/kg。长期撂荒土壤 MBC 显著高于其他各农田土壤，这可能是由于撂荒不扰动土层，表土层分布较多的植物根系，使得微生物活动旺盛。

表 22-6　长期不同施肥 17 年红壤微生物生物量碳和微生物生物量氮含量及其比值（2007 年）

处理	MBC / (mg/kg)	MBC/SOC /%	MBN / (mg/kg)	MBN/TN /%	MBC/MBN
CK_0	891.3c	7.70	75.0a	7.22	11.89
CK	58.6f	0.79	21.8d	2.25	2.69
N	46.7f	0.65	19.9d	1.93	2.35
NP	99.2f	1.16	26.9cd	2.45	3.68
NK	44.3f	0.50	19.4d	1.79	2.29
PK	157.4f	1.99	27.5cd	2.76	5.73
NPK	288.8e	3.42	33.4bcd	3.55	8.63
NPKM	613.9b	4.68	58.3ab	4.91	10.54
1.5NPKM	603.1b	4.42	76.6a	6.61	7.88
NPKS	466.9d	5.28	54.2abc	4.77	8.62
M	754.7a	5.92	78.4a	7.14	9.63

注：MBC、MBN 分别表示微生物生物量碳和微生物生物量氮；SOC 表示土壤总有机碳；TN 表示土壤全氮。不同小写字母表示差异性显著（$P<0.05$）。

不同施肥下 MBN 的含量为 19.4～78.4 mg/kg，占全氮的比例为 1.79%～7.22%。长期撂荒（CK_0）、长期施用有机肥及有机-无机肥配施（M、NPKM、1.5NPKM）、长期化肥配合秸秆还田（NPKS）均显著高于施用化肥（N、NP、NK、PK）和长期不施肥（CK）。MBC/MBN 的值以 CK_0 最高，其次为施用有机肥（M、NPKM、1.5NPKM），以及 NPKS 和 NPK 处理。长期不均衡施肥可能导致土壤微生物群落变化，N 处理的 MBC/MBN 的值最低，1.5NPKM 比 NPKM 降低了 MBC/MBN 的值。

四、长期施肥下红壤对可溶性有机碳（DOC）的吸附特征

1. 红壤对 DOC 的吸附速率

不同施肥下红壤对新鲜猪粪来源 DOC 的吸附速率变化幅度较大［吸附速率是指单

位时间内，单位质量的土壤对 DOC 的吸附量，单位为 g/(mg·h)]，且有显著阶段性。在吸附过程的前 1h 内，吸附速率最大（表 22-7），在 0.25h 内吸附速率快速增加到峰值，范围为 2.80～3.77g/(mg·h)。当土壤对 DOC 的吸附时间在 1～6h，此时的吸附速率处于缓慢下降并趋于平稳的阶段，吸附 6h 左右时土壤对 DOC 的吸附速率为峰值时的 10%左右；当吸附时间为 12～24h 时，土壤吸附速率变化幅度较小，吸附基本保持平衡，不同施肥下土壤间吸附速率趋于一致。

表 22-7 不同施肥下红壤对新鲜猪粪来源 DOC 的吸附速率（2020 年）

处理	不同时间梯度内吸附速率/［g /(mg·h)］						
	0～0.25h	0.25～0.5h	0.5～1h	1～2h	2～6h	6～12h	12～24h
CK	2.80±0.19	2.67±0.37	1.71±0.21	1.06±0.10	0.22±0.02	0.14±0.02	0.06±0.01
M	3.13±0.19	3.23±0.31	2.02±0.14	0.86±0.32	0.23±0.01	0.16±0.05	0.07±0.02
NPK	3.26±0.35	3.20±0.22	2.17±0.24	0.98±0.16	0.19±0.02	0.17±0.01	0.07±0.01
NPKM	3.77±0.35	3.09±0.34	1.71±0.02	1.06±0.06	0.22±0.03	0.17±0.01	0.07±0.00

2. 红壤对 DOC 的最大吸附量

利用不同的等温吸附方程——Langmuir 方程、Freundlich 方程、Temkin 方程对吸附过程进行拟合。各方程均可较好地拟合不同施肥土壤对新鲜猪粪来源 DOC 的等温吸附过程（表 22-8），相关系数在 0.939 以上。

表 22-8 不同施肥下红壤对 DOC 的等温吸附方程拟合参数（2020 年）

处理	Langmuir 方程 $Q_e=(Q_{max}·K_L·C_e)/(1+K_L·C_e)$			Freundlich 方程 $Q_e=K_F·C_e^n$			Temkin 方程 $Q_e=A+B·\ln C_e$		
	Q_{max}	K_L	R^2	K_F	n	R^2	A	B	R^2
CK	10.11±1.09d	0.0053±0.0015a	0.960	8.53±0.34d	1.22±0.09a	0.997	−7.22±0.92c	2.35±0.18d	0.970
M	12.33±1.42c	0.0042±0.0011b	0.968	10.30±0.39c	1.13±0.06b	0.998	−9.03±0.68b	2.79±0.14c	0.988
NPK	13.58±1.79b	0.0041±0.0012b	0.962	11.42±0.75b	1.07±0.02c	0.978	−9.86±0.68b	3.06±0.04b	0.990
NPKM	14.62±1.46a	0.0039±0.0008c	0.981	12.90±0.64a	0.99±0.06d	0.998	−10.22±0.22a	3.18±0.05a	0.999

注：拟合方程均达极显著水平（$P<0.01$）。

Freundlich 方程在所选取的三种方程中对土壤吸附外源 DOC 的拟合程度最好，相关系数均达到 0.978 以上。该方程中拟合参数 K_F 值可用于衡量土壤对 DOC 的吸附能力，该值大小与土壤吸附强度呈正相关。从表 22-8 可得出，四种不同施肥下红壤的 K_F 值分别为 8.53、10.30、11.42 和 12.90，四种不同施肥方式土壤对 DOC 的吸附强弱顺序为：NPKM＞NPK＞M＞CK。利用 Langmuir 方程对不同施肥土壤吸附 DOC 过程进行拟合，拟合方程的相关系数均达到极显著水平，且 Langmuir 的拟合参数 Q_{max} 是土壤对 DOC 的最大吸附量，在实际应用中可用于预估土壤的固碳饱和量，意义重大。长期不同施肥下红壤 Q_{max} 的平均值为 12.81g/kg，其中 NPKM 处理为 14.62g/kg，分别为 NPK 处理、M 处理和 CK 处理的 1.08、1.19、1.45 倍。

第四节　红壤有机碳及碳库组分的固碳速率与固碳效率

一、长期不同施肥下红壤有机碳投入量变化

由于施肥方式及肥料来源的差异，土壤中有机物料累积投入量差异显著（图22-8）。29年耕作，施用有机肥及有机-无机肥配合（M、NPKM 和 1.5NPKM）累积投入碳分别为243.6t/hm²、194.2t/hm² 和 271.2t/hm²，显著高于化肥配合秸秆还田（NPKS，61.3t/hm²）；也显著高于化肥（NPK，26.36t/hm²）、对照和不平衡施肥（NP，18.4t/hm²；PK，14.6t/hm²；CK，7.8t/hm²；NK，7.7t/hm²；N，6.4t/hm²）。从不同施肥下有机物料投入碳的来源看，CK、N、NP、NK、PK、NPK 及 NPKS 措施的年碳投入量全部来源于小麦和玉米秸秆、残茬和根系还田。粪肥与化肥配施下土壤中的有机物料源于作物残茬的生物量投入和粪肥碳投入。其中，施用有机肥及有机-无机肥配施（M、NPKM 和 1.5NPKM）73.7%～83.3%的碳来自有机肥料猪粪施入，16.7%～26.3%的碳来自作物残茬还田。其他处理均来自作物残茬和秸秆还田（NPKS）。长期不施肥（CK）处理59.8%来自小麦残茬，40.2%来自玉米残茬。长期化肥偏施（N、NP、NK、PK）措施来自小麦残茬占比分别为53.9%、51.6%、45.4%和67.5%，来自玉米残茬占比分别为46.1%、48.4%、54.6%和32.5%。长期化肥及配施秸秆还田（NPK 和 NPKS）措施来自小麦残茬占比分别为45.1%和44.4%，来自玉米残茬占比分别为54.9%和55.6%。

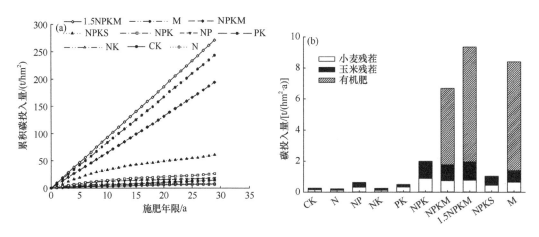

图 22-8　长期不同施肥下红壤有机碳累积投入量（a）及有机碳投入来源（b）（1991～2019 年）

二、长期不同施肥下红壤有机碳储量变化对碳投入的响应

长期不同施肥红壤有机碳储量变化与年均碳投入量存在显著响应（图 22-9，$P<0.01$）。回归方程显示，红壤有机碳表观转化利用效率为10.9%。同时，根据方程计算的有机碳储量年变化（y）为 0 时，红壤有机碳年均投入碳为 0.12t/(hm²·a)。由此可知，维持红壤初始有机碳储量的碳累积投入量为 2.95t/hm²。通过比较化肥、有机-无机肥、有

机肥及秸秆还田等不同施肥措施发现，各处理 25 年红壤有机碳表观利用效率高低分别为 NPKMR 显著高于 NPK、NPKM、M、1.5NPKM，显著高于 NPKS。

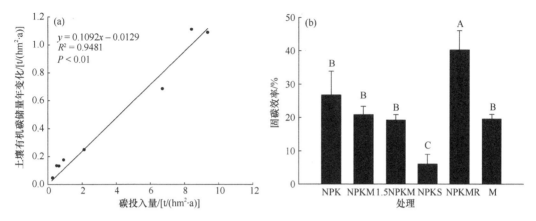

图 22-9　红壤有机碳储量年变化与累积碳投入的响应关系（a）及 25 年表观固碳效率（b）

一般而言，土壤有机碳含量随着外源有机碳投入量的增加而增加，而单位外源有机碳投入下土壤有机碳的变化量即为土壤固碳效率。但是根据碳饱和理论，土壤的固碳量不会无限增加，而是最终会趋于饱和值（Six et al.，2002b）。由米氏方程拟合的有机碳储量变化对碳累积投入量响应可知，红壤有机碳储量最高时，有机碳储量与初始土壤相比增加量为 28.37 t/hm^2，因此红壤的最大固碳潜力约为 48.25t/hm^2（图 22-10）。进一步比较不同投入量对有机碳储量变化量响应，投入一定碳量，当距离碳饱和值较远时，SOC 增量会较多（固碳效率较高）；而当距离饱和值较低时，SOC 的增量会较少（固碳效率较低）。从图 22-10（b）中可以看出，当累积碳投入量小于 91.6 t/hm^2 时，土壤的固碳效率为 22.99%，此时的土壤有机碳储量增量为 20.8 t/hm^2；而当累积碳投入量大于 91.6 t/hm^2 后，土壤固碳效率显著下降，为 2.25%。这也表明，土壤固碳效率并不随碳投入量增加而维持不变，而是当有机碳随碳投入增加而增长到一定水平后，固碳效率比低有机碳水平阶段的固碳效率降低，呈现出"线性+线性"趋势。

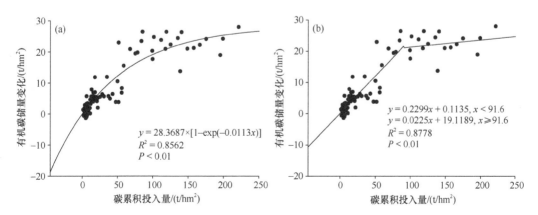

图 22-10　不同碳累积投入量与有机碳储量变化的关系

三、红壤有机碳固定速率与固定效率

1. 不同施肥下红壤有机碳的固定速率与固定效率

长期不同施肥红壤有机碳对碳投入的响应不同（表 22-9）。长期施肥 29 年后，不同施肥年均碳投入量为 0.22～9.35t/(hm²·a)，土壤有机碳储量变化为–0.08～1.11t/(hm²·a)，土壤有机碳储量变化随着碳投入量的增加而增加。施用有机肥以及有机-无机肥配施（M、NPKM 和 1.5NPKM）的有机碳固定速率 SOC_{SR} 分别为 1.07t/(hm²·a)、0.64t/(hm²·a) 和 1.04t/(hm²·a)，显著高于化肥配合秸秆还田（NPKS）的 0.20t/(hm²·a)，高于长期平衡施肥（NPK）的 0.13t/(hm²·a)，长期不平衡施肥（N、NP、NK 和 PK）的–0.13～0.20t/(hm²·a)。各处理 SOC_{SE} 分别为：长期平衡施肥（NPK）20.3%，高于施用有机肥、有机-无机肥配施（M、NPKM 和 1.5NPKM，分别为 13.1%、10.0% 和 11.5%），以及无机肥配合秸秆还田（NPKS，11.0%）。长期不平衡施肥（NP 和 PK）的 SOC_{SE} 分别为 55.1% 和 37.4%。随着土壤有机碳储量的增加，各施肥处理 SOC_{SR} 和 SOC_{SE} 随时间均有下降趋势。统计分析表明，施用有机肥以及有机-无机肥配施（M、NPKM 和 1.5NPKM），由于年均碳投入量高，SOC_{SR} 随年份变化下降速率最快，为 0.05～0.08t/(hm²·a)，高于长期平衡施肥（NPK）和化肥配合秸秆还田（NPKS），两者分别为 0.02t/(hm²·a)、0.01t/(hm²·a)。不平衡施肥（PK、NP）由于年均碳投入量低，SOC_{SR} 随时间变化也最低，约为 0.01t/(hm²·a)。从 SOC_{SE} 随年份变化来看，长期施用无机肥（NPK）下降速率最快，为年均下降 2.8%，NPKS 最低，年均下降 0.3%。施用有机肥（M、NPKM 和 1.5NPKM）SOC_{SE} 年均下降速率分别为 0.8%、1.1% 和 0.9%。

表 22-9　长期施肥 29 年后红壤有机碳固定速率与固定效率（2019 年）

处理	碳投入量/ [t /(hm²·a)]	土壤有机碳储量变化/ [t /(hm²·a)]	固碳速率（SOC_{SR}） / [t /(hm²·a)]	固碳效率 （SOC_{SE}）/%
CK	0.27	0.05	—	
N	0.22	–0.08	–0.13	—
NP	0.64	0.13	0.20	55.1
NK	0.26	–0.04	–0.01	—
PK	0.50	0.13	0.09	37.4
NPK	0.91	0.18	0.13	20.3
NPKM	6.70	0.69	0.64	10.0
1.5NPKM	9.35	1.09	1.04	11.5
NPKS	2.11	0.25	0.20	11.0
M	8.40	1.11	1.07	13.1

2. 长期不同施肥下红壤碳库组分的固定速率与固定效率

不仅土壤总有机碳，土壤各粒级团聚体有机碳的固定速率随不同肥料的持续施用变化差异较大（表 22-10）。对于土壤总有机碳而言，NPKM 和 1.5NPKM 处理下土壤固碳

速率最大，分别为 1.13t/(hm²·a) 和 1.22t/(hm²·a)，分别是 NPK 处理的 6.3 倍和 6.7 倍，是 NPKS 处理的 6.8 倍和 7.2 倍，而后两者并没有显著差异。对于各团聚体而言，cfPOC 和 MOC 的平均固碳速率[0.19t/(hm²·a)和0.26t/(hm²·a)]明显高于 ffPOC 和 iPOC[0.04t/(hm²·a) 和 0.10t/(hm²·a)]；施用有机肥（NPKM、1.5NPKM 和 M）土壤各级团聚体的固碳速率显著高于其他处理，而其他处理各级团聚体的固碳速率并没有显著差异。

表 22-10　施肥 17 年后红壤不同粒级团聚体有机碳的固碳速率

处理	碳投入量 /(t/hm²)	总固碳速率 /[t/(hm²·a)]	各组分固碳速率 /[t/(hm²·a)]			
			cfPOC	ffPOC	iPOC	MOC
CK	5.1					
N	6.4	0.08±0.03	0.04±0.00	0.00	0.01±0.00	0.00
NP	14.5	0.25±0.02	0.05±0.01	0.02±0.00	0.02±0.01	0.05±0
NPK	19.0	0.18±0.00	0.11±0.01	0.04±0.00	0.04±0.00	0.02±0.02
NPKM	112.3	1.13±0.05	0.31±0.02	0.07±0.00	0.19±0.00	0.48±0.04
1.5NPKM	158.8	1.22±0.02	0.41±0.00	0.07±0.00	0.20±0.02	0.62±0.06
NPKS	46.4	0.17±0.03	0.06±0.00	0.02±0.00	0.03±0.00	0.05±0.01
M	141.7	1.14±0.02	0.32±0.01	0.07±0.00	0.21±0.01	0.59±0.05
平均值	63.0	0.59	0.19	0.04	0.10	0.26

　　连续 17 年外源有机碳累积投入下土壤总有机碳及各级团聚体有机碳储量的增加量均呈显著正线性相关关系（$P<0.05$，图 22-11，表 22-11），表明土壤总有机碳和各级团聚体中有机碳均没有饱和。不同施肥土壤有机碳储量变化量与累积碳投入关系的直线斜率，表示不同施肥土壤的平均固碳效率。长期不同施肥 17 年，土壤总有机碳的固碳效

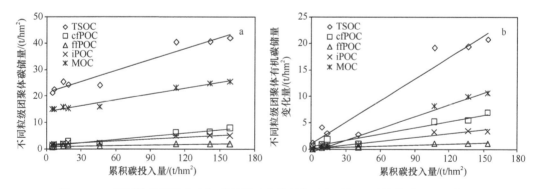

图 22-11　不同粒级团聚体有机碳储量及变化量与累积碳投入量的关系（2007 年）

表 22-11　不同粒级团聚体有机碳储量与累积碳投入量的线性关系相关参数及固碳效率（2007 年）

不同粒级团聚体组分	斜率	决定系数（R^2）	P 值	固碳效率/%
TSOC	0.14	0.94	<0.01	13.6
cfPOC	0.04	0.95	<0.01	3.9
ffPOC	0.01	0.83	<0.01	0.6
iPOC	0.02	0.94	<0.01	2.3
MOC	0.07	0.97	<0.01	7.4

率为 13.6%，即当外源有机碳的输入量增加 100t/hm^2，土壤总有机碳储量将会增加 13.6t/hm^2；而各级团聚体而言，MOC 的固碳效率（7.4%）显著高于 cfPOC（3.9%）、iPOC（2.3%）和 ffPOC（0.6%）。

矿物结合态有机碳（MOC）的固碳效率（7.4%）显著高于其他团聚体。有机-无机肥配施或单施有机肥的矿物结合态有机碳的固碳速率最高，对增加矿物结合态有机碳效果最显著。秸秆还田和施用化肥的固碳速率与不施肥间差异并不显著。因此，施用有机肥显著增加了土壤中受生物化学保护的稳定态组分的含量，更有利于对有机碳的固持。

第五节　红壤有机碳矿化与碳平衡

土壤有机碳矿化是指土壤中以往累积的有机碳和外源有机碳（根茬、动植物残体、分泌物等）在土壤微生物和酶的驱动下分解转化，释放出矿质养分元素并且释放二氧化碳的过程。我们选用长期不施肥（CK）、施用化肥（NPK）、化肥配合秸秆还田（NPKS）、有机-无机肥配施（NPKM）和单施有机肥（M）等典型处理，评价施肥对红壤温室气体排放的影响，分析不同措施对红壤农田的净增温潜势（NGWP）和温室气体强度（GHGI）的影响。

一、不同施肥红壤有机碳的矿化特征

1. 总有机碳矿化特征

不同施肥下的红壤 125 天的培养试验表明（图 22-12），红壤总有机碳矿化速率在不同施肥下均表现出相似的规律，即先升高、后缓慢下降、最后趋于平稳的趋势。根据红壤总有机碳矿化速率，可以将其分为 3 个阶段。初始阶段（第 1~6 天），总有机碳矿化速率快速增加，在第 6 天达到峰值，其中 CK$_0$、CK、NPK 和 NPKM 处理总有机碳矿化速率分别为 29.10mg/(kg·d)、17.15mg/(kg·d)、21.04mg/(kg·d)和 29.42mg/(kg·d)。中期阶段（第 6~35 天），总有机碳矿化速率快速降低，变化幅度较大。第 35 天时，CK$_0$、CK、NPK 和 NPKM 处理总有机碳矿化速率分别为 4.92mg/(kg·d)、2.81mg/(kg·d)、3.29mg/(kg·d)

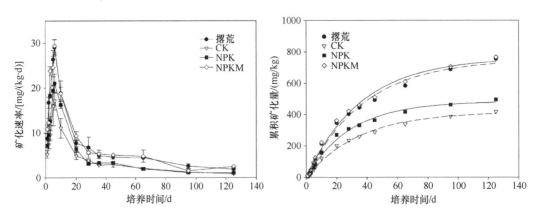

图 22-12　长期不同施肥下红壤总有机碳矿化速率及累积矿化量（2019 年）

和 5.30mg/(kg·d)，且分别比峰值时（第 6 天）降低了 4.91 倍、5.10 倍、5.40 倍和 4.55 倍。后期阶段（第 35～125 天），总有机碳矿化速率缓慢降低并逐渐趋于稳定状态，变化幅度较小。至培养结束时（第 125 天），CK_0、CK、NPK 和 NPKM 处理总有机碳矿化速率分别为 1.91mg/(kg·d)、0.89mg/(kg·d)、1.05mg/(kg·d)和 2.51mg/(kg·d)。整个培养阶段，NPKM 和 CK_0 处理的总有机碳矿化速率维持在一个较高的水平，分别为 1.51～29.42mg/(kg·d) 和 1.91～29.10mg/(kg·d)；其次是 NPK 处理，矿化速率为 1.05～21.04mg/(kg·d)；CK 处理最低，矿化速率为 0.89～17.15mg/(kg·d)。

各施肥红壤 CO_2 的累积释放量均随着培养时间呈增加趋势，但在培养后期，其增加趋势慢慢变缓。培养中期（第 35 天），CK_0、CK、NPK 和 NPKM 处理有机碳累积矿化量分别为 444.70mg/kg、259.08mg/kg、330.66mg/kg 和 459.39mg/kg，分别占总有机碳累积矿化量的 58.91%、61.83%、66.84%和 60.10%。可见，各施肥处理在培养中期的累积矿化量占总有机碳累积矿化量的 60%左右，说明红壤总有机碳的矿化主要集中在前期和中期，后期矿化趋于平缓，波动较小。整个培养阶段，CK_0 和 NPKM 的累积矿化量最高，其次是 NPK 处理和 CK 处理。经过 125 天的矿化培养，CK_0、CK、NPK 和 NPKM 处理的红壤总有机碳的累积矿化量分别为 754.84mg/kg、419.03mg/kg、494.69mg/kg 和 764.42mg/kg，且各处理差异显著（$P<0.05$，图 22-11）。与 CK 相比，NPK 和 NPKM 均显著增加了红壤总有机碳累积矿化量，分别提高了 18.06%和 82.43%，说明施肥可在一定程度上提高总有机碳累积矿化量。同时，CK_0 处理也表现出较高的总有机碳累积矿化量，其大小和 NPKM 处理相当，显著高于 CK 和 NPK 处理，且分别是 CK 和 NPK 处理的 1.80 倍和 1.53 倍。

长期施肥下红壤总有机碳矿化动态的拟合采用单库一级动力学方程 $C_t = C_0(1 - e^{-kt})$。结果表明：拟合方程的 R^2 均大于 0.99，拟合效果良好（表 22-12）。长期施用化肥（NPK）和有机-无机肥配施（NPKM）均显著提高了土壤潜在可矿化有机碳含量（$P<0.05$）。相较于 CK，NPK 和 NPKM 的土壤潜在可矿化有机碳含量分别增加了 15.99%和 82.33%，且 NPK 和 NPKM 之间显著差异。此外，CK_0 和 NPKM 间无显著差异（$P>0.05$），但其显著高于 CK 和 NPK，分别提高了 80.27%和 55.41%。由此可见，CK_0 和 NPKM 较 CK 的提升幅度较大，说明长期撂荒和有机-无机肥配施均对土壤潜在可矿化有机碳含量的增加有较好的促进作用。不同施肥下红壤有机碳的周转速率常数（k）间存在显著差异，其值介于 0.06～0.034d。其中，NPK 的周转速率最高（0.034d），且显著高于 CK_0、CK 和 NPK，但后三者之间差异不显著。

表 22-12 长期施肥下红壤总有机碳矿化动力学参数（2019 年）

处理	C_0/（mg/kg）	k/d	$T_{1/2}$/d	C_0/SOC/%	R^2
CK_0	752.16a	0.026b	4.33a	5.84b	0.996**
CK	417.24c	0.029b	4.25a	6.34a	0.997**
NPK	483.98b	0.034a	4.07a	4.55c	0.996**
NPKM	760.75a	0.028b	4.28a	5.57b	0.996**

注：C_0，土壤潜在可矿化有机碳含量；k，土壤有机碳矿化速率常数；$T_{1/2}$，半周转期，C_0/SOC，土壤潜在可矿化有机碳与总有机碳的比值。同列不同小写字母表示各施肥处理间差异显著（$P<0.05$）；**表示达到极显著相关（$P<0.01$）。

2. 各组分有机碳矿化特征

长期不同施肥下，红壤各组分有机碳矿化速率均表现出前期快速矿化（1～35d）、后期矿化速率逐渐放缓直至趋于平稳（图 22-13）。整体上看，四个组分中，fPOC 组分有机碳矿化速率较其他组分更高；CK_0 和 NPKM 处理的各组分的矿化速率高于 CK 和 NPK。撂荒和有机-无机肥配施能够显著提升组分有机碳的矿化速率，与 CK 相比，撂荒各组分最大矿化速率分别提高了 158.10%（cPOC）、36.36%（fPOC）、67.30%（iPOC）、145.45%（MOC），NPKM 分别提高了 245.83%（cPOC）、62.89%（fPOC）、21.44%（iPOC）、183.00%（MOC）。撂荒和有机-无机肥配施肥提升了各组分有机碳的最大矿化速率，尤其是 cPOC 和 MOC 组分，这在加快土壤有机碳周转的同时，也带来了 CO_2 等温室气体过度排放的环境风险。除 MOC 外，各组分 CK、NPK 下最大有机碳矿化速率差异不显著，说明单施化肥对 cPOC、fPOC、iPOC 组分有机碳矿化影响不大。

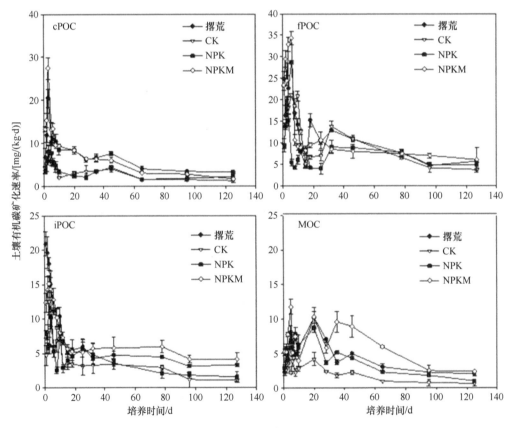

图 22-13　长期施肥下红壤各组分有机碳的矿化速率（2019 年）

长期施肥显著改变了土壤各组分有机碳累积矿化量（$P<0.05$，图 22-14）。至 125 天培养结束后，各组分土壤有机碳累积矿化量表现为：细颗粒有机碳（fPOC，930.50mg/kg）＞团聚体内颗粒有机碳（iPOC，528.41mg/kg）＞粗颗粒有机碳（cPOC，469.95mg/kg）＞矿物结合态有机碳（MOC，443.70mg/kg）。与 CK 处理相比，NPK 处理 cPOC、fPOC、 iPOC 组分的累积矿化量有所提高但未达到显著水平（$P>0.05$）；而 NPK 处理的 MOC 组分累积矿化量显著提高，增加了 114.39%。相比于 CK 处理，NPKM 处理均显著提高了各组分碳库累积矿化量，分别提高了 109.80%（粗颗粒有机碳）、42.54%（细颗粒有机碳）、90.61%（团聚体内颗粒有机碳）和 250.09%（矿物结合态有机碳）。

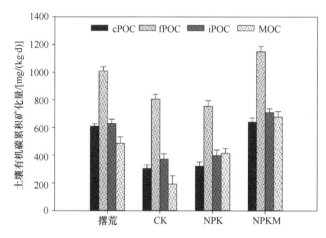

图 22-14　长期施肥下红壤各组分有机碳累积矿化量（2019 年）

一阶动力学方程可以很好地描述土壤各组分有机碳累积矿化量的动态变化（表 22-13）。长期施肥均显著提高了各组分的潜在可矿化有机碳含量（C_0）。相比于 CK，长期有机-无

表 22-13　红壤各组分有机碳矿化的动力学方程参数（2019 年）

	处理	C_0 / （mg/kg）	k/d	C_s / （g·kg）	C_0/SOC /%	R^2
cPOC	撂荒	871.48	0.013	14.63	5.62	0.99**
	CK	424.96	0.011	7.46	5.39	0.99**
	NPK	455.55	0.010	11.46	3.77	0.99**
	NPKM	679.71	0.022	16.24	4.02	0.99**
fPOC	撂荒	1180.84	0.015	162.69	0.72	0.98*
	CK	894.22	0.017	141.84	0.63	0.98*
	NPK	982.51	0.012	179.25	0.55	0.99**
	NPKM	1312.52	0.016	181.02	0.72	0.99**
iPOC	撂荒	697.76	0.017	13.86	4.79	0.97*
	CK	436.23	0.016	6.73	6.08	0.99**
	NPK	509.18	0.013	6.98	6.79	0.99***
	NPKM	1034.26	0.009	10.51	8.96	0.99**
MOC	撂荒	636.30	0.012	11.82	5.11	0.99**
	CK	224.06	0.017	7.01	3.10	0.99**
	NPK	499.94	0.015	9.88	4.82	0.99**
	NPKM	1191.90	0.007	10.26	10.41	0.99**

注：C_0，土壤潜在可矿化有机碳含量；k，土壤有机碳矿化速率常数；C_0/SOC，土壤潜在可矿化有机碳与总有机碳的比值；C_s，惰性碳库。同列不同小写字母表示各施肥处理间差异显著（$P<0.05$）

机配施（NPKM）的 cPOC、fPOC、iPOC 和 MOC 组分的潜在可矿化有机碳含量（C_0）较不施肥（CK）显著提高了 59.65%、46.76%、137.09%和 431.96%。不同施肥下各组分有机碳库的周转速率（k）也存在显著差异（$P<0.05$）。长期有机-无机肥配施（NPKM）显著提高了 cPOC 组分的周转速率，且是 CK 的 2 倍。与 CK 相比，有机-无机肥配施（NPKM）显著降低了 iPOC 和 MOC 组分的周转速率，且分别降低了 43.75%和 58.82%。

二、不同施肥下红壤温室气体排放特征

分别在 2017 年 11 月至 2018 年 10 月对不同施肥下红壤农田 CO_2、CH_4 和 N_2O 排放通量变化进行监测（图 22-15）。不施肥（CK）的农田 CO_2、CH_4 和 N_2O 排放通量较低，土壤 CO_2 排放通量波动幅度在 0～14.6kg/(hm²·d)，土壤 CH_4 排放通量波动幅度在 0～12.4g/(hm²·d)，土壤 N_2O 排放通量波动幅度在 0～9.1g/(hm²·d)。长期施用化肥（NPK）土壤 CO_2 排放通量波动幅度在 0～26.1kg/(hm²·d)，土壤 CH_4 排放通量波动幅度在 0～13.4g/(hm²·d)，土壤 N_2O 排放通量波动幅度在 0～12.9g/(hm²·d)。长期施用化肥配合秸秆还田（NPKS）土壤 CO_2 排放通量波动幅度在 0～21.9kg/(hm²·d)，土壤 CH_4 排放通量波动幅度在 0～11.8g/(hm²·d)，土壤 N_2O 排放通量波动幅度在 0～8.2g/(hm²·d)。长期施用化肥有机肥配施（NPKM）土壤 CO_2 排放通量波动幅度在 0～48.9kg/(hm²·d)，土壤 CH_4 排放通量波动幅度在 0～198.2g/(hm²·d)，土壤 N_2O 排放通量波动幅度在 0～210.7g/(hm²·d)。长期单施有机肥（M）土壤 CO_2 排放通量波动幅度在 0～45.1kg/(hm²·d)，

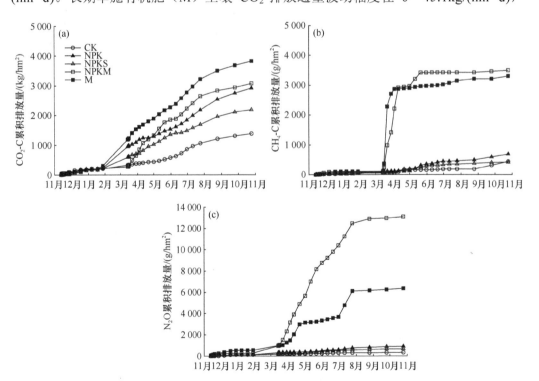

图 22-15　不同施肥下红壤农田 CO_2、CH_4 和 N_2O 累积排放量（2017～2018 年）

土壤 CH_4 排放通量波动幅度在 0～565.0g/(hm²·d)，土壤 N_2O 排放通量波动幅度在 0～191.9g/(hm²·d)。各处理小麦季、玉米季的温室气体排放通量均呈现明显的季节变化规律，变化趋势基本一致。玉米季的温室气体排放通量强度比小麦季的要大，且波动幅度相对也较大。

不施肥（CK）的红壤农田，CO_2、CH_4 和 N_2O 一年累积排放量分别为1388.4kg/hm²、446.8g/hm² 和337.4g/hm²，其中小麦季和玉米季 CO_2、CH_4 和 N_2O 累积排放量之比分别0.3、0.1 和1.2。长期施用化肥（NPK）土壤 CO_2、CH_4 和 N_2O 累积排放量分别为2920.1kg/hm²、691.9g/hm² 和901.4g/hm²，小麦和玉米季 CO_2、CH_4 和 N_2O 累积排放量之比分别0.5、0.2 和0.6。长期施用化肥配合秸秆还田（NPKS）土壤 CO_2、CH_4 和 N_2O 累积排放量分别为2188.0kg/hm²、421.1g/hm² 和675.5g/hm²，其中小麦季和玉米季 CO_2、CH_4 和 N_2O 累积排放量之比分别0.4，0.2 和0.4。长期施用化肥有机肥配施（NPKM）土壤 CO_2、CH_4 和 N_2O 累积排放量分别为3075.1kg/hm²、3497.9g/hm² 和13092.0g/hm²，其中小麦季和玉米季 CO_2、CH_4 和 N_2O 累积排放量之比分别0.1、0.03 和0.08。长期单施有机肥（M）土壤 CO_2、CH_4 和 N_2O 累积排放量分别为3835.0kg/hm²、3306.7g/hm² 和6362.8g/hm²，其中小麦季和玉米季 CO_2、CH_4 和 N_2O 累积排放量之比分别0.5、0.03 和0.2。

三、不同施肥下红壤有机碳平衡与固碳减排

1. 长期施肥红壤有机碳平衡

从表22-14 可以看出，长期不同施肥后，作物生物量发生显著变化，无论小麦还是玉米，施用有机肥处理（M、NPKM）地上部生物量显著高于化肥（NPK）和化肥配合秸秆还田（NPKS），高于不施肥对照（CK）。该条件下农田生态系统碳的来源包括两部分：一是作物通过光合作用吸收大气中的 CO_2，转化为同化产物，该部分碳来源主要通过作物生物量进行估算；二是人工投入的有机肥碳。施用有机肥处理（M、NPKM），全年碳平衡均为正值，表现为显著的"碳汇"特征。施用化学肥料（NPK）、化肥配合秸秆还田（NPKS）和不施肥（CK）处理，虽然土壤呼吸排放的 CO_2 量较低，但是由于作物生长条件差，作物产量低，光合作用弱，同化大气 CO_2 的能力也低，不同时期均表现为明显的"碳源"特征，全年累计排放碳 1.08～3.48t/hm²。

表22-14　不同施肥下红壤农田有机碳平衡　　　　　［单位：t/(hm²·a)]

处理	NPP	碳排放		NEP	碳投入	碳输出	碳平衡
		CO_2-C	CH_4-C				
CK	1.24	0.379	0.0003	0.87	0.27	1.35	−1.08
NPK	4.36	0.796	0.0005	3.56	0.84	4.32	−3.48
NPKS	4.12	0.597	0.0003	3.52	1.77	3.91	−2.14
NPKM	9.98	0.839	0.0026	9.14	7.47	7.41	0.06
M	6.46	1.051	0.0025	5.41	8.46	6.06	2.40

2. 长期不同施肥红壤农田固碳减排评估

由表 22-15 可知，不同施肥下红壤农田净增温潜势（NGWP）高低顺序分别为 NPK（2447.2kg CO_2-eq/hm^2）、M（2442.8kg CO_2-eq/hm^2）> NPKS（2142.6kg CO_2-eq/hm^2）> NPKM（1471.0kg CO_2-eq/hm^2）> CK（1268.0kg CO_2-eq/hm^2）。

表 22-15　长期不同施肥下红壤农田净增温潜势（NGWP）和温室气体强度（GHGI）

处理	CO_2	N_2O	CH_4	SOC	NGWP	籽粒产量	GHGI/
	/ （kg CO_2-eq/hm^2）					/ （kg/hm^2）	(kg CO_2-eq/kg)
CK	1388.4	158.0	14.9	−293.3	1268.0	437.9	2.90
NPK	2920.1	422.1	23.1	−918.1	2447.2	2439.9	1.00
NPKS	2188.0	316.3	14.0	−375.8	2142.6	2241.9	0.96
NPKM	3075.1	2950.8	116.6	−4671.5	1471.0	7944.7	0.19
M	3853.0	2979.6	110.2	−4499.9	2442.8	7213.0	0.34

长期施用化肥（NPK），农田净增温潜势分别来自 CO_2、N_2O 和 CH_4 排放，其贡献大小分别 2920.1kg CO_2-eq/hm^2、422.1kg CO_2-eq/hm^2 和 23.1kg CO_2-eq/hm^2；负农田净增温潜势为 SOC 固定 918.1kg CO_2-eq/hm^2。长期单施有机肥（M），正农田净增温潜势来自 CO_2、N_2O 和 CH_4 排放，其贡献大小分别 3853.0kg CO_2-eq/hm^2、2979.6kg CO_2-eq/hm^2 和 110.2kg CO_2-eq/hm^2；负农田净增温潜势为 SOC 固定 4499.9kg CO_2-eq/hm^2。长期施用化肥配合秸秆还田（NPKS），正农田净增温潜势分别来自 CO_2、N_2O 和 CH_4 排放，其贡献大小分别 2188.0kg CO_2-eq/hm^2、316.3kg CO_2-eq/hm^2 和 14.0kg CO_2-eq/hm^2；负农田净增温潜势为 SOC 固定 375.8kg CO_2-eq/hm^2。长期施用有机-无机肥配施（NPKM），正农田净增温潜势分别来自 CO_2、N_2O 和 CH_4 排放，其贡献大小分别 3075.1kg CO_2-eq/hm^2、2950.8kg CO_2-eq/hm^2 和 116.6kg CO_2-eq/hm^2；负农田净增温潜势为 SOC 固定 4671.5kg CO_2-eq/hm^2。长期不施肥（CK），正农田净增温潜势分别来自 CO_2、N_2O 和 CH_4 排放，其贡献大小分别 1388.4kg CO_2-eq/hm^2、158.0kg CO_2-eq/hm^2 和 14.9kg CO_2-eq/hm^2；负农田净增温潜势为 SOC 固定 293.3kg CO_2-eq/hm^2。

不同施肥下红壤农田温室气体强度（GHGI）高低顺序分别为 CK（2.90kg CO_2-eq/kg）> NPK（1.00kg CO_2-eq/kg）、NPKS（0.96kg CO_2-eq/kg）> M（0.34kg CO_2-eq/kg）> NPKM（0.19kg CO_2-eq/kg）。

第六节　红壤农田有机质提升技术

长期有机-无机肥配施能显著提高土壤有机质含量。有机肥料对增加土壤有机质的效果优于化学肥料，施用有机粪肥或有机粪肥与化肥配施是增加土壤有机质的有效且重要的措施。有机-无机配施及轮作措施均能不同程度地提高 0～100cm 土体及各层有机碳储量，且小麦-大豆轮作措施提升效果显著优于其他处理，是红壤培肥和合理化利用的较优管理措施。长期有机-无机肥配施及轮作对提高土壤稳定态组分固碳速率和效率有显著作用。有机-无机肥配施或单施有机肥的矿物结合态有机碳（MOC）的固碳速率最高，对增加矿物结合态即稳定态有机碳效果最显著。因此，有机-无机肥配施或单施有机肥不仅能增加碳的固持，而且能改善土壤的团聚体结构，显著促进土壤肥力提升。

对于农田生态系统而言，外源碳的添加（根茬和有机肥）是快速提升土壤有机碳储量的主要途径。通过长期试验数据，我们建立了外源碳投入量与土壤有机碳储量的变化量及土壤有机碳储量的响应关系（图22-9，图22-10），进而可以准确量化土壤有机碳定量提升所需外源碳的投入量。红壤有机碳储量与年有机碳投入量关系不是一成不变的，而是随着有机碳累积量的提升，有机碳的转化效率呈逐年下降的趋势。由不同累积碳投入阶段的有机碳转化效率可知，在低碳投入水平（累积碳投入量 <91.6 t/hm^2），有机碳含量较低的土壤低肥力阶段（有机碳储量$=25.2$t/hm^2），土壤的固碳效率为22.9%，即每投入100 t碳，有22.9 t碳固持在土壤中。在低肥力阶段，红壤旱地土壤有机碳储量提升5%，需再额外累积投入干猪粪18.8 t/(hm^2·a)玉米秸秆约17.0t/(hm^2·a)或者小麦秸秆17.4t/(hm^2·a)。土壤有机碳储量升高10%，需再额外累积投入干猪粪30.0 t/(hm^2·a)、玉米秸秆27.2 t/(hm^2·a)或者小麦秸秆27.7 t/(hm^2·a)（表22-16）。

表22-16　不同肥力水平阶段土壤有机碳提升或维持所需外源有机物料投入量

肥力水平		有机碳储量/(t/hm^2)	固碳效率/%	所需外源碳投入量/(t/hm^2)	需投入有机肥/[t/(hm^2·a)，干基]		
					猪粪	玉米秸秆	小麦秸秆
起始		19.8		3.0	7.6	6.9	7.0
低肥力阶段	有机碳提升5%	20.8	22.9	7.3	18.8	17.0	17.4
	有机碳提升10%	21.8	22.9	11.6	30.0	27.2	27.7

（李冬初　王伯仁　张　璐　张会民　徐明岗　黄　晶　高菊生）

参 考 文 献

彭佩钦, 刘强, 黄道友, 等. 2006. 湖南典型农田土壤有机碳含量及其演变趋势. 环境科学, 27(7): 4.

佟小刚, 王伯仁, 徐明岗, 等. 2009. 长期施肥红壤矿物颗粒结合有机碳储量及其固定速率. 农业环境科学学报, 28(12): 2584-2589.

佟小刚, 徐明岗, 张文菊, 等. 2008. 长期施肥对红壤和潮土颗粒有机碳含量与分布的影响. 中国农业科学, 41(11): 3664-3671.

武天云, Schoenau J J, 李凤民, 等. 2004. 利用离心法进行土壤颗粒分级. 应用生态学报, 15(3): 477-481.

徐明岗, 梁国庆, 张夫道, 等. 2006. 中国土壤肥力演变. 北京: 中国农业科学技术出版社.

徐明岗, 张文菊, 黄绍敏, 等. 2015. 中国土壤肥力演变(第二版). 北京: 中国农业科学技术出版社.

Anderson D W, Saggar S, Bettany J R, et al. 1981. Particle size fractions and their use in studies of soil organic matter: I. The nature and distribution of forms of carbon, nitrogen, and sulfur. Soil Science Society of America Journal, 45(4): 767-772.

Schmidt M, Knicker H, Hatcher P, et al. 1997. Improvement of ^{13}C and ^{15}N CPMAS NMR spectra of bulk soils, particle size fractions and organic material by treatment with 10% hydrofluoric acid. European Journal of Soil Science, 48: 319-328.

Six J, Callewaert P, Lenders S, et al. 2002a. Measuring and understanding carbon storage in afforested soils by physical fractionation. Soil Science Society of America Journal, 66(6): 1981-1987.

Six J, Conant R T, Paul E A, et al. 2002b. Stabilization mechanisms of soil organic matter: implications for C-saturation of soils. Plant and Soil, 241(2): 155-176.

Sleutel S, De Neve S, Németh T, et al. 2006. Effect of manure and fertilizer application on the distribution of organic carbon in different soil fractions in long-term field experiments. European Journal of Agronomy, 25(3): 280-288.

第二十三章 玉米连作红壤农田有机质演变特征及提升技术

红壤的自然特性为酸性强、黏重、板结、有机质（碳）含量低、保肥保水性能差、生产力水平较低等。增施有机肥是提升土壤有机碳含量和改良红壤的主要措施之一（柳开楼等，2017；李文军等，2021；李浩等，2022；Liu et al.，2019a）。有机碳含量的增加显著影响红壤团聚体组分（王迪等，2016；Liu et al.，2019b），进而导致有机碳的积累速率在不同团聚体中存在显著差异（王雪芬等，2012；Zhang et al.，2015；Xu et al.，2020）。由于水热资源充沛，红壤农田上适宜种植的旱作物种类较多，如玉米、花生、油菜、芝麻、大豆等（黄国勤等，2006；汤文光等，2014），这对保障我国粮食安全具有重要战略意义。近年来，随着国家对玉米种植业的结构调整，同时为保障南方丘陵区的养殖业有序发展，红壤区的饲用玉米发展迅速（柳开楼等，2020）。玉米是需肥较强的作物，在肥力贫瘠的红壤地区探究如何调控有机碳进而保障玉米对养分的需求就显得十分迫切。因此，利用红壤农田定位试验，探索玉米连作长期不同施肥下红壤旱地有机碳的变化特征与提升技术，对于深入理解红壤区典型农田土壤碳库积累与周转、指导农田土壤培肥与固碳意义重大。

第一节 玉米连作红壤农田长期试验概况

玉米连作红壤农田长期试验位于江西省进贤县张公镇（28°35′15″N、116°17′23″E），地处中亚热带，年均气温 18.1℃，≥10℃积温 6480℃，年降水量 1537mm，年蒸发量 1150mm，无霜期约为 289d，年日照时数 1950h。供试土壤为红壤，成土母质为第四纪红黏土。长期试验从 1986 年开始，初始时耕层土壤（0～20cm）基本性质为：有机碳 9.39g/kg，全氮 0.98g/kg，碱解氮 60.3mg/kg，全磷 0.62g/kg，有效磷 5.6mg/kg，全钾 11.36g/kg，速效钾 70.25mg/kg，pH 为 6.0。

共设 10 个施肥处理：①不施肥（CK）；②氮肥（N）；③磷肥（P）；④钾肥（K）；⑤氮磷化肥（NP）；⑥氮钾化肥（NK）；⑦氮磷钾化肥（NPK）；⑧2 倍氮磷钾化肥（2NPK）；⑨氮磷钾化肥配施有机肥（NPKM）；⑩单施有机肥（M）。各施肥措施重复 3 次，小区面积 22.2m^2，随机排列，各小区之间用 60cm 深水泥埂隔开。种植制度为春玉米-秋玉米-冬闲制。玉米品种自试验开始后每季均为'掖单 13 号'。具体肥料用量详见表 23-1。氮肥、磷肥和钾肥的种类分别为尿素（N，46.2%）、钙镁磷肥（P$_2$O$_5$，12.5%）和氯化钾（K$_2$O，60%），有机肥为鲜猪粪。磷肥、钾肥和有机肥在玉米种植前作基肥一次性施用，氮肥分基肥（70%）和追肥（30%）施用。玉米种植中采用河水灌溉，其他管理措施同当地农民习惯。

表 23-1 红壤农田长期试验不同施肥处理及其肥料施用量

处理	每季的施肥量/（kg/hm²）			
	N	P₂O₅	K₂O	鲜猪粪
CK				
N	60			
P		30		
K			60	
NP	60	30		
NK	60		60	
NPK	60	30	60	
2NPK	120	60	120	
NPKM	60	30	60	15 000
OM				15 000

注：鲜猪粪的含水率为 70.8%，烘干基的有机碳含量 340g/kg，氮、磷和钾含量分别为 12.0g/kg、9.0g/kg 和 10.0g/kg。

第二节 长期施肥下红壤农田有机碳的演变特征

一、长期施肥下红壤有机碳含量的变化

长期施肥可以提高土壤有机碳含量（图 23-1）。施肥 35 年后，氮磷钾化肥配施有机肥下土壤有机碳含量最高，较不施肥提高了 52.0%；其次是单施有机肥，较不施肥提高了 50.0%；2 倍氮磷钾化肥较不施肥提高了 26.5%；其他施肥下年均有机碳含量较不施肥也有不同程度提高。随着施肥年限的延长，不同施肥下土壤有机碳含量变化不一。氮磷钾化肥配施有机肥和单施有机肥下有机碳含量随试验年限延长基本表现为上升趋势，2 倍氮磷钾化肥和氮磷钾化肥下有机碳含量表现为先升后降的趋势，不施肥下有机碳含量表现为逐渐降低。

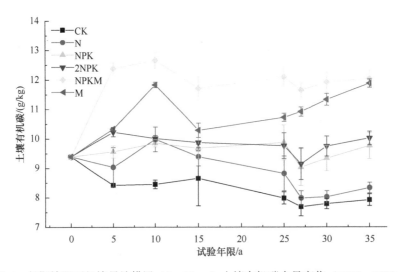

图 23-1 长期施肥下红壤旱地耕层（0～20cm）土壤有机碳含量变化（1986～2020 年）

红壤 0～20cm 土层总有机碳储量受施肥的影响显著（表 23-2）。氮磷钾化肥配施有机肥下土壤总有机碳储量显著高于其他施肥。与试验第 1 年相比，35 年后氮磷钾化肥配施有机肥土壤总有机碳储量增加了 20.36%，而不施肥、氮磷化肥、氮钾化肥、氮磷钾化肥和 2 倍氮磷钾化肥施用下则分别减少了 18.25%、3.02%、2.73%、2.87%和 4.13%。这表明氮磷钾化肥配施有机肥在维持作物高产的同时可以提升土壤有机碳储量，且比其他施肥措施具有更强的碳"汇"功能。

表 23-2　长期不同施肥下红壤耕层（0～20cm）有机碳储量和平均变化速率

施肥处理	容重/ (g/cm³)		有机碳储量/ (t/hm²)		变化速率 / [t/(hm²·a)]
	第 1 年	35 年	第 1 年	35 年	
CK	1.36	1.36b	25.54	20.88c	−0.16
NP	1.36	1.40ab	25.54	24.77b	−0.03
NK	1.36	1.35b	25.54	24.84b	−0.02
NPK	1.36	1.37b	25.54	24.81b	−0.02
2NPK	1.36	1.34b	25.54	24.49b	−0.04
NPKM	1.36	1.41a	25.54	30.74a	0.17

注：同一列不同的小写字母表示各施肥处理之间存在显著差异（$P<0.05$）。

二、长期施肥下红壤团聚体有机碳的分配特征

1. 长期施肥下红壤团聚体有机碳含量的变化

红壤团聚体组分均以氮磷钾化肥配施有机肥下有机碳含量为最高。与不施肥相比，氮磷钾化肥配施有机肥下，>2mm、0.25～2mm、0.053～0.25mm、<0.053mm 的团聚体有机碳含量分别增加了 13.21%、51.75%、63.11%和 24.35%（图 23-2）。在 4 个团聚体组分中，氮磷化肥、氮钾化肥、氮磷钾化肥和 2 倍氮磷钾化肥施用下土壤有机碳含量均无显著差异。

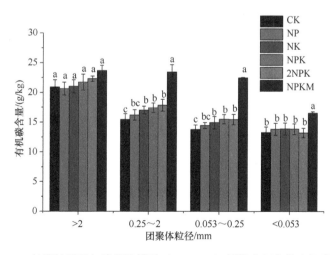

图 23-2　长期施肥下红壤旱地耕层（0～20cm）团聚体组分的有机碳含量
不同的小写字母表示同一粒径团聚体各施肥之间存在显著差异（$P<0.05$）

2. 长期施肥下红壤团聚体有机碳储量变化

在红壤旱地上，>2mm 和 <0.053mm 团聚体中有机碳储量低于其他组分（表 23-3）。与不施肥或单施无机肥相比，氮磷钾化肥配施有机肥显著增加了土壤团聚体组分的有机碳储量，氮磷钾化肥、2 倍氮磷钾化肥、氮磷化肥和氮钾化肥之间的有机碳储量没有显著差异。氮磷钾化肥配施有机肥下，>2mm、0.25～2mm、0.053～0.25mm、<0.053mm 团聚体中有机碳储量变化率分别为 0.08t/(hm²·a)、0.44t/(hm²·a)、0.02t/(hm²·a)、0.08t/(hm²·a)。无机肥施用下有机碳储量与初始值没有显著性差异（$P>0.05$）。

表 23-3 长期施肥下红壤旱地耕层（0～20cm）团聚体组分的有机碳储量（2016 年）

处理	土壤有机碳储量/(t/hm²)					有机碳储量变化速率/[t/(hm²·a)]				
	>2 mm	0.25～2 mm	0.053～0.25 mm	<0.053 mm	总和	>2 mm	0.25～2 mm	0.053～0.25 mm	<0.053 mm	总和
初始值	2.39c	24.83b	14.45a	2.36d	44.03b					
CK	1.93d	21.50c	11.38b	5.44b	40.25c	−0.02	−0.11	−0.10	0.10	−0.13
NP	2.05d	23.74b	11.63b	5.97ab	43.38b	−0.01	−0.04	−0.09	0.12	−0.02
NK	2.33c	24.66b	10.57b	6.17a	43.73b	0.00	−0.01	−0.13	0.13	−0.01
NPK	2.78b	27.18b	10.39b	5.31b	45.66b	0.01	0.08	−0.14	0.10	0.05
2NPK	2.89b	26.49b	10.93b	4.75c	45.06b	0.02	0.06	−0.12	0.08	0.03
NPKM	4.71a	37.97a	15.03a	4.83c	62.53a	0.08	0.44	0.02	0.08	0.62

注：同一列不同的小写字母表示各施肥措施之间存在显著差异（$P<0.05$）。

三、长期施肥下红壤不同保护态有机碳库的变化特征

1. 不同保护态有机碳库含量的变化

长期不同施肥下红壤各有机碳库含量均未表现出持续增加或降低的趋势（图 23-3）。与初始值相比，30 年后不施肥下土壤中未保护有机碳库含量基本无变化，氮磷钾化肥和氮磷钾化肥配施有机肥下分别提高了 39.1%和 130.9%，年均增加速率达显著水平（$P<$ 0.05）（表 23-4）。各施肥下土壤的物理保护有机碳库含量在试验 10 年后持续下降，至试验第 30 年时其含量仅为初始值的 40.4%～89.6%。土壤生物化学保护有机碳库和物理-生物化学保护有机碳库含量在试验前 20 年间变化不大，之后增加，30 年后不同施肥下含量分别较初始值提高 50.9%～76.7%和 0.7%～52.2%。不同施肥下，土壤物理-化学保护有机碳库含量无明显规律性变化。

2. 不同保护态有机碳库变化的速率差异

不同施肥下红壤旱地各有机碳库含量的年均增加速率总体上变化不显著（表 23-4）。与不施肥和氮磷钾化肥相比，氮磷钾化肥配施有机肥下各时期的土壤未保护、物理保护、化学保护及物理-生化保护有机碳的含量及相应的有机碳库年均增加速率均有明显提高，说明长期氮磷钾化肥配施有机肥更有利于促进红壤各有机碳库的积累。

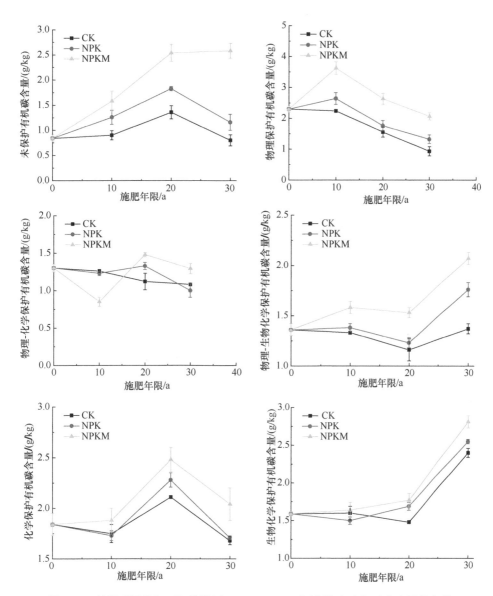

图 23-3　长期不同施肥下红壤耕层（0~20cm）不同保护态有机碳库含量的变化

表 23-4　长期不同施肥下红壤耕层（0~20cm）不同保护态有机碳含量的年均增加速率

[单位：g/（kg·a）]

处理	未保护 有机碳	物理保护 有机碳	物理-化学 保护有机碳	物理-生化 保护有机碳	化学 保护有机碳	生化 保护有机碳
CK	0.003	−0.048*	−0.008	−0.001	−0.001	0.023
NPK	0.015	−0.038	−0.008	0.01	0.002	0.031
NPKM	0.062*	−0.017	0.006	0.021	0.012	0.038

*表示增加速率达显著水平（$P<0.05$）。

3. 不同保护态有机碳库比例变化及差异

在总有机碳中，各施肥下生化保护、化学保护、物理-生化保护有机碳库的分配比例相对较高，其值分别为21.1%～30.3%、15.9%～20.3%和16.2%～17.4%，其总和变幅为53.2%～67.4%（图23-4）。与不施肥相比，氮磷钾化肥和氮磷钾化肥配施有机肥均显著降低了土壤化学保护有机碳占总有机碳的比例，氮磷钾化肥配施有机肥亦显著降低了生化保护有机碳占总有机碳的比例（$P<0.05$），而氮磷钾化肥配施有机肥下土壤未保护、物理保护有机碳占总有机碳的比例较不施肥分别提高104.1%和50.0%，较氮磷钾化肥分别提高72.2%和20.9%（$P<0.05$）。

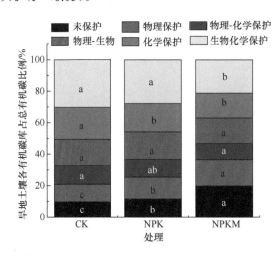

图 23-4　长期不同施肥下红壤旱地（0～20cm）不同保护态有机碳占总有机碳的比例

图中不同小写字母表示不同施肥之间差异显著（$P<0.05$）

4. 不同保护态有机碳库与总有机碳的关系

用线性回归方程拟合红壤总有机碳与其各保护态有机碳库含量间的关系，其斜率反映了土壤总有机碳含量的变化引起各保护态有机碳组分含量的变化。如表 23-5 显示，不施肥下红壤旱地总有机碳含量的变化可显著引起土壤物理保护有机碳含量的明显变化（$P<0.01$），其变化率为93%，说明红壤旱地不施肥下持续降低的物理保护有机碳是造成土壤总有机碳含量不断降低的决定性碳组分。对于氮磷钾化肥而言，土壤总有机碳含量的变化与化学保护态有机碳含量呈正显著相关、与物理-生化保护态有机碳呈负显著相关（$P<0.05$），其变化率分别为64%和47%；对于氮磷钾化肥配施有机肥而言，土

表 23-5　红壤耕层（0～20cm）总有机碳与其组分间的线性拟合方程斜率

处理	未保护有机碳	物理保护有机碳	物理-化学保护有机碳	物理-生化保护有机碳	化学保护有机碳	生化保护有机碳
CK	0.17	0.93[**]	0.11	−0.09	0.39	−0.52
NPK	0.93[**]	0.06	0.35	−0.47[*]	0.64[**]	−0.51
NPKM	0.51[*]	−0.18	0.09	0.14	0.14	0.30[*]

*和**分别表示达显著（$P<0.05$）和极显著（$P<0.01$）水平。

壤总有机碳含量的变化引起生化保护有机碳含量的正向显著变化，其变化率达 30%。各施肥下不同保护态有机碳库含量并非总是与土壤总有机碳含量呈正相关关系，土壤不同保护态有机碳库间可相互转化，进而对土壤总有机碳含量的演变产生不同的影响。

四、长期不同施肥下红壤农田有机碳活性组分变化及差异

1. 不同活性有机碳组分的含量

由表 23-6 可知，红壤旱地施氮肥后土壤各活性有机碳组分含量与不施肥无显著差异，施氮磷钾肥及配施有机肥后轻组有机碳、土壤热水溶性有机碳、颗粒有机碳、易氧化有机碳的含量则较不施肥分别提高 53.2%～101.3%、15.2%～47.2%、38.0%～108.9%和 21.4%～57.3%。氮磷钾化肥配施有机肥对土壤颗粒有机碳含量的提升最为明显。与不施肥和各化肥施用相比，氮磷钾化肥配施有机肥下红壤旱地中轻组有机碳、土壤热水溶性有机碳、颗粒有机碳、易氧化有机碳含量均有显著增加（$P<0.05$），其平均增幅分别达 9.1%～89.0%、20.0%～47.2%、34.9%～89.6%和 28.9%～46.0%。

表 23-6　长期施肥下红壤耕层（0～20cm）活性有机碳含量　（单位：g/kg）

处理	轻组有机碳 （LFOC）	热水溶性有机碳 （HWOC）	颗粒有机碳 （POC）	易氧化有机碳 （EOC）
CK	0.77±0.12d	0.46±0.01c	2.37±0.16d	1.17±0.03d
N	0.82±0.25d	0.53±0.04c	2.61±0.59d	1.26±0.07cd
NPK	1.18±0.06c	0.53±0.09c	3.27±0.11c	1.42±0.05b
2NPK	1.42±0.07b	0.65±0.06b	3.67±0.19b	1.33±0.05bc
NPKM	1.55±0.08a	0.78±0.04a	4.95±0.12a	1.84±0.04a

注：不同小写字母表示各施肥处理之间差异显著（$P<0.05$）。

2. 不同活性有机碳组分的比例

红壤旱地不同活性有机碳组分占总有机碳的比例大小总体排序为：颗粒有机碳＞易氧化有机碳＞轻组有机碳＞热水溶性有机碳（表 23-7）。氮磷钾化肥配施有机肥对土壤总有机碳中活性有机碳的分配比例有显著影响，与不施肥相比，氮磷钾化肥配施有机肥显著提升了土壤总有机碳中除易氧化有机碳之外的其他各活性有机碳组分的分配比例（$P<0.05$），其中对颗粒有机碳占比的提升最为明显，提升幅度为 37.2%。

表 23-7　长期施肥红壤旱地耕层（0～20cm）各活性有机碳组分占总有机碳的比例（%）

处理	轻组有机碳 （LFOC）	热水溶性有机碳 （HWOC）	颗粒有机碳 （POC）	易氧化有机碳 （EOC）
CK	8.9±1.4c	5.3±1.0b	27.4±1.9c	13.6±0.4ab
N	9.1±1.9c	6.2±0.4a	30.4±2.4b	14.6±0.9a
NPK	12.0±0.6b	5.4±0.9b	33.7±1.1a	14.5±0.5a
2NPK	14.2±0.7a	6.5±0.6a	34.7±2.0a	13.4±0.5b
NPKM	12.1±0.6b	6.1±0.3a	37.6±0.9a	14.4±0.3ab

注：同一列不同的小写字母表示各施肥处理之间差异显著（$P<0.05$）。

3. 不同活性有机碳组分与总有机碳的关系

不同活性有机碳组分含量间的相关性结果显示（表 23-8），热水溶性有机碳、颗粒有机碳、易氧化有机碳相互之间均具显著正相关关系（$P<0.05$）。总体而言，轻组有机碳与易氧化有机碳及总有机碳的相关性最低，且相关性未达显著水平（$P>0.05$）。在旱地红壤上，颗粒有机碳与热水溶性有机碳、易氧化有机碳、总有机碳均具有极显著正相关关系（$P<0.01$），且与总有机碳相关系数最高。

表 23-8　红壤耕层（0～20cm）不同活性有机碳组分间的相关系数

指标	轻组有机碳（LFOC）	热水溶性有机碳（HWOC）	颗粒有机碳（POC）	易氧化有机碳（EOC）	总有机碳（TOC）
轻组有机碳		0.925*	0.909*	0.78	0.863
热水溶性有机碳			0.977**	0.913*	0.948*
颗粒有机碳				0.968**	0.989**
易氧化有机碳					0.978**

*和**分别表示相关关系达显著（$P<0.05$）和极显著（$P<0.01$）水平。

4. 不同活性有机碳组分的碳库管理指数

碳库管理指数（carbon management index，CMI）是表征土壤有机碳库质量的综合量化指标，以不施肥土壤为参照，利用土壤不同活性碳组分的碳库管理指数进行表征。轻组有机碳、热水溶性有机碳、颗粒有机碳、易氧化有机碳的红壤旱地碳库管理指数变幅分别为 100.0～224.9、100.0～171.1、100.0～237.0、100.0～157.5。颗粒有机碳组分的碳库管理指数变幅最大，其次是轻组有机碳和土壤热水溶性有机碳，易氧化有机碳最低。不同施肥下的碳库管理指数大小顺序总体一致，表现为：氮磷钾化肥配施有机肥>2 倍氮磷钾化肥>氮磷钾化肥>氮肥>不施肥，其中，氮磷钾化肥配施有机肥的碳库管理指数始终显著高于不施肥（$P<0.05$），说明氮磷钾化肥配施有机肥下土壤具有最优的碳库质量（图 23-5）。

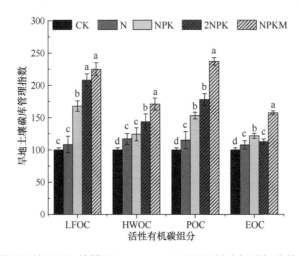

图 23-5　长期不同施肥下红壤耕层（0～20cm）不同活性有机碳组分的碳库管理指数

不同的小写字母表示施肥处理之间差异显著（$P<0.05$）

5. 不同活性有机碳组分的敏感指数

敏感指数反映土壤活性有机碳组分对管理措施改变的响应敏感性。通常基于土壤活性有机碳组分含量计算红壤旱地活性有机碳的敏感指数，并利用土壤活性有机碳组分表征的碳库管理指数计算其敏感指数（图23-6）。不同施肥下的数值大小顺序为：氮磷钾化肥配施有机肥、2倍氮磷钾化肥、氮磷钾化肥、氮肥。氮肥施用下以土壤热水溶性有机碳组分及其碳库管理指数的敏感指数为最高，氮磷钾化肥、2倍氮磷钾化肥施用下则以轻组有机碳组分及其碳库管理指数的敏感指数为最高；对于氮磷钾化肥配施有机肥而言，轻组有机碳组分的敏感指数最高，但以碳库管理指数表征的颗粒有机碳组分的敏感指数为最高。

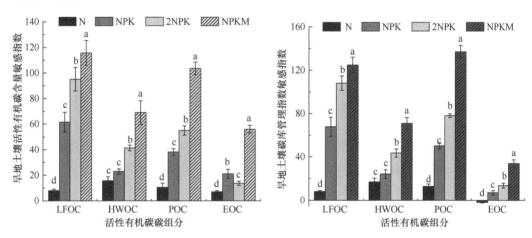

图23-6　长期施肥下红壤耕层（0～20cm）活性有机碳含量敏感指数（左）和碳库管理指数敏感指数（右）
不同的小写字母表示各施肥之间存在显著差异（$P<0.05$）

第三节　长期不同施肥下红壤农田有机碳周转及化学结构变化

一、长期施肥下红壤有机碳的周转

1. 长期施肥影响土壤有机碳来源的数量和比例

由于玉米根系的$\delta^{13}C$值明显高于原状土壤，因此随着种植玉米年限的增长，土壤有机碳及其颗粒有机碳的$\delta^{13}C$值会不断升高，种植无限长的时间后，红壤及其颗粒各组分的$\delta^{13}C$值可能会接近于玉米的$\delta^{13}C$值。从图23-7中可以看出，随着玉米种植年限增加，土壤的$\delta^{13}C$值逐渐增加，连续种植玉米24年后红壤的$\delta^{13}C$值从–22.257‰平均增加到–19.615‰，不施肥和氮磷钾化肥施用下土壤的$\delta^{13}C$值与初始值相比分别增加了2.0‰和2.1‰。氮磷钾化肥施用的红壤总有机碳$\delta^{13}C$值均较不施肥有所增加，主要原因是施用化肥后玉米的产量显著高于不施肥，因此玉米根系分泌物中有机碳的归还量显著高于不施肥。这也充分表明，红壤中有机碳并没有达到饱和，仍具有一定的固碳潜力。

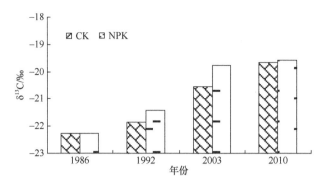

图 23-7　不同施肥下红壤耕层（0～20cm）$\delta^{13}C$ 值随时间的变化

估算土壤有机碳的来源是 $\delta^{13}C$ 方法最基本的应用。来源于玉米新碳的比例用 f 表示，其计算公式为 $f=(\delta-\delta_0)/(\delta_1-\delta_0)$。在图 23-8 中，随着种植时间的延长，来源于玉米根系及其分泌物中有机碳的比例逐渐增加，并且氮磷钾化肥条件下 f 值始终高于不施肥，说明氮磷钾化肥施用的土壤有机碳中，来源于玉米新碳的数量要始终高于不施肥。到2010 年，氮磷钾化肥下来源于玉米新碳的比例达到了 29.6%，相较不施肥增长放缓。这可能表明氮磷钾化肥下土壤中原有有机碳的数量逐渐趋于稳定。因为土壤原有有机碳被新碳代替主要发生在植物种类改变的初期，在这个时期内，土壤原有的不稳定碳库被迅速矿化（Balesden et al.，1988），易分解的部分首先分解，留存下来的难分解部分贡献了后期逐渐稳定的土壤有机碳库。

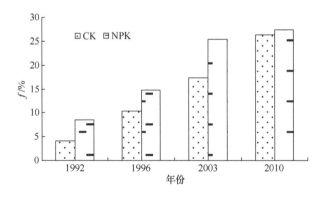

图 23-8　不同施肥下来源于玉米秸秆碳的比例随时间的变化

2. 长期施肥影响土壤有机碳的周转速率

土壤有机碳的周转时间是指土壤中有机碳的流通量达到土壤有机碳含量所需要的理论时间。通常在一个相对稳定的生态系统中，土壤有机碳处于与其生态环境相适应的、动态的稳定水平。当土壤中某一因子发生变化时，土壤有机碳的含量将向着与之相适应的环境发展。土壤有机碳的周转虽是非常复杂的过程，但符合一阶反应动力学方程。

土壤中原有有机碳的分解符合指数方程：$C_t=C_0e^{-kt}$（张敬业等，2012），式中，C_t 为种植 t 时间后土壤中原有的总有机碳含量（g/kg）；C_0 为试验初的土壤总有机碳含量（g/kg）；t 为玉米种植时间。因此，根据公式可以计算出土壤有机碳的分解速率常数 k（a），

而半衰期则由公式 $T_{1/2}=0.693/k$ 算出。长期不同施肥下，连续种植玉米土壤总有机碳含量变化见表 23-9。与起始年份（1986 年）相比，连续种植玉米 24 年后，不施肥的总有机碳含量逐渐下降，降低了 2.19g/kg，而施用氮磷钾化肥的土壤总有机碳含量先是增加，然后缓慢降低，总体来说，施用化肥基本能维持红壤有机碳的原有水平，单靠化肥不能显著提升红壤的有机碳含量。

表 23-9 长期不同施肥下红壤耕层（0～20cm）有机碳含量及其分解速率和半衰期

年份	CK					NPK				
	有机碳/ （g/kg）	C_{2t}/ （g/kg）	C_t/ （g/kg）	分解速率/ k [×10⁻²g/(kg·a)]	半衰期/ $T_{1/2}$（年）	有机碳/ （g/kg）	C_{2t}/ （g/kg）	C_t/ （g/kg）	分解速率/ k [×10⁻²g/(kg·a)]	半衰期/ $T_{1/2}$（年）
1986	8.93					8.93				
1992	8.53	0.34	8.19	1.5	47.8	9.27	0.79	8.48	0.9	80.6
2003	7.54	1.31	6.23	2.1	32.7	9.15	2.36	6.94	1.5	43.9
2010	7.37	1.94	5.43	2.1	33.4	8.97	2.45	6.52	1.3	52.8

注：C_{2t} 为来源于玉米秸秆的有机碳含量，C_t 为土壤中原有有机碳含量。

红壤中有机碳的分解速率为 $0.9×10^{-2}\sim2.1×10^{-2}$g/(kg·a)，随着种植年限增加，来源于玉米新碳的数量逐渐增多，最大量达到了 2.45g/kg，且施用氮磷钾化肥的土壤中来源于玉米新碳的数量要显著高于不施肥。氮磷钾化肥和不施肥下土壤有机碳分解速率基本趋势均为先增加后降低。此外，随着时间的延长，有机碳分解半衰期先降低，最后趋于稳定，这说明施用化肥对红壤有机碳的提高作用有限。

二、长期施肥下红壤不同组分有机碳的周转速率

从表 23-10 可以看出长期不同施肥下不同颗粒有机碳的 δ¹³C 值的变化。与 1992 年不施肥相比，2010 年不施肥和氮磷钾化肥施用下红壤 δ¹³C 值有明显的提高，而氮磷钾化肥配施有机肥和单施有机肥的 δ¹³C 值基本不变，主要原因是土壤有机碳来自作物根系及其分泌物、根茬和有机肥。本试验每季作物收获后秸秆和残茬全部移除，所以有机碳的投入主要是根系及其分泌物和有机肥，不施肥和氮磷钾化肥下土壤有机碳的来源主要是玉米根系及其分泌物，由于玉米根系及其分泌物的 δ¹³C 值（–13.158‰）要远远高于红壤（–22.257‰），所以其 δ¹³C 值有了明显的增加。对于氮磷钾化肥配施有机肥及单施有机肥来说，由于有机碳来源中除了玉米根系及其分泌物以外，还有猪粪，其中

表 23-10 长期施肥下红壤耕层（0～20cm）不同颗粒组分中 δ¹³C 值　　　（‰）

年份	处理	总有机碳	砂粒	粗粉粒	细粉粒	黏粒
1992	CK	–21.420	–23.431	–22.150	–21.535	–20.128
2010	CK	–19.664	–22.170	–21.590	–19.170	–19.480
2010	NPK	–19.566	–22.030	–21.160	–19.100	–18.600
2010	NPKM	–20.490	–22.680	–22.510	–20.630	–19.330
2010	OM	–20.330	–22.200	–22.120	–20.330	–19.560

有机碳的投入量要远远高于玉米根系及其分泌物，且猪粪 $\delta^{13}C$ 值与试验建立时红壤非常相近，所以其总土中 $\delta^{13}C$ 值没有明显的变化。

由表 23-10 还可以看出，随着颗粒由大到小，土壤的 $\delta^{13}C$ 值逐渐减少。与 1992 年不施肥相比，2010 年不施肥处理中砂粒、粗粉粒、细粉粒、黏粒分别提高了 1.26‰、0.56‰、2.37‰、0.65‰。2010 年氮磷钾化肥施用的土壤中，砂粒、粗粉粒、细粉粒、黏粒分别提高了 1.40‰、0.99‰、2.44‰、1.53‰。在不同粒级中，细粉粒增幅最大，其次为砂粒、黏粒、粗粉粒，这表明施肥能加速红壤各粒级有机碳的更新。

三、长期施肥下红壤有机碳化学结构的变化

1. 土壤有机碳化学结构组分含量分布

长期施肥下红壤烷氧碳的比例均显著高于其他碳组分。不同施肥下，土壤有机碳化学结构差异显著（图 23-9）。与不施肥相比，氮磷钾化肥配施有机肥和单施有机肥的土壤中烷基碳比例分别提高了 29.85% 和 31.98%，烷氧碳的比例也增加了 21.54% 和 28.81%；芳香碳和羧基碳比例则显著降低。但是，施用氮磷化肥和氮磷钾化肥的土壤烷基碳、烷氧碳与不施肥相比无显著差异，氮磷化肥施用下芳香碳和羧基碳与不施肥相比无显著差异。不同于氮磷化肥，施用氮磷钾化肥土壤中芳香碳比不施肥降低了 21.22%，羧基碳则比不施肥增加了 25.34%，说明长期施用有机肥导致土壤有机质的脂肪族特性增强，芳香性降低，分子结构趋于简单化。

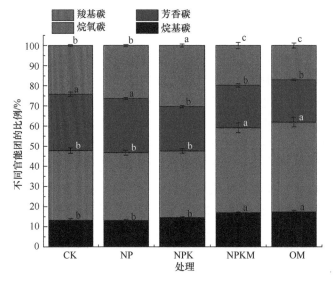

图 23-9　长期不同施肥下红壤耕层（0～20cm）有机碳的化学结构

不同小写字母表示官能团比例在各施肥之间差异显著（$P<0.05$）

2. 土壤有机碳化学结构组分比值变化

通过图 23-10 发现，不施肥和氮磷化肥施用的烷基碳/烷氧碳比值、芳香度和脂肪族碳/芳香碳比值均无显著差异（$P>0.05$）。与不施肥相比，氮磷钾化肥施用的土壤中烷基

碳/烷氧碳比值增加了 15.93%，氮磷钾化肥配施有机肥和单施有机肥与不施肥相比无显著差异。氮磷钾化肥、氮磷钾化肥配施有机肥和单施有机肥下土壤的芳香度较不施肥分别降低了 21.22%、24.90%和 25.19%，脂肪族碳/芳香碳比值分别提高了 26.41%、64.87%和 73.34%。氮磷钾化肥、氮磷钾化肥配施有机肥和单施有机肥的土壤中烷基碳/烷氧碳比值和芳香度无显著差异，脂肪族碳/芳香碳比值则表现出氮磷钾化肥配施有机肥和单施有机肥显著高于氮磷钾化肥（$P < 0.05$）。这表明，化肥配施有机肥和单施有机肥处理下芳香碳和羧基碳比例以及芳香度均显著低于不施肥处理，从而进一步证明长期配施有机肥有利于有机碳的积累。

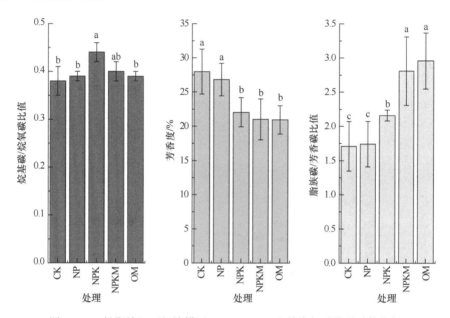

图 23-10　长期施肥下红壤耕层（0～20cm）土壤有机碳化学结构指标

第四节　长期不同施肥下红壤农田有机碳固存与有机碳投入的响应关系及其应用

一、长期不同施肥下红壤农田系统的碳投入

由图 23-11 可知，所有施肥措施之间的碳投入均存在差异。与其他施肥措施相比，氮磷钾化肥配施有机肥的土壤碳投入最高 [5.13t/(hm²·a)]，其次是 2 倍氮磷钾化肥和氮磷钾化肥 [分别为 2.14t/(hm²·a)和 3.22t/(hm²·a)]，再次为氮磷化肥和氮钾化肥 [分别为 1.04t/(hm²·a)和 1.46t/(hm²·a)]，不施肥的土壤碳投入最低 [0.55t/(hm²·a)]。

二、红壤有机碳固存与有机碳投入量的响应关系

在红壤旱地中，有机碳投入显著增加了土壤有机碳储量的变化率。碳投入与土壤有机碳储量变化率呈显著正相关，可以用线性方程拟合（$y = -0.1355 + 0.0608x$）。拟合方程

的斜率表明，红壤旱地的固碳效率平均为 6.08%（图 23-12）。

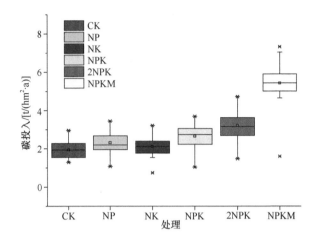

图 23-11　不同施肥下每年来自于作物生物量和有机肥的碳投入

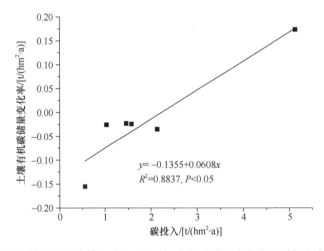

图 23-12　长期施肥下红壤耕层（0～20cm）有机碳储量变化率和碳投入之间的关系

三、红壤团聚体有机碳固存与有机碳投入的响应关系

在旱地红壤中，>2mm、0.25～2mm 和 0.053～0.25mm 团聚体组分有机碳储量变化率与碳投入呈显著正相关关系（图 23-13，表 23-11）。拟合方程的斜率表明，旱地红壤 >2mm、0.25～2mm 和 0.053～0.25mm 团聚体组分的固碳效率分别为 2.06%、11.67% 和 3.01%，红壤旱地中所有团聚体组分的固碳效率总和（Sum）为 16.02%。

四、红壤农田有机碳提升技术

1. 土壤有机碳维持与提升的有机物料管理技术

根据碳投入与土壤有机碳储量变化率的线性方程拟合（$y = -0.1355 + 0.0608x$），

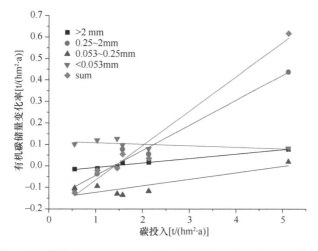

图 23-13　长期施肥下红壤耕层（0～20cm）团聚体有机碳储量变化率与碳投入量的相关关系

表 23-11　长期施肥下红壤耕层（0～20cm）团聚体有机碳储量变化率与碳投入的拟合方程

团聚体 /mm	关系参数			
	拟合方程	R^2	P	n
>2	$y = 0.0206x - 0.0277$	0.9797**	$1.56×10^{-4}$	6
0.25～2	$y = 0.1167x - 0.1613$	0.9751**	$2.35×10^{-4}$	6
0.053～0.25	$y = 0.0301x - 0.1529$	0.7346*	0.02918	6
<0.053	$y = -0.0072x + 0.1159$	0.3673	0.20226	6
Sum	$y = 0.1602x - 0.2261$	0.9719**	$3.00×10^{-4}$	6

*和**分别表示相关性达到显著（$P<0.05$）和极显著（$P<0.01$）。

计算得知红壤旱地维持有机碳水平的最低碳投入为 2.23t/(hm²·a)。结合红壤的固碳效率（6.08%），以有机碳含量为 13g/kg 的典型红壤农田为例，按照 10 年的时间，提出了推荐红壤有机碳提升 5%、8%和 10%的有机碳及有机物料投入量，见表 23-12。

表 23-12　典型红壤农田有机碳提升所需外源碳投入量

有机碳提升比例	有机碳提升量 /(t/hm²)	外源碳投入 /(t/hm²)	年限 /a	年均碳投入 / [t/(hm²·a)]	年均干猪粪投入量 / [t/(hm²·a)]
0	0	22.30	10	2.23	6.55
5%	1.30	43.70	10	4.37	12.85
8%	2.08	56.50	10	5.65	16.62
10%	2.60	65.00	10	6.50	19.12

注：红壤耕层 20cm，容重为 1.0g/cm³，干猪粪有机碳含量为 340g/kg。

2. 调酸增碳技术

为缓解红壤地区土地酸化、有机质含量低的问题，基于长期试验结果，提出调酸增碳技术。

（1）以化学改良剂为核心的酸化治理技术，用于强酸性、酸害铝毒较重土壤（pH
≤5.5）的改良，包括生石灰、石灰云粉、其他酸性改良剂等石灰类物质的施用。第一年，
种植作物前 1 个月左右将石灰类物质均匀、机械地撒施于田内，随即翻耕至 0～20cm 左
右土壤，播种前 2～3 天，将灰化碱含量超过 90cmol/kg 的粪肥、堆肥、商品有机肥等以
基肥形式一次性条施入土壤，用量为 200～260kg/亩（干重）。第二、三年，无须施用石
灰，于播种前 2～3 天，将有机肥以基肥形式一次性条施入土壤，用量为 200～260kg/亩
（干重）。根据土壤酸化程度对石灰用量做相应的调整，土壤 pH≤4.5，石灰用量为 75～
160kg/亩；土壤 pH4.5～5，石灰用量为 45～90kg/亩；土壤 pH5～5.5，石灰用量为 25～
50kg/亩。

（2）以合理施肥为核心的酸化预防技术，用于弱酸性（pH＞5.5）土壤的控酸稳产，
主要为减化学氮增加有机肥，包括：①化学氮减 30%配施有机粪肥 1000 kg/亩（干粪）
或商品有机肥；②种植翻压绿肥，氮肥减施 20%～30%。

该技术可使油菜、玉米和花生产量提高 5%以上、土壤 pH 提升 0.2 单位以上，同时
显著提高了土壤的有机碳和速效氮磷钾养分，并提高了养分利用率。

（柳开楼　刘　佳　宋惠洁　秦文婧　吴　艳

徐小林　胡志华　李亚贞　李文军　胡丹丹）

参 考 文 献

黄国勤, 刘秀英, 刘隆旺, 等. 2006. 红壤旱地多熟种植系统的综合效益评价. 生态学报, 26(8):
　2532-2539.

李浩, 柳开楼, 万国溇, 等. 2022. 长期定位施肥对玉米根际土壤团聚体有机碳与钾素含量及其相互关
　系的影响. 土壤通报, 53(2): 438-444.

李文军, 黄庆海, 李大明, 等. 2021. 长期施肥红壤性稻田和旱地土壤有机碳积累差异. 植物营养与肥料
　学报, 27(3): 544-552.

柳开楼, 黄晶, 叶会财, 等. 2020. 长期施钾对双季玉米钾素吸收利用和土壤钾素平衡的影响. 植物营
　养与肥料学报, 26(12): 2235-2245.

柳开楼, 叶会财, 李大明, 等. 2017. 长期施肥下红壤旱地的固碳效率. 土壤, 49(6): 1166-1171.

汤文光, 肖小平, 唐海明, 等. 2014. 不同种植模式对南方丘陵旱地土壤水分利用与作物周年生产力的
　影响. 中国农业科学, 47(18): 3606-3617.

王迪, 吴新亮, 蔡崇法, 等. 2016. 长期培肥下红壤有机碳组成与团聚体稳定性的关系. 中国水土保持
　科学, 14(1): 61-70.

王雪芬, 胡锋, 彭新华, 等. 2012. 长期施肥对红壤不同有机碳库及其周转速率的影响. 土壤学报, 49(5):
　954-961.

张敬业, 张文菊, 徐明岗, 等. 2012. 长期施肥下红壤有机碳及其颗粒组分对不同施肥模式的响应. 植
　物营养与肥料学报, 18(4): 869-876.

Balesden J, Wagner G H, Mariotti A. 1988. Soil organic matter turnover in long-term field experiments as
　revealed by carbon-13 natural abundance. Soil Society American Journal, 52: 118-124.

Liu K L, Huang J, Li D, et al. 2019a. Comparison of carbon sequestration efficiency in soil aggregates
　between upland and paddy soils in a red soil region of China. Journal of Integrative Agriculture, 18(6):

1348-1359.

Liu K L, Han T F, Huang J, et al. 2019b. Response of soil aggregate-asociated potassium to long-term fertilization in red soil. Geoderma, 352: 160-170.

Xu H, Liu K, Zhang W, et al. 2020. Long-term fertilization and intensive cropping enhance carbon and nitrogen accumulated in soil clay-sized particles of red soil in South China. Journal of Soils and Sediments, 20(4): 1824-1833.

Zhang W, Liu K, Wang J, et al. 2015. Relative contribution of maize and external manure amendment to soil carbon sequestration in a long-term intensive maize cropping system. Scientific Reports, 5(1): 1-12.

第二十四章　砂姜黑土有机质演变特征及提升技术

砂姜黑土是我国暖温带南部地区广泛分布的一种半水成土，因其有颜色较暗的表土层和含有砂姜的脱潜层而得名。砂姜黑土区是我国黄淮海平原主要的粮食产区，全国总面积约 400 万 hm^2，其中安徽省面积最大，约 165 万 hm^2，占安徽省旱地总面积的 40% 以上，也是该省面积最大的中低产田（王道中等，2015；花可可等，2017）。砂姜黑土黏土矿物以蒙脱石、伊利石为主，胀缩系数较大，心土层棱柱状结构发育明显，由于有机质含量低、物理性状差，养分缺乏，严重制约着当地农业生产的发展。此外，砂姜黑土区气候湿润，年降水量大多在 800～1500mm，70% 集中在夏季，且砂姜黑土棱柱状结构发育，容易形成裂隙，降水主要以重力水的形式沿裂隙向下运移，易渗入地下，淋溶水丰富。因此，研究长期不同施肥对砂姜黑土基础肥力、作物产量的影响，探明长期施肥条件下砂姜黑土肥力演变规律与碳淋溶，对加强砂姜黑土地区耕地保育、提高砂姜黑土的质量和生产力有着重要指导意义（Hua et al.，2014；2017）。本章以砂姜黑土长期施肥试验为平台，分析不同有机物料施用方式下土壤剖面有机质和可溶性碳的分布特征，阐明不同有机物料对土壤剖面有机质演变规律及可溶性碳淋失风险的影响，为砂姜黑土农田土壤碳管理和有机肥的合理施用提供科学依据。

第一节　砂姜黑土长期试验概况

一、砂姜黑土长期试验基本情况

砂姜黑土不同有机肥（物）料长期培肥定位试验位于农业部蒙城砂姜黑土生态环境站内（33°13′N，116°37′E）。试验站地处皖北平原中部，属暖温带半湿润季风气候，年均气温 14.8℃，≥0℃积温 5438.1℃，≥10℃积温 4831.0℃；无霜期平均 212d，最长 234d，最短 188d；太阳辐射量 125.2kcal/m^2，日照时数 2351.5h，日照率 53%；平均年降水量 872.4mm，最高年降水量 1444mm，最低年降水量 505mm，年蒸发量 1026.6mm。试验于 1982 年开始。试验地土壤为暖温带南部半湿润区草甸潜育土上发育而成的具有脱潜特征的砂姜黑土（类）、普通砂姜黑土亚类，占砂姜黑土类面积的 99% 以上，具有广泛的代表性。试验开始时（1982 年）耕层土壤（0～20cm）基本性质为：有机质含量 10.4g/kg，全氮 0.96g/kg，全磷 0.28g/kg，碱解氮 84.5mg/kg，有效磷 9.8mg/kg，速效钾 125mg/kg。

试验共设 6 个处理：①不施肥（CK）；②施氮磷钾化肥（NPK）；③NPK+低量小麦秸秆还田（NPK+LS）；④NPK+全量小麦秸秆还田（NPK+S）；⑤NPK+猪粪（NPK+PM）；⑥NPK+牛粪（NPK+CM）。化肥用量为：N 肥 180kg/hm^2，P_2O_5 肥 90kg/hm^2，K_2O 肥 135 kg/hm^2。有机肥（物）料全量麦秸 7500kg/hm^2，低量麦秸 3750kg/hm^2，猪粪

（湿）15 000kg/hm²，牛粪（湿）30 000kg/hm²。有机物料中带入的氮、磷、钾养分不计入总量。麦秸含氮 5.5g/kg、碳 482g/kg，猪粪（干基）含氮 17.0g/kg、碳 367g/kg；牛粪（干基）含氮 7.9g/kg、碳 370g/kg。氮肥用尿素（含氮 46%），磷肥用普通过磷酸钙（含 P_2O_5 12%），钾肥用氯化钾（含 K_2O 60%），全部肥料于秋季小麦种植前一次性施入，后茬作物不施肥。每个处理 4 次重复，试验小区面积 70m²，完全随机区组排列。1994～1997 年为小麦—玉米轮作，其余年份均为小麦—大豆轮作。

二、主要测定项目与方法

1. 累积碳投入量

农田生态系统下外源有机碳投入主要来自作物残茬（根系+秸秆残茬）秸秆还田及有机粪肥。除了秸秆还田管理方式外，其他管理方式下，作物收获时地上部分均随籽粒全部移走，其有机碳投入主要来自作物地下部分根系和残茬。

作物来源的有机碳投入计算公式如下：

$$C_{input} = \left[(Y_g + Y_s)\,RD_r + R_s Y_s\right](1 - W)\,C_{crop}/1000 \qquad (24\text{-}1)$$

式中，C_{input} 为作物来源有机碳投入（kg/hm²）；Y_g 为作物籽粒产量（kg/hm²）；Y_s 是秸秆产量（kg/hm²）；R 为光合作用进入地下部分的碳的比例；D_r 为作物根系生物量平均分布在 0～20cm 土层的比例；R_s 为作物收割留茬占秸秆的比例；W 和 C_{crop}（g/kg）分别为小麦地上部分风干样的含水量和含碳量。

小麦的 R 根据文献取 30%。根据我们测定的数据，不施肥小麦留茬所占秸秆生物量的比例 R_s 为 18.3%，化肥管理措施下、有机肥管理措施下和化肥配施秸秆管理措施为 R_s 为 13.1%，平均按照 15% 计算；根据文献，计算所用的 D_r 为 75.3%（Jiang et al.，2014）。根据祁阳站实测数据，小麦平均烘干基有机碳含量为 419g/kg。

玉米光合作用所产生的生物量 26% 进入地下部分，所以 R 取 26%（Li et al.，1994）。综合文献，得出玉米根系生物量平均 D_r 为 85.1%（Jiang et al.，2014）。根据我们的测定数据，得出玉米留茬平均占其秸秆生物量的比例 R_s 为 3%。

来源于有机粪肥的碳投入计算如下：

$$C_{input\text{-}M} = \frac{Manure_C \times (1 - W) \times A_m}{1000} \qquad (24\text{-}2)$$

式中，$Manure_C$ 是实测有机肥的有机碳含量（g/kg）；W 为有机肥含水量；A_m 为每年施用有机肥的鲜基重 [kg/(hm²·a)]。

2. 土壤可溶性有机碳和可溶性无机碳测定

土壤可溶性有机碳（dissolved organic carbon，DOC）测定采用去离子水提取法（水土比为 5∶1），具体步骤为：称取 2.0g 新鲜土壤样品于 25ml 离心管中，加入 10ml 去离子水（加热沸腾后冷却，无 CO_2 水），并将离心管密封转至转速为 200r/min 恒温振荡器上振荡 24h，振荡完成后取出离心管置于离心机内离心 15min，将上清液过 0.45μm 滤膜，然后用 TOC 分析仪测定，以获取可溶性总碳（dissolved total carbon，DTC）的浓度，然后加入 2 滴浓硫酸后再次测定滤液碳浓度，即为 DOC 浓度。可溶性无机碳（dissolved inorganic carbon，DIC）为 DTC 与 DOC 的浓度差。根据康根丽等（2014）研究结果，本文利用土壤 DOC 溶液在 280nm 波长下的紫外吸收值 UV_{280}（与芳香性有机质所占比例和平均分子质量成正比）和芳香性指标（AI），评价可溶性有机物的结构特性。其中，AI=（UV_{254}/DOC 的浓度）×100，UV_{254} 为土壤 DOC 溶液在 254nm 波长下的紫外吸收值。

第二节　长期不同施肥下砂姜黑土有机质演变特征

一、长期不同施肥下砂浆黑土耕层（0～20 cm）有机碳含量变化

砂姜黑土长期试验不同施肥 38 年后，不施肥处理耕层土壤有机质含量不是单一递增或递减，而是随时间的推移围绕其平均值上下波动，整体土壤有机质含量有所下降，但下降幅度不大，下降速率约为 0.077 g/(kg·a)（斜率值），38 年后土壤有机质含量处于较低水平的平衡（图 24-1）。单施化肥（NPK）土壤有机质含量随施肥时间增加而稳步增加，增加速率为 0.096g/(kg·a)，主要由于土壤腐殖化量大于矿化量，有机质呈现缓慢上升趋势。

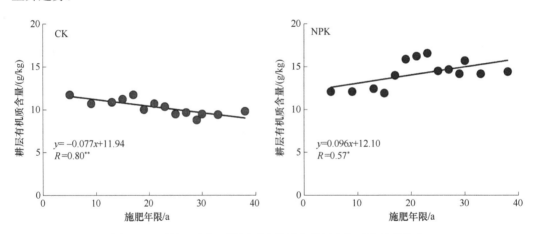

图 24-1　不施肥及化肥施用下砂姜黑土耕层有机质含量的演变

**和*分别表示在 0.01 和 0.05 水平显著相关

施用秸秆或农家肥土壤有机质含量均呈现显著上升的趋势（图 24-2），施用低量秸秆（NPK+LS）和全量秸秆（NPK+S）土壤有机质年增加速率分别为 0.175g/(kg·a)和0.335g/(kg·a)，化肥配施农家肥猪粪（NPK+PM）和牛粪（NPK+CM）土壤有机质年增加速率分别为 0.336g/(kg·a)和 0.413g/(kg·a)，化肥配施农家肥对提升土壤有机质的效果优于单施化肥。不同施肥措施下土壤有机质的变化呈现出阶段性，施用化肥土壤有机质整体表现为前期缓慢上升（1983～2003 年），后期平稳，逐渐达到平衡态。经过 38 年施肥，化肥配低量秸秆（NPK+LS）和全量秸秆（NPK+S）土壤有机质含量（2020年）分别为 17.2g/kg 和 19.9g/kg，较单施化肥（NPK，14.4g/kg）分别上升 19.4%和 38.2%。

施用猪粪和牛粪农家肥的土壤有机质含量（2020 年）分别为 24.9g/kg 和 31.4g/kg，较单施化肥分别提升 72.9%和 118.1%，这说明增施秸秆或农家肥是有效增加土壤有机质的重要措施。

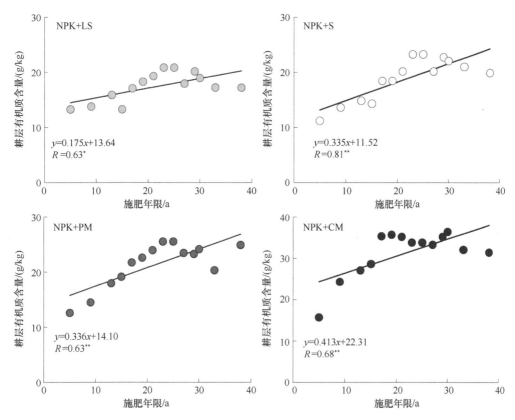

图 24-2　化肥增施低量秸秆、全量秸秆、猪粪和牛粪下耕层有机质含量的演变
**和*分别表示在 0.01 和 0.05 水平显著相关

二、长期不同施肥下砂姜黑土剖面有机碳储量的变化

1. 剖面 0～100 cm 土体有机碳储量的变化

长期施肥 31 年后，不同施肥措施显著改变了 0～100cm 土体有机碳储量（图 24-3），其中，化肥配施牛粪下 0～100cm 土体有机碳储量最高，为 126.5t/hm²，比试验初始增加了 112%；而不施肥比试验开始稍有增加，增加幅度为 14%，可能与作物生长根系和分泌物的有机碳投入有关。化肥配施猪粪（NPK+PM）、化肥配施全量秸秆（NPK+S）、化肥配施低量秸秆（NPK+LS）及单施化肥（NPK）下土壤有机碳储量分别比试验初始增加 84.3%、65.3%、38.4%和 39.8%，化肥配施猪粪和化肥配施全量秸秆下有机碳储量显著高于单施化肥，而化肥配施低量秸秆与单施化肥之间无显著差异。

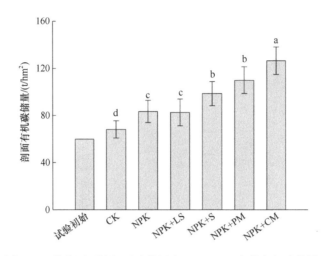

图 24-3　长期不同施肥下砂姜黑土 0～100cm 土体有机碳储量

不同小写字母表示施肥处理间在 0.05 水平下差异显著

2. 剖面不同层次有机碳储量的变化

　　与试验初始（1982 年）相比，除不施肥外，各施肥处理有机碳储量在 0～20cm、20～40cm、40～60cm、60～80cm 和 80～100cm 土层储量均有所增加（表 24-1），表明长期的施肥处理可显著提高作物产量，主要因增加作物的生物量及根系分泌物碳的投入、增加相应层次外源碳的投入，从而提升相应层次的有机碳储量。与不施肥相比，长期施用化肥（NPK）显著提升了 0～20 cm 土层有机碳储量，提高的比例为 53.7%，而对其他层次基本无显著影响。与单施化肥相比，长期增施小麦秸秆和农家肥处理（NPK+LS、NPK+PM 和 NPK+CM）对 0～100cm 剖面各个层次有机碳储量均有显著影响。例如，0～20cm 土层，化肥配施低量秸秆、猪粪和牛粪下土壤有机碳储量分别较单施化肥提高 26.0%、47.9% 和 90.7%；20～40cm 土层分别提高 23.9%、20.9% 和 35.3%；40～60cm 土层分别提高 28.4%、21.9% 和 47.5%；20～40cm 土层和 40～60cm 土层增幅均小于 0～20cm 土层。

表 24-1　长期不同施肥下砂姜黑土 0～100cm 各层土壤有机碳储量　（单位：t/hm²）

处理	0～20cm	20～40cm	40～60cm	60～80cm	80～100cm	0～100cm
CK	17.5±1.6d	16.2±1.8c	12.3±1.8c	11.8±1.0c	10.3±1.1b	68.2±7.3d
NPK	26.9±2.3c	16.7±2.8c	14.1±0.9c	14.3±1.8b	11.4±1.5b	83.4±9.4c
NPK+LS	27.4±2.0c	18.5±1.9b	13.8±2.7c	12.6±1.5c	10.3±3.2b	82.6±11.3c
NPK+ S	33.9±6.1b	20.7±0.9a	18.1±1.2b	14.6±1.3b	11.3±0.8b	98.6±10.3b
NPK+ PM	39.8±3.6b	20.2±1.7a	17.2±2.1b	18.1±2.9a	14.8±0.9a	110.0±11.4b
NPK+ CM	51.3±5.7a	22.6±1.6a	20.8±2.3a	16.7±1.3a	15.1±0.7a	126.5±11.6a

　　注：不同小写字母表示处理间在 0.05 水平差异显著。试验初始（1982 年）0～20cm、20～40cm、40～60cm、60～80cm 和 80～100cm 土层 SOC 储量分别为 17.0t/hm²、15.6t/hm²、11.9t/hm²、8.3t/hm² 和 6.8t/hm²，0～100cm 总储量为 60.0t/hm²。

　　农田土壤有机碳储量是碳投入（施肥、根茬及根分泌物）与碳输出（土壤有机碳的分解和微生物呼吸）间平衡的结果。本研究增施有机肥处理增加了 0～100cm 土体有机碳储量，且主要发生在 0~20cm 土层，增加幅度大于单施化肥和化肥加秸秆。周建斌等（2009）研究也表明，施用有机肥 0~100cm 土体及各层有机碳储量明显增加（比未施有机肥增加 49%）。有机肥带入更多养分，增加作物归还，且外源碳加速土壤团聚化，进而提高有机碳物理保护性，有利于土壤有机碳的累积（Six et al.，2002；West and six，2007）。深层有机碳储量的增加说明作物根系对深层土壤有机碳的影响较大，值得关注。可见，有机-无机肥配施能不同程度地提高 0~100cm 土体及各层有机碳储量，且施用农家肥措施提升效果显著优于其他处理，是砂姜黑土培肥和合理化利用的较优管理措施。

第三节 长期施肥下砂姜黑土剖面可溶性有机碳的演变

一、长期施肥下砂姜黑土剖面可溶性碳含量的变化

施肥方式对 0~20cm 土层可溶性有机碳（DOC）的影响较大，且年际变化明显，这主要与土壤活性碳库的储量、微生物数量及丰度的变化密切相关（陈安强等，2015；花可可等，2022）。总体而言，各施肥处理 0~20cm 土层 DOC 含量表现为 NPK+ CM ＞ NPK+ PM＞NPK+ S＞NPK+LS＞NPK＞CK，且处理间差异达显著水平（表 24-2）。与单施化肥相比，化肥配施牛粪、猪粪、全量秸秆、低量秸秆下 0~20cm 土层 DOC 含量（2020 年和 2015 年平均值）分别增加 74.0%、55.4%、34.5%和 26.5%。长期施用秸秆、

表 24-2 长期施肥下砂姜黑土剖面 DOC 和 DIC 含量

土层深度 /cm	处理	2020 年	2015 年			
		DOC/（mg/kg）	DOC/（mg/kg）	DOC/DTC/%	DIC/（mg/kg）	DIC/DTC/%
0~20	CK	40.3e	82.1e	74.5	28.1c	25.5
	NPK	65.2d	96.8d	90.5	10.1d	9.5
	NPK+LS	77.5c	127.4c	90.8	12.9d	9.2
	NPK+ S	82.6c	135.3c	91.9	11.9d	8.1
	NPK+ PM	91.9b	159.8b	77.4	46.6b	22.6
	NPK+ CM	107.4a	174.5a	61.3	110.1a	38.7
20~40	CK	—	54.5c	60.2	36.1c	39.8
	NPK	—	59.4c	69.7	25.8d	30.3
	NPK+LS	—	72.4b	57.3	53.9b	42.7
	NPK+ S	—	78.1b	56.0	31.3c	44.0
	NPK+ PM	—	75.6b	60.9	48.5b	39.1
	NPK+ CM	—	84.2a	55.9	66.5a	44.1
40~60	CK	—	52.5a	55.6	41.9d	44.4
	NPK	—	53.4a	55.7	42.4d	44.3
	NPK+LS	—	49.6a	40.0	74.4b	60.0
	NPK+ S	—	56.2a	41.3	79.9b	58.7
	NPK+ PM	—	54.2a	48.2	58.4a	51.8
	NPK+ CM	—	53.0a	36.7	91.2a	63.3

注：DOC，可溶性有机碳；DIC，可溶性无机碳；DTC，可溶性总碳。不同小写字母表示处理间在 0.05 水平差异显著。

猪粪和牛粪后（NPK+CM、NPK+PM、NPK+S、NPK+LS 处理），20～40cm 土层 DOC 含量分别较单施化肥提升 41.8%、27.3%、31.5%和 21.9%，而对 40～60cm 土层无显著影响，这说明施肥方式对土壤剖面 DOC 含量的影响主要集中在表层和亚表层，而对底层无显著影响。

与土壤 DOC 相比，施肥方式对土壤剖面 DIC 含量的影响则明显不同。长期增施有机肥后 0～60cm 土壤剖面可溶性无机碳（DIC）含量均显著高于单施化肥。长期增施农家肥后（NPK+CM 和 NPK+PM）各土层 DOC/DTC 的值均明显降低，而 DIC 的占比大幅度提升，其中以化肥配施牛粪最为明显，其 0～20cm、20～40cm 和 40～60cm 土层 DOC 占比分别较单施化肥处理降低 32.3%、19.8%和 34.1%，相应的 DIC/DTC 的值增加 303.4%、45.5%和 42.9%，说明长期增施牛粪后增加了土壤剖面溶解性有机碳向无机碳的转化能力，这可能与土壤剖面 pH、土壤容重、微生物特性及团聚体状况等有关，这些将深刻影响到农田土壤可溶性有机和无机碳含量、转化过程及其稳定性。

二、土壤剖面 DOC 的光谱学特征

UV_{280} 吸光值和芳香性指数（AI）可用于评价溶液中 DOC 的结构特征。一般认为 DOC 的 UV_{280} 吸收指数和 AI 指数越高，说明其中芳香化合物含量相对较高，溶解性有机物结构相对复杂。由表 24-3 可知，NPK 处理 0～20cm、20～40cm 和 40～60cm 土层 DOC 的 UV_{280} 吸光值和 AI 指数均无显著差异，这说明长期施用化肥对土壤剖面 DOC

表 24-3　长期施肥下土壤剖面 DOC 的 UV_{280} 吸光值和芳香性指标

土层深度/cm	处理	UV_{280} 吸光值（无量纲）	芳香性指数（无量纲）
0～20	CK	0.34d	2.37c
	NPK	0.32d	2.15c
	NPK+LS	0.49c	2.57c
	NPK+S	0.56c	3.05b
	NPK+PM	0.70b	3.70a
	NPK+CM	0.86a	3.68a
20～40	CK	0.12d	1.13b
	NPK	0.12d	0.92c
	NPK+LS	0.14d	1.18b
	NPK+S	0.18c	2.17a
	NPK+PM	0.23b	1.89a
	NPK+CM	0.30a	2.33a
40～60	CK	0.07b	0.87d
	NPK	0.08b	1.05c
	NPK+LS	0.12a	1.12c
	NPK+S	0.13a	1.26b
	NPK+PM	0.13a	1.08c
	NPK+CM	0.14a	1.45a

注：UV_{280}，土壤溶液在 280nm 波长下的紫外吸收值。不同小写字母表示施肥处理间在 0.05 水平差异显著。

结构的影响较小。与单施化肥相比，长期增施秸秆和农家肥后各土层 DOC 的 UV_{280} 吸光值和 AI 指数均有显著提高，其中以化肥配施牛粪最为显著，从上至下土层 DOC 的 UV_{280} 吸收值和 AI 指数分别提高 168.8%和71.2%、150.0%和153.3%、75.0%和38.1%。总体而言，长期增施有机肥后土壤剖面 DOC 结构发生明显改变，芳香化合物含量提高，DOC 化合物结构变得更加复杂，农家肥对土壤 DOC 结构的影响大于秸秆，这可能与外源有机物投入量和外源碳投入总量密切相关。

第四节 长期施肥下砂姜黑土有机碳储量对有机碳投入的响应关系

一、砂姜黑土耕层有机碳储量与累积外源碳投入量的响应关系

1982 年初始耕层有机碳含量为 5.86g/kg，容重为 $1.45g/cm^3$，0～20cm 耕层有机碳储量为 $16.99t/hm^2$。经过 33 年（2015 年）的不同施肥，不施肥下（CK）的耕层有机碳储量下降，平均降低 $7.4t/hm^2$，其他施肥处理的有机碳储量均有所增加，常规施肥、化肥+低量小麦秸秆、化肥+高量小麦秸秆、化肥+猪粪和化肥+牛粪处理耕层有机碳储量增加量分别为 $12.7t/hm^2$、$18.8t/hm^2$、$30.7t/hm^2$、$31.3t/hm^2$ 和 $33.9t/hm^2$。各处理土壤中有机物料的来源存在差异，不施肥和化肥处理土壤中的有机物料全部来源于作物残茬的生物量投入。化肥配施秸秆下土壤有机物料源于作物残茬的生物量投入和秸秆还田量。增施猪粪和牛粪处理土壤中的有机物料源于作物残茬的生物量投入和粪肥碳投入。各处理土壤中有机物料数量存在差异，33 年不同施肥下，不施肥的累积有机碳投入量达到 $13.5t/hm^2$，碳投入量较低。NPK、NPK+LS 和 NPKS 的累积有机碳投入量分别为 $48.0t/hm^2$、$84.9t/hm^2$ 和 $118.7t/hm^2$；增施猪粪和牛粪的累积碳投入量达到 151.0（NPK+PM）～213.1t/hm²（NPK+CM）（图 24-4），而累积有机碳投入量的显著差异主要是由外源有机肥或秸秆碳投入量的差异造成。

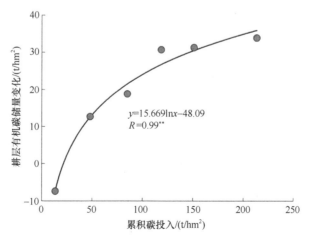

$$y=15.669\ln x-48.09$$
$$R=0.99^{**}$$

图 24-4 不同施肥下砂姜黑土耕层有机碳储量变化与累积碳投入的响应关系
**表示在 0.01 水平显著相关

耕层土壤有机碳储量变化与累积碳投入量呈显著渐进性相关关系（$P<0.01$），即土壤固碳储量随着碳投入量的增加先快后慢，表明在目前的粪肥投入水平下，土壤有机碳的固持已经达到平衡态。当有机碳储量变化值（y）为 0 时，维持初始有机碳水平的最小累积碳投入量 C_{min} 为 21.5t/hm²。

二、不同外源有机碳投入范围下砂姜黑土耕层有机碳储量的变化速率

从图 24-5 中可以看出，当外源有机碳的投入量小于 3.3t/hm²（即 33 年累积投入量小于 110t/hm²）时，耕层有机碳储量变化速率为 0.91t/(hm²·a)，土壤的固碳效率为 36%；而当碳投入量大于 3.3t/hm²（即 33 年累积投入量大于 110t/hm²）时，由于有机碳储量数值显著增大，距离饱和值更近，因此固碳效率显著下降，仅为 4%。这表明，土壤固碳效率并不随碳投入量增加而维持不变，当土壤有机碳随碳投入增加而增长到一定水平后，高肥力阶段土壤固碳效率比低肥力阶段的土壤固碳效率低，呈现出"线性+平台"趋势（Franzluebbers，2005；West and six，2007；Gulde et al.，2008；蔡岸冬等，2015）。

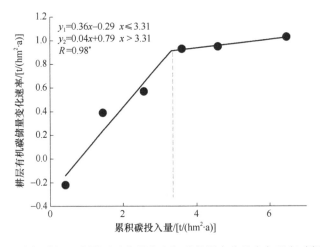

图 24-5　不同有机碳投入范围下砂姜黑土有机碳储量变化速率与累积碳投入的关系

*表示在 0.05 水平显著相关

第五节　砂姜黑土有机质提升技术

一、砂姜黑土有机质变化的产量效应

国内外大量试验证明，当有机质含量低的时候，作物高产、稳产性均随土壤有机质的增加而显著增加。在砂姜黑土上，有机质含量与作物产量的关系符合线性增长模型（图 24-6 和图 24-7）。由此得出，砂姜黑土有机质每提升 1g/kg，小麦和大豆产量最多能够增加 171.1kg/hm² 和 60.2kg/hm²。砂姜黑土 33 年的长期试验表明，该土壤仍处于有机质快速提升阶段，需要增施有机肥、普及秸秆还田，从而快速提升土壤有机质等肥力水平，促进作物增产和稳产。

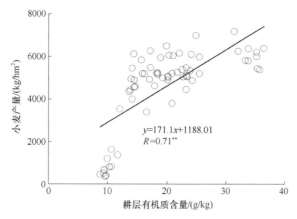

图 24-6　砂姜黑土上小麦产量与耕层有机质含量的关系
**表示在 0.01 水平显著相关

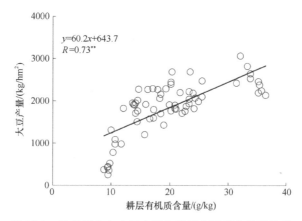

图 24-7　砂姜黑土上大豆产量与耕层有机质含量的关系
**表示在 0.01 水平显著相关

二、增施有机肥可快速提高土壤有机质

长期增施有机肥能显著提高土壤有机质含量。砂姜黑土旱地在连续 33 年施肥管理下，由 1982 年的低肥力土壤（有机质含量 9.9g/kg）变为 2015 年的高肥力土壤（施用牛粪的土壤有机质含量平均达到 35.7g/kg）。有机肥料对增加土壤有机质的效果优于化学肥料，长期增施秸秆或农家肥是增加土壤有机质有效且重要的措施。长期增施有机肥均能不同程度地提高 0~100cm 土体及各土层有机碳储量，且增施牛粪措施的提升效果显著优于其他处理，其是砂姜黑土培肥的较优管理措施。

三、提升和维持有机碳水平的外源有机物料施用量

砂姜黑土长期定位试验各处理有机碳储量增加量与其相应的累积碳投入量呈"线性+平台"关系（表 24-4）。由不同累积碳投入阶段的有机碳转化效率可知，在低碳投入水平（累积碳投入量<110t/hm²），有机碳含量较低的土壤低肥力阶段，土壤的固碳效率为36%，即每投入 100t 外源碳，有 36t 有机碳固持在土壤中。在低肥力阶段，维持初始有

机碳水平的外源碳投入量为 0.81t/(hm²·a)。以初始耕层有机碳储量等于 16.9t/hm²（1982年）为基础，未来 20 年内，在低肥力阶段，砂姜黑土耕层有机碳储量提升 10%，需再额外每年累积投入外源碳 1.04t/hm²（折合为小麦秸秆 2.61t/hm²、干猪粪 2.83t/hm² 和干牛粪 2.81t/hm²）；同理，若 20 年内耕层有机碳储量升高 20%，需每年投入干猪粪 3.49t/hm²（干牛粪 3.46t/hm² 或者小麦秸秆 3.20t/hm²）。

表 24-4 砂姜黑土有机碳提升或维持所需外源有机物料投入量

肥力水平		有机碳储量/ (t/hm²)	提升 SOC 储量值 / [t/(hm²·a)]	固碳效率/%	所需外源碳投入量 / [t/(hm²·a)]	需投入有机肥 / [t/(hm²·a)，干基]		
						麦秆	猪粪	牛粪
起始		16.9	0		0.81	2.03	2.21	2.19
低肥力阶段	20 年有机碳提升 10%	18.59	0.08	36	1.04	2.61	2.83	2.81
	20 年有机碳提升 20%	20.28	0.17	36	1.28	3.20	3.49	3.46

注：麦秆、猪粪和牛粪含碳量分别为 399.9g/kg、367g/kg 和 370g/kg。

四、长期施肥与碳淋失环境风险

施用有机肥已成为当前农田生态系统土壤培肥的典型农艺措施之一，其在土壤肥力提升、作物高产稳产、氮磷养分高效利用和生物群落改善等方面均起到了十分重要的作用（Kong et al.，2005；Kundu et al.，2007；Zhang et al.，2012；Zhang et al.，2016）。然而，长期施用有机肥对土壤可溶性碳有淋失风险。本研究表明，长期增施农家肥和秸秆后，各表层、亚表层土壤 DOC 含量均显著高于常规施肥处理。与土壤 DOC 相比，长期增施农家肥和秸秆后整个土壤剖面 DIC 含量均显著提高，这说明施肥方式可显著影响土壤剖面 DOC 和 DIC 的淋溶过程，长期增施农家肥或秸秆均显著增加 DOC 和 DIC 的淋失风险，风险大小为牛粪＞猪粪＞秸秆，其中 DOC 淋失风险主要发生在表层和亚表层，而 DIC 淋失风险可发生在整个土壤剖面。进一步分析发现，长期增施农家肥或秸秆后土壤剖面 DOC 的 UV₂₈₀ 吸光值和芳香性指数均显著提升，芳香度提高，物质组成以类腐殖质和蛋白质为主，说明长期增施农家肥或秸秆对土壤 DOC 淋失风险的影响不仅仅在数量上有变化，而且在质量上也有显著影响。

随着全球气候持续变暖，极端降水情况逐渐受到关注。中国的极端降水变化态势与全球态势基本一致，极端降水频数和强度增加的趋势较为明显。砂姜黑土区气候湿润，年降水量大多为 800～1500mm，70%集中在夏季。砂姜黑土棱柱状结构发育，容易形成裂隙，降水主要以重力水的形式沿裂隙向下运移，淋溶水发育，易渗入地下，因此本区域土壤可溶性碳的淋失现象势必较为突出。砂姜黑土蒙脱石含量高、物理性状不良及土壤有机碳普遍偏低等因素严重制约了本区域的生产潜力。自 20 世纪 80 年以来，增施有机肥已成为本区域行之有效的农田土壤改良与培肥措施，在作物高产稳产和物理性状改良方面效果显著。值得注意的是，本研究发现长期施用有机肥后土壤碳淋失风险加剧，因此今后在施用农家肥或秸秆等有机物料后应充分考虑碳淋失所带来的环境风险问题。

（花可可 王道中 郭志斌）

参 考 文 献

蔡岸冬, 张文菊, 申小冉, 等. 2015. 长期施肥土壤不同粒径颗粒的固碳效率. 植物营养与肥料学报, 21(6): 1431-1438.

陈安强, 付斌, 鲁耀, 等. 2015. 有机物料输入稻田提高土壤微生物碳氮及可溶性有机碳氮. 农业工程学报, 31(21): 160-167.

花可可, 王道中, 郭志彬. 2017. 施肥方式对砂姜黑土钾素利用及盈亏的影响. 土壤学报, 54(4): 979-988.

花可可, 张睿, 王童语, 等. 2022. 长期施肥对砂姜黑土可溶性碳淋溶的影响. 农业工程学报, 38(1): 80-88.

康根丽, 高人, 杨玉盛, 等. 2014. 米槠次生林内 4 种植物叶片 DOM 的数量和质量特征. 亚热带资源与环境学报, 9(1): 30-37.

王道中, 花可可, 郭志彬. 2015. 长期施肥对砂姜黑土作物产量及土壤物理性质的影响. 中国农业科学, 48(23): 4781-4789.

周建斌, 王春阳, 梁斌, 等. 2009. 长期耕种土壤剖面累积有机碳量的空间分布及影响因素. 农业环境科学学报, 28(12): 2540-2544.

Franzluebbers A J. 2005. Soil organic carbon sequestration and agricultural greenhouse gas emissions in the southeastern USA. Soil and Tillage Research, 83(1): 120-147.

Gulde S, Chung H, Amelung W, et al. 2008. Soil carbon saturation controls labile and stable carbon pool dynamics. Soil Science Society of America Journal, 72(3): 605-612.

Hua K K, Wang D Z, Guo Z B, et al. 2014. Carbon sequestration efficiency of organic amendments in a long-term experiment on a Vertisol in Huang-Huai-Hai Plain, China. PLoS One, 9(9): e108594.

Hua K K, Wang D Z, Guo Z B. 2017. Soil organic carbon contents as a result of various organic amendments to a vertisol. Nutrient Cycling in Agroecosystems, 108(1): 135-148.

Jiang G Y, Xu M G, He X L, et al. 2014. Soil organic carbon sequestration in upland soils of northern China under variable fertilizer management and climate change scenarios. Global Biogeochemical Cycles, 28: 319-333.

Kong A Y, Six J, Bryant, D C, et al. 2005. The relationship between carbon input, aggregation, and soil organic carbon stabilization in sustainable cropping systems. Soil Science Society of America Journal, 69(4): 1078-1085.

Kundu S, Bhattacharyya R, Prakash V, et al. 2007. Carbon sequestration and relationship between carbon addition and storage under rainfed soybean–wheat rotation in a sandy loam soil of the Indian Himalayas. Soil and Tillage Research, 92(1): 87-95.

Li C, Frolking S, Harriss R. 1994. Modeling carbon biogeochemistry in agricultural soils. Global Biogeochemical Cycles, 8(3): 237-254.

Six J, Callewaert P, Lenders, S, et al. 2002. Measuring and understanding carbon storage in afforested soils by physical fraction. Soil Science Society of America Journal, 66(6): 1981-1987.

West T O, Six J. 2007. Considering the influence of sequestration duration and carbon saturation on estimates of soil carbon capacity. Climatic Change, 80(1-2): 25-41.

Zhang W J, Xu M G, Wang X J, et al. 2012. Effects of organic amendments on soil carbon sequestration in paddy fields of subtropical China. Journal of Soils and Sediments, 12(4): 457-470.

Zhang X B, Sun N, Wu L H, et al. 2016. Effects of enhancing soil organic carbon sequestration in the topsoil by fertilization on crop productivity and stability: Evidence from long-term experiments with wheat-maize cropping systems in China. Science of The Total Environment, 562: 247-259.

第二十五章 钙质紫色水稻土有机质演变 特征及提升技术

紫色土是中国一种特有的土壤资源，广泛分布于川、渝、滇、黔、湘、徽、浙等省份，是我国西南地区粮食生产的重要土地资源，是四川盆地主要的农业土壤。四川盆地气候主要受东南季风影响，全年热量资源丰富，≥10℃积温为 5000～6200℃；全年阴天多、晴天少，日照不足，年日照时数 950～1650h，太阳辐射量约为 4200MJ/m^2；年降水量 800～1200mm，无霜期 260～350d，具有水热充沛而光照不足的特点。四川盆地的紫色土是由紫色岩层发育而成的一种非地带性土壤或岩成土，母岩主要有：三叠纪的飞仙关组，侏罗纪的自流井组、沙溪庙组、遂宁组、蓬莱镇组，白垩系的城墙岩群和夹关组。由于深受土壤母质特性的影响，形成相应的碱性、中性和酸性紫色土壤，其中四川盆地石灰性钙质紫色土分布最广，是保障区域粮食安全的主体。四川紫色土耕地面积 406.1 万 hm^2，占四川紫色土面积的 44.6%（樊红柱等，2015；何毓蓉和黄成敏，1993）。

由于长期高强度利用及不合理管理，紫色土区域部分稻田土壤质量退化严重，如土壤有机质含量低、养分失衡且空间差异大、酸化面积增长且速度加快等，阻碍了粮食生产能力的进一步提升，严重威胁着四川乃至全国粮食安全和生态安全。有机碳是土壤肥力的核心，土壤有机碳对土壤的理化性质及作物的生长具有重要影响，但土壤中有机碳的固持与分解是一个缓慢的过程，短期试验很难观测到这一现象，要探索土壤有机碳的演变规律和施用有机肥的长期效应，就必须依靠长期肥料试验，其能克服气候和年度变化的影响，信息量丰富、准确可靠（徐明岗等，2015；包耀贤等，2012）。研究钙质紫色水稻土长期施用有机肥或化肥条件下土壤有机碳的演变趋势，以及不同碳组分对碳投入响应特征，对保护土壤结构、提高土壤肥力、合理施用肥料、实现作物高产稳产、改善土壤质量具有重大意义，可为农业生产提供决策性建议。

第一节 钙质紫色水稻土长期试验概况

钙质紫色土长期定位试验设在四川省遂宁市船山区永兴镇四川省农业科学院农业资源与环境研究所紫色土野外观测实验点（30°10′50″N，105°03′26″E，海拔 288.1m）。该区属亚热带湿润季风气候，年均气温 16.7～17.4℃，8 月气温最高，月平均气温 26.6～27.2℃，1 月气温最低，月平均气温 6.0～6.5℃；多年年均降水量为 887.3～927.6mm，降水季节分布不均，春季占全年降水量的 19%～21%，夏季占 51%～54%，秋季占 22%～24%，冬季占 4%～5%；无霜期约 337d，年日照时数 1227h。

试验地供试土壤为钙质紫色水稻土，为侏罗系遂宁组砂页岩母质发育的红棕紫泥田。试验开始于 1982 年，试验开始时的耕层土壤（0～20cm）基本性质为：有机质含量

15.9g/kg，全氮 1.09g/kg，全磷 0.59g/kg，全钾 22.32g/kg，碱解氮 66.3mg/kg，有效磷 3.9mg/kg，速效钾 108mg/kg，pH 8.6。

长期肥料定位试验设 8 个处理（表 25-1）。种植制度为水稻-小麦一年两熟轮作模式。水稻移栽前人工整地，灌水后栽秧再施基肥；小麦采用免耕种植，直接在稻茬上打窝，施基肥后播种。水稻与小麦肥料用量相同，N、P、K 分别为尿素、过磷酸钙、氯化钾，有机肥为猪粪水，含水量约 70%，干物质含 C 388g/kg、N 26.6g/kg、P_2O_5 21.2g/kg、K_2O 6.6g/kg，有机肥料处理中有机肥带入的 N、P、K 养分不计入总量。有机肥与磷肥作基肥；水稻季 60%氮肥和 50%钾肥作基肥，剩余 40%氮肥和 50%的钾肥作分蘖肥；小麦季 30%氮肥和 50%钾肥作基肥，剩余 70%氮肥和 50%钾肥作拔节肥。小区面积 13.4 m^2（4m×3.34m），其中 CK、N、M 和 MN 处理重复 2 次，NP、NPK、MNP 和 MNPK 处理重复 4 次，随机区组排列。各小区间用高出地面 20cm 的水泥板分隔；施肥量见表 25-1。

表 25-1　钙质紫色水稻土长期试验处理及肥料施用量

处理	水稻季				小麦季			
	N /（kg/hm²）	P_2O_5 /（kg/hm²）	K_2O /（kg/hm²）	猪粪鲜重 /（kg/hm²）	N /（kg/hm²）	P_2O_5 /（kg/hm²）	K_2O /（kg/hm²）	猪粪鲜重 /（kg/hm²）
CK	0	0	0	0	0	0	0	0
N	120	0	0	0	120	0	0	0
NP	120	60	0	0	120	60	0	0
NPK	120	60	60	0	120	60	60	0
M	0	0	0	15 000	0	0	0	15 000
MN	120	0	0	15 000	120	0	0	15 000
MNP	120	60	0	15 000	120	60	0	15 000
MNPK	120	60	60	15 000	120	60	60	15 000

各小区单独测产，采样年份内在水稻收获后的 9～10 月按 S 型采集 0～20cm 混合土壤样品；2012 年水稻收获后采集 0～20cm 和 20～40cm 混合土壤样品；土壤样品室内风干，磨细过 1mm 筛和 0.25mm 筛，装瓶保存备用。田间管理措施主要是除草和防治作物病虫害，按照当地农民习惯进行。

第二节　长期不同施肥下钙质紫色水稻土有机碳的变化趋势

一、不同施肥下土壤有机碳的变化趋势

钙质紫色水稻土长期不施肥或单施氮肥均未显著影响耕层（0～20cm）土壤有机碳含量（图 25-1）；施用氮磷和氮肥配施有机肥土壤有机碳含量略有增加；长期施用氮磷钾、有机肥、氮磷配施有机肥和氮磷钾配施有机肥下土壤有机碳含量随施肥时间增加呈显著或极显著增加趋势，年均增加速率分别为 0.058g/kg、0.049g/kg、0.057g/kg 和 0.045g/kg。这说明氮磷钾平衡施肥、施用有机肥或有机肥与化肥配合施用，是有效增加土壤有机碳或维持土壤有机碳的重要措施。

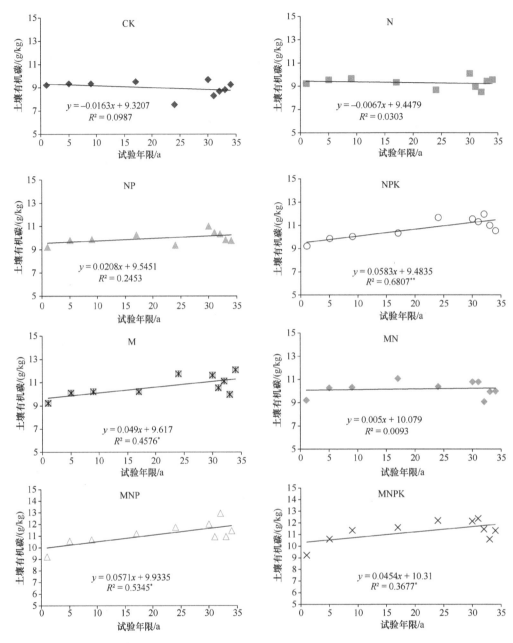

图 25-1 不同施肥下钙质紫色水稻土有机碳随施肥时间的变化趋势（1982~2015 年）

*表示显著相关（$P<0.05$），**表示极显著相关（$P<0.01$）

二、不同施肥下土壤有机碳投入量的变化

农田土壤的碳投入包括作物残茬、根系分泌物及脱落物、秸秆还田或有机肥等（张敬业等，2012）。由于水稻和小麦季作物秸秆全部移走，所以不施肥或施化肥的处理，系统碳投入主要来源于作物根系及其分泌物和根茬。由图 25-2 可知，长期不同施肥显著提高了作物生物量碳，进而增加了系统的总碳投入量。与不施肥相比，不同施肥下来

源于作物生物量的有机碳归还量提高了 38.07%～154.69%；施用化肥氮磷钾作物生物量提高了 143.55%；施用有机肥配施氮磷钾作物生物归还量最高，提高了 154.69%；同时，有机肥与化肥配施均比相应的仅施化肥的作物生物量碳投入高，平均提高了 15.16%，有机-无机肥配施作物生物量平均碳投入为 2.21t/(hm²·a)，单施化肥作物平均生物量碳投入为 1.92t/(hm²·a)。与不施肥相比，施肥显著提高了系统碳投入总量，碳投入量提高了 38.07%～569.96%，施用有机肥比单施化肥总碳投入平均提高了 217.27%。因此，施肥能够显著增加土壤碳投入，尤其是化肥与有机肥配施效果更明显。一方面，由于施肥提高了作物产量，使归还土壤中的根茬和根系分泌物增加，间接提高有机碳投入；另一方面，增施有机肥直接增加了土壤有机碳投入。氮磷钾配施有机肥下总碳的投入量最大，达到了 6.26t/(hm²·a)；其次为氮磷配施有机肥，总碳投入量为 6.19t/(hm²·a)。

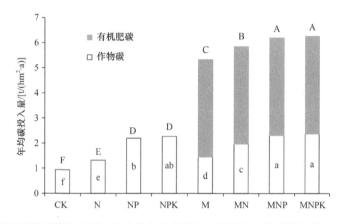

图 25-2　不同施肥下钙质紫色水稻土来自作物生物量和有机肥的年均碳投入量（1982～2015 年）

不同小写字母表示不同施肥处理间来自作物的生物量碳投入差异显著（$P<0.05$），不同大写字母表示不同施肥处理间总有机碳投入差异显著（$P<0.05$）

三、钙质紫色水稻土有机碳储量变化与有机碳投入的关系

由图 25-3 可知，钙质紫色水稻土有机碳储量变化与累积有机碳投入可用"线

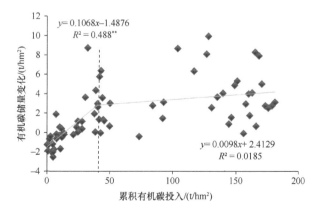

图 25-3　钙质紫色水稻土有机碳储量变化与累积有机碳投入的响应关系（2015 年）

**表示极显著相关（$P<0.01$）

性+平台"的关系拟合，当累积有机碳投入小于 44.22t/hm² 时，此时土壤有机碳含量低于 11.11g/kg，此值即为钙质紫色土饱和碳含量阈值，土壤有机碳储量变化与累积有机碳投入呈极显著正相关关系，表明土壤碳没有达到饱和，土壤仍有较大固碳潜力，可通过下面方程来表示：$y=0.1068x-1.4876$，其中 x 代表累积碳投入，y 代表有机碳储量变化，斜率表示投入碳在土壤中的转化利用效率；当累积碳投入量大于 44.22t/hm² 时，土壤固碳效率随累积碳投入增加变化不大，表明土壤碳达到饱和状态，其数学表达式为 $y=0.0098x+2.4129$。当土壤中有机碳含量小于 11.11g/kg 时，土壤固碳效率为 10.68%；土壤有机碳含量大于 11.11g/kg 时，土壤固碳效率下降为 0.98%。

第三节　长期不同施肥下钙质紫色水稻土碳库组分变化及其固碳速率

土壤团聚体是土壤结构的基本单元，土壤团聚体能够协调土壤的水、肥、气、热关系；同时，水稳性团聚体的数量和分布能反映土壤结构的稳定性及抗侵蚀能力（Du et al.，2014）；因此，了解土壤团聚体的分布对土壤肥力和结构变化的影响具有非常重要的意义。不同土壤组分对有机碳的动态变化起着不同程度的作用。研究长期连续不同施肥措施下钙质紫色水稻土各组分有机碳固碳速率的差异性，可为土壤培肥提供理论依据。

一、长期不同施肥下钙质紫色水稻土不同粒级水稳性团聚体的分布比例

钙质紫色水稻土连续31年不同施肥下各粒级水稳性团聚体质量分布变化较大（表25-2）。施肥处理土壤团聚体以＞2mm 或 0.25～2mm 粒级团聚体为主要存在形式，0.053～0.25mm 团聚体次之，＜0.053mm 团聚体质量分数最低。施肥显著增加了＞2mm 粒级团聚体所占比例，降低了 0.25～2mm 粒级团聚体所占比例，说明长期不同施肥改变了土壤结构，导致土壤各粒级团聚体重新分配。CK、N、NP、NPK、M 和 MN 处理土壤团聚体组成以 0.25～2mm 粒级团聚体为主，占据了总土质量的 44.49%～53.56%；而 MNP 和 MNPK 处理土壤团聚体以＞2mm 粒级团聚体为主，约占总土质量的 50%。与不施肥

表 25-2　长期施肥下钙质紫色水稻土不同粒级水稳性团聚体分布比例（2012 年）（%）

处理	土壤团聚体			
	＞2 mm	0.25～2 mm	0.053～0.25 mm	＜0.053 mm
CK	37.29c	53.56a	5.82bc	3.33cd
N	42.26bc	44.49bcd	7.56a	5.68a
NP	40.87c	49.95ab	5.74bc	3.43cd
NPK	42.56bc	45.52bcd	6.60ab	5.32ab
M	41.09c	49.47ab	4.96c	4.47abc
MN	43.42abc	47.99abc	5.43bc	3.15d
MNP	50.77a	39.45d	5.46bc	4.31bcd
MNPK	49.76ab	41.57cd	5.41bc	3.27cd

注：同列数据后不同小写字母代表不同处理间差异显著（$P<0.05$）。

相比，施肥处理显著增加了>2mm 粒级团聚体，其中单施化肥（N、NP、NPK）下，>2mm 粒级团聚体质量分数提高了 9.6%～14.1%，有机-无机肥配施（MN、MNP、MNPK）下，>2mm 粒级团聚体质量分数提高了 16.4%～36.1%；而施肥显著降低了 0.25～2mm 粒级团聚体，其中单施化肥降低了 6.7%～16.9%，有机-无机肥配施降低了 10.4%～26.3%；施肥对 0.053～0.25mm 和<0.053mm 粒级团聚体质量分数影响不大，分别在 4.96%～7.56%和 3.15%～5.68%范围内变化，说明施肥主要促进了 0.25～2mm 团聚体向>2mm 团聚体转化，尤其是有机-无机肥配施，促进土壤团聚化作用更明显。

二、长期不同施肥下钙质紫色水稻土团聚体有机碳含量的变化

经历连续 31 年的施肥后，不同施肥下土壤团聚体有机碳含量具有显著差异（表 25-3）。施肥提高了不同粒级团聚中有机碳含量，>0.25mm 大团聚体中有机碳含量增加幅度较大，而<0.25mm 微团聚体中有机碳含量提高幅度较小，尤其是<0.053mm 的黏粉团聚体。不施肥下，>2mm 和<0.053mm 团聚体中有机碳含量较低，而 0.25～2mm 团聚体有机碳含量最高，其次是 0.053～0.25mm 团聚体。与不施肥相比，单施化肥使>2mm 团聚体中有机碳含量增加了 50.8%～85.1%，0.25～2mm 团聚体有机碳含量增加了 3.0%～24.9%，0.053～0.25mm 团聚体有机碳含量仅提高了 3.8%～22.5%，而<0.053mm 团聚体有机碳含量提高了 4.6%～62.5%。有机-无机肥配施使>2mm 团聚体中有机碳含量增加了约 2 倍，其他粒级团聚体有机碳含量增加了约 1.3 倍。施氮磷和氮磷配施有机肥下，<0.053mm 团聚体中有机碳含量较高。

表 25-3　长期不同施肥下钙质紫色水稻土团聚体有机碳含量（2012 年）　（单位：g/kg）

处理	土壤团聚体			
	>2mm	0.25～2mm	0.053～0.25mm	<0.053mm
CK	6.69c	9.28b	8.43b	6.91b
N	10.09b	11.59ab	8.75ab	9.67ab
NP	11.80ab	9.56ab	10.33ab	11.23a
NPK	12.38ab	10.59ab	9.29ab	7.23b
M	12.07ab	10.81ab	9.63ab	7.89ab
MN	12.56ab	9.60ab	11.66a	7.66ab
MNP	12.80a	12.25a	10.77ab	10.02ab
MNPK	13.86a	10.97ab	11.02ab	9.37ab

注：同列不同小写字母代表不同处理间差异显著（$P<0.05$）。

三、长期不同施肥下钙质紫色水稻土团聚体有机碳含量与有机碳投入的关系

钙质紫色水稻土团聚体有机碳含量与有机碳投入密切相关（图 25-4），>2mm 和 0.053～0.25mm 团聚体中的有机碳含量与有机碳投入之间呈显著的正相关关系，0.25～2mm 和<0.053mm 团聚体中有机碳含量随有机碳投入量增加有增加趋势，但不显著。土壤>2mm、0.25～2mm 团聚体的有机碳含量与有机碳投入的直线关系的斜率分别为

0.73 和 0.16，可以看出，＞2mm 团聚体中有机碳转化效率是 0.25～2mm 的 4.5 倍，说明增加的有机碳主要固持在＞2mm 团聚体中。一般认为，有机碳投入量越高，土壤对碳的固定也越大，土壤固碳量与有机碳投入量呈显著正相关关系（Zhang et al.，2010；Lou et al.，2011）；但也有研究指出，随着碳的大量投入，土壤有机碳含量反而增加不明显，即表现出碳饱和现象（张维等，2009；Zhang et al.，2012）。本研究表明，0.25～2mm 和＜0.053mm 黏粉粒中的有机碳含量对碳投入量反应不敏感，表现出碳饱和迹象。邸佳颖等（2014）对红壤性水稻土团聚体固碳特征的研究发现，全土、＞2mm 和 0.25～2mm 团聚体的有机碳含量与累积碳投入量呈显著正相关；而 0.25～0.053mm 和＜0.053mm 黏粉粒中的有机碳含量对累积碳投入量反应不敏感，表现出碳饱和迹象，与本研究结果相似。

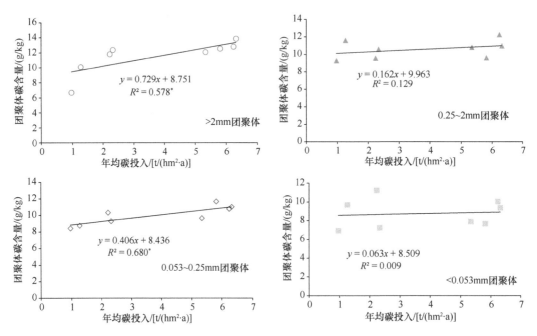

图 25-4 钙质紫色水稻土不同团聚体碳含量与年均有机碳投入量的关系（2012 年）
*表示显著相关（$P<0.05$）

第四节 长期不同施肥下钙质紫色水稻土剖面有机碳含量与储量

通过不同管理措施调控表层土壤有机碳含量来提升紫色土肥力已有大量研究，特别是剖面碳循环特征对于了解土壤可持续生产能力具有重要意义。

一、不同施肥下剖面土壤有机碳含量的变化

由图 25-5 可知，钙质紫色水稻土经过连续 31 年的不同施肥后，不施肥下 0～20cm 土层有机碳含量（8.19g/kg）明显低于试验开始时基础土壤有机碳含量（9.22g/kg），有

机碳含量较原始土壤下降了 11.17%，水稻土的自然地力不能维持作物生长对耕层土壤有机碳的消耗。其他各施肥方式 0～20cm 土层有机碳含量变化范围为 10.44～12.36g/kg，明显高于原始基础土壤；其中，氮磷钾配施有机肥增加幅度最大，氮磷配施有机肥次之，比基础土壤有机碳含量分别增加了 34.06% 和 32.86%。各施肥的有机碳含量均较不施肥显著增加，但所有施肥间均无显著差异，以氮磷钾配施有机肥增加幅度最大（较不施肥增幅为 50.92%），其次是氮磷配施有机肥（较不施肥有机碳含量提高了 49.57%），其他施肥较不施肥有机碳含量增加幅度为 27.47%～36.39%。同一施肥方式下，0～20cm 土层有机碳含量（8.19～12.36g/kg）明显高于 20～40cm（5.80～7.95g/kg），表明土壤有机碳含量随土层深度增加而降低。

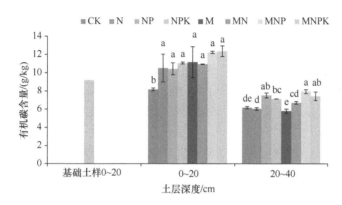

图 25-5　长期不同施肥下钙质紫色水稻土不同层次有机碳含量（2012 年）

图中柱上不同字母代表 $P<0.05$ 水平差异显著，误差线为标准差，下同

就 0～20cm 土层来说，有机-无机肥配施（MN、MNP 和 MNPK）土壤有机碳含量（11.85g/kg）比单施化肥（N、NP 和 NPK，10.68g/kg）、不施肥（8.19g/kg）及试验开始时原始基础土壤有机碳含量（9.22g/kg）分别增加了 10.96%、44.69% 和 28.52%，单施化肥较不施肥和原始基础土壤有机碳含量分别提高 30.40% 和 15.84%。不施肥下有机碳含量下降速率为 0.033g/(kg·a)，有机-无机肥配施和单施化肥的土壤有机碳含量增加速率分别为 0.085g/(kg·a) 和 0.047g/(kg·a)；有机-无机肥配施处理 20～40cm 土层有机碳含量（7.36g/kg）较单施化肥（6.90g/kg）和不施肥（6.17g/kg）分别增加了 6.67% 和 19.29%，并且无论 0～20cm 还是 20～40cm 土层，有机-无机肥配施下土壤有机碳含量均高于相应仅施化肥处理，表明长期单施化肥也能促进土壤有机碳累积，而有机-无机肥配施提升土壤有机碳效果优于单施化肥，这与国内外多数研究结果基本一致（蔡岸冬等，2015）。有机-无机肥配施一方面由于有机肥的投入直接增加了土壤有机碳来源；另一方面，有机肥的施用增加了作物根茬、根系生物量和根系分泌物等间接碳来源（Xu et al.，2014；Wang et al.，2015）。但还有大量研究发现，长期单施化肥情况下土壤有机碳含量呈持平效应（张璐等，2009；骆坤等，2013）或明显的负增长态势（乔云发等，2008）。长期施用化肥，虽然增加了作物根茬残留，同时也提高了土壤微生物活性，进而加速了土壤中有机物残茬和有机碳的分解矿化，促使土壤有机碳总量下降（张维等，2009）。单施化肥是否促进土壤有机碳累积与试验前原始土壤的有机碳水平关系密切，当试验前土壤

有机碳含量低于最低平衡点时，施用化肥能够增加土壤有机碳含量（骆坤等，2013）。

二、不同施肥下剖面土壤有机碳储量的变化

土壤有机碳储量主要由土壤容重和有机碳含量决定，由于长期不同施肥条件下土壤容重和有机碳含量受肥料种类、肥料用量、地表作物枯落物、地下根系分布和人为干扰等因素影响的程度不相同，因此不同施肥下土壤有机碳储量存在一定差异（李文军等，2015；董云中等，2014）。由图25-6可知，钙质紫色水稻土经过连续31年不同施肥后，0~20cm土层有机碳储量在20.06~29.90t/hm²范围内变化；其中，氮磷钾配施有机肥土壤有机碳储量最高（为29.90t/hm²），氮磷配施有机肥次之（为28.37t/hm²），氮肥配施有机肥有机碳储量再次之（达27.70t/hm²），单施氮肥、氮磷、氮磷钾和有机肥之间有机碳储量变异很小（变幅为26.26~26.78t/hm²），不施肥下有机碳储量最低（为20.06t/hm²）。方差分析结果表明，所有施肥方式下土壤有机碳储量显著高于不施肥，而不同施肥间未达显著差异。有机-无机肥配施土壤有机碳储量均有高于相应仅施化肥土壤的趋势，说明有机-无机肥配施提升土壤有机碳储量的效果优于单施化肥。20~40cm土层有机碳储量的变化范围为17.52~25.10t/hm²，明显低于0~20cm土层有机碳储量（20.06~29.90t/hm²）。不施肥、单施氮肥和单施有机肥下有机碳储量无显著差异；施氮磷和施氮磷钾下有机碳储量显著高于单施氮肥和不施肥，施氮磷也显著高于施氮磷钾；氮肥配施有机肥、氮磷配施有机肥和氮磷钾配施有机肥下有机碳储量显著高于单施有机肥和不施肥；有机-无机肥配施土壤有机碳储量均高于相应仅施无机肥。相同施肥下，0~20cm土层有机碳储量明显高于20~40cm土层，0~20cm土层有机碳储量比20~40cm土层提高了22.37%，说明不同施肥下土壤有机碳储量呈现明显的表聚性，即土壤有机碳储量随土层深度增加而降低。李文军等（2015）在洞庭湖双季稻区水稻土上的研究也说明不同施肥方式下土壤有机碳储量呈现出明显的表聚性。0~20cm表层土壤接受较多的植物凋落物、根茬和有机肥等有机碳含量丰富的物质，导致有机碳投入量大于其分解损失量；而20~40cm亚表层土壤有机碳的投入量较少，仅为一些植物细根、根系分泌物和部分表层淋溶下来的有机碳（骆坤等，2013）。

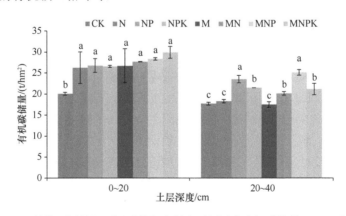

图25-6 长期不同施肥下钙质紫色水稻土不同层次有机碳储量（2012年）

第五节　钙质紫色水稻土有机质提升技术

一、作物产量对土壤有机碳变化的响应

对水稻和小麦产量与土壤有机碳含量的统计分析，确定了有机碳与作物产量的关系符合线性增长模型（图 25-7）。当钙质紫色水稻土有机碳含量提升 1g/kg 时，水稻和小麦产量最多能够分别增加 842kg/hm² 和 450kg/hm²。大量统计结果也显示，土壤有机碳与作物产量之间存在"线性+平台"关系（Zhang et al.，2016），据此可确定区域土壤有机碳阈值（95%最大产量处的土壤有机质）作为培肥目标，进而确定分类的培肥模式（有机碳快速提升、有机碳稳步提升、有机碳稳定维持）。

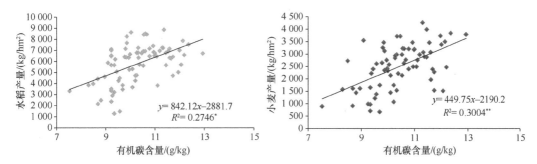

图 25-7　钙质紫色水稻土上水稻及小麦产量与土壤有机碳含量的关系（1982～2015 年）
*表示显著相关（$P<0.05$），**表示极显著相关（$P<0.01$）

二、长期有机-无机肥配施或单施有机肥提高土壤有机碳

长期有机-无机肥配施能显著提高土壤有机碳含量。钙质紫色水稻土连续 34 年施用有机肥，将低肥力土壤（起始有机碳含量 9.22g/kg）提高到 2015 年的高肥力土壤（施用有机肥的土壤有机碳含量平均达到 11.70g/kg）。有机肥料对增加土壤有机碳含量的效果优于化学肥料，有机-无机肥配施或单施有机肥不仅能增加碳的固持，而且能改善土壤的团聚体结构，显著促进土壤肥力提升，因而是该区域增加土壤有机碳含量的有效措施。

三、提升和维持钙质紫色水稻土有机碳水平的外源有机物料施用量

钙质紫色水稻土有机碳储量增加与其相应的累积碳投入呈"线性+平台"关系（表 25-4）。当累积碳投入小于 44.22t/hm² 时，土壤有机碳储量变化与累积碳投入关系通过如下方程描述：$y=0.1068x-1.4876$，式中，x 代表累积碳投入，y 代表有机碳储量变化，斜率表示投入碳在土壤中的固持效率。当累积碳投入小于 44.22t/hm² 时，土壤固碳效率为 10.68%，即每公顷土地投入 100t 碳，有 10.68t 碳固持在土壤中；当累积碳投入大于 44.22 t/hm² 时，土壤固碳效率降为 0.98%。在低肥力钙质紫色水稻土上，20 年内土壤有机碳储量提升 5%时，需再额外累积投入干猪粪 1.32t/(hm²·a)[折合玉米秸秆约 1.28t/(hm²·a)或小麦秸秆 1.30t/(hm²·a)]；土壤有机碳储量升高 10%时，需投入干猪粪 2.64t/(hm²·a)[折合

玉米秸秆 2.56t/(hm^2·a)或小麦秸秆 2.61t/(hm^2·a)]；在高肥力阶段，维持土壤有机碳，需投入干猪粪 29.75t/(hm^2·a)[折合玉米秸秆 28.83t/(hm^2·a)或小麦秸秆 29.38t/(hm^2·a)]。

表 25-4　不同肥力水平阶段钙质紫色水稻土有机碳提升或维持所需外源有机物料投入量

肥力水平		碳储量/(t/hm^2)	固碳效率/%	所需投入碳量/(t/(hm^2·a))	需投入有机肥/ [t/(hm^2·a)，干基]		
					猪粪	玉米秸秆	小麦秸秆
初始		23.32	—	—	—	—	—
低肥力	有机碳提升 5%	24.48	10.68	0.55	1.32	1.28	1.30
	有机碳提升 10%	25.65	10.68	1.09	2.64	2.56	2.61
高肥力	碳维持	25.73	0.98	12.31	29.75	28.83	29.38

注：猪粪、玉米秸秆和小麦秸秆含碳量分别为 41.7%、42.6%和 41.8%。

（樊红柱　张　潇　李昌科　郭　松　秦鱼生）

参 考 文 献

包耀贤, 徐明岗, 吕粉桃, 等. 2012. 长期施肥下土壤肥力变化的评价方法. 中国农业科学, 45(20): 4197-4204.

蔡岸冬, 张文菊, 申小冉, 等. 2015. 长期施肥土壤不同粒径颗粒的固碳效率. 植物营养与肥料学报, 21(6): 1431-1438.

邸佳颖, 刘小粉, 杜章留, 等. 2014. 长期施肥对红壤性水稻土团聚体稳定性及固碳特征的影响. 中国生态农业学报, 22(10): 1129-1138.

董云中, 王永亮, 张建杰, 等. 2014. 晋西北黄土高原丘陵区不同土地利用方式下土壤碳氮储量. 应用生态学报, 25(4): 955-960.

樊红柱, 秦鱼生, 陈庆瑞, 等. 2015. 长期施肥紫色水稻土团聚体稳定性及其固碳特征. 植物营养与肥料学报, 21(6): 1473-1480.

何毓蓉, 黄成敏. 1993. 四川紫色土退化及其防治. 山地研究, 11(4):209-215.

李文军, 彭保发, 杨奇勇. 2015. 长期施肥对洞庭湖双季稻区水稻土有机碳、氮积累及其活性的影响. 中国农业科学, 48(3): 488-500.

骆坤, 胡荣桂, 张文菊, 等. 2013. 黑土有机碳、氮及其活性对长期施肥的响应. 环境科学, 34(2): 676-684.

乔云发, 苗淑杰, 韩晓增. 2008. 长期施肥条件下黑土有机碳和氮的动态变化. 土壤通报, 39(3): 545-548.

徐明岗, 张文菊, 黄绍敏, 等. 2015. 中国土壤肥力演变. 北京: 中国农业科学技术出版社.

张敬业, 张文菊, 徐明岗, 等. 2012. 长期施肥下红壤有机碳及其颗粒组分对不同施肥模式的响应. 植物营养与肥料学报, 18(4): 868-875.

张璐, 张文菊, 徐明岗, 等. 2009. 长期施肥对中国 3 种典型农田土壤活性有机碳库变化的影响. 中国农业科学, 42(5): 1646-1655.

张维, 蒋先军, 胡宇, 等. 2009. 微生物群落在团聚体中的分布及耕作的影响. 西南大学学报(自然科学版), 31(3): 131-135.

Du Z L, Wu W L, Zhang Q Z, et al. 2014. Long-term manure amendments enhance soil aggregation and carbon saturation of stable pools in north China plain. Journal of Integrative Agriculture, 13(10): 2276-2285.

Lou Y L, Xu M G, Wang W, et al. 2011. Return rate of straw residue affects soil organic C sequestration by chemical fertilization. Soil & Tillage Research, 113: 70-73.

Wang Y D, Hu N, Xu M G, et al. 2015. 23-year manure and fertilizer application increase soil organic carbon sequestration of a rice-barley cropping system. Biology and Fertility of Soils, 51: 583-591.

Xu Y M, Liu H, Wang X H, et al. 2014. Changes in organic carbon index of grey desert Soil in northwest China after long-term fertilization. Journal of Integrative Agriculture, 13(3): 554-561.

Zhang W J, Wang X J, Xu M G, et al. 2010. Soil organic carbon dynamics under long-term fertilizations in arable land of northern China. Biogeosciences, 7: 409-425.

Zhang W J, Xu M G, Wang X J, er al. 2012. Effect of organic amendment on soil carbon sequestration in paddy field of subtropical China. Journal Soil Sediments, 12: 457-470.

Zhang X, Sun N, Wu L, et al. 2016. Effects of enhancing soil organic carbon sequestration in the topsoil by fertilization on crop productivity and stability: Evidence from long-term experiments with wheat-maize cropping systems in China. Science of The Total Environment, 562: 247-259.

第二十六章 中性紫色土有机质演变特征及提升技术

紫色土是在热带、亚热带气候条件下由紫色母岩发育形成的岩性土。我国紫色土面积 2198.8 万 hm^2，集中分布在四川盆地，占全国紫色土面积的 51.5%；此外，在云南、湖南、广西、贵州、湖北、浙江、江西、广东、安徽、福建、陕西、河南、海南和江苏等省份也有零星分布。四川盆地是紫色土分布最集中、面积最大、最具有代表性的区域，紫色土占耕地面积的 68%；该区域光、温、水资源丰富，且土壤垦殖率和复种指数高，是全国六大商品粮基地之一（何毓蓉等，2003）。因此，了解紫色土肥力演变规律和生产力状况，对于保障紫色土资源的持续利用和全国粮食安全具有重要意义。

紫色土为初育岩性土，根据母岩沉积时期岩性差异而导致的土壤 pH 和碳酸钙含量的差异，将紫色土分为中性紫色土、石灰性紫色土和酸性紫色土三大亚类。紫色土具有发育浅、土层分化不明显、成土作用迅速、风化程度低、矿质养分含量丰富、自然肥力高等特点（何毓蓉等，2003），是一种不可多得的宝贵农业资源。但是紫色土区人口密度大，人为活动强烈，加之山地丘陵的地形地貌，母岩岩体松软，风化能力强，土壤抗蚀性差，导致该区域生态环境脆弱，水土流失严重（Li et al.，2009）；土壤有机质含量低、质量差，有机-无机复合体数量少，且组成中松结态和稳结态很少；土壤结构中团聚体数量少、团聚度低、分散性强（柴冠群等，2017），因而土壤退化现象普遍发生，土壤肥力下降，已影响该区农业的可持续发展。因此，开展提高紫色土肥力和生产力的研究具有十分重要的意义。

有机质是土壤肥力的核心，对土壤的理化性质及植物的生长具有重要影响，如促进土壤团粒结构的形成、改善土壤的通气性、提高土壤对养分的保存能力等。因此，土壤有机质是衡量土壤肥力高低的关键指标之一。在紫色土地区开展土壤有机质肥料管理效应的演变特征研究，量化土壤有机质响应特征参数，制定相应管理对策，以提高紫色土有机质含量和合理施用肥料，对于提高土壤肥力、改善土壤质量、实现作物高产稳产具有重大意义，还可为农业生产提供决策性建议。

第一节 中性紫色土长期定位试验概况

一、长期试验基本情况

中性紫色土肥力与肥效长期试验设在"国家紫色土肥力与肥料效益监测基地"——重庆市北碚区西南大学试验农场（30°26′N、106°26′E，海拔 266 m），地处长江上游河谷北岸、川东平行岭谷南沿、四川盆地紫色土丘陵中心地带、三峡库区内，是典型的紫色土丘陵区。基地于 1989 年建成，1991 年秋季开始试验。基地所在地属亚热带湿润季风气候，年均气温 18.3℃，年降水量 1105mm，降水季节分布不均，4～9 月降水量占全年总降水量的 78%，10 月至翌年 3 月降水量占 22%（图 26-1）。在稻-麦水旱轮作周期，小麦生长季节（11 月至翌年 4 月）降水 239 mm，水稻生长季节（5～8 月）降水 637mm，轮作休闲期（9～10 月）降水 230mm。无霜期长达 330d；雨热同季，气温高，热量资源丰富，四季分明，多云雾、少日照，夏季湿热，冬季温暖干燥，9 月中旬后温度下降快。

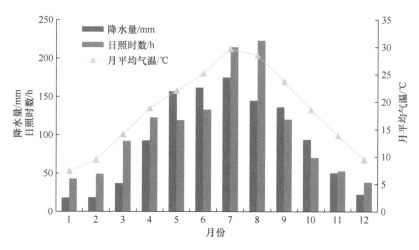

图 26-1　紫色土长期定位试验点 30 年月平均气象资料

试验土壤是由侏罗系沙溪庙组紫色泥岩风化的残积、坡积物发育而成的紫色土类，为中性紫色土亚类、灰棕紫泥土属、大眼泥土种。这是四川盆地紫色土中最多的一个土属，约占紫色土类面积的 40%，为四川省和重庆市粮食基地集中地区。

试验前耕层（0～20cm）土壤基本性质：有机质含量 22.7g/kg，全氮 1.25g/kg，全磷 0.67g/kg，全钾 21.1g/kg，碱解氮 93mg/kg，有效磷 4.3mg/kg，速效钾 88mg/kg，缓效钾 562mg/kg，pH 7.7；土壤容重 1.38g/cm^3，黏粒（<0.001mm）和物理性黏粒（<0.01mm）含量分别为 268g/kg 和 577 g/kg。

二、试验设计

试验共选取 11 个处理（表 26-1）：①CK，只种作物不施肥；②N，施用化学氮肥；③NP，施用化学氮磷肥；④NK，施用化学氮钾肥；⑤PK，施用化学磷钾肥；⑥NPK，施用化学氮磷钾肥；⑦M，施用厩肥；⑧NPKM，氮磷钾肥与有机肥（厩肥）配施；⑨NPKClM，施用含氯氮磷钾肥，配施有机肥（厩肥）；⑩1.5NPKM，施用增量氮磷钾肥，配施有机肥（厩肥）；⑪NPKS，氮磷钾肥与秸秆还田配施。处理⑨中 N、K 来源于 NH$_4$Cl 和 KCl，其他各施肥处理均用尿素和硫酸钾，磷肥用普钙。处理⑩为化肥增量区，化学氮磷钾肥用量为处理⑥的 1.5 倍。各处理均为稻-麦轮作，一年两熟。小区面积为 12×10=120m^2，无重复。小区之间用 60cm 深的水泥板隔开，互不渗漏，且能独立排灌。

表 26-1　紫色土长期试验施肥处理及肥料施用量

处理	小麦季化肥用量/（kg/hm²)			水稻季化肥用量/（kg/hm²)			每年有机肥用量/（t/hm²)
	N	P₂O₅	K₂O	N	P₂O₅	K₂O	
CK	0	0	0	0	0	0	0
N	150（135)	0	0	150	0	0	0
NP	150（135)	75（60)	0	150	75（60)	0	0
NK	150（135)	0	75（60)	150	0	75（60)	0
PK	0	75（60)	75（60)	0	75（60)	75（60)	0
NPK	150（135)	75（60)	75（60)	150	75（60)	75（60)	0
M	0	0	0	0	0	0	7.5
NPKM	150（135)	75（60)	75（60)	150	75（60)	75（60)	22.5
NPKClM	150（135)	75（60)	75（60)	150	75（60)	75（60)	7.5
1.5NPKM	225（202)	112.5（90)	112.5（90)	225	112.5（90)	112.5（90)	7.5
NPKS	150（135)	75（60)	75（0)	150	75（60)	75（60)	7.5

1991～1996 年每季作物每公顷施肥量：氮肥 150kg（N)，磷肥 75kg（P_2O_5)，钾肥 75kg（K_2O)。1996 年秋季起，磷、钾肥用量由原来的 75kg 降为 60kg；小麦氮肥用量变为 135 kg，处理⑦、⑨、⑩的有机肥由厩肥（M)改为稻草（S)，稻草还田区在小麦季不施用钾肥。小麦和水稻 60% 的氮肥及全部磷钾肥作基肥，小麦 40% 的氮肥于 3～4 叶期追施，水稻 40% 氮肥在插秧后 2～3 周追施。有机肥每年施用一次，于每年秋季小麦播种前作基肥施用，年用量：厩肥 22.5t/hm²、稻草 7.5t/ hm²，并于施肥前测定其 N、P、K 含量。

供试小麦品种：1992～2007 年采用'西农麦 1 号'，2007 年后采用'绵阳 31'。小麦于当年 11 月上旬播种，翌年 5 月上旬收获。供试水稻品种：1992～1997 年用'汕优 63'，1998～2001 年为'Ⅱ优 868'，2002～2005 年为'Ⅱ优 7 号'，2006～2009 年为'Ⅱ优 89'，2010 年至今为'川优 9527'。水稻于 5 月中下旬插秧，8 月中下旬收获；供试油菜品种为'渝杂 8 号'和'渝黄 1 号'，于 11 月上旬移栽，4 月底或 5 月初收获。水稻和小麦的种植规格都为行距 24cm、窝距 16.7cm，每公顷 25 万窝左右。小麦播种量为每小区 1.4～1.5kg，即每公顷 117～125kg，大约每窝 10 粒左右。水稻每窝移栽带 2～3 个分蘖的秧苗一株。

三、主要测定项目与方法

1. 植株和土壤样品采集

每年水稻和小麦成熟时采取植株样品，每个小区按梅花形随机选取 5 点采集植株样品，每点采取 5 窝，每个小区共 25 窝，带回实验室考种；其余分小区收获籽粒，风干后单独计产，换算为 14% 含水量的标准产量，并根据收获指数计算秸秆的生物量。每季水稻收获后，各小区按梅花形选取 5 个点分层（0～20cm、20～40cm、40～60cm)采集土壤样品，5 点混合后带回实验室处理。自 2013 年以后，每个小区均等划分为 4 个亚区，作为重复，取样时每个亚区按梅花形选取 5 个点采集样品，5 点混合作为一个样品。土壤样品带回实验室后，在通风阴凉处自然风干，去除土壤异物和未分解的植物残体，研磨过 0.25mm 尼龙筛，采用高温外热高锰酸钾氧化-氧化亚铁滴定容量法，测定土壤有机碳含量。2013 年水稻收获以后，用环刀法测定每个小区的土壤容重。

2. 有机碳储量和固碳速率

有机碳储量计算如下：

$$有机碳储量\ SOC_{stock} = SOC × BD × H × 10 \tag{26-1}$$

$$固碳量\ \Delta SOC_{stock} = SOC_{stock\text{-}2013} - SOC_{stock\text{-}1991} \tag{26-2}$$

$$固碳速率\ SOC_{SR} = \Delta SOC_{stock}/n \tag{26-3}$$

式中，SOC_{stock} 为特定深度的土壤有机碳储量（t/hm^2）；SOC 为土壤的有机碳浓度（g/kg）；BD 为土壤容重（g/cm^3）；H 为土壤厚度（$0.2m$）。ΔSOC_{stock} 为固碳量，即有机碳储量的增加量，计算方法为当前（$SOC_{stock\text{-}2013}$）和试验初期（$SOC_{stock\text{-}1991}$）有机碳储量的差值；SOC_{SR} 为固碳速率。

3. 碳投入和固碳效率

土壤固碳效率（SOC_{SE}）为土壤固碳量（ΔSOC_{stock}）占碳投入（C_{input}）的百分比。土壤有机碳输入有两个途径：一是有机肥来源的有机碳（$C_{input\text{-}fertilizer}$），包括畜粪尿肥或还田的秸秆；二是作物生长期间或收获以后通过根际淀积、根系和根茬残留输入至土壤的有机碳（$C_{input\text{-}crop}$）。具体计算方法如下：

$$固碳效率\ SOC_{SE} = \Delta SOC_{stock} / C_{input} × 100\% \tag{26-4}$$

$$碳投入\ C_{input} = C_{input\text{-}fertilizer} + C_{input\text{-}crop} \tag{26-5}$$

$$肥料源碳投入\ C_{input\text{-}fertilizer} = B_{fertilizer} × C_{fertilizer} \tag{26-6}$$

$$作物源碳投入\ C_{input\text{-}crop} = B_{crop} × R × C_{crop} \tag{26-7}$$

式中，$B_{fertilizer}$ 为通过有机肥投入的有机物料施用量；$C_{fertilizer}$ 为有机肥碳含量；B_{crop} 为地上部作物生物量（秸秆+籽粒）；R 为地下部（根际淀积+根系+根茬）与地上部生物量比值；C_{crop} 为作物源有机物碳含量。以上各参数中，畜粪尿肥和还田秸秆分别为 0.4138g/kg 和 0.4180g/kg，本试验中畜粪尿肥和还田秸秆分别为鲜基和风干基，水分含量分别为 31.26% 和 86.00%；水稻和小麦的 C_{crop} 分别为 0.4148g/kg 和 0.3990g/kg。

为测定 R 值，水稻和小麦收获以后，在根系周围挖取长、宽、高均为 20 cm 的土方，收集土方内的作物根茬和根系，烘干后称重。根据地上部生物量计算根茬+根系与地上部生物量的比值，本试验测定结果分别为 0.15（水稻）和 0.10（小麦）。根际分泌物与地上部生物量的比值来自 Majumder 等（2008），水稻和小麦分别为 0.15 和 0.126。根据以上结果，本试验水稻和小麦的 R 值分别为 0.30 和 0.226。

4. 颗粒有机碳和矿物结合态有机碳测定

土壤颗粒有机碳和矿物结合态有机碳组分测定方法（Cambardella and Elliott，1992）：称取 20g 过 2.00mm 粒径筛的土样于塑料离心管中，加入 100ml 浓度为 5g/L 的六偏磷酸钠溶液，90r/min 振荡 18h。土壤悬液过 53μm 筛，筛子上的颗粒物包括颗粒有机质和砂粒，用去离子水反复冲洗后在 40℃下烘干称重，研磨后测定颗粒物的有机碳、氮含量，测定方法同土壤总有机碳。根据颗粒态物质有机碳浓度和颗粒物质量比例计算土壤颗粒有机碳含量。

5. 轻组有机碳和化学结合态有机碳测定

土壤轻组和重组有机碳测定方法（徐文静等，2022）：称取小于 0.25mm 土样 5.00g 于离心管中，加入 25ml 相对密度为 1.8 g/cm^3 的重液，振荡 1 h，3000r/min 离心 10min 后弃去悬浮液。继续加重液，重复上述过程至重液中无悬浮物，用 95%乙醇和去离子水洗涤数次，40℃烘干、称重。研磨后测定重组有机碳，根据重组有机碳浓度和重组质量比例（%）计算土壤重组碳含量。

土壤重组中不同化学结合态有机碳分组方法：称取研磨过筛后的重组土样 2.00g 于塑料离心管中，加入 0.5mol/L 的硫酸钠溶液 20ml，振荡 2h，3000r/min 离心 10min，收集上清液。再加入硫酸钠溶液，重复上述过程至提取液中无钙离子反应，用 10g/L 的硫酸钠溶液反复洗涤至洗涤液为无色，收集所有提取液，离心除去混杂黏粒，即为钙键结合有机碳。向剩余土壤加入 0.1mol/L 的氢氧化钠和焦磷酸钠混合液，混匀后放置过夜，次日以 3000r/min 离心 15min，收集提取液。反复多次，直至提取液接近无色，收集的提取液离心除去混杂黏粒，即为铁铝键结合有机碳。以上浸提液中的有机碳用 GE InnovOX® Laboratory TOC 分析仪测定，根据浸提液中有机碳浓度和重组质量比例计算土壤钙键结合态有机碳和铁铝键结合态有机碳含量。

第二节　长期不同施肥下紫色土有机质演变特征

一、不同施肥下紫色土耕层有机质的演变

土壤有机质的变化是比较缓慢的过程，借助于长期定位试验多年结果，可以揭示其变化规律。如图 26-2 显示，紫色土长期试验不同施肥 25 年后，不施肥处理的土壤有机质含量基本不变，而单施氮肥处理的有机质含量略有增加，增加速率约为 0.03g/(kg·a)。两个处理土壤有机质的变化趋势与土壤有机质投入及降解有关，不施肥导致作物生物量较低，归还到土壤的有机物料也偏少，因此土壤有机质在低水平上维持平衡；而单施氮肥虽然可以一定程度上提高作物产量和有机物料投入数量，但也为微生物提供了氮源，促进了微生物对有机质的降解，因此土壤有机质增加速率很小。

施用化肥处理中，PK、NK、NP 和 NPK 处理土壤有机质含量随施肥年限增加呈增加趋势，与其他很多研究结果一致（Yang et al.，2012），表明化肥配合施用是提高紫色土有机质含量的有效措施。但不同处理土壤有机质年均增加速率有差异，PK 处理不足 0.1g/(kg·a)，其他处理分别为 0.11g/(kg·a)、0.12g/(kg·a)和 0.12g/(kg·a)，NPK 处理的增加速率没有比 NP 处理进一步提高，说明单施化肥而没有外源有机物料的输入时，土壤有机质提升速率受到限制（图 26-2）。

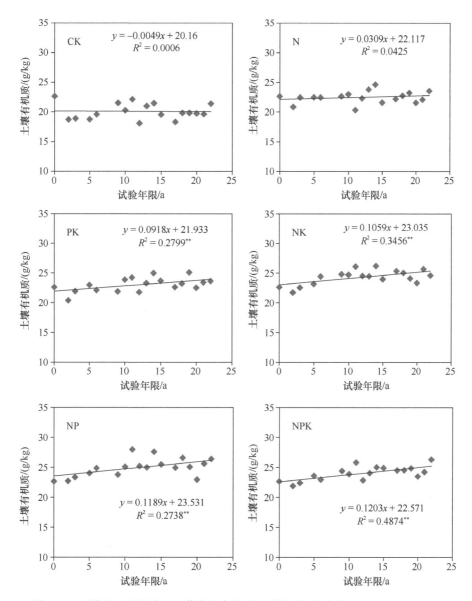

图 26-2　不施肥及化肥施用下紫色土有机质含量随时间的变化（1991～2013 年）

采用一元一次方程模型（$y=ax+b$）进行模拟。式中，y 为土壤有机质含量；x 为试验年限；a 为斜率，反映土壤有机质随施肥年限的变化趋势，或土壤有机质每年的变化；b 反映试验初期土壤有机质含量。**表示在 0.01 水平上显著相关

　　化肥配施有机肥或秸秆还田可进一步促进土壤有机质含量增加（图 26-3）。不同施肥下 25 年后，施用有机肥或秸秆还田处理的土壤有机质含量均呈现显著上升趋势，施用有机肥料增加土壤有机质的效果优于单施化学肥料。各处理土壤有机质年增加速率存在着差异，NPKM 为 0.13g/(kg·a)，NPKS 为 0.29g/(kg·a)，1.5NPKS 为 0.28g/(kg·a)，NPKClS 为 0.12g/(kg·a)，S 为 0.15g/(kg·a)。其中，NPKS 处理土壤有机质增加速率最高；NPKM 处理土壤有机质增加速率偏低，可能与有机质归还数量和质量有关；NPKClS 处理土壤有机质增加速率低于 NPKS 处理，可能是因为长期施用双氯

肥料会影响土壤 pH、土壤酶及微生物群落结构，进而影响了微生物对有机质的分解（杨林生等，2016）。

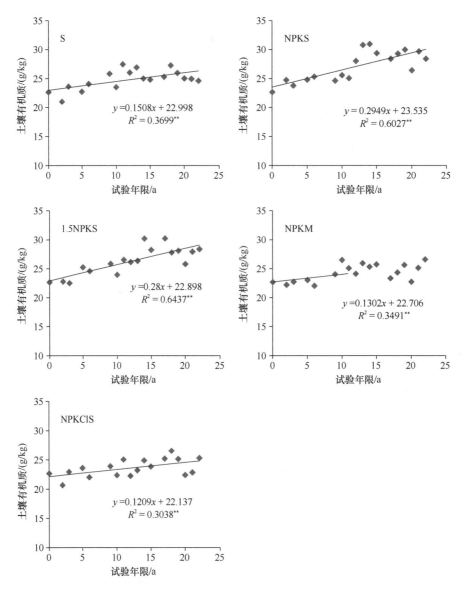

图 26-3　单施有机肥及有机无机配施下紫色土有机质含量随时间的变化（1991～2013 年）

采用一元一次方程模型（$y=ax+b$）进行模拟。式中，y 为土壤有机质含量；x 为试验年限；a 为斜率，反映土壤有机质随施肥年限的变化趋势，或土壤有机质每年的变化；b 反映试验初期土壤有机质含量。**表示在 0.01 水平上显著相关

二、不同施肥下紫色土剖面有机碳含量的变化

由图 26-4 可见，长期不同施肥下，耕层(0～20cm)土壤总有机碳含量(平均 14.8g/kg)明显高于 20～40cm（平均 11.0g/kg）和 40～60cm 土层（平均 11.9g/kg）。长期施肥显著影响各土层总有机碳含量。在 0～20cm 土层，长期施肥处理的土壤总有机碳含量比不施

肥显著提高 10.2%～32.5%，其中化肥配合秸秆还田处理（NPKS 和 1.5NPKS）提高幅度
最大，且显著高于 NPK 和 NPKM 处理。在 20～40cm 土层，单施氮肥土壤总有机碳含
量与不施肥处理没有显著差异，其他处理显著提高 11.6%～25.7%，NPKS 和 1.5NPKS
提高幅度最大，NPK 与 NPKM 处理差异不显著。在 40～60cm 土层，CK、N 和 NPKM
处理土壤总有机碳含量较低，且 3 个处理差异不显著；NPK、NPKS 和 1.5NPKS 土壤总
有机碳含量较高，三者差异不显著。可以看出，氮磷钾化肥配合秸秆还田对提高紫色土
水稻有机碳含量的总体效果最好。

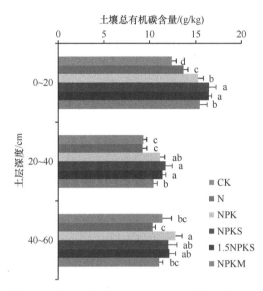

图 26-4　长期不同施肥下紫色 0～60 cm 各层有机碳含量（2013 年）

不同小写字母表示处理间 $P < 0.05$ 水平差异显著

　　与试验初期相比，长期不施肥处理（CK）0～20cm 土层有机碳含量下降至 12.4g/kg。
长期施用化肥处理（N、PK、NK、NP、NPK）土壤有机碳含量为 13.7～15.3g/kg，提高
了 4.2%～16.6%，其中 NP 处理提高幅度最大，其次为 NPK 处理。有机-无机肥配施处
理（NPKS、1.5NPKS、NPKM）可使土壤有机碳含量增加 17.6%～25.3%，其中 NPKM
提高幅度低于 NPKS 和 1.5NPKS，后两者差异不大。对于所有试验处理，0～40cm 土层
有机碳含量均比试验初期下降，下降幅度为 8.3%～32.3%。对比不同施肥处理，不施肥
和单施氮肥处理有机碳含量最低，比试验初期下降 31.5%～32.3%；其次为 NPKM，下
降了 23.6%；NP 处理显著高于其他处理，但也下降了 8.3%；PK、NK、NPK、NPKS
和 1.5NPKS 处理下降了 13.9%～17.1%。

　　土壤有机碳变化取决于有机碳的输入和输出平衡，施用化肥可以供应作物所需养
分，提高作物生产力及作物根茬归还土壤的有机碳数量；而施用有机肥不仅能够通过提
高作物产量增加作物根茬来源的有机碳投入，还可通过秸秆还田或者有机肥料直接投入
增加土壤有机碳的输入量，从而提高总有机碳含量（Zhao et al.，2016b）。本试验结果表
明，化肥配施秸秆还田可显著提高土壤有机碳含量，且提升效果优于单施化肥，这和其
他研究结果一致（Yang et al.，2012）；NPKS 和 1.5NPKS 对于提高土壤有机碳含量效果

相当，考虑到资源高效利用和过量化肥投入带来的环境风险，本试验条件下NPKS为推荐施肥措施。

单施化肥对土壤有机碳的影响比较复杂，有研究发现平衡施用化肥氮磷钾甚至单施氮肥能够促进植物根系生长，增加地下部生物量和有机碳的输入，显著提高土壤有机碳含量（Tonitto et al.，2014）；也有研究表明，单施化肥虽有利于作物来源有机碳投入的增加，但也会加速土壤有机碳的分解矿化，不仅消耗根系增加的有机碳，还会消耗原始有机碳，不利于土壤有机碳累积（Jiang et al.，2014）。中性紫色土上，单施氮肥比不施肥提高了耕层土壤有机碳含量，氮磷钾平衡施用则进一步提高了各土层有机碳含量，这可能与本试验稻-麦轮作条件下作物产量水平较高导致作物来源的有机碳投入较多，以及水稻季淹水降低土壤有机质矿化速率等有关（Majumder et al.，2008）。

第三节 长期不同施肥下紫色土有机碳库组分变化特征

一、不同施肥下紫色土活性有机碳库和碳库管理指数

土壤有机碳存在于一系列非匀质的土壤有机质中，由不同的碳库组成。其中，土壤活性有机碳（labile organic carbon，LOC）是容易被微生物降解利用、周转速度快、对外界环境反应敏感的组分，近年来逐渐成为土壤质量和管理措施的评价指标。土壤活性有机碳的表征指标有很多，如溶解性有机碳、微生物量有机碳、易氧化有机碳、颗粒有机碳、轻组有机碳等。其中，利用高锰酸钾氧化模拟土壤酶对有机质的降解，可以将土壤总有机碳分为活性有机碳和非活性有机碳，并根据总有机碳和活性有机碳变化计算碳库管理指数（carbon management index，CMI）。

在中性紫色土中，表层土壤（0～20cm）活性有机碳含量明显高于20～40cm和40～60cm土层，而20～40cm土层略低于40～60cm土层（图26-5）。长期施肥显著提高了0～20cm土层活性有机碳含量，1.5NPKS提高幅度最大（为50.6%），其次是NPKS（提高37.0%）。在20～40cm土层，单施氮肥与不施肥差异未达到显著水平，其他施肥处理显

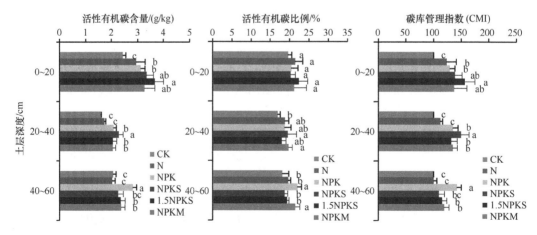

图26-5 长期不同施肥下紫色土活性有机碳含量、比例及碳库管理指数（2013年）

著提高了 29.8%～44.7%，NPKS 提高幅度最大，且显著高于其他施肥处理。在 40～60cm 土层，单施氮肥与不施肥差异不显著；NPK 处理提高幅度最大，显著高于其他施肥处理；有机-无机肥配施处理（NPKS、1.5NPKS、NPKM）提高了 9.3%～14.9%。

土壤活性有机碳占土壤总有机碳的 16.9%～22.3%（图 26-5）。相对于土壤活性有机碳含量，长期施肥对土壤活性有机碳占总有机碳比例的影响较小，0～20cm 土层各处理土壤活性有机碳比例差异不显著。在 20～40cm 土层，活性有机碳比例以 NPKS 最高，其次为 NPKM，二者显著高于不施肥处理，其他施肥处理增加不显著。在 40～60cm 土层，NPK 和 NPKM 处理活性有机碳比例显著高于不施肥和其他施肥处理。

以不施肥处理为参照（100），长期不同施肥提高了土壤碳库管理指数（图 26-5）。在 0～20cm 土层，长期施肥处理土壤碳库管理指数显著提高，以 1.5NPKS 处理最高，其次为 NPKS。在 20～40cm 土层，单施氮肥土壤碳库管理指数与不施肥差异不显著，其他处理均有显著提高，NPKS 处理增幅最大，显著高于其他施肥处理。在 40～60cm 土层，单施氮肥与不施肥土壤碳库管理指数无显著差异；NPK 处理显著高于其他施肥处理；有机-无机肥配施处理（NPKS、1.5NPKS、NPKM）高于不施肥处理，NPKS 增加不显著。

通过将活性有机碳进一步分为高、中、低活性组分发现，长期不同施肥条件下，紫色土高、中、低活性有机碳含量及比例在不同土层有所不同（表 26-2）。在 0～20cm 土

表 26-2　长期不同施肥下紫色土各土层不同活性组分含量及比例（2013 年）

土层	处理	高活性有机碳（HLOC）		中活性有机碳（MLOC）		低活性有机碳（LLOC）	
		g/kg	%	g/kg	%	g/kg	%
0～20cm	CK	0.61±0.03 d	25.0±2.3 a	0.79±0.10 c	32.6±4.6 a	1.04±0.18 b	42.4±5.4 a
	N	0.69±0.02 c	23.7±2.9 a	1.03±0.10 b	35.4±4.6 a	1.22±0.33 ab	40.9±7.3 a
	NPK	0.71±0.04 c	22.8±2.4 a	1.14±0.09 ab	36.8±4.0 a	1.26±0.23 ab	40.4±5.5 a
	NPKS	0.80±0.02 b	24.3±2.1 a	1.27±0.11 a	38.2±3.9 a	1.26±0.28 ab	37.5±5.8 a
	1.5NPKS	0.86±0.04 a	23.4±1.4 a	1.29±0.11 a	35.4±4.2 a	1.52±0.30 a	41.2±5.1 a
	NPKM	0.71±0.06 c	22.6±2.1 a	1.16±0.04 ab	35.3±3.7 a	1.38±0.36 ab	42.0±5.3 a
	平均值	0.73±0.09	23.6±0.9	1.11±0.18	35.6±1.9	1.28±0.16	40.7±1.8
20～40cm	CK	0.48±0.02 d	30.3±1.6 abc	0.80±0.06 bc	50.7±4.4 a	0.30±0.08 c	19.1±4.5 c
	N	0.56±0.04 c	32.4±2.0 ab	0.77±0.12 c	44.7±5.5 ab	0.40±0.07 bc	22.9±4.6 bc
	NPK	0.62±0.01 b	29.7±1.9 bc	0.99±0.08 a	47.6±2.9 ab	0.47±0.08 b	22.7±3.1 bc
	NPKS	0.78±0.05 a	34.4±4.2 a	0.94±0.14 ab	40.9±4.6 b	0.57±0.12 ab	24.7±4.1 abc
	1.5NPKS	0.61±0.03 b	30.0±2.8 bc	0.86±0.06 abc	41.9±4.8 b	0.58±0.18 ab	28.0±7.5 ab
	NPKM	0.54±0.04 c	26.3±2.6 c	0.88±0.07 abc	42.9±4.3 b	0.64±0.13 a	30.9±4.5 a
	平均值	0.60±0.10	30.5±2.7	0.87±0.08	44.8±3.7	0.49±0.13	24.7±4.2
40～60cm	CK	0.57±0.02 c	27.7±1.5 ab	0.69±0.04 c	33.5±1.2 b	0.80±0.07 bc	38.7±1.4 ab
	N	0.57±0.02 c	28.0±1.9 ab	0.88±0.12 ab	43.2±6.7 a	0.59±0.19 c	28.8±8.3 c
	NPK	0.66±0.02 ab	23.4±0.6 c	0.95±0.08 a	33.7±2.9 b	1.21±0.13 a	43.0±3.4 a
	NPKS	0.68±0.05 a	30.2±2.1 a	0.82±0.03 abc	36.6±3.2 b	0.75±0.17 bc	33.2±5.2 bc
	1.5NPKS	0.68±0.04 a	28.7±1.3 a	0.74±0.08 bc	31.4±2.4 b	0.94±0.12 b	39.8±3.4 ab
	NPKM	0.61±0.03 bc	25.6±1.7 bc	0.79±0.11 bc	33.6±6.5 b	0.98±0.25 ab	40.8±8.1 ab
	平均值	0.63±0.05	27.3±2.4	0.81±0.09	35.3±4.2	0.88±0.21	37.4±5.3

注：高活性有机碳（HLOC）是指被 33 mmol/L $KMnO_4$ 氧化的组分；中活性有机碳（MLOC）是指被 167 mmol/L $KMnO_4$ 氧化而未被 33 mmol/L $KMnO_4$ 氧化的组分；低活性有机碳（LLOC）是指被 333 mmol/L $KMnO_4$ 氧化而未被 167 mmol/L $KMnO_4$ 氧化的组分。$n=6$。

层，各活性组分表现为低活性组分＞中活性组分＞高活性组分。20～40cm 土层各活性组分含量均比 0～20cm 土层下降，其中低活性组分下降幅度最大，所占比例也明显降低，高活性和中活性组分所占比例增加，表现为中活性组分＞高活性组分＞低活性组分。在 40～60cm 土层，各活性组分表现为低活性组分＞中活性组分＞高活性组分，趋势与 0～20cm 土层一致；各组分含量均比 0～20cm 土层下降，但高活性组分比例有所增加，低活性组分比例有所降低。

长期施肥显著影响不同活性组分含量，但对活性组分所占比例影响较小。在 0～20cm 土层，各施肥处理土壤高、中、低活性组分含量分别比对照提高了 13.5%～41.1%、30.4%～62.8%和 17.2%～46.7%，以中活性组分提升幅度最大；从不同处理的作用效果看，1.5NPKS 处理提高幅度最大，其次为 NPKS 和 NPKM。在 20～40cm 土层，单施氮肥显著增加了高活性组分，对中活性和低活性组分的影响不显著；其他施肥处理各活性组分含量均显著增加，低活性组分提高幅度较大，其次为高活性组分；NPKS 增加高活性组分含量最显著，NPK 增加中活性组分最显著，NPKM 增加低活性组分最显著。在 40～60cm 土层，与不施肥相比，NPKS 和 1.5NPKS 处理增加高活性组分幅度最大，NPK 增加中活性和低活性组分幅度最大。

土壤活性有机碳含量及其不同组分的分配与气候条件、土壤类型、种植方式、土层深度等有关。徐明岗等（2006）发现红壤以高活性有机碳为主，而垆土、灰漠土和潮土以高活性和中活性有机碳两部分为主。本研究在稻-麦轮作条件下的结果与旱地土壤结果不同，中性紫色土相应土层低活性组分所占比例最高，可能与轮作方式和土壤条件有关。中性紫色土在水旱轮作下土壤性质趋同于水稻土，土壤淹水厌氧导致富含酚类基团的木质素降解缓慢，后者可以结合活性的游离腐殖酸，促进其累积，并贡献于低活性有机碳组分（Olk et al.，1996）。此外，有机质分子能够与铁铝氧化物结合，或者通过铁铝离子与土壤黏粒键合而改变活性，中性紫色土黏粒含量较高，且水旱轮作因干湿交替导致铁铝氧化还原过程频繁，这可能会增加土壤矿物结合的有机质数量，导致低活性有机碳增加（Huang et al.，2016）。

从不同土层深度来看，水旱轮作下 0～20cm 土层土壤活性有机碳及其各组分含量明显高于 20～40cm 和 40～60cm 土层，是因为作物和肥料来源的有机碳主要投入到表层土壤，它们直接或经过微生物降解后，促进了表层土壤活性有机碳的累积（Zhao et al.，2015）。尽管下层土壤各活性有机碳含量均降低，但 20～40cm 土层低活性组分下降幅度较大，导致该层土壤各活性组分的分配比例明显不同于其他土层，其原因可能在于水旱轮作条件下，季节性干湿交替影响了 20～40cm 土层土壤微生物的活动及其对不同活性碳组分的消耗或累积（Xiang et al.，2008）；此外，溶解性有机质随土壤水分移动也可能是引起该土层活性有机碳分配发生变化的原因。

二、长期不同施肥下紫色土可溶性有机碳的变化

土壤溶解性有机质（DOM）是土壤中能够通过 0.45μm 滤膜，并且能溶解于水中的一系列分子大小和结构不同的有机体混合物，植物和微生物残体、根系分泌物及土壤有

机质中的腐殖质等均是土壤 DOM 的主要来源。DOM 是活跃程度较高的组成成分，其不仅与土壤中碳、氮、硫、磷等营养元素的生物有效性密切相关，同时还影响着土壤微生物的生长代谢等。土壤溶解性有机碳（DOC）可以表征 DOM 的多少。

图 26-6 显示了长期不同施肥对各土层溶解性有机碳（DOC）含量的影响。总体上，土壤溶解性有机碳含量为 180.5～253.5mg/kg，占总有机碳的 1.3%～2.4%，0～20cm、20～40cm 和 40～60cm 土层平均含量分别为 218.9mg/kg、205.0mg/kg 和 196.3mg/kg。相对于 20～40cm 和 40～60cm 土层，长期不同施肥下表层土壤（0～20cm）溶解性有机碳的变异较大。在 0～20cm 土层中，长期施肥处理 DOC 含量均比 CK 处理提高，其中 NPKS 和 1.5NPKS 提高幅度最大，显著高于 CK 处理。20～40cm 土层，各施肥处理 DOC 含量也均高于 CK，其中 N 和 1.5NPKS 提高幅度最大，显著高于 CK 处理。在 40～60cm 土层中，长期施肥处理土壤溶解性有机碳含量低于 CK，但所有处理间均无显著差异。

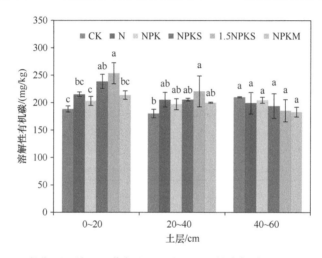

图 26-6　长期不同施肥下紫色土不同土层溶解性有机碳含量（2013 年）

中性紫色土长期施用化肥配施秸秆或有机肥后，土壤溶解性有机碳含量明显增加，原因可能是加入的有机物质在腐熟的过程中会释放大量的水溶性有机物质，同时有机肥也含有大量的可溶性有机物和具有易于分解的组分，进而增加土壤溶解性有机碳含量。化肥配施秸秆或配施有机肥能够提高微生物的活性，加快土壤有机化合物的分解和转化。此外，化肥配施秸秆或配施有机肥能够改善土壤理化性质，增加微生物活性、作物凋落量和根系分泌物。相比 20～40cm 和 40～60cm 土层，0～20cm 土层土壤溶解性有机碳对长期不同施肥更为敏感，原因是有机物料的腐熟过程主要发生在耕层，同时长期有机物料的投入增加了耕层土壤的微生物活性。此外，耕层土壤中残留有大量的作物残茬，这在一定程度上会使耕层土壤的溶解性有机碳对施肥的响应更为明显。中性紫色土中，除 CK 和 NPK 处理外，NPKS、1.5NPKS 和 NPKM 处理的土壤溶解性有机碳含量随着土层的加深而下降，原因可能是紫色土地区土壤矿质养料含量丰富，同时化肥配施秸秆或有机肥的作物根系相比单施化肥和不施肥处理更为发达，导致下层土壤的溶解性有机质被消耗。

三、长期不同施肥下紫色土颗粒和矿物结合态有机碳变化

土壤颗粒态有机质是根据物理粒径大小的不同所获得的组分，一般认为属于未受保护的有机碳组分，不仅包含游离的颗粒有机碳，还包含被团聚体包裹的颗粒有机碳。土壤颗粒有机碳含量为 3.9～6.4g/kg，占总有机碳含量的 29.1%～38.9%（表 26-3）。与不施肥处理相比，仅施氮肥处理土壤颗粒有机碳含量没有显著变化，其他施肥处理显著提高，以 NPKS 和 1.5NPKS 处理提高幅度最大。不同施肥下土壤颗粒氮含量的变化与碳基本一致。长期施肥导致土壤颗粒有机质的碳氮比下降，1.5NPKS 下降幅度最大，其次为 NPKS。

表 26-3　长期不同施肥下紫色土颗粒和矿物结合态有机碳氮含量及碳氮比（2013 年）

处理	颗粒态碳 (POM-C) /(g/kg)	颗粒态氮 (POM-N) /(g/kg)	颗粒态碳氮比 (POM-C/N)	矿物结合态碳 (MOM-C) /(g/kg)	矿物结合态氮 (MOM-N) /(g/kg)	矿物结合态碳氮比 (MOM-C/N)
CK	3.9 ± 0.1 c	0.28 ± 0.02 c	14.0 ± 1.0 a	8.5 ± 0.4 b	0.86 ± 0.03 c	9.9 ± 0.7 a
N	4.5 ± 0.2 c	0.33 ± 0.01 c	13.6 ± 1.0 a	9.2 ± 0.3 a	1.01 ± 0.07 ab	9.1 ± 0.6 ab
NPK	5.4 ± 0.5 b	0.39 ± 0.04 b	13.8 ± 0.6 ab	9.9 ± 0.4 a	1.03 ± 0.04 b	9.6 ± 0.4 ab
NPKS	6.4 ± 0.5 a	0.50 ± 0.03 a	12.8 ± 0.4 ab	10.1 ± 0.4 a	1.15 ± 0.05 a	8.8 ± 0.1 b
1.5NPKS	6.3 ± 0.4 a	0.53 ± 0.04 a	11.9 ± 0.4 b	10.2 ± 0.7 a	1.13 ± 0.07 a	9.0 ± 0.5 b
NPKM	5.5 ± 0.2 b	0.40 ± 0.02 b	13.5 ± 0.2 a	10.0 ± 0.8 a	1.10 ± 0.10 ab	9.1 ± 0.9 ab
平均值	5.3 ± 1.0	0.41 ± 0.09	13.3 ± 0.8	9.6 ± 0.6	1.05 ± 0.11	9.3 ± 0.4

土壤有机质去除颗粒有机质即为矿物结合有机质（MOM）。长期施肥显著提高了土壤矿物结合有机质的碳和氮含量，有机-无机肥配施处理的提高幅度大于化肥处理。各施肥处理土壤矿物结合有机质碳氮比下降，NPKS 和 1.5NPKS 处理显著低于不施肥处理，其他处理间差异不显著。根据长期施肥下土壤颗粒和矿物结合态有机碳、氮变化对总有机碳、全氮变化的贡献，与不施肥相比，长期施肥下土壤颗粒有机碳和矿物结合态有机碳的增加分别占总有机碳变化的 40.5%～50.7% 和 49.3%～59.%，平均 46.2% 和 53.8%；颗粒氮和矿物结合氮变化分别占土壤总氮变化的 52.3%～74.6% 和 25.4%～47.7%，平均为 62.1% 和 37.9%。

土壤颗粒有机碳和矿物结合态有机碳一定程度上代表了土壤有机碳的活性和非活性组分，一般认为非活性有机碳不敏感。但很多研究表明，长期优化管理同时提高了土壤总有机碳、活性有机碳和非活性有机碳含量（Pandey et al., 2014）。同样，在中性紫色土中，长期施肥不仅影响了颗粒有机碳，也影响了矿物结合态有机碳。这是因为土壤活性有机碳的主要来源是作物根系和残茬、根际分泌物、土壤微生物残体和腐殖化的有机质，合理施肥能提高作物根茬归还数量，施用有机肥还能增加有机质的来源，从而促进了活性有机碳的累积；短期施肥对土壤有机碳的影响首先表现在活性碳库上，对周转速度较慢的非活性碳库的影响较为缓慢。但长期施肥能维持有机碳持续大量输入，促使各个碳库之间的相互周转，因此非活性碳库也逐渐发生变化，直至碳库间达到动态平衡

并维持一定比例（Zhao et al.，2021）。

四、长期不同施肥下紫色土轻组和化学结合态有机碳变化

根据物理密度大小不同可以将土壤有机质分为轻组（LF）和重组（HF），一般认为轻组属于活性有机碳组分，而重组则为有机矿物结合态有机碳组分。土壤轻组和重组中有机碳分别占总有机碳的18.1%和81.9%，轻组和重组中氮含量分别是总氮含量的9.0%和91.0%（表26-4）。与CK相比，长期施肥提高了土壤轻组和重组有机碳和氮含量，以NPKS和1.5NPKS提高幅度最大。土壤轻组碳氮比远高于重组，长期施肥降低了土壤轻组碳氮比例，但对重组碳氮比没有显著影响。根据长期施肥下土壤轻组和重组有机碳、氮含量变化对总有机碳、全氮变化的贡献，与不施肥相比，长期施肥下轻组有机碳和氮含量变化分别仅占总有机碳、氮变化的8.5%和12.4%，而重组平均占土壤总有机碳和氮含量变化的91.5%和87.6%。可见，长期不同施肥条件下，土壤总有机碳和氮含量的变化主要是重组的贡献。

表26-4 长期不同施肥下紫色土密度组分中有机碳和氮含量（2013年）

处理	轻组碳含量（LF-C）/（g/kg）	轻组氮含量（LF-N）/（g/kg）	轻组碳氮比（LF-C/N）	重组碳含量（HF-C）/（g/kg）	重组氮含量（HF-N）/（g/kg）	重组碳氮比（HF-C/N）
CK	2.4±0.2 b	0.09±0.03 b	28.7±9.2 a	10.0±0.3 d	1.05±0.02 d	9.5±0.1 a
N	2.4±0.3 b	0.11±0.03 ab	22.4±4.7 ab	11.3±0.7 c	1.23±0.08 c	9.2±0.4 a
NPK	2.8±0.3 ab	0.12±0.05 ab	24.9±8.7 ab	12.5±0.3 b	1.30±0.02 bc	9.6±0.2 a
NPKS	2.9±0.4 a	0.16±0.04 a	18.4±3.5 b	13.5±0.7 a	1.48±0.08 a	9.2±0.1 a
1.5NPKS	2.9±0.1 a	0.17±0.03 a	17.4±2.6 b	13.5±0.3 a	1.49±0.03 a	9.1±0.3 a
NPKM	2.7±0.2 ab	0.13±0.02 ab	21.0±3.5 ab	12.7±0.7 ab	1.37±0.07 b	9.3±0.7 a
Mean	2.7±0.2	0.13±0.03	22.1±4.2	12.3±1.4	1.32±0.17	9.3±0.2

进一步将重组有机碳分为钙键结合态有机碳（Ca-OC）、铁铝键结合态有机碳（Fe/Al-OC）和胡敏素态有机碳（Humin-OC）。土壤钙键结合态有机碳占总有机碳的比例很小，平均仅2.0%，铁铝键结合态有机碳和胡敏素态有机碳的比例分别为27.8%和52.2%。除了单施氮肥处理Ca-OC含量低于不施肥外，其他处理均有所提高，有机-无机肥配施处理差异达到显著水平。长期施肥使Fe/Al-OC含量提高28.6%～84.9%，使Humin-OC含量提高10.5%～26.3%，均以NPKS和1.5NPKS提高幅度最大，其次为NPKM和NPK处理。相对于不施肥处理，长期不同施肥下Fe/Al-OC和Humin-OC的变化分别解释了总有机碳变化的36.9%～56.0%和43.3%～50.1%，处理间平均为43.1%和48.0%（图26-7）。

中性紫色土中铁铝键结合态有机碳占土壤总有机碳的比例较高，而钙键结合态有机碳数量很少；长期施肥导致铁铝键结合态有机碳的变化解释了总有机碳变化的43%。由于铁铝键复合体中腐殖质的热稳定性和金属离子螯合力高于钙键复合体，因此其在土壤有机碳固定中具有重要作用。Huang等（2016）也在稻-麦轮作系统中发现，弱晶质铁氧化物与土壤团聚体有机碳含量呈显著正相关，说明铁铝氧化物及其水合物可能是水稻土

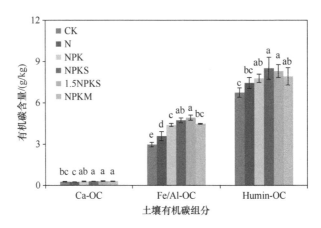

图 26-7　长期不同施肥下紫色土不同化学结合态有机碳含量（2013 年）

有机碳稳定的重要机制。铁铝氧化物在土壤有机碳稳定中的作用可能主要为促进土壤团聚：一是有机物可以吸附在铁铝氧化物表面，二是带正电荷的氧化物可以通过静电吸附与带负电荷的黏粒结合，三是包裹在黏土矿物表面的氧化物可以桥接初级和次级颗粒（Kleber et al.，2015）。但是 Song 等（2012）认为，铁铝氧化物的化学键合作用在土壤有机碳周转中可能只是起到中间作用，铁铝结合态有机碳可能进一步转变为更加稳定的胡敏素态有机碳。长期施肥提高了土壤有机碳的输入，输入的非保护有机碳经微生物降解或团聚体周转后，可能与铁铝氧化物和土壤黏粒结合，受到土壤矿物的化学保护作用，进一步形成结构稳定的胡敏素则是有机碳的生物化学保护。在水旱轮作条件下，土壤的季节性干湿交替以及作物根际氧化还原状态的剧烈变化会影响铁铝氧化物形态和位置，这可能会影响土壤团聚体的周转及土壤有机-无机复合作用，进而影响中性紫色土有机碳的稳定和变化（陈轩敬等，2015）。

第四节　长期施肥下土壤有机碳投入与固碳效率

土壤有机碳的投入途径包括作物来源和有机肥来源（秸秆和粪尿肥），不施肥和各化肥处理土壤中的有机物料全部来源于作物残茬的生物量投入。NPKS 处理土壤中的有机物料源于作物残茬的生物量投入和秸秆还田量。粪肥与化肥配施处理土壤中的有机物料源于作物残茬的生物量投入和粪肥碳投入。各处理土壤中有机物料数量存在差异：长期施肥明显提高了土壤有机碳投入量（图 26-8）。每年通过水稻和小麦投入的有机碳量（作物源碳投入）分别为 $0.24 \sim 0.59 t/(hm^2 \cdot a)$ 和 $0.66 \sim 1.39 t/(hm^2 \cdot a)$，累计投入有机碳 $14.6 \sim 30.6 t/hm^2$ 和 $5.4 \sim 13.0 t/hm^2$。不施肥和施用化肥处理的土壤碳投入仅来自于作物残茬、根系和根际淀积物，不施肥处理最低，施用化肥比不施肥分别提高水稻和小麦来源碳投入的 $28.8\% \sim 96.9\%$ 和 $22.1\% \sim 121.9\%$，NPK 提高幅度最大。化肥配合秸秆还田处理作物源碳投入比不施肥提高了 $112.3\% \sim 113.3\%$，且通过秸秆还田投入的有机碳为 $2.7 t/hm^2$，因此大幅度提高了土壤碳投入。NPKM 处理通过厩肥投入的有机碳仅 $0.32 t/hm^2$，低于通过秸秆还田投入的有机碳。

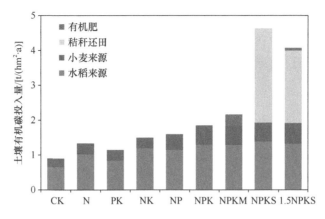

图 26-8　长期不同施肥下耕层（0～20cm）土壤有机碳投入量

长期施肥显著影响紫色水稻土有机碳储量（表 26-5）。长期不施肥处理土壤有机碳储量最低，为 37.1t/hm²，比试验初期（36.2t/hm²）增加了 0.98t/hm²，年均变化速率 0.045t/(hm²·a)。施用化肥处理（N、PK、NK、NP、NPK）有机碳储量为 38.1～43.2t/hm²，比不施肥显著提高 2.5%～16.4%，固碳量为 1.9～7.1t/hm²，固碳速率为 0.087～0.322t/(hm²·a)，其中 NP 和 NPK 显著高于其他化肥处理。1.5NPKS 处理有机碳储量最高，NPKS 处理容重显著下降，固碳量低于 1.5NPKS，二者分别比不施肥提高 19.8%和 12.6%，固碳速率为 0.378t/(hm²·a)和 0.258t/(hm²·a)。NPKM 处理有机碳储量和固碳速率分别为 41.5t/hm² 和 0.244t/(hm²·a)，显著高于不施肥处理 11.9%，但显著低于 1.5NPKS 处理，与 NP 和 NPK 处理没有显著差异。

表 26-5　长期不同施肥下紫色土耕层（0～20cm）土壤有机碳储量、固碳量和固碳速率（2013 年）

处理	容重（BD）/ (g/cm³)	有机碳含量（$SOC_{content}$）/ (g/kg)	有机碳储量（SOC_{stock}）/ (t/hm²)	固碳量（ΔSOC_{stock}）/ (t/hm²)	固碳速率（SOC_{SR}）/ [t/(hm²·a)]
CK	1.49±0.02 a	12.4±0.5 d	37.1±1.4 d	1.0±1.4 d	0.045±0.064 d
N	1.39±0.01 b	13.7±0.5 c	38.1±1.3 d	2.0±1.3 d	0.090±0.060 d
PK	1.39±0.02 b	13.7±0.4 c	38.1±1.1 d	1.9±1.1 d	0.087±0.052 cd
NK	1.37±0.04 b	14.3±0.8 c	39.2±2.2 cd	3.0±2.2 cd	0.138±0.102 cd
NP	1.41±0.02 b	15.3±0.8 b	43.2±2.3 ab	7.1±2.3 ab	0.322±0.105 ab
NPK	1.40±0.05 b	15.3±0.6 b	42.8±1.6 ab	6.6±1.6 ab	0.302±0.075 ab
NPKS	1.27±0.03 c	16.5±0.8 a	41.8±2.0 abc	5.7±2.0 abc	0.258±0.090 abc
1.5NPKS	1.35±0.06 b	16.4±0.3 a	44.5±0.9 a	8.3±0.9 a	0.378±0.039 a
NPKM	1.35±0.09 b	15.4±0.8 b	41.5±2.2 bc	5.4±2.2 bc	0.244±0.100 bc

长期不同施肥显著影响土壤碳投入的利用效率，即固碳效率（图 26-9）。中性紫色土不施肥或非平衡施肥（CK、N、PK、NK）条件下，土壤养分供应不均衡限制了作物生长，导致碳投入数量较少，投入量可能与矿化量相当，固碳效率较低，不施肥（CK）

和化肥偏施处理（N、PK、NK）固碳效率较低，为 4.9%～9.2%。平衡施肥（NP 和 NPK）提高了作物生物量和有机碳投入，使土壤有机碳有较大幅度的增加，固碳效率分别为 20.1%和 16.4%，高于非平衡施肥处理。

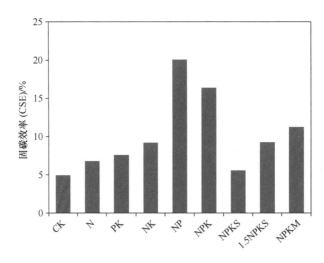

图 26-9　长期不同施肥下紫色土耕层土壤（0～20cm）固碳效率（2013 年）

　　在有机-无机肥配施条件下，土壤固碳效率为 5.6%～11.2%，低于 NP 和 NPK。这可能是因为充足的碳源和养分投入提供了微生物繁殖和活动的良好生境，导致了很强的正激发效应。有机物料的质量和组成也是影响其降解的重要因素。有研究发现（Kong and Six，2010），根系来源的有机碳容易与土壤矿物结合而受到保护，容易在土壤中残留。利用同位素技术分析根系和植物地上部的生物标记物发现，相对于植物地上部，根系来源的有机质分子在土壤残留有机质中占主要地位（Mendez-Millan et al，，2010）。Poeplau 等（2015）在 6 个长期试验的研究中发现，5 个试验中作物秸秆比根系碳的腐殖化系数低，2 个试验中根系碳具有更高的稳定性。本研究中施用化肥处理的碳投入主要来自于根系和根际淀积，而 NPKS 和 1.5NPKS 处理中来自秸秆碳的比例很高，可能是其固碳效率偏低的部分原因。

　　与其他区域相比，中性紫色土的土壤固碳效率低于其他一些研究结果（Majumder et al.，2008；Zhang et al.，2010），包括黄淮海平原小麦-大豆轮作系统（16%）、印度稻麦轮作系统（14%）及温带地区单作系统（15.8%～31.0%），但相对高于热带区域双季作物（6.8%～7.7%）和地中海气候条件下（7.6%）的研究结果（Zhang et al.，2010；Kong et al.，2005）。除了有机物料投入数量和质量的影响，土壤固碳效率的差异还与气候条件、土壤性质、管理措施等有关。本试验位于亚热带，土壤固碳效率低于我国温带地区但高于热带地区。Zhang 等（2010）发现低降水量/温度和土壤高黏粒含量条件下，土壤有机质降解速率偏低，因此土壤固碳效率较高。土壤有机碳水平低的土壤与饱和水平差距较大，因此表现出更高的固碳潜力和效率。本研究中，水旱轮作条件下的季节性干湿交替也可能对紫色土固碳效率产生了影响。

第五节　以长期试验为基础的土壤有机质提升技术及其应用

一、土壤有机质变化的产量效应

通过对水稻和小麦产量与土壤有机碳含量的统计分析,确定了有机碳与作物产量的关系符合线性增长模型(图26-10)。土壤有机碳含量与水稻和小麦产量存在显著相关关系($P<0.05$)。由此计算得出紫色土有机碳提升1g/kg,小麦和玉米产量最多能够分别增加637kg/hm^2、313kg/hm^2。土壤有机质对作物产量的促进作用可能与其对土壤团聚体结构的影响有关,进而调控土壤肥、水、气、热等肥力要素。大样本的田间试验结果也表明,提高土壤有机质能够提高土壤基础地力产量,在减少化肥的投入下,提高作物实际产量(Zhao et al.,2016a)。

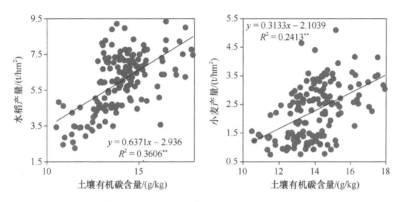

图26-10　紫色土上水稻和小麦产量与土壤有机碳的响应关系
**表示达到极显著相关($P<0.01$)

二、紫色土有机质含量的平衡与调控

土壤有机物料的投入并不是越多越好。土壤有机质数量在一定生物气候条件下会达到一个平衡,但改变有机碳投入量,则土壤有机碳平衡将被打破,逐渐趋向于新的平衡(Zhao et al.,2016b)。West 和 Six(2007)提出土壤碳饱和模型,即土壤有机碳存在一个饱和水平,达到饱和水平后,即使有机碳输入进一步增加,土壤有机碳也不会继续提高。土壤碳饱和水平取决于土壤、环境及管理条件,并且与土壤有机碳初始水平共同决定了土壤有机碳的变化趋势。如果土壤有机碳达到或接近碳饱和水平,随着外源碳投入量进一步提高,土壤有机碳含量增加幅度很小或者保持不变;而如果土壤有机碳含量与饱和水平差距较大,则土壤有机碳会随着有机碳投入量的增加而持续增加。

本研究中,不施肥处理下,土壤有机碳输入与输出处于动态平衡状态,可以维持试验初期土壤有机碳水平;施肥(如 NPK 和 NPKS)导致土壤有机碳投入增加,打破原平衡状态,土壤有机碳含量随着试验年限增加,并逐渐达到新的有机碳平衡。如图26-11所示,紫色土壤有机碳含量与碳输入之间存在显著的渐进性曲线关系,表明土壤有机碳含量的提升并不是随碳投入量的增加呈线性增加,随着碳投入提高,土壤固碳的边际效率逐渐下降。根据土壤有机碳含量与有机碳投入量拟合的方程，紫色土有机碳年均投入量为1.05t/hm²可维持最初的土壤有机碳水平；提高土壤外源碳投入，可以促使土壤有机碳增加，在新的有机碳水平上达到平衡状况。但是，从土壤有机碳含量和投入的关系来看，每年碳投入超过4t/(hm²·a)后，土壤有机碳进一步提升的幅度和潜力较小，土壤固碳效率较低，在经济上也不可行。

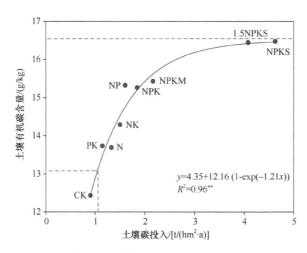

图 26-11　紫色土有机碳含量与有机碳投入的响应关系

三、有机无机配施或秸秆还田配施化肥提升土壤有机质

长期有机-无机肥配施或化肥配施秸秆还田能显著提高土壤有机质含量。中性紫色土连续 25 年施肥管理下，由 1991 年的低肥力土壤（有机质含量 22.7g/kg）到 2015 年均变为高肥力土壤（施用有机粪肥的土壤有机质含量平均达到 26.6g/kg）。有机肥料增加土壤有机质的效果优于化学肥料，施用有机粪肥或有机粪肥与化肥配施是增加土壤有机质有效且重要的措施。长期有机-无机配施或化肥配施秸秆还田均能不同程度提高 0～60cm 土体及 0～20cm 土层土壤有机碳储量，是紫色土培肥和合理化利用的较优管理措施。长期试验结果表明，与化肥配合秸秆还田（NPKS）相比，增加化肥用量并没有表现出更高的固碳潜力和作物增产效果，考虑到过量施用化肥引起的环境效应，增量施用化肥（1.5NPKS）并不值得推荐。

改善土壤有机质品质也是土壤有机质调控的目标之一。在土壤有机质数量维持在较高水平的基础上，通过长期有机-无机肥配施或化肥配施秸秆还田，每年向土壤中加入新的有机物料，不仅可显著提高稳定性有机碳组分，而且能够保证始终有一定数量活性有机碳的形成，土壤易氧化有机碳、溶解性有机碳、颗粒有机碳等土壤活性有机碳组分数量也相应增加，土壤碳库管理指数也提高了。这些组分在周转过程中，能够激活土壤生物活性，提高土壤微生物多样性，改善土壤性质，并释放养分供作物吸收利用，有利于土壤质量提升和作物高产。

（石孝均　赵亚南　张跃强）

参 考 文 献

柴冠群, 赵亚南, 黄兴成, 等. 2017. 不同炭基改良剂提升紫色土蓄水保墒能力.水土保持学报, 31(1): 296-302, 309.

陈轩敬, 梁涛, 赵亚南, 等. 2015. 长期施肥对紫色水稻土团聚体中有机碳和微生物的影响.中国农业科学, 48(23): 4669-4677.

何毓蓉. 2003. 中国紫色土(下篇). 北京: 科学出版社.

徐明岗, 于荣, 孙小凤, 等. 2006. 长期施肥对我国典型土壤活性有机质及碳库管理指数的影响.植物营养与肥料学报, 12(4): 459-465.

徐文静, 张宇亭, 魏勇, 等. 2022. 长期施肥对稻麦轮作紫色土有机碳组分及酶活性的影响.水土保持学报, 36(2): 292-299.

杨林生, 张宇亭, 黄兴成, 等. 2016. 长期施用含氯化肥对稻-麦轮作体系土壤生物肥力的影响.中国农业科学, 49(4): 686-694.

Cambardella C A, Elliott E T. 1992. Particulate soil organic-matter changes across a grassland cultivation sequence. Soil Science Society of America Journal, 56: 777-783.

Huang X, Jiang H, Li Y, et al. 2016. The role of poorly crystalline iron oxides in the stability of soil aggregate-associated organic carbon in a rice–wheat cropping system. Geoderma, 279: 1-10.

Jiang G, Xu M, He X, et al. 2014. Soil organic carbon sequestration in upland soils of northern China under variable fertilizer management and climate change scenarios. Global Biogeochemical Cycles, 28(3): 319-333.

Kleber M, Eusterhues K, Keiluweit M, et al. 2015. Mineral–organic associations: formation, properties, and relevance in soil environments . Advances in Agronomy, 130: 1-140.

Kong A Y Y, Six J, Bryant D C, et al. 2005. The relationship between carbon input, aggregation, and soil organic carbon stabilization in sustainable cropping systems . Soil Science Society of America Journal, 69(4): 1078-1085.

Kong A Y Y, Six J. 2010. Tracing root vs. residue carbon into soils from conventional and alternative cropping systems . Soil Science Society America Journal, 74: 1201-1210.

Li Y C, Liu C X, Yuan X Z. 2009. Spatiotemporal features of soil and water loss in Three Gorges Reservoir Area of Chongqing. Journal of Geographical Sciences, 19(1): 81-94.

Majumder B, Mandal B, Bandyopadhyay P K, et al. 2008. Organic amendments influence soil organic carbon pools and rice–wheat productivity . Soil Science Society of America Journal, 72(3): 775-785.

Mendez-Millan M, Dignac M F, Rumpel C, et al. 2010. Molecular dynamics of shoot vs. root biomarkers in an agricultural soil estimated by natural abundance ^{13}C labelling . Soil Biology and Biochemistry, 42: 169-177.

Olk D C, Cassman K G, Randall E W, et al. 1996. Changes in chemical properties of organic matter with intensified rice cropping in tropical lowland soil. European Journal of Soil Science, 47(3): 293-303.

Pandey D, Agrawal M, Bohra J S, et al. 2014. Recalcitrant and labile carbon pools in a sub-humid tropical soil under different tillage combinations: A case study of rice–wheat system. Soil & Tillage Research, 143: 116-122.

Poeplau C, Kätterer T, Bolinder M A, et al. 2015. Low stabilization of aboveground crop residue carbon in sandy soils of Swedish long-term experiments . Geoderma, 237: 246-255.

Song X, Li L, Zheng J, et al. 2012. Sequestration of maize crop straw C in different soils: role of oxyhydrates in chemical binding and stabilization as recalcitrance. Chemosphere, 87: 649-654.

Tonitto C, Goodale C L, Weiss M S, et al. 2014. The effect of nitrogen addition on soil organic matter dynamics: a model analysis of the Harvard Forest Chronic Nitrogen Amendment Study and soil carbon response to anthropogenic N deposition. Biogeochemistry, 117(2-3): 431-454.

West T O, Six J. 2007. Considering the influence of sequestration duration and carbon saturation on estimates of soil carbon capacity . Climatic Change, 80(1-2): 25-41.

Xiang S R, Doyle A, Holden P A, et al. 2008. Drying and rewetting effects on C and N mineralization and microbial activity in surface and subsurface California grassland soils. Soil Biology & Biochemistry, 40(9): 2281-2289.

Yang X, Ren W, Sun B, et al. 2012. Effects of contrasting soil management regimes on total and labile soil organic carbon fractions in a loess soil in China. Geoderma, 177: 49-56.

Zhang W J, Wang X J, Xu M G, et al. 2010. Soil organic carbon dynamics under long-term fertilizations in arable land of northern China. Biogeosciences, 7: 409-425.

Zhao Y N, Zhang Y Q, Du H X, et al. 2015. Carbon sequestration and soil microbes in purple paddy soil as affected by long-term fertilization. Toxicological and Environmental Chemistry, 97(3-4): 464-476.

Zhao Y N, He X H, Huang X C, et al. 2016a. Increasing soil organic matter enhances inherent soil productivity while offsetting fertilization effect under a rice cropping system. Sustainability, 8(9): 879.

Zhao Y, Zhang Y, Liu X, et al. 2016b. Carbon sequestration dynamic, trend and efficiency as affected by 22-year fertilization under a rice–wheat cropping system. Journal of Plant Nutrition and Soil Science, 179(5): 652-660.

Zhao Y, Zhang Y, Zhang Y, et al. 2021. Effects of 22-year fertilisation on the soil organic C, N, and theirs fractions under a rice-wheat cropping system. Archives of Agronomy and Soil Science, 67(6): 767-777.

第二十七章　红壤性水稻土有机质演变特征及提升技术

红壤性水稻土是我国南方水稻生产最重要的土壤类型，主要分布在江西、湖南、湖北、浙江等省份，这些地区均属于我国水稻主产区，对我国的粮食安全至关重要。受成土母质的影响，红壤性水稻土中铁铝氧化物的含量较高，作为土壤团聚体最主要的无机胶结剂，其在团聚体的形成和稳定中发挥着重要的作用（Pituello et al.，2018；Xue et al.，2019），特别是黏粒比例较高的红壤性水稻土。长期施肥可以显著改变红壤性水稻土的铁铝氧化物含量，进而调控土壤团聚体组分的比例及其有机碳含量（王莹等，2013；谢丽华等，2019；Han et al.，2021）。大量研究表明，合理利用能够促进红壤性水稻土的有机碳积累。李忠佩等（2003）研究发现，荒地红壤水耕利用后，土壤有机碳含量呈上升趋势，并认为荒地红壤水耕利用后需要 30 年的时间才能达到高度熟化的稻田肥力水平。以红壤丘陵区典型县域为例的研究发现，受施肥方式（如高量氮肥和秸秆还田）的影响，1982～2007 年余江县稻田土壤有机碳含量由 15.10g/kg 增加到 18.02g/kg（张忠启等，2016）；同时，1980～2017 年进贤县各乡镇大部分稻田土壤有机碳含量也均出现上升趋势（樊亚男等，2017；王远鹏等，2020）。本章基于红壤性水稻土长期定位试验，探讨长期施肥下红壤性水稻土的有机碳库活性、固持及稳定特征等，为红壤性水稻土固碳减排措施的制定提供科学依据。

第一节　红壤性水稻土长期试验概况

红壤性水稻土长期定位试验设在江西省进贤县张公镇（116°20′24″N、28°15′30″E），为典型低丘地形（海拔 25～30m，坡度 5°），中亚热带季风气候，无霜期 289d，年降水量 1537mm，年蒸发量 1150mm，年均气温 18.0℃。供试土壤类型为第四纪红黏土发育的中度潴育型水稻土。试验开始于 1981 年，为双季稻一年两熟，试验前土壤有机碳含量为 16.31g/kg，土壤 pH 6.9，全氮 1.49 g/kg，全磷 0.48 g/kg，全钾 10.39 g/kg，有效磷 4.15 mg/kg，速效钾 80.52 mg/kg，黏粒（<0.001 mm）24.1%。

试验设 9 个施肥处理，①不施肥（CK）；②氮肥（N）；③磷肥（P）；④钾肥（K）；⑤氮磷化肥（NP）；⑥氮钾化肥（NK）；⑦氮磷钾化肥（NPK）；⑧2 倍氮磷钾化肥（2NPK）；⑨氮磷钾配施有机肥（NPKM），具体施肥量见表 27-1。每个施肥处理 3 次重复，随机排列，小区面积 46.7m²。种植作物早稻和晚稻的施肥量一致，氮、磷、钾化肥分别为尿素、钙镁磷肥、氯化钾，早稻施用 22 500 kg/hm² 的鲜紫云英（含水量 70%），晚稻施用 22 500 kg/hm² 鲜猪粪（含水量 75%）。

烘干基紫云英的有机碳、氮、磷、钾含量分别为 467g/kg、4.0g/kg、1.1 g/kg 和 3.5 g/kg；烘干基猪粪的有机碳、全氮、全磷、全钾含量分别为 340g/kg、6.0 g/kg、4.5 g/kg 和 5.0 g/kg。氮肥 30%作基肥，其余 70%与全部的钾肥作追肥于水稻返青后施用；磷肥和有机肥全部作基肥。小区间用 50cm 水泥田埂隔开，地表下埋深 30cm，地表上 20cm，灌水后和降水前封堵小区缺口，以防串水串肥。双季稻栽种密度为 25 万穴/hm²。所有小区的育秧、移栽、施肥、打药和灌溉等日常管理措施保持一致并与当地习惯相同，水稻品种每 5 年更换一次。

表 27-1　红壤性水稻土长期定位试验的施肥处理及其施肥量

施肥处理	年施肥量/（kg/hm²）			
	N	P	K	有机肥
CK				
N	180.0			
P		39.3		
K			124.5	
NP	180.0	39.3		
NK	180.0		124.5	
NPK	180.0	39.3	124.5	
2NPK	360.0	78.6	249.0	
NPKM	180.0	78.6	124.5	45 000

第二节　长期施肥下红壤性水稻土有机碳的演变

一、长期施肥下红壤性水稻土有机碳含量和储量的变化

1. 有机碳含量的变化

长期不同施肥条件下，红壤性水稻土耕层有机碳含量变化见图 27-1。所有施肥措施耕层土壤有机碳含量均随施肥时间呈上升趋势，上升速率由快到慢依次为：氮磷钾配

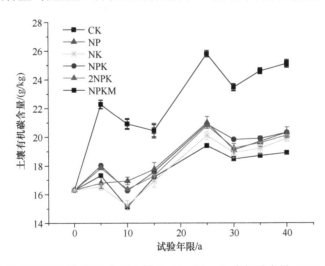

图 27-1　长期不同施肥下红壤性水稻土耕层（0~20cm）有机碳含量（1981~2020 年）

施有机肥＞2 倍氮磷钾化肥、氮磷钾化肥、氮磷化肥、氮钾化肥＞不施肥。与不施肥相比，各施肥措施的土壤有机碳含量均显著提高。氮磷钾配施有机肥土壤有机碳含量最高，达到 25.1g/kg，比不施肥高 32.8%。2 倍氮磷钾化肥土壤有机碳含量与氮磷钾化肥差异不显著。与不施肥相比，氮磷钾化肥、2 倍氮磷钾化肥的土壤有机碳含量在试验 40 年后分别增加了 7.4%和 6.3%。这说明在红壤性水稻土上，氮磷钾化肥与有机肥配合施用是提高耕层土壤有机碳含量、培肥土壤最有效的施肥措施，但化肥用量的增加并未显著提高土壤有机碳含量。

2. 有机碳储量的变化

红壤性水稻土总有机碳储量受施肥的影响（表 27-2）。施肥 30 年后，氮磷钾配施有机肥下土壤总有机碳储量均高于其他施肥措施，与第 1 年相比，不施肥、氮磷化肥、氮钾化肥、氮磷钾化肥、2 倍氮磷钾化肥和氮磷钾配施有机肥的土壤总有机碳储量在 30 年后分别增加了 13.30%、17.05%、12.11%、21.63%、16.95%和 27.78%。因此，长期进行氮磷钾配施有机肥是提升红壤性水稻土耕层有机碳储量的主要措施。

表 27-2　长期施肥下红壤性水稻土耕层（0～20cm）有机碳储量和变化速率

施肥措施	容重/（g/cm³）		有机碳储量/（t/hm²）		变化速率/［t/(hm²·a)］
	第 1 年	第 30 年	第 1 年	第 30 年	
CK	1.16	1.16a	37.82	42.84c	0.17
NP	1.16	1.17a	37.82	44.26b	0.21
NK	1.16	1.11ab	37.82	42.39c	0.15
NPK	1.16	1.16a	37.82	45.99b	0.27
2NPK	1.16	1.15a	37.82	44.22b	0.21
NPKM	1.16	1.03b	37.82	48.32a	0.35

注：同一列不同的小写字母表示施肥措施之间差异显著（$P<0.05$）。

二、长期施肥下红壤性水稻土团聚体有机碳的变化

1. 长期施肥下团聚体有机碳含量

在红壤性水稻土中，微团聚体（<0.053mm）比例最高，其次为 0.25～2mm 和 0.053～0.25mm 团聚体，而大团聚体（>2mm）所占比例最低（图 27-2）。与不施肥相比，氮磷钾配施有机肥>2mm 和 0.25～2mm 团聚体的比例分别增加了 110.18%和 45.74%，<0.053mm 团聚体组分的比例则降低了 37.03%。同时，不同化肥施用（氮磷化肥、氮钾化肥、氮磷钾化肥和 2 倍氮磷钾化肥）对土壤团聚体分布没有显著影响（$P<0.05$）。

氮磷钾配施有机肥下所有粒径组分的有机碳含量均显著高于对照及施用化肥（图 27-2）。与不施肥相比，氮磷钾配施有机肥的>2mm、0.25～2mm、0.053～0.25mm 和<0.053mm 组分的有机碳含量分别增加了 32.59%、19.13%、35.45%和 73.33%。同时，施用化肥的四个处理及不施肥对所有粒径组分的有机碳含量均无显著影响，表明氮磷钾配

施有机肥有助于提升大团聚体中有机碳的积累。

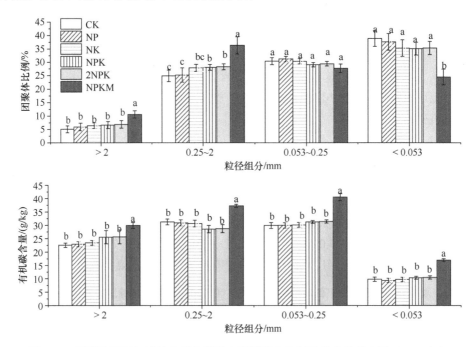

图 27-2 长期施肥下红壤性水稻土耕层土壤团聚体比例及其有机碳含量（2016 年）

不同小写字母代表同一粒径团聚体不同处理在 0.05 水平差异显著（$P<0.05$）

2. 长期施肥下团聚体有机碳储量

在红壤性水稻土中，0.25～2mm 和 0.053～0.25mm 团聚体中有机碳储量高于其他粒径，＞2mm 团聚体储量最低（表 27-3）。与不施肥或无机肥相比，氮磷钾配施有机肥显著增加了所有土壤粒径组分中有机碳储量。对于氮磷钾配施有机肥，红壤性水稻土中＞2mm、0.25～2mm、0.053～0.25mm 和＜0.053mm 组分有机碳储量变化速率分别为 0.11 [t/(hm²·a)]、0.35 [t/(hm²·a)]、0.06 [t/(hm²·a)]、0.02 [t/(hm²·a)]。这主要与不同粒径组分中有机碳的周转速率不同有关（孙玉桃等，2013；Peng et al.，2017）。

表 27-3 长期施肥下红壤性水稻土耕层粒径组分有机碳储量（2016 年）

施肥措施	有机碳储量/（t/hm²)					变化速率 [t/(hm²·a)]				
	＞2mm	0.25～2mm	0.053～0.25mm	＜0.053mm	Sum	＞2mm	0.25～2mm	0.053～0.25mm	＜0.053mm	Sum
初始值	2.60d	15.60c	20.95c	7.83b	46.98c					
CK	2.63d	18.07b	21.11b	8.82a	50.63b	0.0009	0.07	0.005	0.03	0.10
NP	3.18c	18.24b	21.88b	8.22a	51.51b	0.02	0.08	0.03	0.01	0.13
NK	3.34c	18.98b	20.31c	7.61b	50.25b	0.02	0.10	-0.02	-0.01	0.09
NPK	3.92b	18.59b	21.09b	8.42a	52.01b	0.04	0.09	0.004	0.02	0.14
2NPK	4.07b	18.71b	21.28b	8.50a	52.56b	0.04	0.09	0.009	0.02	0.16
NPKM	6.52a	27.85a	23.14a	8.55a	66.06a	0.11	0.35	0.06	0.02	0.55

注：不同小写字母代表不同施肥措施之间在 0.05 水平下差异显著（$P<0.05$）。变化速率为各处理减去初始值之后再除以试验年限（35 年）。

三、长期施肥下红壤性水稻土不同保护有机碳库的分配特征

1. 红壤性水稻土的不同保护有机碳库含量

红壤性水稻土不同保护态有机碳库含量随试验年限延长呈明显不同的变化趋势（图 27-3）。各施肥措施下，红壤性水稻土未保护有机碳和物理保护有机碳库的含量均随

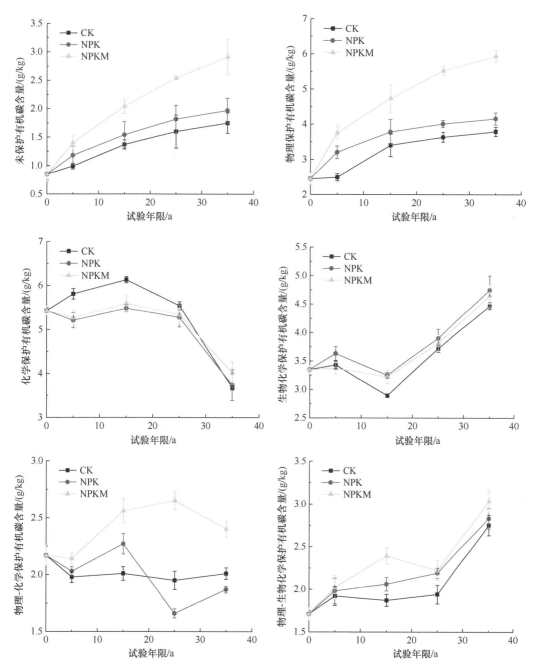

图 27-3　长期不同施肥下红壤性水稻土耕层不同保护态有机碳库含量的演变（1981～2015 年）

施肥时间的延长而不断增加,而其增幅呈前期较高、后期减缓的趋势,未保护有机碳和物理保护有机碳的含量在试验初始至第 5 年、第 6 年至第 15 年、第 16 年至第 25 年、第 26 年至第 35 年间的增幅分别达 16.5%~64.7%、30.5%~45.7%、18.2%~24.5%、5.5%~14.6%和 1.6%~26.1%、18.1%~36.5%、6.1%~16.7%、3.7%~7.4%。各施肥措施下生化保护、物理-生化保护有机碳库含量总体上亦随试验时间延长而增加,生化保护有机碳库的年均增加速率略高于物理-生化保护有机碳库。化学保护有机碳库在试验开始的15 年内缓慢增加,之后迅速下降,在整个施肥期有明显下降。各施肥措施下物理-化学保护有机碳库含量在试验期间无明显变化规律。

2. 红壤性水稻土不同保护态有机碳库比例及差异

红壤性水稻土不施肥和氮磷钾化肥耕层土壤总有机碳中不同保护态有机碳库的分配比例表现为:生化保护有机碳库>物理保护有机碳库≈化学保护有机碳库>物理-生化保护有机碳库>物理-化学保护有机碳库≈未保护有机碳库(图 27-4)。氮磷钾配施有机肥下,物理保护有机碳库的分配比例最高,其后依次是生化保护有机碳库、化学保护有机碳库、物理-生化保护有机碳库、未保护有机碳库、物理-化学保护有机碳库。不同施肥措施之间,物理保护、化学保护、生化保护有机碳库是红壤性水稻土总有机碳库的主要组成部分,不同施肥措施下其分配比例分别为 20.5%~25.8%、16.8%~20.0%、21.0%~24.7%,其碳含量总和超过土壤总有机碳含量的 60%。不施肥和氮磷钾化肥之间土壤各保护态有机碳库占总有机碳的比例均无显著差异($P>0.05$);与不施肥和氮磷钾化肥相比,氮磷钾配施有机肥下红壤性水稻土未保护、物理保护有机碳库的分配比例显著增长(平均增长比例分别达 28.9%和 22.7%),而化学保护、生化保护有机碳的分配比例则显著降低(平均降低比例分别为 14.6%和 14.1%)。不同施肥措施之间的土壤物理-化学保护态、物理-生化保护态有机碳占总有机碳的比例均无显著差异($P>0.05$)。

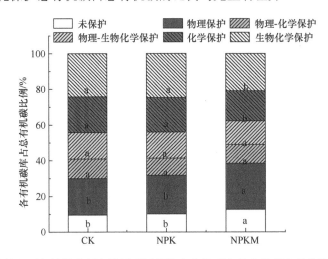

图 27-4　长期施肥下红壤性水稻土耕层不同保护态有机碳占总有机碳含量的比例(2018 年)

不同小写字母表示不同施肥措施之间呈显著性差异($P<0.05$)

3. 红壤性水稻土不同保护态有机碳库变化速率的差异

在红壤性水稻土上，不同施肥措施下试验第 38 年时的土壤未保护态、物理保护态有机碳库含量分别以年均 0.027～0.058g/kg 和 0.042～0.092g/kg 的速率显著增加（$P<$0.05）。各施肥措施下化学保护有机碳库含量以年均-0.032～-0.045g/kg 速率下降。各测定年份下，红壤性水稻土氮磷钾配施有机肥下未保护有机碳、物理保护有机碳、物理-化学保护有机碳库含量均高于不施肥和氮磷钾化肥，氮磷钾配施有机肥下这些有机碳组分的年均增加速率较不施肥和氮磷钾化肥分别平均提高 2.01 倍、2.17 倍、1.21 倍。长期施肥尤其是氮磷钾配施有机肥会增加地上部和地下部生物量，从而增加了新鲜有机物的输入及作物根系代谢产物，促进土壤小粒径团聚体向大团聚体胶结，进而可能增加未保护有机碳的含量及其比例（Yu et al.，2012）。与不施肥相比，氮磷钾化肥下的未保护有机碳库、物理保护有机碳库、物理-化学保护有机碳库含量均有一定程度的提高，其年均增加速率提高 1.07～1.14 倍。不同施肥措施下土壤化学保护有机碳库、生化保护有机碳库、物理-化学保护有机碳库含量的年均增加速率差异均不显著（$P>0.05$），但氮磷钾配施有机肥的年均增加速率总体上高于不施肥和氮磷钾化肥。与化肥氮磷钾肥配施相比，长期氮磷钾配施有机肥更有利于促进红壤性水稻土各有机碳库的积累。

表 27-4　长期施肥下红壤性水稻土耕层不同有机碳库含量的年均增加速率（2018 年）

[单位：g/(kg·a)]

施肥措施	未保护有机碳	物理保护机碳	物理-化学保护有机碳	物理-生化保护有机碳	化学保护有机碳	生化保护有机碳库
CK	0.027**	0.042*	-0.003	0.024	-0.045	0.029
NPK	0.031**	0.045*	-0.011	0.027	-0.038	0.035
NPKM	0.058**	0.094*	0.011	0.031	-0.032	0.035

*和**分别表示增加速率达显著（$P<0.05$）和极显著（$P<0.01$）水平。

4. 红壤性水稻土不同保护有机碳与总有机碳的关系

用线性回归方程拟合红壤总有机碳和其各保护有机碳库含量间的关系，线性回归方程的斜率表示土壤总有机碳含量的变化引起各保护有机碳组分含量的变化。如表 27-5 所示，不同施肥下红壤性水稻土总有机碳含量与未保护、物理保护有机碳含量均具有显著正相关关系，仅 NPK 与生化保护、NPKM 与物理生化保护呈显著正相关（$P<0.01$）。红壤性水稻土总有机碳含量变化引起的物理保护有机碳含量变化最高，土壤总有机碳每增加 1g/kg，物理保护有机碳含量降低 0.49～0.72g/kg，未保护有机碳含量增加 0.24～

表 27-5　红壤性水稻土耕层不同组分有机碳与总有机碳的线性拟合回归方程斜率（2018 年）

施肥措施	未保护有机碳	物理保护有机碳	物理-化学保护有机碳	物理-生化保护有机碳	化学保护有机碳	生化保护有机碳
CK	0.32**	0.72**	-0.06	0.19	-0.49	0.32
NPK	0.24**	0.58**	-0.12	0.18	-0.22	0.35*
NPKM	0.29**	0.49**	0.03	0.14**	-0.14	0.19*

*和**分别表示增加速率为显著（$P<0.05$）和极显著（$P<0.01$）水平。

0.32g/kg，不施肥中上述土壤有机碳库含量的增加率均高于施肥土壤。除了未保护和物理保护有机碳库外，氮磷钾化肥和氮磷钾配施有机肥下红壤性水稻土总有机碳含量的变化亦可显著引起生化保护有机碳含量的变化，变化速率分别达 0.35g/(kg·a)和 0.19g/(kg·a)；氮磷钾配施有机肥下物理-生化保护的变化率也达显著水平，变化速率为 0.14g/(kg·a)。

四、长期施肥下红壤性水稻土活性有机碳的变化

1. 活性有机碳组分的含量

与不施肥相比，施肥后红壤性水稻土土壤轻组有机碳、热水溶性有机碳、颗粒有机碳、易氧化有机碳的含量分别提高 52.5%～71.0%、13.7%～65.3%、10.0%～76.2%、−0.8%～32.2%，其中氮磷钾配施有机肥对土壤颗粒有机碳含量的提升最为明显。与不施肥相比，施肥显著提高了各活性有机碳含量，且化肥配施有机肥显著高于化肥（$P<0.05$）（图 27-5）。与施化肥相比，氮磷钾配施有机肥的土壤轻组有机碳、热水溶性有机碳、颗粒有机碳、易氧化有机碳含量均有显著增加（$P<0.05$），在红壤性水稻土上分别增加 4.6%～12.8%、42.4%～45.4%、39.2～60.2%、18.1%～33.3%。

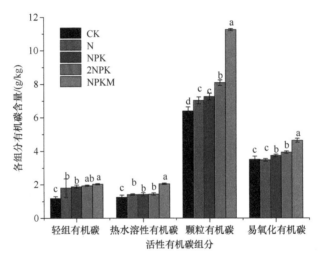

图 27-5　长期不同施肥下红壤性水稻土耕层活性有机碳含量（2018 年）
不同小写字母代表处理间在 0.05 水平差异显著（$P<0.05$）

2. 不同活性有机碳组分的比例

红壤性水稻土不同活性有机碳组分占总有机碳的比例大小排序为：颗粒有机碳＞易氧化有机碳＞轻组有机碳＞热水溶性有机碳（表 27-6）。氮磷钾肥配施有机肥对土壤总有机碳中活性有机碳的分配比例有显著影响，与不施肥相比，氮磷钾配施有机肥下显著提升了土壤总有机碳中除易氧化有机碳之外的其他各活性有机碳组分的分配比例（$P<$ 0.05），其中对颗粒有机碳占比的提升最为明显，增幅达 41.9%。与氮肥、氮磷钾化肥、2 倍氮磷钾化肥比较，氮磷钾配施有机肥未能提高红壤性水稻土轻组有机碳占总有机碳的比例。

表 27-6　长期不同施肥下红壤性水稻土耕层各活性有机碳组分占总有机碳的比例（2018 年）（%）

施肥措施	轻组有机碳	热水溶性有机碳	颗粒有机碳	易氧化有机碳
CK	6.5±0.6c	6.8±0.8b	34.8±1.4d	19.2±1.0ab
N	9.5±0.3ab	7.4±0.3b	37.0±1.1c	18.3±0.4b
NPK	9.8±0.5a	7.4±0.5b	38.1±1.1c	19.6±0.4a
2NPK	10.1±0.2a	7.4±0.4b	41.9±0.9b	20.3±0.4a
NPKM	8.9±0.2b	9.0±0.2a	49.4±0.2a	20.4±0.5a

注：同列不同小写字母表示不同施肥措施之间存在显著性差异（$P<0.05$）。

3. 红壤性水稻土不同活性有机碳组分与总有机碳含量的关系

红壤性水稻土不同活性有机碳组分含量间的相关性结果显示，热水溶性有机碳、颗粒有机碳、易氧化有机碳相互间均具显著正相关关系（$P<0.05$）（表 27-7）。总体而言，轻组有机碳与其他活性有机碳组分及总有机碳的相关性最差，均未达显著水平（$P>0.05$）。与轻组有机碳、热水溶性有机碳、易氧化有机碳相关性最高的土壤活性有机碳组分均为颗粒有机碳；虽然轻组有机碳与颗粒有机碳间的相关系数不及轻组有机碳与热水溶性有机碳间的相关系数高，但二者的相关显著性水平一致（$P<0.05$）。

表 27-7　红壤性水稻土耕层不同活性有机碳组分间及与土壤总有机碳之间的相关系数（2018 年）

指标	轻组有机碳	热水溶性有机碳	颗粒有机碳	易氧化有机碳	总有机碳
轻组有机碳		0.65	0.655	0.623	0.608
热水溶性有机碳			0.986**	0.954*	0.998***
颗粒有机碳				0.984**	0.989**
易氧化有机碳					0.960**

*为显著相关（$P<0.05$），**为极显著相关（$P<0.01$）。

4. 不同活性有机碳组分的碳库管理指数

碳库管理指数（carbon management index，CMI）是表征土壤有机碳库质量的综合量化指标，以不施肥土壤为参照，结果见图 27-6。轻组有机碳、热水溶性有机碳、颗粒有机碳、易氧化有机碳组分表征的红壤性水稻碳库管理指数变幅分别为 100.0～176.0、100.0～170.1、100.0～227.5、100.0～133.9。利用颗粒有机碳组分表征的碳库管理指数变幅最大，其次是轻组有机碳和热水溶性有机碳，易氧化有机碳最低。不同施肥措施间利用土壤各活性有机碳组分表征的碳库管理指数大小顺序总体一致，表现为：氮磷钾配施有机肥＞2 倍氮磷钾化肥＞氮磷钾化肥＞氮肥＞不施肥，说明氮磷钾配施有机肥土壤具有最优的碳库质量。

5. 不同活性有机碳组分的敏感指数

敏感指数反映土壤活性有机碳组分对管理措施改变的响应敏感性，根据氮磷钾化

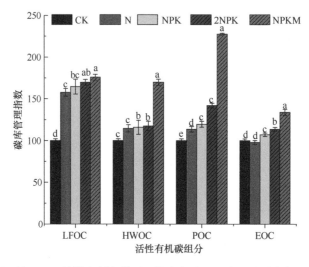

图 27-6　长期不同施肥下红壤性水稻土耕层活性有机碳组分表征的碳库管理指数（2018 年）

同一活性有机碳组分不同小写字母表示不同施肥措施之间存在差异显著（$P<0.05$）

肥、2 倍氮磷钾化肥和氮磷钾配施有机肥措施的土壤活性有机碳组分含量占不施肥措施的比例，计算红壤性水稻土活性有机碳的含量敏感指数（图 27-7）。同时，用土壤活性有机碳组分表征的碳库管理指数计算红壤性水稻土碳库管理指数的敏感指数。红壤性水稻土氮磷钾配施有机肥以颗粒有机碳含量及其碳库管理指数的敏感指数为最高，2 倍氮磷钾化肥、氮磷钾化肥、氮肥则以轻组有机碳含量敏感指数及其碳库管理指数敏感指数为最高。红壤性水稻土施肥下轻组有机碳、热水溶性有机碳、颗粒有机碳、易氧化有机碳的含量敏感指数变幅分别为 52.5%～72.3%、13.2%～64.9%、10.1%～76.3%、−0.9%～32.1%，说明施肥后土壤活性有机碳中轻组有机碳和热水溶性有机碳变化较其他组分更为灵敏。

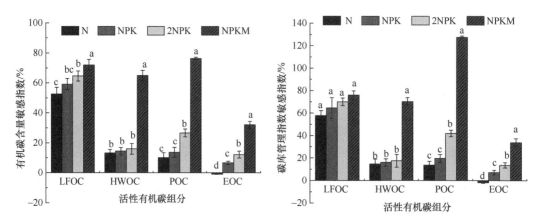

图 27-7　红壤性水稻土耕层活性有机碳含量敏感指数（左）和碳库管理指数敏感指数（右）（2018 年）

不同小写字母表示不同施肥措施之间存在显著性差异（$P<0.05$）

第三节　长期施肥下红壤性水稻土团聚体有机碳的周转特征

一、长期施肥下红壤性水稻土团聚体有机碳的矿化特性

1. 土壤团聚体有机碳的矿化特征

在各个培养时段内，团聚体有机碳累积矿化量均随培养温度升高而增加（图 27-8～图 27-10）。土壤团聚体有机碳累积矿化量-时间曲线显示，在整个培养过程中，不同施肥措施下各粒级团聚体有机碳累积矿化量由大到小顺序总体表现为：氮磷钾配施有机肥＞氮磷钾化肥＞不施肥。

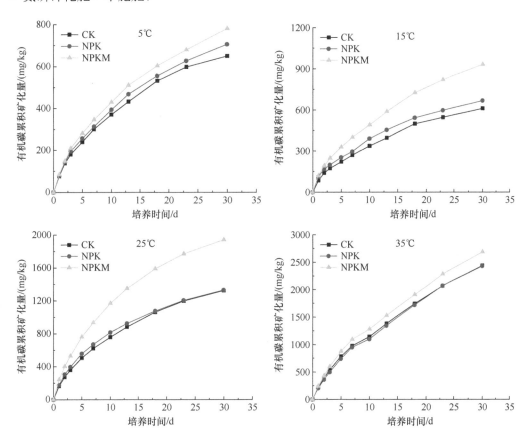

图 27-8　长期不同施肥下红壤性水稻土耕层大团聚体（＞0.25mm）有机碳矿化动态（2018 年）
CK 为不施肥，NPK 为氮磷钾化肥，NPKM 为氮磷钾配施有机肥

培养初期，不同施肥措施间的有机碳累积矿化量较为接近，随培养时间的延长，其差异总体呈增大趋势，氮磷钾配施有机肥各粒径团聚体（粉黏粒）有机碳累积矿化量与不施肥和施氮磷钾化肥的差异在 15℃和 25℃下相对较为明显。

不同施肥措施下各级团聚体/粉黏粒的有机碳矿化速率在培养初期较高，之后逐渐趋于平缓。整体而言，各处理不同粒径团聚体/粉黏粒组分在 5℃、15℃、25℃、35℃下培

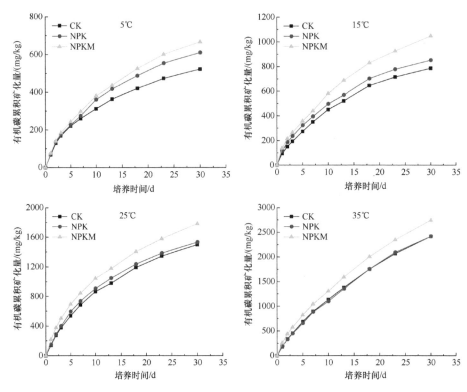

图 27-9　长期不同施肥下红壤性水稻土耕层微团聚体（0.053～0.25mm）有机碳矿化动态

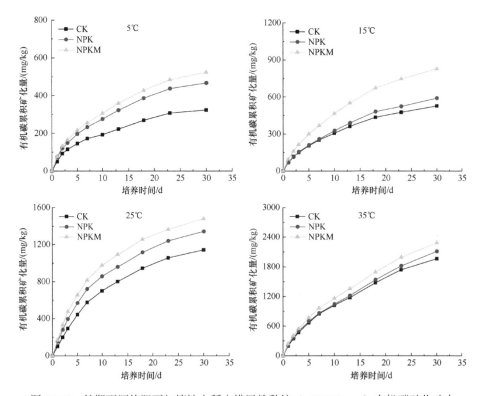

图 27-10　长期不同施肥下红壤性水稻土耕层粉黏粒（＜0.053 mm）有机碳矿化动态

养 7 天时有机碳累积矿化量占总矿化量的变幅分别为：44.3%～55.3%、42.0%～47.8%、45.7%～55.2%、36.6%～43.3%。土壤团聚体/粉黏粒有机碳的矿化速率随时间的变化符合对数函数关系 [$y=a+b\ln(x)$，$R^2=0.90\sim0.99$，$P<0.001$]（拟合方程未列出）。

2. 土壤团聚体/粉黏粒有机碳累积矿化量和矿化率

如表 27-8～表 27-10 所示，不论施肥与否，各温度下不同粒级团聚体/粉黏粒组分在培养 30d 时的有机碳累积矿化量大小顺序总体表现为：大团聚体＞微团聚体＞粉黏粒。团聚体/粉黏粒的有机碳累积矿化量随培养温度升高而显著增加：温度由 5℃升至 15℃时，不同施肥下大团聚体、微团聚体、粉黏粒的有机碳累积矿化量平均分别提高 25.3%、21.9%、49.3%；15℃升至 25℃时，不同施肥下大团聚体、微团聚体、粉黏粒有机碳累积矿化量分别平均提高 69.9%、122.1%、107.6%；25℃升至 35℃时，不同施肥下大团聚体、微团聚体、粉黏粒有机碳累积矿化量分别平均提高 68.5%、57.7%、61.3%。在 15～25℃范围内，升温对有机碳矿化的促进作用最大。与不施肥相比，各温度下氮磷钾配施有机肥的各级团聚体/粉黏粒有机碳累积矿化量均有显著提高，其中大团聚体、微团聚体、粉黏粒有机碳累积矿化量的增幅分别在 5℃、25℃、15℃下达最大值，依次分别为 45.6%、52.6%、62.1%。各培养温度下，不施肥和氮磷钾化肥间各级团聚体/粉黏粒有机碳的累积矿化量总体无显著性差异（$P<0.05$）。

表 27-8 红壤性水稻土耕层大团聚体（＞0.25mm）30d 有机碳累积矿化量、矿化率及矿化贡献率

培养温度/℃	施肥措施	有机碳累积矿化量/（mg/kg）	矿化率/%	有机碳矿化贡献率/%
5	CK	649.9±62.5b	3.2±0.3a	69.7±3.7b
	NPK	705.6±22.3b	3.4±0.1a	71.3±2.2b
	NPKM	780.7±71.4a	3.2±0.3a	76.3±2.0a
15	CK	787.3±61.1b	3.9±0.3a	66.4±5.1b
	NPK	851.8±58.8b	4.0±0.3a	71.6±4.9a
	NPKM	1047.2±69.8a	4.3±0.3a	74.1±4.9a
25	CK	1324.5±148.6b	6.5±0.7b	59.3±2.5b
	NPK	1330.2±140.8b	6.3±0.7b	63.3±2.7b
	NPKM	1941.6±88.1a	7.9±0.4a	74.3±3.4a
35	CK	2440.4±53.3b	12.0±0.3a	61.6±1.3b
	NPK	2431.7±117.3b	11.5±0.6a	66.7±3.2b
	NPKM	2687.4±104.9a	10.9±0.4a	72.2±2.8a

注：不同小写字母代表同一温度下不同处理间差异显著（$P<0.05$）（下同）。

基于团聚体矿化碳量换算出全土有机碳矿化量与实测得到的全土有机碳矿化量间具有显著的线性相关性（$R^2=0.97$，$P<0.0001$，$n=12$），因此，土壤有机碳矿化量采用基于团聚体矿化碳的换算数值。各施肥措施下土壤微团聚体有机碳矿化贡献率在不同温度间变化不明显，而土壤大团聚体和粉黏粒的有机碳矿化贡献率随培养温度升高总体上分别呈降低和升高趋势。不同温度下，土壤大团聚体的有机碳矿化贡献率始终最大，变幅

表 27-9 红壤性水稻土耕层微团聚体（0.053～0.25mm）培养 30d 有机碳累积矿化量、矿化率及矿化贡献率（2018 年）

培养温度/℃	施肥措施	有机碳累积矿化量/（mg/kg）	矿化率/%	有机碳矿化贡献率/%
5	CK	522.9±28.9b	2.6±0.1b	14.4±0.8a
	NPK	610.3±31.1a	3.2±0.2a	13.0±0.7a
	NPKM	666.4±25.3a	2.8±0.1b	10.2±0.4b
15	CK	610.5±64.5b	3.1±0.3b	13.2±1.4a
	NPK	729.0±52.6a	3.8±0.3a	12.8±0.9ab
	NPKM	931.7±49.5a	3.9±0.2a	10.4±0.5b
25	CK	1498.7±130.4b	7.5±0.7b	17.3±1.5a
	NPK	1473.0±99.2b	7.6±0.5a	14.9±1.0a
	NPKM	1780.0±48.7a	7.5±0.2a	10.7±0.3b
35	CK	2416.8±112.4b	12.2±0.6a	15.7±0.7a
	NPK	2415.9±74.2b	12.5±0.4a	14.0±1.4a
	NPKM	2742.7±39.4a	11.5±0.2a	11.6±0.2b

表 27-10 红壤性水稻土耕层粉黏粒（＜0.053mm）培养 30d 有机碳累积矿化量、矿化率及矿化贡献率

培养温度/℃	施肥措施	有机碳累积矿化量/（mg/kg）	矿化率/%	有机碳矿化贡献率/%
5	CK	322.8±16.3c	2.7±0.1b	15.9±0.8a
	NPK	466.2±29.0b	3.9±0.2a	15.7±1.0a
	NPKM	523.4±24.2a	4.1±0.2a	13.5±0.6b
15	CK	527.2±77.4b	4.4±0.6b	20.5±1.1a
	NPK	589.5±37.8b	4.9±0.3b	16.6±1.0b
	NPKM	828.7±31.5a	6.5±0.3a	15.5±0.6b
25	CK	1143.0±63.9c	9.6±0.5b	23.5±1.3a
	NPK	1340.7±60.1b	11.1±0.4a	21.3±1.0b
	NPKM	1479.2±46.8a	11.6±0.4a	15.0±0.5c
35	CK	1963.6±33.0b	16.4±0.3b	22.8±0.4a
	NPK	2111.4±79.9b	17.5±0.7a	19.4±0.7b
	NPKM	2285.6±66.0a	17.9±0.5a	16.2±0.5c

为 59.3%～76.3%；土壤粉黏粒的有机碳矿化贡献率次之，变幅为 13.5%～23.5%；土壤微团聚体的有机碳矿化贡献率最低，变幅为 10.2%～17.2%。与微团聚体和粉黏粒相比，大团聚体中活性有机碳含量和 C/N 更高，有机碳更易被微生物分解利用（Benbi et al.，2012）。此外，大团聚体比小团聚体存在更大的土壤孔隙，利于物质和氧气的传输及维持团聚体内部微生物的活性（王军等，2013）。因此，不论施肥与否，各温度下大团聚体均具有最高的有机碳累积矿化量。与不施肥比较，施肥尤其是氮磷钾肥配施有机肥提高了各温度下土壤大团聚体有机碳的矿化贡献率。

二、长期施肥下红壤性水稻土团聚体/粉黏粒有机碳矿化的温度敏感性

1. 5～35℃范围内土壤团聚体/粉黏粒有机碳矿化的温度敏感系数（Q_{10}）和活化能

同一培养温度下，由于不同粒级团聚体/粉黏粒有机碳矿化率之间的差异随培养时间

不断变化，因此，基于培养 30d 后团聚体/粉黏粒有机碳的累积矿化量来计算有机碳矿化率。指数模型 $k = ae^{\beta T}$ 能够很好地描述土壤团聚体/粉黏粒有机碳矿化率与培养温度之间的关系（R^2=0.96～0.99，P＜0.01），并计算 5～35℃温度区间土壤团聚体有机碳矿化的温度敏感系数（$Q_{10\text{-total}}$，表征温度每升高 10℃时土壤有机碳矿化速率增加的倍数）。不同施肥措施间大团聚体有机碳矿化的 $Q_{10\text{-total}}$ 的变化范围为 1.53～1.69，微团聚体和粉黏粒有机碳矿化的 $Q_{10\text{-total}}$ 的变化范围则分别为 1.64～1.77 和 1.63～1.83（图 27-11）。不施肥和氮磷钾化肥下不同粒级团聚体/粉黏粒间有机碳矿化的 $Q_{10\text{-total}}$ 值均表现出大团聚体＜微团聚体＜粉黏粒的大小特征，氮磷钾配施有机肥大团聚体有机碳矿化的 $Q_{10\text{-total}}$ 值也低于微团聚体。这表明土壤团聚体/粉黏粒有机碳矿化的温度敏感性随粒径的减小而增大。不同施肥措施下各级团聚体/粉黏粒有机碳矿化的 $Q_{10\text{-total}}$ 值由小到大排序，均表现为：氮磷钾配施有机肥＜氮磷钾化肥＜不施肥。与不施肥相比，氮磷钾化肥和氮磷钾配施有机肥大团聚体、微团聚体、粉黏粒的有机碳矿化 $Q_{10\text{-total}}$ 值分别降低 3.5%和 9.5%、5.1%和 7.3%、6.6%和 10.9%，其中氮磷钾配施有机肥的降幅均达显著水平（P＜0.05）。氮磷钾配施有机肥与氮磷钾化肥相比也显著降低了大团聚体和粉黏粒有机碳矿化的 $Q_{10\text{-total}}$ 值。

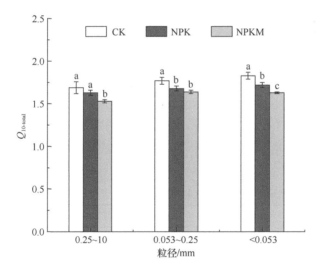

图 27-11 红壤性水稻土耕层不同粒级团聚体/粉黏粒有机碳矿化的温度敏感系数（2018 年）
同一粒径不同小写字母表示不同施肥措施之间存在差异显著（P＜0.05）

如图 27-12 所示，施肥降低了各级团聚体/粉黏粒有机碳矿化的活化能（E_a），其降幅达 2.5%～13.4%，仅大团聚体无显著降低（P＞0.05）。氮磷钾化肥与氮磷钾配施有机肥大团聚体和微团聚体有机碳矿化的活化能差异不显著（P＞0.05），氮磷钾化肥粉黏粒有机碳矿化的活化能显著高于氮磷钾配施有机肥。与不施肥相比，施肥下土壤大团聚体、微团聚体、粉黏粒有机碳矿化的活化能平均降幅分别达 5.0%、11.1%、16.3%。

2. 土壤团聚体/粉黏粒有机碳矿化的温度敏感系数（Q_{10}）的温度区间变化

以培养 30d 时的团聚体累积矿化碳量为基础计算各温度下团聚体/粉黏粒有机碳的

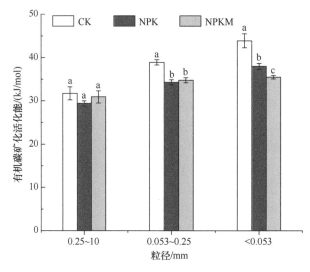

图 27-12　红壤性水稻土耕层不同粒级团聚体/粉黏粒有机碳矿化的活化能（2018 年）
同一粒径不同小写字母表示不同施肥措施之间存在差异显著（$P<0.05$）

矿化率，据此再计算各施肥措施下不同温度区间土壤团聚体/粉黏粒有机碳矿化的 $Q_{10\text{-partial}}$。$Q_{10\text{-partial}}$ 反映温度每升高 10℃，土壤团聚体/粉黏粒有机碳矿化速率增加的倍数。不同温度区间大团聚体、微团聚体和粉黏粒的 $Q_{10\text{-partial}}$ 值变幅分别为 1.21～1.84、1.17～2.46 和 1.26～2.27（表 27-11）。各施肥措施下微团聚体和粉黏粒在 15～25℃温度区间的 $Q_{10\text{-partial}}$ 值均显著高于其他温度区间的 $Q_{10\text{-partial}}$ 值；不施肥和氮磷钾化肥大团聚体有机碳矿化的最高 $Q_{10\text{-partial}}$ 值出现在 25～35℃区间，而氮磷钾配施有机肥则出现在 15～25℃区间，通过计算获得不同施肥措施间大团聚体有机碳矿化在 15～25℃和 25～35℃区间的 $Q_{10\text{-partial}}$ 均值，结果几无差异，说明土壤团聚体有机碳矿化在 15～25℃范围内对温度变化最敏感。

表 27-11　红壤性水稻土耕层团聚体/粉黏粒有机碳矿化的温度敏感系数（$Q_{10\text{-partial}}$）（2018 年）

粒径/mm	施肥措施	$Q_{10\text{-partial}}$		
		5～15℃	15～25℃	25～35℃
0.25～10	CK	1.21±0.02b	1.68±0.08b	1.84±0.16a
	NPK	1.21±0.04b	1.56±0.06b	1.53±0.12a
	NPKM	1.34±0.08a	1.85±0.04a	1.52±0.01b
0.053～0.25	CK	1.17±0.08b	2.46±0.14a	1.61±0.09a
	NPK	1.09±0.03b	2.02±0.07a	1.64±0.06a
	NPKM	1.40±0.04a	1.91±0.06b	1.54±0.02a
<0.053	CK	1.63±0.17a	2.17±0.23a	1.72±0.07a
	NPK	1.26±0.05b	2.27±0.05a	1.57±0.04b
	NPKM	1.58±0.02a	1.79±0.03b	1.54±0.02b

第四节 红壤性水稻土有机碳固存与碳投入的响应关系 及有机碳提升技术

一、红壤性水稻土有机碳的投入量

不同施肥下的有机碳投入存在差异（图 27-13）。氮磷钾配施有机肥的碳投入最高［年均投入为 5.43t/(hm²·a)］，其次是 2 倍氮磷钾化肥和氮磷钾化肥，年均碳投入分别为 3.22t/(hm²·a)和 2.66t/(hm²·a)，氮磷化肥和氮钾化肥年均碳投入分别为 1.46t/(hm²·a)和 2.11t/(hm²·a)，不施肥的碳投入最低［1.95 t/(hm²·a)］。

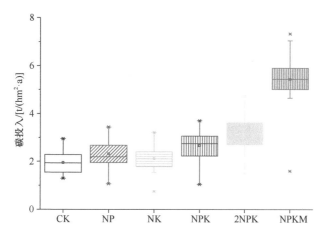

图 27-13 长期不同施肥下红壤性水稻土耕层有机碳投入（1981～2020 年）

中间实线代表中位数，□代表平均值。上、下两条线分别代表 75%和 25%的置信区间。上下两个×分别代表 95%和 5%的置信区间

二、红壤性水稻土有机碳储量变化与碳投入的关系

在红壤性水稻十中，碳投入增加了全土有机碳储量的变化率，碳投入与全土有机碳储量变化呈显著正相关（图 27-14），拟合方程为 $y = -0.0820 + 0.0497x$（$R^2 = 0.7262$，$P < 0.05$）。拟合方程的斜率表明，在红壤性水稻土中，全土的固碳效率为 4.97%。

三、红壤性水稻土不同粒径团聚体有机碳储量变化与碳投入的关系

在团聚体水平上，不同粒径组分的有机碳储量变化差异较大（蔡岸冬等，2015；Han et al.，2017）。碳投入与土壤粒径组分中有机碳储量变化之间的关系也可以通过线性方程拟合（图 27-15）。在不同大小粒径组分中，>2mm、0.25～2mm、0.053～0.25mm 组分有机碳储量变化与碳投入之间呈显著正相关，<0.053mm 组分有机碳储量变化则与碳投入之间无显著关系（表 27-12）。

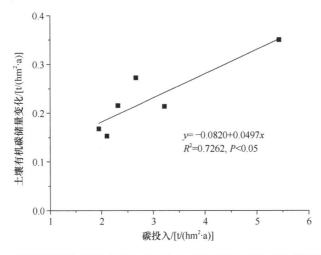

图 27-14 长期施肥下红壤性水稻土耕层全土有机碳储量变化率与碳投入的关系

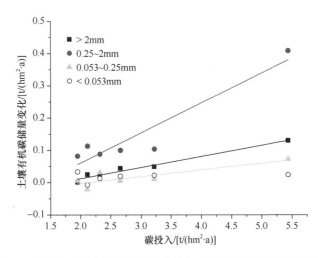

图 27-15 长期施肥下红壤性水稻土耕层粒径组分有机碳储量变化与碳投入的关系（2018 年）

表 27-12 长期施肥下红壤性水稻土耕层粒径组分有机碳与碳投入的拟合方程和参数

粒径/mm	拟合方程斜率	R^2	P	n
＞2	0.0345	0.9721	0.00030	6
0.25～2	0.0929	0.8930	0.00446	6
0.053～0.25	0.0209	0.7182	0.03313	6
＜0.053	ns			

注：ns 表示拟合方程未达到显著水平（$P>0.05$）。

拟合方程的斜率表明（表 27-12），红壤性水稻土中＞2mm、0.25～2mm、0.053～0.25mm 团聚体的固碳效率分别为 3.45%、9.29% 和 2.09%。

四、红壤性水稻土有机碳的提升技术

目前，我国南方的红壤性水稻土土壤肥力普遍存在下降趋势，高强度利用使土壤有机碳含量有所下降，红壤性水稻土有机碳含量平均约为 20g/kg，其中只有 30%左右的稻田达到了高产稻田的要求。同时，该区域的有机肥源由以往的绿肥、畜禽粪便、秸秆等三种混合向单独依赖秸秆还田转变，绿肥、畜禽粪便的还田比例不及稻田总面积的 20%。而单一以秸秆为主要有机肥源的有机肥管理方式对土壤有机碳的累积和质量改善作用明显偏弱。因此，进一步增加外源有机碳种类和投入量对于提升红壤性水稻土的有机碳含量就显得十分迫切。

碳投入与土壤有机碳储量变化的线性拟合方程为 $y=-0.0820+0.0497x$（$R^2=0.7262$，$P<0.05$），计算红壤性水稻土维持有机碳水平的最低碳投入为 1.65t/(hm²·a)。由于双季稻模式的秸秆碳投入量年均为 2.36 t/(hm²·a)，明显高于该数值，因此，在双季稻模式下，秸秆还田将促进红壤性水稻土的土壤有机碳持续提升。结合红壤性水稻土的固碳效率（4.97%），以有机碳含量为 20g/kg 的典型红壤性水稻土为例，按照 10 年的时间，推荐了红壤有机碳提升 5%、8%和 10%的有机碳投入量和外源有机物料用量，具体见表 27-13。

表 27-13　典型红壤农田有机碳提升所需外源碳投入量

有机碳提升比例	有机碳提升量 / (t/hm²)	外源碳投入 / (t/hm²)	年限 /a	年均碳投入 / [t/(hm²·a)]	紫云英投入量 / [t/(hm²·a)]	干猪粪投入量 / [t/(hm²·a)]
0	0	1.65		1.65		
5%	2.00	41.89	10	4.19	6.53	2.69
8%	3.20	66.04	10	6.60	15.14	6.24
10%	4.00	82.13	10	8.21	20.89	8.61

注：土壤容重 1.0g/cm³，耕层 0.2m，紫云英和干猪粪的用量每年各占 50%，即早稻季用紫云英、晚稻季用干猪粪。紫云英的含水量为 70%，干紫云英和干猪粪的有机碳含量分别为 467g/kg 和 340g/kg。秸秆还田的碳投入量为 2.36t/(hm²·a)。

（柳开楼　吴　艳　徐小林　宋惠洁　胡丹丹　胡志华　李亚贞　李文军）

参 考 文 献

蔡岸冬, 张文菊, 申小冉, 等. 2015. 长期施肥土壤不同粒径颗粒的固碳效率. 植物营养与肥料学报, 21(6): 1431-1438.

樊亚男, 姚利鹏, 瞿明凯, 等. 2017. 基于产量的稻田肥力质量评价及障碍因子区划——以进贤县为例. 土壤学报, 54(5): 1157-1169.

李忠佩, 李德成, 张桃林, 等. 2003. 红壤水稻土肥力性状的演变特征. 土壤学报, 40(6): 870-878.

孙玉桃, 廖育林, 郑圣先, 等. 2013. 长期施肥对双季稻种植下土壤有机碳库和固碳量的影响. 应用生态学报, 24(3): 732-740.

王军, 宋新山, 严登华, 等. 2013. 多重干湿交替格局下土壤 Birth 效应的响应机制. 中国农学通报, 29(27): 120-125.

王莹, 尧水红, 李辉信, 等. 2013. 长期施肥稻田土壤团聚体内氧化铁分布特征及其与有机碳的关系. 土壤, 45(4): 666-672.

王远鹏, 黄晶, 孙钰翔, 等. 2020. 近 35 年红壤稻区土壤肥力时空演变特征——以进贤县为例. 中国农业科学, 53(16): 3294-3306.

谢丽华, 廖超林, 林清美, 等. 2019. 有机肥增减施后红壤水稻土团聚体有机碳的变化特征. 土壤, 51(6):

1106-1113.

张忠启, 于法展, 于东升, 等. 2016. 红壤区土壤有机碳时间变异及合理采样点数量研究. 土壤学报, 53(4): 891-900.

Benbi D K, Toor A S, Kumar S. 2012. Management of organic amendments in rice-wheat cropping system determines the pool where carbon is sequestered. Plant and Soil, 360: 145-162.

Han X, Zhao F, Tong X, et al. 2017. Understanding soil carbon sequestration following the afforestation of former arable land by physical fractionation. Catena, 150: 317-327.

Han T, Huang J, Liu K, et al. 2021. Soil potassium regulation by changes in potassium balance and iron and aluminum oxides in paddy soils subjected to long-term fertilization regimes. Soil and Tillage Research, 214: 105168.

Peng X, Zhu Q H, Zhang Z B, et al. 2017. Combined turnover of carbon and soil aggregates using rare earth oxides and isotopically labelled carbon as tracers. Soil Biology & Biochemistry, 109: 81-94.

Pituello C, Dalferri N, Feancioso O, et al. 2018. Effects of biochar on the dynamics of aggregate stability in clay and sandy loam soils. European Journal of Soil Science, 69(5): 827-842.

Xue B, Huang L, Huang Y N, et al. 2019. Roles of soil organic carbon and iron oxides on aggregate formation and stability in two paddy soils. Soil and Tillage Research, 187: 161-171.

Yu H Y, Ding W X, Luo J F, et al. 2012. Effects of long-term compost and fertilizer application on stability of aggregate-associated organic in an intensively cultivated sandy loam soil. Biology and Fertility of Soils, 48: 325-336.

第二十八章　潴育型水稻土有机质演变特征及提升技术

太湖地区是我国水稻土主要分布区，该区域 90%左右的耕地为稻田，主要为潴育型水稻土，面积约占太湖平原稻田的 70%。潴育层（W）的形态标志是在渗育层下部出现明显锈纹锈斑、铁锰结核与胶膜淀积的土层。淹水期间，由于潴育型水稻土具备来源充足的渗透水，其携带着大量的铁锰、黏粒下移到一定的深度，随着脱水季的到来，这些物质淀积于土体结构的表面。如果铁的下移量较少，则会在沉积的土层中形成锈纹锈斑；若下移量较大，则会形成明显的铁锰结核和胶膜淀积层。

太湖地区水稻栽培历史距今已有 5000 多年，是我国水稻栽培的两个发源地之一（李春海等，2006）。在过去 5000 多年的持续耕种过程中，农家肥、绿肥、塘泥和作物残体等自然有机物料一直是本区域土壤最主要的有机碳来源。自 20 世纪中后期，化肥逐步替代有机肥，且化肥使用量一度呈指数增长，土壤有机碳来源、碳氮循环过程、固碳速率和特征均已发生较大变化。农田生态系统固碳增汇的核心是土壤固碳，为早日实现我国双碳目标，深入探讨潴育型水稻土固碳特征具有重要意义。

第一节　潴育型水稻土长期施肥定位试验概况

一、试验基地情况与试验设计

潴育型水稻土长期施肥定位观测试验位于江苏省苏州市相城区望亭镇的江苏太湖地区农业科学研究所内，由国家土壤质量相城观测实验站负责运行（31°32'45" N、12°04'15" E）。试验地处于北温带，属北亚热带季风气候，年均气温 15.7℃，≥10℃积温 4947℃，年均日照时长 3039h，年降水量 1100mm。土壤为潴育型水稻土，成土母质为黄土状沉积物。各剖面描述如下：Aa 0～14cm 润态灰色（5Y 5.6/1），有明显的黄棕色斑纹，占 50%，黏壤土，小块状结构，pH6.1；Ap 14～23cm 润态灰色（N6.5），有红色斑纹（10R4/8），黏壤土，块状结构，pH7.0；P 23～43cm 润态棕灰色（10YR6/1），斑纹颜色为亮棕色（7.5YR5/6），有少量黑棕色球形软结核，黏壤土，pH 7.1；W1 43～75cm 润态棕灰色（10YR6/1），斑纹为黄棕色（7.5YR5/6），黏壤土，块状结构，有 2～6mm 大小的暗棕色球状软结核，pH 7.3；W2 75～105cm 润态灰色（N6.5），有红棕色斑纹，黏壤土，块状结构，结核情况同上层并含少量砖屑，pH7.5。

试验从 1980 年开始，初始土壤（0～15cm 耕层）基本性质为：有机质 24.2g/kg，全氮 1.43g/kg，全磷（P_2O_5）0.98g/kg，速效磷 8.4mg/kg，速效钾 127mg/kg，pH6.8。种植制度为小麦、水稻复种连作。1980 年匀地，1981 年开始正式有产量记载。试验小区面积 20m²，用花岗岩作固定田埂，入土深 25cm，中间设水渠，每小区中间留有缺口，从南至北 80m 之间有一条地下暗沟贯穿每一小区，在每个小区的缺口对面均有 30cm 深的暗管。试验田南北两侧均有较大面积的保护行。东西两侧保护行约 1m 左右，在保护行之外两侧都有深沟排水。水稻季采用沟渠灌溉，灌溉水源为京杭大运河；小麦季正常为雨养生长。稻、麦品种均为本地适栽品种，水稻类型为早熟晚粳品种，小麦类型主要为春性中熟品种。

试验采用随机区组设计，共设 14 个处理，每个处理重复 3 次。各处理分别为：①不施肥（CK）；②无机氮（N）；③无机氮磷（NP）；④无机氮钾（NK）；⑤无机磷钾（PK）；⑥无机氮磷钾（NPK）；⑦秸秆还田+氮（SN）；⑧有机肥+无机氮（MN）；⑨有机肥+无机氮磷（MNP）；⑩有机肥+无机氮钾（MNK）；⑪有机肥+无机磷钾（MPK）；⑫有机肥+无机氮磷钾（MNPK）；⑬有机肥+秸秆还田+无机氮（MSN）；⑭有机肥（M）。各处理施肥量如表 28-1 所示。水稻季和小麦季氮肥运筹比例（基肥：分蘖肥：穗肥）分别为50∶10∶40 和 45∶15∶40；水稻季和小麦季磷肥 100%作为基肥；水稻季和小麦季钾肥运筹比例（基肥：穗肥）均为 50∶50；水稻季和小麦季有机肥 100%作为基肥，1980～1997 年施用猪粪，1998 年至今施用菜籽饼。

表 28-1　潴育型水稻土长期试验施肥处理及肥料施用量

处理	水稻季/（kg/hm²）					小麦季/（kg/hm²）				
	N	P₂O₅	K₂O	有机肥	秸秆	N	P₂O₅	K₂O	有机肥	秸秆
CK										
N	150.0					150.0				
NP	150.0	60.0				150.0	60.0			
NK	150.0					150.0				
PK		60.0	90.0				60.0	90.0		
NPK	150.0	60.0	90.0			150.0	60.0	90.0		
SN	150.0				2250	150.0				2250
M				1250					1250	
MN	150.0			1250		150.0			1250	
MNP	150.0	60.0		1250		150.0	60.0		1250	
MNK	150.0		90.0	1250		150.0		90.0	1250	
MPK		60.0	90.0	1250			60.0	90.0	1250	
MNPK	150.0	60.0	90.0	1250		150.0	60.0	90.0	1250	
MSN	150.0			1250	2250	150.0			1250	2250

注：试验期间有机肥碳、氮、磷、钾平均含量分别为 38.9%、5.3%、0.8%和 1.0%。

二、主要研究方法

（1）土壤样品采集期为水稻收获期（10 月下旬至 11 月上旬），用直径 5cm 土钻按网格法取 0～15cm 耕层土壤 12～16 钻，混合均匀，带回实验室风干，手工拣去根茬、动物残体和石块等杂物，研磨并过 2mm 和 0.1 mm 筛备用。土壤有机碳测定采用重铬酸钾氧化法（180℃油浴），土壤容重测定采用环刀法。土壤 δ¹³C 测定简述如下：首先取100 目筛自然风干土样，加盐酸去除碳酸盐，然后用蒸馏水洗涤至中性，在 55～60℃下烘干磨细，采用 MAT251 型质谱仪测定 $\delta^{13}C$（马力等，2008；慈恩等，2009；Ehleringer et al.，2000）。

（2）土壤结合态腐殖质分组：先采用 60 目筛去除 0～15cm 耕层土样的轻组部分（$\rho<1.8g/cm^3$），并称取重组土壤 5.00g，置于 100ml 离心管中，加入氢氧化钠溶液 50ml，混匀后于 30℃恒温箱内静置 8h，以 3000r/min 的速度离心 15min，所得提取液收集于塑料瓶中，重复 3～5 次，直至提取液接近无色，所得腐殖质清液即为松结合态腐殖质。剩余土壤加入 50ml 氢氧化钠和焦磷酸钠混合液，混匀后于 30℃恒温箱内静置 8h，以 3000r/min 的速度离心 15min，所得提取液收集于塑料瓶中，重复 3～5 次，直至提取液接近无色，所得腐殖质即为稳结合态腐殖质。最后，土壤残渣加 95%乙醇洗涤，用离心法洗涤至中性，于 40℃下烘干，残渣中的有机碳即为紧结合态腐殖质（马力等，2008；慈恩等，2008）。

（3）不同氧化活性土壤有机碳分组：采用 Walkely-Black 方法（Chan et al.，2001），分别用 6mol/L、9mol/L 和 12mol/L 浓硫酸氧化土壤有机碳，并通过硫酸亚铁反滴定，估算土壤中不同氧化程度有机碳含量。同时采用总碳分析仪（AnalytikJena multi N/C 3100）在 680℃下测定土壤总碳含量（有机碳+无机碳）。其中，Frac1（极易氧化碳组分）为 6mol/L 浓硫酸氧化有机碳，Frac2（易氧化碳组分）为 9mol/L 浓硫酸氧化有机碳与 6mol/L 浓硫酸氧化有机碳差值，Frac3（不易氧化碳组分）为 12mol/L 浓硫酸氧化有机碳与 9mol/L 浓硫酸氧化有机碳差值，Frac4（难氧化碳组分）为土壤总碳与 12mol/L 浓硫酸氧化有机碳差值。

第二节　不同施肥条件下潴育型水稻土有机碳演变特征

一、长期施肥下潴育型水稻土耕层（0～15cm）有机碳的演变

在连续 33 年（1980～2013 年）长期施肥过程中，所有施肥的土壤有机碳含量均有显著增长（图 28-1），长期不施肥（CK）亦呈现相同趋势。土壤有机碳绝对增量以有机肥+化学氮磷钾配施最大，达 13.8g/kg，年均增速为 0.431g/kg，增长率为 57.03%；长期不施肥的土壤有机碳含量的绝对增加量最小，为 3.9g/kg，年均增速为 0.122g/kg，增长率为 16.12%。施有机肥较不施有机肥的平均土壤有机碳增长率为 15.67%。有机肥+无机氮磷钾与无机氮磷钾肥配施相比，土壤有机碳增长为 21.42%；有机肥+无机氮磷肥配施与无机氮磷肥相比，土壤有机碳增长率 6.63%。单施无机氮肥时，秸秆还田比不还田时土壤有机碳增长 5.25%。

二、长期施肥下潴育型水稻土有机碳的剖面分布特征

不同施肥下的土壤有机碳含量随土壤深度而逐渐降低。由图 28-2 可知，不施肥（对照）的土壤有机碳分布曲线变化较平缓，其他施肥措施的土壤有机碳含量曲线多呈"S"形。不同施肥下 0～20cm 土层土壤有机碳含量降低最为明显，10cm 土层范围内有机碳

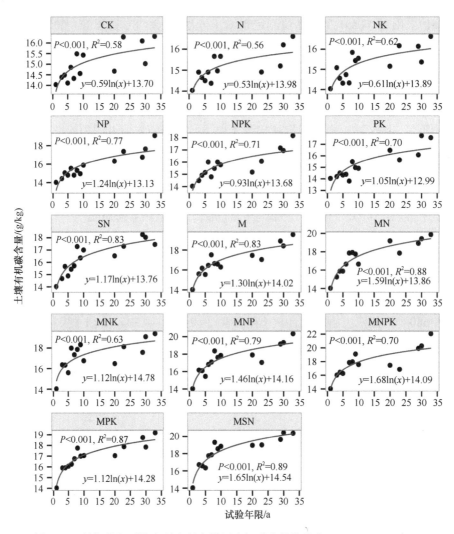

图 28-1　长期施肥下潴育型水稻土耕层有机碳含量的演变（1980～2013 年）

含量下降 30%～40%。施化肥与有机肥在＞20cm 土层土壤有机碳含量变化趋势有明显差异，而秸秆还田的变化规律与有机肥相似。＞30cm 土层土壤有机碳含量变化较稳定。由图 28-2 可知，10～30cm 土层无机氮磷肥（NP）和无机氮磷钾肥（NPK）的土壤有机碳含量降低趋势较为平缓，而 20～40cm 土层施有机肥（M、MNP、MNPK）和秸秆还田（SN、MSN）的土壤有机碳含量降低趋势较为平缓，表明长期施化肥土壤 10～30cm 土层有机碳含量相对稳定，而施有机肥或秸秆还田土壤 20～40cm 土层有机碳含量相对稳定。该结果表明长期施有机肥土壤上层有机碳累积速度较快，向下的迁移量可能相对较少，而长期施化肥的土壤有机碳向下的迁移量则可能相对较多，导致下层土壤有机碳产生累积，秸秆还田的影响与施有机肥相似。不同施肥下土壤剖面有机碳含量与土壤深度均呈极显著的指数负相关关系（$P<0.01$）（马力等，2009）。

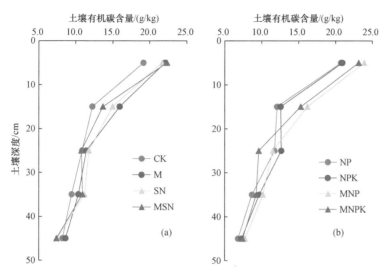

图 28-2　长期施肥下潴育型水稻土有机碳含量的剖面分布（2008 年）

三、长期施肥潴育型水稻土剖面有机碳的自然丰度变化

不同施肥土壤剖面 $\delta^{13}C$ 值之间的差异，反映了不同施肥方式对 SOC 分解周转的影响程度（马力等，2008）。由表 28-2 可知，随土壤深度的增加，不同施肥的土壤 $\delta^{13}C$ 值逐渐升高，变化范围在 –24‰～–28‰，不同施肥土壤的下层有机碳含量降低和 $\delta^{13}C$ 值升高都说明下层土壤中有机碳的分解程度较高，而上层土壤中的有机碳较新。长期不同施肥造成土壤剖面的 $\delta^{13}C$ 值产生差异，0～20cm 土层，施用化肥（NP、NPK）与对照相比，$\delta^{13}C$ 值变化不大，而秸秆还田（RN）土壤 $\delta^{13}C$ 值明显降低；施有机肥的土壤 $\delta^{13}C$ 值变化较明显，单施有机肥、有机肥+无机氮磷配施、有机肥+无机氮磷钾肥配施及有机肥+秸秆还田+无机氮肥土壤的 $\delta^{13}C$ 值均低于对照。30～50cm 土层，土壤剖面 $\delta^{13}C$ 值的变化与 0～20cm 土层呈相反趋势，除秸秆还田+无机氮肥外，施有机肥和施化肥在该土层的 $\delta^{13}C$ 值均高于对照，尤其是 40～50cm 土层。单施有机肥与对照的主要差异反映在 10～20cm 土层，表层及下层土壤 $\delta^{13}C$ 值的差异不大。0～50cm 不同层次土壤有机碳含量与其 $\delta^{13}C$ 值均呈显著的线性负相关关系（$P<0.05$），即土壤有机碳含量越低，其 $\delta^{13}C$ 值越高。不同施肥下拟合得到的直线回归方程之间差异不大（表 28-3）。

表 28-2　长期施肥下潴育型水稻土剖面 $\delta^{13}C$ 自然丰度（2008 年）　　（‰）

深度/cm	CK	NP	NPK	SN	M	MNP	MNPK	MSN
5	–27.31	–27.37	–27.41	–27.63	–27.22	–27.71	–27.33	–27.45
15	–26.19	–26.22	–26.42	–26.94	–27.08	–26.8	–26.64	–26.51
25	–26	–25.9	–26.18	–26.09	–25.97	–25.66	–25.55	–25.61
35	–25.64	–25.34	–25.54	–25.96	–25.66	–25.24	–25.3	–25.71
45	–25.34	–24.81	–24.63	–25	–25.18	–24.76	–24.67	–24.61

表 28-3　长期施肥潴育型水稻土剖面有机碳含量与 $\delta^{13}C$ 值的直线回归方程（2008 年）

处理	直线回归方程（Y 为有机碳含量，x 为 $\delta^{13}C$ 值）	决定系数
CK	$Y=-0.1750x-23.995$	0.9895^{**}
NP	$Y=-0.1783x-23.783$	0.9895^{**}
NPK	$Y=-0.1918x-23.609$	0.9117^{*}
SN	$Y=-0.1834x-23.86$	0.9461^{*}
M	$Y=-0.1536x-24.116$	0.8655
MNP	$Y=-0.1858x-23.449$	0.9674^{**}
MNPK	$Y=-0.1606x-23.814$	0.9270^{*}
MSN	$Y=-0.1802x-23.629$	0.9214^{*}

*和**分别表示显著（$P<0.05$）和极显著（$P<0.01$）相关。

四、长期施肥潴育型水稻土各土层有机碳密度及变异幅度

有机碳密度是表示土壤剖面不同层次有机碳储量的重要指标，其数值大小反映相同层次或深度范围土壤有机养分库的大小。由表 28-4 可以看出，0～25cm 和 0～50cm 土层长期施用有机肥的有机碳密度均高于施用化肥和对照。在水旱轮作条件下，土壤有机质养分库会产生一定的蓄积作用，试验结果表明，与长期施用化肥相比，施用有机肥使土壤有机碳库增加较多，更有利于提高水稻土养分循环稳定性和养分库容量。0～25cm 土层，施用有机肥处理中以有机肥与无机氮磷肥配施的有机碳密度最高，较对照处理提高 23.88%，差异显著；施用化肥处理中以无机氮磷钾肥配施的有机碳密度最高，较对照提高了 5.76%，但差异不显著；秸秆还田中，秸秆还田+无机氮肥在表层有机碳密度高于有机肥+秸秆还田+无机氮肥，也高于其他施化肥措施。0～50cm 土层施有机肥和施化肥处理中，有机肥与无机氮磷肥配施和无机氮磷钾肥的有机碳密度均为最高，秸秆还田+无机氮肥的有机碳密度仍高于有机肥+秸秆还田+无机氮肥，且高于其他施化肥措施，说明有机肥配施化肥氮和磷更有利于土壤有机碳的累积，这可能与土壤中微生物活性的提高有关，秸秆还田的培肥作用优于单施化肥，秸秆与化肥配施的作用优于秸秆与有机肥配施（Ma et al.，2011）。

变异幅度反映土壤上层和下层有机碳密度之间的差异，数值越大，表明上、下层有机碳的变异程度越大。有机质在分解过程中会由表层向下层迁移，下层土壤有机碳受作物根系和施肥影响较上层小且相对稳定。如表层土壤无新有机碳添加或上层有机碳分解转化速度与下层相近，则可能导致上、下层之间的有机碳差异趋于减小，变异幅度也趋于减小。各施肥措施下土壤有机碳密度的变异幅度结果见表 28-4，与不施肥相比，其他施肥下土壤剖面有机碳密度的变异幅度均显著增大，且施用有机肥高于施用化肥，说明长期施肥使 0～25cm 和 25～50cm 土层有机碳之间差异增大的趋势显著，施有机肥的影响较单施化肥明显。施用化肥处理中，以无机氮磷肥措施的有机碳变异幅度最大；施用有机肥处理中，以有机肥与无机氮磷钾配施的有机碳变异最大，均与对照差异显著，说明化肥氮磷配施、有机肥与无机氮磷钾肥配施均能使水稻土表层有机碳累积量显著提

高，有利于增大稻田土壤养分库容量和缓冲性，提高土壤的养分供应能力。

表 28-4　长期施肥下潴育型水稻土不同土层有机碳密度及变异幅度（2008 年）

施肥处理	0～25cm 土层/（g/m²）	0～50cm 土层/（g/m²）	变异幅度/%
CK	4450c	7407c	50.53d
NP	4498c	7220c	65.52bc
NPK	4707c	7659bc	59.48cd
SN	5124b	8330ab	59.82cd
M	5341ab	8549a	66.48bc
MNP	5513a	8676a	74.76ab
MNPK	5282ab	8163ab	83.32a
MSN	5063b	8170ab	62.94bc

注：同一列中数字含有不同字母，表示施肥处理间在 0.05 水平下差异显著。下同。

五、潴育型水稻土有机碳储量对有机碳投入的响应

长期施肥过程中，土壤有机碳的投入主要包括根系、根茬、秸秆还田和有机肥等途径（图 28-3）。在连续 33 年（1980～2013 年）施肥过程中，无机肥区组中有机碳投入

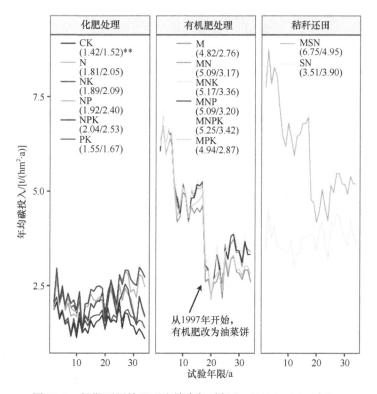

图 28-3　长期不同施肥下土壤有机碳投入（1980～2013 年）

**图中括号内数字分别为 1997 年前有机碳平均投入量和 1997 年后有机碳平均投入量

较为稳定,在 1997 年之前为 1.42～2.04t/(hm²·a),在 1997 后为 1.52～2.53t/(hm²·a),其增加量、稻麦产量的持续提升与根系根茬投入的提高有关。而有机肥区组主要受到 1997 年更换有机肥影响,1997 年有机肥为猪粪,1997 年后为菜籽饼,有机肥改变导致有机碳投入降低 2.06t/(hm²·a),有机肥区组中有机碳投入以有机肥与无机氮磷钾肥配施最高。在秸秆还田区组中,有机肥+秸秆还田+无机氮肥的有机碳投入也受有机肥影响,而秸秆还田+无机氮肥的有机碳投入的变幅不大,为 3.51～3.90t/(hm²·a)。

在本区域水稻土中,有机碳投入的多少影响了土壤有机碳的变化速率(图 28-4),分段线性模型表明,当有机碳投入量高于 3.80t/(hm²·a)时,有机碳含量变化速率为 0.11g/(kg·a);当有机碳投入低于 3.80t/(hm²·a)时,有机碳含量变化速率仅为 0.04g/(kg·a)。

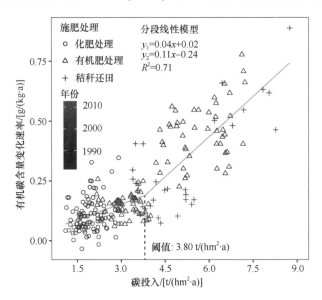

图 28-4　有机碳投入与耕层(0～15cm)有机碳含量变化速率的关系(1980～2013 年)

六、潴育型水稻土有机碳固碳速率与固碳效率

土壤有机碳库容不仅与土壤有机碳含量有关,也与土壤深度和土壤容重相关(图 28-5)。不同处理土壤容重在 33 年(1980～2013 年)后产生显著差异,不施肥对照处理由于有机碳投入低,土壤团粒结构差,土壤容重显著高于其余处理;而有机肥+秸秆还田+无机氮肥的土壤有机碳投入量最高,其容重最低。

太湖地区水稻土有机碳库的固碳效率约为 3.2%,有机碳投入维持在 0.63t/(hm²·a)(图 28-6)。本研究中所有处理有机碳投入均高于 0.63t/(hm²·a),这与所有处理有机碳在时间序列上均保持增长一致(图 28-1)。不管线性或者是非线性模型,在 33 年的稻-麦轮作过程中,土壤有机碳仍然保持增长,尽管增长速率有所放缓,说明土壤有机碳库还未达到饱和。

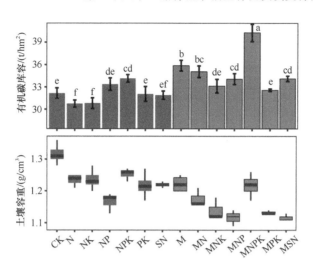

图 28-5　不同施肥下潴育型水稻土容重及耕层有机碳库容（2013 年）

不同小写字母表示在 0.05 水平上差异显著

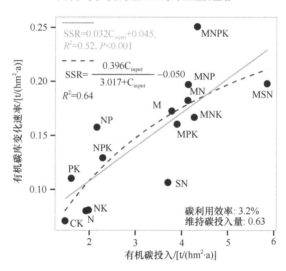

图 28-6　潴育型水稻土有机碳库变化速率与有机碳投入的响应关系（2013 年）

第三节　潴育型水稻土碳库组分对碳投入的响应

一、长期施肥下潴育型水稻土活性碳库的变化

我们利用不同浓度的浓硫酸氧化，将土壤有机碳分为极易氧化碳组分（Frac1）、易氧化碳组分（Frac2）、不易氧化碳组分（Frac3）和难氧化碳组分（Frac4）四种（Chan et al.，2001）。其中，Frac1 和 Frac2 构成活性碳库，Frac3 和 Frac4 构成惰性碳库。活性碳库平均占比 71.0%，惰性碳库平均占比 29.0%（表 28-5）。产生上述差异的原因可能是外源投入碳形式不同导致。施有机肥后，活性碳库和惰性碳库均有显著提升，表明施用有机肥是提升潴育型水稻土土壤碳库的有效方法。

表28-5 不同施肥下潴育型水稻土活性与惰性碳库含量（2013 年）　　（单位：g/kg）

处理	活性碳库		惰性碳库	
	极易氧化碳组分（Frac1）	易氧化碳组分（Frac2）	不易氧化碳组分（Frac3）	难氧化碳组分（Frac4）
CK	8.12c	3.70c	2.15c	1.91b
NP	8.36c	4.32b	2.53c	2.06b
NPK	8.40c	4.35b	2.60c	2.10b
M	8.50bc	4.97a	3.36b	2.67a
MNP	8.97b	5.12a	3.71ab	2.79a
MNPK	9.51a	5.43a	4.10a	2.98a

　　不同氧化性有机碳储量与碳投入量的关系可用一般线性模型拟合（图 28-7），其斜率可表征为不同氧化性有机碳的固碳速率。结果表明，不易氧化碳组分的固碳速率最高，其次为易氧化有机碳组分、难氧化有机碳组分和极易氧化有机碳组分，说明本试验土壤中惰性碳库部分并未达到饱和状态，仍然具有较大的固碳空间（He et al.，2020）。

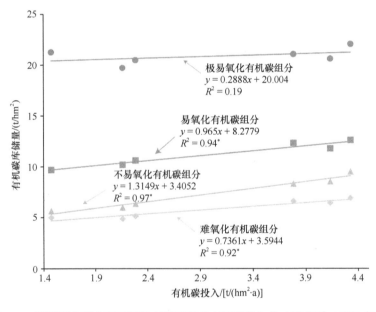

图 28-7　潴育型水稻土不同活性有机碳库对有机碳投入的响应关系（2013 年）

二、长期施肥下潴育型水稻土不同结合态腐殖质含量及其组成

　　长期施肥使 0～15cm 土层不同结合态腐殖质含量发生变化（表 28-6）。太湖稻-麦连作体系土壤中结合态腐殖质组分以紧结合态腐殖质（胡敏素）为主，含量在 50% 以上，其余部分为松结合态和稳结合态腐殖质，两者比例大致相等。施用化肥土壤的稳结合态腐殖质含量略高于松结合态，而施用有机肥土壤的松结合态腐殖质含量则略高于稳结合态。不同施肥下松结合态腐殖质有机碳含量变化较明显，与不施肥的对照相比，单施化肥、单施有机肥、两者配施及秸秆还田均使土壤松结合态腐殖质含量显著升高，其中有

机肥与无机氮磷钾配施、有机肥+秸秆还田+无机氮肥和无机氮磷钾分别比对照升高了81.68%、58.76%和28.00%。松结合态腐殖质总有机碳含量的大小为有机肥与无机氮磷钾配施＞有机肥+秸秆还田+无机氮肥＞秸秆还田+无机氮肥＞单施有机肥＞对照，说明长期施肥对土壤有机-无机复合体中松结合态腐殖质组分的影响较大。稳结合态腐殖质的含量较稳定，其变化不如松结合态腐殖质明显，各施肥下土壤稳结合态腐殖质含量与对照差异均不显著，仅有机肥与无机氮磷钾配施较对照有所降低。紧结合态腐殖质（胡敏素）是腐殖质中更难分解的部分，长期施肥并没有导致该部分腐殖质含量的明显升高，仅有机肥+秸秆还田+无机氮肥比对照升高 3.54%，其余施肥下腐殖质含量均有所降低，其中秸秆还田+无机氮肥较对照降低 18.90%，说明土壤有机碳库中的胡敏素在长期水旱轮作和施肥条件下是相对稳定的，并可能有分解和消耗的趋势，施肥并不能使该部分腐殖质产生明显累积（马力等，2008）。

表 28-6　长期施肥潴育型水稻土 0～15cm 土层不同结合形态腐殖质的含量（2007 年）

处理	总有机碳量 /（g/kg）	松结合态腐殖质		稳结合态腐殖质		紧结合态腐殖质	
		含量/（g/kg）	组成/%	/（g/kg）	/%	/（g/kg）	/%
CK	15.81c	2.5e	16.30	3.53ab	22.32	9.70ab	61.38
NPK	16.41bc	3.30d	20.10	3.78ab	23.01	9.33bc	56.89
SN	15.16c	3.52c	23.19	3.78ab	24.91	7.87d	51.90
M	16.10bc	3.47cd	21.56	3.61ab	22.40	9.02c	56.04
MNPK	17.42ab	4.38a	26.88	3.48b	19.99	9.25bc	53.12
MSN	18.01a	4.09b	22.71	3.87a	21.51	10.05a	55.78

　　长期施肥主要影响土壤松结合态腐殖质部分，该部分含量与对照相比显著升高，胡敏酸（HA）与富啡酸（FA）的比值（HA/FA）也明显升高。由图 28-8 可以看出，不同施肥下的松结合态腐殖质中主要为富啡酸，胡敏酸所占比例较小。施肥使土壤松结合态腐殖质中富啡酸含量显著升高，其中以有机肥与无机氮磷钾肥配施时含量最高，比对照显著提高 57.12%，不同施肥下富啡酸含量大小为有机肥与无机氮磷钾肥配施＞秸秆还

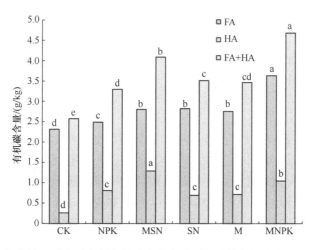

图 28-8　长期施肥潴育型水稻土松结合态腐殖质组分的有机碳含量（2007 年）

田+无机氮肥、有机肥+秸秆还田+无机氮肥、单施有机肥＞无机氮磷钾肥＞对照。胡敏酸含量的变化也有相似规律，但胡敏酸含量的变化幅度较富啡酸明显，有机肥+秸秆还田+无机氮肥、有机肥与无机氮磷钾配施和无机氮磷钾肥分别比对照提高了 3.92 倍、2.99倍和 2.09 倍。不同施肥处理胡敏酸含量大小为有机肥+秸秆还田+无机氮肥＞有机肥与无机氮磷钾配施＞无机氮磷钾肥＞单施有机肥＞秸秆还田+无机氮肥＞对照。长期施肥使土壤松结合态腐殖质中富啡酸和胡敏酸均发生明显累积，胡敏酸累积趋势更明显。

　　土壤稳结合态腐殖质中胡敏酸（HA）和富啡酸（FA）含量相对稳定，稳结合态腐殖质中胡敏酸含量及其所占比例明显增大，普遍达到稳结合态腐殖质总量的 40%～50%（图 28-9）。与对照相比，长期施肥使稳结合态腐殖质中富啡酸和胡敏酸含量升高并不显著，仅施用无机氮磷钾的富啡酸比对照提高了 14.52%，秸秆还田+无机氮肥和有机肥+秸秆还田+无机氮肥的胡敏酸比对照分别提高了 13.4% 和 13.77%，其余施肥土壤中富啡酸和胡敏酸变化不大，说明除秸秆还田外，长期施化肥和有机肥并未使土壤有机-无机复合体中稳结合态腐殖质各组分含量明显增加，该形态腐殖质中富啡酸和胡敏酸的含量及性质相对稳定，说明这部分腐殖质属于稳定的土壤有机碳库，受长期施肥的影响较小，在长期保持稻田土壤肥力、维持土壤有机碳库在稻田生态系统养分循环中的稳定性方面发挥了重要作用。

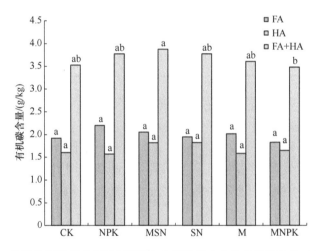

图 28-9　长期施肥潴育型水稻土稳结合态腐殖质组分的有机碳含量（2007 年）

第四节　长期施肥潴育型水稻土有机碳的矿化特征

　　由图 28-10 和表 28-7 可以看出，施有机肥的潴育型水稻土日均矿化量在培养第 2 天达到最大，施化肥的日均矿化量在第 2～3 天达到最大，不施肥的对照则在第 4 天达到最大。除秸秆还田+无机氮肥外，各施肥的矿化速率与对照差异显著，说明长期施肥使稻田土壤有机质的分解速率显著增大，反映为有机碳循环速率的增加和土壤养分供应强度的提高。施有机肥的最大矿化速率高于施化肥。施有机肥的最大矿化速率为：有机肥与无机氮磷肥配施＞有机肥+秸秆还田+无机氮肥＞有机肥与无机氮磷钾肥配施＞单施有机肥；施用化肥的最大矿化速率为：氮磷钾配施、氮磷肥配施＞对照、秸秆还田+无机氮肥。矿化速率随时间延长逐渐下降，不同施肥的矿化速率在 21 天后均达稳定状态，约为 20ml CO_2/(kg·d)。培养开始 7 天内，施有机肥的矿化速率均高于施化肥，有机肥配施秸秆还田的最大矿化速率高于化肥配施秸秆还田。随时间延长，不同施肥的矿化速率之间的差异趋于减小，逐渐达到稳定状态，稳定的矿化速率范围为 10～20ml CO_2/(kg·d)。不同施肥的平均矿化速率为 55.36～75.46ml CO_2/(kg·d)，与对照之间差异显著，不同施肥处理之间差异也显著。

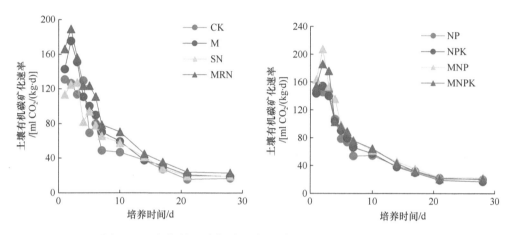

图 28-10　长期施肥潴育型水稻土有机碳矿化速率（2007 年）

表 28-7　长期施肥潴育型水稻土有机碳的矿化速率（2007 年）

处理	最大矿化速率 /[ml CO_2/(kg·d)]	平均矿化速率 /［ml CO_2/(kg·d)］	稳定矿化速率 /［ml CO_2/(kg·d)］	累积矿化速率 /［ml CO_2/(kg·d)］
CK	129.4e	55.36e	12.70e	1557e
NP	146.5d	60.44d	15.14cd	1734cd
NPK	154.2d	62.18d	15.52cd	1781c
SN	127.3e	56.24e	14.57d	1661d
M	175.3c	66.56c	16.20c	1879b
MNP	207.4a	73.31ab	17.91b	2079a
MNPK	186.0bc	70.81b	19.35a	2084a
MSN	189.2b	75.46a	18.13d	2134a

注：平均矿化速率为 8 周内矿化速率的平均值，稳定矿化速率为第 3 周至第 8 周矿化速率的平均值。

由图 28-11 可以看出，不同施肥的土壤在培养期内累积矿化量随时间的延长增长趋势一致，施有机肥的累积矿化量始终大于施化肥。有机肥配施秸秆还田在 8 周内累积矿化量最大，对照的累积矿化量最小。施用有机肥的累积矿化量大小为：有机肥+秸秆还田+无机氮肥＞有机肥与氮磷钾配施＞有机肥与磷钾配施＞单施有机肥；施用化肥的累积矿化量大小为：氮磷钾配施＞氮磷配施＞秸秆还田+无机氮肥＞对照。与对照相比，除秸秆还田+无机氮肥外，施用化肥和有机肥的累积矿化量均有显著升高，有机肥配施化肥较单施有机肥的累积矿化量大，说明长期施化肥、有机肥配施化肥和秸秆还田，均能使土壤有机碳的矿化量明显增加。不同施肥的累积矿化量与培养时间均呈极显著的对数正相关（$P<0.01$），不同施肥的矿化规律表现较好的一致性。

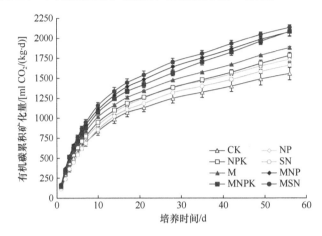

图 28-11　长期施肥潴育型水稻土有机碳累积矿化量（2007 年）

表 28-8 反映了 8 周培养期内不同施肥土壤有机碳的总矿化强度。在好气培养条件下，土壤 8 周内的总矿化量只占有机碳含量的 5%左右。与对照相比，施肥使土壤矿化强度有所提高，施用有机肥处理中，以有机肥+秸秆还田+无机氮肥和有机肥与氮磷钾肥配施提高较大，秸秆还田+无机氮肥的矿化强度较则有所降低。分析 3 周矿化速率稳定后的矿化率，有机肥与氮磷钾肥配施、氮磷钾配施和秸秆还田的稳定矿化率较对照显著提高，其他各施肥下矿化率与对照差异均不显著，稳定在 32%～33%。这说明尽管长期大量施肥，新投入土壤中的有机碳总量可能远大于土壤原有有机碳含量，但这些有机物质在土壤微生物的分解转化、作物根系吸收及耕作影响下，使得土壤有机碳库的输出比例并未显著改变，这反映了水旱轮作制度水稻土有机碳在长期施肥条件下的循环速度可能仍是相对稳定的，并未因施肥而明显加快，也反映了该地区土壤的养分供应强度仍能保持相对稳定性。

表 28-8　长期施肥潴育型水稻土有机碳的总矿化强度和稳定矿化率

测定指标	CK	NP	NPK	SN	M	MNP	MNPK	MSN
矿化强度/%	4.94d	5.20bc	5.25bc	4.57e	5.02cd	5.22bc	5.43b	5.87a
稳定矿化率/%	31.24c	32.77bc	33.26b	33.28b	32.87bc	32.90bc	35.82a	32.30bc

注：矿化强度为总矿化量与土壤有机碳含量比值，稳定矿化率为第 3 周至第 8 周矿化量与总矿化量比值。同一行中数字含有不同字母者表示在 0.05 水平下差异显著。

第五节　潴育型水稻土有机碳提升技术

一、长期施肥土壤有机碳与作物产量的响应关系

潴育型水稻土上水稻、小麦产量及其总产量均与土壤有机碳含量呈极显著正相关

（图 28-12）。每提升 1g/kg 土壤有机碳，水稻平均增产 251kg/hm^2，小麦增产 233kg/hm^2，稻麦总产增加 485kg/hm^2。在太湖地区连续种植 33 年后，伴随土壤有机碳提升，稻麦产量仍呈显著增长趋势。

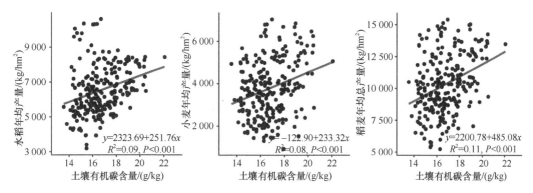

图 28-12　潴育型水稻土稻麦产量与土壤有机碳含量的关系（1981～2018 年）

二、长期施肥提升土壤有机碳等肥力指标

通过提升水稻土有机碳含量能达到显著增加作物产量的效果，其主要机理为土壤有机碳提升影响了各项土壤肥力指标。土壤有机碳与土壤总氮、总磷、碱解氮和有效磷均呈显著正相关，仅与土壤有效钾含量呈显著负相关（图 28-13），表明增加土壤有机碳水平有效提升了土壤主要肥力指标。

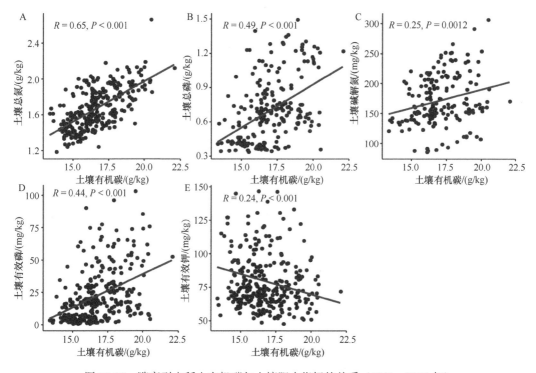

图 28-13　潴育型水稻土有机碳与土壤肥力指标的关系（1981～2018 年）

三、潴育型水稻土有机碳提升技术

本试验潴育型水稻土经过历史上若干年的耕种，基础地力较高，1980 年 0～20cm 耕层土壤有机碳含量为 14.04g/kg。至 2013 年，耕层土壤有机碳最高达 22.5g/kg（有机肥与氮磷钾配施），且土壤有机碳仍在持续增长。土壤有机碳提升速率与碳投入呈正相关。碳投入大于 3.80t/(hm²·a)时，土壤有机碳增速较快，达 0.11g/(kg·a)；碳投入小于 3.80t//(hm²·a)时，土壤有机碳增速降低，为 0.04g/(kg·a)（图 28-4）。

从有机碳库容上看，至 2013 年，施用有机肥的土壤有机碳库显著高于单施无机肥（图 28-5）。太湖地区水稻土平均固碳速率为 3.2%，维持水稻土固碳速率为 0 的有机碳投入量为 0.63t/(hm²·a)，在稻麦种植模式下，根系、根茬等输入有机碳量已高于 0.63t/(hm²·a)，因此本区域水稻土目前处于地力持续提升阶段。

基于上述研究结果，可对土壤有机碳提升进行模型估计。以目前平衡施肥（氮磷钾配施）为例，目前有机碳储量（Initial$_{Stock}$）为 33t/hm²，若要在 n 年内有机碳储量平均提升 a%，则年均需要投入有机碳含量为 Initial$_{Stock}$×a%/（SSR×n），其中平均固碳速率（SSR）为 3.2%，若 n=20，平均土壤碳储量提升 10%和 20%，则需每年输入的碳量分别为 5.15t/hm² 和 10.32t/hm²，氮磷钾配施时平均由根茬、根系投入的有机碳为 2.53t/(hm²·a)，则需每年额外输入有机碳量为 2.62t/hm² 和 7.78t/hm²（表 28-9）。若以菜籽饼类有机肥为例，其有机碳含量为 388.6g/kg（干物质含量），需要每年投加菜籽饼的量（折合含水率 12%）分别为 7.68t/hm² 和 22.76t/hm²，以秸秆还田方式（秸秆碳含量为 418g/kg，秸秆含水率为 14%），需要每年还田秸秆量分别为 7.31t/hm² 和 21.65t/hm²。假设固碳速率维持不变，不另外投加有机碳源，则氮磷钾配施的有机碳储量提升 10%、20%和 30%，理论分别需要 40 年、82 年和 122 年。

表 28-9　潴育型水稻土有机碳在 20 年内提升至目标值所需外源有机碳数量

肥力水平	有机碳储量 /（t/hm²）	固碳速率 /%	所需碳投入量 / [t/(hm²·a)]	外源碳投入量 / [t/(hm²·a)]	菜籽饼 / [t/(hm²·a)]	秸秆还田 / [t/(hm²·a)]
现有肥力水平	33					
有机碳提升 10%	36.3		5.15	2.62	7.68	7.31
有机碳提升 20%	39.6	3.2	10.32	7.78	22.76	21.65
有机碳提升 30%	42.9		15.47	12.94	37.84	36
维持现有肥力水平	33		0.63	无须投入	无须投入	无须投入

（施林林　沈明星　王海候）

参 考 文 献

慈恩，杨林章，程月琴，等. 2008. 耕作年限对水稻土有机碳分布和腐殖质结构特征的影响. 土壤学报，(5): 950-956.

慈恩，杨林章，施林林，等. 2009. 不同气候带水稻土有机碳 δ^{13}C 及胡敏酸结构特征变化. 土壤学报，

46(1): 78-84.

李春海, 章钢娅, 杨林章, 等. 2006. 绰墩遗址古水稻土孢粉学特征初步研究. 土壤学报, (3): 452-460.

马力, 杨林章, 慈恩, 等. 2008. 长期施肥条件下水稻土腐殖质组成及稳定性碳同位素特性. 应用生态学报, 19(9): 1951-1958.

马力, 杨林章, 慈恩, 等. 2009. 长期不同施肥处理对水稻土有机碳分布变异及其矿化动态的影响. 土壤学报, 46(6): 1050-1058.

Chan K Y, Bowman A, Oates A. 2001. Oxidizible organic carbon fractions and soil quality changes in an oxic paleustalf under different pasture leys. Soil Science, 166: 61-67.

Ehleringer J R, Buchmann N, Flanagan L B. 2000. Cabon isotope ratios in belowground carbon cycle procsses, Ecological Society of America, 10(2): 412-422.

He F, Shi L L, Tian J C, et al. 2021. Effects of long-term fertilization on soil organic carbon sequestration after a 34-year rice-wheat rotation in Taihu Lake Basin. Plant, Soil and Environment, 67: 1-7.

Ma L, Yang L Z, Xia L Z, et al. 2011. Long-term effects of inorganic and organic amendments on organic carbon in a paddy soil of the Taihu Lake Region, China. Pedosphere, 21(2): 186-196.

第二十九章 渗育型水稻土有机质演变特征及提升技术

红壤性黏瘦水稻土是福建主要的低产土壤类型之一，约占低产田类型的 40%，尤其以中低产黄泥田面积最大，约占黏瘦稻田的 80%，面积在 6.7 万 hm^2 以上（福建省土壤普查办公室，1991）。该类稻田土是由地带性红壤经人工熟化形成，主要分布于丘陵山地和坡地梯田，存在生产条件较差、经营集约化程度较低、土壤理化性状不良、水稻周年单产较低等问题。深入探究渗育型水稻土有机质演变特征，对构建南方黄泥田培肥模式、优化土壤碳库质量、提高福建省耕地质量及保证粮食安全具有重要意义。

第一节 渗育型水稻土长期试验概况

一、渗育型水稻土长期试验基本情况

长期定位试验点位于闽侯县白沙镇农业部福建耕地保育科学观测实验站内，26°13′31″N、119°04′10″E，地处南亚热带与中亚热带过渡区，海拔高度 15.4m，年均气温 19.5℃，≥10℃的有效积温 6422℃，年降水量 1350.9mm，年蒸发量 1495mm，年日照时数 1812.5h，无霜期 311d。土壤类型属于渗育型水稻土黄泥田土属；成土母质为低丘红壤坡积物。土壤剖面特性如下：A（耕作层），0～18cm，暗灰黄，壤质黏土，碎块状结构，稍紧实；Ap（犁底层），18～26cm，暗灰黄，黏土，块状结构，较紧实；P（渗育层），26～65cm，淡黄棕，少量青灰色，壤质黏土，块状结构，紧实，有少量锈纹锈斑；C（母质层），65～80cm，湿软，壤质黏土，有少量铁锰淀斑。

长期定位施肥试验始于 1983 年，初始耕层（0～20cm）土壤基本性质如下：pH 4.90，有机质含量 21.6g/kg、全氮 1.49g/kg、全磷 0.30g/kg、全钾 16.2g/kg、碱解氮 141mg/kg、有效磷 18mg/kg、速效钾 41mg/kg。

试验设 4 个处理，分别为：①不施肥（CK）；②氮磷钾化肥（NPK）；③氮磷钾化肥配施有机肥（NPKM）；④氮磷钾化肥配施秸秆还田（NPKS）。每个处理设 3 个重复，小区面积 12m²，随机区组排列。施肥处理中每季施用化肥量 N 为 103.5kg/hm²、P_2O_5 为 27kg/hm²、K_2O 为 135kg/hm²。氮磷钾化肥配施有机肥是在单施化肥基础上，每茬水稻增施干牛粪 3750kg/hm²，其养分平均含量：有机碳为 249.9g/kg、N 为 13.2g/kg、P_2O_5 为 8.0g/kg、K_2O 为 8.9g/kg。氮磷钾化肥配施秸秆还田处理中，秸秆施用量为上茬秸秆全部还田，3660～5150kg/hm²（风干重），秸秆养分多年平均含量：有机碳为 377.3g/kg、N 为 7.8g/kg、P_2O_5 为 2.1g/kg、K_2O 为 27.1g/kg。化肥中氮钾肥的一半作基肥，一半作

分蘖追肥，磷肥全部作基肥施用。供试化肥分别是尿素、过磷酸钙和氯化钾。1983～2004年，试验地种植双季稻，2005年开始种植单季稻。水稻品种每3～4年轮换一次，与当地主栽品种保持一致。历年种植水稻品种为'威优64'、'丁优'、'豆花'、'白沙428'、'粤优938'、'宜香优2292'、'中浙优1号'、'中浙优8号'，其中2018年以来供试水稻品种为'中浙优8号'。

二、主要测定与方法

1. 不同粒级团聚体分离及组分测定

土壤团聚体的分级采用湿筛法（Six et al.，1998），得到4种粒级的团聚体：>2mm，0.25～2mm，0.053～0.25mm，<0.053mm（差减法）。鉴于不同文献对团聚体粒级命名方式不一，参考Denef和Six（2005）的研究，将上述4种粒级分别命名为大团聚体、中间团聚体、微团聚体与粉黏粒。

对大团聚体与中间团聚体固持的有机碳进一步进行轻组组分与重组组分分级（徐江兵等，2007），将烘干后的轻组有机物（light fraction，LF）、粗颗粒有机物（coarse fraction，CF）、团聚体内细颗粒有机物（fine fraction，FF）、矿物结合态有机碳（mineral-associated organic carbon，MOC）研磨过100目筛，用元素分析仪（TruMac CNS Analyzer，LECO，USA）测定其有机碳含量（LF-C、CF-C、FF-C、MOC）。

总有机碳、微生物生物量碳、水溶性有机碳及轻组碳分析方法详见文献（李清华，2011）。

2. 系统碳投入量估算

（1）水稻根系及稻茬碳投入：

$$C_{input}（t/hm^2）=[（Y_{grain}+Y_{straw}）×30\%+Y_{straw}×16.7\%]×（1–14\%）× C_{straw}/1000 \quad (29\text{-}1)$$

式中，Y_{grain}为水稻籽粒产量（kg/hm²）；Y_{straw}是水稻秸秆产量（kg/hm²）；30%为水稻根系及分泌物与地上生物量（秸秆和产量）的比值（Li et al.，1994）；16.7%为水稻留茬平均值与其秸秆生物量的比值（实际测定得出）；14%为水稻地上部分风干基平均含水量；C_{straw}为水稻地上部分烘干基的平均含碳量41.7%，参考《中国有机肥料养分志》；1000为单位换算。

（2）水稻秸秆碳投入：

$$C_{input}（t/hm^2）=Y_{straw}×（1–14\%）×0.417/1000 \quad (29\text{-}2)$$

式中，Y_{straw}是水稻秸秆产量（kg/hm²）；水稻地上部分风干基平均含水量为14%；地上部分烘干基平均有机碳含量为41.7%，参考《中国有机肥料养分志》；1000为单位换算。

（3）有机肥碳投入：

$$C_{input}（t/hm^2）=C_m×（1–W\%）×Weight/1000 \quad (29\text{-}3)$$

式中，C_m是指实测有机肥的有机碳含量（g/kg）；$W\%$为有机肥含水量；Weight为施用有机肥的鲜基重（kg/hm²）；1000为单位换算。

第二节 长期不同施肥下渗育型水稻土有机碳变化特征

一、长期不同施肥下渗育型水稻土总有机碳含量变化

1983~2004 年（双季稻年份）不同施肥处理耕层（0~18cm）土壤有机碳含量呈上升趋势，2005 年后（连续施肥 21 年后）改为单季稻，有机碳含量略有下降趋势（图29-1）。不同施肥下土壤有机碳含量大小顺序为：氮磷钾化肥配施有机肥、氮磷钾化肥配合秸秆还田＞氮磷钾化肥＞不施肥。施肥处理使土壤耕层有机碳平均含量较不施肥提高了 10.5%~39.0%，氮磷钾化肥配施有机肥和氮磷钾化肥配合秸秆还田分别较单施氮磷钾化肥土壤有机碳显著提高了 25.8%和 14.7%，氮磷钾化肥配施有机肥土壤有机碳含量比氮磷钾化肥配合秸秆还田提高了 9.7%，差异均达到显著水平（$P<0.05$）（图29-1）。这与我国不同区域土壤普遍存在的固碳趋势较为一致（徐明岗等，2006；张丽敏等，2014）。长期不施肥与试验前土壤有机碳含量基本一致，并没有明显亏缺现象，这可能是由于亚热带红壤稻田物质与能量代谢较为旺盛，通过作物根茬还田，土壤有机质增加量与土壤有机质年矿化量基本保持平衡，土壤有机碳含量基本保持稳定（佘冬立等，2008）。

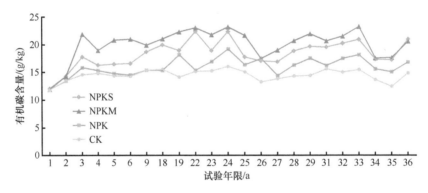

图 29-1 长期施肥下渗育型水稻土耕层（0~18cm）有机碳含量演变（1983~2018 年）

CK 为不施肥，NPK 为氮磷钾化肥，NPKM 为氮磷钾化肥配施有机肥，NPKS 为氮磷钾化肥配合秸秆还田。下同

经过 35 年的连续施肥，施用氮磷钾化肥、氮磷钾化肥配施有机肥、氮磷钾化肥配合秸秆还田土壤有机碳平均含量与试验前相比分别提高了 3.3g/kg、7.3g/kg 与 5.5g/kg。长期配施有机物料尤其是配施有机肥是提高稻田有机碳含量的重要措施。

二、长期施肥下渗育型水稻土活性碳组分含量的变化

1. 微生物生物量碳的变化

土壤微生物生物量碳是土壤碳的周转与贮备库，是土壤有效碳的重要来源，也是评价土壤养分有效性和土壤微生物状况随环境变化的敏感指标。不同施肥处理下土壤微生物生物量碳含量为 309.2~448.4mg/kg，其大小顺序为：氮磷钾化肥配施有机肥＞氮磷

钾化肥配合秸秆还田＞氮磷钾化肥＞不施肥（图 29-2）。与不施肥相比，长期施肥均能不同程度地提高土壤微生物生物量碳含量，增幅为 16.7%～45.0%；其中，氮磷钾化肥配施有机肥对土壤微生物生物量碳含量的提升作用最大（图 29-2）。

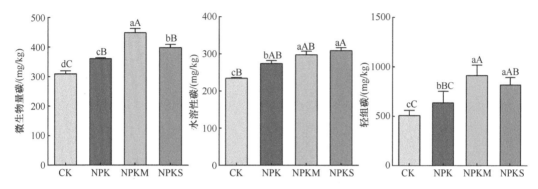

图 29-2　长期不同施肥下渗育型水稻土微生物生物量碳、水溶性碳和轻组碳含量（2018 年）
不同小写字母表示不同施肥处理间差异显著（$P<0.05$）；不同大写字母表示不同施肥处理间极显著差异（$P<0.01$）。

2. 水溶性碳的变化

不同施肥下土壤水溶性碳含量为 234.5～308.8mg/kg，其大小顺序为：氮磷钾化肥配合秸秆还田、氮磷钾化肥配施有机肥＞氮磷钾化肥＞不施肥（图 29-2）。与不施肥相比，施肥均能不同程度地提高土壤水溶性碳含量，增幅为 16.9%～31.7%；氮磷钾化肥配合秸秆还田下土壤水溶性碳含量最高，较单施氮磷钾化肥和氮磷钾化肥配施有机肥分别提高了 12.6%和 3.7%（图 29-2）。

3. 轻组有机碳的变化

不同施肥处理的土壤轻组碳含量为 507.4～912.8mg/kg，大小顺序为：氮磷钾化肥配施有机肥、氮磷钾化肥配合秸秆还田＞氮磷钾化肥＞不施肥；与不施肥相比，施肥均能不同程度地提高土壤轻组碳含量，其增幅为 25.2%～79.9%（图 29-2）。氮磷钾化肥配施有机肥使土壤轻组碳含量比单施氮磷钾化肥和氮磷钾化肥配合秸秆还田分别提高了 43.7%和 11.7%（图 29-2）。

总的来说，与不施肥相比，不同施肥处理均提高了以上活性碳组分占土壤总有机碳的比率。不同活性碳组分中与土壤总有机碳相关性最大的为微生物生物量碳，其相关系数为 0.98，达极显著相关；轻组碳次之，相关系数为 0.96，达到显著水平；水溶性碳最小，相关系数为 0.78。

第三节　长期不同施肥下渗育型水稻土团聚体有机碳固持特征

一、长期不同施肥下渗育型水稻土团聚体的分布变化

渗育型水稻土耕层团聚体组成以大团聚体与中间团聚体为主。氮磷钾化肥配施有机肥和氮磷钾化肥配合秸秆还田处理使土壤大团聚体所占比例较不施肥分别提高了22.0%

和 15.5%，较单施氮磷钾化肥分别提高了 18.1%和 11.7%。氮磷钾化肥配施有机肥与氮磷钾化肥配合秸秆还田下土壤的中间团聚体所占比例较不施肥分别降低 14.3%和 10.2%，较单施氮磷钾化肥分别降低 13.6%和 9.5%（图 29-3）。施肥处理的耕层土壤微团聚体所占比例较不施肥降低了 2.4%～6.1%，氮磷钾化肥配施有机肥降低最为明显。

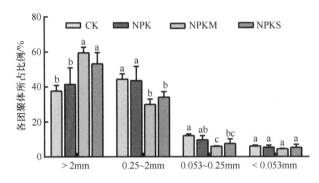

图 29-3　不同施肥下渗育型水稻土团聚体分布（2018 年）

二、长期不同施肥下各粒级团聚体有机碳固持贡献率变化

不同施肥的原土有机碳含量较不施肥显著提高了 16.9%～43.9%，氮磷钾化肥配施有机肥、氮磷钾化肥配合秸秆还田的原土有机碳含量分别较单施化肥显著提高了 23.1%和 12.8%（图 29-4）。不同施肥均不同程度提高了大团聚体、中间团聚体、微团聚体和粉黏粒的有机碳含量（图 29-4）。氮磷钾化肥配施有机肥、氮磷钾化肥配合秸秆还田下大团聚体有机碳含量较单施化肥分别显著提高了 42.1%与 28.3%，且氮磷钾化肥配施有机肥含量显著高于氮磷钾化肥配合秸秆还田（$P<0.05$）（图 29-4）。各粒级团聚体中，大团聚体中有机碳含量相对其他粒级团聚体高，平均含量为其他粒级的 1.3～1.6 倍（图 29-4）；大团聚体、中间团聚体、微团聚体这三种团聚体有机碳含量随粒级减小而降低，但粉黏粒团聚体有机碳含量再次上升，并高于中间团聚体与微团聚体有机碳含量（图 29-4）。对不同粒级团聚体有机碳含量变化而言，相较于微团聚体，大团聚体中有更多新增加的有机碳和不稳定物质（Elliot et al.，1986；Denef and Six，2005）。粉黏粒团聚体中有机碳含量最高，这可能是因为粉黏粒团聚体具有较大的比表面积和较高的永久表

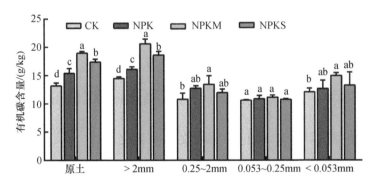

图 29-4　不同施肥下渗育型水稻土团聚体有机碳含量（2018 年）

面电荷，能够吸附和稳定有机碳（刘满强等，2007），也可能是该粒级团聚体黏粒含量较高，受到根系和真菌的作用，易与有机碳形成复合体（章明奎等，2007）。以上结果表明，长期施肥提高了黄泥田耕层原土及各粒级团聚体有机碳水平，化肥配施有机肥提升效果尤为明显。

各粒级团聚体对原土总有机碳固持贡献，以大团聚体贡献率最高，为44.5%～69.5%；其次是中间团聚体，为22.9%～39.9%（表29-1）。施肥在不同程度提高了大团聚体对原土有机碳的固持贡献率，其中化肥配施有机肥、化肥配合秸秆还田比不施肥分别提高了25.0%和19.3%，比单施化肥分别提高21.8%与16.1%。施肥总体降低了中间团聚体、微团聚体、粉黏粒三种粒级对原土有机碳的固持贡献率。

表 29-1　不同施肥下各粒级团聚体对渗育型水稻土有机碳固持的贡献率（2018 年）（%）

处理	土壤团聚体			
	>2mm	0.25～2mm	0.053～0.25mm	<0.053mm
不施肥	44.5±2.2b	39.1±2.2a	10.5±1.4a	6.0±0.1
氮磷钾化肥	47.7±9.2b	39.9±7.1a	7.6±2.6ab	4.8±0.8a
氮磷钾化肥配施有机肥	69.5±4.0a	22.9±4.1b	3.8±0.0c	3.8±0.3b
氮磷钾化肥配合秸秆还田	63.8±5.1a	26.5±2.7b	5.3±2.2bc	4.3±0.9b

注：同列不同小写字母表示不同施肥处理之间差异显著（$P<0.05$）。

三、长期不同施肥土壤团聚体内有机碳组分分配变化

1. 长期不同施肥土壤大团聚体内有机碳组分分配特征

在大团聚体内，以矿物结合态有机碳（MOC）质量比例最大，占50.7%～57.7%，细颗粒有机碳（FF-C）质量比例最小，占11.5%～14.1%（图29-5）。与不施肥相比，各施肥措施下轻组有机碳（LF-C）与粗颗粒有机碳（CF-C）质量比例有所升高，但施肥有降低矿物结合态有机碳质量比例的趋势（图29-5）。与不施肥相比，施肥总体提高了大团聚体内各组分碳含量，轻组有机碳含量显著增加20.7%～32.3%，氮磷钾化肥配合

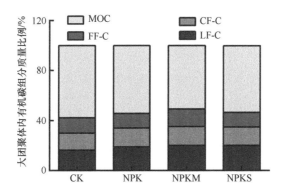

图 29-5　不同施肥下渗育型水稻土大团聚体内有机碳组分质量比例

LF-C 为轻组有机碳，CF-C 为粗颗粒有机碳，FF-C 为细颗粒有机碳，MOC 为矿物结合态有机碳。下同

秸秆还田增幅最为明显（图 29-6）；粗颗粒有机碳含量增幅为 29.3%～100.1%，氮磷化肥配施有机肥增加最为明显（图 29-6）。氮磷钾化肥配施有机肥与氮磷钾化肥配合秸秆还田使土壤细颗粒有机碳含量比单施化肥分别提高了 34.7% 与 24.8%（图 29-6）。氮磷钾化肥配施有机肥土壤的矿物结合态有机碳含量也显著高于不施肥（图 29-6）。

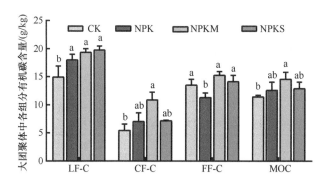

图 29-6 不同施肥下渗育型水稻土大团聚体内各组分有机碳含量（2018 年）

不同小写字母表示不同施肥处理之间呈显著性差异（P＜0.05）

不同施肥下渗育型水稻土大团聚体内轻组有机碳占原土总有机碳的 9.3%～18.7%，粗颗粒有机碳占 2.9%～6.6%，细颗粒有机碳占 5.0%～10.2%，矿物结合态有机碳占 25.7%～34.5%（表 29-2）。与不施肥相比，施肥处理增加了大团聚体中轻组有机碳、粗颗粒有机碳、细颗粒有机碳及矿物结合态有机碳在原土总有机碳中所占比例，尤其是氮磷钾化肥配施有机肥显著增加大团聚体中各组分有机碳在原土总有机碳所占比例（表 29-2）。

表 29-2 不同施肥下大团聚体内各组分有机碳对总有机碳的贡献率（2018 年）　　　　（%）

处理	LF-C	CF-C	FF-C	MOC
不施肥	9.30±0.98c	2.90±0.73b	6.60±2.35b	25.68±1.32b
氮磷钾化肥	12.91±1.73b	3.98±1.14ab	5.04±0.48b	25.77±3.11b
氮磷钾化肥配施有机肥	18.23±2.69a	6.62±2.52a	10.15±2.46a	34.53±5.67a
氮磷钾化肥配合秸秆还田	18.67±1.76a	5.11±1.85ab	7.65±0.12ab	32.41±2.30a

注：同列不同小写字母表示不同施肥之间呈显著性差异（P＜0.05）。LF-C 为轻组有机碳，CF-C 为粗颗粒有机碳，FF-C 为细颗粒有机碳，MOC 为矿物结合态有机碳。下同。

2. 长期不同施肥下中间团聚体内有机碳组分分配特征

中间团聚体内，以矿物结合态有机碳组分所占比例最大、细颗粒有机碳组分所占比例最小，这与大团聚体内的上述两种有机碳组分质量比例分布趋势基本一致（图 29-7）；与不施肥相比，施肥不同程度地提高了中团聚体内轻组有机碳与粗颗粒有机碳组分质量比例，其中化肥配合秸秆还田下中团聚体内轻组有机碳组分质量比例显著高于不施肥与单施化肥（P＜0.05）（图 29-7）。不同施肥处理下中团聚体内轻组有机碳、粗颗粒有机碳与矿物结合态有机碳含量基本相同，无显著性差异（P＜0.05）；氮磷钾化肥配施有机肥处理后，中间团聚体中细颗粒有机碳含量显著高于氮磷钾化肥配合秸秆还田（图 29-8）。

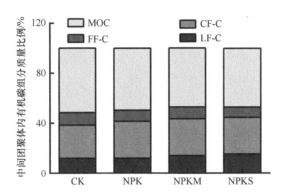

图 29-7　不同施肥下中间团聚体内有机碳组分质量比例（2018 年）

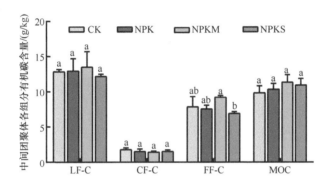

图 29-8　不同施肥下中间团聚体内各组分有机碳含量（2018 年）

不同小写字母表示不同施肥处理之间呈显著性差异（$P<0.05$）。

中间团聚体中各组分对原土总有机碳含量的贡献率也有所差别，矿物结合态有机碳组分贡献率最高，是原土有机碳贡献率的 14.3%～25.1%（表 29-3）。与不施肥相比，氮磷钾化肥配施有机肥和氮磷钾化肥配合秸秆还田显著降低了中间团聚体内各组分对原土有机碳固持的贡献率（除磷钾化肥配施有机肥对细颗粒有机碳的影响）（表 29-3）。

表 29-3　不同施肥下中间团聚体内各组分有机碳对总有机碳的贡献率（2018 年）　　（%）

处理	LF-C	CF-C	FF-C	MOC
不施肥	7.7±0.3a	2.3±0.2a	4.0±0.9a	25.1±0.5a
氮磷钾化肥	8.0±1.0a	2.2±0.6a	3.4±1.1ab	26.2±0.5a
氮磷钾化肥配施有机肥	5.1±0.5c	1.1±0.3b	2.4±0.9ab	14.3±1.0c
氮磷钾化肥配合秸秆还田	6.3±0.5b	1.4±0.2b	1.9±0.5b	16.9±0.9b

注：不同小写字母表示不同施肥处理之间呈显著性差异（$P<0.05$）。

轻组有机碳属于活性有机碳，具有较强的生物活性，它对于土壤养分的积累、肥力的调节等起着重要作用。长期有机-无机肥配施影响黄泥田土壤团聚体内轻组有机碳组分变化，化肥配合秸秆还田明显提高了大团聚体内轻组有机碳的贡献率（表 29-2）。重组有机碳主要由高度分解后的物质组成，其所占比重较大，分解速率缓慢（Malhi and Kutcher，2007），作为土壤稳定的碳库，对于维持团聚体结构具有十分重要的意义。与不施肥相比，施肥处理后，渗育型水稻土壤中大团聚体重组分有机碳对原土总有机碳的贡献率增加，而中间团聚体中重组分有机碳对原土总有机碳的贡献率降低，表明不同施肥处理对黄泥田土壤重组碳库也有明显的影响。

3. 团聚体有机碳及其组分含量与有机碳投入以及水稻产量的关系

水稻产量与原土总有机碳含量、大团聚体有机碳含量、大团聚体内轻组有机碳含量均呈极显著正相关（$P<0.01$），与大团聚体内的粗颗粒有机碳组分含量呈显著正相关（$P<0.05$）（表 29-4）。原土总有机碳含量、大团聚体有机碳含量及其轻组有机碳含量与有机碳投入均呈极显著正相关（$P<0.01$）（表 29-4）。这些结果表明，大团聚体有机碳含量及其轻组有机碳含量与渗育型水稻土有机碳投入及生产力关系密切。

表 29-4　团聚体有机碳组分含量与水稻产量及有机碳投入的相关系数（r）（2018 年）

类型	组分	籽粒产量（kg/hm²）	稻秸生物量（kg/hm²）	有机碳投入/[kg/(hm²·a)]
原土	—	0.89**	0.91**	0.78**
各粒级团聚体	>2mm	0.84**	0.84**	0.77**
	0.25~2mm	0.64*	0.61*	0.28
	0.053~0.25mm	0.31	0.40	0.18
	<0.053mm	0.45	0.53	0.38
大团聚体内	LF-C	0.88**	0.87**	0.78**
	CF-C	0.63*	0.71**	0.43
	FF-C	0.25	0.26	0.50
	MOC	0.58*	0.58*	0.44
中间团聚体内	LF-C	−0.06	0.17	−0.01
	CF-C	−0.56*	−0.53	−0.34
	FF-C	0.20	0.16	−0.12
	MOC	0.45	0.57*	0.49

*和**分别表示显著（$P<0.05$）和极显著（$P<0.01$）相关。

有机质不仅是一种稳定而长效的碳源物质，而且几乎含有作物所需要的各种物质。有机碳增加一方面直接补充了土壤营养物质，有效且全面供给了作物生长；另一方面，改善了土壤理化、生化性状及作物生长的微生态条件。化肥配合秸秆还田能显著提高大团聚体内有机碳、氮的含量和储量，有利于改善土壤团粒结构（向艳文等，2009）。施用有机肥能促进土壤大团聚体内微团聚体形成，从而使更多新添加的颗粒有机物被新形成的微团聚体固定，而施用化肥对土壤大团聚体内微团聚体形成的促进作用较弱，且易致使土壤板结（朱利群等，2012）。同时，施用有机肥增加了土壤微生物量，使其在水稻生育前期固定了较多的矿质氮，以供给水稻生育后期生长，从而能较好地满足水稻各生长阶段对氮素的需求（刘益仁等，2012）。

四、长期施肥下渗育型水稻土有机碳的固存速率与固存效率

有机肥和无机肥配施的固碳速率显著高于单施化肥和不施肥，其中双季稻年份化肥配施有机肥与化肥配合秸秆还田土壤的固碳速率分别是不施肥的 2.38 倍与 1.98 倍，是单施化肥处理的 1.59 倍与 1.32 倍，单施化肥与不施肥土壤的固碳速率无显著差异（表29-5）。水稻秸秆还田配施化肥土壤有机碳年投入量最高，双季稻年份和单季稻年份分别较单施化肥提高了 118% 与 115%；其次为化肥配施有机肥，双季稻年份和单季稻年份分别较单施化肥提高了 97% 与 82%。

表 29-5　不同施肥下渗育型水稻土有机碳的年均投入量及固碳速率 [单位：t/(hm²·a)]

处理	有机碳年均投入		固碳速率	
	双季稻年份	单季稻年份	双季稻年份	单季稻年份
不施肥	1.20	0.95	0.42b	0.44d
氮磷钾化肥	2.45	1.51	0.62b	0.59cd
氮磷钾化肥配施有机肥	4.83	2.75	0.99a	1.09a
氮磷钾化肥配合秸秆还田	5.35	3.25	0.83a	0.77b

注：双季稻年份为 1983～2004 年，单季稻年份为 2005～2014 年；不同小写字母表示施肥处理之间呈显著性差异（$P < 0.05$）。

将双季稻与单季稻年份稻田生态系统年均有机碳投入与对应的年均有机碳固存量进行回归分析表明，有机碳投入与碳固存呈极显著的幂函数关系 [$y = 0.4568x + 0.4702$，$R^2 = 0.1174^*$，图 29-9]，从中可知，随着外源有机碳的增加（包括根系、根茬及外源有机物料），土壤有机碳固存呈增加趋势，但有机碳固存效率（ΔSOC 固存/ΔSOC 输入）则逐渐降低，表明随着土壤有机碳的逐步提高，土壤有机碳固存能力逐渐减弱，要维持有机碳持续提高，需增加外源年均有机碳投入量。维持土壤碳平衡所需有机碳投入量为 0.23t/(hm²·a)，进一步说明当前耕作条件下，靠根际沉积与根茬还田足以维持当前土壤有机质。

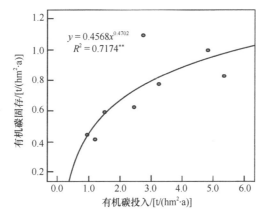

图 29-9　渗育型水稻土有机碳固存与年均有机碳投入的关系

第四节 渗育型水稻土有机质提升技术

一、渗育型水稻土有机质提升的产量效应

经过32年的连续施肥，不同施肥下籽粒产量发生了明显的变化（表29-6）。从双季稻年份（1983~2004年）来看，单施化肥、化肥配施有机肥与化肥配合秸秆还田处理下水稻产量分别较不施肥提高83.7%、106.8%与100.9%，化肥配施有机肥与化肥配合秸秆还田使水稻产量分别较单施化肥提高了12.6%与9.3%，均达到显著差异水平，但化肥配施有机肥与化肥配合秸秆还田二者无显著差异（表29-6）。对于单季稻年份（2005~2015年），单施化肥、化肥配施有机肥与化肥配合秸秆还田使水稻产量分别较不施肥提高45.4%、63.1%与62.3%，化肥配施有机肥与化肥配合秸秆还田分别比单施化肥提高12.2%与11.6%，差异均显著，但化肥配施有机肥与化肥配合秸秆还田二者同样无显著差异（表29-6）。综合历年水稻平均产量来看，单施氮磷钾化肥平均产量为6014.6kg/hm²，较不施肥提高67.1%，差异显著；化肥配施有机肥与化肥配合秸秆还田平均产量则分别为6772.7kg/hm²与6630.5kg/hm²，分别比不施肥提高88.1%与84.2%，分别比单施化肥提高12.6%与10.2%，差异均显著，但化肥配施有机肥与化肥配合秸秆还田二者间无显著差异。在双季稻年份，施肥增产率随着试验年际的延长呈稳步上升趋势，而到单季稻年份，施肥增产率明显降低。这可能与单季稻年份，随着年际稻作次数的减少，不施肥下地力消耗得到一定缓解有关。

表29-6　长期施肥后不同阶段水稻平均籽粒产量　　（单位：kg/hm²）

处理	1983~1987		1988~1992		1993~1997		1998~2004		2005~2015	
	产量	±%	产量	±%	产量	±%	产量	±%	产量	±%
不施肥	3856c	—	3153c	—	2851c	—	2123c	—	5102c	—
氮磷钾化肥	5837b	51.4	5913b	87.6	5642b	97.9	4391b	106.7	7417b	45.4
氮磷钾化肥配施有机肥	6297a	63.3	6451a	104.6	6257a	119.5	5345a	151.7	8321a	63.1
氮磷钾化肥配合秸秆还田	5937ab	54.0	6555a	107.9	6107a	114.2	5107a	140.5	8281a	62.3

注：双季稻年份为1983~2004年，单季稻年份为2005~2015年。不同小写字母表示施肥处理之间呈显著性差异（$P<0.05$）。

为消除气候条件、灌溉、土壤性质及栽培措施对土壤有机碳含量及作物产量的影响，将各年份不同施肥的产量与有机碳含量分别减去对应年份不施肥下的有机碳和产量，得到施肥变化产量（净产量）与变化有机碳（净有机碳）。回归分析显示，不同施肥的土壤有机碳变化含量（x）与产量（y）变化可用线性方程拟合（图29-10，$n=60$，$R^2=0.317^{**}$），由该模型进一步推断出，该区域土壤有机碳增加1g/kg，产量可增加202kg/hm²。这为黄泥田定向培育提升产量提供了依据。

二、渗育型水稻土有机质提升技术

红壤性水稻土有机质提升技术基于两个原理：①有机碳固存对碳投入的响应，外源有机碳投入5.29t/hm²，可增加1t/hm²有机碳；②产量对有机碳增加的响应，即每增加

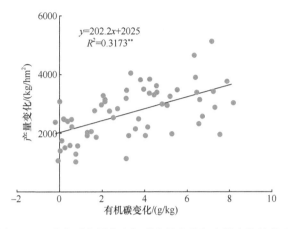

图 29-10 渗育型水稻土有机碳含量变化与产量变化的关系

1g/kg 有机碳,每公顷产量提高 202kg。以黄泥田单季稻单产 7500kg/hm² 计,有机碳提高 1g/kg,可增产约 2.7%。以增产 5%~8% 为目标,有机碳需提高 1.9~3g/kg,有机碳储量需增加 4.4~7.2t/hm²,有机物料需投入 23.2~37.9t/hm²,设计 10 年培肥期限,每年需投入碳 2.32~3.79t/hm,化肥处理每年根茬还田 1.51t/hm²,故需每年净投入碳 0.81~2.28t/hm²,换算为干牛粪为每年 3000~8400kg/hm²,进一步换算为湿牛粪为每年施用 12~33t/hm²。表 29-7 为未来 10 年模拟分别增产 5%、10% 与 15% 时,有机碳提升量及每年所需秸秆或有机肥投入量。从表中可以看出,在增产 10% 目标下,需每年需投入 5.88t/hm² 的秸秆,这相当于当前单施化肥收获水稻秸秆的 1.5 倍;或需投入 10.72t/hm² 的风干牛粪,这相当于当前配施牛粪水平的 2.86 倍量。因此,实现生产中提倡稻秆全量还田,同时配施适当有机肥料,是保证黄泥田增产 5%~10% 的有效措施。

表 29-7 渗育型水稻土上产量与有机质提升所需外源有机物料投入量

参数	初始	增产 5%	增产 10%	增产 15%
产量/（kg/hm²）	7500	7875	8250	8625
有机碳/（g/kg）	12.5	14.35	16.2	18.06
SOC 储量/（t/hm²）	30	34.44	38.88	43.34
培肥期限/a	—	10	10	10
提升 SOC 储量/［t/(hm²·a)］	—	0.444	0.888	1.334
需投入碳量/［t/(hm²·a)］	—	0.941	4.111	9.767
水稻根系与根茬碳投入/［t/(hm²·a)］	—	1.51	1.661	1.736
需额外投入碳量/［t/(hm²·a)］	—	—	2.45	8.031
需投入风干水稻秸秆/［t/(hm²·a)］	—	—	5.88	19.26
需投入风干牛粪有机肥用量/［t/(hm²·a)］	—	—	10.72	35.13

（王 飞 李清华 林 诚 王 珂）

参 考 文 献

福建省土壤普查办公室. 1991. 福建土壤. 福州: 福建科学技术出版社.

李清华. 2011. 长期施肥对红壤水稻土碳、氮组分及微生物多样性的影响. 福州: 福建农林大学硕士学位论文.

刘满强, 胡锋, 陈小云. 2007. 土壤有机碳稳定机制研究进展. 生态学报, 27(6): 2642-2650.

刘益仁, 李想, 郁洁, 等. 2012. 有机无机肥配施提高麦-稻轮作系统中水稻氮肥利用率的机制. 应用生态学报, 23(1): 81-86.

佘冬立, 王凯荣, 谢小立, 等. 2008. 稻草还田的土壤肥力与产量效应研究. 中国生态农业学报, 16(1): 100-104.

向艳文, 郑圣先, 廖育林, 等. 2009. 长期施肥对红壤水稻土水稳性团聚体有机碳、氮分布与储量的影响. 中国农业科学, 42(7): 2415-2424.

徐江兵, 李成亮, 何园球, 等. 2007. 不同施肥处理对旱地红壤团聚体中有机碳含量及其组分的影响. 土壤学报, 44(4): 675-682.

徐明岗, 于荣, 孙小凤. 2006. 长期施肥对我国典型土壤活性有机质及碳库管理指数的影响. 植物营养与肥料学报, 12(4): 459-465.

张丽敏, 徐明岗, 娄翼来, 等. 2014. 长期施肥下黄壤性水稻土有机碳组分变化特征. 中国农业科学, 47(19): 3817-3825.

章明奎, 郑顺安, 王丽平. 2007. 利用方式对砂质土壤有机碳、氮和磷的形态及其在不同大小团聚体中分布的影响. 中国农业科学, 40(8): 1703-1711.

朱利群, 杨敏芳, 徐敏轮, 等. 2012. 不同施肥措施对我国南方稻田表土有机碳含量及固碳持续时间的影响. 应用生态学报, 23(1): 87-95.

Denef K, Six J. 2005. Clay mineralogy determines the importance of biological versus abiotic processes for macroaggregate formation and stabilization. European Journal of Soil Science, 56: 469-479.

Elliot E. 1986. Aggregate structure and carbon, nitrogen, and phosphorus in native and cultivated soils. Soil Science Society of America Journal, 50(3): 627-633.

Li C, Frolking S, Harriss R. 1994. Modeling carbon biogeochemistry in agricultural soils. Global Biogeochemical Cycles, 8(3): 237-254.

Malhi S, Kutcher H. 2007. Small grains stubble burning and tillage effects on soil organic C and N, and aggregation in northeastern Saskatchewan. Soil & Tillage Research, 94(2): 353-361.

Six J, Elliott E, Paustian K, et al. 1998. Aggregation and soil organic matter accumulation in cultivated and native grassland soils. Soil Science Society of America Journal, 62(5): 1367-1377.

附录　团队相关博士后研究报告和研究生学位论文目录

（按年份排序）

1. 樊廷录. 博士后. 2008. 合作导师：徐明岗.
   博士后研究报告：黄土旱塬长期施肥作物产量与土壤碳库的变化.

2. 张文菊. 博士后. 2008. 合作导师：徐明岗.
   博士后研究报告：长期施肥的农田土壤固碳与增产效应.

3. 娄翼来. 博士后. 2012. 合作导师：徐明岗.
   博士后研究报告：典型农田土壤有机碳组分对有机培肥的响应特征.

4. 李慧. 博士后. 2013. 合作导师：徐明岗.
   博士后研究报告：长期培肥条件下玉米产量对黑土肥力演变的响应关系.

5. 何亚婷. 博士后. 2015. 合作导师：徐明岗.
   博士后研究报告：长期施肥下我国农田土壤有机碳组分和结构特征.

6. 邸佳颖. 博士后. 2017. 合作导师：徐明岗.
   博士后研究报告：我国典型农田土壤固碳饱和特征及影响机制.

7. 李玲. 博士后. 2018. 合作导师：徐明岗.
   博士后研究报告：典型农田土壤中有机物料分解特性及影响因素.

8. 李文军. 博士后. 2021. 合作导师：黄庆海，徐明岗.
   博士后研究报告：长期施肥下红壤农田土壤有机碳库变化与作物产量演变特征.

9. 佟小刚. 博士. 2008. 指导教师：刘更另，徐明岗.
   学位论文：长期施肥下我国典型农田土壤有机碳库变化特征.

10. 李梦雅. 硕士. 2009. 指导教师：王伯仁，徐明岗.
    学位论文：长期施肥下红壤温室气体排放特征及影响因素的研究.

11. 李忠芳. 博士. 2009. 指导教师：徐明岗.
    学位论文：长期施肥下我国典型农田作物产量演变特征和机制.

12. 苗惠田. 硕士. 2010. 指导教师：吕家珑，徐明岗.
    学位论文：长期施肥条件下作物碳含量及分配比例.

13. 孙凤霞. 硕士. 2010. 指导教师：张伟华，徐明岗.
    学位论文：长期施肥对中国三种典型土壤微生物量碳氮和微生物碳源利用率的影响.

14. 解丽娟. 硕士. 2011. 指导教师：王伯仁，徐明岗.
    学位论文：长期施肥下我国典型农田土壤有机碳与全氮分布特征.

15. 王金洲. 硕士. 2011. 指导教师：卢昌艾.
    学位论文：RothC 模型模拟我国典型旱地土壤的有机碳动态及平衡点.

16. 仪明媛. 硕士. 2011. 指导教师：汪怀建，徐明岗.
    学位论文：长期施肥下黑土碳库变化及土壤有机碳矿化特征.

17. 张旭博. 硕士. 2011. 指导教师：林昌虎，徐明岗.
    学位论文：长期施肥下红壤温室气体排放特征的研究.

18. 张敬业. 硕士. 2012. 指导教师：徐明岗，张文菊.
    学位论文：长期施肥对红壤不同来源有机碳组分及周转的影响.

19. 骆坤. 硕士. 2012. 指导教师：胡荣桂，张文菊.
    学位论文：黑土碳氮及其组分对长期施肥的响应.

20. Muhammad Aslam. 博士. 2012. 指导教师：徐明岗.
    学位论文：长期有机无机配施对中国典型农田土壤活性有机碳组分的影响.

21. 丛日环. 博士. 2012. 指导教师：徐明岗，王秀君.
    学位论文：小麦-玉米轮作体系长期施肥下农田土壤碳氮相互作用关系研究.

22. 刘震. 硕士. 2013. 指导教师：张丽娟，张毅功.
    学位论文：长期施肥下黑土和红壤碳氮关系研究.

23. 姜桂英. 博士. 2013. 指导教师：徐明岗，Yasuhito Shirato.
    学位论文：中国农田长期不同施肥的固碳潜力及预测.

24. 刘朝阳. 硕士. 2014. 指导教师：王小利，徐明岗.
    学位论文：我国典型区域有机物料的腐解特征.

25. 邵兴芳. 硕士. 2014. 指导教师：黄敏，张文菊.
    学位论文：长期有机培肥模式下黑土团聚体碳氮积累及矿化特征.

26. 许咏梅. 博士. 2014. 指导教师：徐明岗，王秀君，张文菊.
    学位论文：长期不同施肥下新疆灰漠土有机碳演变特征及转化机制.

27. Mohammad Eyakub Ali. 博士. 2014. 指导教师：徐明岗.
    学位论文：有机物料在中国典型土壤中的分解特征和机制.

28. 苗惠田. 博士. 2014. 指导教师：吕家珑，徐明岗.
    学位论文：长期施肥下作物碳同化氮吸收分配特征及其影响因素.

29. 徐香茹. 硕士. 2015. 指导教师：汪景宽，张文菊，徐明岗.
    学位论文：长期施肥下旱田与水田土壤有机碳的固存形态与特征.

30. 张丽敏. 硕士. 2015. 指导教师：王小利，徐明岗，娄翼来.
学位论文：长期施肥我国典型农田土壤有机碳组分对碳投入的响应特征.

31. 王金洲. 博士. 2015. 指导教师：徐明岗，冯固，王秀君.
学位论文：秸秆还田的土壤有机碳周转特征.

32. 吕艳超. 硕士. 2016. 指导教师：王小利，徐明岗.
学位论文：长期施肥下我国典型农田土壤对可溶性有机碳的吸附特征.

33. 张旭博. 博士. 2016. 指导教师：徐明岗.
学位论文：中国农田土壤有机碳演变及其增产协同效应.

34. 徐虎. 硕士. 2017. 指导教师：王小利，张文菊，徐明岗.
学位论文：长期施肥下我国典型农田土壤剖面碳氮磷的变化特征.

35. Memon Muhammad Suleman. 博士. 2017. 指导教师：徐明岗.
学位论文：有机物不同添加方式对中国黑土有机碳动态及激发效应影响的机制.

36. 龚海青. 硕士. 2018. 指导教师：邰红建，徐明岗.
学位论文：不同肥力条件下黑土有机肥替代率变化特征.

37. 任凤玲. 硕士. 2018. 指导教师：孙楠.
学位论文：施用有机肥我国典型农田土壤温室气体排放特征.

38. 王传杰. 硕士. 2018. 指导教师：张文菊.
学位论文：基于生态化学计量学的黑土 C:N:P 比的演变特征.

39. 卢韦. 硕士. 2019. 指导教师：王小利，徐明岗.
学位论文：不同温度下长期施肥黄壤有机碳的矿化及动力学特征.

40. Muhammad Mohsin Abrar. 博士. 2020. 指导教师：徐明岗.
学位论文：长期施肥对中国黑土有机碳和氮的分布与稳定性的影响.

41. 蔡岸冬. 博士. 2019. 指导教师：徐明岗.
学位论文：我国典型陆地生态系统凋落物腐解的时空特征及驱动因素.

42. 陆太伟. 硕士. 2019. 指导教师：徐明岗.
学位论文：长期不同施肥下我国典型农田土壤碳固定特征与保护机制.

43. 王齐齐. 硕士. 2019. 指导教师：张文菊.
学位论文：长期不同培肥模式下典型潮土有机碳　氮矿化特征及其驱动因素.

44. 王树会. 硕士. 2019. 指导教师：孙楠.
学位论文：施用有机肥情景下华北平原旱地温室气体（CO_2 和 N_2O）排放的空间分异特征.

45. 王兴凯. 硕士. 2019. 指导教师：王小利，徐明岗.
   学位论文：长期不同施肥对褐土有机碳矿化及组分含量的影响.

46. Syed Atizaz Ali Shah. 博士. 2020. 指导教师：徐明岗.
   学位论文：长期施肥下黄土剖面有机碳的保护机制.

47. Adnan Mustafa. 博士. 2020. 指导教师：徐明岗.
   学位论文：长期施肥下黑土和红壤有机碳氮的稳定性.

48. Muhammad Nadeem Ashraf. 博士. 2020. 指导教师：徐明岗，张文菊.
   学位论文：长期施肥下南方两个稻作系统土壤碳氮积累与矿化特征及其化学计量驱动机制.

49. 李然. 硕士. 2020. 指导教师：艾天成，徐明岗.
   学位论文：山西煤矿区不同复垦年限土壤上有机物料的腐解特征.

50. 周伟. 硕士. 2020. 指导教师：文石林，吴红慧.
   学位论文：中国典型农田土壤有机碳降解温度敏感性及影响因素分析.

51. 梁远宇. 硕士. 2021. 指导教师：王小利，徐明岗.
   学位论文：典型农田土壤对不同来源可溶性有机碳的吸附-解吸特征.

52. 任凤玲. 博士. 2021. 指导教师：张淑香，徐明岗，孙楠.
   学位论文：我国典型农田土壤有机碳固定时空特征及驱动因素.

53. 李亚林. 硕士. 2021. 指导教师：孙楠.
   学位论文：长期不同施肥下土壤剖面有机碳周转特征及其驱动因素.

54. 徐虎. 博士. 2021. 指导教师：Gilles Colinet，徐明岗，张文菊.
   学位论文：Soil organic carbon sequestration and its synergetic effect on crop yield in cropland under different fertilizations.

55. 武红亮. 博士. 2021. 指导教师：徐明岗，卢昌艾.
   学位论文：秸秆和养分综合管理下黑土的固碳效应及机制.

56. 单会茹. 硕士. 2022. 指导教师：徐明岗.
   学位论文：长期不同施肥下红壤有机碳组分矿化特征及其微生物机制.